学以致用系列丛书

Office 2013入门与实战（第2版）

智云科技　编著

清华大学出版社
北　京

内 容 简 介

本书共15章，主要包括Office共性知识、Word组件应用、Excel组件应用、PowerPoint组件应用、Office协同应用和综合实例等内容。读者通过对本书的学习，不仅能掌握使用Word、Excel和PowerPoint软件辅助进行商务办公的基本知识和软件操作，通过本书列举的实战案例，还可以学会举一反三，在实战工作中用得更好。

此外，本书还提供了丰富的栏目板块，如“小绝招”“长知识”和“给你支招”，这些板块丰富了本书的知识，提供了更多的常用技巧，提高了读者的实战操作能力。

本书主要定位于希望快速掌握Word、Excel和PowerPoint办公操作的初、中级用户，适合不同年龄段的办公人员、文秘、财务人员、国家公务员使用。此外，本书也适合各类家庭用户、社会培训学员使用，或作为各大中专院校及各类电脑培训班的教材。

本书封面贴有清华大学出版社防伪标签，无标签者不得销售。

版权所有，侵权必究。侵权举报电话：010-62782989　13701121933

图书在版编目 (CIP) 数据

Office 2013 入门与实战 (第 2 版) / 智云科技编著．—北京：清华大学出版社，2016

（学以致用系列丛书）

ISBN 978-7-302-44788-7

Ⅰ．① O…　Ⅱ．①智…　Ⅲ．①办公自动化－应用软件　Ⅳ．① TP391.12

中国版本图书馆 CIP 数据核字 (2016) 第 189750 号

责任编辑：李玉萍

封面设计：杨玉兰

责任校对：张彦彬

责任印制：李红英

出版发行：清华大学出版社

网　　址：http://www.tup.com.cn，http://www.wqbook.com

地　　址：北京清华大学学研大厦 A 座　　**邮　　编：**100084

社 总 机：010-62770175　　**邮　　购：**010-62786544

投稿与读者服务：010-62776969，c-service@tup.tsinghua.edu.cn

质量反馈：010-62772015，zhiliang@tup.tsinghua.edu.cn

印 装 者：北京密云胶印厂

经　　销：全国新华书店

开　　本：190mm×260mm　　**印　　张：**22　　**字　　数：**560 千字

（附DVD 1张）

版　　次：2015 年 9 月第 1 版　2016 年 9 月第 2 版　　**印　　次：**2016 年 9 月第 1 次印刷

定　　价：65.00 元

产品编号：068494-01

关于本丛书

如今，学会使用计算机已不再是休闲娱乐的一种生活方式，在工作节奏如此快的今天，它已成为各行业人士工作中不可替代的一种工作方式。为了让更多的初学者学会计算机和相关软件的操作，经过我们精心策划和创作，“学以致用系列丛书”已在2015年年初和广大读者见面了。该丛书自上市以来，一直反响很好，而且销量突破预计。

为了回馈广大读者，让更多的人学会使用电脑和一些常用软件的操作，时隔一年，我们对“学以致用系列丛书”进行了全新升级改版，不仅优化了版式效果，更对内容进行了全面更新，并拓展了深度，让读者能学到更多实用的技巧。

本丛书涉及电脑基础与入门、网上开店、Office办公软件、图形图像和网页设计等方面，每本书的内容和讲解方式都根据其特有的应用要求进行量身打造，目的是让读者真正学得会、用得好。“学以致用系列丛书”具体包括的书目如下：

- Excel高效办公入门与实战
- Excel函数和图表入门与实战
- Excel数据透视表入门与实战
- Access 数据库基础及应用（第2版）
- PPT设计与制作（第2版）
- 新手学开网店（第2版）
- 网店装修与推广（第2版）
- Office 2013入门与实战（第2版）
- 新手学电脑（第2版）
- 中老年人学电脑（第2版）
- 电脑组装、维护与故障排除（第2版）
- 电脑安全与黑客攻防（第2版）
- 网页设计与制作入门与实战
- AutoCAD 2016中文版入门与实战
- Photoshop CS6平面设计入门与实战

丛书两大特色

本丛书主要体现了“理论知识和操作学得会，实战工作中能够用得好”的策划和创作宗旨。

理论知识和操作学得会

◆ **讲解上——实用为先，语言精练**

本丛书在内容挑选方面注重3个“最”——内容最实用，操作最常见，案例最典型，并且用最通俗的语言精练讲解理论知识，以提高读者的阅读和学习效率。

◆ **外观上——单双混排，全程图解**

本丛书采用灵活的单双混排方式，主打图解式操作，并且每个操作步骤在内容和配图上均采用编号进行逐一对应，使整个操作更清晰，让读者能够轻松和快速掌握。

◆ **结构上——布局科学，学习＋提升同步进行**

本丛书每章知识的内容安排上，采取“主体知识＋给你支招”的结构。其中，“主体知识”是针对当前章节涉及的所有理论知识进行讲解；“给你支招”是对本章相关知识的延伸与提升，其实用性和技巧性更强。

◆ **信息上——栏目丰富，延展学习**

本丛书在知识讲解过程中，还穿插了各种栏目板块，如小绝招、给你支招和长知识。通过这些栏目，有效增加了本书的知识量，扩展了读者的学习宽度，从而帮助读者掌握更多实用的技巧操作。

实战工作中能够用得好

本丛书在讲解过程中，采用“知识点＋实例操作”的结构来讲解，为了让读者清楚涉及的知识在实际工作中的具体应用，所有的案例均来源于实际工作中的典型案例，比较有针对性。通过这种讲解方式，让读者能在真实的环境中体会知识的应用，从而达到举一反三、融会贯通的目的。

关于本书内容

本书共15章，主要包括Office共性知识、Word组件应用、Excel组件应用、PowerPoint组件应用、Office协同应用和综合实例等内容，各部分的具体内容如下。

章节介绍	内容体系	作　用
Chapter 01	主要讲解Office 2013的新增功能、软件界面、启动与退出操作等，为后面的学习奠基	对Office初步了解，掌握通用和基础的操作
Chapter 02~Chapter 04	主要讲解文档相关操作，使用图片、文本框、艺术字、形状、图表等对象制作图文混排的文档	熟练掌握Word办公中各种文档的编排操作
Chapter 05~Chapter 08	主要讲解使用Excel制作表格和计算、管理和分析数据的相关操作，如公式函数、分类汇总、排序和图表等	掌握Excel对各种数据的存储、管理与分析
Chapter 09 ~ Chapter 11	主要讲解创建商务演示文稿的必会操作，通过动画、音频和视频文件丰富演示文稿以及放映和分享幻灯片	掌握使用PowerPoint展示的各种操作
Chapter 12	主要讲解如何在Word和Excel中互调数据，以及如何在Word文档和幻灯片中互用内容	掌握各个组件之间数据的相互使用和转换
Chapter 13~Chapter 15	包括3个综合案例，分别是制作旅游宣传单文档、当月个人费用开支管理和分析以及制作年终报告演示文稿	掌握各种组件在实战办公中的具体应用

本书特点

特　点	说　明
系统全面	本书体系完善，由浅入深地对Office商务办公软件的实用操作知识和技巧进行了全面讲解，内容包括Office共性知识、Word组件应用、Excel组件应用、PowerPoint组件应用、Office协同应用和综合实例等
案例实用	本书不仅为理论知识配备了大量的案例操作，而且在案例选择上也很注重实用性，这些案例不单单是为了验证知识操作，而且也是我们实际工作和生活中经常遇到的问题。因此，通过这些案例，可以让我们在学会知识的同时，解决工作和生活中的问题，达到双赢的目的
拓展知识丰富	本书在讲解的过程中安排了上百个“小绝招”和“长知识”板块，用于对相关知识的提升或延展。另外，在每章的最后还专门增加了“给你支招”板块，可以让读者学会更多的进阶技巧，从而提高工作效率
实用性强	本书不仅语言通俗易懂，同时结合实践工作中的应用来讲解，让读者轻松掌握知识点的同时，能很好地将理论知识应用于实际工作中，真正做到学以致用

读者对象

本书主要定位于希望快速掌握Word、Excel和PowerPoint办公操作的初、中级用户，适合不同年龄段的办公人员、文秘、财务人员、国家公务员使用。此外，本书也适合各类家庭用户、社会培训学员使用，或作为各大中专院校及各类电脑培训班的教材。

创作团队

本书由智云科技编著，参与本书编写的人员有邱超群、杨群、罗浩、林菊芳、马英、邱银春、罗丹丹、刘畅、林晓军、周磊、蒋明熙、甘林圣、丁颖、蒋杰、何超等，在此对大家的辛勤工作表示衷心的感谢！

由于编者经验有限，加之时间仓促，书中难免会有疏漏和不足，恳请专家和读者不吝赐教。

编 者

Chapter 01 Office软件入门和常规操作

Chapter 02 快速制作纯文本文档

Chapter 03 文档的进阶美化和编辑操作

Chapter 04 文档的高级操作及打印设置

Chapter 05 Excel表格制作与打印的一般操作

Chapter 06 使用公式和函数计算数据的相关内容

Chapter 07 数据管理技术全面掌握

Chapter 08 数据的图形化展示与透视分析

Chapter 09 幻灯片整体外观设置和必会操作

Chapter 13 旅游宣传单

Chapter 14 当月个人费用开支

Chapter15 公司年终演示报告

Chapter

01 Office 软件入门和常规操作

学习目标

Office软件是现代商务办公中常见的办公辅助工具，该软件包含许多实用的组件，熟练掌握这些组件的使用方法，可以有效提高办公效率。本章通过对内容的安排，让用户先了解Office 2013软件，熟悉各组件的常规操作，以达到快速入门的目的。

本章要点

- 快速了解Office 2013的变化
- 认识Office 2013的各种组件
- 启动Office 2013
- 退出Office 2013
- 注册并登录Microsoft账户
- 自定义主体颜色和背景
- 自定义快速访问工具栏
- 自定义选项卡和组
- 文件的新建与保存操作
- 为文件设置打开和编辑权限

知识要点	学习时间	学习难度
快速了解 Office 2013 入门知识	30 分钟	★★
自定义 Office 的操作环境	60 分钟	★★★
Office 软件有哪些常规操作	80 分钟	★★★★

1.1 快速了解 Office 2013 的变化

小白：Office 2013和Office 2010看起来没有太大变化啊?

阿智：这两个版本大体外观没有什么差异，但是2013版相比2010版肯定有优化和新增的内容，下面我具体给你介绍一下吧。

Microsoft Office 2013（简称Office 2013）是应用于Microsoft Windows视窗系统的一套办公室套装软件，是继Microsoft Office 2010的新一代套装软件。

学习目标 了解Office 2013的变化及新增功能

难度指数 ★

支持触屏访问

Office 2013简洁的界面和触摸操作更加适合平板电脑等触屏设备，如图1-1所示。

图1-1　触屏访问

Office 2013支持的操作系统

Office 2013只支持Windows 7操作系统及其之后的版本，在Windows 8操作系统上能获得最佳的性能体验。

新增OneDrive功能

OneDrive是由Microsoft公司推出的一项云存储服务，可以通过用户的Windows Live账户登录，并可上传自己的图片、文档等到OneDrive中，如图1-2所示。

图1-2　OneDrive功能

新增启动界面

Microsoft为Office 2013设计了Metro风格的启动界面，颜色鲜艳，使新版本的Office有了很大变化，如图1-3所示。

图1-3　Office启动界面

随时访问并与任何人共享

无论用户在哪里，都可以在设备上查看和编辑Office文档，并且将文档存储在Web上，即使其他用户未安装Office，只要他们安装了支持的浏览器，就可以进行共享，如图1-4所示。

图1-4　随时访问与共享

小绝招

更方便地处理PDF文档

PDF文档实在令人头疼，因为这种文档在工作中使用有诸多不便。即使用户想从PDF文档中截取一些格式化或非格式化的文本都很困难。

不过使用2013版的Office套件，这种问题已经不再是问题了。使用套件中的Word组件打开PDF文档时会将其转换为Word格式，并且用户能够随心所欲地对其进行编辑。可以以PDF格式保存修改之后的结果或者以Word支持的任何文件类型进行保存。

1.2 认识Office 2013的各种组件

小白： Office 2013软件包含很多组件，它们都是干什么用的呢？

阿智： 虽然Office包含很多组件，但是有些不常用的组件我们就没有必要去专门学习和研究了，下面我主要给你介绍一些常用组件。

Office 2013软件包括Word、Excel、PowerPoint、Access、Outlook、OneNote、InfoPath、Publisher、Lync等组件。下面具体介绍一些常用组件及其功能。

学习目标　认识Word、Excel、PowerPoint等常见组件

难度指数　★

Word——文字处理工具

Word组件是Office软件的一个文字处理应用程序，使用它不仅可以进行常规的文字输入、文档编排等操作，还可以在其中使用各种对象制作精美的文档，如图1-5所示。

图1-5　用Word制作文档

Excel——数据计算与分析工具

Excel组件是Office软件的一个数据计算与分析工具，使用它可以进行各种数据的处理、统计分析和辅助决策操作，被广泛地应用于管理、财经统计、金融等众多领域，如图1-6所示。

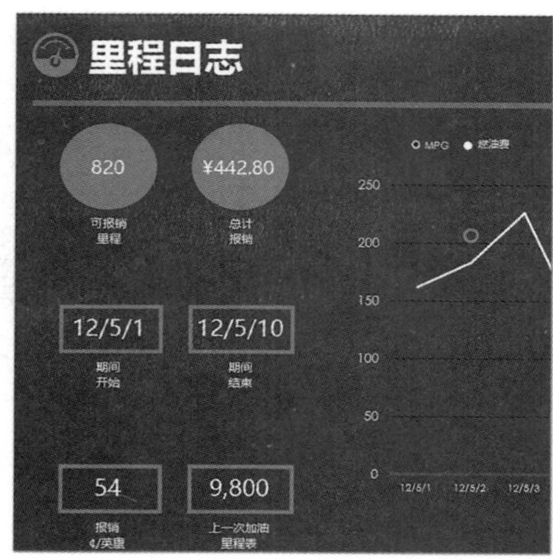

图1-6　用Excel制作报表

PowerPoint——幻灯片制作工具

PowerPoint是Microsoft公司设计的演示文稿软件，利用它不仅可以创建效果精美的演示文稿，还可以在互联网上进行远程会议或在网上给观众展示演示文稿，如图1-7所示。

图1-7　用PowerPoint制作演示文稿

Access——桌面数据库工具

Access组件是Office软件的数据库管理工具，它具有强大的数据处理、统计分析能力，利用其查询功能，可以方便地进行各类汇总、平均等统计，如图1-8所示。

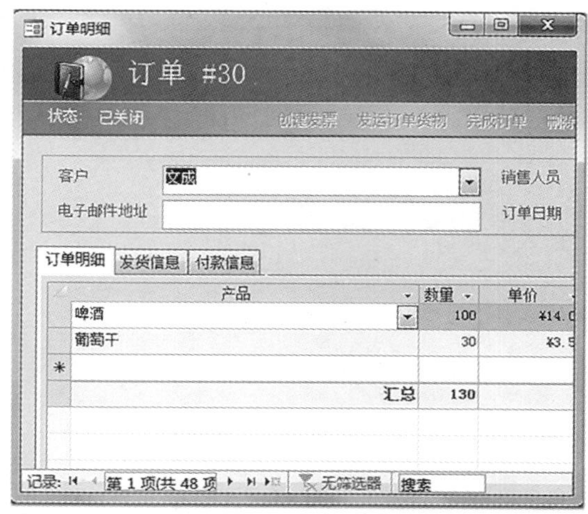

图1-8　用Access管理订单

Outlook——邮件收发与管理工具

Outlook组件是Microsoft主打邮件传输和协作客户端的产品，使用它可以方便地完成收发电子邮件、管理联系人信息、写日记、安排日程、分配任务等工作，如图1-9所示。

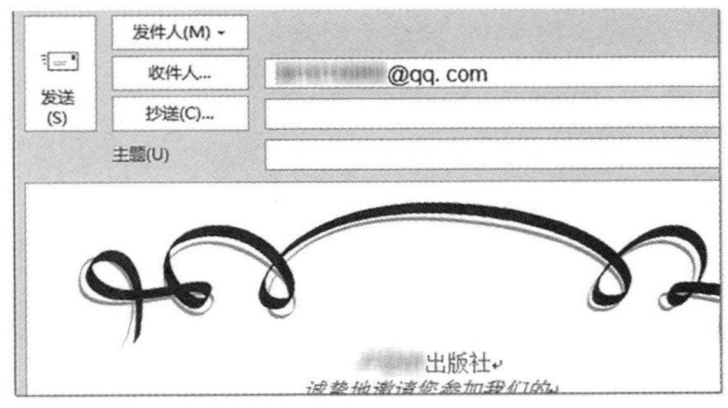

图1-9 用Outlook发送邮件

Publisher——桌面出版应用工具

Publisher是Microsoft公司发行的桌面出版应用软件，它提供了比Word更强大的页面元素控制功能，从而可以方便地创建和发布各种出版物，如图1-10所示。

图1-10 用Publisher创建出版物

OneNote——强大的数字笔记本工具

OneNote是一种数字笔记本工具，它为用户提供了收集笔记信息的位置，以及强大的搜索功能和易用的共享笔记本，可以让用户轻松地收集、组织、查找和共享笔记信息，如图1-11所示。

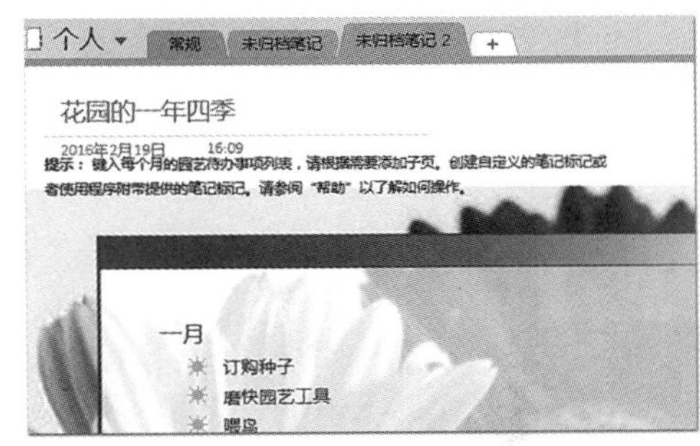

图1-11 用OneNote编辑笔记信息

1.3 熟悉 Office 组件的工作界面

阿智：学习任何软件，首先要非常熟悉其工作界面的组成，因此在学习Office软件来辅助办公之前，我先给你介绍一下该软件到底有哪些组成部分吧。

小白：是的，认清各个部分对将来的操作学习很重要。

要利用Office中的各组件辅助办公，首先要了解组件的操作界面构成。由于各组件界面的主要构成相同，因此下面将以Word工作界面为例进行讲解，如图1-12所示。

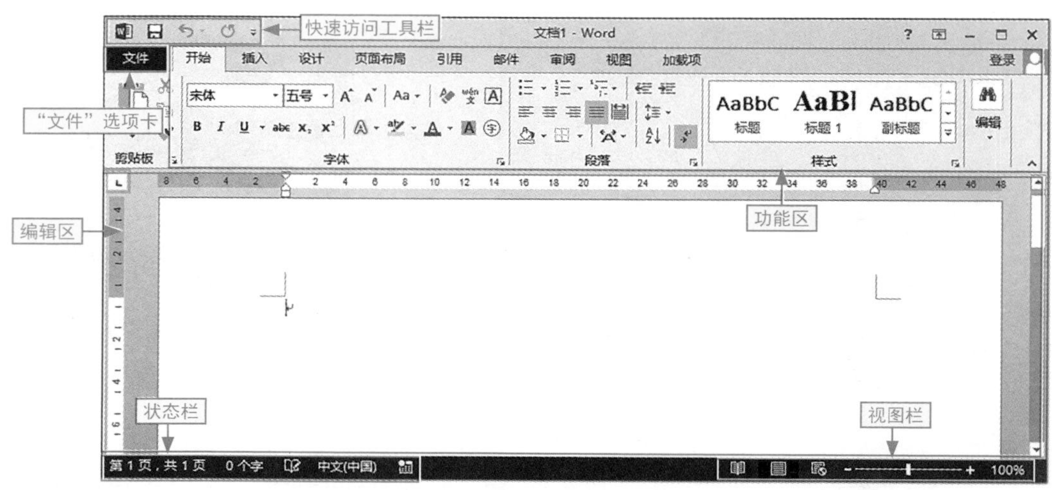

图1-12　Word工作界面

"文件"选项卡

在工作界面单击"文件"选项卡，将进入该组件的Backstage（后台）界面，其中集结了组件中最常规的设置选项以及功能命令（不同的组件，其提供的工具不同），如图1-13所示。

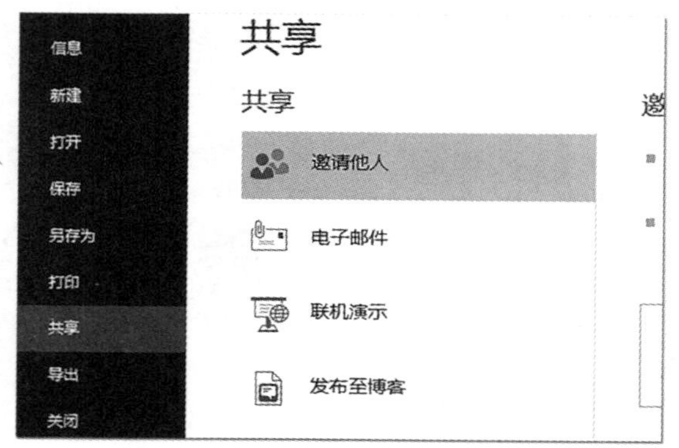

图1-13　Word的"文件"选项卡

快速访问工具栏

位于界面左上方，它将一些常规的操作以按钮的形式整合在一起。默认情况下只有"保存"按钮、"撤销"按钮和"恢复"按钮。

功能区

功能区包含各种选项卡，每一个选项卡为一个大类工具的集合，在选项卡中又通过"组"将各种命令归类（不同的组件，默认显示的功能区不一样），如图1-14所示。

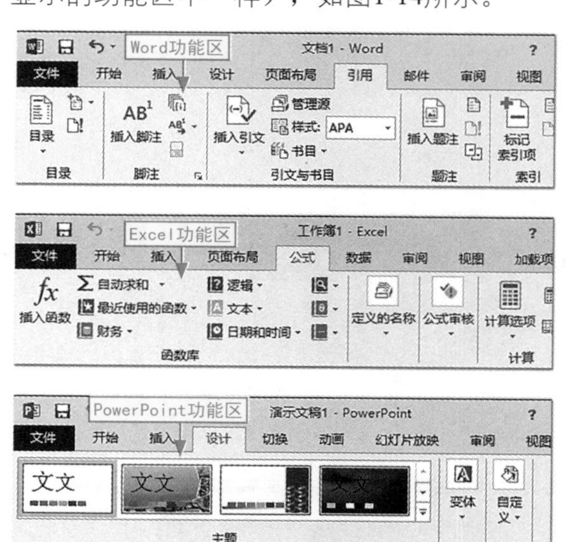

图1-14　Office功能区

工作界面其他组件的作用

状态栏用于显示与当前工作状态有关的信息，视图栏主要用于设置文件的查看方式和界面的显示比例。编辑区是操作界面占据面积最大的区域。在 Word 组件中，编辑区默认为用户提供了用于文档基本操作的段落标记和文本插入点标记。在 Excel 组件中，编辑区主要由工作表组成。每张工作表由行号、列标和单元格组成；在 PowerPoint 组件中，编辑区是制作幻灯片的区域，在默认状态下只存在用虚框加提示语表示的占位符，如图1-15所示。

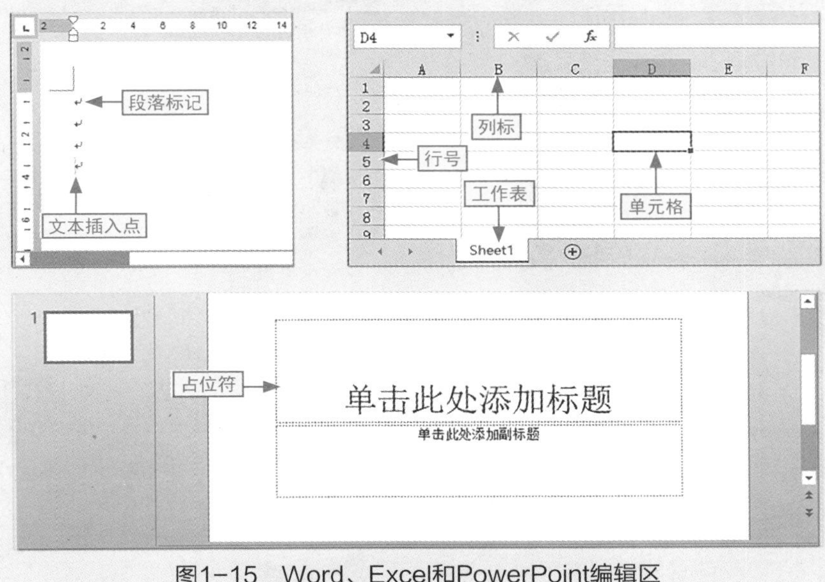

图1-15 Word、Excel和PowerPoint编辑区

1.4 Office 组件的启动与退出

小白：Office组件的启动/退出方法与一般程序的启动/退出方法相同吗?

阿智：大部分是相似的，我还是具体给你讲讲吧。

在准备使用Office组件时，需要将其启动，待各种操作完成且不需要使用组件时，再将其退出。下面具体讲解Office 2013的启动与退出操作。

1.4.1 启动Office 2013

在电脑中安装Office 2013软件后，就可以启动各组件了，其启动方法如下。

学习目标 掌握启动Office组件的各种方法

难度指数 ★★

通过“开始”菜单启动

❶单击“开始”按钮弹出“开始”菜单，❷选择“所有程序\Microsoft Office 2013”命令，❸选择需要启动的组件选项即可，如图1-16所示。

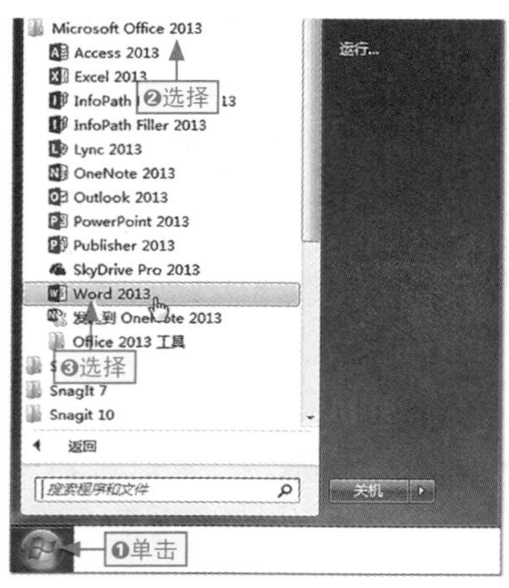

图1-16　通过“开始”菜单启动

通过桌面快捷方式图标启动

桌面上有Office 2013组件的快捷方式图标，可以直接双击该图标，或者在图标上右击，在弹出的快捷菜单中选择“打开”命令启动该组件，如图1-17所示。

图1-17　通过快捷方式启动

通过Office文件启动

若电脑中有已保存的Office 2013文件，可以双击该文件，❶或者在文件上右击，❷选择“打开”命令启动组件（利用该方法启动组件的同时也会打开该文件），如图1-18所示。

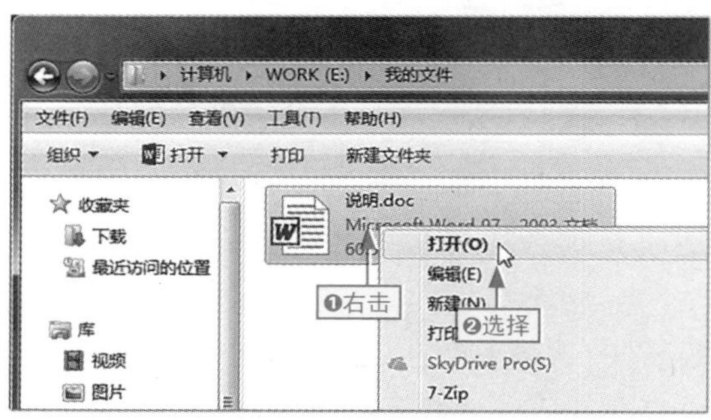

图1-18　通过Office文件启动

1.4.2 退出Office 2013

如果要退出Office 2013软件，可以使用如下几种方法。

学习目标 掌握退出Office组件的各种方法

难度指数 ★★

通过“文件”选项卡退出

在工作界面单击“文件”选项卡，选择“关闭”命令退出组件，如图1-19所示。

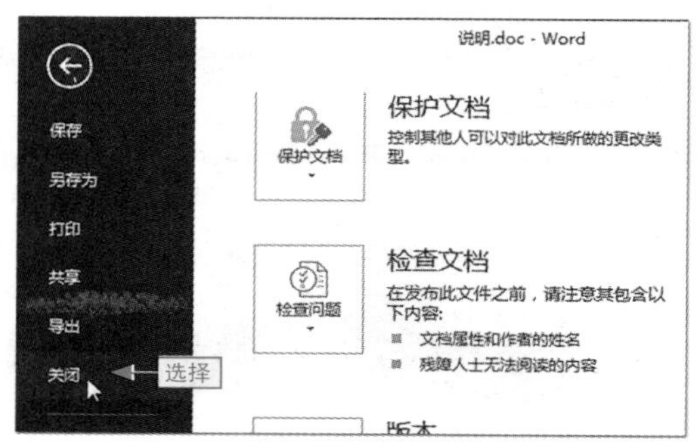

图1-19　通过“文件”选项卡退出

通过快捷菜单退出

❶在标题栏的空白位置处右击，❷在弹出的快捷菜单中选择“关闭”命令退出组件，如图1-20所示。

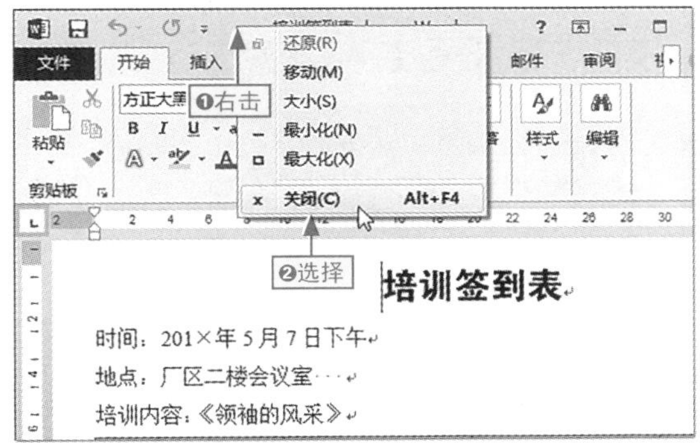

图1-20　通过快捷菜单退出

用快捷键退出

在Office 2013各组件的工作界面直接按Alt+F4组合键可快速退出组件。

通过单击按钮退出

单击标题栏右侧的“关闭”按钮退出组件，如图1-21所示。

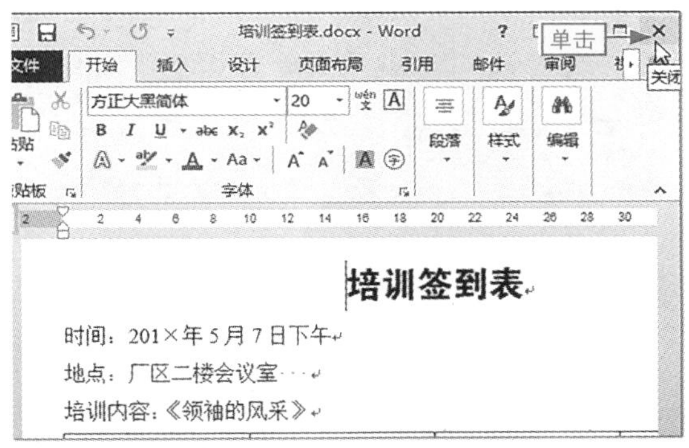

图1-21　单击按钮退出

退出Office组件的说明

前面介绍的几种退出方法，都适用于当前组件中只打开一个文件的情况。如果当前打开了多个文件，利用这几种方法只能关闭指定的文件，不能退出整个应用程序。

1.5 自定义 Office 的操作环境

小白：我可以对哪些操作环境进行设置呢?

阿智：Office 2013支持用户自定义符合自己操作习惯的运行环境，所以你可以根据自己的使用习惯，对操作环境进行设置。

Office组件的工作界面默认对各组成部分的显示位置和显示内容进行了设置。为了提高工作效率，用户可以根据自己的使用习惯，自定义符合操作习惯的Office环境。

1.5.1 注册并登录Microsoft账户

如果用户可使用电子邮件地址和密码登录Office 2013或其他服务，则表示用户已有Microsoft账户了，如果还没有账户，可以申请注册一个新账户。注册并登录Microsoft账户的操作如下。

学习目标 掌握申请Microsoft账户的方法
难度指数 ★★

步骤01 启动浏览器，在地址栏中输入https:\\login.live.com，按Enter键打开注册页面，如图1-22所示。

图1-22 打开注册页面

步骤02 在页面右下方单击“立即注册”超链接开始注册账户，如图1-23所示。

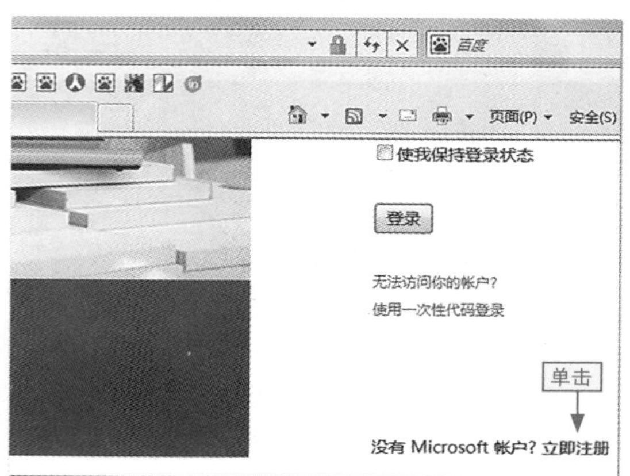

图1-23 单击“立即注册”超链接

小绝招

Microsoft 账户的作用

Microsoft 账户是登录Outlook.com、Windows Phone、SkyDrive或Xbox Live等服务的电子邮件地址和密码组合。要想使用Office 2013的全部功能，就必须登录Microsoft 账户。

步骤03 ❶在打开的页面中输入注册信息，❷单击“创建账户”按钮，如图1-24所示。

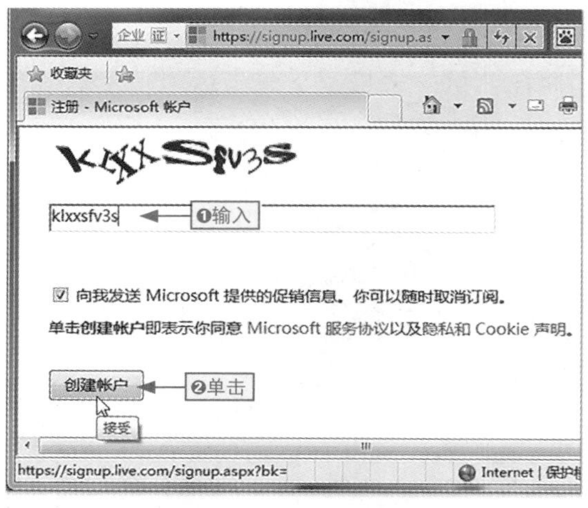

图1-24 填写注册信息

步骤04 启动Office 2013，在欢迎界面单击“登录以充分利用Office”超链接，如图1-25所示。

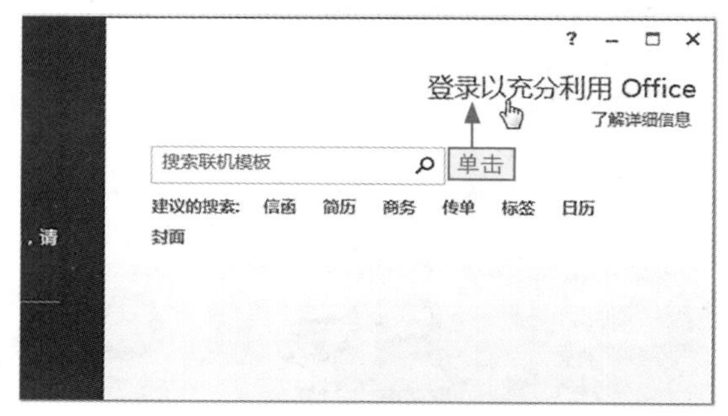

图1-25 单击超链接

步骤05 ❶在打开的对话框中输入注册的用户账户名称，❷单击“下一步”按钮，如图1-26所示。

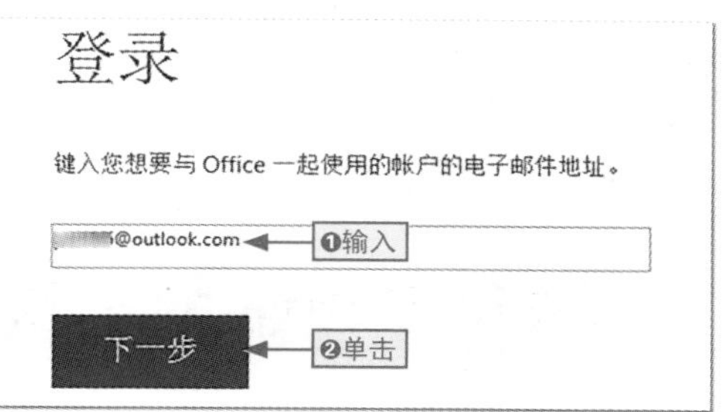

图1-26 输入账户名

步骤06 ❶在打开的对话框中输入密码，❷单击“登录”按钮开始登录，如图1-27所示。

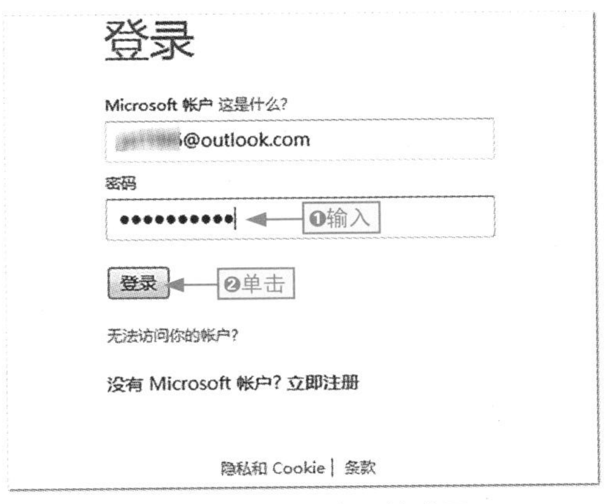

图1-27 输入密码并登录

步骤07 稍后，程序自动登录成功并在欢迎界面的右上角显示用户的账户信息，如图1-28所示。

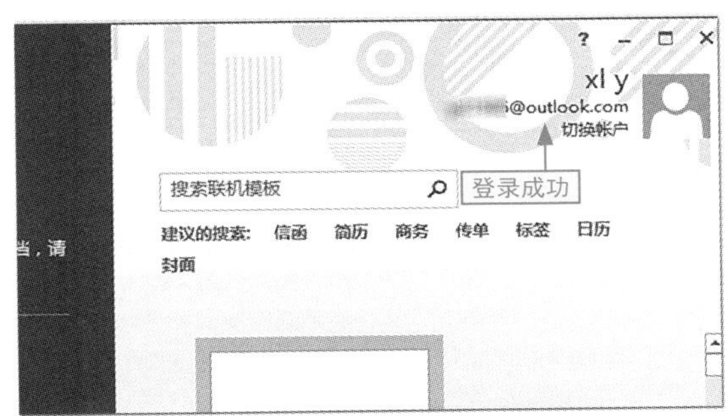

图1-28 查看登录效果

1.5.2 自定义主体颜色和背景

若用户不适应登录后默认显示的主题颜色和背景，还可对其进行自定义，具体操作如下。

学习目标 掌握更改界面主题颜色和背景效果的方法
难度指数 ★

步骤01 在欢迎界面选择“空白文档”选项，进入Office 2013的工作界面，如图1-29所示。

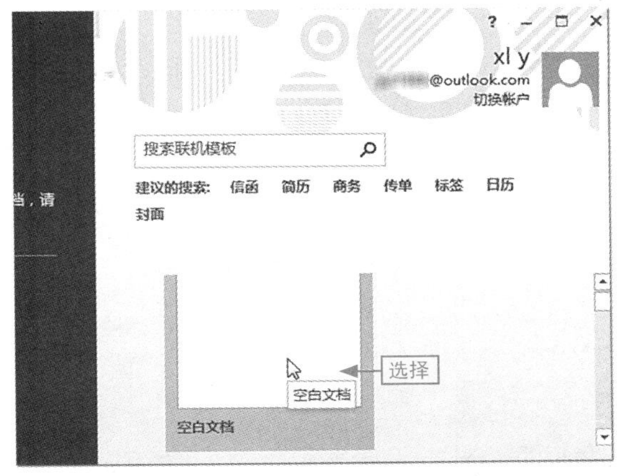

图1-29 进入工作界面

步骤02 单击“文件”选项卡，在其中选择“账户”命令，如图1-30所示。

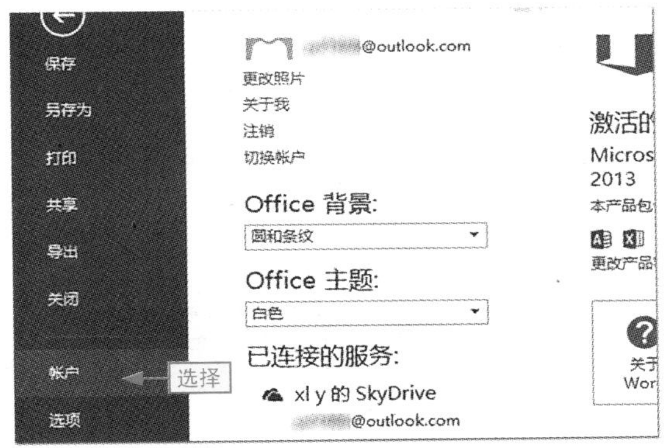

图1-30 选择“账户”命令

步骤03 ❶在“Office背景”下拉列表框中选择“无背景”选项，❷在“Office主题”下拉列表框中选择“深灰色”选项，如图1-31所示。

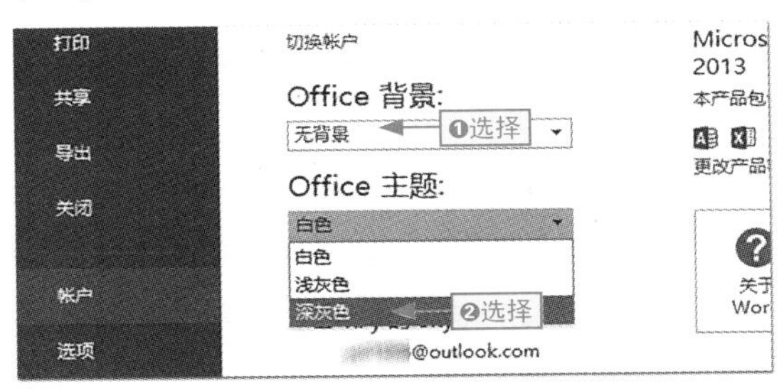

图1-31 修改背景和主题

在Office 2013中，如果用户没有登录Microsoft账户，则在“账户”选项卡中只有“Office主题”下拉列表框，而没有“Office背景”下拉列表框，即不能对背景进行设置，如图1-32所示。

图1-32　未登录账户的“账户”界面效果

1.5.3　自定义快速访问工具栏

快速访问工具栏是快速操作的入口，用户可以根据需要在该工具栏中添加或删除按钮。

1. 添加/删除常用工具

快速访问工具栏的下拉菜单中列举了一些常用的工具，通过该菜单可以快速添加\删除常用工具，具体操作如下。

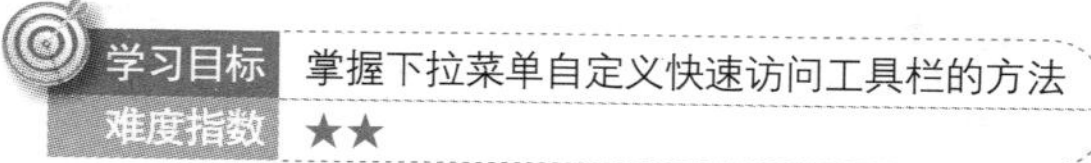

步骤01 ❶单击快速访问工具栏右侧的下拉按钮，❷选择“打印预览和打印”工具将其添加到快速访问工具栏中，如图1-33所示。

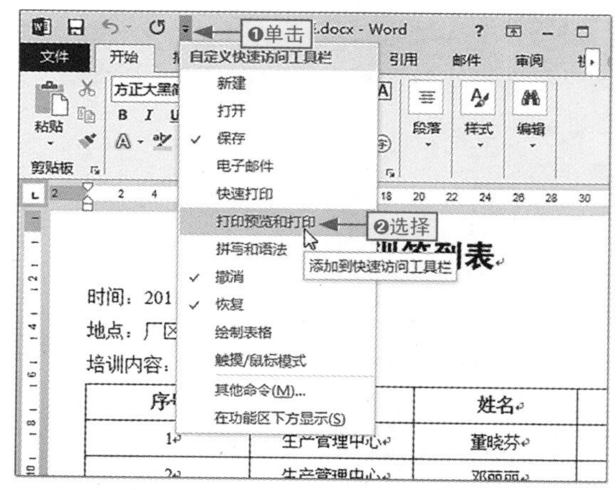

图1-33　添加工具

步骤02 ❶再次单击快速访问工具栏右侧的下拉按钮，❷选择“恢复”选项取消其左侧的勾选标记，即可将该选项从快速访问工具栏中删除，如图1-34所示。

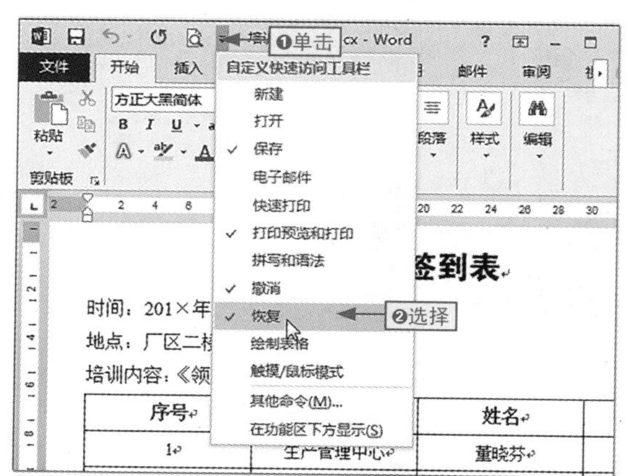

图1-34　删除工具

2. 添加/删除不在功能区的工具

对于一些不在功能区的工具，如“记录单”工具、“分解图片”工具等，可以通过选项对话框对其增加或删除，具体操作如下。

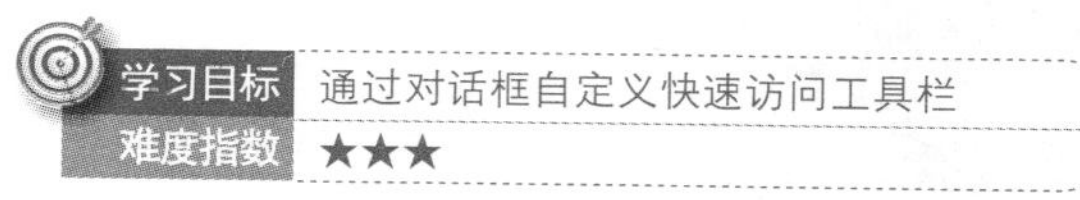

步骤01 单击“文件”选项卡，在其中单击“选项”命令，打开“Word选项”对话框，如图1-35所示。

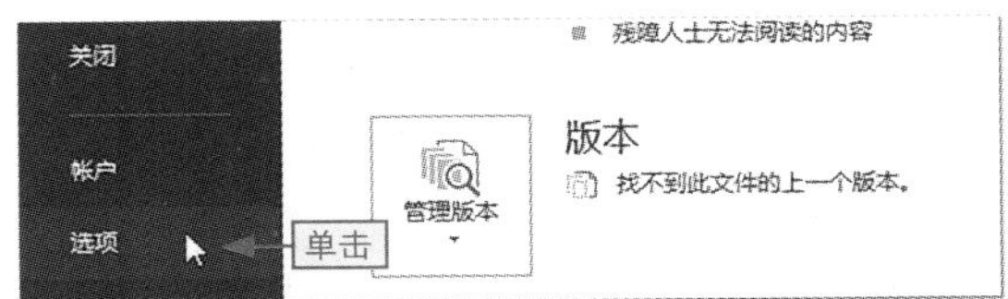

图1-35 单击“选项”命令

步骤02 ❶在打开的对话框中单击“快速访问工具栏”选项，❷在“从下列位置选择命令”列表框中选择“不在功能区中的命令”选项，如图1-36所示。

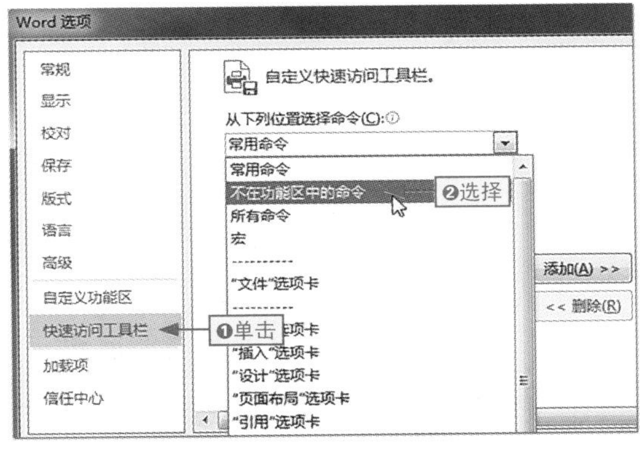

图1-36 选择选项

步骤03 ❶在中间的列表框中选择“分解图片”选项，❷单击“添加”按钮将其添加到右侧的列表框中，如图1-37所示。

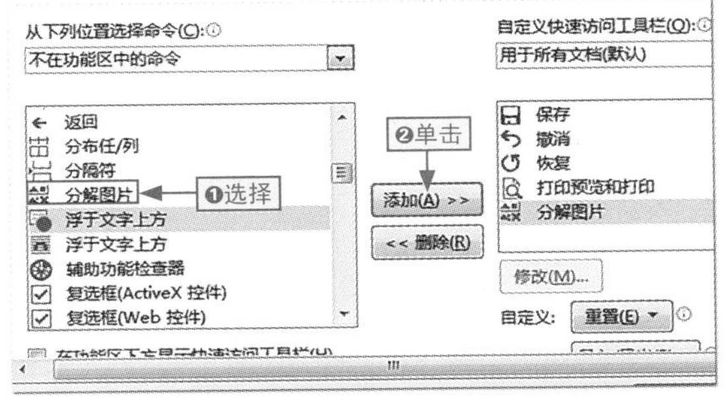

图1-37 添加工具

步骤04 ❶在右侧的列表框中选择要从快速访问工具栏中删除的选项，比如选择“打印预览和打印”选项，❷单击“删除”按钮，如图1-38所示。

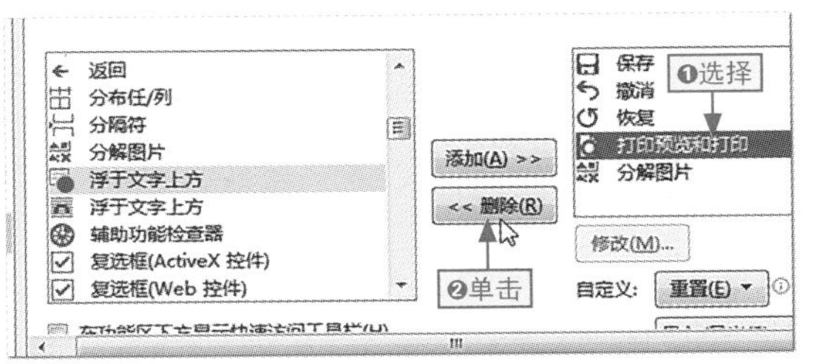

图1-38 删除工具

步骤05 单击“确定”按钮关闭对话框，在返回的快速访问工具栏中可查看最终的效果，如图1-39所示。

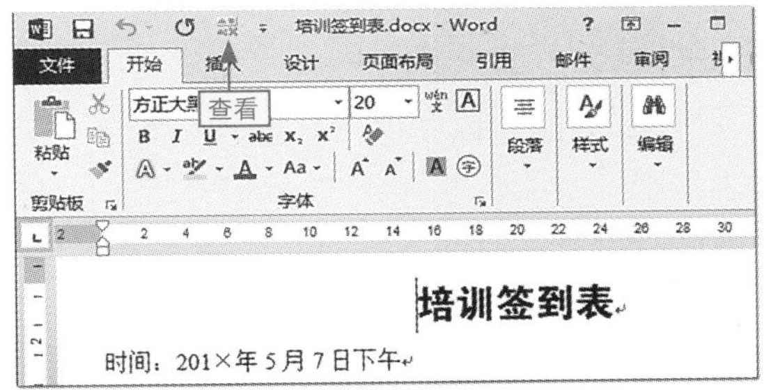

图1-39 查看效果

优化命令之间的间距

如果要在平板电脑上使用Office 2013，为了让操作更方便、准确，还需优化界面各命令之间的间距，具体方法为：在快速访问工具栏的下拉菜单中选择“[触摸\鼠标模式]”选项将其添加到快速访问工具栏，❶单击该按钮，❷选择“触摸”选项优化命令之间的间距，❸程序自动对界面各命令之间的间距进行调整，如图1-40所示。

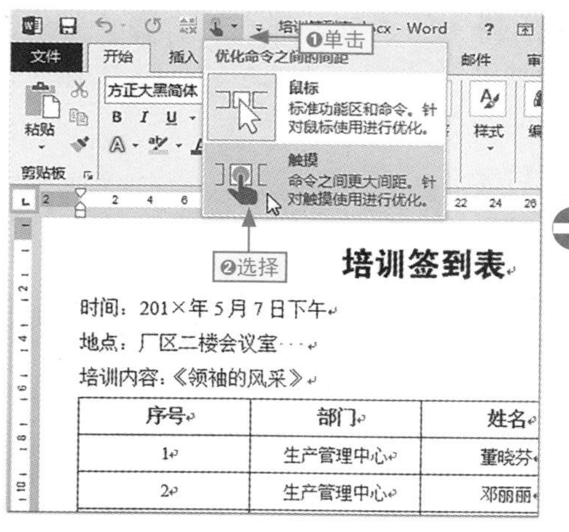

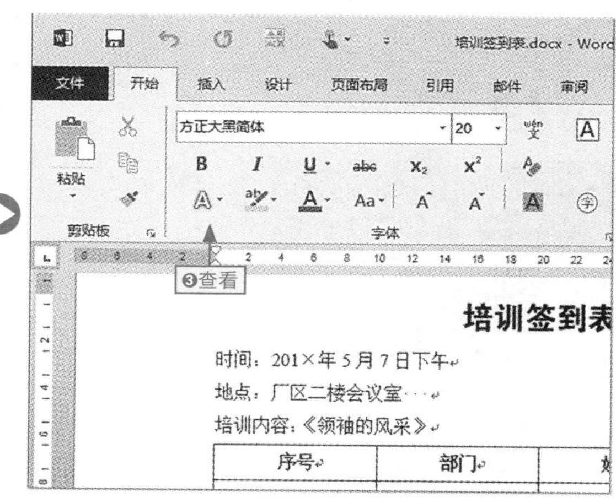

图1-40　优化间距

1.5.4 自定义选项卡和组

功能区是集中显示操作工具的位置，用户可根据使用频率将不同选项卡中的工具整理到一个组中，也可以新建选项卡，具体操作如下。

步骤01 ❶打开“Word选项”对话框，❷在对话框左侧的列表框中单击“自定义功能区”选项，如图1-41所示。

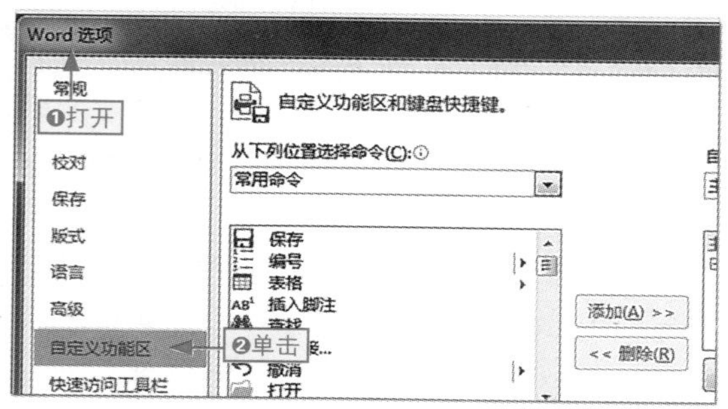

图1-41　单击“自定义功能区”选项

步骤02 ❶单击“新建选项卡”按钮，程序自动新建一个选项卡和组，❷选择新建的选项卡，❸单击下方的“重命名”按钮，如图1-42所示。

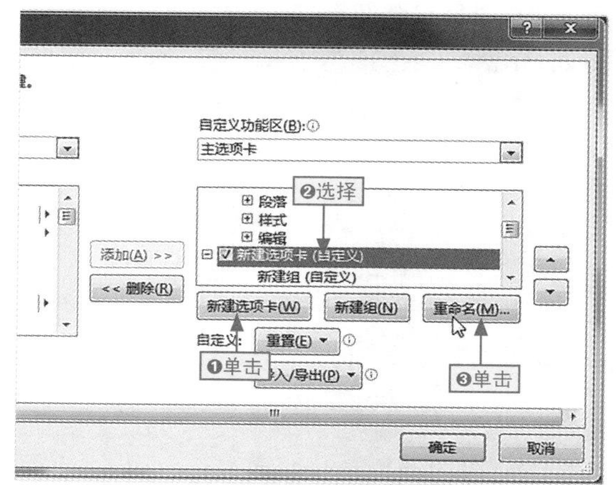

图1-42　新建选项卡和组

步骤03 ❶在打开的“重命名”对话框中输入“常用工具”名称，❷单击“确定”按钮，如图1-43所示。

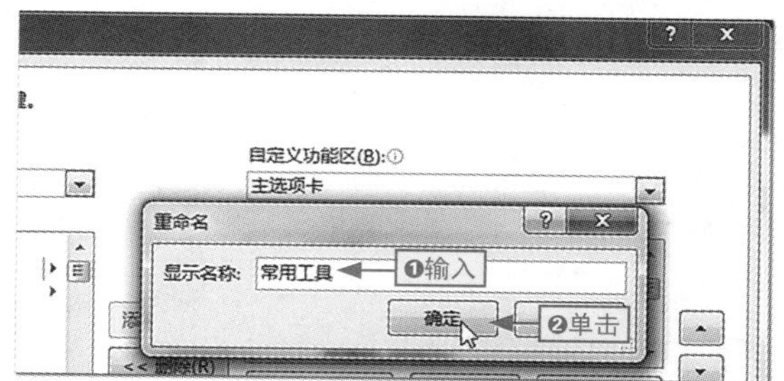

图1-43　“重命名”对话框

步骤04 ❶用相同的方法重命名组为“表格工具”，❷单击“新建组”按钮手动添加组，如图1-44所示。

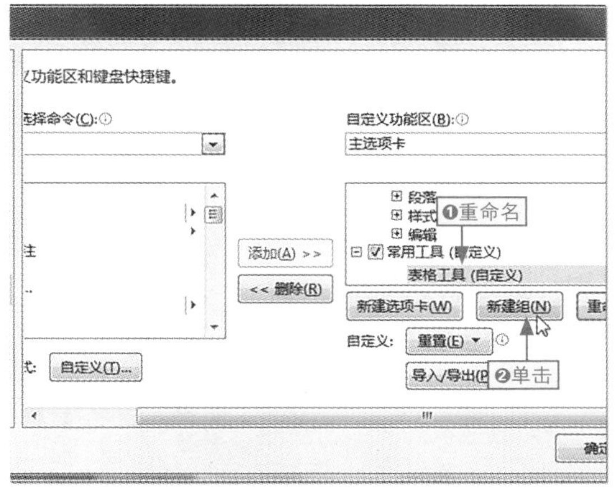

图1-44　手动新建组

步骤05 ❶将新建的组重命名为“设置文本格式”，❷选择“表格工具”组，❸在中间的列表框中选择“表格”选项，❹单击“添加”按钮将其添加到“表格工具”组，如图1-45所示。

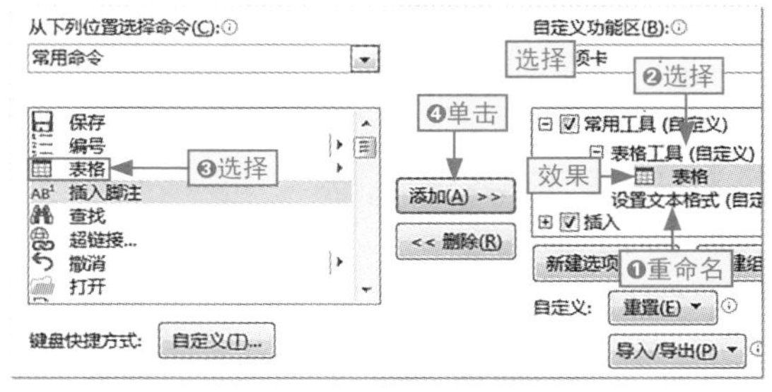

图1-45　添加工具到工作组

步骤06 用相同的方法为两个组添加工具，确认后在返回的工作表中可查看效果，如图1-46所示。

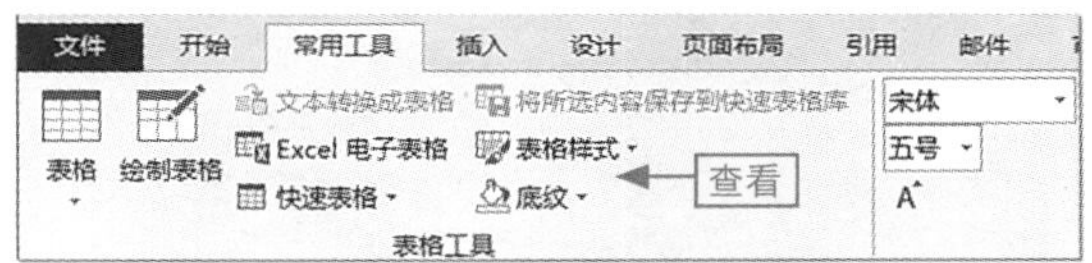

图1-46　添加其他工具并查看效果

长知识

隐藏\显示功能区

在Office 2013中，为了让编辑区能显示更多内容，可以将功能区隐藏，当要使用功能区时，再将其显示出来，具体操作是：❶单击“功能区显示选项”按钮，❷选择“显示选项卡”或“自动隐藏功能区”选项隐藏功能区。❸再次单击该按钮，❹选择“显示选项卡和命令”选项显示功能区。此外，双击任意选项卡还可以快速在隐藏和显示选项卡之间进行切换，如图1-47所示。

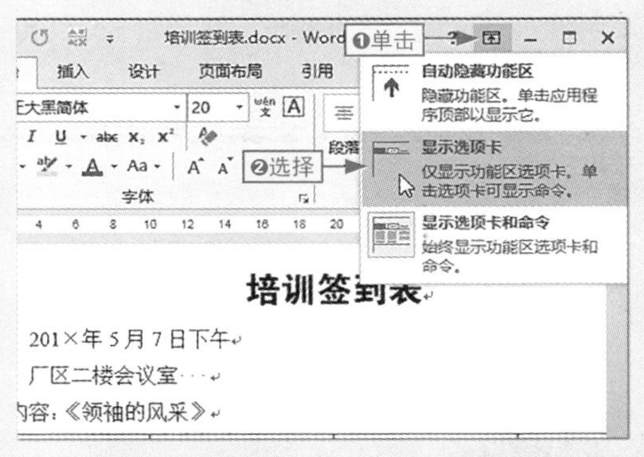

图1-47　隐藏\显示功能区

1.5.5 设置文件的自动保存

为了降低因为意外断电、电脑故障等原因导致Office软件不响应或结束带来的数据丢失，可为其设置自动保存，具体操作如下。

学习目标	了解以指定时间间隔自动保存文件的方法
难度指数	★★★

步骤01 ❶打开“Word选项”对话框，❷在对话框左侧的列表框中单击“保存”选项，如图1-48所示。

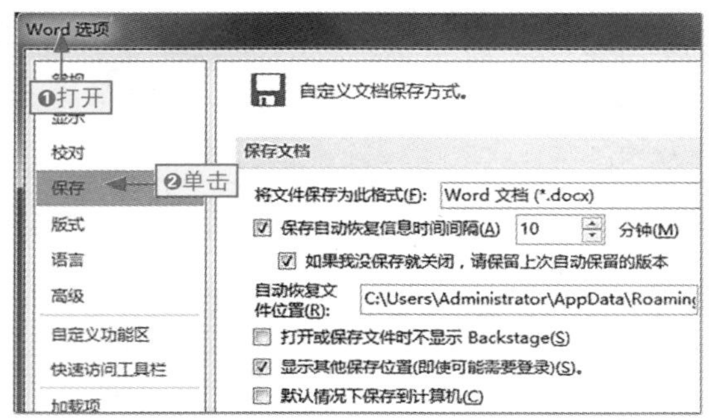

图1-48 单击“保存”选项

步骤02 ❶在“保存自动恢复信息时间间隔”数值框中输入“8”，❷单击“确定”按钮，如图1-49所示。

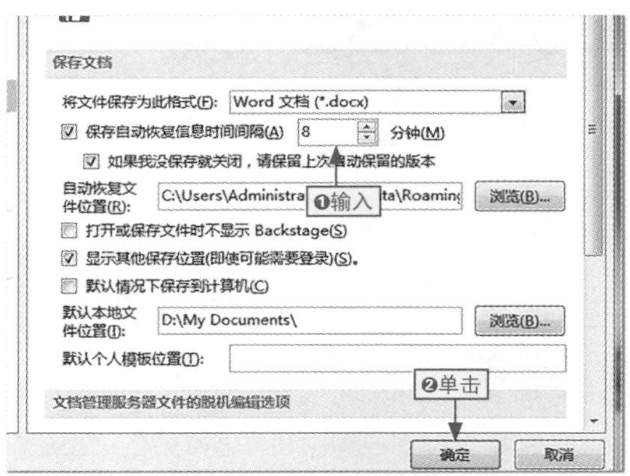

图1-49 设置保存时间

设置的保存时间间隔表示每隔多长时间自动保存一次文件，用户可根据自己的工作需要设置此值，一般以5～15分钟为宜。

1.6 Office 文件的常规操作

小白：Office有那么多组件，逐个学习肯定要花很多时间吧？

阿智：对于Office的组件，其实有很多常规操作，我们可以一起来学习它们，下面我挑一些最基本的操作来给你介绍吧。

虽然Office软件包含很多组件，但是这些组件之间有些操作是相似的。为了帮助用户快速入门，下面以Word组件为例，讲解Office软件中各组件的共性操作。

1.6.1 文件的新建与保存操作

新建与保存文档时指明将文字内容或数据保存在哪个文件，这是Office软件最基础的操作，具体介绍如下。

本节素材	⊙\素材\Chapter01\无
本节效果	⊙\效果\Chapter01\招聘启事.docx
学习目标	掌握新建空白文档并保存在指定位置的方法
难度指数	★★★★

步骤01 ❶在任意文档的“文件”选项卡中单击“新建”命令，❷选择“空白文档”选项新建一个空白文档，如图1-50所示。

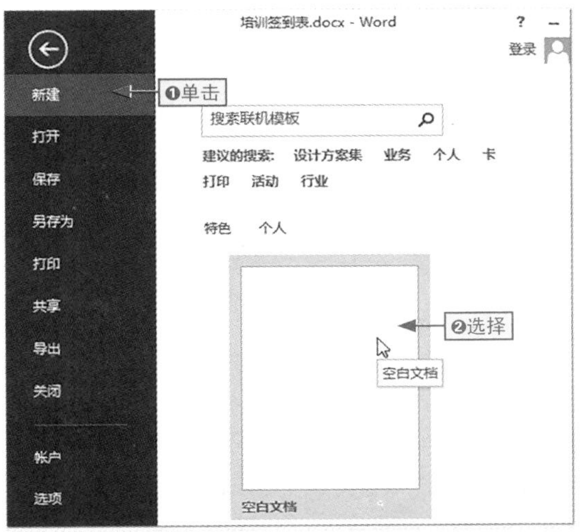

图1-50　新建空白文档

小绝招

利用快捷键新建文档

在工作界面按Ctrl+N组合键可快速新建一个空白文档。

步骤02 在快速访问工具栏中单击“保存”按钮开始保存文档，如图1-51所示。

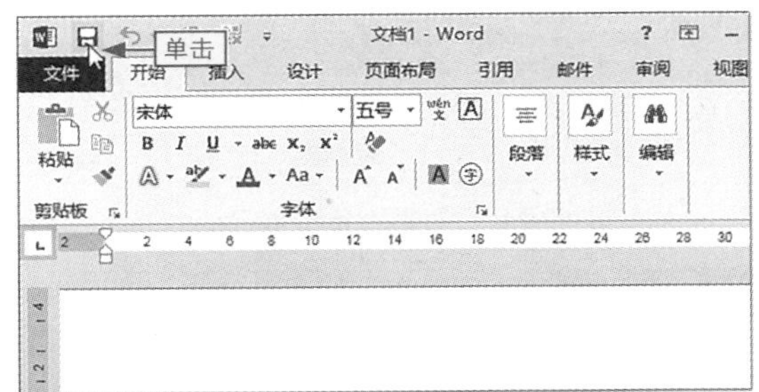

图1-51　保存文档

小绝招

利用快捷键保存文档

在工作界面按Ctrl+S组合键可快速对文档执行保存操作。

步骤03 系统自动执行“文件”选项卡中的“另存为”命令，❶选择“计算机”选项，❷单击“浏览”按钮，如图1-52所示。

图1-52　设置文档另存

步骤04 ❶在打开的“另存为”对话框中设置保存路径，❷输入文件名，❸单击“保存”按钮，如图1-53所示。

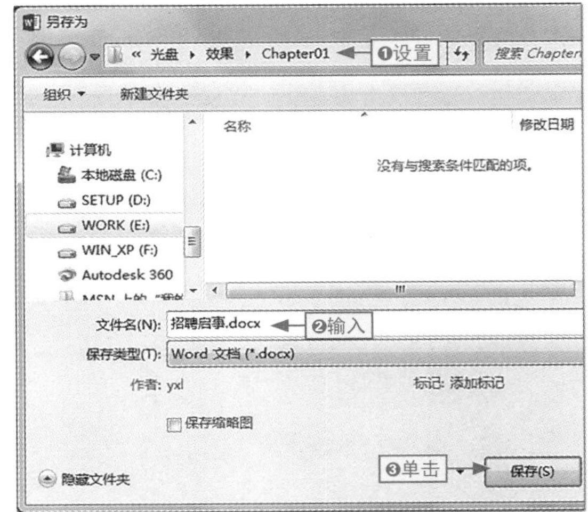

图1-53　设置保存路径和名称

保存与另存为的说明

对于新建文档，执行保存和另存为操作的效果一样。如果编辑已存在的文档，保存操作将覆盖以前的内容，另存为操作则将修改后的版本另存为其他文件并确保原文档内容不变。

1.6.2 为文件设置打开和编辑权限

当要查看或编辑某个文档时，首先需要将其打开。为了有效确保文档内容的安全，还可为其设置打开权限和修改权限，具体操作如下。

本节素材	\素材\Chapter01\借款单.docx
本节效果	\效果\Chapter01\借款单.docx
学习目标	掌握为文档添加打开和编辑权限的方法
难度指数	★★★★

步骤01 ❶在任意文档的“文件”选项卡中单击“打开”命令，❷双击“计算机”选项，如图1-54所示。

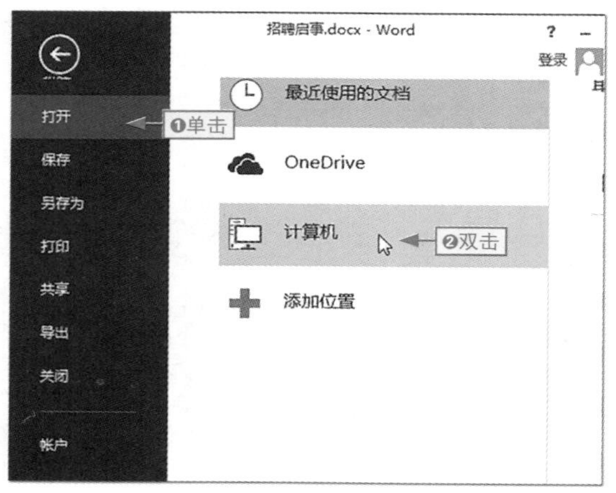

图1-54 双击“计算机”选项

打开文档的补充说明

通常情况下，直接找到文档的保存位置后，双击文件即可将其打开，如果要打开与该文档相同保存位置的其他文档，可以在该文档的Word工作界面单击“文件”选项卡，在切换的界面的“打开”选项卡的“最近使用的文档”栏中可快速打开文档的保存路径。

步骤02 ❶在打开的“打开”对话框中选择文件的保存路径，❷在中间的列表框中选择文件，❸单击“打开”按钮可打开文件，如图1-55所示。

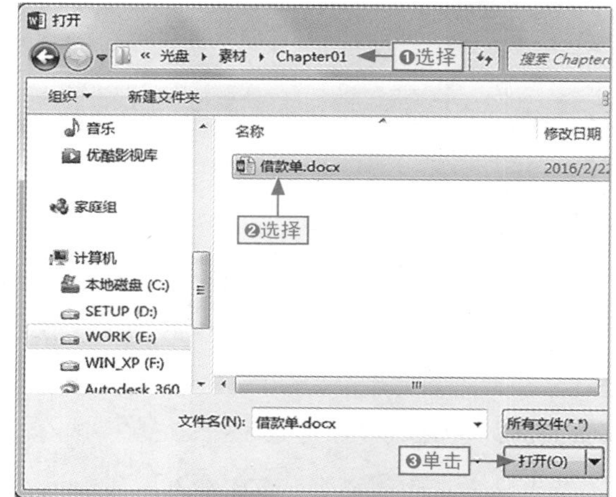

图1-55 打开文件

步骤03 ❶在打开的“借款单”文档的“文件”选项卡中单击“另存为”命令，❷双击“计算机”选项，如图1-56所示。

图1-56 另存文件

步骤04 在打开的“另存为”对话框中设置保存路径，❶单击“工具”下拉按钮，❷选择“常规选项”命令，如图1-57所示。

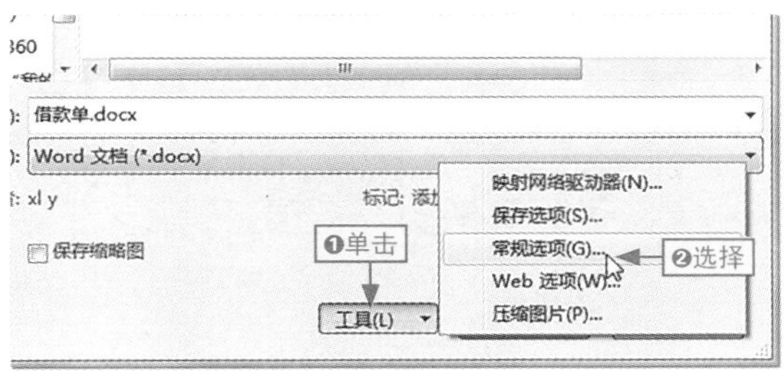

图1-57 设置常规选项

步骤05 ❶在打开的“常规选项”对话框的“打开文件时的密码”和“修改文件时的密码”文本框中分别输入密码，❷单击“确定”按钮，如图1-58所示。

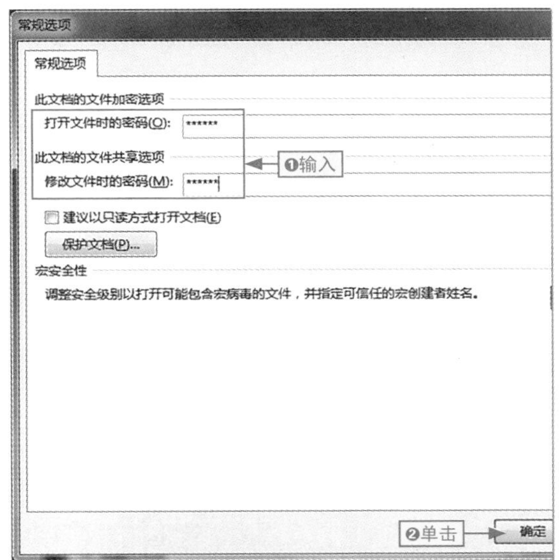

图1-58 设置权限密码

取消为文档设置的权限保护

如果要取消为文档设置的权限保护，只需再次打开“常规选项”对话框，在其中将“打开文件时的密码”和“修改文件时的密码”文本框中的密码删除即可。

步骤06 ❶在打开的“确认密码”对话框的文本框中输入“hc1234”密码，❷单击“确定”按钮确认设置的打开权限密码，如图1-59所示。

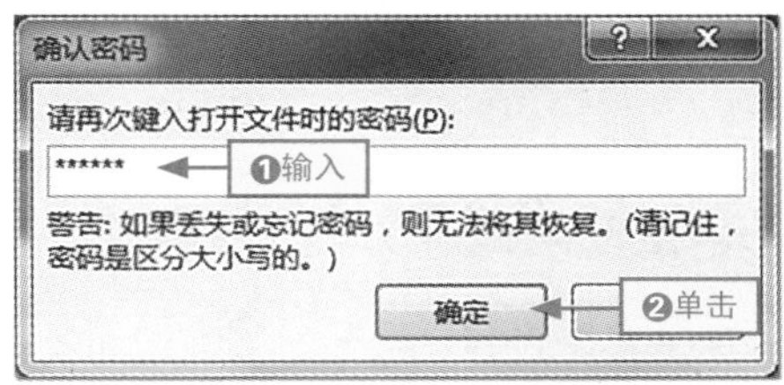

图1-59 确认打开权限密码

步骤07 ❶在打开的“确认密码”对话框的文本框中输入“hc5678”密码，❷单击“确定”按钮确认设置的修改权限密码，如图1-60所示。

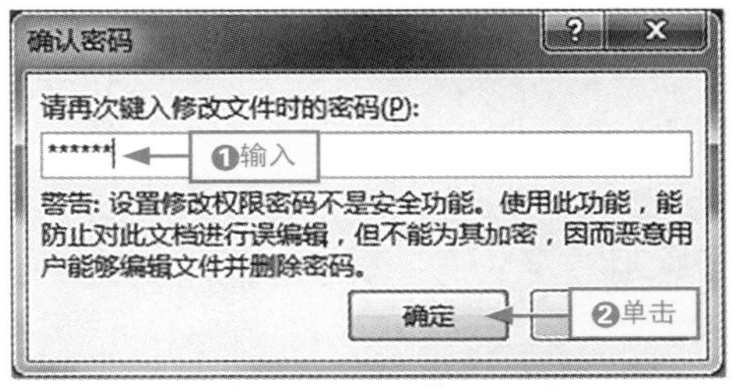

图1-60 确认修改权限密码

步骤08 在返回的“另存为”对话框中单击“保存”按钮完成操作，如图1-61所示。

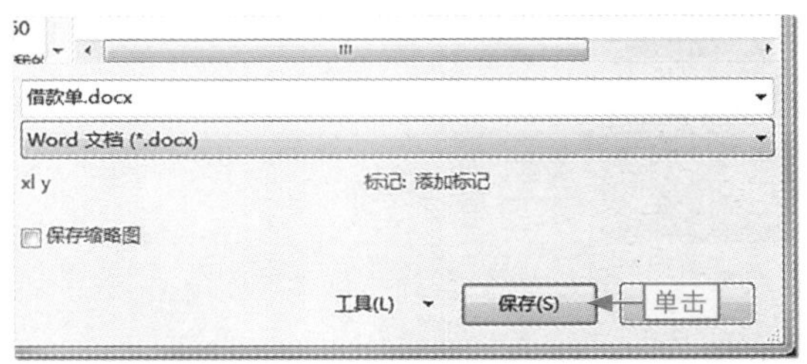

图1-61 保存文档

为文档设置权限后的效果

为文档添加打开权限密码和修改权限密码后，用户只有同时正确输入这两个密码，才能对文档进行编辑操作。如果只正确输入打开权限密码，用户可以通过只读方式查看文档内容，但不能对其进行编辑操作，如图 1-62 所示。

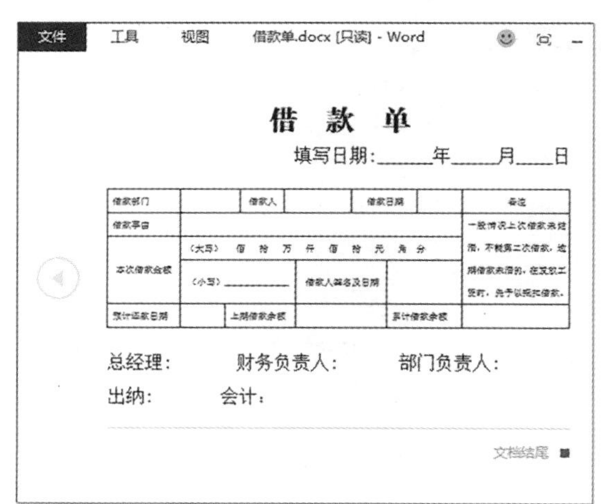

借　款　单

填写日期:______年_____月____日

借款部门		借款人		借款日期		备注
借款事由						一般情况上次借款未结清，不能第二次借款，逾期借款未清的，在发放工资时，先予以抵扣借款。
本次借款金额	（大写） 佰 拾 万 仟 佰 拾 元 角 分					
	（小写）__________		借款人签名及日期			
预计还款日期		上期借款余额		累计借款余额		

总经理:　　财务负责人:　　部门负责人:

出纳:　　会计:

图1-62　通过只读方式查阅文档

给你支招 | 提高 Office 2013 的启动速度

阿智：在启动Office 2013时，有时会有一段加载配置的过程，这样就大大延长了启动时间，其实我们可以通过设置来加快或提高启动速度。

小白：那具体该怎么操作呢？给我演示一下吧。

步骤01 单击“文件”选项卡，单击“选项”命令打开选项对话框，如图1-63所示

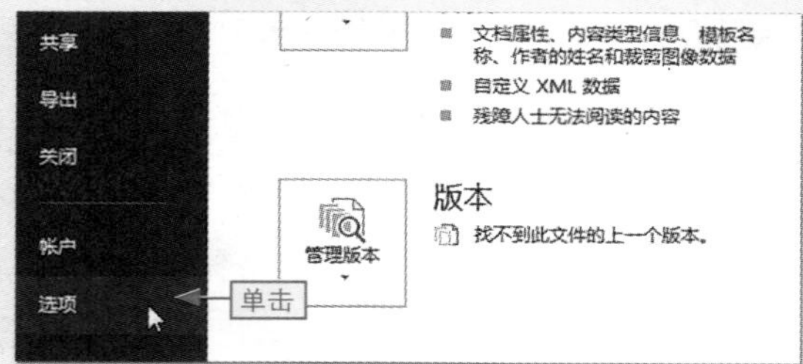

图1-63　单击“选项”命令

步骤02 ❶在打开的对话框中单击“加载项”选项，❷单击“管理”下拉列表框右侧的“转到”按钮，如图1-64所示。

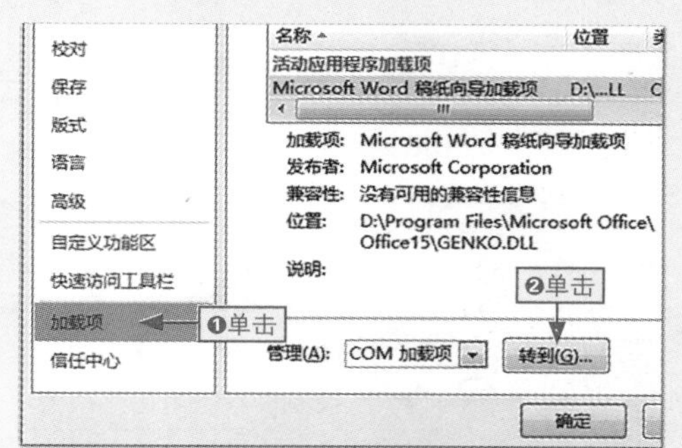

图1-64　单击“转到”按钮

步骤03 ❶在打开的“COM 加载项”对话框中取消选中不需要的加载项对应的复选框，❷单击“确定”按钮，如图1-65所示。

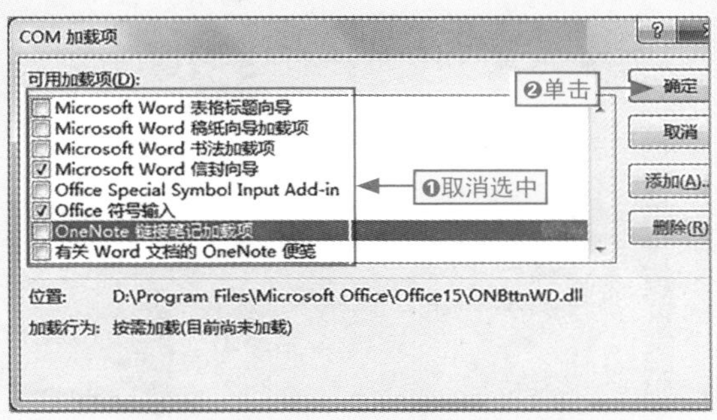

图1-65　取消不需要的加载项

给你支招 | 新建模板文档

小白： 对于某些办公文档，不知道要填写什么内容，这该怎么办呢?

阿智： 在Word中内置了很多模板文档，这些文档已经预定义了一些格式和输入提示，用户在创建模板文档后，在提示占位符中输入相应的内容即可，具体操作如下。

步骤01 ❶在“文件”选项卡中单击“新建”命令，❷在文本框中输入“传单”关键字，❸单击搜索按钮，如图1-66所示。

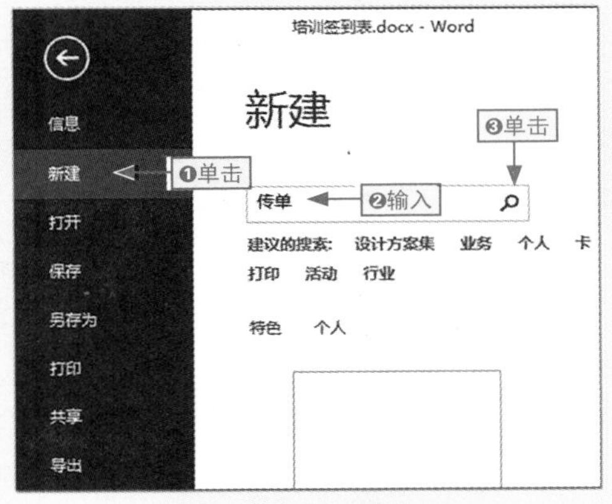

图1-66　搜索模板

步骤02 在界面下方自动显示了根据当前关键字搜索到的所有结果，找到需要的模板，选择该模板选项，如图1-67所示。

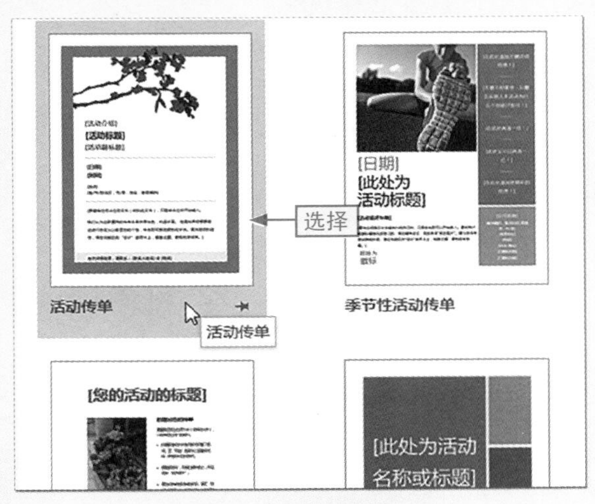

图1-67　选择模板

步骤03 在打开的对话框中可预览模板效果，并且提供了有关该模板的描述，单击“创建”按钮开始下载该模板，如图1-68所示。

图1-68　查看预览效果

步骤04 下载完成后，程序自动打开该模板文件，在其中根据提示录入内容后，将模板文件保存即可完成操作，如图1-69所示。

图1-69　操作模板

Chapter

快速制作纯文本文档

学习目标

作为强大的文字处理软件，Word在商务办公中被广泛应用。而通过本章的学习，读者可以很好地使用Word工具制作比较规范、具有实际用途的文档。

本章要点

- 纸张大小的设置
- 页边距的设置
- 页面方向的设置
- 添加文档水印
- 输入普通文本
- 快速设置字体格式
- 段落对齐方式的设置
- 查找与替换操作
- 使用项目符号
- 使用编号

知识要点	学习时间	学习难度
页面格式和效果的设置	40 分钟	★★★
文本的输入、格式化和编辑操作	60 分钟	★★★★
使用项目符号和编号	30 分钟	★★

2.1 页面格式的设置

小白：领导让我制作一个说明书，还特别强调了开本尺寸，什么是开本尺寸啊？

阿智：其实就是指文档的页面大小，下面我具体教你怎么设置吧。

设置文档页面主要是对页面的纸张大小、页边距、纸张方向进行设置，使制作的商务文档更符合规范要求。

2.1.1 纸张大小的设置

在利用Word制作文档时，需要根据文档的用途、内容特点等因素调整合适的纸张大小，具体操作如下。

本节素材	\素材\Chapter02\请假单.docx
本节效果	\效果\Chapter02\请假单.docx
学习目标	掌握自定义纸张大小的方法
难度指数	★★

步骤01 ❶打开素材文件，❷切换到“页面布局”选项卡，如图2-1所示。

图2-1　切换到“页面布局”选项卡

步骤02 ❶在“页面设置”组中单击“纸张大小”按钮，❷选择“其他页面大小”命令，如图2-2所示。

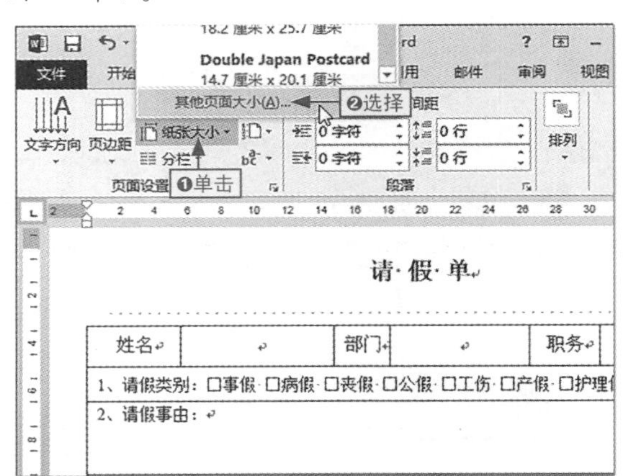

图2-2　选择“其他页面大小”命令

步骤03 ❶在打开的对话框中单击“纸张大小”下拉按钮，❷选择“自定义大小”选项，如图2-3所示。

使用内置的页面尺寸

Word 2013内置了一些页面尺寸，直接在步骤2的“纸张大小”下拉列表或者步骤3的“纸张大小”下拉列表框中选择尺寸选项即可为页面应用该尺寸。

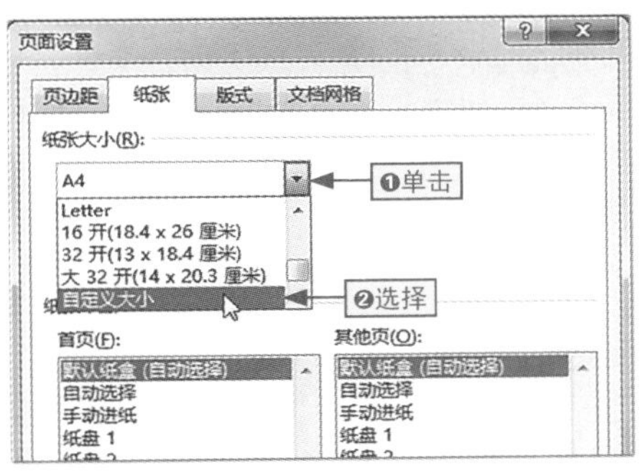

图2-3　自定义纸张大小

步骤04 ❶在“高度”和“宽度”数值框中分别设置高度和宽度，❷单击“确定”按钮完成操作，如图2-4所示。

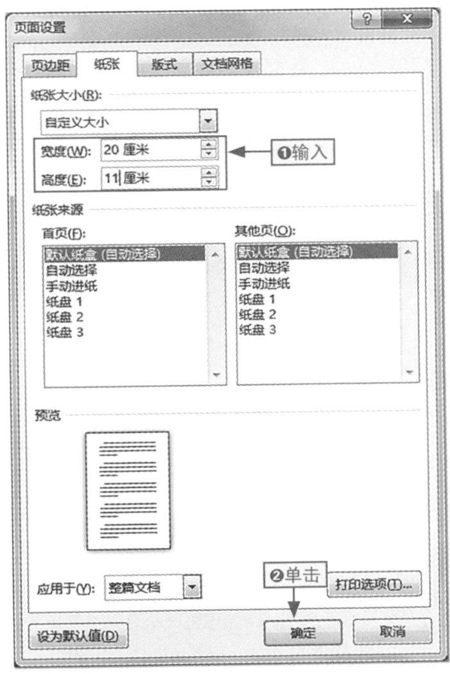

图2-4　自定义高度和宽度

2.1.2 页边距的设置

页边距即版心距离页面四边的距离，如果要使用内置的页边距，直接在“页边距”下拉列表中选择对应的选项，如图2-5所示。

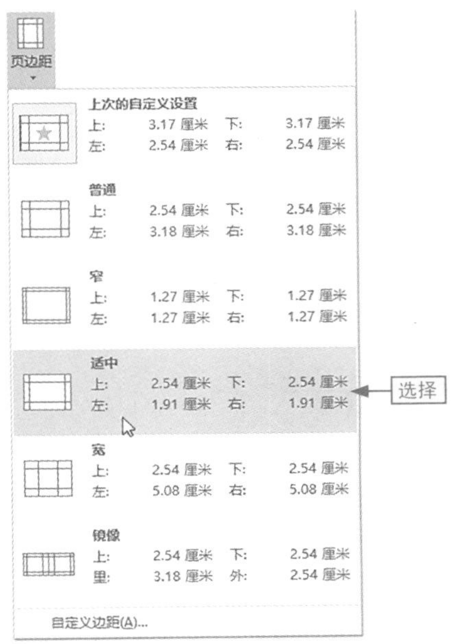

图2-5　使用内置页边距

如果这些页边距都不符合实际要求，用户还可以进行自定义，具体操作如下。

本节素材	⊙\素材\Chapter02\请假单1.docx
本节效果	⊙\效果\Chapter02\请假单1.docx
学习目标	掌握自定义页边距尺寸的方法
难度指数	★★

步骤01 ❶打开素材文件，❷切换到“页面布局”选项卡，❸在“页面设置”组中单击“对话框启动器”按钮，如图2-6所示。

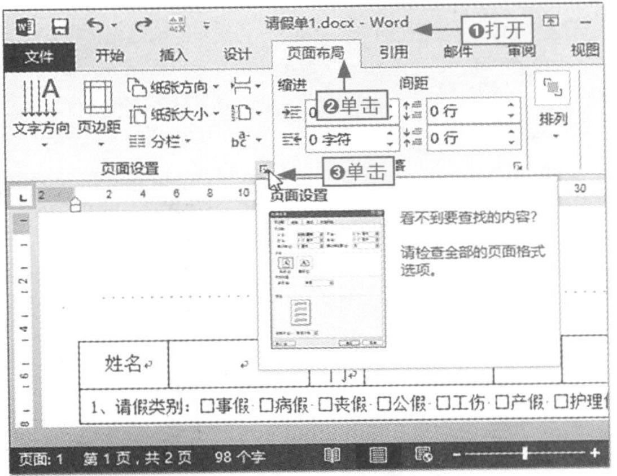

图2-6　单击“对话框启动器”按钮

步骤02 ❶在打开的对话框中的“页边距”选项卡中分别设置上、下、左、右的页边距，❷单击“确定”按钮，如图2-7所示。

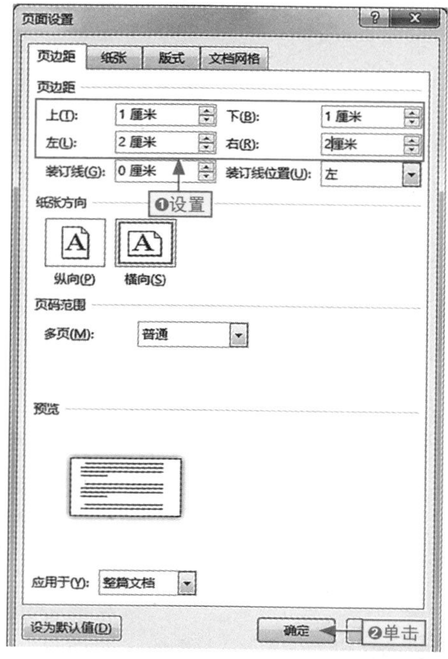

图2-7　自定义设置页边距大小

步骤03 返回到工作界面即可看到，通过调整页边距后，两页内容显示为一页内容了，如图2-8所示。

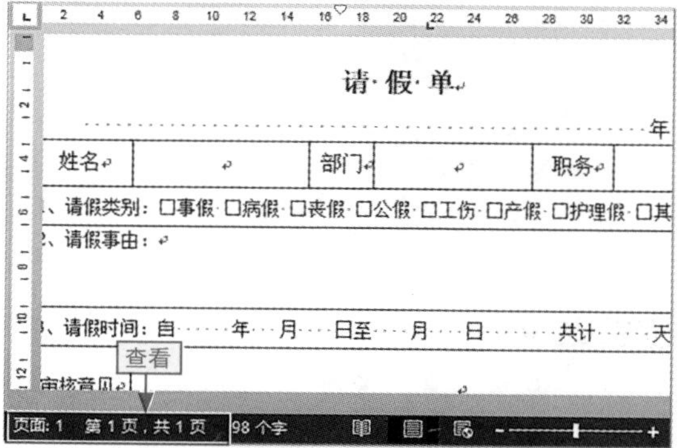

图2-8　查看修改页边距后的文档效果

自定义页边距的其他方法

在 Word 2013 中，直接在“页面布局”选项卡中单击“页边距”下拉按钮，选择“自定义边距”命令，或者在工作界面双击标尺都可以打开“页面设置”对话框来自定义页边距。

认识版心及其与页边距的关系

每个页面都有其版心，它是图书版面上规定承载图书内容的部分，是版面构成要素之一，也是版面内容的主体。版面上除去周围白边，剩下的以文字和图片为主要组成的部分就是版心，如图 2-9 所示。其中，橘色填充区和白色填充区的组合称为版面，白色填充区为版心，橘色填充区为边距区域。通过图中的标注可知，版心的大小主要通过调整页边距来设置。

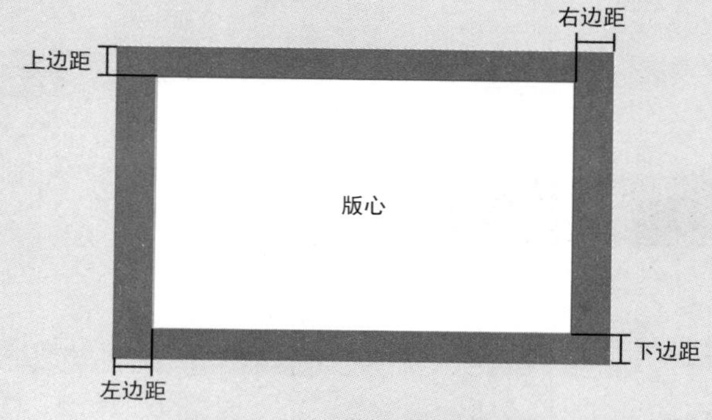

图2-9　版心和页边距的分布

2.1.3 页面方向的设置

页面方向有两种，即横向和纵向，用户可根据需要来调整页面方向，具体设置方法有如下两种。

通过下拉列表设置页面方向

在Word中，❶单击“页面设置”组中的“纸张方向”下拉按钮，❷在其中选择需要的选项可快速更改页面的方向，如图2-10所示。

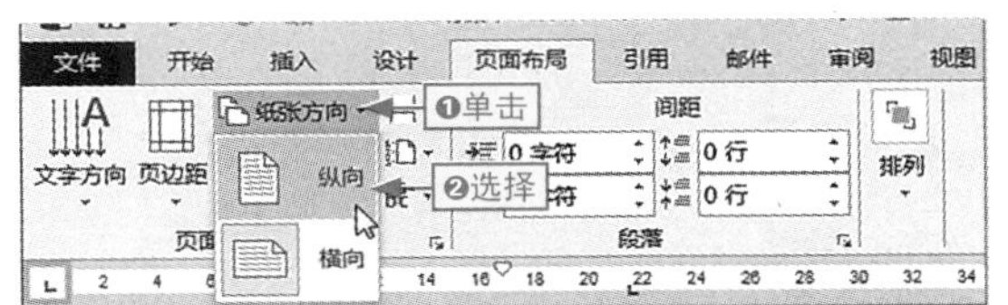

图2-10　通过下拉列表设置页面方向

通过对话框设置页面方向

通过任意方式打开“页面设置”对话框，在“页边距”选项卡的“纸张方向”栏中选择需要的纸张方向选项，单击“确定”按钮完成更改页面方向的操作，如图2-11所示。

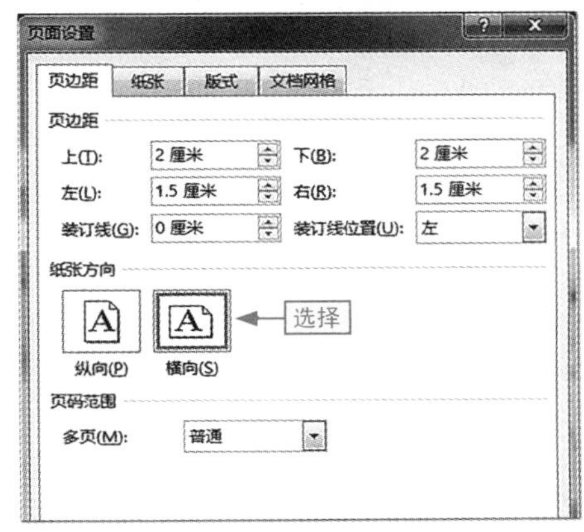

图2-11　通过对话框设置页面的方向

2.2 页面背景效果的设置

小白：我看到有些文档的页面会显示“机密”的灰色字样，这是怎么实现的啊？

阿智：这个是为文档添加的水印效果，它是页面背景效果的一种设置方式，下面我具体给你讲讲吧。

对制作的文档进行美化操作，可以让文档更赏心悦目和专业。在Word中，最快速的操作方法就是通过设置页面背景来实现。

2.2.1 添加文档水印

在Word 2013中，我们可以使用内置的水印效果，也可以自定义水印效果，下面分别进行介绍。

1. 插入内置水印

一般比较重要或未确定的文档，都需要为其添加水印，以示区别。在Word 2013中，程序内置了一些文字水印效果，用户可直接使用，具体操作如下。

本节素材 ⊙\素材\Chapter02\人事档案保管制度.docx
本节效果 ⊙\效果\Chapter02\人事档案保管制度.docx
学习目标 掌握在文档中插入内置文字水印的方法
难度指数 ★★★

步骤01 ❶打开素材文件，❷单击“设计”选项卡，如图2-12所示。

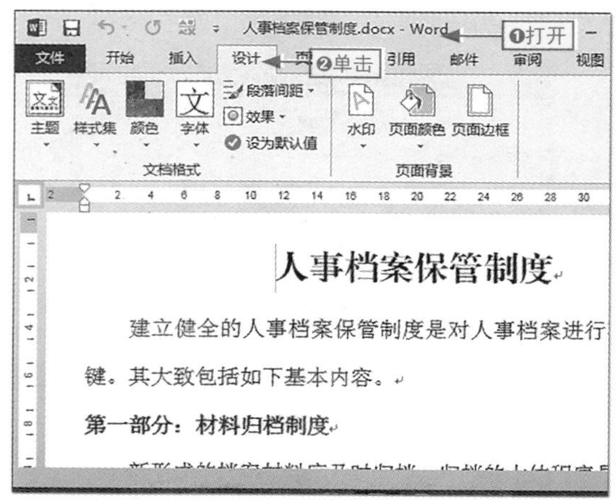

图2-12 切换到“设计”选项卡

步骤02 ❶在“页面背景”组中单击“水印”按钮，❷在弹出的下拉列表中选择“严禁复制1”选项样式，如图2-13所示。

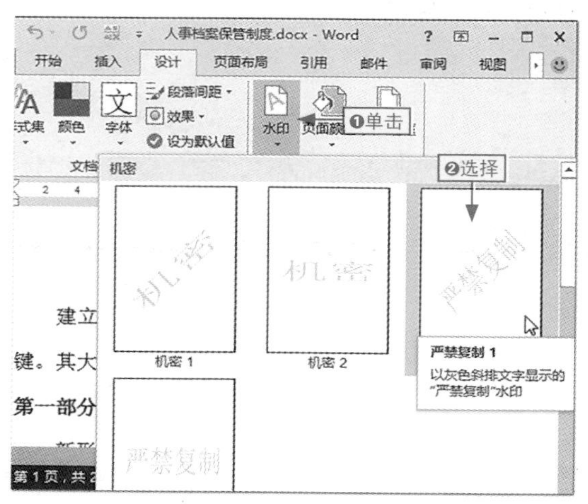

图2-13 选择水印样式

步骤03 程序自动在页面中为文档添加向右上方倾斜的文字水印，如图2-14所示。

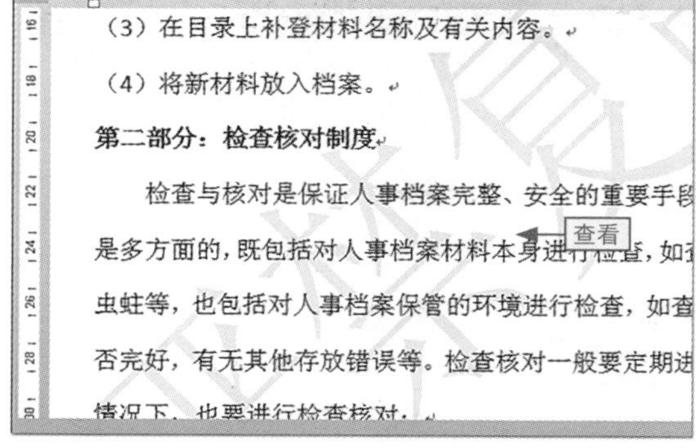

图2-14 查看添加文字水印的效果

2. 自定义水印

在Word 2013中，自定义水印包括自定义文字水印和自定义图片水印，其操作是通过“水印”对话框完成的。

本节素材 ⊙\素材\Chapter02\人事档案保管制度1.docx
本节效果 ⊙\效果\Chapter02\人事档案保管制度1.docx
学习目标 掌握在文档中自定义水印的方法
难度指数 ★★★

步骤01 ❶打开素材文件，❷在“设计”选项卡中单击“水印”按钮，❸选择“自定义水印”命令，如图2-15所示。

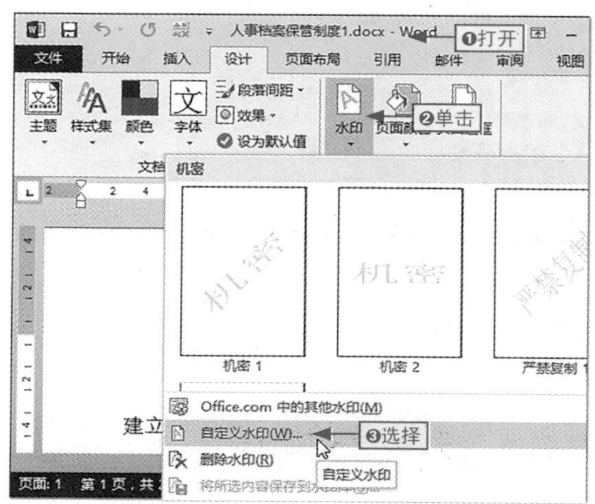

图2-15 选择“自定义水印”命令

步骤02 ❶在打开的“水印”对话框中选中“文字水印”单选按钮，❷在“文字”文本框

中输入“内容待定”文本，如图2-16所示。

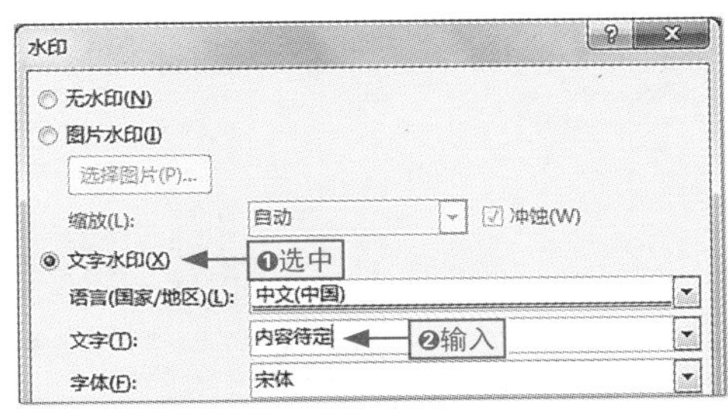

图2-16 设置水印文字

步骤03 ❶在“字体”下拉列表框中选择“方正小标宋简体”选项更改文字水印的字体，❷在“字号”下拉列表框中选择“66”选项更改文字水印的字号，如图2-17所示。

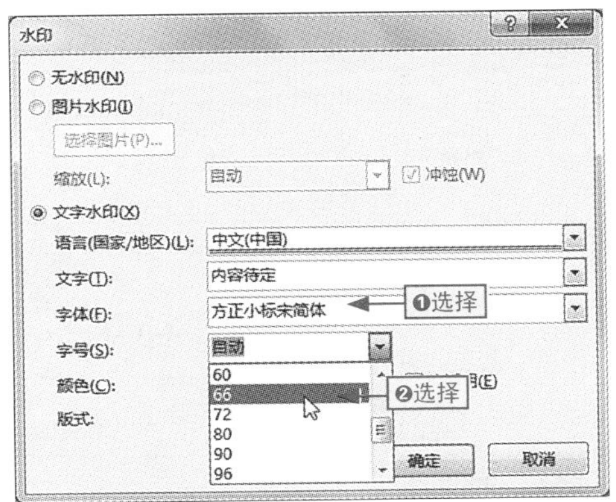

图2-17 设置文字水印的字体与字号

步骤04 ❶在“颜色”下拉列表框中选择一种合适的颜色，❷取消选中“半透明”复选框，如图2-18所示。

添加图片水印的方法

在Word文档中，如果要将某张图片设置为文档的水印，直接在“水印”对话框中选中“图片水印”单选按钮，单击“选择图片”按钮查找需要的图片进行添加。

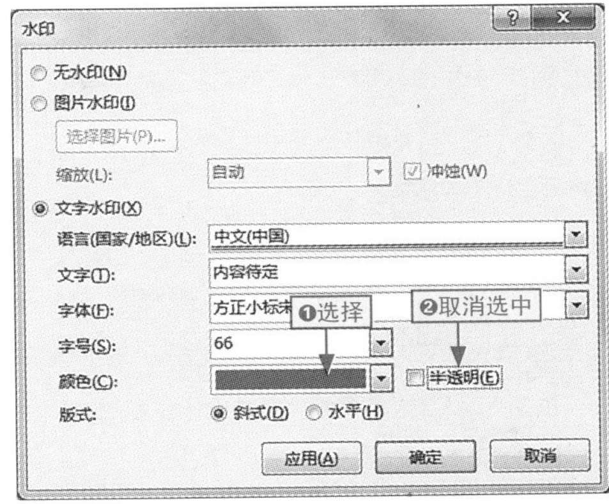

图2-18 设置文字水印的颜色和效果

步骤05 ❶选中“水平”单选按钮更改文字水印的版式，❷单击“确定”按钮完成自定义设置，如图2-19所示。

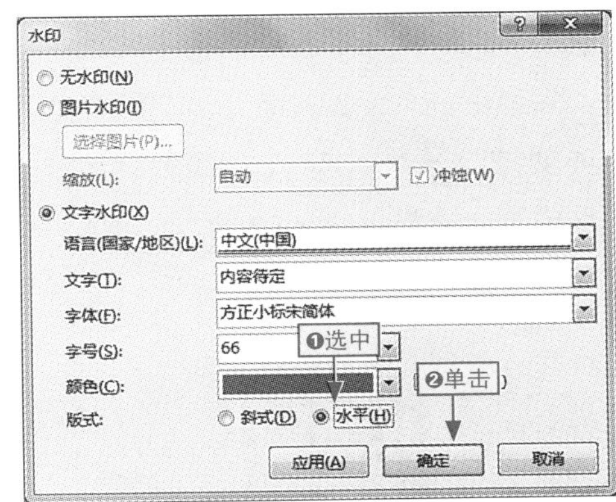

图2-19 设置水印的版式

步骤06 在返回的Word工作界面即可看到为文档添加自定义文字水印后的效果，如图2-20所示。

删除文档水印的方法

在Word 2013中，如果要删除文档中添加的水印效果，可以在“水印”下拉菜单中选择“删除水印”命令快速删除。另外，在“水印”对话框中选中“无”单选按钮，单击“确定”按钮也可实现。

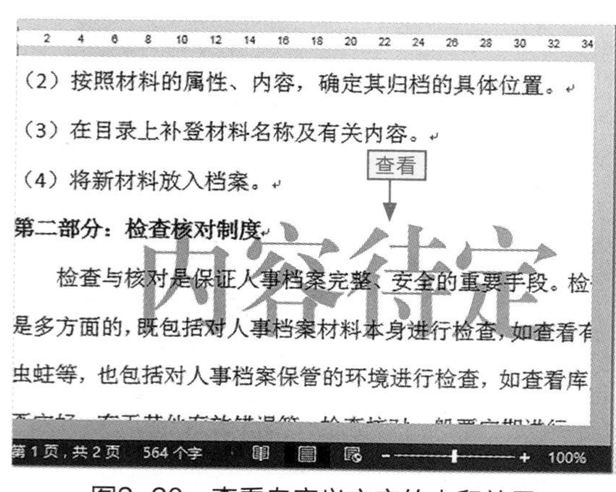

图2-20　查看自定义文字的水印效果

2.2.2 添加页面背景

在Word 2013中，通过单击“页面颜色”按钮，在弹出的如图2-21所示的下拉列表中选择需要的颜色选项，可以为页面添加背景颜色，从而改变文档的显示效果。

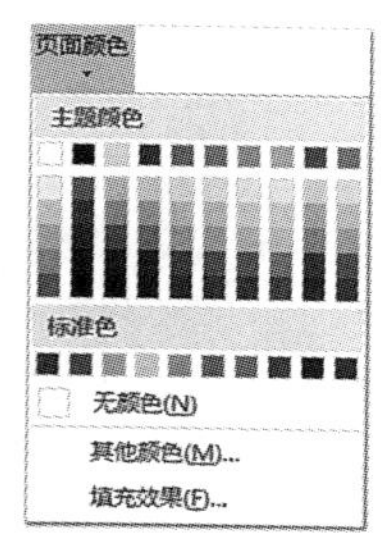

图2-21　“页面颜色”下拉列表

此外，还可以通过选择“填充效果”命令设置更丰富的背景效果。下面以为文档设置图片背景为例讲解具体的操作。

本节素材	\素材\Chapter02\生日贺卡
本节效果	\效果\Chapter02\生日贺卡.docx
学习目标	掌握将图片设置为页面背景的方法
难度指数	★★

步骤01 ❶打开“生日贺卡”素材文件，单击“设计”选项卡中的“页面颜色”按钮，❷选择“填充效果”命令，如图2-22所示。

图2-22　选择“填充效果”命令

步骤02 ❶在打开的“填充效果”对话框中单击“图片”选项卡，❷单击“选择图片”按钮，如图2-23所示。

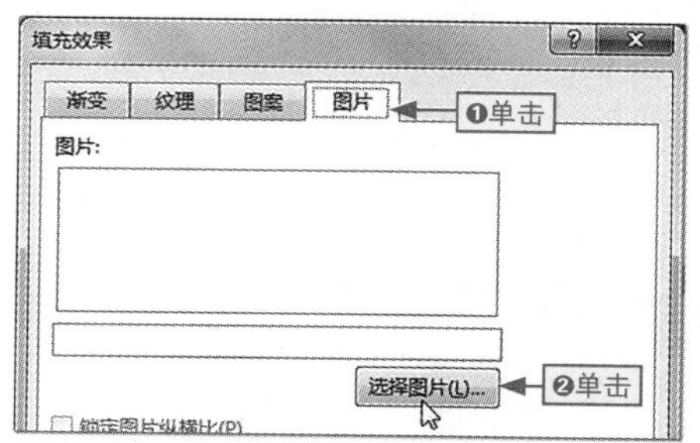

图2-23　单击“选择图片”按钮

小绝招

设置其他页面效果

在“填充效果”对话框的“渐变”“纹理”和“图案”选项卡中还可以为文档背景添加渐变效果、纹理效果和图案效果。

步骤03 在打开的“插入图片”对话框中直接单击“来自文件”栏右侧的“浏览”按钮，如图2-24所示。

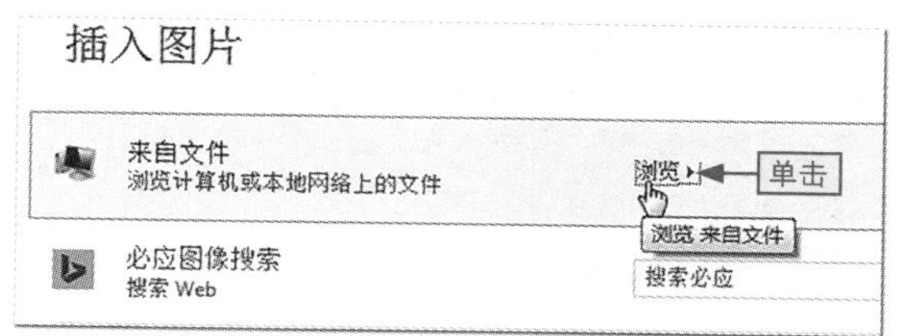

图2-24　单击“浏览”按钮

小绝招

从网络搜索更多图片

在“必应图像搜索”文本框中输入关键字后，如图2-25所示，按Enter键可以从网络中搜索更多、更好的图片。

图2-25 从网络搜索更多图片

步骤04 ❶在打开的“选择图片”对话框中选择文件保存的路径，❷在中间的列表框中选择“生日贺卡.png”图片，❸单击“插入”按钮插入图片，如图2-26所示。

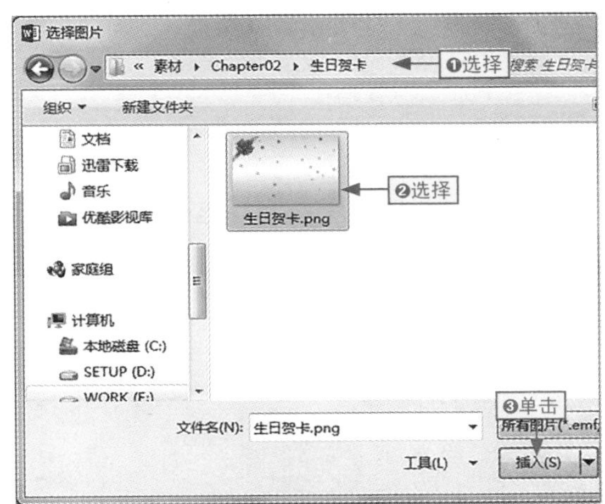

图2-26 选择背景图片

步骤05 在返回的“填充效果”对话框中单击“确定”按钮，如图2-27所示。

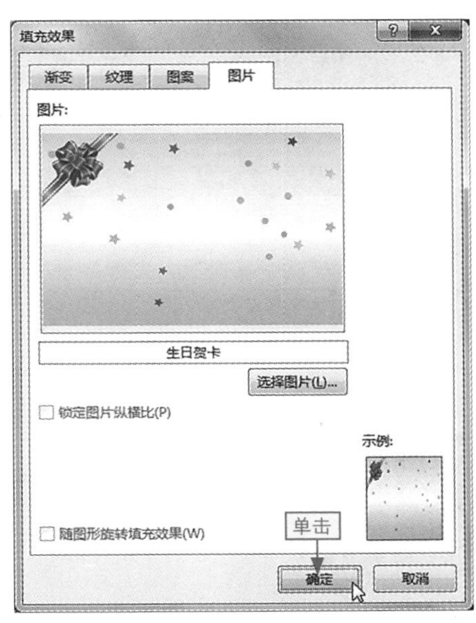

图2-27 确认添加的背景图片

步骤06 在返回的文档工作界面即可看到为其设置的图片背景填充效果，如图2-28所示。

图2-28 查看效果

小绝招

设置页面效果的作用

在Word文档中设置页面背景效果，除了能让界面效果更美观外，还可以缓解用户在编辑文档时的视觉疲劳，这些效果在打印时，是不会被打印出来的。

2.2.3 添加页面边框

在文档中，还可以通过为页面设置边框来美化整个页面效果，增加文档的时尚特色。

在Word中，用户可以根据需要为文档设置不同线型效果或者艺术效果的边框，所有的操作都是通过“边框和底纹”对话框来完成的，具体操作如下。

本节素材	\素材\Chapter02\生日贺卡1.docx
本节效果	\效果\Chapter02\生日贺卡1.docx
学习目标	掌握为页面添加艺术边框的方法
难度指数	★★★

步骤01 ❶打开素材文件，❷单击“设计”选项卡，❸在“页面背景”组中单击“页面边框”按钮，如图2-29所示。

图2-29　单击“页面边框”按钮

步骤02 ❶在打开的“边框和底纹”对话框的“页面边框”选项卡中直接单击“艺术型”下拉按钮，❷选择一种边框样式，如图2-30所示。

取消添加的页面边框

如果要取消为页面添加的边框，直接打开“边框和底纹”对话框，在“页面边框”选项卡中单击“无”按钮即可。

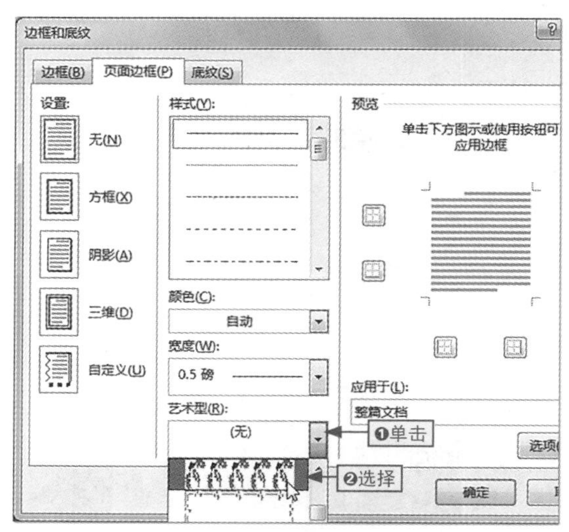

图2-30　设置艺术边框

步骤03 ❶在“宽度”数值框中设置适合的宽度值，❷单击“确定”按钮确认添加边框，如图2-31所示。

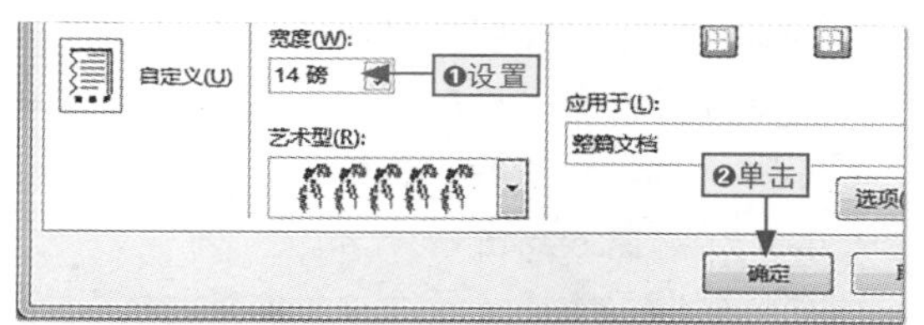

图2-31　设置边框宽度

步骤04 在返回的工作界面即可看到系统自动为页面添加了指定的边框效果，如图2-32所示。

图2-32　查看最终效果

2.3 输入文本的方法

小白：在Word中输入文本，与QQ聊天输入文本差别有多大呢？

阿智：如果输入普通文本，其方法差不多；如果输入特殊字符，输入方法就有很大差别了。下面我分别给你介绍吧。

新建或打开Word文档后，在文档编辑区会出现一根不断闪烁的黑色短竖线，就是文本插入点，文本内容只能在该处输入。因此，在输入文本前，应先定位文本插入点的位置。

2.3.1 输入普通文本

普通文本即汉字、数字和字母，对于这些数据的输入，直接通过敲打键盘即可完成，具体操作如下。

本节素材	\素材\Chapter02\招聘启事.docx
本节效果	\效果\Chapter02\招聘启事.docx
学习目标	掌握在文档中输入文本的常规方法
难度指数	★

步骤01 ❶打开素材文件，❷将鼠标指针移动到“一、公司简介”文本左侧，单击鼠标定位文本插入点，如图2-33所示。

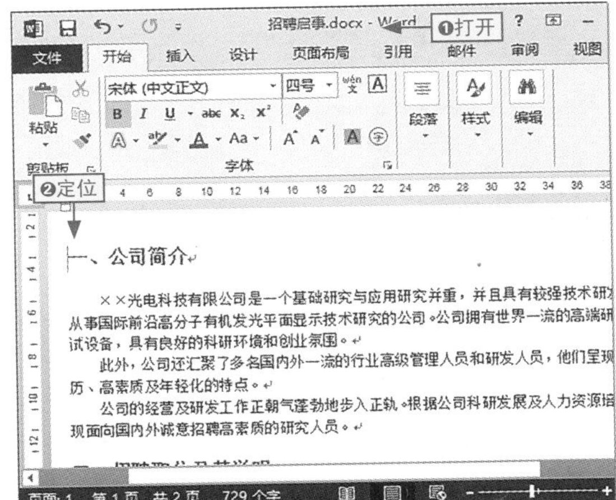

图2-33　定位文本插入点

步骤02 直接按Enter键换行并在段落前面添加一行空行，如图2-34所示。

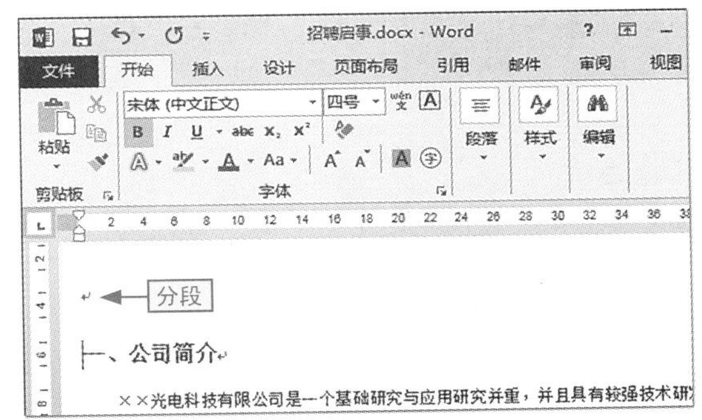

图2-34　输入空行

步骤03 切换到熟悉的输入法，直接在其中输入“招聘启事”文本，如图2-35所示。

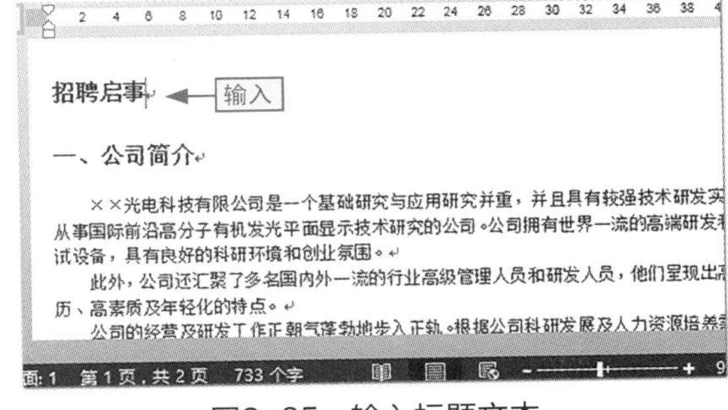

图2-35　输入标题文本

在Word中，输入的文字将出现在文本插入点所在的位置，同时文本插入点自动向后移动；当输入的文字到达右边距时，文本插入点会自动跳到下一行的起始位置；当输入满一页后，文本插入点将自动移到下一页。

2.3.2 插入特殊符号

键盘提供的特殊符号类型较少，在Word文档中，用户可以通过插入符号功能来插入更多特殊符号，具体操作如下。

本节素材	\素材\Chapter02\活动计划.docx
本节效果	\效果\Chapter02\活动计划.docx
学习目标	掌握通过对话框插入特殊符号的方法
难度指数	★★

步骤01 ❶打开素材文件，❷单击“插入”选项卡，如图2-36所示。

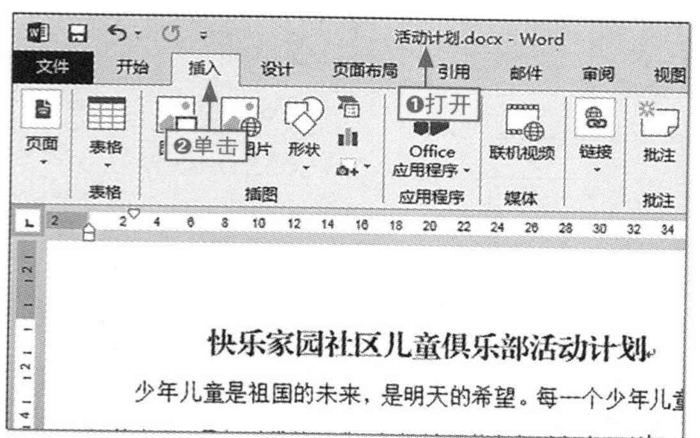

图2-36　切换到“插入”选项卡

用输入法插入特殊符号

在一些拼音输入法中，程序自带了一些特殊符号，用户可直接输入这些符号的拼音，在候选框中自动会显示对应的符号，如图 2-37 所示。

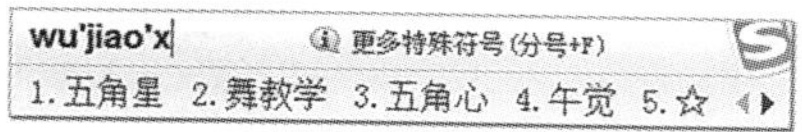

图2-37　使用输入法输入符号

步骤02 ❶将文本插入点定位到标题的最左侧，❷单击“符号”组中的“符号”下拉按钮，❸选择“其他符号”命令，如图2-38所示。

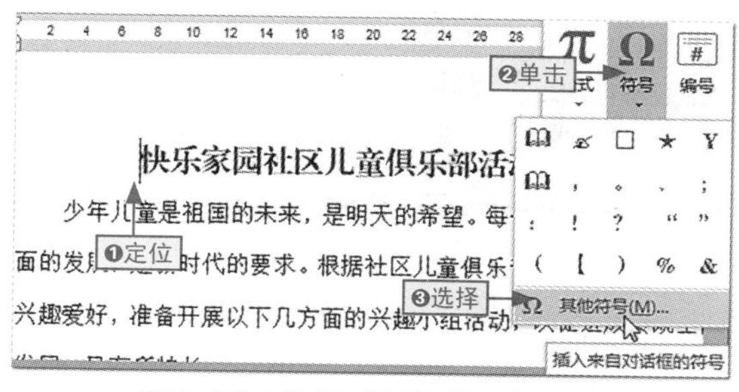

图2-38　选择“其他符号”命令

步骤03 ❶在打开的“符号”对话框中间的列表框中选择需要的符号，❷单击“插入”按钮插入符号，❸单击“关闭”按钮，如图2-39所示。

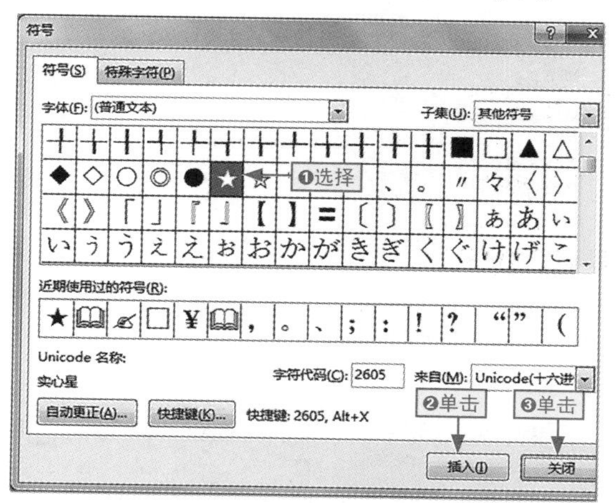

图2-39　插入“★”符号

步骤04 ❶在返回的文档中即可看到插入的特殊符号，❷用相同的方法在标题末尾插入符号，如图2-40所示。

★快乐家园社区儿童俱乐部活动计划★

❶查看　❷添加

图2-40　插入其他符号

按类别查找特殊符号及插入更多专业符号

在 Word 2013 中，使用插入符号功能插入特殊符号时会比较盲目，可以通过❶单击“加载项”选项卡中的“特殊符号”按钮，打开“插入特殊符号”对话框（程序自动将各种常用的符号按不同的选项卡归类存放），如图 2-41（左图）所示，❷双击符号，或选择符号后，单击“确定”按钮插入该符号。

虽然在“符号”对话框中查找特殊符号比较麻烦，但是在该对话框中的“特殊字符”选项卡提供了更多常用的专业字符，如商标符（™）、版权符（©）等，如图 2-41（右图）所示，在 Word 中要插入这些符号，只能通过该途径完成。

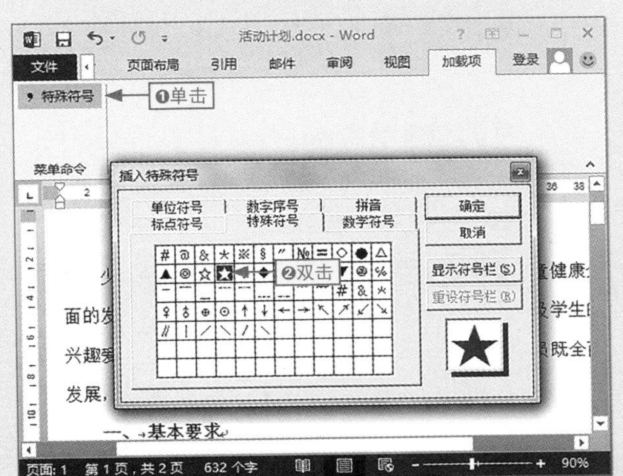

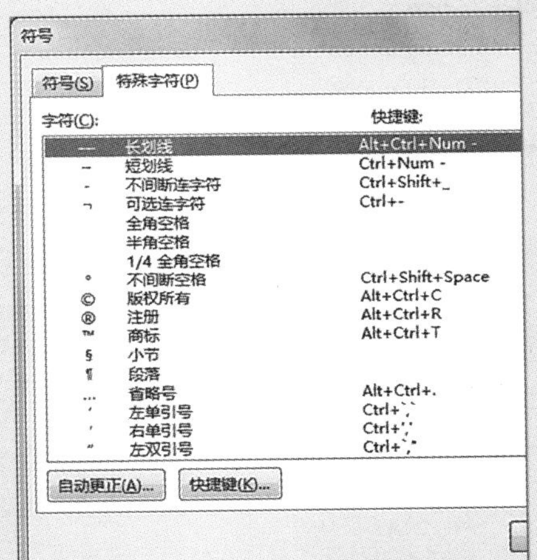

图2-41　插入特殊符号的其他方法

2.4 字体格式的设置

小白：为什么你制作的文档看起来更专业呢？

阿智：要让别人觉得你更专业，那就要让文档更规范，最基本的就是对字体格式进行设置。下面我详细给你介绍一下如何设置字体格式吧。

默认状态下，在文档中输入文本的字体格式为“宋体，五号”，为了让文档更规范、文档内容的级别与层次关系更清晰，就需要更改默认的字体格式，如字体、字号、颜色等。

2.4.1 快速设置字体格式

使用工作组设置字体格式，即通过“开始”选项卡的“字体”组来完成，该方法是设置字体格式最常见的方法，也是最快速的方法，具体操作如下。

本节素材	⊙\素材\Chapter02\新品推广策划.docx
本节效果	⊙\效果\Chapter02\新品推广策划.docx
学习目标	设置字体、字号、颜色、下划线和加粗
难度指数	★★

步骤01 ❶打开素材文件，❷在文档中拖动鼠标指针选择“新品推广策划”标题文本，如图2-42所示。

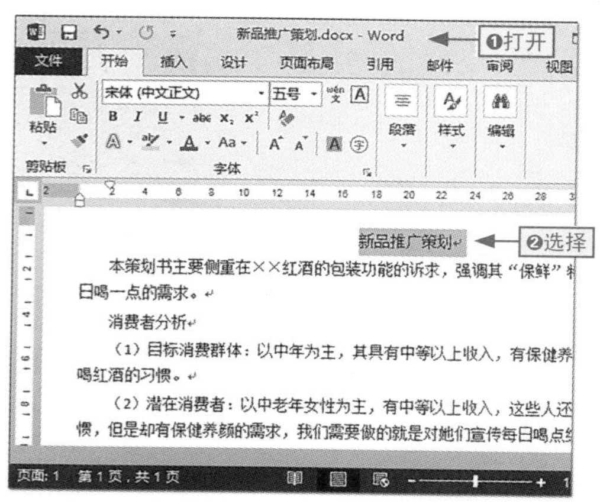

图2-42　选择标题文本

步骤02 ❶单击“字体”组中的“字体”下拉列表框右侧的下拉按钮，❷选择“方正小标宋简体”选项更改标题字体，如图2-43所示。

图2-43　设置字体格式

步骤03 保持标题文本的选择状态，❶单击“字号”下拉列表框右侧的下拉按钮，❷选择“二号”选项更改字号，如图2-44所示。

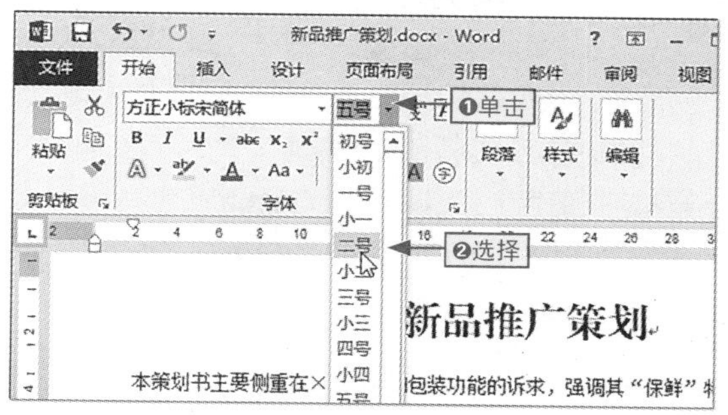

图2-44　调整字号大小

步骤04 ❶单击“字体颜色”右侧的下拉按钮，❷选择“红色”选项更改标题的字体颜色，如图2-45所示。

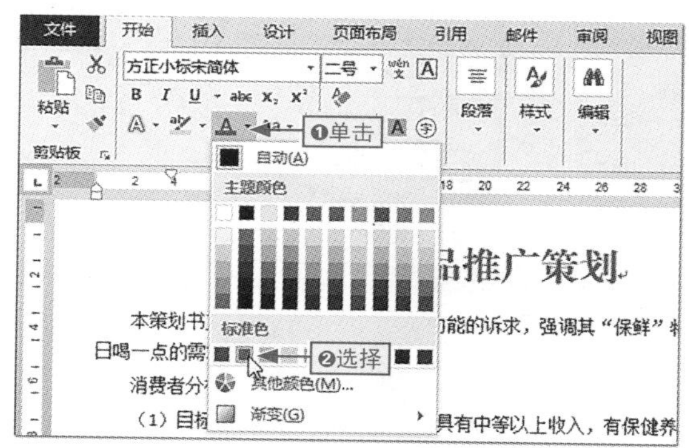

图2-45　设置字体颜色

步骤05 ❶单击“下划线”按钮右侧的下拉按钮，❷选择“双下划线”选项为标题文本添加下划线，如图2-46所示。

小绝招

Office中的按钮说明

在Office 2013中，按钮分为3种情况，第一种是整个为一个按钮；第二种也是整个为一个按钮，但该按钮还有下拉按钮部分，单击按钮会弹出下拉菜单；第三种按钮是被拆分开的按钮，直接单击按钮会执行相应的操作，单击下拉按钮部分则会弹出下拉菜单。

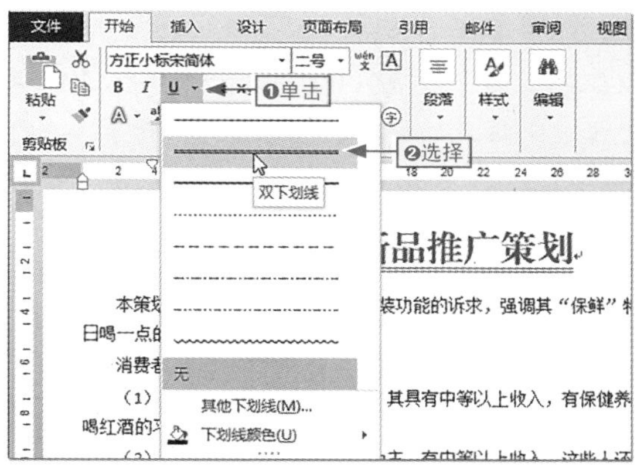

图2-46 为标题添加下划线

步骤06 ❶选择除标题以外的其他正文文本，❷在"字号"下拉列表框中选择"小四"选项，如图2-47所示。

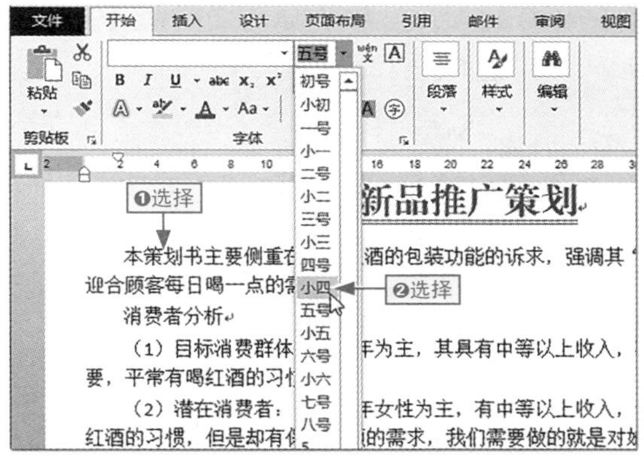

图2-47 设置正文字号

步骤07 ❶选择"消费者分析"文本，❷单击"加粗"按钮为其设置加粗格式，用相同方法为其他小标题设置加粗，如图2-48所示。

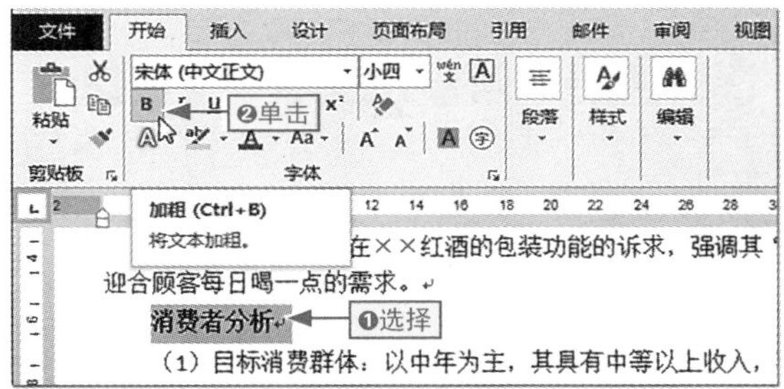

图2-48 设置加粗格式

小绝招

设置文本格式

选择文本，按Ctrl+B组合键设置加粗格式，按Ctrl+I组合键设置倾斜格式，按Ctrl+U组合键添加下划线，按Ctrl+=组合键设置文本为下标，按Ctrl+Shift++组合键设置文本为上标。

2.4.2 利用对话框设置字体格式

在对话框中设置字体格式主要是指在"字体"对话框中设置，在其中除了一些常规的字体格式设置外，还可以设置字体的高级格式，如字符间距等。下面通过实例讲解具体操作。

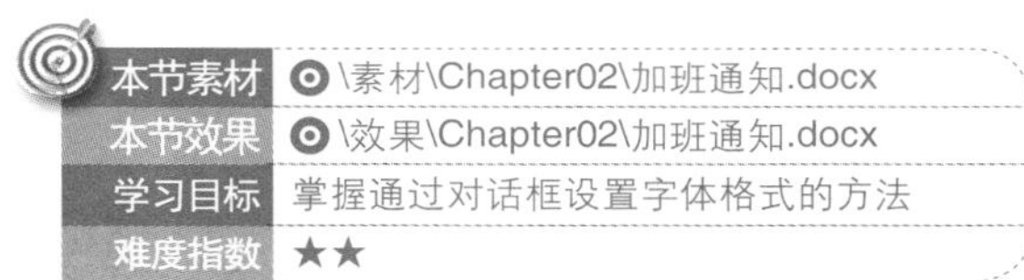

本节素材	\素材\Chapter02\加班通知.docx
本节效果	\效果\Chapter02\加班通知.docx
学习目标	掌握通过对话框设置字体格式的方法
难度指数	★★

步骤01 ❶打开素材文件，❷选择"通知"标题文本，❸单击"字体"组中的"对话框启动器"按钮，如图2-49所示。

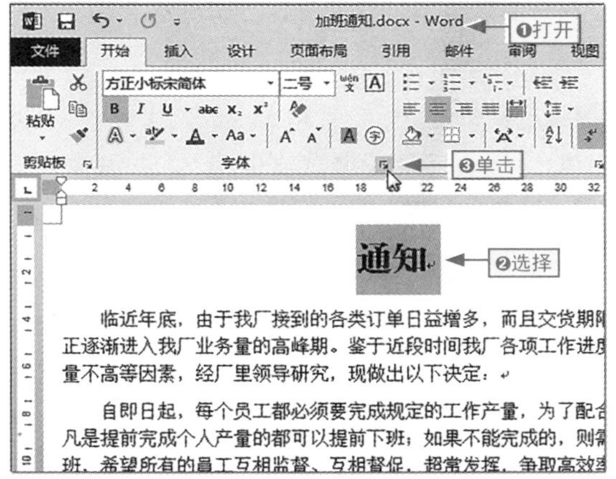

图2-49 单击"对话框启动器"按钮

步骤02 ❶在打开的“字体”对话框中单击“高级”选项卡，❷在“间距”下拉列表框中选择“加宽”选项，如图2-50所示。

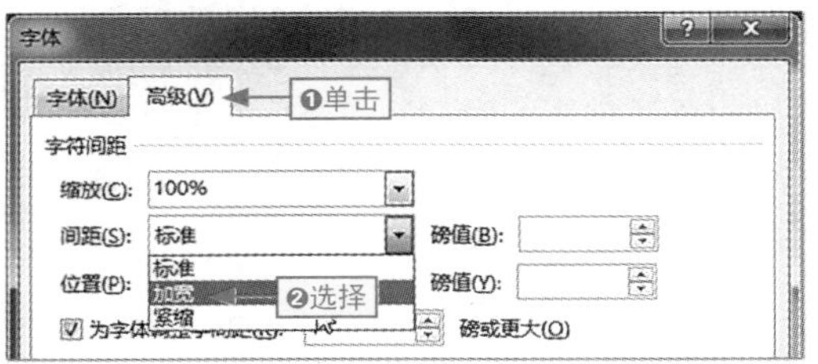

图2-50 设置文字加宽

步骤03 ❶在“磅值”数值框中输入“10磅”，❷单击该对话框下方的“文字效果”按钮，如图2-51所示。

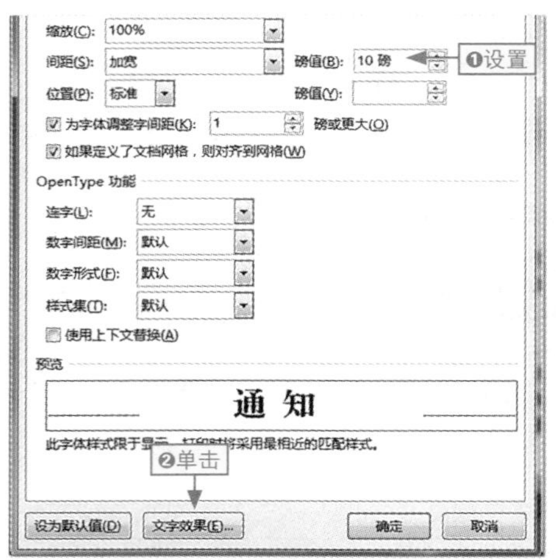

图2-51 设置间距磅值

步骤04 ❶在打开的对话框中展开“文本边框”目录，❷选中“实线”单选按钮，如图2-52所示。

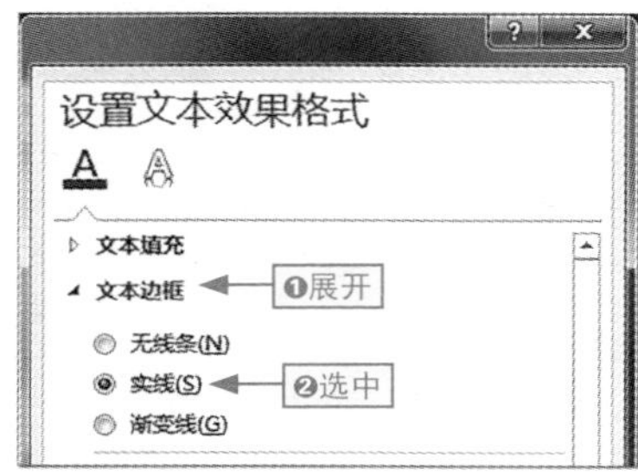

图2-52 设置实线边框

步骤05 ❶单击“颜色”下拉按钮，❷选择“红色”颜色选项，❸单击“确定”按钮完成文本效果格式的设置，如图2-53所示。

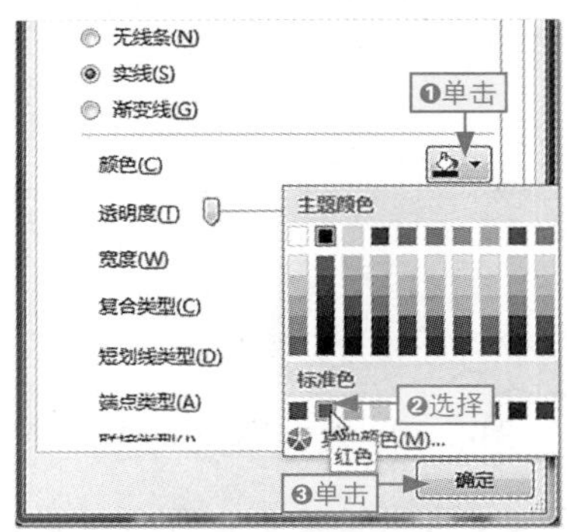

图2-53 设置边框颜色

步骤06 在返回的文档中即可看到为文本设置的标题效果，选择除标题以外的其他所有通知文本内容，如图2-54所示。

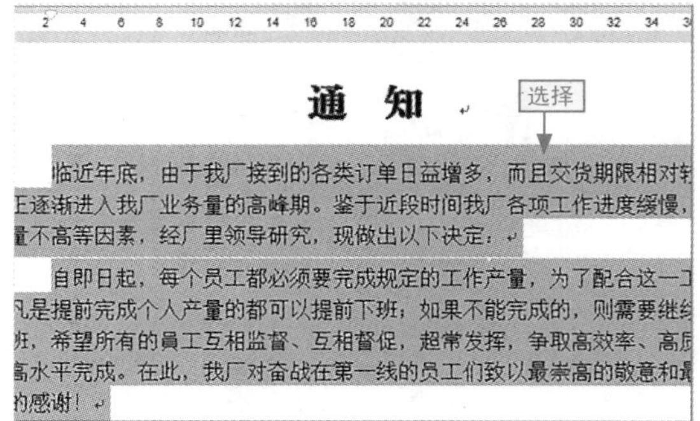

图2-54 选择正文内容

步骤07 打开“字体”对话框，在“西文字体”下拉列表框中选择一种字体，单击“确定”按钮完成文档字体格式的设置，如图2-55所示。

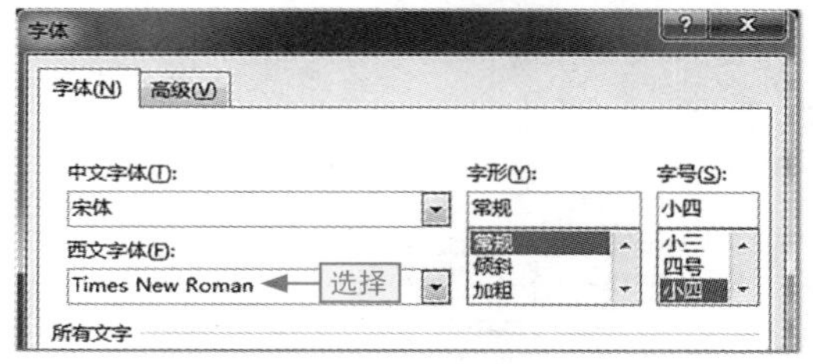

图2-55 统一设置西文字体

认识浮动工具栏及其作用

在 Word 文档中选择文本后，文本的右上角会出现一个透明的工具栏，将鼠标指针移动到该工具栏上，此时工具栏会正常显示，这个工具栏即被称为浮动工具栏，如图 2-56 所示。

在浮动工具栏包含一些常用的字体格式设置工具，如“字体”下拉列表框、“字号”下拉列表框、“加粗”按钮、“倾斜”按钮等。因此，如果要快速对某些文本设置一些简单格式，利用浮动工具栏是最方便和快捷的方法。

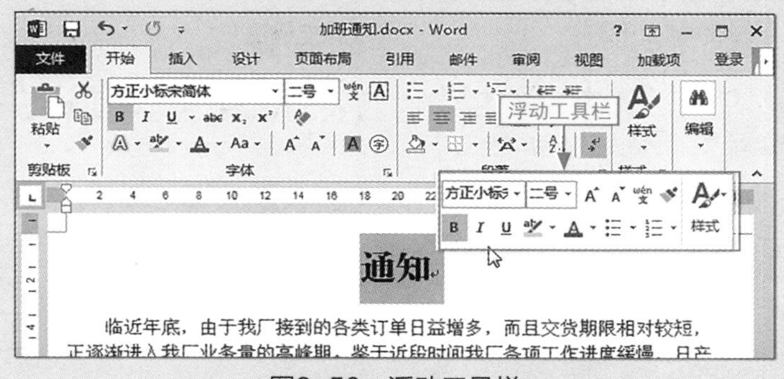

图2-56 浮动工具栏

2.5 段落格式的设置

阿智：让文档更规范的第二步就是对段落格式进行设置。

小白：段落格式设置包括哪些内容呢？具体该怎么操作呢？

阿智：下面让我来教教你吧。

段落格式设置主要包括段落的对齐方式、缩进方式及间距，通过为文档设置合适的段落格式，可以让整个文档更加合理、规范。

2.5.1 段落对齐方式的设置

段落对齐方式是指文本在文档中的显示位置，包括左对齐、右对齐、居中对齐、两端对齐和分散对齐5种对齐方式。通过“段落”组可以快速设置文本的对齐方式，具体操作如下。

本节素材	\素材\Chapter02\人事变动通知单.docx
本节效果	\效果\Chapter02\人事变动通知单.docx
学习目标	掌握通过“段落”组设置对齐方式的方法
难度指数	★

步骤01 ❶打开素材文件，❷选择标题文本，❸在“段落”组中单击“居中”按钮将标题文本设置为居中对齐，如图2-57所示。

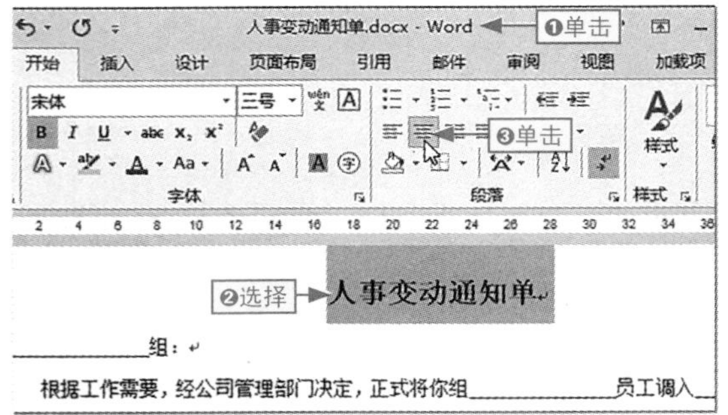

图2-57　设置标题居中对齐

步骤02 ❶选择落款文本，❷单击“右对齐”按钮将落款设置为右对齐，如图2-58所示。

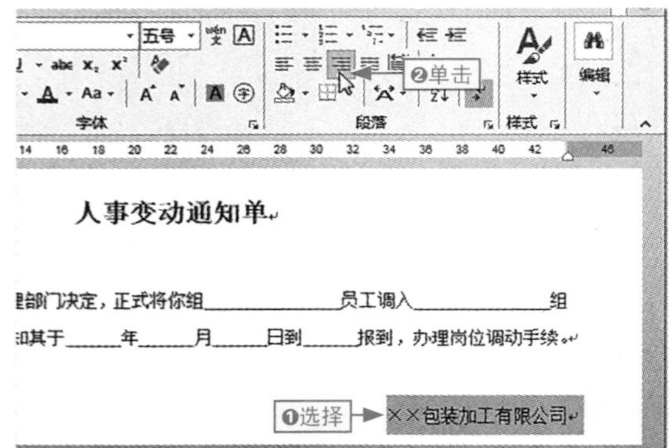

图2-58　设置落款文本右对齐

使用快捷键设置对齐方式

选择段落，按Ctrl+E组合键将段落设置为居中对齐；按Ctrl+Shift+D组合键将段落设置为分散对齐；按Ctrl+R组合键将段落设置为右对齐；按Ctrl+J组合键将段落设置为两端对齐；按Ctrl+L组合键将段落设置为左对齐。

2.5.2 段落缩进方式的设置

通过为段落设置缩进，可以让段落结构更清晰。在Word中，有左缩进、右缩进、首行缩进、悬挂缩进和对称缩进，各种段落缩进方式的说明如图2-59所示。

左缩进和右缩进

段落的左缩进和右缩进格式都是针对整个段落而言的，左缩进是设置整个段落距离左侧页边距的距离；右缩进是设置整个段落距离右侧页边距的距离。

首行缩进

为段落设置首行缩进格式，主要是设置段落的第一行文本从左向右缩进的距离，而除首行以外的其他各行文本的缩进格式则保持不变。

悬挂缩进

段落的悬挂缩进也是设置文本从左向右缩进的距离，但是其目标文本是指段落中除首行以外的其他各行文本。

对称缩进

对称缩进是指两个段落之间的缩进，在左右缩进值设定一致时，两个段落的左右缩进量对称。

图2-59　各种段落缩进方式的说明

用户可以通过对话框精确调整，也可以通过拖动标尺快速调整，具体操作如下。

本节素材	\素材\Chapter02\岗位聘任书.docx
本节效果	\效果\Chapter02\岗位聘任书.docx
学习目标	掌握通过对话框和标尺设置段落缩进的方法
难度指数	★★

步骤01 ❶打开素材文件，❷选择所有正文内容，❸单击“段落”组的“对话框启动器”按钮，如图2-60所示。

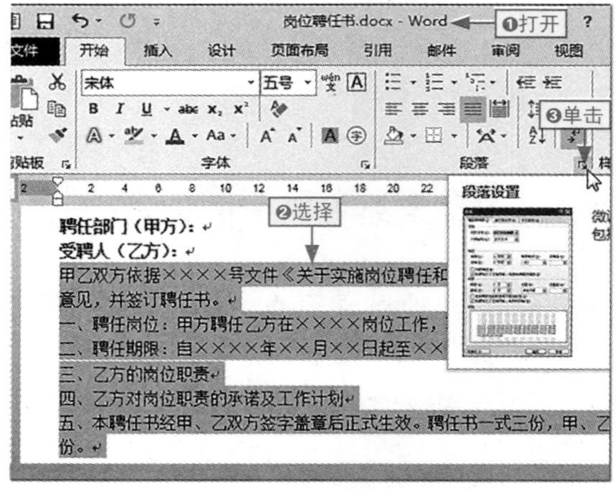

图2-60　单击“对话框启动器”按钮

步骤02 ❶在打开的对话框的“特殊格式”下拉列表框中选择“首行缩进”选项，程序自动设置缩进值，❷单击“确定”按钮，如图2-61所示。

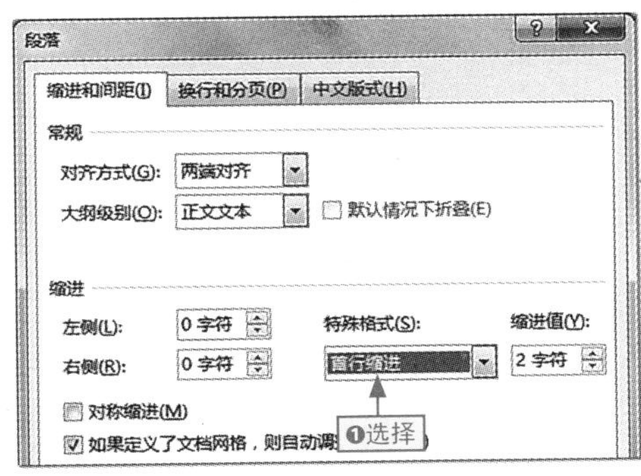

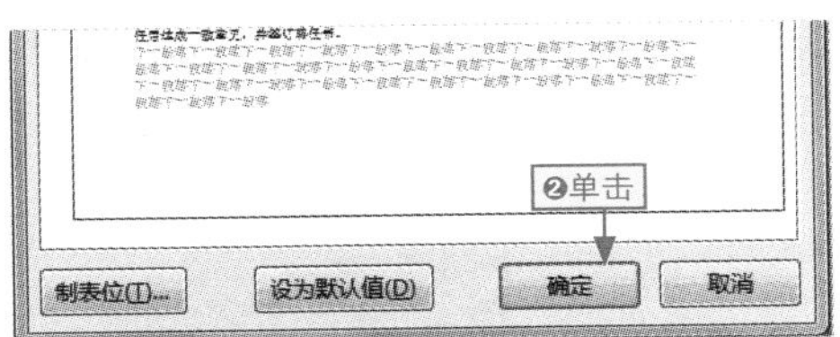

图2-61　设置首行缩进

步骤03 ❶将文本插入点定位到年月日段落的最左侧，❷按住Alt键不放，拖动“首行缩进”标尺调整段落的首行缩进，如图2-62所示。

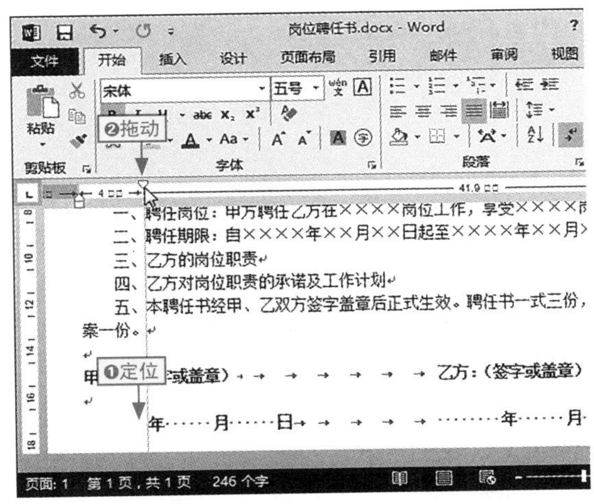

图2-62　拖动标尺调整缩进

小绝招

拖动标尺调整缩进的补充说明

通过拖动标尺调整缩进时，按住Alt键拖动可以进行微拖动，这样可以更准确地调整缩进。除了调整首行缩进外，标尺中还有悬挂缩进、左缩进和右缩进滑块，拖动对应的滑块可以进行相应的缩进调整。

2.5.3 段落间距和行距的设置

在Word中，设置段落间距和行距也是调整文档效果的一种方式。下面通过具体的实例来讲解如何通过下拉菜单和对话框为指定段落设置段落间距和行距。

本节素材	\素材\Chapter02\岗位聘任书1.docx
本节效果	\效果\Chapter02\岗位聘任书1.docx
学习目标	通过菜单和对话框设置段落间距和行距
难度指数	★★

步骤01 ❶打开素材文件，❷选择标题文本，❸单击“行和段落间距”下拉按钮，❹选择“增加段后间距”命令增加标题的段后间距，如图2-63所示。

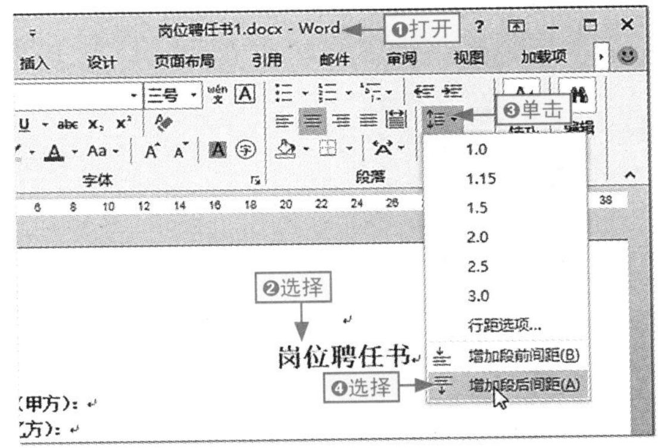

图2-63　增加段后间距

利用下拉菜单调整行距

在“行和段落间距”下拉菜单中选择相应的数字选项可以快速调整段落的行距。

步骤02 ❶选择所有正文内容，❷单击“段落”组中的“对话框启动器”按钮，如图2-64所示。

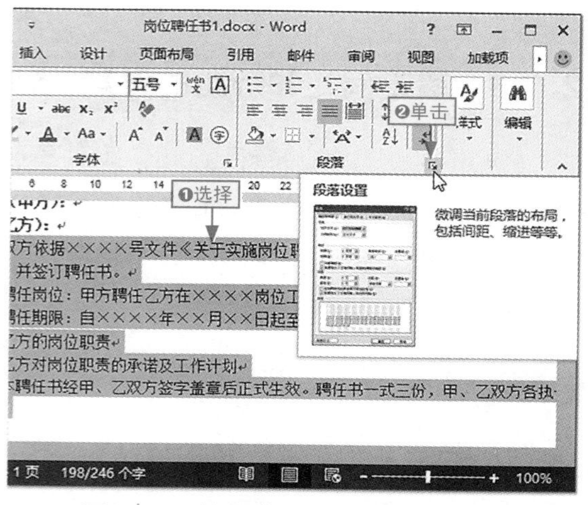

图2-64 单击“对话框启动器”按钮

步骤03 ❶在打开的“段落”对话框中设置段前间距为“0.4行”，❷设置段后间距为“0.3行”，如图2-65所示。

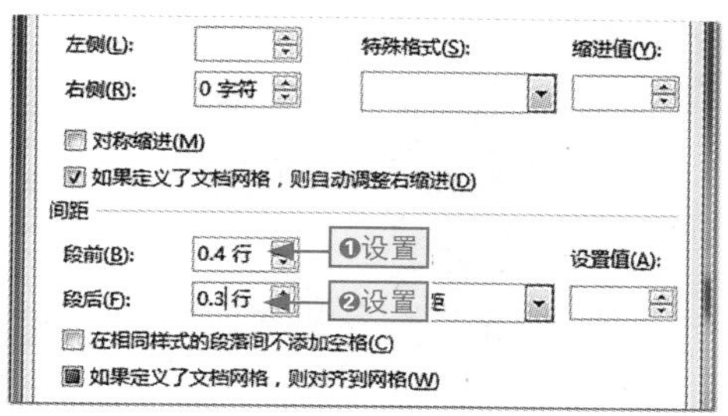

图2-65 设置段落间距

步骤04 ❶单击“行距”下拉列表框右侧的下拉按钮，❷选择“1.5倍行距”选项，单击“确定”按钮完成段落间距和行距的设置，如图2-66所示。

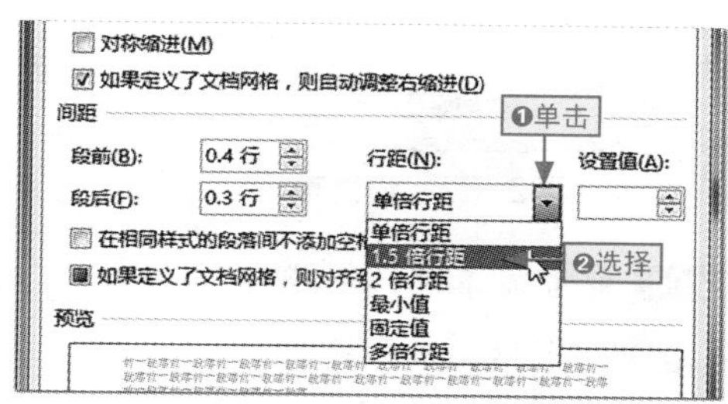

图2-66 设置行距

2.6 编辑文本的常见操作

小白：不小心输错了一个词语，现在要挨个修改了，真烦。

阿智：你这要修改到什么时候啊，直接用替换功能啊。掌握常见的编辑文本操作可以帮助我们更高效地完成工作。

在Word文档中录入数据时，难免会录入错误数据，为了提高工作效率，用户有必要学会一些编辑文本的常见操作，如复制与剪切文本、查找与替换文本等。

2.6.1 移动与复制文本

移动文本就是将选择的文本移动到其他位置，复制文本就是将选择的文本以副本的方式复制到其他位置，它们都是通过“开始”选项卡的“剪贴板”组来完成的，具体操作如下。

本节素材	\素材\Chapter02\邀请函.docx
本节效果	\效果\Chapter02\邀请函.docx
学习目标	掌握移动和复制文本的各种操作方法
难度指数	★★

步骤01 ❶打开素材文件，❷选择要复制的文本，❸在“剪贴板”组中单击“复制”按钮执行复制文本操作，如图2-67所示。

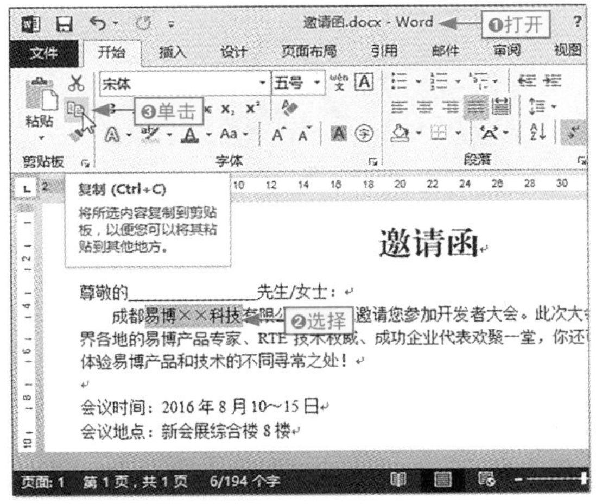

图2-67　复制文本

步骤02 ❶将文本插入点定位到“参加”文本的右侧，❷单击“粘贴”按钮将复制的文本粘贴到该位置，如图2-68所示。

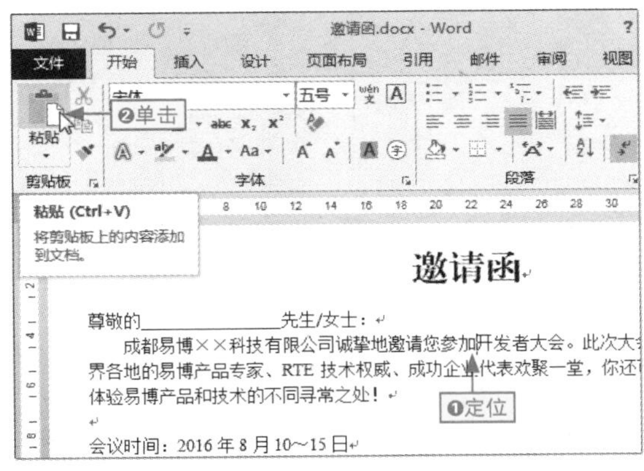

图2-68　粘贴文本

步骤03 ❶选择“如您对此会议……”段落，❷单击“剪贴板”组中的“剪切”按钮，如图2-69所示。

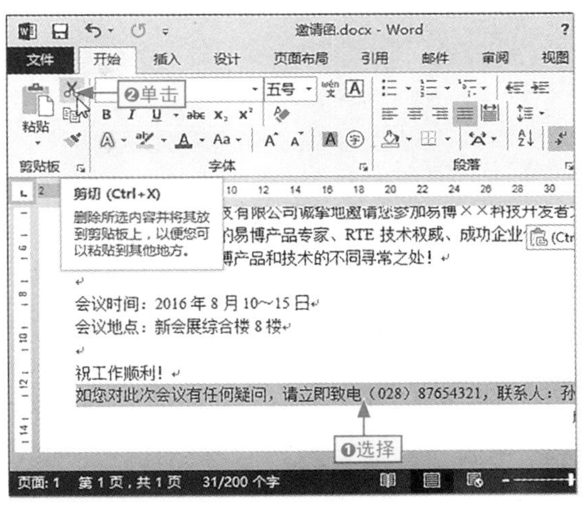

图2-69　剪切文本

步骤04 ❶将文本插入点定位到“祝工作顺利！”文本的左侧，❷单击“粘贴”按钮将剪切的文本移动到该位置，如图2-70所示。

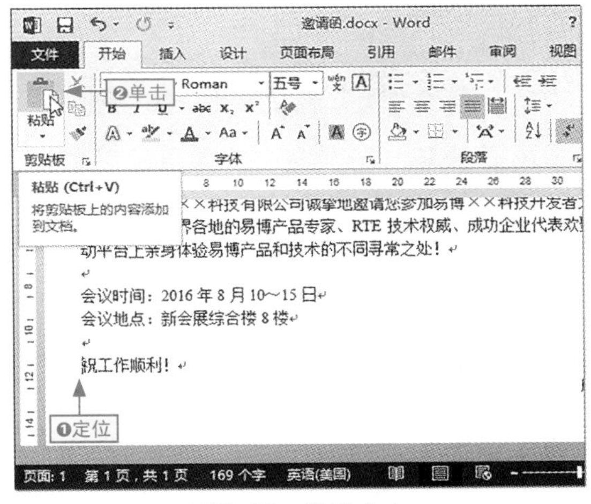

图2-70　粘贴文本

利用快捷键复制与移动文本

选择文本，按Ctrl+C组合键执行复制操作，在目标位置处按Ctrl+V组合键执行粘贴操作即可完成复制文本的所有操作。

选择文本，按Ctrl+X组合键执行剪切操作，在目标位置处按Ctrl+V组合键执行粘贴操作即可完成移动文本的所有操作。

根据粘贴选项按格式粘贴文本

在Word中，直接执行粘贴操作，程序会自动按原格式粘贴文本。如果在相同格式内容之间移动和复制文本时，直接粘贴即可。如果在不同格式内容之间移动和复制文本，就需要设置粘贴选项。

其方法是：选择文本，执行复制操作，在目标位置定位文本插入点后，❶单击“粘贴”下拉按钮，❷在其中可以按“保留格式”“合并格式”或“只保留文本”3种方式粘贴，此外，选择“选择性粘贴”命令后，在打开的“选择性粘贴”对话框中还可以设置其他粘贴选项，如图2−71所示。

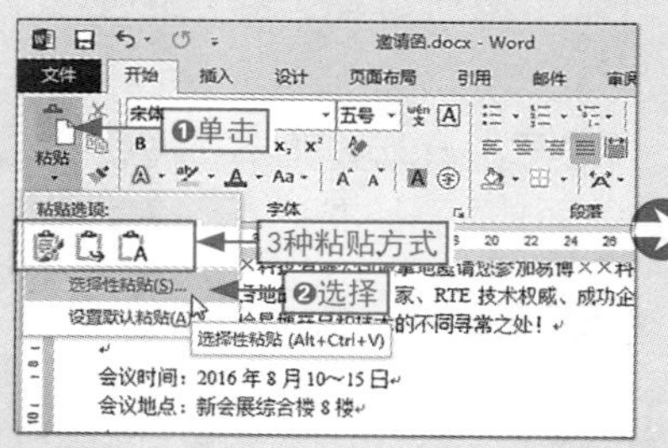

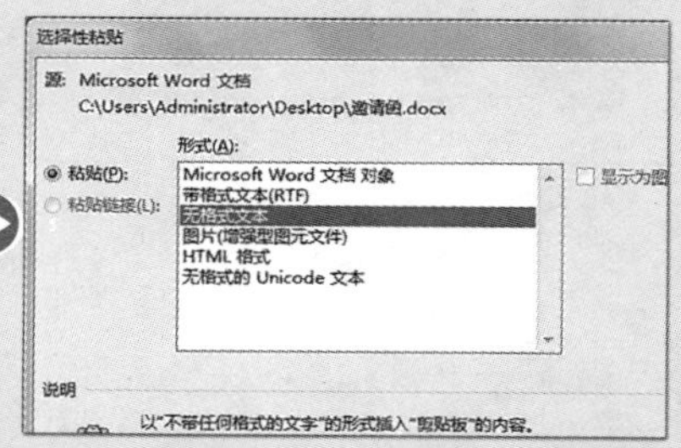

图2−71　选择性粘贴文本

2.6.2 查找与替换操作

在篇幅较长的文档中，如果发现多处有相同错误，可以使用查找和替换功能将需要修改的内容全部查找出来并修改正确，具体操作如下。

本节素材	\素材\Chapter02\邀请函1.docx
本节效果	\效果\Chapter02\邀请函1.docx
学习目标	掌握用导航窗格和对话框查找与替换文本的方法
难度指数	★★★

步骤01 ❶打开素材文件，❷单击“编辑”组中的“查找”按钮打开“导航”窗格，如图2-72所示。

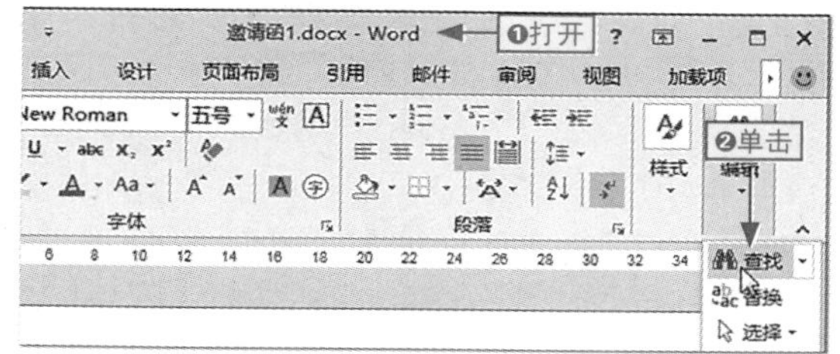

图2−72　单击“查找”按钮

步骤02 在打开的“导航”窗格的文本框中输入“易博”，程序自动查找对应的内容并在窗格中显示搜索结果及在文档中以黄色底纹突出显示，如图2-73所示。

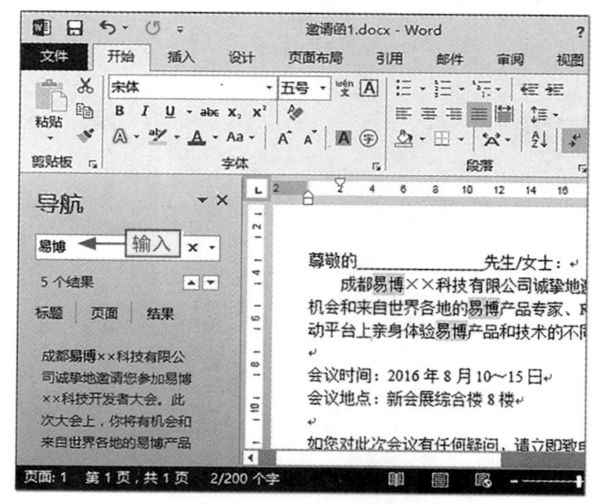

图2−73　输入查找内容

步骤03 单击“编辑”组的“替换”按钮，打开“查找和替换”对话框，如图2-74所示。

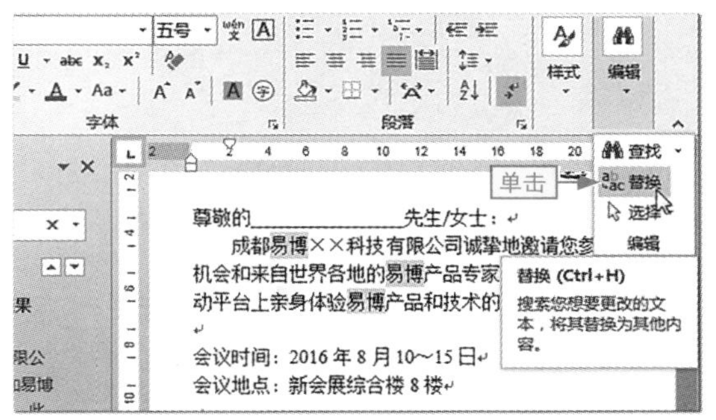

图2-74 单击“替换”按钮

步骤04 ❶在“替换”选项卡的“替换为”文本框中输入替换内容，❷单击“全部替换”按钮将查找的所有内容进行替换，如图2-75所示。

图2-75 全部替换文本

步骤05 在打开的提示对话框中提示了替换的数量，单击“确定”按钮，在返回的“查找和替换”对话框中单击“关闭”按钮关闭该对话框，完成操作，如图2-76所示。

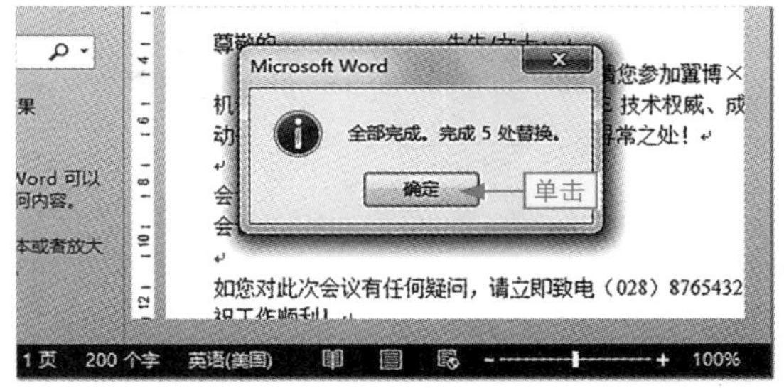

图2-76 完成替换

内容的高级查找

在“查找和替换”对话框的“查找”选项卡中单击“更多”按钮展开对话框，在其中可设置按区分大小写查找，或者单击“格式”按钮，在其中设置查找指定格式。还可❶单击“阅读突出显示”按钮，❷选择“全部突出显示”选项将查找的内容突出显示，如图2-77所示。

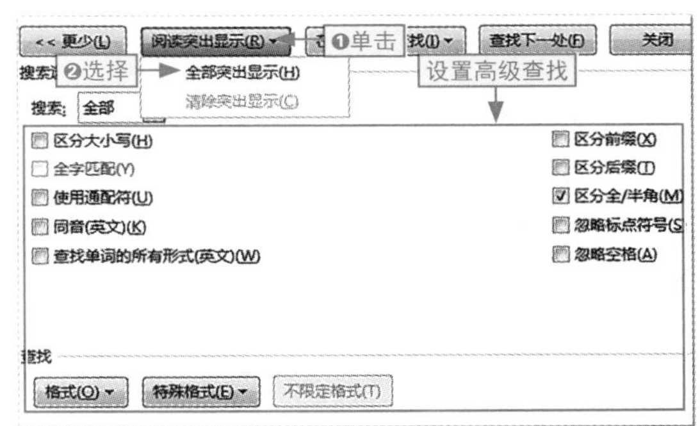

图2-77 高级查找文本

2.7 使用项目符号和编号

小白：我在制作员工手册文档时，想把里面的条款用编号的方式进行罗列，有什么方法可以批量添加编号吗？

阿智：有啊，直接使用编号功能即可，此外，使用项目符号功能也可以通过符号的方式罗列并列关系的内容，下面我分别给你讲一下吧。

对于一些条理性很强的文档，为了让内容的层次更分明，方便用户阅读和理解，可以在文档中使用项目符号与编号。

2.7.1 使用项目符号

项目符号是一种特殊的段落格式，它可以在段落前面添加一个特定的符号，并且为这种段落设置一种完全不同的段落格式以示区别。如果有几个不分先后顺序的并列段落，则可为它们添加项目符号。

1. 添加项目符号

要添加项目符号，直接通过项目符号库（在Word中，项目符号库中会列举最近使用过的一些项目符号，因此，每台电脑中Office项目符号库的内容不一定相同）就可以快速完成。下面通过实例讲解具体的添加方法。

本节素材	\素材\Chapter02\教师招聘启事.docx
本节效果	\效果\Chapter02\教师招聘启事.docx
学习目标	掌握从项目符号库直接添加项目符号的方法
难度指数	★

步骤01 ❶打开素材文件，❷选择要添加项目符号的文本内容，如图2-78所示。

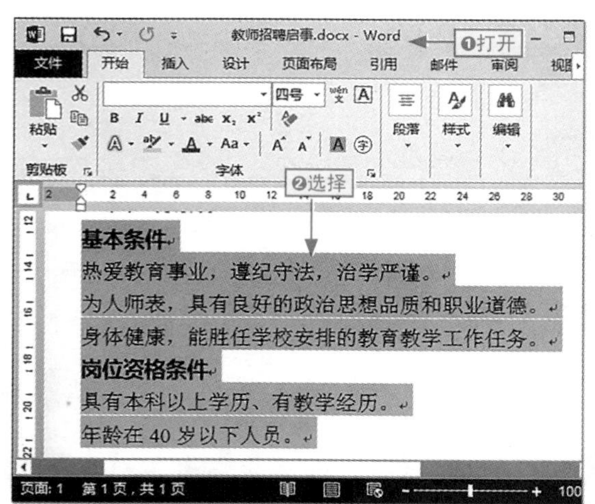

图2-78 选择要添加项目符号的文本

步骤02 ❶单击“段落”组中“项目符号”按钮右侧的下拉按钮，❷在弹出的项目符号库中选择一种样式，完成为文本添加项目符号的操作，如图2-79所示。

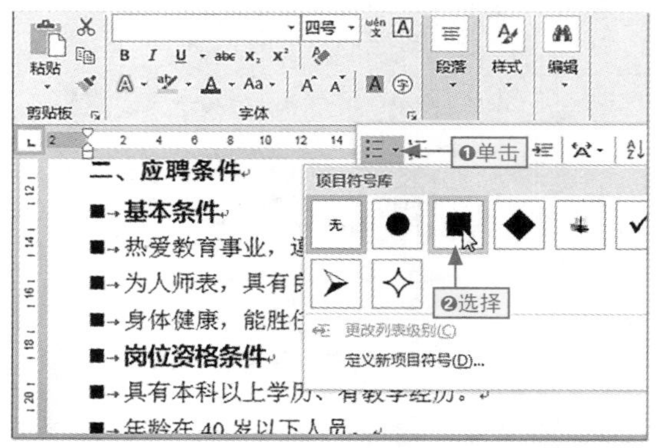

图2-79 选择项目符号

2. 更改项目符号级别

如果在文档中为文本添加了项目符号，但是内容具有明显的上下级关系，此时可以通过更改项目符号级别来突显内容的级别，具体操作如下。

本节素材	\素材\Chapter02\教师招聘启事1.docx
本节效果	\效果\Chapter02\教师招聘启事1.docx
学习目标	掌握设置不同级别的项目符号格式的方法
难度指数	★★

步骤01 打开素材文件，选择要更改项目符号级别的文本内容，如图2-80所示。

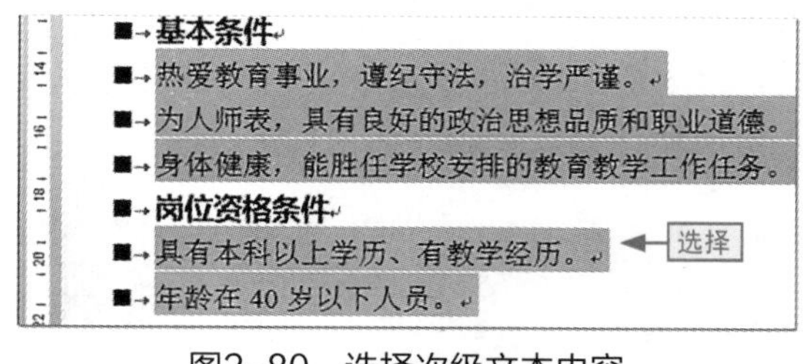

图2-80 选择次级文本内容

步骤02 ❶单击“段落”组中“项目符号”按钮右侧的下拉按钮，❷选择“更改列表级别\2级”命令更改所选文本的项目符号级别，如图2-81所示。

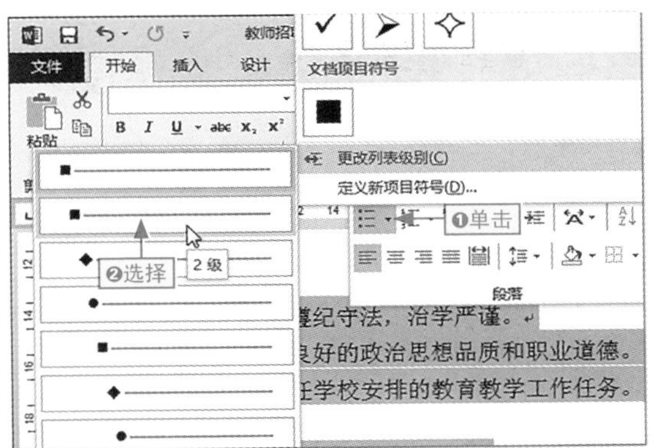

图2-81 将项目符号级别更改为2级

步骤03 ❶保持文本的选择状态，单击“项目符号”按钮右侧的下拉按钮，❷在弹出的项目符号库中选择一种样式更改次级项目符号，以示区别，如图2-82所示。

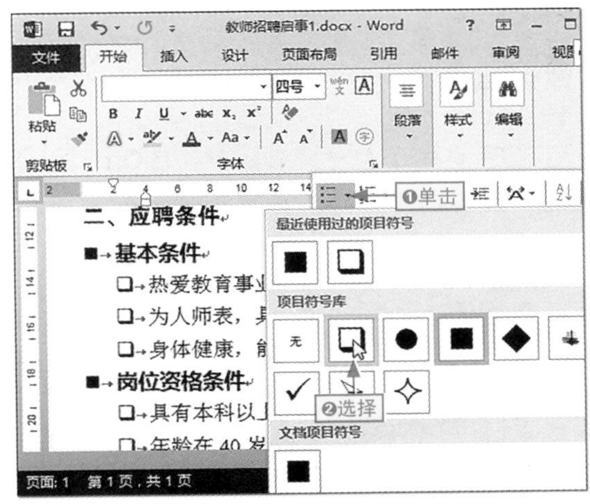

图2-82 更改次级项目符号

3. 定义新项目符号样式

若样式库中没找到符合需求的样式，用户还可以定义新的项目符号样式，具体操作如下。

本节素材	\素材\Chapter02\教师招聘启事2.docx
本节效果	\效果\Chapter02\教师招聘启事2.docx
学习目标	掌握将搜索图片设置为项目符号的方法
难度指数	★★★

步骤01 ❶打开素材文件，选择要更改项目符号的文本内容，❷单击“项目符号”按钮右侧的下拉按钮，❸选择“定义新项目符号”命令，如图2-83所示。

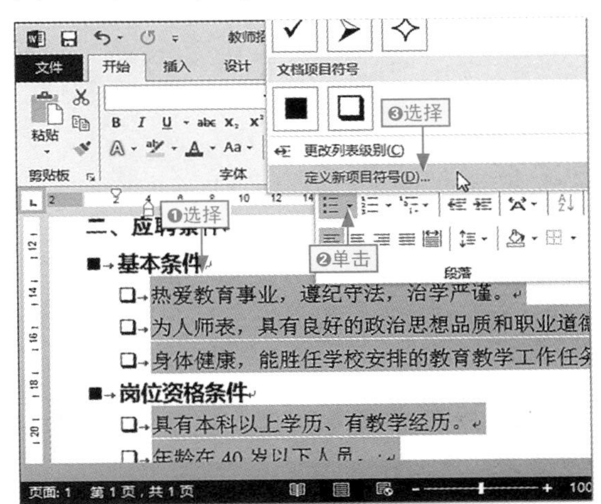

图2-83 选择“定义新项目符号”命令

步骤02 在打开的“定义新项目符号”对话框中单击“图片”按钮，如图2-84所示。

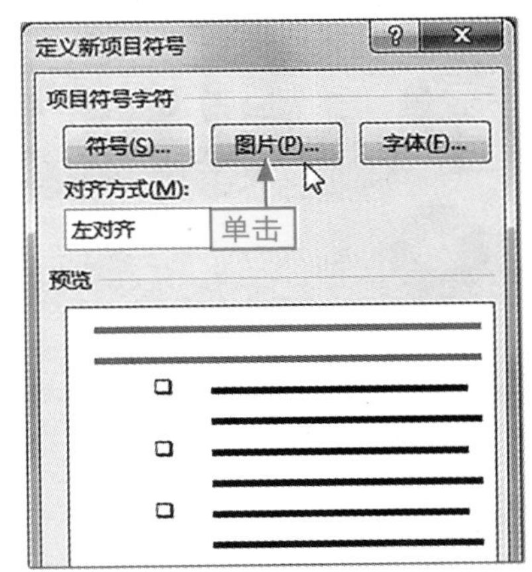

图2-84 单击“图片”按钮

步骤03 在打开的“插入图片”对话框的“必应图像搜索”文本框中输入“图标”，按Enter键，如图2-85所示。

插入图片

来自文件
浏览计算机或本地网络上的文件
浏览 ›

必应图像搜索
搜索 Web
图标
输入

使用您的 Microsoft 帐户登录以插入来自 OneDrive 和其他站点的照片和视频。

图2-85　搜索关键字

步骤04 ❶在搜索结果中选择需要的图标，❷单击“插入”按钮，如图2-86所示。

图2-86　选择项目符号图标

步骤05 在返回的“定义新项目符号”对话框中单击“确定”按钮关闭对话框并确认插入图片，如图2-87所示。

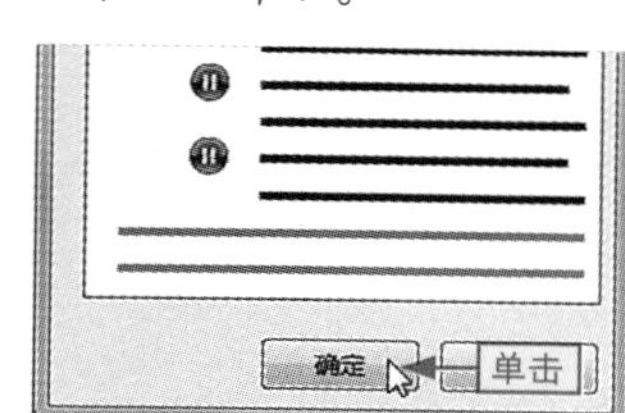

图2-87　确认用剪贴画定义项目符号

2.7.2 使用编号

编号不仅可以罗列并列关系的内容，对于有顺序关系的内容，更适合。

1. 添加编号

默认情况下，在以“1.”“A.”“第一、”“①、”等可表示顺序的字符开头的段落末尾按Enter键，在下一行行首会自动产生如“2.”“B.”“第二、”“②、”等字符，这就是Word的自动编号功能。

对于已经输入好的文本内容，如果要添加编号，可以采用如下方法实现。

本节素材	\素材\Chapter02\培训手册.docx
本节效果	\效果\Chapter02\培训手册.docx
学习目标	掌握为指定文本添加编号的方法
难度指数	★★

步骤01 ❶打开素材文件，❷按住Ctrl键选择文档中所有的小标题，如图2-88所示。

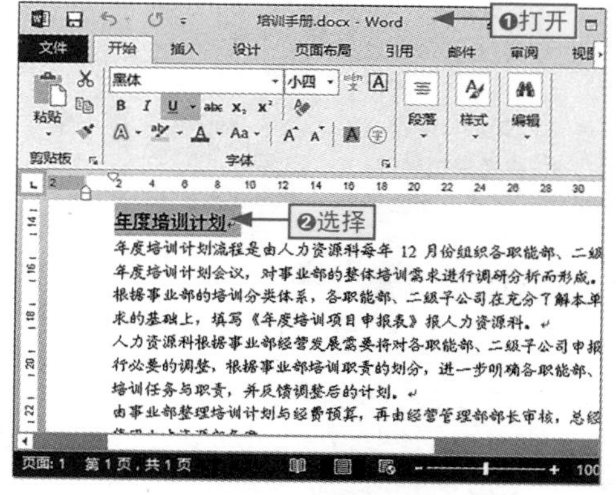

图2-88　选择不连续的小标题

删除编号的方法

在 Word 中，如果要删除为文本添加的编号，除了逐个删除以外，还可以选择所有编号文本，在“编号”下拉列表中选择“无”选项删除，这种方法更快速、准确。

步骤02 ❶在“段落”组中单击“编号”按钮右侧的下拉按钮，❷选择一种编号样式，如图2-89所示。

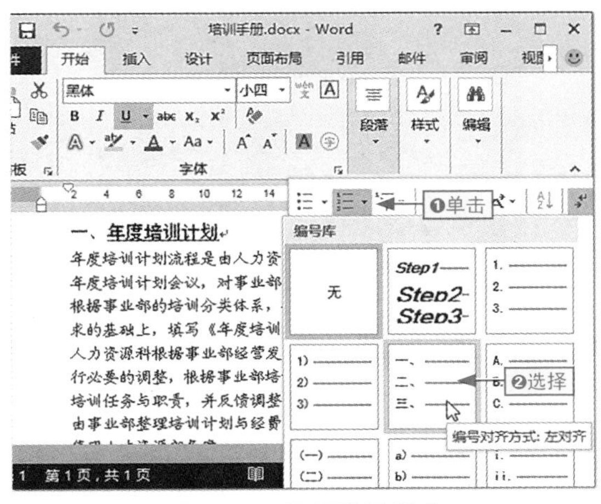

图2-89　选择编号样式

步骤03 ❶选择其他需要添加编号的文本，❷在编号库中选择需要的编号样式，如图2-90所示。

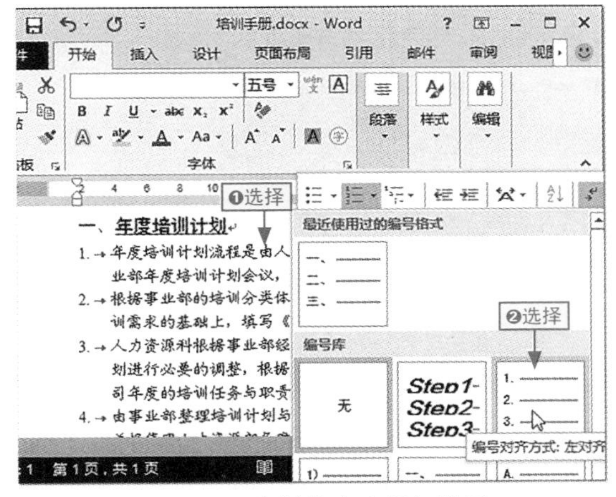

图2-90　为其他内容添加编号

步骤04 ❶将文本插入点定位到第二标题下方的第一条文字内容最前方，❷在编号库中选择“设置编号值”命令，如图2-91所示。

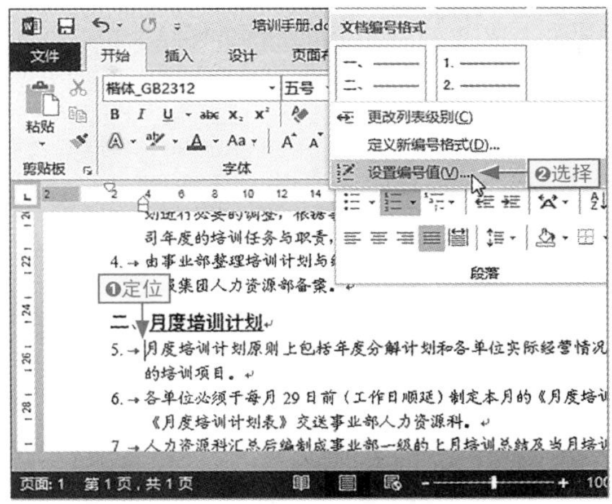

图2-91　选择“设置编号值”命令

步骤05 ❶在打开的“起始编号”对话框中设置起始值为1，❷单击“确定”按钮完成整个操作，如图2-92所示。

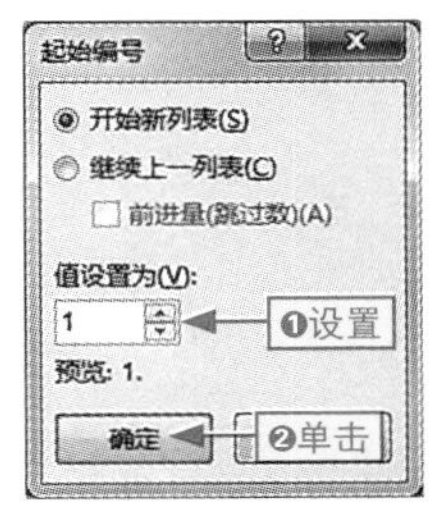

图2-92　设置编号的起始值

2. 定义新编号格式

若编号库中没有需要的编号样式，或者对添加的编号样式不满意，还可以通过定义新编号格式功能重新定义编号格式，具体操作如下。

本节素材	\素材\Chapter02\培训手册1.docx
本节效果	\效果\Chapter02\培训手册1.docx
学习目标	了解定义新编号格式的方法
难度指数	★★★

步骤01 ❶打开素材文件，❷选择要更改编号样式的编号，❸单击“编号”按钮右侧的下拉按钮，❹选择“定义新编号格式”命令，如图2-93所示。

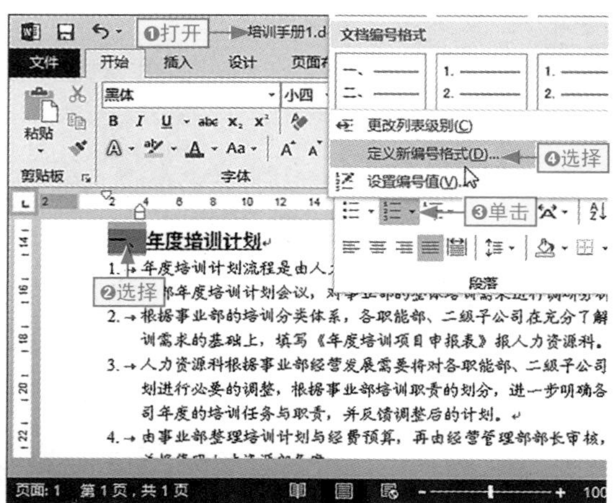

图2-93　选择“定义新编号格式”命令

步骤02 ❶在打开的“定义新编号格式”对话框的“编号格式”文本框的“一、”文本的左侧输入“内容”，❷删除“内容一、”中的“、”，❸单击“确定”按钮完成编号的自定义设置，如图2-94所示。

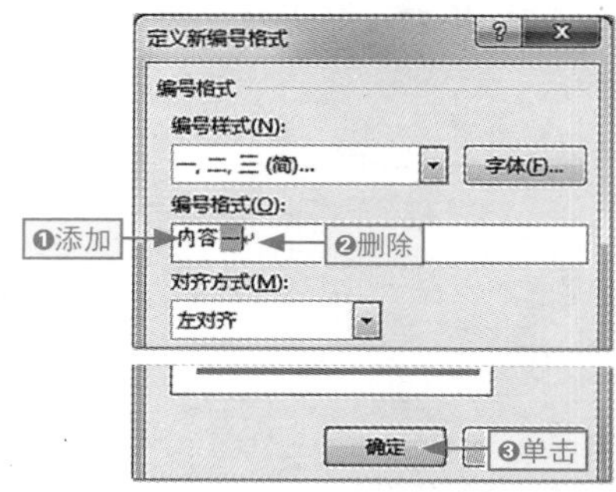

图2-94　确认自定义的编号样式

步骤03 在返回的文档中即可查看修改编号后的效果，如图2-95所示。

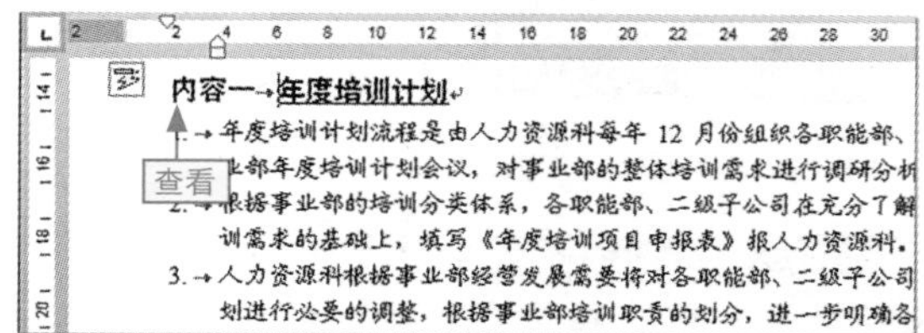

图2-95　查看自定义编号样式的效果

给你支招 | 使用格式刷快速复制格式

小白：在“剪贴板”组中有一个“格式刷”按钮，它有什么作用呢?

阿智：这个格式刷的作用很强大，在编辑文档的过程中，如果有多处位置都需要设置为相同的格式，则只需要修改一处格式，然后用格式刷复制格式后就可以很方便地将其他位置的格式修改正确，我具体给你演示一下吧。

步骤01 ❶选择包含格式的文本，❷在“开始”选项卡的“剪贴板”组中双击“格式刷”按钮（若单击“格式刷”按钮，则只能使用一次格式刷，使用格式刷后，程序会自动退出格式刷状态），如图2-96所示。

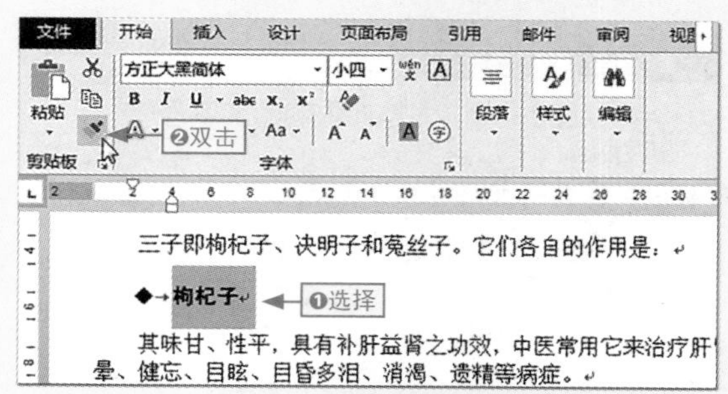

图2-96　双击“格式刷”按钮

步骤02 当鼠标指针变成形状后，按住鼠标左键拖选需要更改格式的文本，释放鼠标后即可快速修改格式，如图2-97所示。

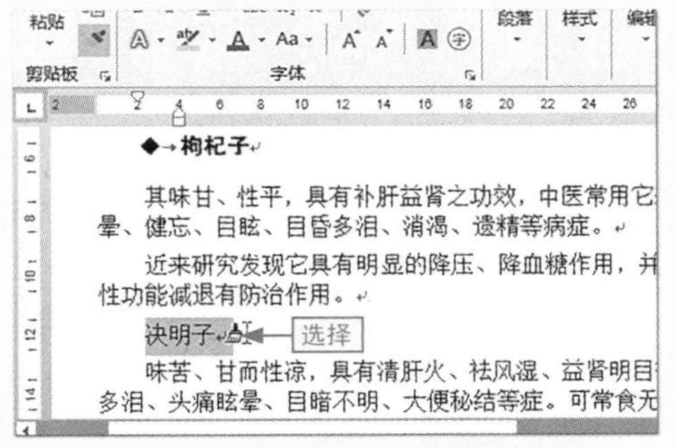

图2-97　使用格式刷修改格式

步骤03 ❶用相同方法修改其他地方的格式，❷单击“格式刷”按钮（或按Esc键）退出格式刷状态，如图2-98所示。

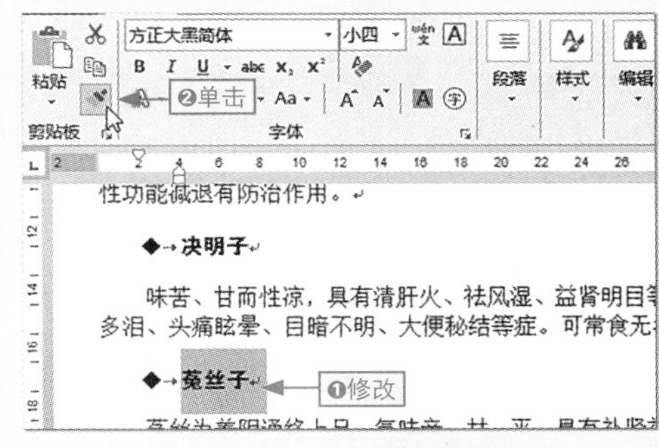

图2-98　退出格式刷状态

给你支招 | 使用查找和替换功能删除空行

小白：我这里有一个文档，里面有很多空行，有什么方法可以快速将其全部删除吗？

阿智：可以使用查找替换功能巧妙查找并将空行段落标记替换掉，具体操作如下。

步骤01 ❶在“开始”选项卡中单击“编辑”按钮，❷选择“替换”命令，如图2-99所示。

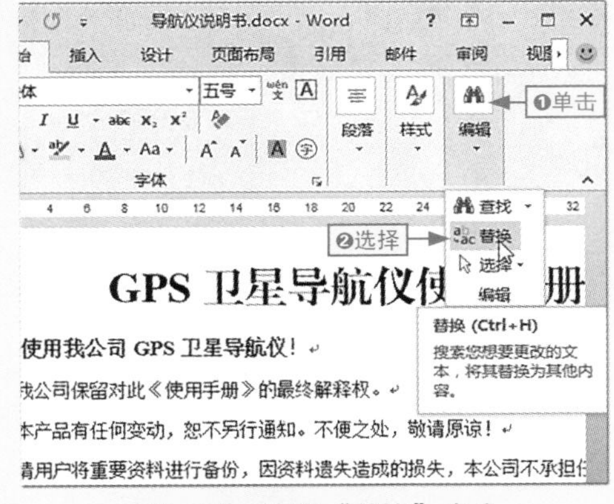

图2-99　选择“替换”命令

步骤02 在打开的“查找和替换”对话框的“替换”选项卡中单击“更多”按钮，如图2-100所示。

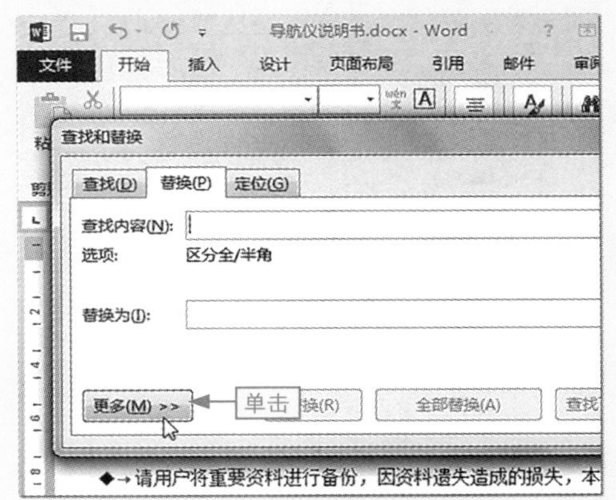

图2-100　单击“更多”按钮

步骤03 ❶单击“特殊格式”下拉按钮，❷在打开的下拉列表中选择两次“段落标记”选项，如图2-101所示。

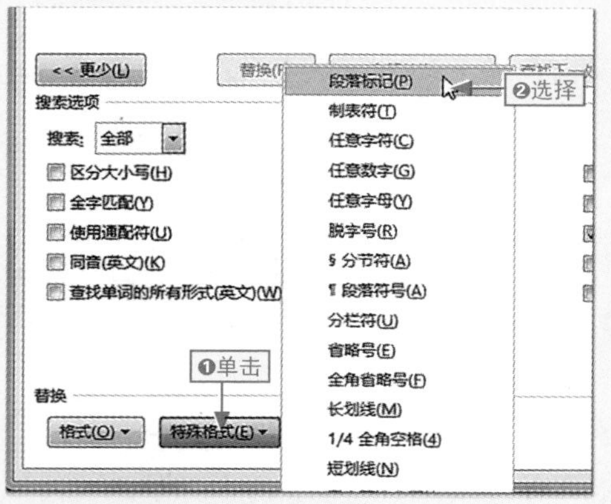

图2-101 设置查找两次段落标记

步骤04 ❶在“替换为”文本框中设置替换内容为段落标记，❷单击“全部替换”按钮第一次将相邻两个空行合并为一个空行，如图2-102所示。

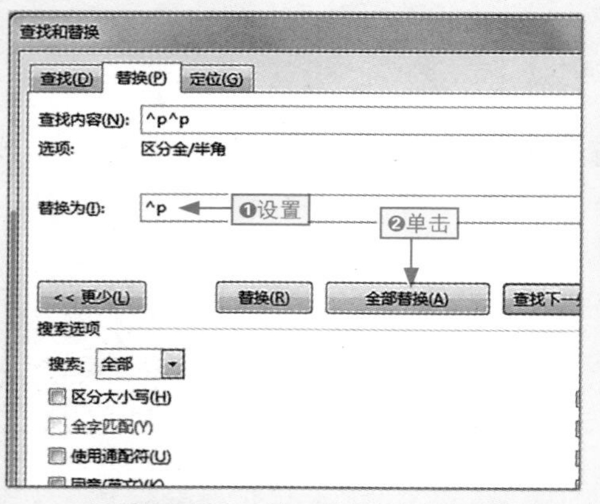

图2-102 第一次删除空行

步骤05 ❶在打开的提示对话框中提示完成替换的数目，❷继续单击“全部替换”按钮重复替换可能存在的空行，如图2-103所示。

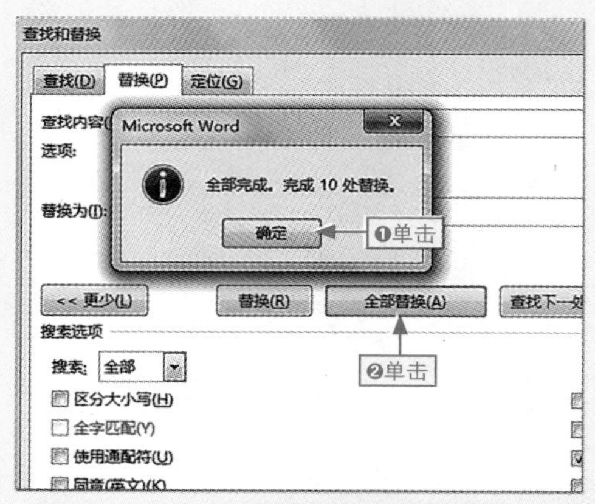

图2-103 继续删除可能存在的空行

步骤06 当打开的提示对话框中提示替换数目为0时表示删除了文档中的所有空行，❶单击“确定”按钮，❷单击“关闭”按钮完成所有操作，如图2-104所示。

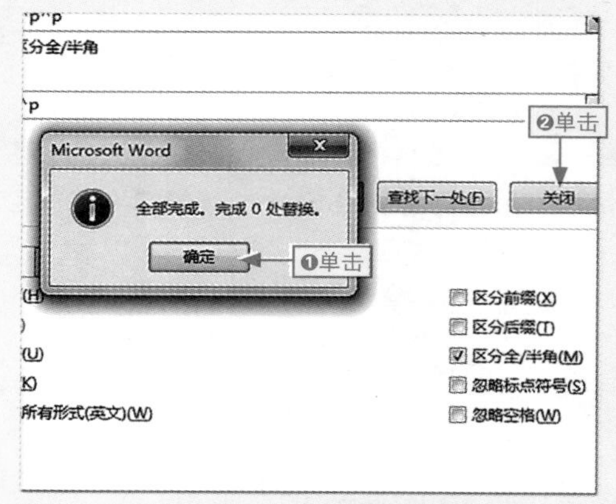

图2-104 删除所有空行

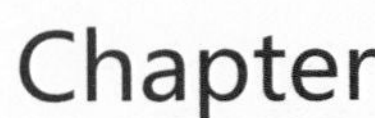

文档的进阶美化和编辑操作

学习目标

在商务办公中，更注重文档的专业效果，如何让制作的文档展示效果更美观、表达更清晰呢？可以通过在文档中使用各种图形对象、表格及图表对象来达到目的。本章将具体介绍如何通过各种对象来美化和编辑文档效果，从而提升读者编排文档的水平。

本章要点

- 插入艺术字
- 编辑艺术字
- 快速插入图形
- 简单处理图片效果
- 设置形状的样式
- 选择并组合形状
- 在SmartArt图形中添加文字
- 美化SmartArt图形效果
- 在Word中使用表格
- 在Word中使用图表

知识要点	学习时间	学习难度
艺术字和图片的使用	50 分钟	★★★★
形状和 SmartArt 图形的使用	50 分钟	★★★★
表格和图表的使用	40 分钟	★★★

3.1 使用艺术字对象

小白：我看到别人的文档中怎么有一种文字效果特别漂亮呢?

阿智：你说的应该是艺术字吧，这是Office的一项功能，可以把普通文字变成特殊的带有图片属性的效果。

艺术字是将常规字体经过变体后得到的具有美观有趣、易认易识、醒目张扬等特性的字体效果，在广告、海报、贺卡等宣传和推广中被广泛应用。

3.1.1 插入艺术字

插入艺术字的方法与在Word中输入文本有相似之处，也需要定位插入点，在插入艺术字占位符后，录入文字即可，具体操作如下。

本节素材	\素材\Chapter03\新年贺卡.docx
本节效果	\效果\Chapter03\新年贺卡.docx
学习目标	掌握插入艺术字并调整其位置的方法
难度指数	★★

步骤01 ❶打开素材文件，❷单击“插入”选项卡，如图3-1所示。

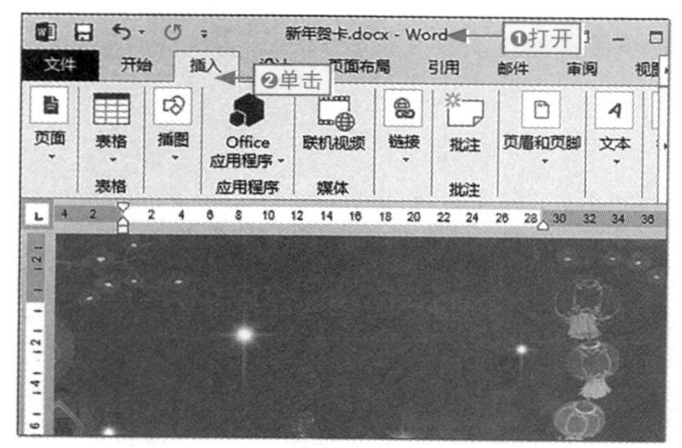

图3-1 切换到“插入”选项卡

步骤02 ❶在“文本”组中单击“艺术字”下拉按钮，❷选择一种艺术字样式，如图3-2所示。

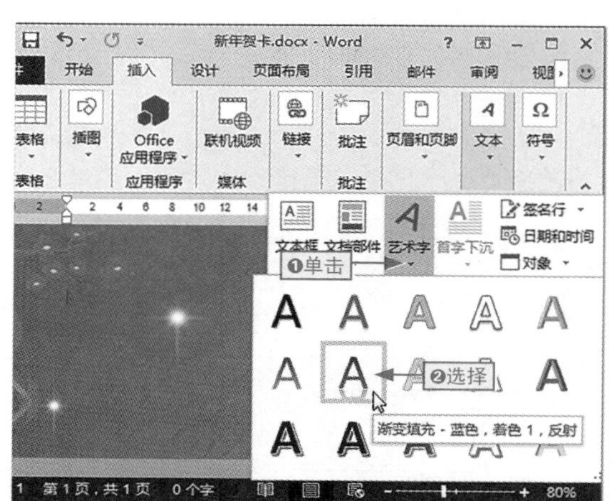

图3-2 选择艺术字样式

步骤03 在插入的艺术字占位符中删除占位符文字，然后输入“新年快乐”文本，如图3-3所示。

图3-3 输入艺术字文本

步骤04 将鼠标指针移动到艺术字占位符的边框上，按住鼠标左键不放拖动鼠标调整艺

术字的位置，如图3-4所示。

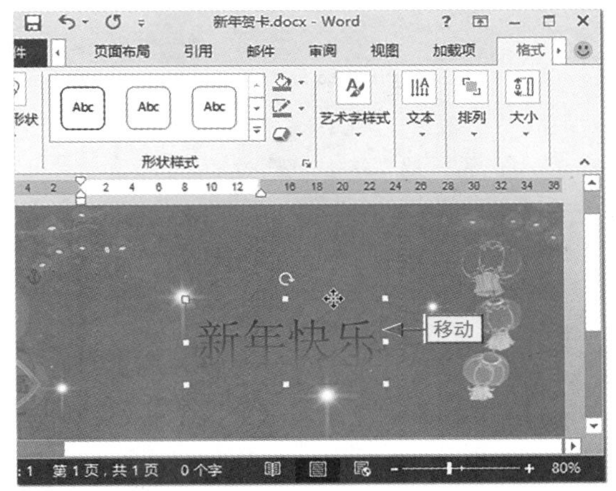

图3-4 移动艺术字位置

步骤05 单击文档的任意位置退出艺术字占位符的可编辑状态，完成整个操作，如图3-5所示。

图3-5 完成艺术字的添加

3.1.2 编辑艺术字

对插入的艺术字，用户可根据需要对其进行各种编辑，如更改字体格式、自定义填充效果等，让艺术字的效果更美观。下面通过实例讲解具体的操作方法。

本节素材	\素材\Chapter03\新年贺卡1.docx
本节效果	\效果\Chapter03\新年贺卡1.docx
学习目标	掌握设置艺术字格式的方法
难度指数	★★★

步骤01 ❶打开素材文件，将文本插入点定位到艺术字文本框中，❷选择所有的艺术字文本，如图3-6所示。

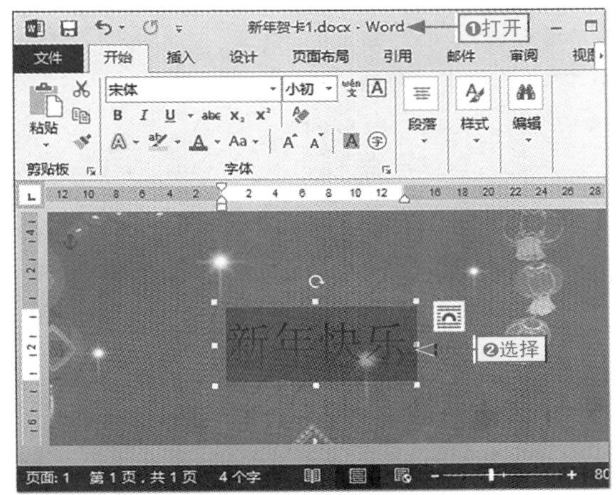

图3-6 选择艺术字文本

步骤02 ❶在“开始”选项卡的“字体”组的“字体”下拉列表框中选择“楷体_GB2312”选项更改艺术字的字体，❷在“字号”下拉列表框中选择“72”选项更改艺术字的字号，如图3-7所示。

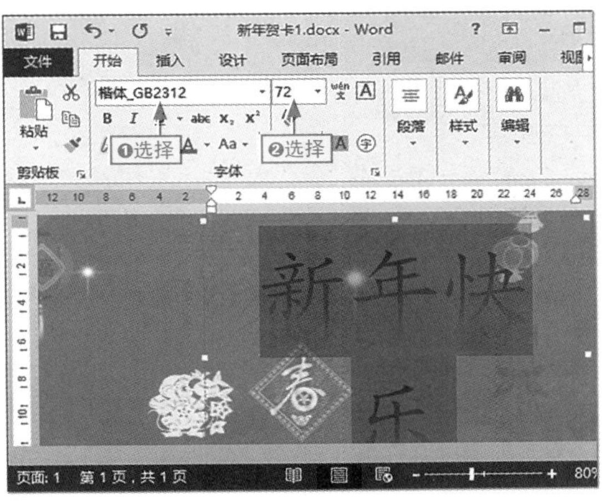

图3-7 更改艺术字的字体和字号

步骤03 保持艺术字的选择状态，单击“加粗”按钮为艺术字设置加粗的字体格式，如图3-8所示。

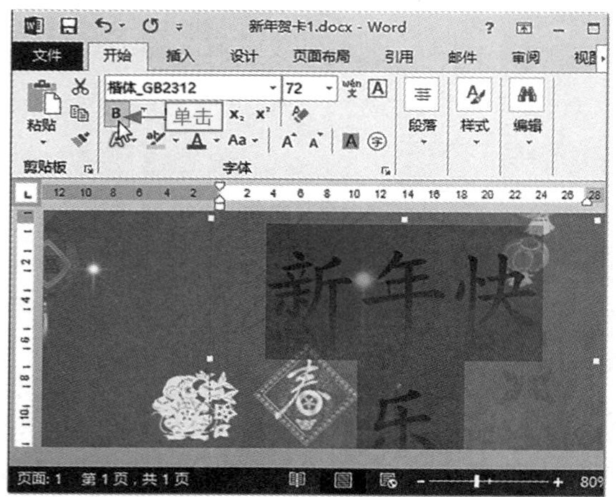

图3-8 加粗艺术字

步骤04 ❶单击“绘图工具-格式”选项卡，❷在“艺术字样式”组中单击“文本填充”下拉按钮，❸选择“其他填充颜色”命令，如图3-9所示。

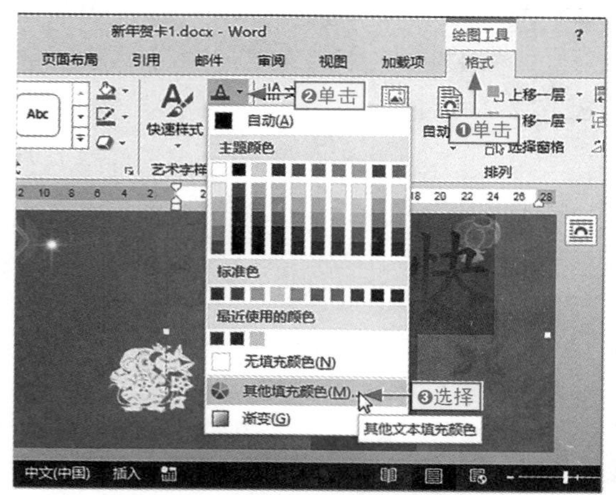

图3-9 为艺术字设置其他颜色

步骤05 ❶在打开的“颜色”对话框的“标准”选项卡中选择需要的颜色色块，❷单击“确定”按钮完成艺术字填充颜色的修改，如图3-10所示。

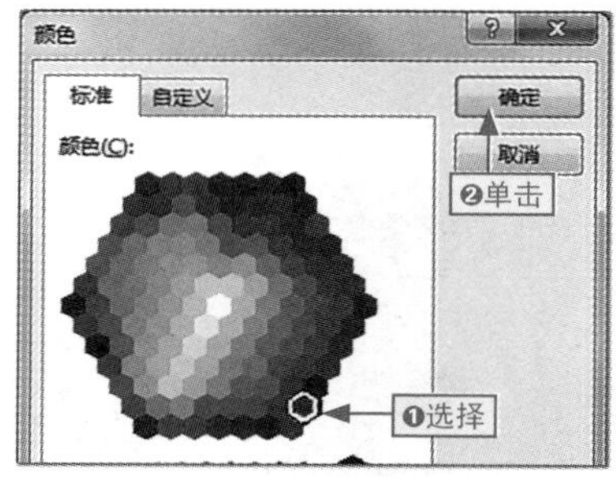

图3-10 选择填充颜色

步骤06 ❶单击“艺术字样式”组中的“文本轮廓”下拉按钮，❷在弹出的下拉菜单中选择“黑色，文字1”颜色，如图3-11所示。

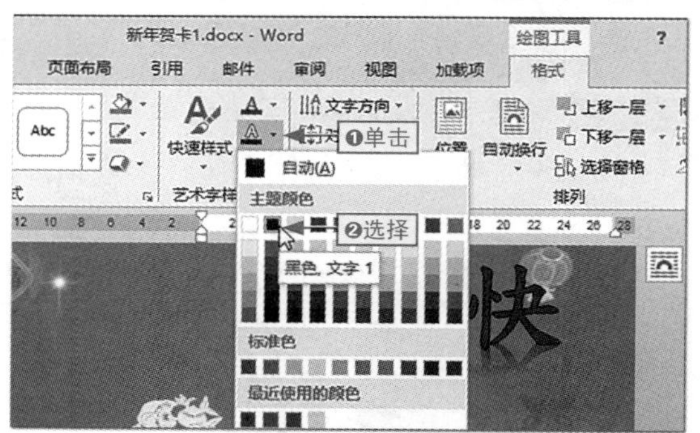

图3-11 设置艺术字轮廓的颜色

步骤07 ❶再次弹出“文本轮廓”下拉菜单，❷选择“粗细”命令，❸在其子菜单中选择“1.5磅”选项更改艺术字轮廓的粗细，如图3-12所示。

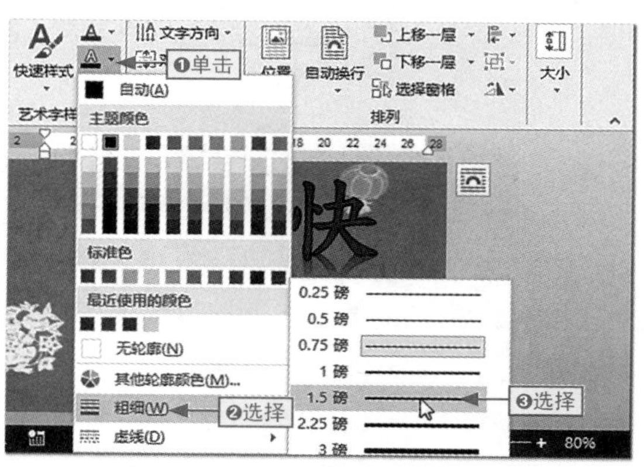

图3-12 设置艺术字轮廓的粗细

步骤08 调整占位符的宽度后，选择艺术字占位符形状，将其移动到合适的位置，单击文档任意空白位置退出艺术字的编辑状态，完成整个操作，如图3-13所示。

图3-13 调整艺术字位置

长知识

设置艺术字形状的样式

艺术字的占位符实质也是一个形状对象，该对象的填充效果和轮廓效果都是可以设置的，程序内置有一些样式效果。用户选择该对象后，直接在“绘图工具－格式”选项卡的“形状样式”组中❶单击“其他”按钮，❷选择需要的样式即可更改形状样式，如图 3-14 所示。此外，用户还可以通过“形状填充”“形状轮廓”和“形状效果”按钮对对象的样式进行自定义。

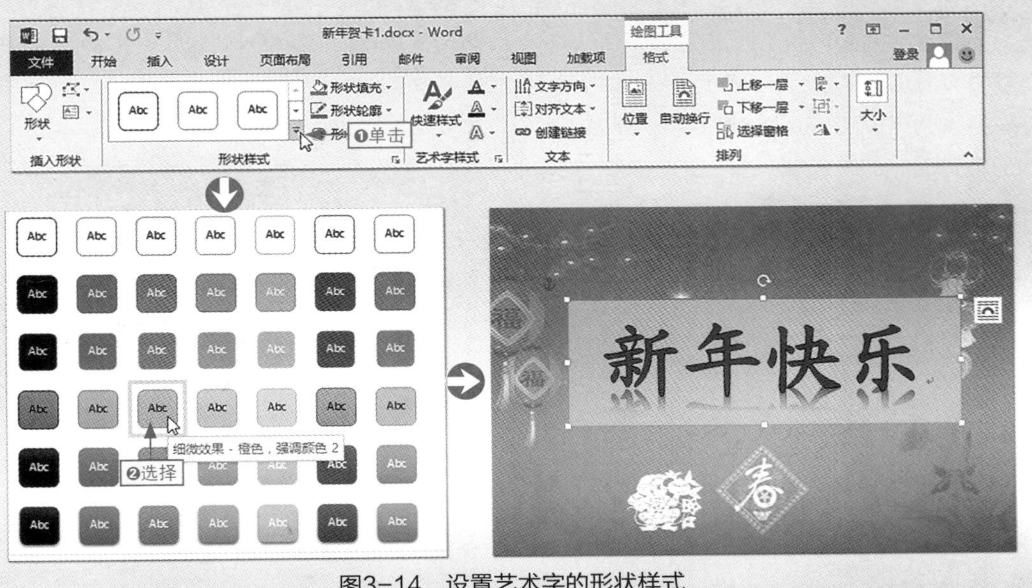

图3-14 设置艺术字的形状样式

3.2 使用图片对象

小白：我制作了一个招聘启事文档，可我怎么觉得效果看起来不是特别理想呢？

阿智：加入一些图片元素吧，可以让整个文档更美观。

除了一般具有特殊用途或格式要求严谨的公文以外，其他类型的文档，适当地使用图形对象，不仅能让文档内容看起来更丰富，还能对文档起到美化的作用。

3.2.1 快速插入图形

在Word文档中，用户可以插入电脑中保存的图片，也可以插入联机图片。下面分别介绍不同图片的插入方法。

1. 插入电脑中的图片

如果要将准备的图片文件插入文档中，可以利用插入电脑中的图片功能来完成。下面通过具体实例讲解相关操作。

本节素材	\素材\Chapter03\招聘启事
本节效果	\效果\Chapter03\招聘启事.docx
学习目标	掌握将电脑中保存的图片添加到文档中的方法
难度指数	★★

步骤01 ❶打开素材文件，❷将文本插入点定位到要插入图片的位置，如图3-15所示。

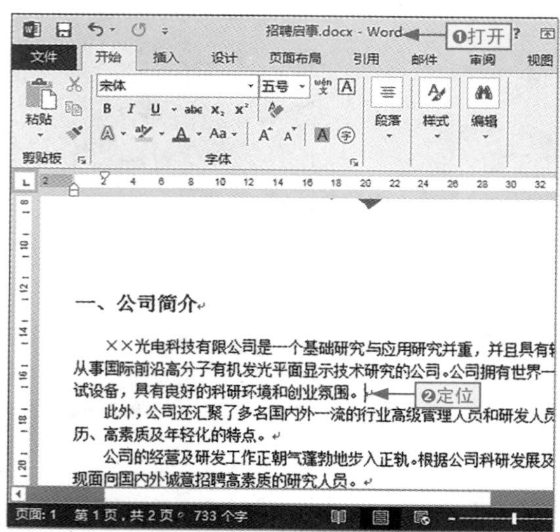

图3-15　定位文本插入点

步骤02 ❶单击“插入”选项卡，❷在“插图”组中单击“图片”按钮，打开“插入图片”对话框，如图3-16所示。

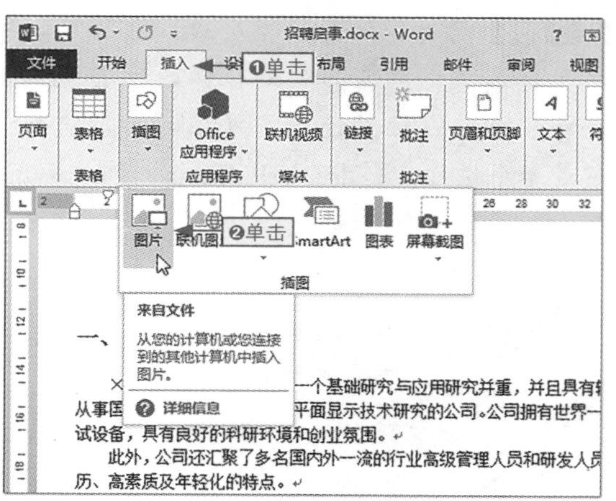

图3-16　单击“图片”按钮

步骤03 ❶在地址栏中找到文件保存的位置，❷在中间的列表框中选择需要插入的图片，❸单击“插入”按钮插入图片，如图3-17所示。

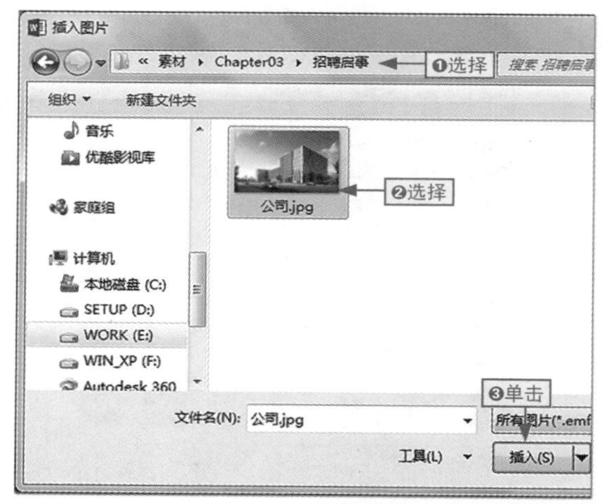

图3-17　选择要插入的图片

步骤04 在返回的文档中即可看到图片以嵌入的环绕方式插入指定位置，如图3-18所示。

图3-18 查看效果

2. 插入联机图片

所谓联机图片是指将早期版本的剪贴画与插入网络图片融合在一起，它能大大地节省用户寻找素材的时间。下面以插入剪贴画为例讲解操作方法。

本节素材	\素材\Chapter03\招聘启事1.docx
本节效果	\效果\Chapter03\招聘启事1.docx
学习目标	掌握将联机剪贴画添加到文档的方法
难度指数	★★

步骤01 ❶打开素材文件，❷单击“插入”选项卡，❸在“插图”组中单击“联机图片”按钮，如图3-19所示。

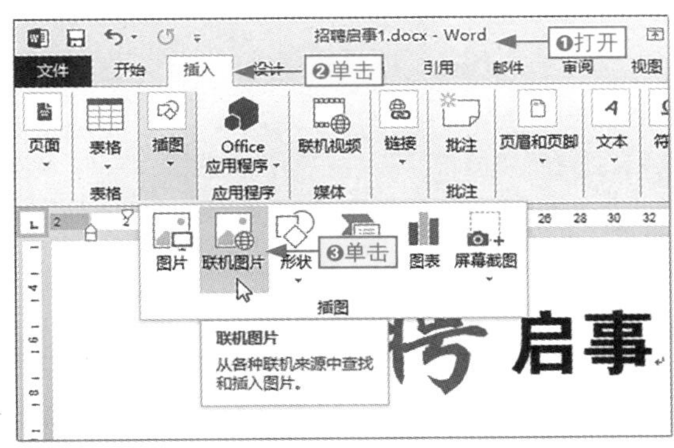

图3-19 单击“联机图片”按钮

步骤02 在打开的“插入图片”对话框的“必应图像搜索”文本框中输入“剪贴画”，按Enter键，如图3-20所示。

图3-20 输入关键字

步骤03 ❶在搜索结果列表框中选择需要的剪贴画，❷单击“插入”按钮插入选择的剪贴画，如图3-21所示。

图3-21 选择剪贴画并插入

步骤04 在返回的Word文档中即可看到在文档中插入剪贴画的效果，如图3-22所示。

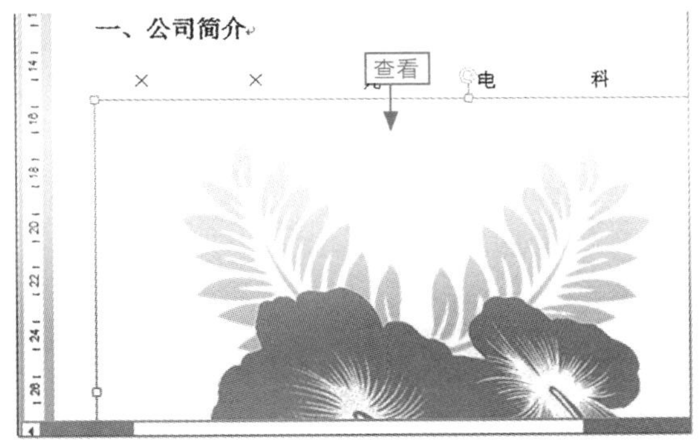

图3-22 查看插入剪贴画的效果

在Word文档中插入图形对象时，不能选择已有的图片，再执行插入图形操作，因为这样插入的图形会将原来的图形替换掉。

获取屏幕截图

在Word 2013中，除了插入电脑中保存的图片和联机图片外，还可以插入屏幕截图，具体的截取操作是：❶在“插图”组中单击“屏幕截图”按钮，在弹出的下拉列表中的“可用视窗”栏中自动显示了当前系统中打开的所有窗口(最小化到任务按钮的窗口除外)，❷选择需要的选项，❸即可将其作为图片插入Word文档中，如图3-23所示。如果选择“屏幕剪辑”命令，程序会自动切换到当前除Word应用程序以外最近激活的窗口，拖动鼠标还可以截取区域，如果没有激活的窗口，则程序自动切换到桌面。

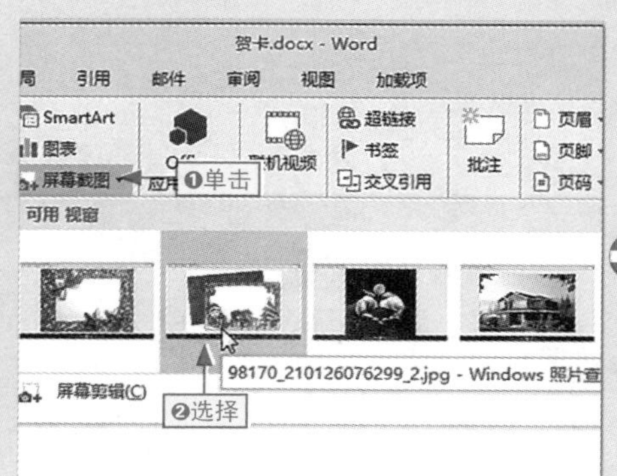

图3-23　获取屏幕截图

3.2.2 简单处理图片效果

插入文档中的图形对象，通常都不符合实际需求，此时需要用户对其效果进行简单处理，如调整图片大小、更改图片环绕方式、旋转图片、设置图片样式和效果等。

1. 调整图片大小

插入文档中的图形对象，自动按默认大小显示，用户可对其大小进行调整，使其更符合实际需求，具体操作如下。

本节素材	\素材\Chapter03\招聘启事2.docx
本节效果	\效果\Chapter03\招聘启事2.docx
学习目标	掌握精确调整图片大小的方法
难度指数	★★★

步骤01 ❶打开素材文件，❷选择剪贴画图片，❸单击“图片工具-格式”选项卡，如图3-24所示。

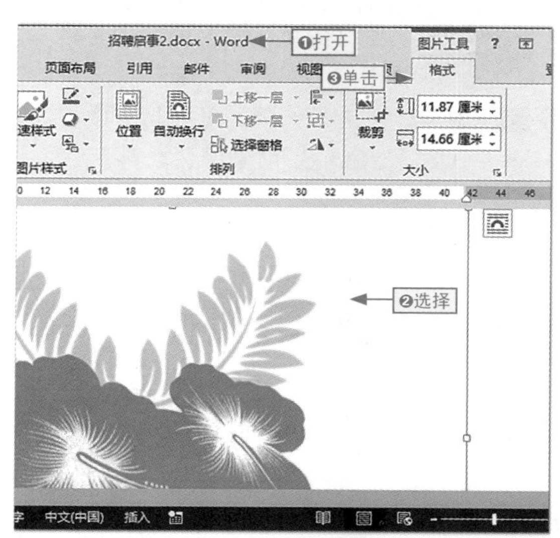

图3-24　切换选项卡

步骤02 ❶在“大小”组的“高度”数值框中输入“2厘米”，❷按Enter键等比例调整图片的大小，如图3-25所示。

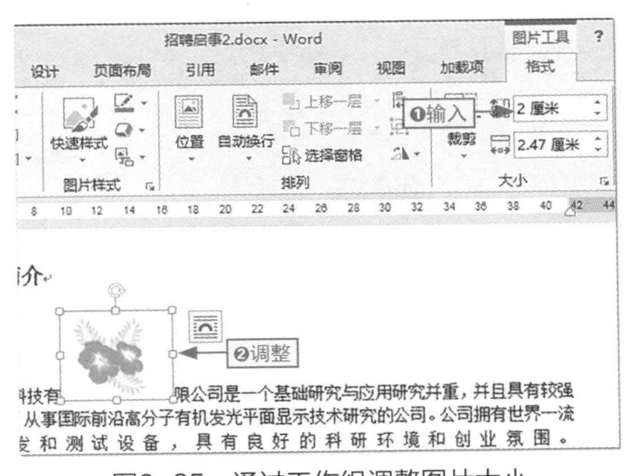

图3-25 通过工作组调整图片大小

步骤03 ❶选择公司图片，❷单击“大小”组中的“对话框启动器”按钮，如图3-26所示。

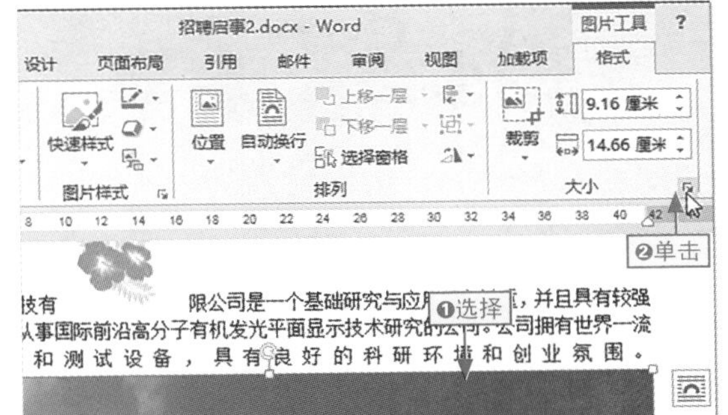

图3-26 单击“对话框启动器”按钮

快速调整图片大小

选择图片后，图片的4个顶角和各边的中间会出现8个控制点，通过控制点可以改变图片的大小。需要注意的是，直接拖动各个控制点改变图片大小的同时会让图片的效果发生变形。若在拖动图片顶角控制点的同时按住Shift键则可以等比例缩放图片。

步骤04 ❶在打开的“布局”对话框的“大小”选项卡中分别设置图片高度和宽度的缩放比例为“25%”，❷单击“确定”按钮，如图3-27所示。

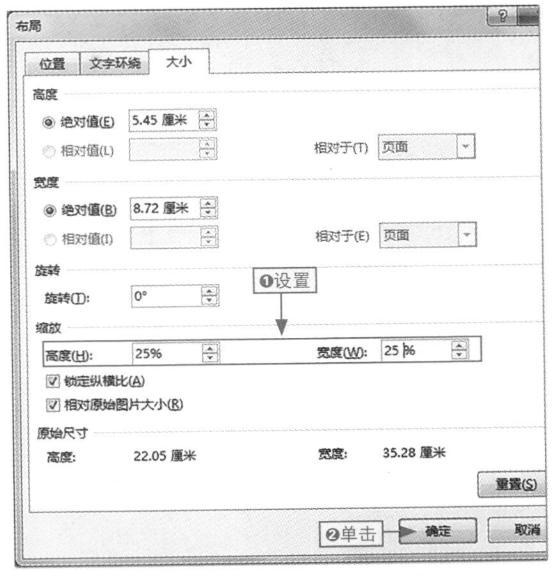

图3-27 设置图片比例参数

步骤05 在返回的文档中即可看到调整图片大小后的效果，如图3-28所示。

图3-28 查看缩放图片后的效果

2. 更改图片的环绕方式

图片的环绕方式是指图片与文字的排列关系，设置图片的环绕方式是制作图文混排文档最基本的操作之一。

本节素材	\素材\Chapter03\招聘启事3.docx
本节效果	\效果\Chapter03\招聘启事3.docx
学习目标	掌握修改图片与文字之间的环绕方式的方法
难度指数	★★

步骤01 ❶打开素材文件，❷选择剪贴画，❸在“图片工具-格式”选项卡中单击“自动换行”按钮，❹选择“浮于文字上方”命令更改图片的环绕方式，如图3-29所示。

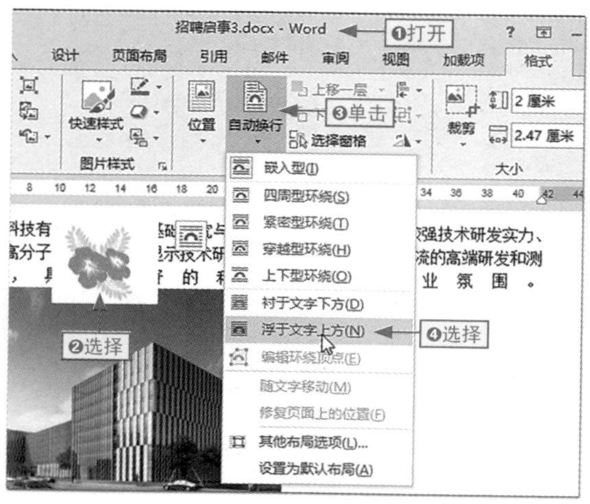

图3-29　设置图片浮于文字上方

步骤02 保持图片的选择状态，拖动图片将其移动到合适的位置，如图3-30所示。

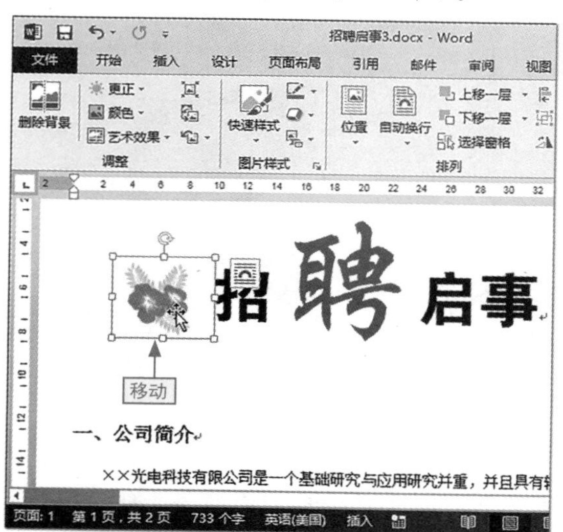

图3-30　移动剪贴画的位置

步骤03 ❶选择公司图片，❷单击图片右侧的“布局选项”按钮，❸选择“四周型环绕”选项更改图片的环绕方式，如图3-31所示。

图3-31　设置图片环绕在文字四周

步骤04 将公司图片移动到公司简介内容右侧完成整个操作，如图3-32所示。

图3-32　移动图片的位置

常用的环绕方式

嵌入型环绕方式是Word默认的图片版式，将图片置于文本插入点的位置，使图片与文本居于同一层次；四周型环绕方式是将文字环绕在所选图片边界框的四周；浮于文字上方是将图片置于文本层的前方，图片在单独的图层中浮动。

3. 旋转图片

在Word中，程序提供了旋转图片的功能，通过该功能可以将插入的图片进行旋转，调整图片的显示方向，从而满足特定的需要。

本节素材	\素材\Chapter03\招聘启事4.docx
本节效果	\效果\Chapter03\招聘启事4.docx
学习目标	掌握按不同方向旋转图片的方法
难度指数	★★

步骤01 ❶打开素材文件，❷选择剪贴画，❸在“图片工具-格式”选项卡中单击“旋转”按钮，❹选择“向右旋转90°”选项旋转图片，如图3-33所示。

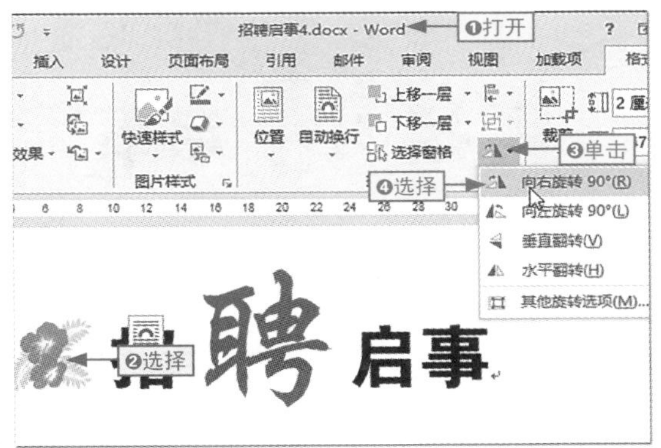

图3-33　将图片向右旋转

步骤02 保持剪贴画的选择状态，按住Ctrl+Shift组合键的同时拖动鼠标复制一个剪贴画副本，如图3-34所示。

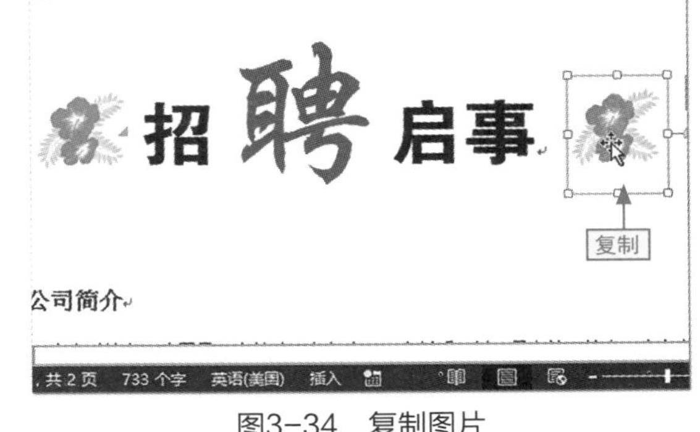

图3-34　复制图片

步骤03 ❶单击“旋转”按钮，❷选择“水平翻转”选项将图片进行水平翻转，如图3-35所示。

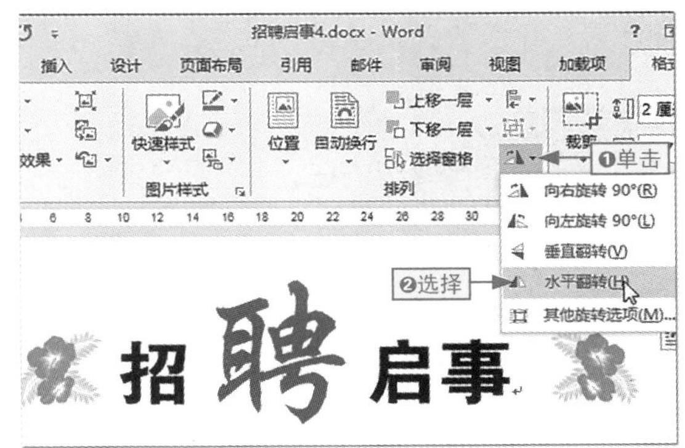

图3-35　水平翻转图片

步骤04 微调两个剪贴画的位置完成整个操作，如图3-36所示。

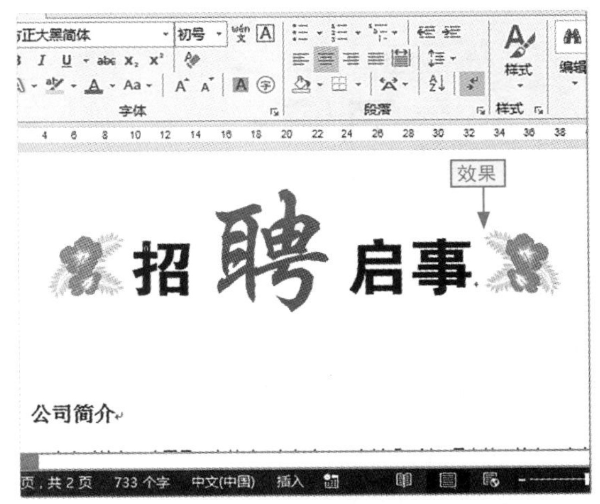

图3-36　向左旋转图片并调整图片位置

旋转图片的其他方法

在“旋转”下拉菜单中选择“其他旋转选项”命令，在打开的“布局”对话框的“大小”选项卡中可以精确旋转图片角度。也可以选择图片后，拖动图片上边框中间的旋转控制柄以调整图片的旋转方向。

4. 设置图片样式和效果

在Word中，程序内置了一些图片样式和各种图片效果，通过这些功能可以快速为图片进行美化设置，具体操作如下。

本节素材	\素材\Chapter03\招聘启事5.docx
本节效果	\效果\Chapter03\招聘启事5.docx
学习目标	掌握使用内置图表样式并修改图片效果的方法
难度指数	★★★

步骤01 ❶打开素材文件，选择公司图片，❷在"图片工具-格式"选项卡的"快速样式"列表框中选择一种图片样式更改图片的样式效果，如图3-37所示。

图3-37　应用图片样式

步骤02 保持图片的选择状态，❶单击"图片样式"组中的"图片效果"按钮，❷选择"阴影"命令，❸在其子菜单中选择一种阴影选项为图片添加阴影效果，如图3-38所示。

使用图片的其他效果

通过"图片效果"下拉菜单可以为图片添加预设、阴影、映像、柔滑边缘、棱台及三维旋转效果，其操作与发光效果的操作一样。

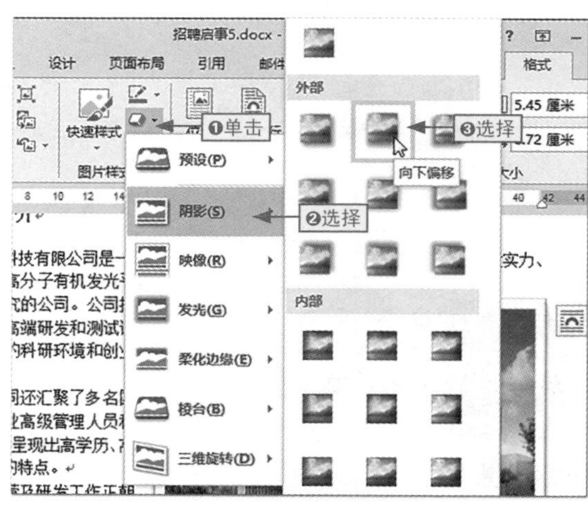

图3-38　添加阴影效果

步骤03 纵观文档的整体效果，重新调整图片的位置，完成整个操作，如图3-39所示。

一、公司简介

××光电科技有限公司是一个基础研究与应用研究并重，并且具有较强技术从事国际前沿高分子有机发光平面显示技术的公司。公司拥有世界一流的高端试设备，具有良好的科研环境和创业氛围。

移动

此外，公司还汇聚了多名国内外一流的行业高级管理人员和研发人员，他们呈现出高学历、高素质及年轻化的特点。

公司的经营及研发工作正朝气蓬勃地步入正轨。根据公司科研发展及人力资源培养需求，现面向国内外诚意招聘高素质的研究人员。

图3-39　调整图片位置

调整图片的效果

在Word中，通过"图片工具－格式"选项卡的"调整"组还可为图片设置艺术效果，更改图片亮度、对比度等，这些操作都比较简单，用户可上机自行进行操作练习。

3.3 使用形状对象

小白： 形状对象看起来很普通，它们在哪些情况下使用呢？

阿智： 形状的用处很大，不仅可以作为注释出现，也可以作为流程图的主要对象出现。

形状是文档中比较常用的一个对象，在文档中使用和设置形状，可以让文档展现出不一样的精彩效果。

3.3.1 插入形状并添加文字

Word提供了各种样式的形状，选择形状后拖动鼠标即可插入该形状。此外，程序还提供了在形状中添加文字的功能。下面通过实例具体地讲解在文档中插入形状并添加文字的方法。

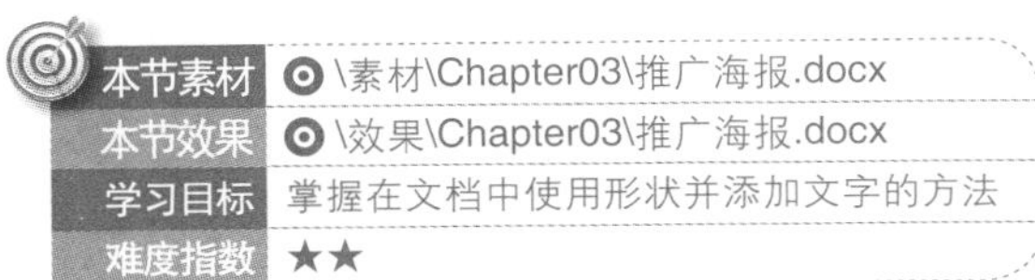

本节素材	\素材\Chapter03\推广海报.docx
本节效果	\效果\Chapter03\推广海报.docx
学习目标	掌握在文档中使用形状并添加文字的方法
难度指数	★★

步骤01 打开素材文件，单击“插入”选项卡，如图3-40所示。

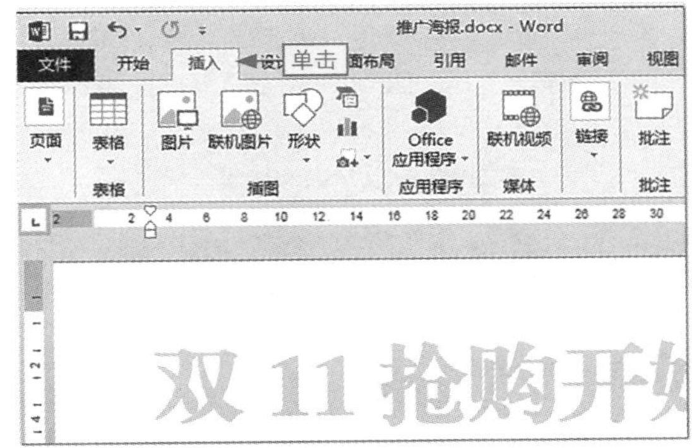

图3-40　切换到“插入”选项卡

步骤02 ❶单击“形状”按钮，❷选择“矩形”形状，如图3-41所示。

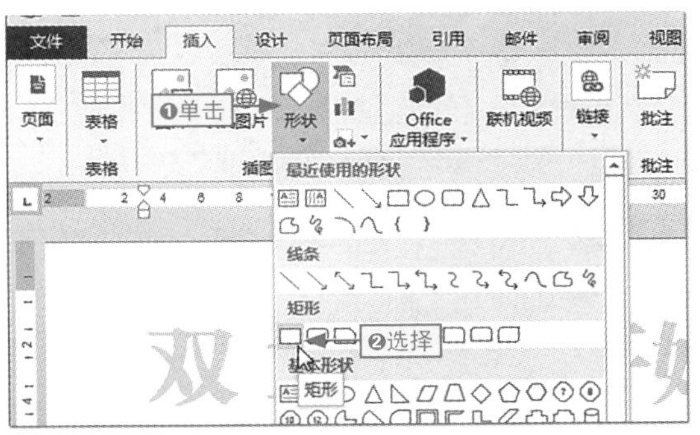

图3-41　选择“矩形”形状

步骤03 此时鼠标指针变为十字形，按住鼠标左键不放，拖动鼠标指针绘制形状，如图3-42所示。

图3-42　插入形状

步骤04 ❶插入一个矩形标注形状，程序自动将文本插入点定位到形状中，在其中输入文本并设置字体格式。❷复制3个形状后，同步修改对应的文字内容，如图3-43所示。

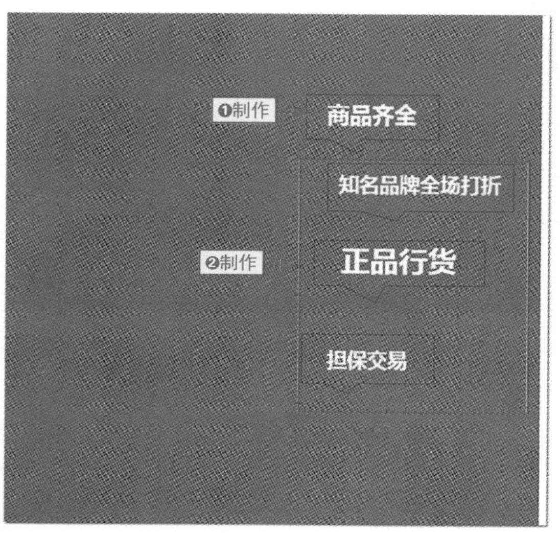

图3-43 在形状中添加文字

步骤05 ❶选择矩形形状，❷在“绘图工具-格式”选项卡中单击“自动换行”按钮，❸选择“衬于文字下方”命令更改环绕方式，如图3-44所示。

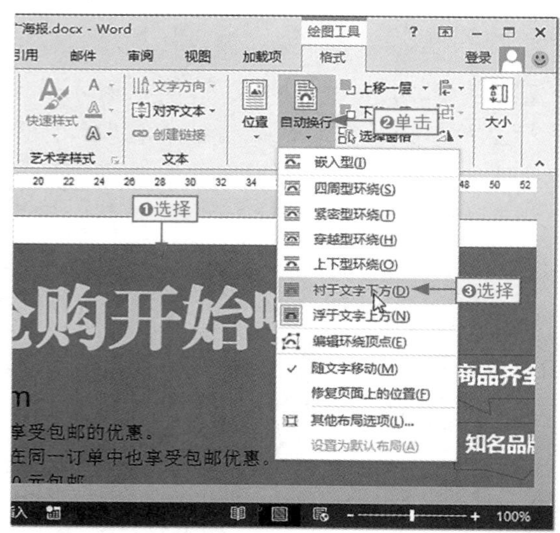

图3-44 更改形状的环绕方式

步骤06 选择“商品齐全”标注形状，选中黄色的控制点，拖动鼠标调整控制点的位置，如图3-45所示。

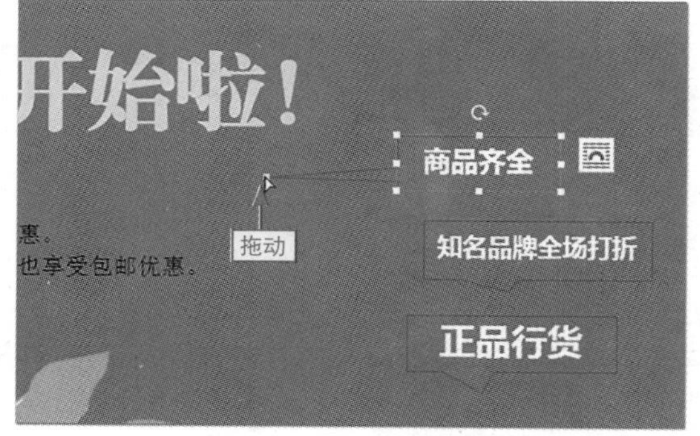

图3-45 调整形状的旋转角度

步骤07 保持“商品齐全”形状的选择状态，选择形状上边框中间的旋转标记，拖动鼠标调整形状的旋转角度，如图3-46所示。

图3-46 调整控制点的位置

步骤08 用相同的方法调整其他标注形状的控制点的位置，并且对应调整形状的旋转角度及位置，完成整个操作，如图3-47所示。

图3-47 调整其他形状

不同类型的形状添加文字的方法

在 Word 2013 中，按是否自动定位文本插入点到形状中，可将形状划分为两大类。

一类是插入形状后，程序自动将文本插入点定位到其中，如各种标注形状、文本框形状等，用户在插入形状后，可直接在其中添加文字。另一类是插入形状后，需要手动设置文本插入点到其中，如基本形状、矩形、箭头形状等，如果要在其中添加文字，❶需要在形状上右击，❷选择“添加文字”命令将插入点定位到其中，❸在其中输入文本，如图 3-48 所示。需要注意的是，对于一些形状中的线条形状，是不能在其中添加文字内容的。

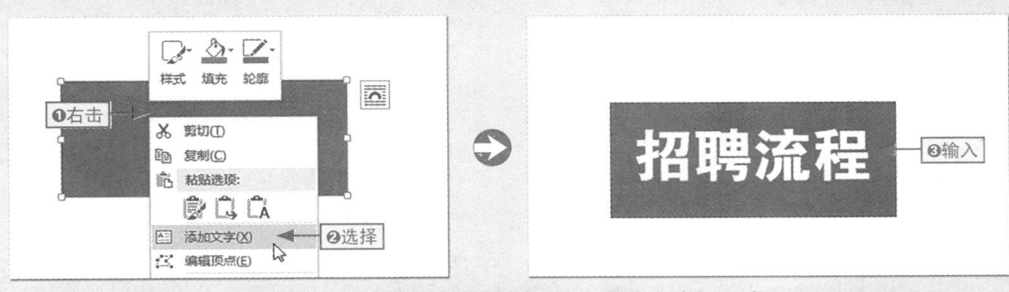

图3-48　使用右键菜单在形状中定位文本插入点

3.3.2 设置形状的样式

插入形状后，形状以默认的填充色和轮廓颜色显示，用户可根据需要对其填充色进行自定义设置，具体操作方法如下。

本节素材	\素材\Chapter03\推广海报1.docx
本节效果	\效果\Chapter03\推广海报1.docx
学习目标	掌握自定义形状样式效果的方法
难度指数	★★

步骤01 打开素材文件，选择其中的“矩形”形状，如图3-49所示。

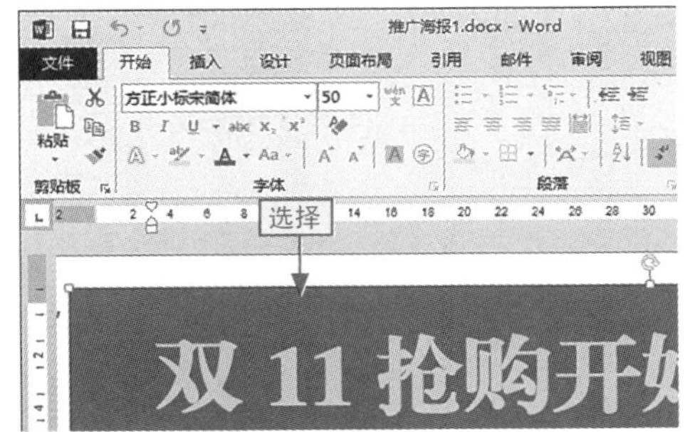

图3-49　选择“矩形”形状

步骤02 ❶单击“绘图工具-格式”选项卡，❷在“形状样式”组中单击形状填充按钮右侧的下拉按钮，❸选择“深红”颜色选项为形状设置填充颜色，如图3-50所示。

图3-50　设置填充色

步骤03 保持形状的选择状态，❶单击形状轮廓下拉按钮，❷选择“黑色，文字1”选项为其设置轮廓颜色，如图3-51所示。

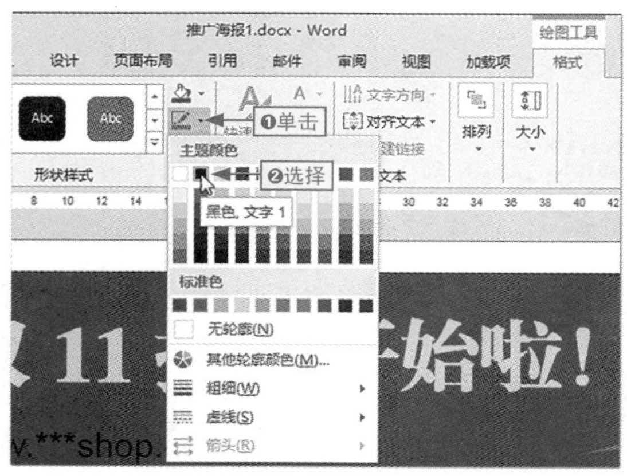

图3-51　设置形状轮廓颜色

步骤04 ❶再次单击形状轮廓下拉按钮，❷选择“粗细”命令，❸在其子菜单中选择“6磅”选项更改形状轮廓的粗细，如图3-52所示。

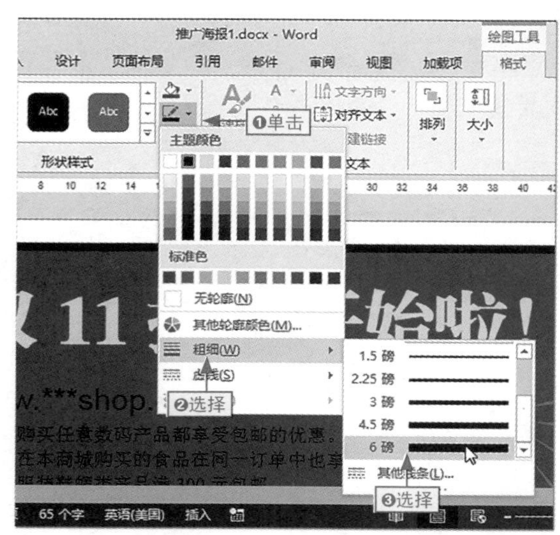

图3-52　更改轮廓粗细

步骤05 ❶按住Ctrl键选择所有标注形状，❷单击形状轮廓下拉按钮，❸选择“无轮廓”选项取消形状的轮廓，如图3-53所示。

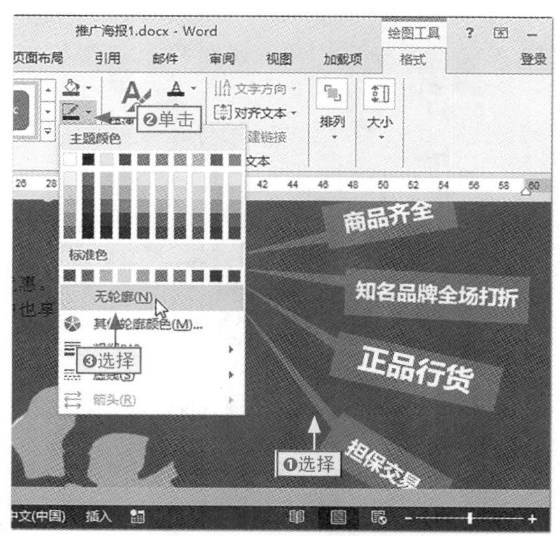

图3-53　取消形状轮廓

步骤06 分别为4个标注形状设置对应的填充颜色，完成整个操作，如图3-54所示。

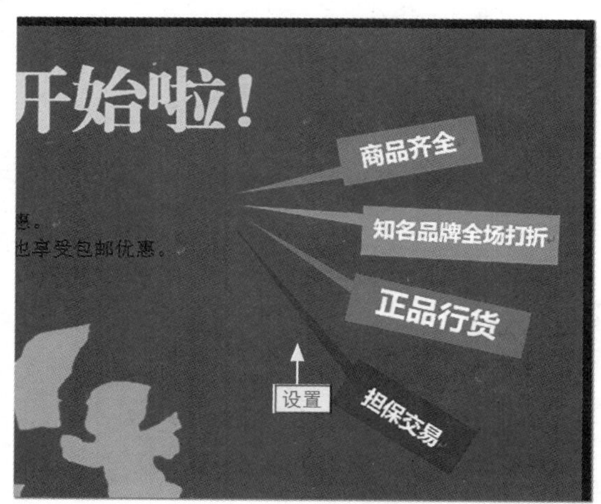

图3-54　设置填充颜色

小绝招

使用内置的形状样式

在“绘图工具－格式”选项卡的“形状样式”组的列表框中，程序内置了一些形状样式，选择形状后，直接选择这些样式可以快速更改形状的样式。

3.3.3 选择并组合形状

在Word中插入的形状都是浮在文档中的，调整好形状的位置和效果后，最好将其组合在一起形成一个整体，避免因为误操作而改变形状的位置。

在这之前，首先要选择形状，为了更准确地选择形状，可以通过“选择”窗格来辅助操作，具体操作方法如下。

本节素材	\素材\Chapter03\推广海报2.docx
本节效果	\效果\Chapter03\推广海报2.docx
学习目标	掌握在文档中组合形状的方法
难度指数	★★

步骤01 ❶打开素材文件，在“开始”选项卡的“编辑”组中单击“选择”按钮，❷选择“选择窗格”命令，如图3-55所示。

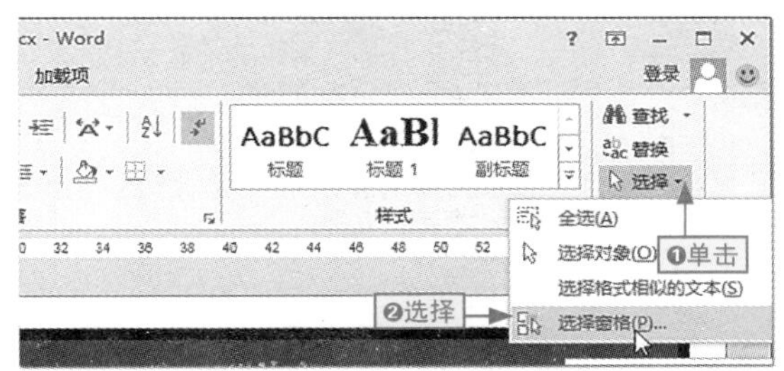

图3-55 选择“选择窗格”命令

步骤02 ❶在打开的“选择”窗格中按住Ctrl键逐个选择形状，❷单击“关闭”按钮关闭窗格，如图3-56所示。

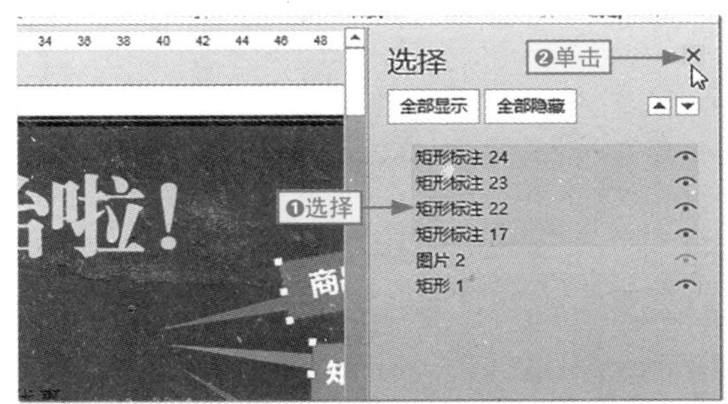

图3-56 选择不连续的形状

步骤03 ❶单击“绘图工具-格式”选项卡，❷在“排列”组中单击“组合”按钮，❸选择“组合”命令组合形状，如图3-57所示。

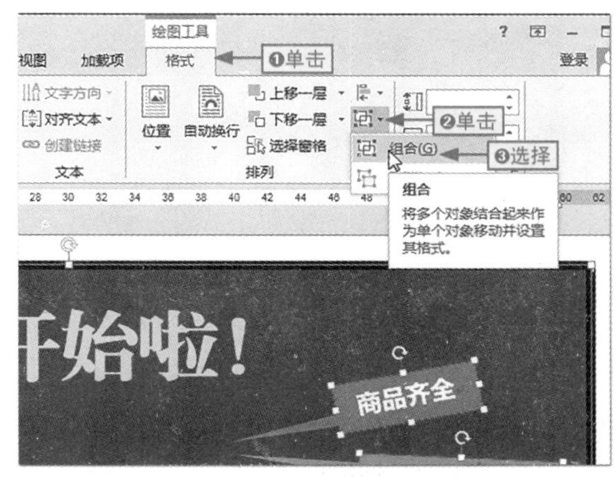

图3-57 组合形状

步骤04 保持组合形状的选择状态，❶单击“自动换行”按钮，❷选择“衬于文字下方”命令完成整个操作，如图3-58所示。

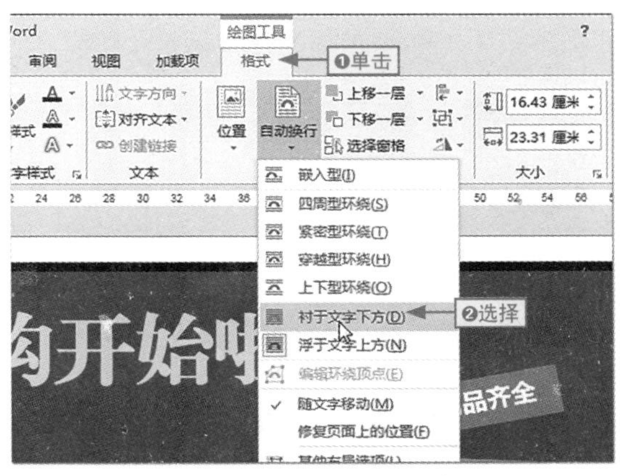

图3-58 更改环绕方式

小绝招 取消组合形状

选择组合的形状，单击“组合”按钮，选择“取消组合”命令，或者单击鼠标右键，在弹出的快捷菜单中选择“取消组合”命令，都可以取消组合在一起的形状。

3.4 使用SmartArt图形

阿智：如果要制作的流程图关系不复杂，而且呈现一定的规律性，可以首先考虑用SmartArt图形来完成。

小白：SmartArt图形？这是什么对象啊，我以为做图示只能用形状组合呢，那你快教教我SmartArt图形的具体操作吧。

在Word 2013中，如果需要快速创建具有个性化的组织结构图，可以使用SmartArt图形来完成。

3.4.1 插入并编辑SmartArt图形结构

插入的SmartArt图形都有其默认的结构，但是为了让结构更符合实际情况，还需要对结构进行添加、删除或者提升级别，具体操作如下。

本节素材	\素材\Chapter03\公司简介.docx
本节效果	\效果\Chapter03\公司简介.docx
学习目标	学会灵活插入指定关系的SmartArt图形
难度指数	★★★

步骤01 打开素材文件，将文本插入点定位到需要插入SmartArt图形对象的位置，如图3-59所示。

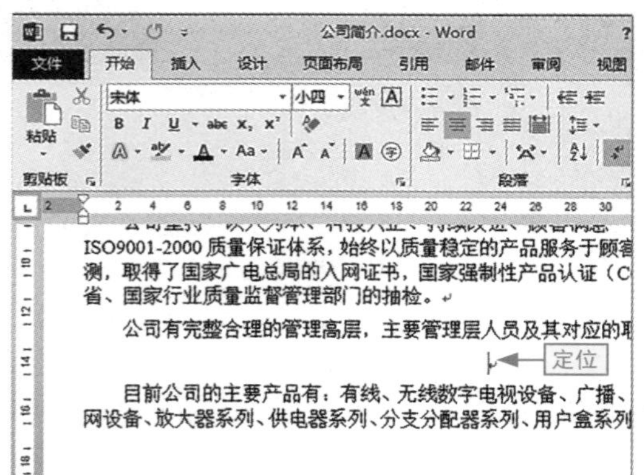

图3-59 定位文本插入点

步骤02 ❶单击“插入”选项卡，❷在“插图”组中单击SmartArt按钮，如图3-60所示。

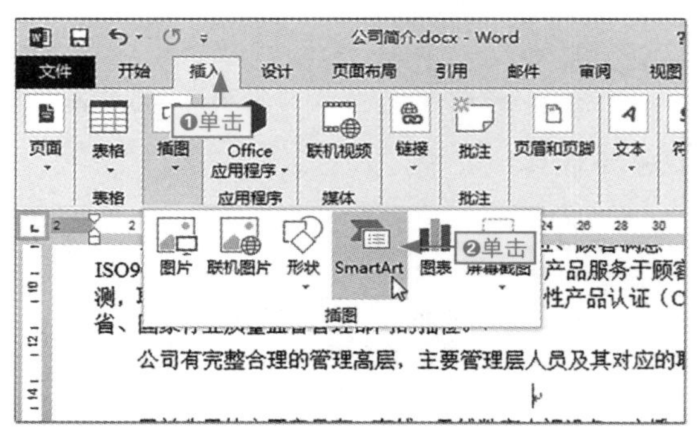

图3-60 单击SmartArt按钮

步骤03 ❶在打开的“选择SmartArt图形”对话框的左侧单击“层次结构”选项，❷选择SmartArt图形样式，如图3-61所示。

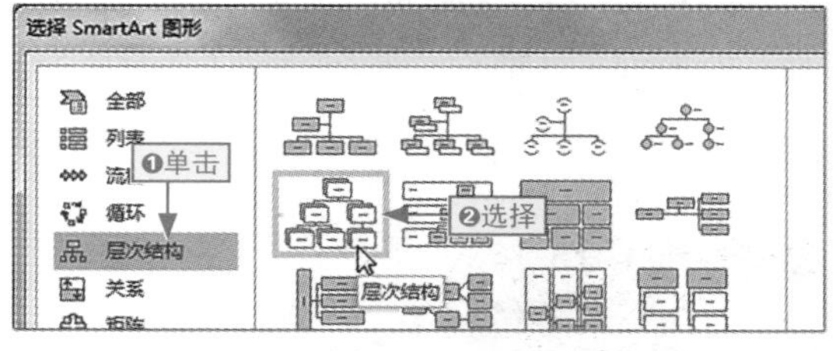

图3-61 选择SmartArt图形样式

步骤04 单击“确定”按钮确认创建该样式的SmartArt图形，如图3-62所示。

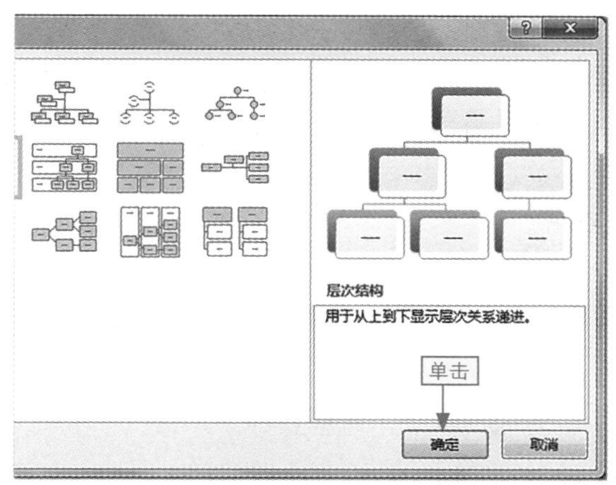

图3-62　确认创建图形

步骤05 ❶选择创建的SmartArt图形，❷单击“SMARTART工具-格式”选项卡，❸在“大小”组中设置SmartArt图形的高度和宽度分别为8.5厘米和17厘米，如图3-63所示。

图3-63　调整SmartArt图形的宽度和高度

拖动控制点调整大小

在Word中，拖动SmartArt图形四周边框的控制点也可以调整图形的大小。

步骤06 ❶选择需要提升级别的SmartArt图形，❷单击“SMARTART工具-设计”选项卡的“创建图形”组中的“升级”按钮，如图3-64所示。

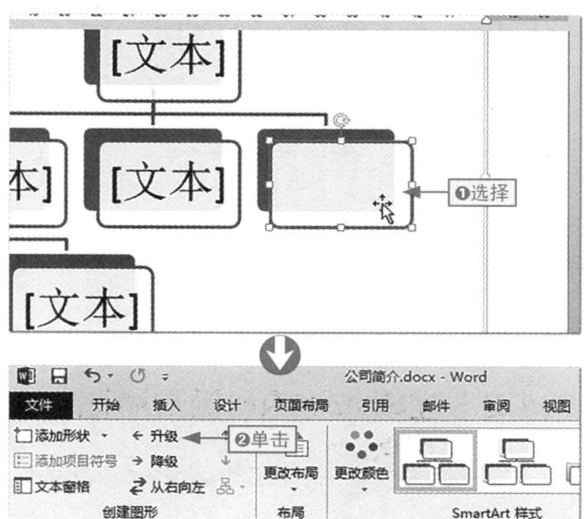

图3-64　升级SmartArt图形级别

步骤07 ❶保持形状的选择状态，单击“添加形状”下拉按钮，❷选择“在后面添加形状”命令在所选形状之后添加形状，如图3-65所示。

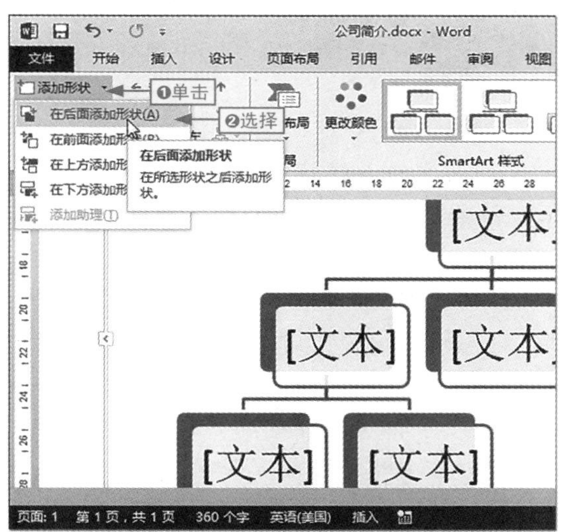

图3-65　在所选形状后面添加形状

步骤08 用相同的方法在合适的位置添加其他形状，完成职务关系图结构布局的制作，效果如图3-66所示。

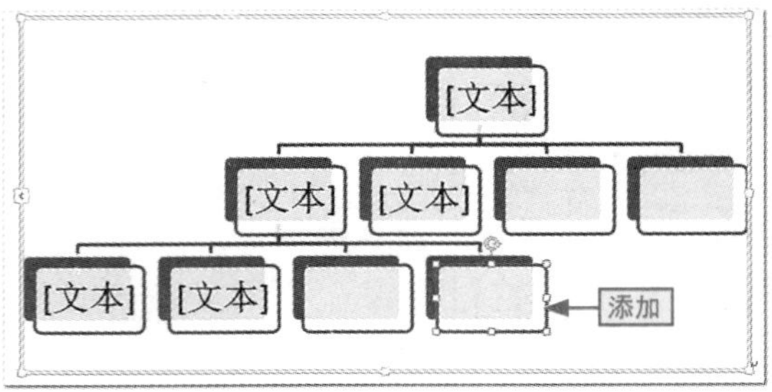

图3-66　添加其他形状

3.4.2 在SmartArt图形中添加文字

如果需要在SmartArt图形中添加文字，可以直接在文本占位符中输入。当占位符不方便选择时，可通过“文本窗格”窗格添加，具体操作如下。

本节素材	\素材\Chapter03\公司简介1.docx
本节效果	\效果\Chapter03\公司简介1.docx
学习目标	掌握直接输入和利用窗格输入文本的方法
难度指数	★★★

步骤01 打开素材文件，将文本插入点定位到最上方的占位符中，输入“总经理”文本，如图3-67所示。

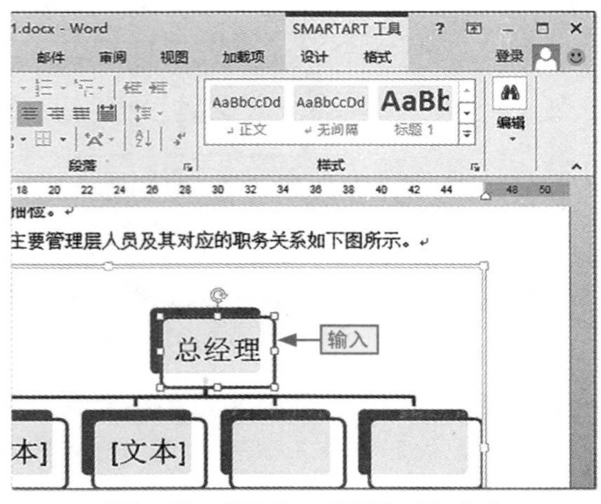

图3-67　直接在占位符中输入文本

步骤02 ❶选择形状，❷单击“SMARTART工具-设计”选项卡的“创建图形”组中的“文本窗格”按钮，如图3-68所示。

图3-68　打开文本窗格

步骤03 在打开的文本窗格中定位文本插入点的位置，输入“大区经理”文本，如图3-69所示。

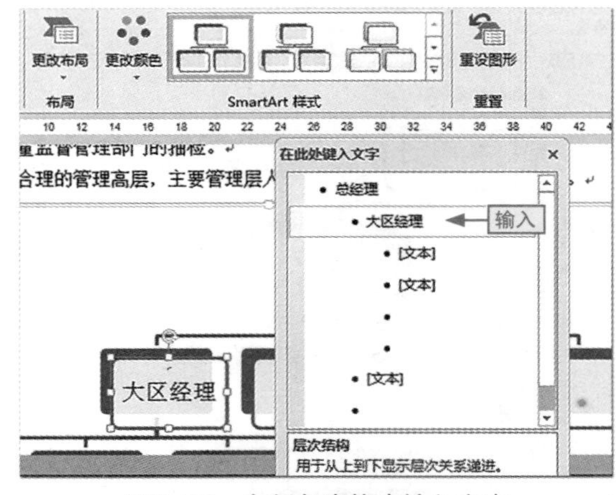

图3-69　在任务窗格中输入文本

步骤04 在窗格中将文本插入点定位到需要输入文本的位置，程序自动选择对应的图形，直接输入“武侯区经理”文本，如图3-70所示。

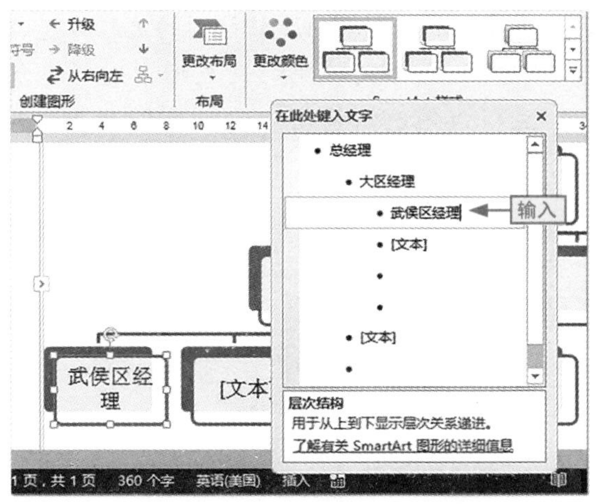

图3-70　在次级级别的形状中输入文本

步骤05 ❶用相同的方法在结构图中完成所有文本的输入，❷单击窗格右上角的“关闭”按钮，如图3-71所示。

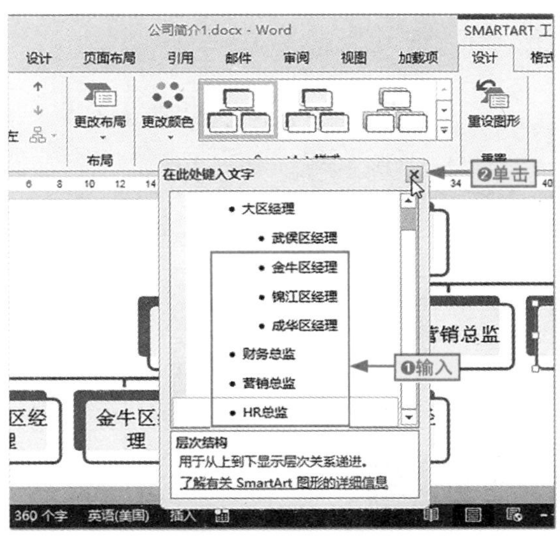

图3-71　输入其他文本

3.4.3 美化SmartArt图形效果

美化SmartArt图形包括设置字体格式、格式化形状效果以及应用内置的SmartArt样式等，美化操作与一般的图形对象相似，具体操作如下。

本节素材	\素材\Chapter03\公司简介2.docx
本节效果	\效果\Chapter03\公司简介2.docx
学习目标	掌握格式化SmartArt图形外观效果的方法
难度指数	★★★

步骤01 打开素材文件，按住Ctrl键不放，选择组织结构中的所有文本所在的形状，如图3-72所示。

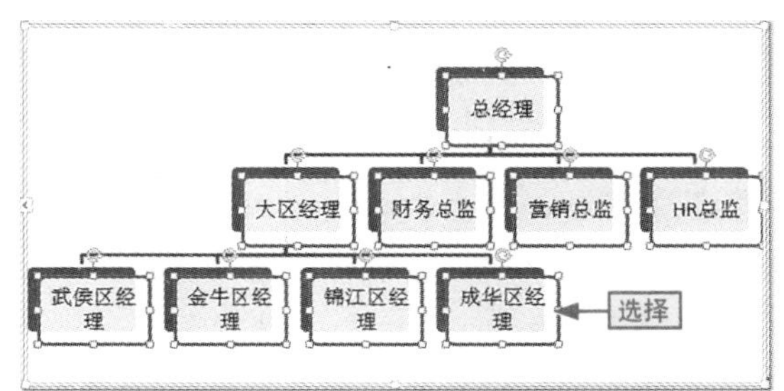

图3-72　选择所有文本所在的形状

步骤02 ❶在“开始”选项卡的“字体”组的字体下拉列表框中选择“微软雅黑”选项，❷在“字号”下拉列表框中选择“12”选项，如图3-73所示。

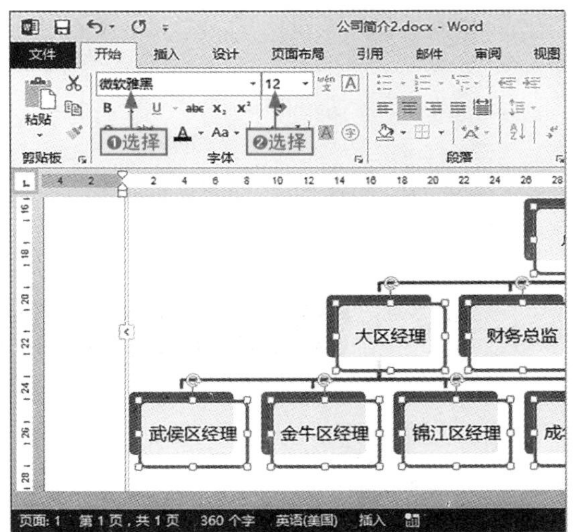

图3-73　设置字体格式

步骤03 ❶选择“总经理”文本，❷单击“加粗”按钮将其设置为加粗，如图3-74所示。

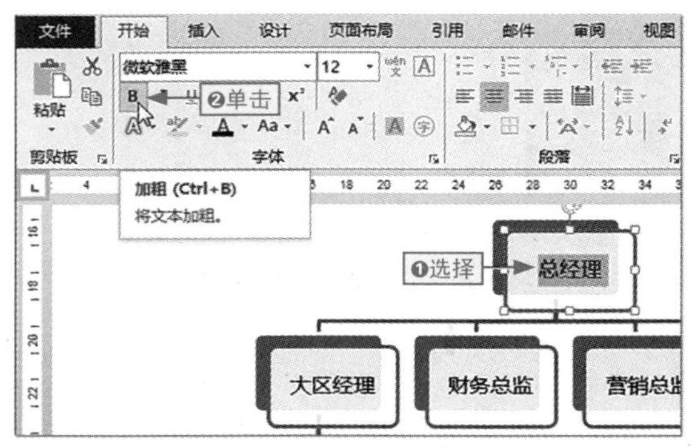

图3-74　设置加粗格式

步骤04 ❶选择整个SmartArt图形形状，❷单击“SMARTART工具-设计”选项卡，❸单击“更改颜色”按钮，❹选择一种颜色选项，快速更改整个结构中形状的对应颜色，如图3-75所示。

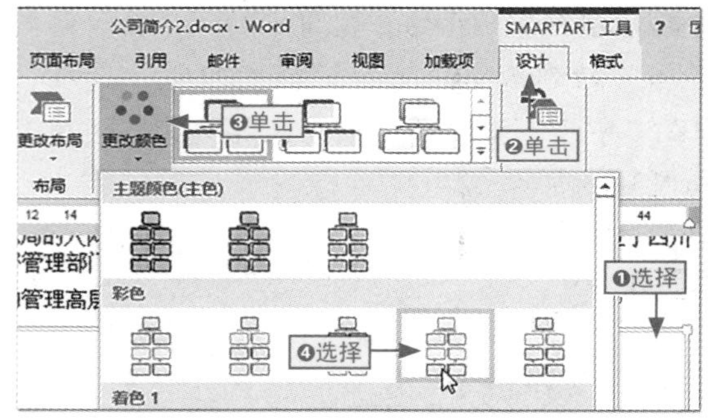

图3-75　更改SmartArt图形的颜色

步骤05 保持SmartArt图形结构的选择状态，在“SmartArt样式”组的列表框中选择“优雅”选项为组织结构图应用对应的样式，如图3-76所示。

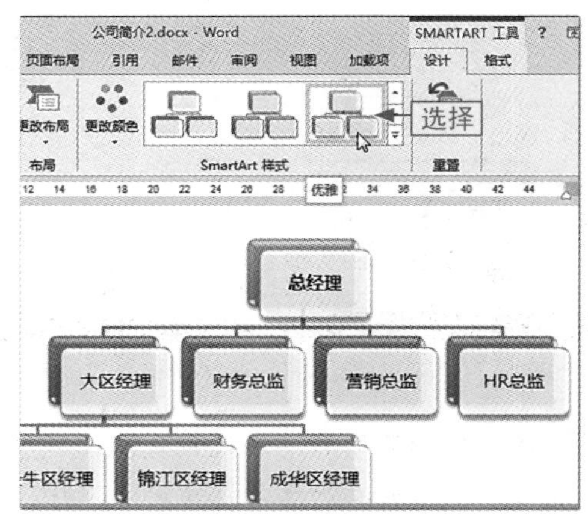

图3-76　应用SmartArt样式

取消SmartArt图形的所有效果

对于设置了很多格式和效果的SmartArt图形，如果要快速取消为其添加的所有效果，可以直接在“SMARTART工具－设计”选项卡中单击“重设图形”按钮。

3.5 使用表格和图表对象

小白：我想在文档中插入一个表格，可以实现吗?

阿智：当然可以，不仅可以使用表格保存数据，还可以使用图表对数据进行简单的分析，下面我具体给你讲一讲吧。

在Word文档中，为了减少冗余的文字描述，让数据表达得更清晰和直观，可以使用表格和图表来展示。

3.5.1 在Word中使用表格

很多时候，在文档中适当加入表格可以让文本内容更加容易表达和理解。本节具体介绍在Word中创建和编辑表格的相关操作。

1. 插入并编辑表格

如果要插入指定行和列的表格，可以通过“插入表格”对话框来完成。

此外，在表格中录入和编辑数据的操作，与在Word中常规录入与编辑数据的操作一样。

本节素材	\素材\Chapter03\通讯录.docx
本节效果	\效果\Chapter03\通讯录.docx
学习目标	掌握精确插入指定行列的表格并编辑表格的方法
难度指数	★★★

步骤01 打开素材文件，将文本插入点定位到需要插入表格的位置，如图3-77所示。

图3-77 定位文本插入点

步骤02 ❶单击“插入”选项卡，❷在“表格”组中单击“表格”下拉按钮，❸选择“插入表格”命令，如图3-78所示。

图3-78 选择“插入表格”命令

步骤03 ❶在打开的“插入表格”对话框中分别设置列数和行数为5和12，❷单击“确定”按钮确认创建的表格，如图3-79所示。

图3-79 指定表格的行数和列数

步骤04 在返回的文档中可看到插入的指定行和列的表格，在其中输入对应的内容，如图3-80所示。

图3-80　输入表格内容

步骤05 ❶选择第一行表格内容，❷单击“开始”选项卡，❸将其字体格式设置为“小四、加粗”，如图3-81所示。

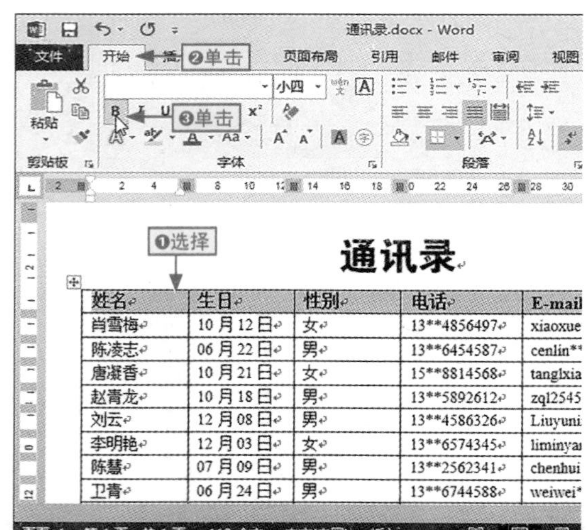

图3-81　设置表头字体格式

步骤06 ❶拖动鼠标选择整张表格，❷单击“表格工具-布局”选项卡，❸在“单元格大小”组的“高度”数值框中输入“0.8厘米”，如图3-82所示。

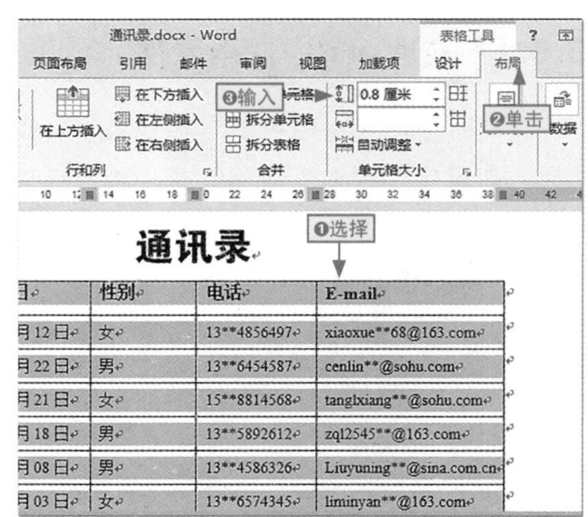

图3-82　调整表格行高

步骤07 保持表格的选择状态，在“对齐方式”组中单击“水平居中”按钮将表格中的文本调整为水平和垂直居中，如图3-83所示。

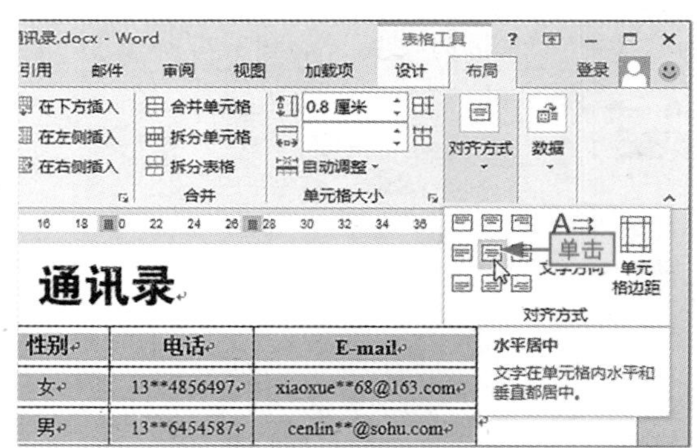

图3-83　调整文本在单元格中的对齐方式

“自动调整操作”栏的使用

在“插入表格”对话框的“‘自动调整’操作”栏中可以选择系统自带的调整表格宽度的方式，如果选中“固定列宽”单选按钮，还可以在后面的数值框中设置具体的列宽值。设置好表格的行、列数与自动调整的方式之后，选中“为新表格记忆此尺寸”复选框后再单击“确定”按钮，可以将该设置作为“插入表格”对话框的默认参数设置。

拖动鼠标插入指定行和列的表格

在 Word 2013 中，系统提供了一种更快捷的插入表格的方法，具体操作方法是：在文档中定位文本插入点，❶单击“插入”选项卡，❷单击“表格”按钮，❸在“表格”下拉菜单的表格选择区域拖动鼠标选择要插入的表格的行和列。如图 3-84 所示为选择的 5 列 8 行表格。

需要注意的是，这种方法最多能插入 10 列 8 行的表格，如果要插入更多行和列的表格，可以通过“插入表格”对话框来完成。

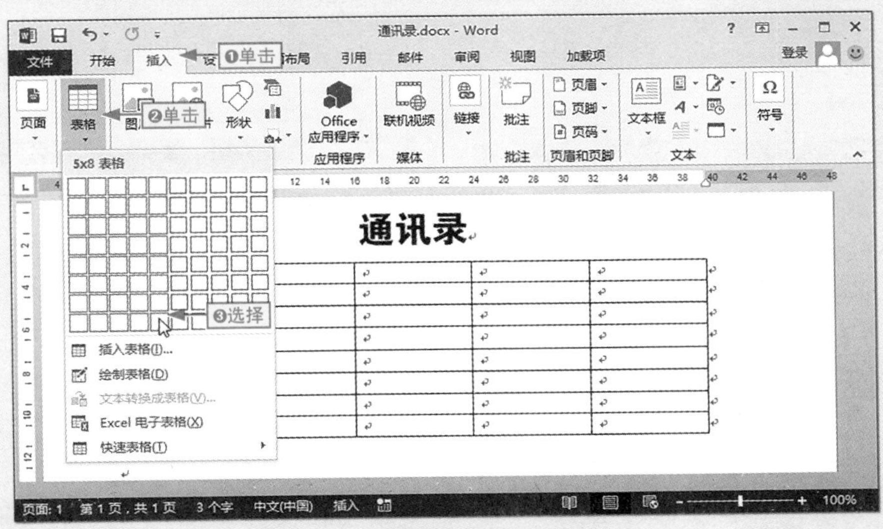

图3-84　快速插入指定行和列的表格

2. 使用Excel电子表格

表格除了可以存储数据外，还可以在其中进行计算，但是该表格必须是Excel电子表格，在Word中插入Excel电子表格的方法非常简单，具体操作如下。

本节素材	\素材\Chapter03\购买清单.docx
本节效果	\效果\Chapter03\购买清单.docx
学习目标	掌握在Word中插入Excel电子表格的方法
难度指数	★★★

步骤01 ❶打开素材文件，将文本插入点定位到需要插入表格的位置，❷单击“插入”选项卡，如图3-85所示。

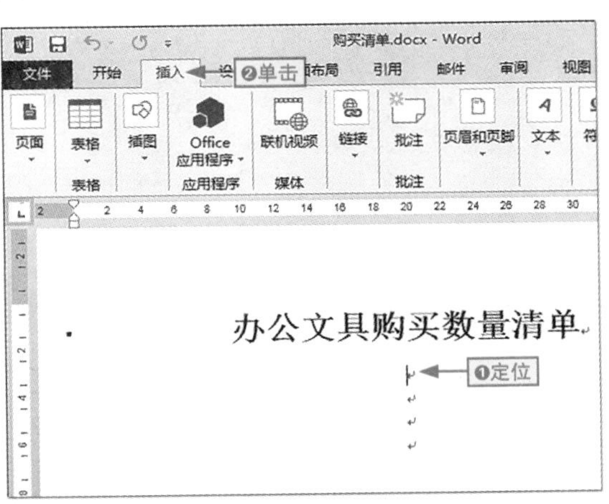

图3-85　定位文本插入点

步骤02 ❶单击“表格”按钮，❷选择“Excel电子表格”命令，如图3-86所示。

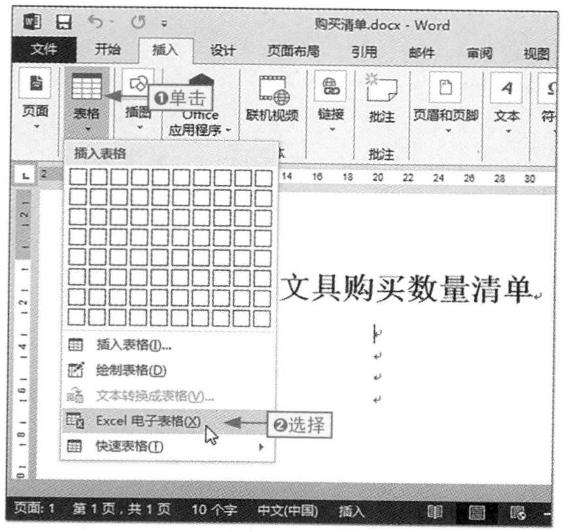

图3-86　插入Excel电子表格

步骤03 系统自动生成一个Excel表格，在其中录入对应的文本数据（选择单元格，直接输入文本即可），如图3-87所示。

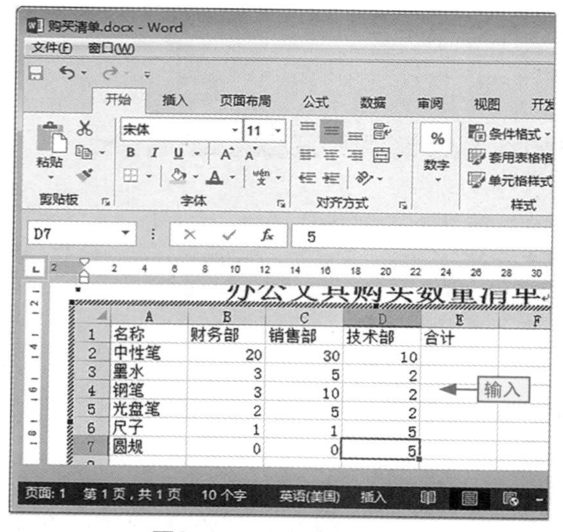

图3-87　录入表格数据

步骤04 将鼠标指针移动到表格最右侧，当其变为双向箭头时，向左拖动鼠标指针减小表格宽度，如图3-88所示。

图3-88　调整表格的宽度

步骤05 将鼠标指针移动到表格的最下方，当其变为双向箭头时，向下拖动鼠标指针增大表格高度，如图3-89所示。

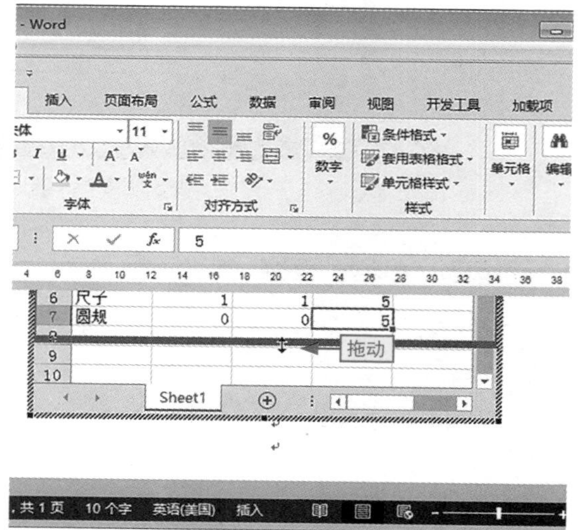

图3-89　增加表格高度

步骤06 ❶选择中性笔用品的“合计”单元格，❷单击“公式”选项卡，❸在“函数库”组中单击“自动求和”按钮，如图3-90所示。

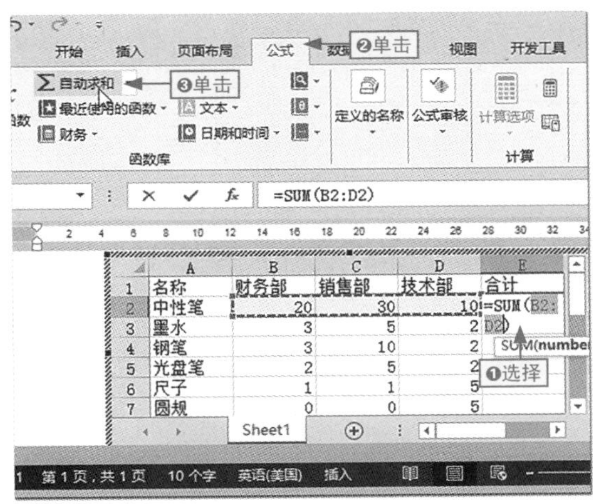

图3-90　自动求和

步骤07 按Ctrl+Enter组合键确认公式的计算结果，如图3-91所示。

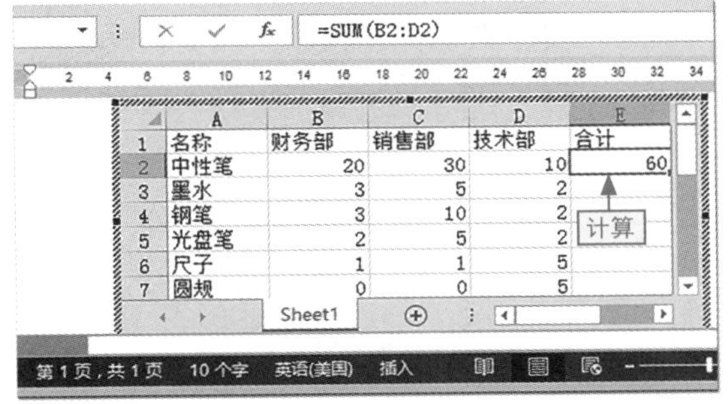

图3-91　计算结果

步骤08 用相同的方法计算其他办公用品的采购合计数据，在文档空白位置单击鼠标退出表格的编辑状态，完成整个操作，如图3-92所示。

办公文具购买数量清单

名称	财务部	销售部	技术部	合计
中性笔	20	30	10	60
墨水	3	5	2	10
钢笔	3	10	2	15
光盘笔	2	5	2	9
尺子	1	1	5	7
圆规	0	0	5	5

效果

图3-92　计算其他合计数据

3.5.2 在Word中使用图表

如果要让表格中反映的结果更直观和清晰，可以将表格中的数据用图表的方式呈现出来。

1. 插入Word图表

在Word 2013中可以插入多种图表类型，包括柱形图、折线图、饼图、条形图、面积图等。直接使用系统提供的创建图表功能即可快速插入图表，具体操作如下。

本节素材	\素材\Chapter03\年终总结报告.docx
本节效果	\效果\Chapter03\年终总结报告.docx
学习目标	掌握在Word文档中插入指定类型图表的方法
难度指数	★★★

步骤01 打开素材文件，将文本插入点定位到需要插入图表的位置，如图3-93所示。

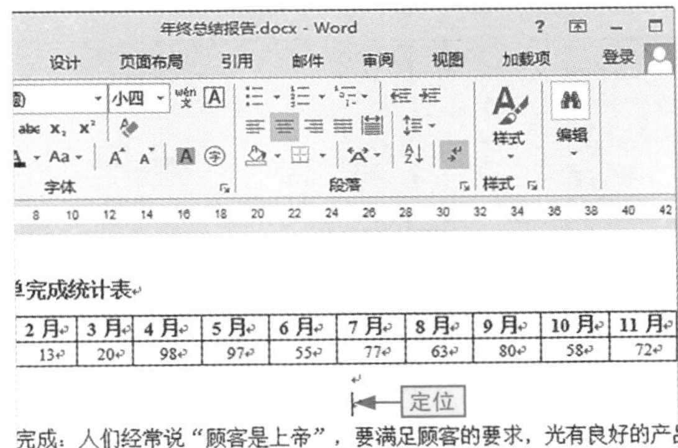

图3-93　定位文本插入点

步骤02 ❶单击"插入"选项卡，❷在"插图"组中单击"图表"按钮，打开"插入图表"对话框，如图3-94所示。

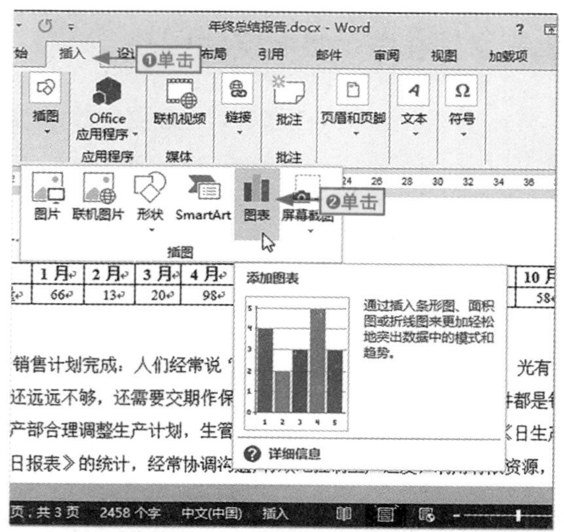

图3-94　单击“图表”按钮

步骤03　在该对话框中保持“柱形图”选项的选择状态，❶选择“三维簇状柱形图”图表类型，❷单击“确定”按钮，如图3-95所示。

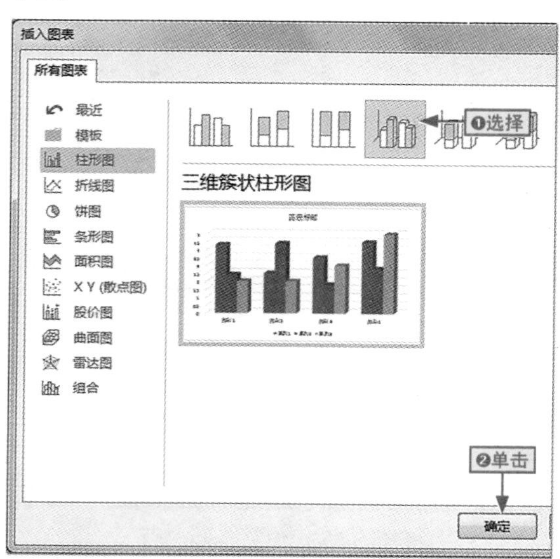

图3-95　选择图表类型

步骤04　在启动的Excel应用程序中输入图表的数据源数据，如图3-96所示。

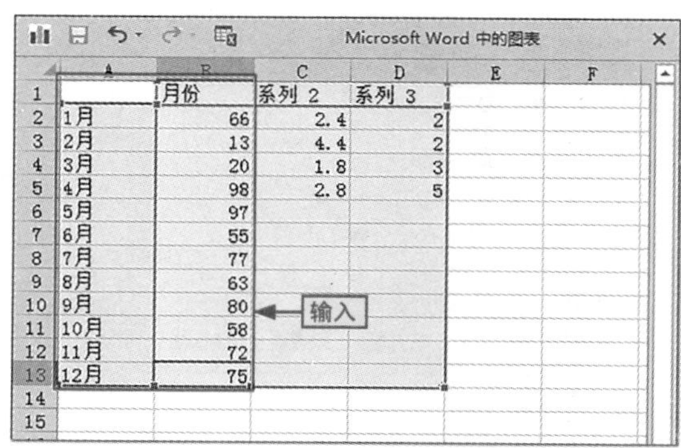

图3-96　输入图表数据

步骤05　❶将鼠标指针移动到D13单元格的右下角，按下鼠标左键并向左拖动到B13单元格完成数据源的确定，❷单击“关闭”按钮关闭Excel程序，如图3-97所示。

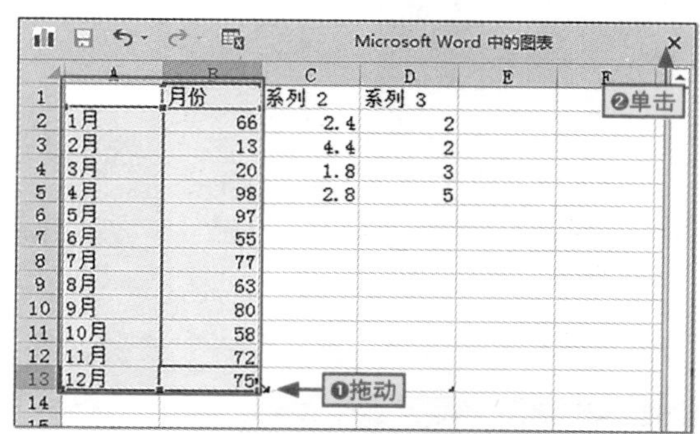

图3-97　确认图表数据源

步骤06　在返回的文档中可看到插入的图表效果，且程序自动以“月份”作为图表的名称，如图3-98所示。

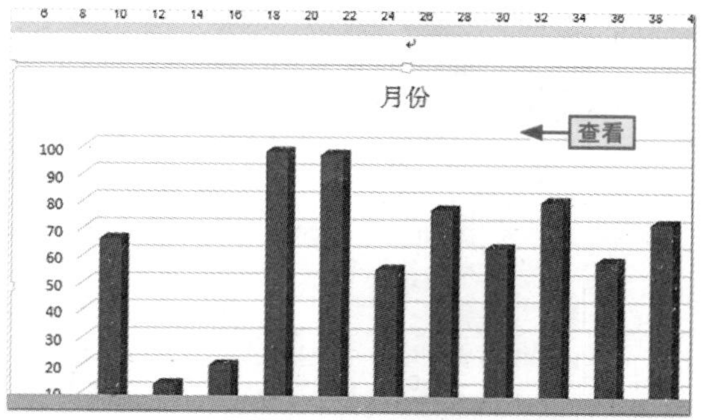

图3-98　查看图表效果

2. 编辑插入的图表

插入图表后，程序自动以默认效果显示，此时用户可根据需要对其进行各种编辑，如修改图表标题、格式化效果等，具体操作如下。

本节素材	\素材\Chapter03\年终总结报告1.docx
本节效果	\效果\Chapter03\年终总结报告1.docx
学习目标	掌握在Word文档中编辑图表的方法
难度指数	★★★

步骤01 ❶打开素材文件，选择图表，❷选择图表标题后再次单击鼠标将文本插入点定位其中，如图3-99所示。

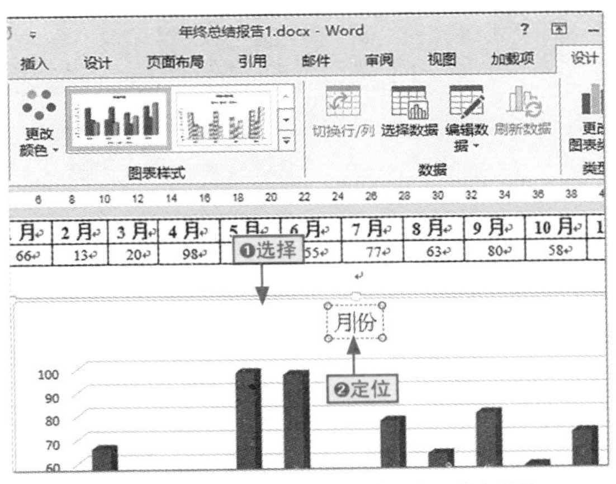

图3-99　定位文本插入点到图表标题

步骤02 ❶删除标题文本，重新输入“销售订单完成统计”文本，❷单击图表的空白位置完成图表标题的修改操作，如图3-100所示。

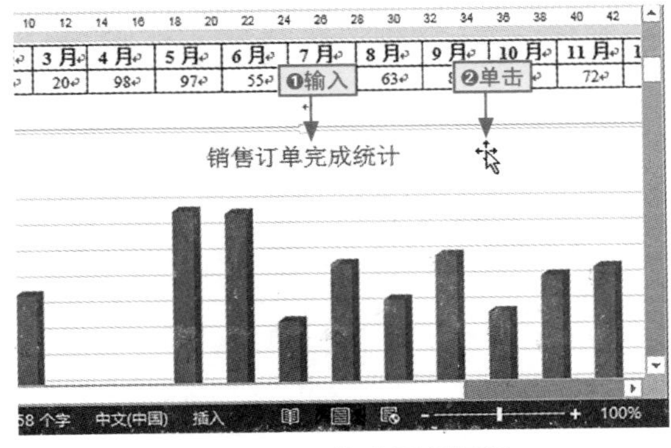

图3-100　修改图表标题

步骤03 ❶选择图表标题文本框，❷单击“开始”选项卡，❸将其字体格式设置为“方正大黑简体，16”，❹单击字体颜色下拉按钮，❺选择“黑色，文字1”颜色选项，如图3-101所示。

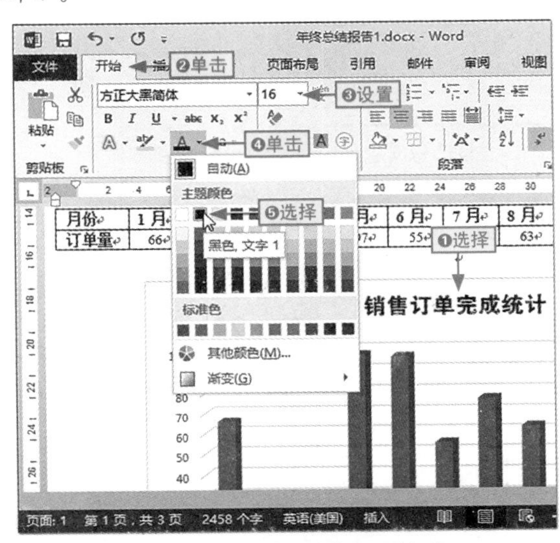

图3-101　修改图表标题格式

步骤04 ❶选择图表，❷单击“图表工具-格式”选项卡，❸单击“形状轮廓”下拉按钮，❹选择“紫色”颜色选项，如图3-102所示。

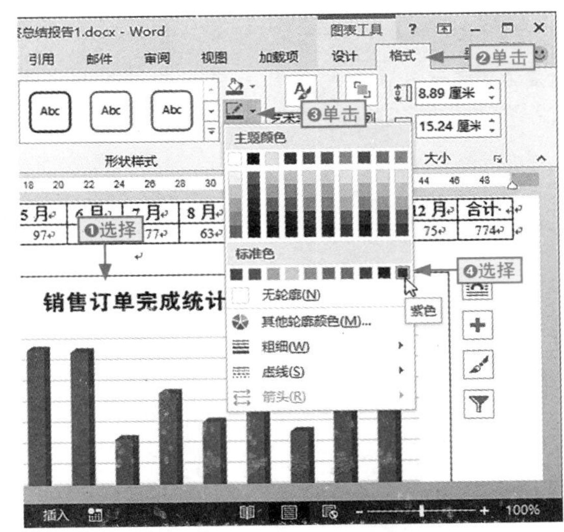

图3-102　更改图表轮廓颜色

步骤05 保持图表的选择状态，❶单击“形状轮廓”下拉按钮，❷选择“粗细/3磅”命令更改图表轮廓的粗细，如图3-103所示。

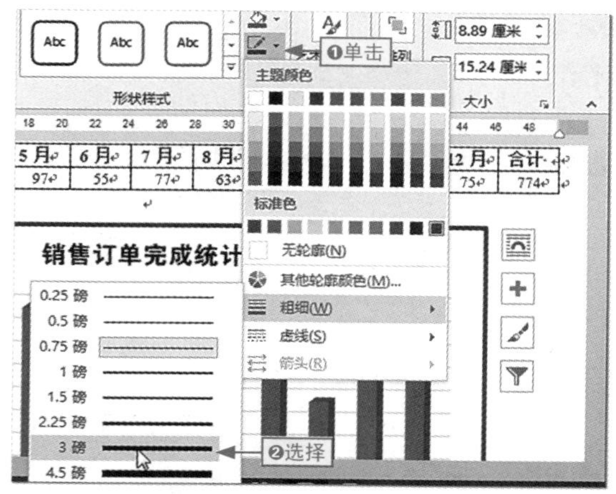

图3-103　更改图表轮廓的粗细

步骤06 ❶单击“形状填充”下拉按钮，❷选择“紫色，着色4，淡色80%”颜色选项更改图表的填充颜色，如图3-104所示。

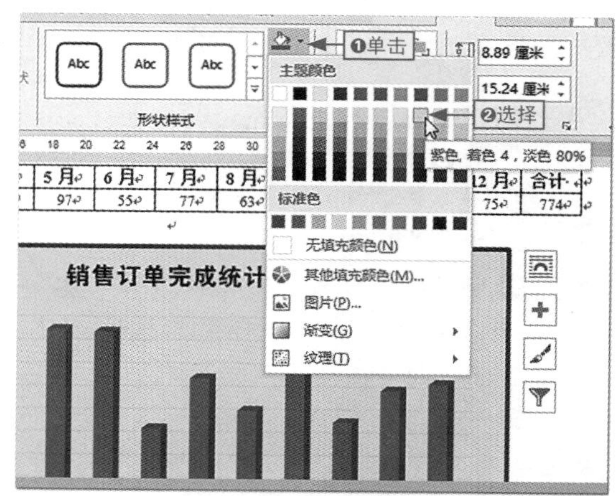

图3-104　更改图表的填充颜色

给你支招｜将图片中的背景删除

小白：在文档中插入图片文件时，由于文档的页面背景不是纯白色，而插入的图片又具有背景效果，二者不能很好地融合，有什么方法解决这个问题吗？

阿智：可以利用系统提供的删除图片背景功能来删除不需要的背景颜色，具体操作如下。

步骤01 ❶选择图片文件，❷单击“图片工具-格式”选项卡，如图3-105所示。

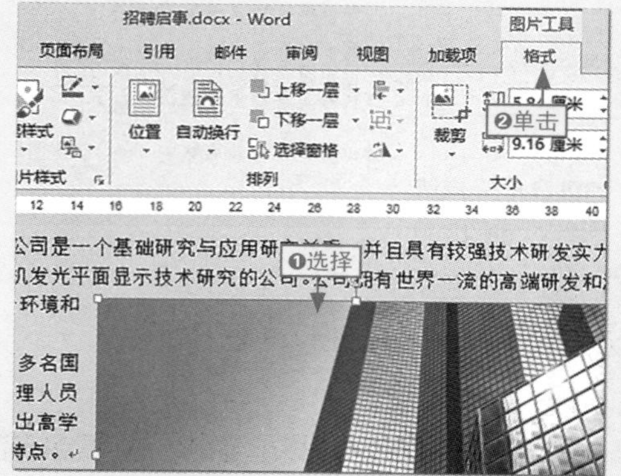

图3-105　切换到“图片工具-格式”选项卡

步骤02 在“调整”组中单击“删除背景”按钮，程序自动识别要删除的背景，如图3-106所示。

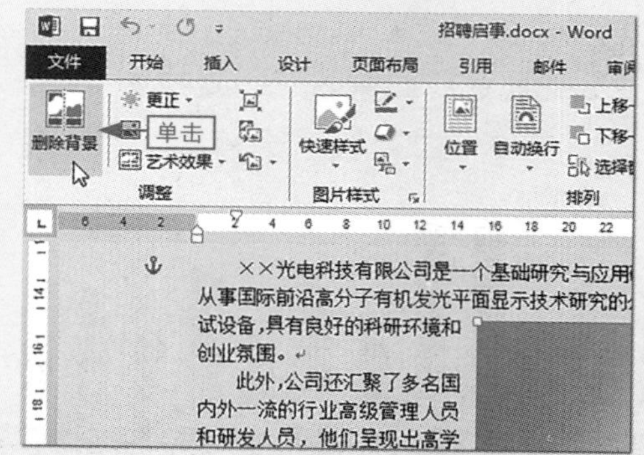

图3-106　单击“删除背景”按钮

步骤03 ❶在“背景消除”选项卡中单击“标记要保留的区域”按钮，鼠标指针自动变为笔形状，❷在要保留的位置单击鼠标添加保留标记，如图3-107所示。

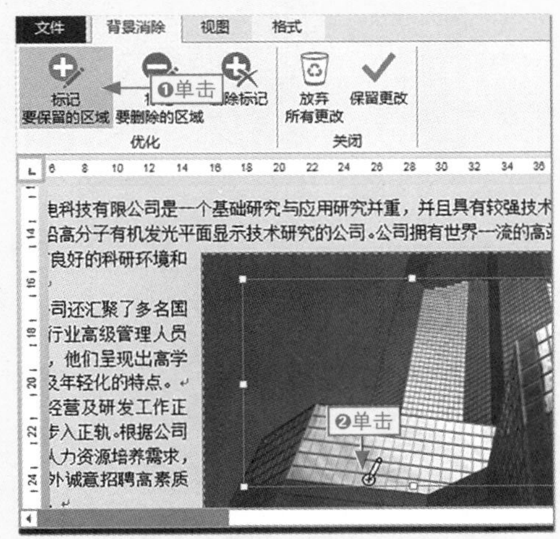

图3-107 添加要保留的区域

步骤04 ❶用相同的方法将要保留位置全部添加对应的保留标记，❷单击“关闭”组中的“保留更改”按钮退出删除图片背景的编辑状态，如图3-108所示。

图3-108 保留更改

步骤05 在返回的文档中即可看到删除图片背景后的效果，如图3-109所示。

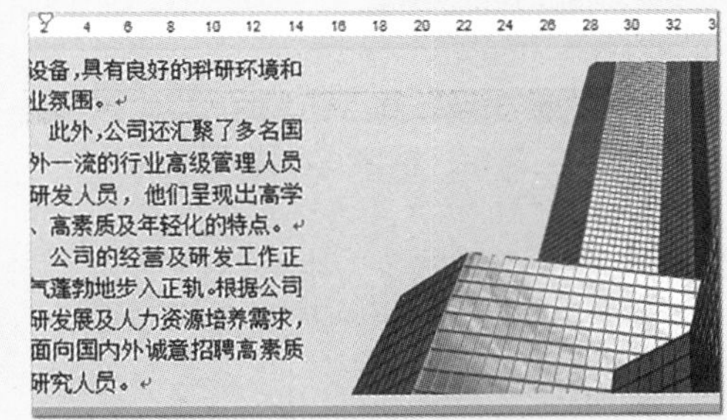

图3-109 查看效果

给你支招 | 对普通的 Word 表格进行数据排序

小白：我想把通信录表格中的信息按照生日的先后顺序进行排序，可以在Word中实现这个效果吗？

阿智：Word的表格数据处理功能虽然没有后面我们要讲的Excel的功能强大，但是对于简单的数据排序还是可以实现的。下面我给你讲讲具体的操作吧。

步骤01 拖动鼠标选择整个Word表格，如图3-110所示。

姓名	生日	性别	电话	
肖雪梅	10月12日		13**4856497	xiaox
陈凌志	06月22日	男	13**6454587	cen

选择

图3-110 选择表格数据

步骤02 ❶单击“表格工具-布局”选项卡，❷在“数据”组中单击“排序”按钮，打开“排序”对话框，如图3-111所示。

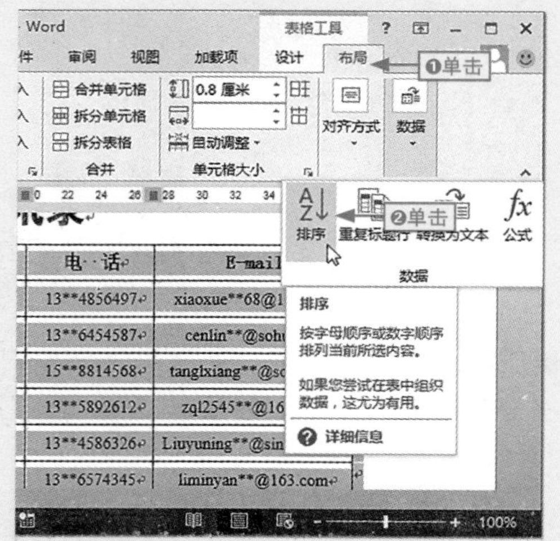

图3-111　单击“排序”按钮

步骤03 ❶在对话框的“主要关键字”下拉列表框中选择“生日”选项，❷在“类型”下拉列表框中选择“数字”选项，❸选中“升序”单选按钮，❹单击“确定”按钮，如图3-112所示。

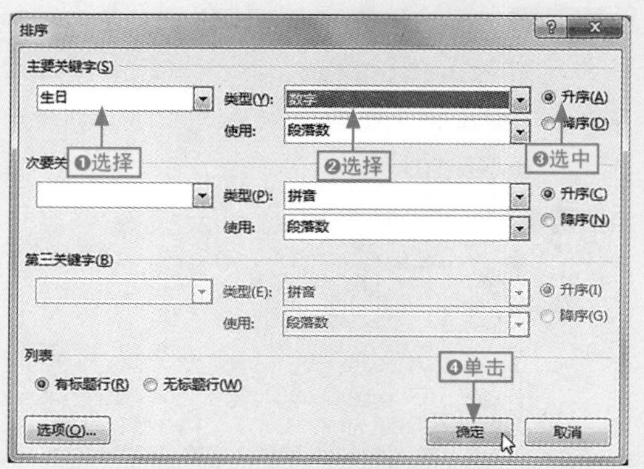

图3-112　设置排序依据

步骤04 在返回的文档中即可看到表格排序后的效果，如图3-113所示。

通讯录

姓名	生日	性别	电话	
王琳心	05 月 11 日	女	13**5675115	linxi
陈凌志	06 月 22 日	男	13**6454587	ce
卫青	06 月 24 日	男	13**6744588	we
陈慧	07 月 09 日	男	13**2562341	chen
黄蕊	08 月 23 日	女	13**5453545	han
肖雪梅	10 月 12 日	女	13**4856497	xiao
唐凝香	10 月 21 日	女	15**8814568	tangl

查看

图3-113　查看排序效果

Chapter 04

文档的高级操作及打印设置

学习目标

在Word文档中，尤其是对于内容较多的长文档，为了更方便地管理文档内容以及让文档显示效果更专业，用户必须掌握有关长文档的基本编辑操作，如样式的使用、批注与修订的应用、页眉页脚的设置以及文档的打印输出等操作。本章将对这些内容进行详细讲解，让用户快速掌握这些操作，从而运用到实战办公中。

本章要点

- 创建样式
- 应用样式的方法
- 修改定义的样式
- 在文档中使用批注
- 对文档进行修订
- 处理修订信息
- 插入内置的页眉和页脚
- 自定义设置页眉和页脚
- 预览文档并设置打印
- 将文档输出为PDF格式

知识要点	学习时间	学习难度
样式、批注和修订的使用	60 分钟	★★★★
页眉和页脚的设置	40 分钟	★★★
打印与输出文档	20 分钟	★

4.1 使用样式

小白：前段时间制作了员工守则文档，做完后发现字体格式设置得不合理，只是修改字体格式都足足花了我一个小时.

阿智：如果你在制作文档时使用了样式，对于这种字体格式的修改，几分钟就可以搞定。

在Word中，如果文档中多处需要使用一种样式，为了让编辑和管理这些样式变得更简单，可以使用样式功能来创建和编辑需要的文本格式。

4.1.1 创建样式

在Word中，用户可以根据需要，创建指定格式的文本样式，其创建方法非常简单，具体操作如下。

本节素材	\素材\Chapter04\员工守则.docx
本节效果	\效果\Chapter04\员工守则.docx
学习目标	掌握样式的创建方法
难度指数	★★

步骤01 打开素材文件，❶将文本插入点定位到详细内容的任意位置，❷单击“样式”组中的“对话框启动器”按钮，如图4-1所示。

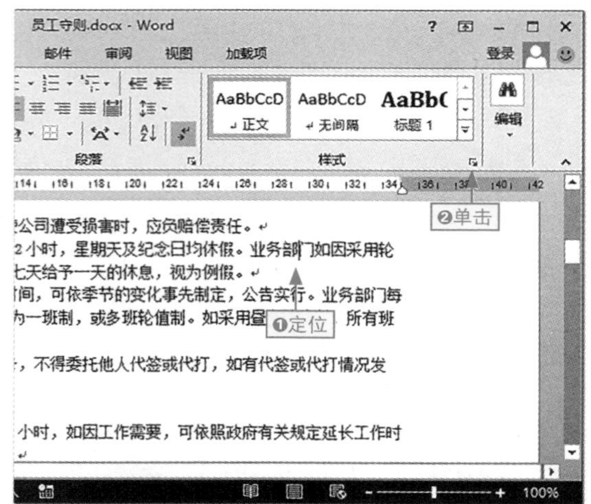

图4-1 单击“对话框启动器”按钮

快速打开“样式”任务窗格

在Word 2013中，将文本插入点定位到文档的任意位置后，直接按Alt+Ctrl+Shift+S组合键，可快速打开“样式”任务窗格。

步骤02 在打开的“样式”任务窗格中单击左下角的“新建样式”按钮，如图4-2所示。

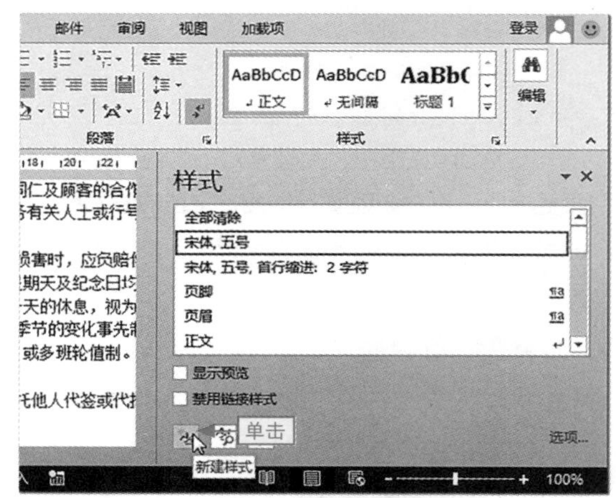

图4-2 新建样式

步骤03 ❶在打开的对话框中设置名称为“详细内容”，❷在“字号”下拉列表框中选择“小四”选项，如图4-3所示。

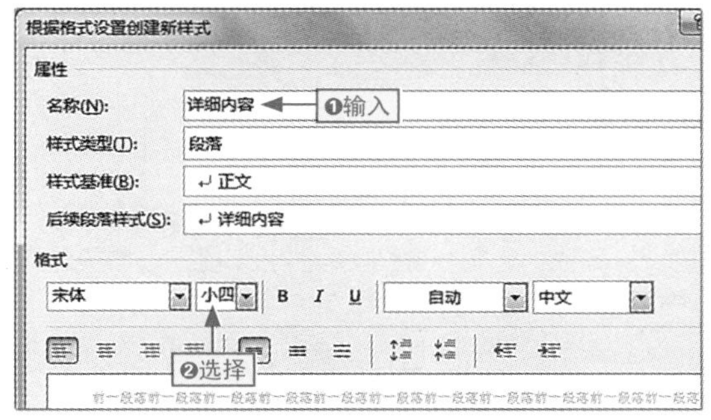

图4-3 设置样式名称和字号

步骤04 ❶在左下角单击“格式”下拉按钮，❷选择“段落”命令，如图4-4所示。

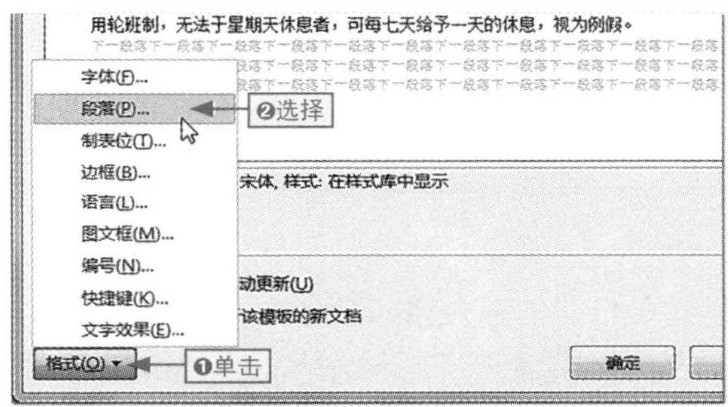

图4-4 设置段落

步骤05 ❶在打开的“段落”对话框中设置段前、段后间距分别为0.5行和0.3行，❷单击“确定”按钮，如图4-5所示。

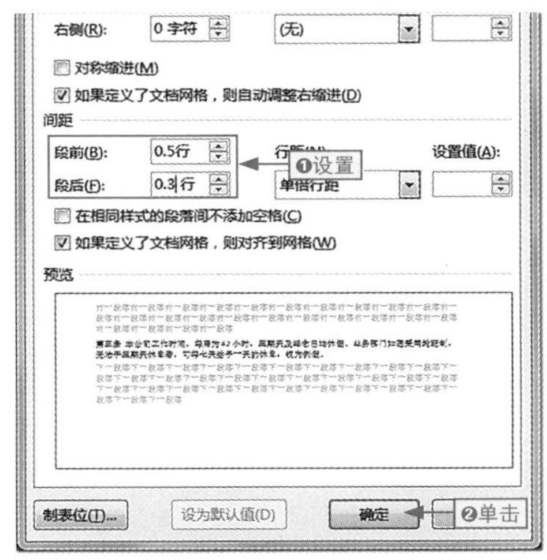

图4-5 设置段落间距

步骤06 ❶在左下角单击“格式”下拉按钮，❷选择“快捷键”命令，如图4-6所示。

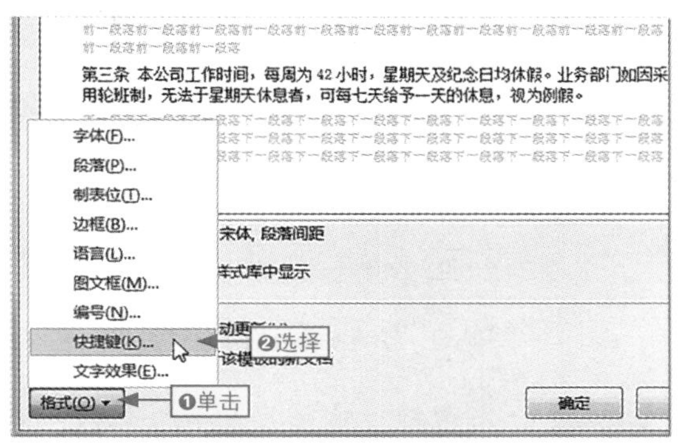

图4-6 设置快捷键

步骤07 ❶在打开的“自定义键盘”对话框中直接按Ctrl+E组合键将快捷键输入文本框中，❷在“将更改保存在”下拉列表框中选择“员工守则.docx”选项，如图4-7所示。

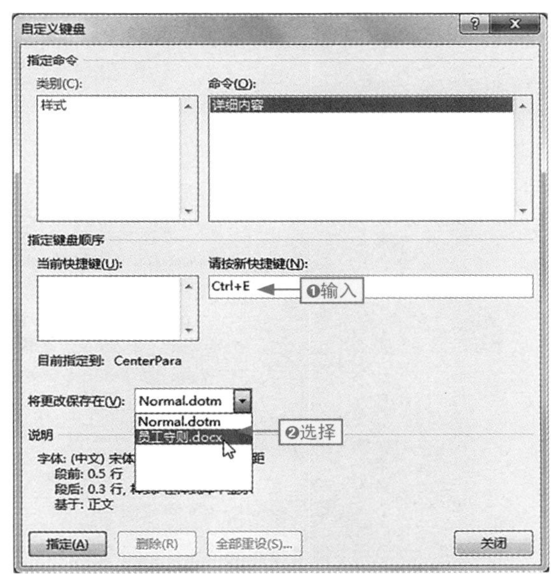

图4-7 添加快捷键及其应用范围

步骤08 ❶单击“指定”按钮将添加的快捷键指定到文档中，❷单击“关闭”按钮关闭对话框并确认添加的快捷键，如图4-8所示。

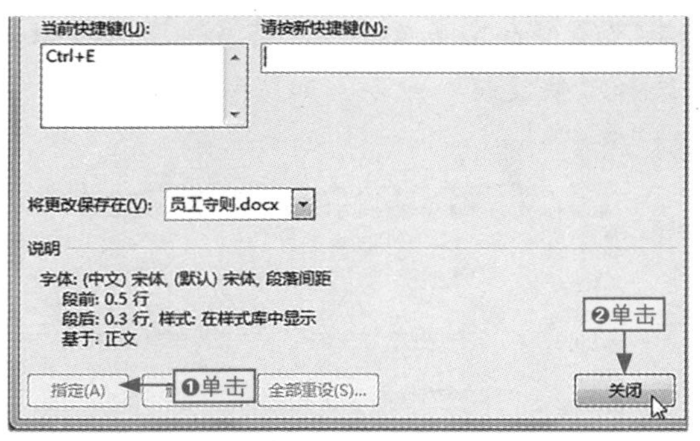

图4-8 指定并确认快捷键

步骤09 在返回的对话框中单击“确定”按钮确认创建的样式，在“样式”任务窗格中即可看到新建的样式，如图4-9所示。

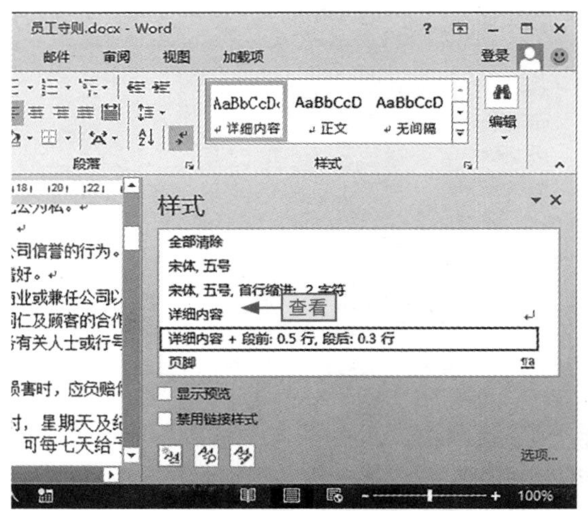

图4-9 查看创建的样式

基于所选格式快速创建样式

前面讲解的是创建指定格式的样式，如果文档中的格式已经定义好了，还可以直接以该格式快速创建样式，具体操作是：❶选择文本，在“样式”组中单击“其他”按钮，❷选择“创建样式”命令，❸在打开的对话框中设置名称，❹单击“确定”按钮即可完成操作，如图 4-10 所示。

此外，在创建样式过程中要自定义修改该样式，还可单击“修改”按钮，直接打开“根据格式设置创建新样式”对话框。

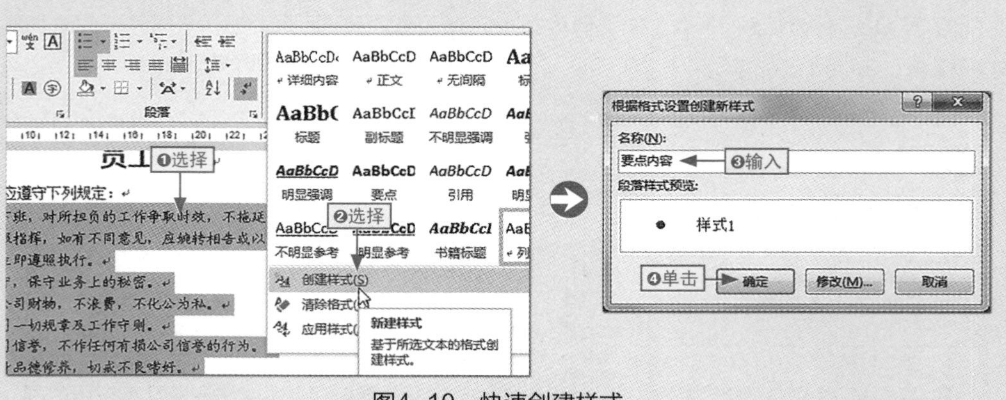

图4-10 快速创建样式

4.1.2 应用样式的方法

在文档中创建样式后，用户可以通过“样式”组的列表框以及“样式”任务窗格等多种方式为其他文本应用该样式，各种方式的具体操作方法如下。

步骤01 打开素材文件，选择需要应用样式的文本内容，如图4-11所示。

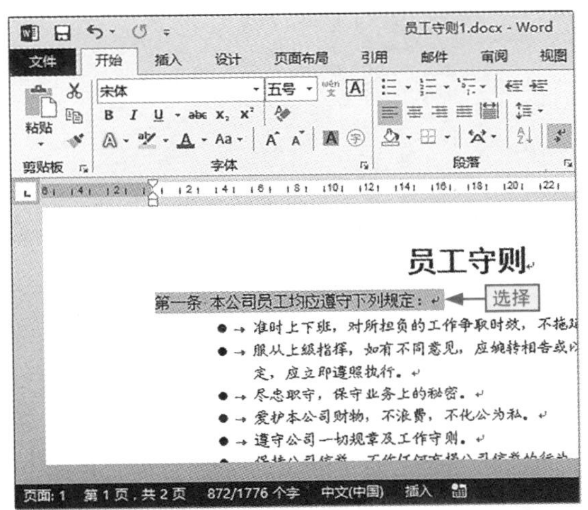

图4-11　选择文本

步骤02 在“样式”组的列表框中选择“详细内容”选项作为选择的文本应用样式，如图4-12所示。

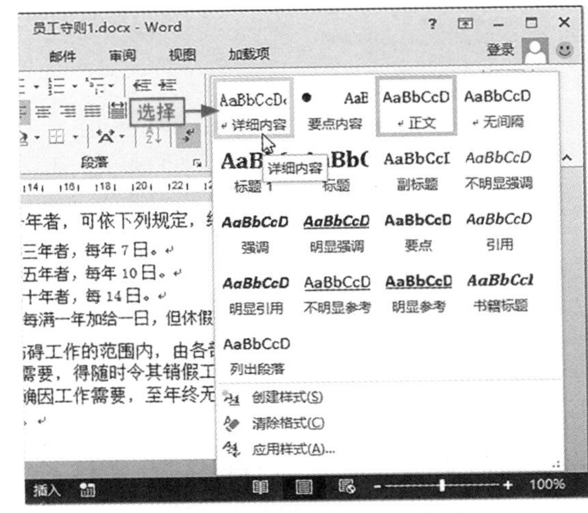

图4-12　应用详细内容样式

步骤03 ❶选择需要应用样式的文本，❷然后单击“样式”组中的“对话框启动器”按钮，如图4-13所示。

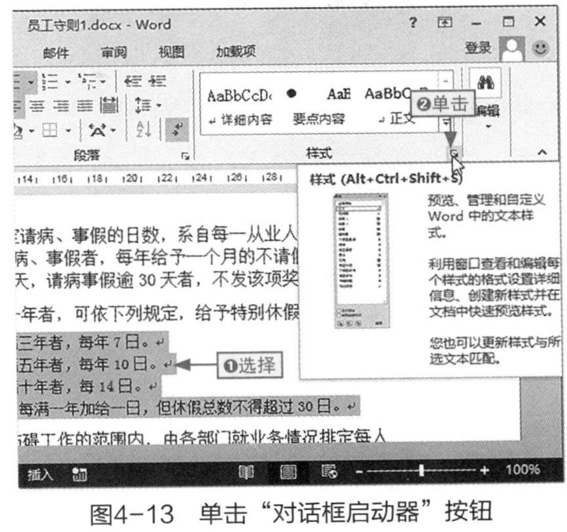

图4-13　单击“对话框启动器”按钮

步骤04 在打开的“样式”任务窗格中，选择“要点内容”选项为选择的文本应用样式，如图4-14所示。

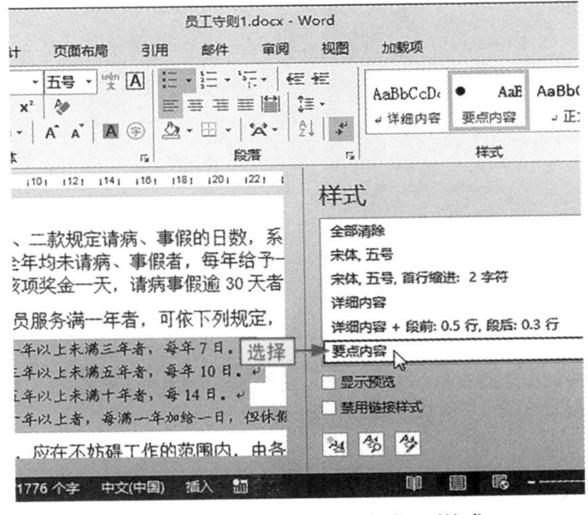

图4-14　通过任务窗格应用样式

使用快捷键应用样式

在定义样式时，如果为该样式设置了快捷键，则选择文本后，按对应的快捷键即可应用样式，如本例中，可按 Ctrl+E 组合键为文本应用详细内容样式。

4.1.3 修改定义的样式

对于应用了样式的文档，如果发现其中的某些样式不合适，还可以对其进行修改，从而一次性更改文档的所有样式。修改样式的具体操作方法如下。

本节素材	\素材\Chapter04\员工守则2.docx
本节效果	\效果\Chapter04\员工守则2.docx
学习目标	学会对创建的样式进行修改
难度指数	★★

步骤01 打开素材文件，❶将文本插入点定位在员工守则要点内容的任意位置处，❷单击“样式”组中的“对话框启动器”按钮，如图4-15所示。

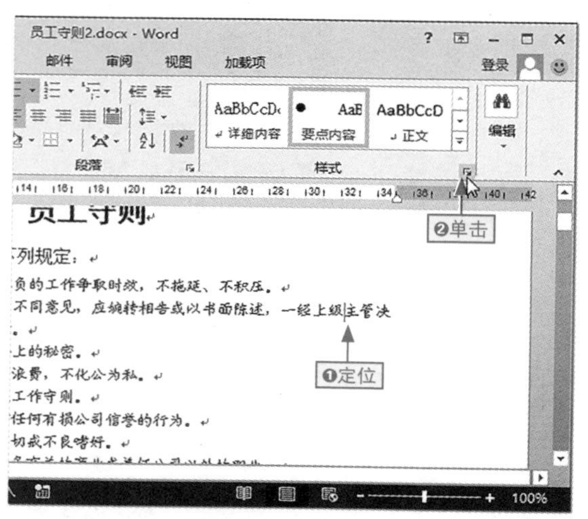

图4-15　单击“对话框启动器”按钮

步骤02 在打开的“样式”任务窗格中，程序自动选择“要点内容”样式选项，单击左下角的“管理样式”按钮，如图4-16所示。

打开“样式”窗格的说明

在Word 2013文档中，只要应用了样式，将文本插入点定位到段落中后，打开“样式”窗格后，程序将自动默认选择为该段落应用的样式选项。

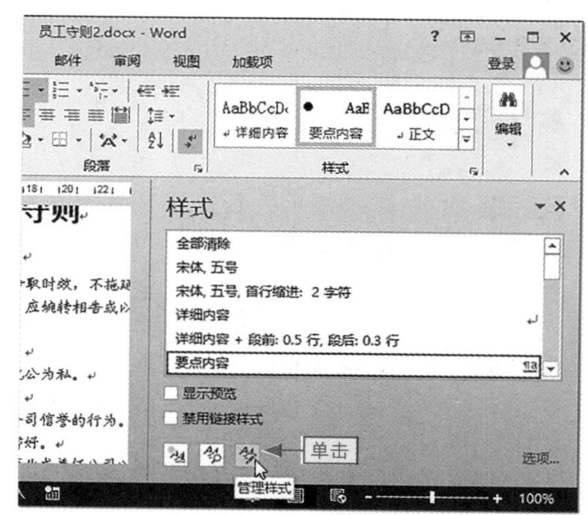

图4-16　管理样式

步骤03 在打开的“管理样式”对话框中保持“要点内容”样式的选择状态，直接单击“修改”按钮，如图4-17所示。

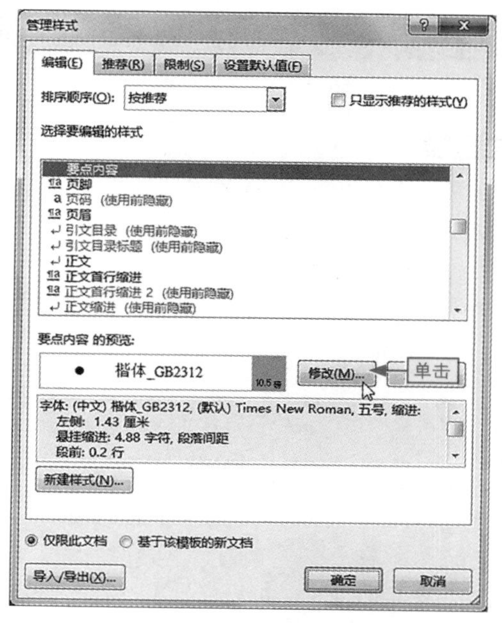

图4-17　准备修改样式

步骤04 ❶在打开的“修改样式”对话框中单击“字号”下拉按钮，❷选择“小四”选项修改样式的字号，依次单击“确定”按钮关闭所有对话框完成操作，如图4-18所示。

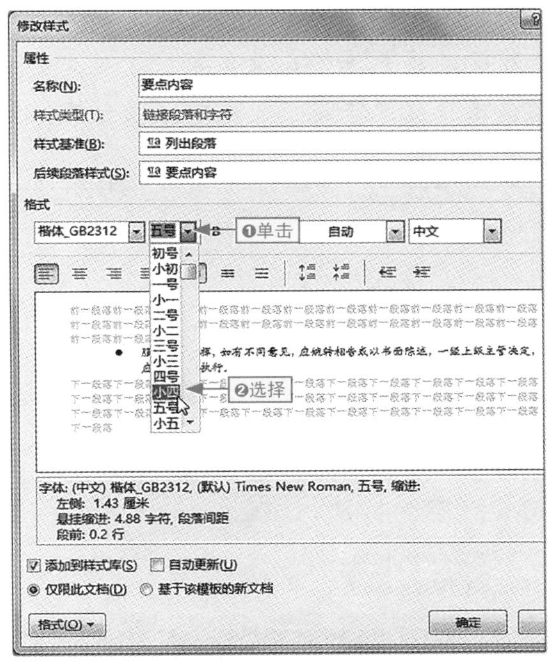

图4-18　修改字号

小绝招

在修改样式时，可以在“样式”列表框中的样式上❶右击，❷选择“修改”命令，打开“修改样式”对话框进行样式修改，如图4-19所示。

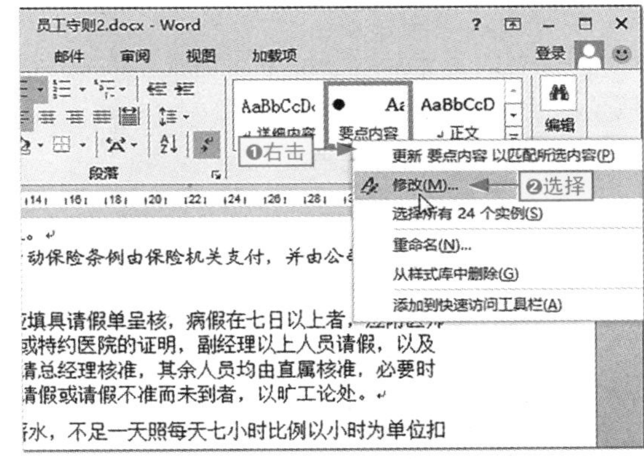

图4-19　用快捷菜单打开“修改样式”对话框

4.2 批注与修订文档

小白：你昨天下班时跟我说哪个地方需要修改？我又忘了。

阿智：对于这种临时性的修改建议或者意见，你当时最好添加对应的批注来提醒自己，我们在审阅他人的文档时，也经常会使用这个功能。此外修订功能也是常用的功能。

在审阅文档时，如果要在其中添加一些意见或者建议，可以使用批注功能来实现，并且使用修订功能处理文档中添加的各种修订。

4.2.1 在文档中使用批注

批注一般是作者或文档审阅人员在文档编辑或审阅过程中添加的说明、问题、建议或其他想法等内容。批注本身不属于Word文档内容的一部分，不会被集成到文本编辑中，但在对文档进行复制的过程中，批注还是会随文档一起移动的。

1. 添加批注

添加批注后，批注内容默认在页面右侧显示，因此不会影响原文档的阅读，如果要添加批注，可按如下操作进行。

本节素材	\素材\Chapter04\聘用合同.docx
本节效果	\效果\Chapter04\聘用合同.docx
学习目标	掌握添加批注的方法
难度指数	★★

步骤01 打开素材文件，将文本插入点定位到需要添加批注的位置（如果要添加修改批注，直接选择需要进行批注的文本），如图4-20所示。

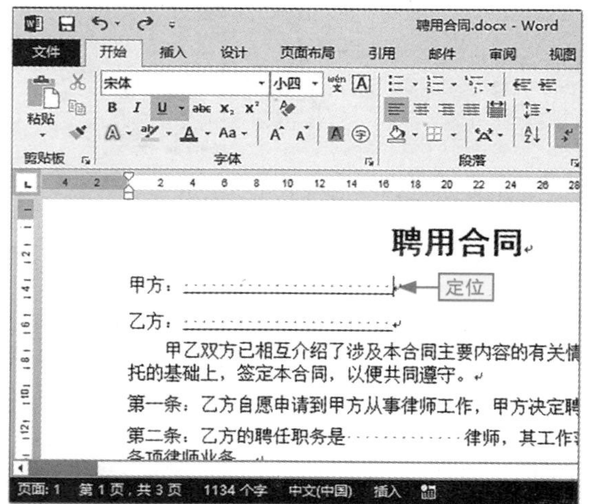

图4-20　定位文本插入点

步骤02 ❶单击“审阅”选项卡，❷在“批注”组中单击“新建批注”按钮，插入批注框，如图4-21所示。

图4-21　插入批注框

步骤03 ❶直接在批注框中输入批注内容，❷用相同的方法添加其他批注，❸在文档的任意位置单击鼠标完成批注的创建，如图4-22所示。

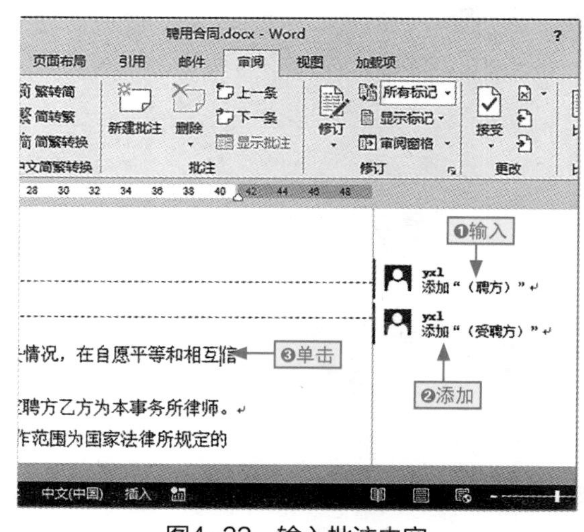

图4-22　输入批注内容

2. 编辑批注

编辑批注主要是对批注内容进行删除或者修改，在这之前，首先需要了解查看批注的操作，具体操作如下。

本节素材	\素材\Chapter04\聘用合同1.docx
本节效果	\效果\Chapter04\聘用合同1.docx
学习目标	掌握浏览、删除或修改批注内容的方法
难度指数	★★★

步骤01 打开素材文件，单击“审阅”选项卡，如图4-23所示。

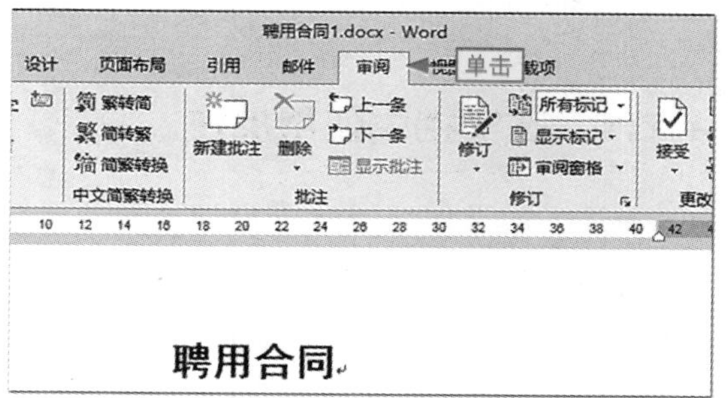

图4-23　切换到“审阅”选项卡

步骤02 在“批注”组中单击“下一条”按钮，此时程序自动选择文档中的第一条批注，如图4-24所示。

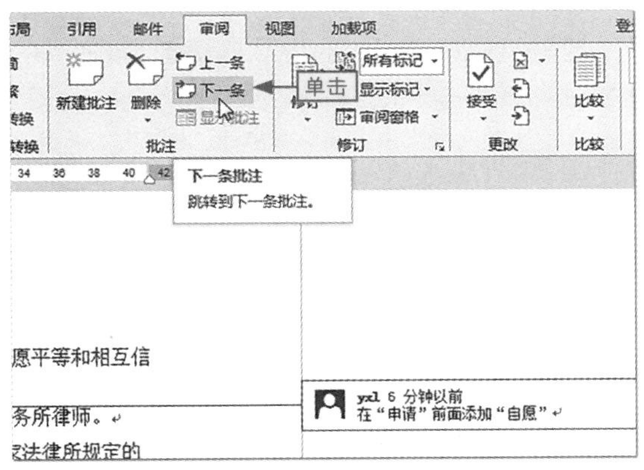

图4-24 查看第一条批注

步骤03 ❶继续单击“下一条”按钮选择第二条批注，❷单击“删除”下拉按钮，❸选择“删除”选项删除该批注，如图4-25所示。

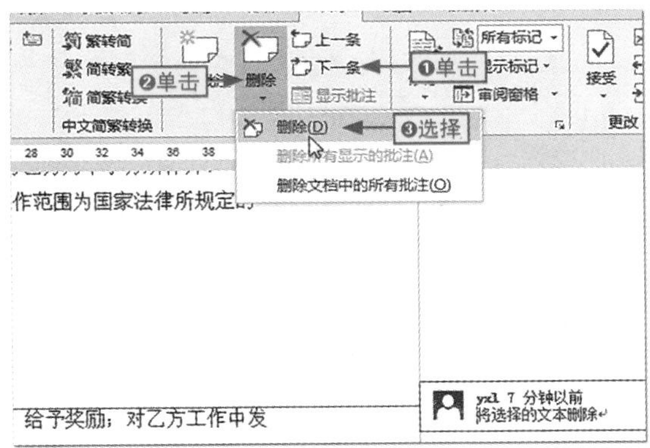

图4-25 删除批注

步骤04 继续单击“下一条”按钮查看文档中的下一条批注内容，如图4-26所示。

隐藏所有批注

默认情况下，创建批注时，“批注”组中的“显示批注”按钮自动被选中，即创建的批注都是显示的，如果要隐藏文档中的所有批注，再次单击“显示批注”按钮即可。

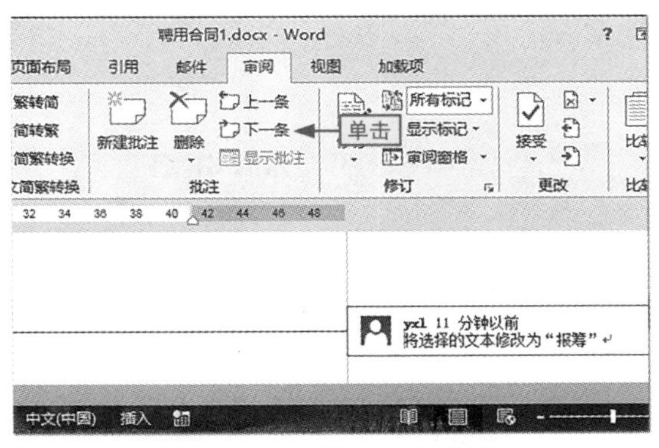

图4-26 浏览下一条批注

步骤05 在批注框中选择“筹”文本，直接输入“酬”文本将其替换掉，完成修改操作，如图4-27所示。

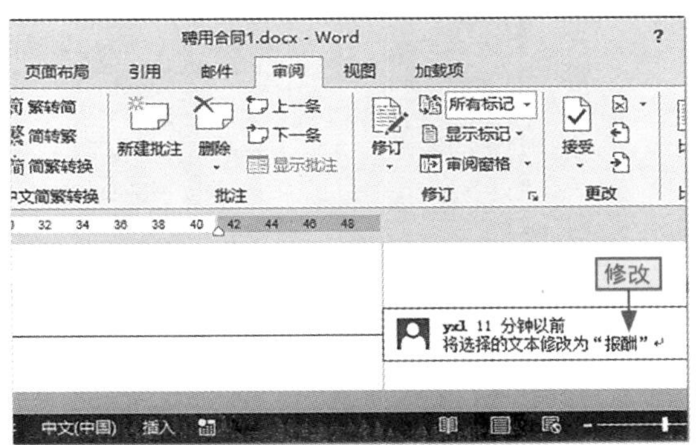

图4-27 修改批注内容

快速删除所有批注

在Word中，如果要快速删除文档中的所有批注，直接在“删除”下拉列表中选择“删除文档中的所有批注”选项即可，如图4-28所示。

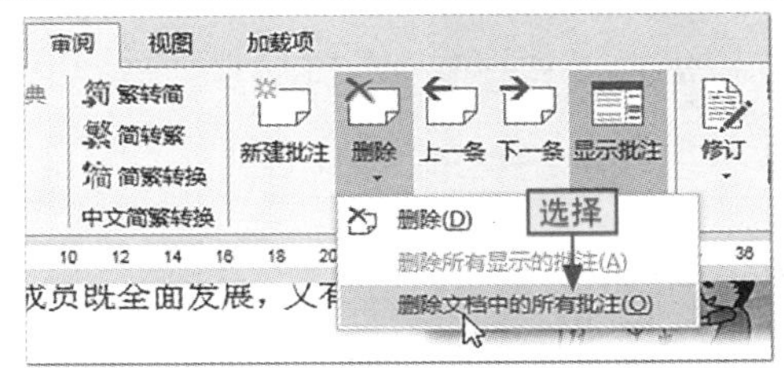

图4-28 选择“删除文档中的所有批注”选项

修改批注中显示的用户名

默认情况下，添加批注后，程序会自动在批注框中显示对应的用户名信息，用户还可以根据需要修改该名称的显示，从而让对方更清楚该批注信息是谁添加的。要修改批注中显示的用户名，具体操作是：❶打开“Word选项”对话框，在“常规”选项卡的“用户名”和“缩写”文本框中设置对应的用户名和缩写信息，❷单击“确定”按钮完成操作，如图4-29所示。

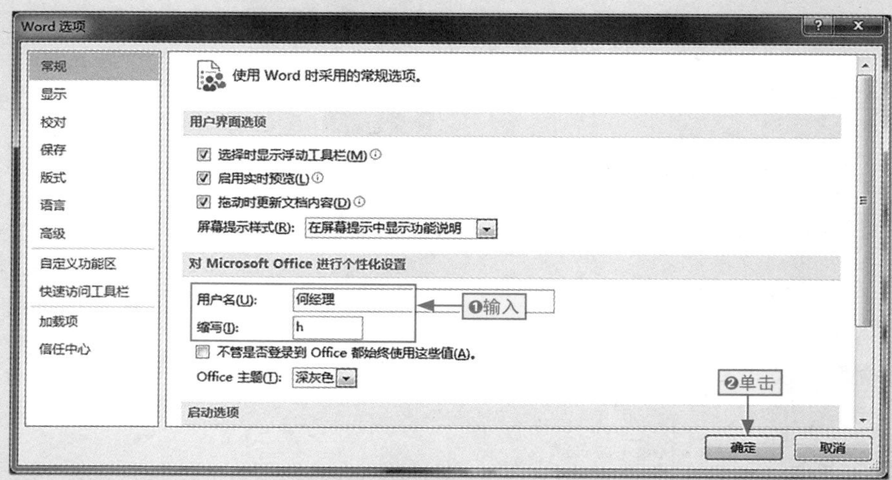

图4-29 修改用户名

4.2.2 对文档进行修订

修订文档是指利用Word的修订功能，跟踪记录用户对文档的操作，如插入、删除、修改或格式更改等并利用特殊的方式将修订过的内容显示出来，从而方便他人确认接受或拒绝相应的修订。

1. 添加修订信息

在审阅文档过程中，我们可以用如下方法在文档中添加修订信息。

本节素材	\素材\Chapter04\聘用合同2.docx
本节效果	\效果\Chapter04\聘用合同2.docx
学习目标	掌握添加修订的方法
难度指数	★★★

步骤01 ❶打开素材文件，单击“审阅”选项卡，❷单击“修订”下拉按钮，❸选择“修订”选项，如图4-30所示。

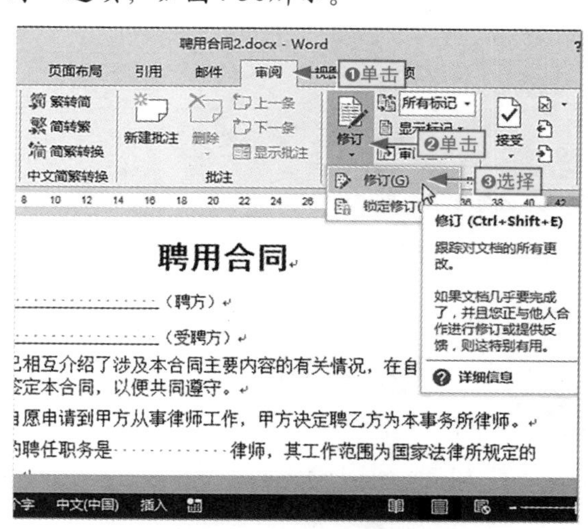

图4-30 进入修订状态

步骤02 选择要删除的文本，按Delete键，程序自动以修订的方式将其删除，如图4-31所示。

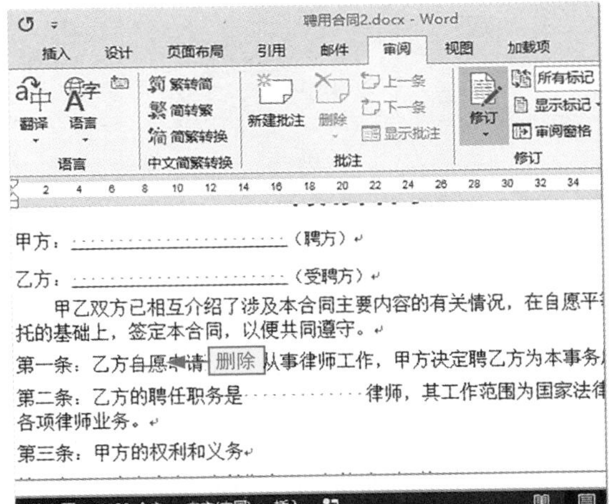

图4-31 在修订中删除文本

步骤03 ❶选择“报仇”文本，❷将其修改为“报酬”（在修订状态下，程序先删除“报仇”文本，再插入“报酬”文本），如图4-32所示。

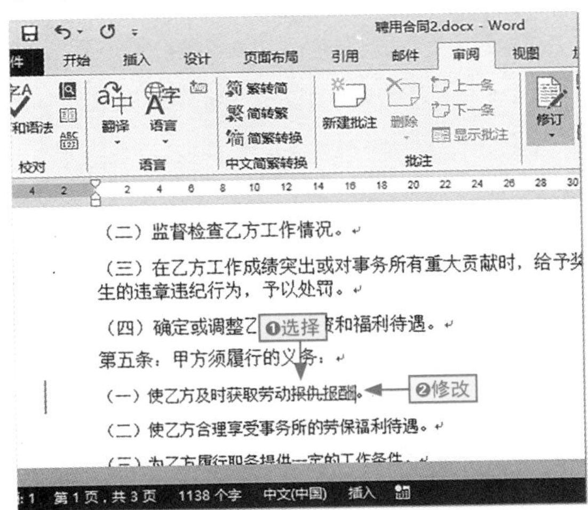

图4-32 在修订中修改文本

步骤04 将文本插入点定位到需要插入文本的位置，输入“依法”文本，完成在修订中插入文本的操作，如图4-33所示。

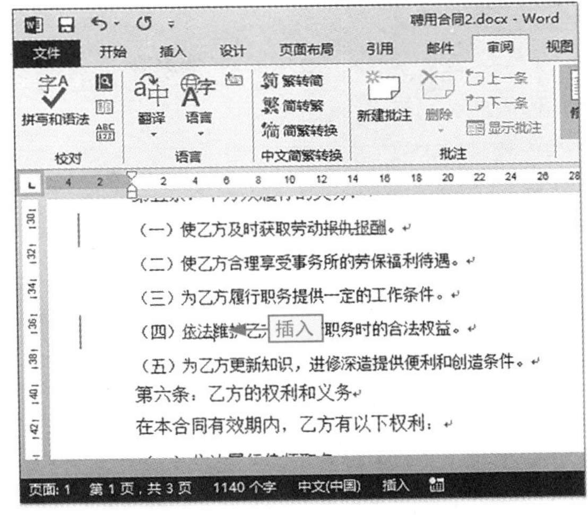

图4-33 在修订中插入文本

2. 修改修订信息的显示方式

在Word中，程序提供了3种修订的显示方式，用户可通过“显示标记”下拉菜单进行修改，具体操作如下。

本节素材	\素材\Chapter04\聘用合同3.docx
本节效果	\效果\Chapter04\聘用合同3.docx
学习目标	掌握修改修订显示方式的方法
难度指数	★

步骤01 打开素材文件，单击“审阅”选项卡，如图4-34所示。

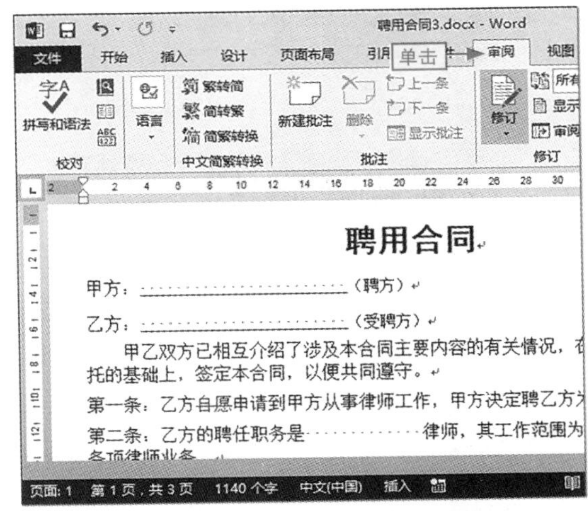

图4-34 切换到“审阅”选项卡

步骤02 ❶单击“显示标记”下拉按钮，❷选择“批注框”命令，❸在其子菜单中选择需要的显示方式，如图4-35所示。

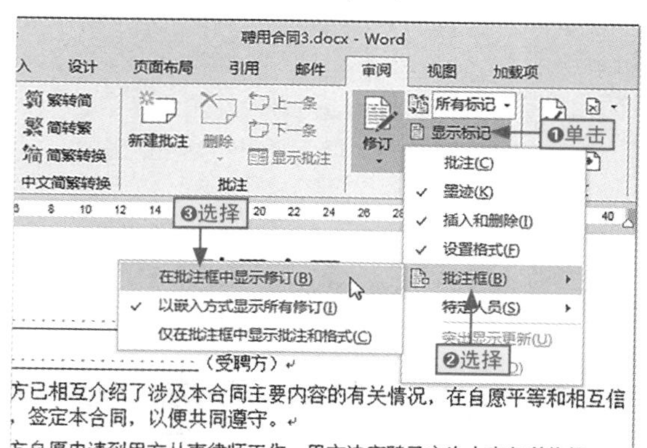

图4-35 更改修订显示方式

步骤03 在返回的文档中即可看到修订信息以批注框的方式显示，如图4-36所示。

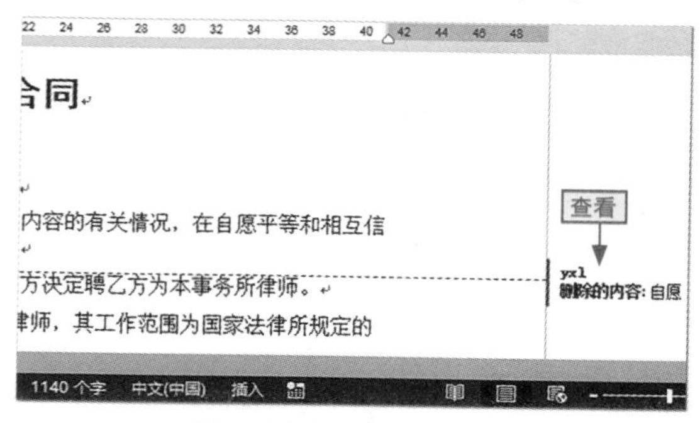

图4-36 查看修改效果

4.2.3 处理修订信息

在Word中，通过批注和修订在文档中添加审阅意见后，还需要通过拒绝\接受修订信息来处理这些审阅意见，具体操作如下。

本节素材	\素材\Chapter04\聘用合同4.docx
本节效果	\效果\Chapter04\聘用合同4.docx
学习目标	掌握处理修订信息的方法
难度指数	★★

步骤01 ❶打开素材文件，单击“审阅”选项卡，❷将文本插入点定位到修订批注框中，如图4-37所示。

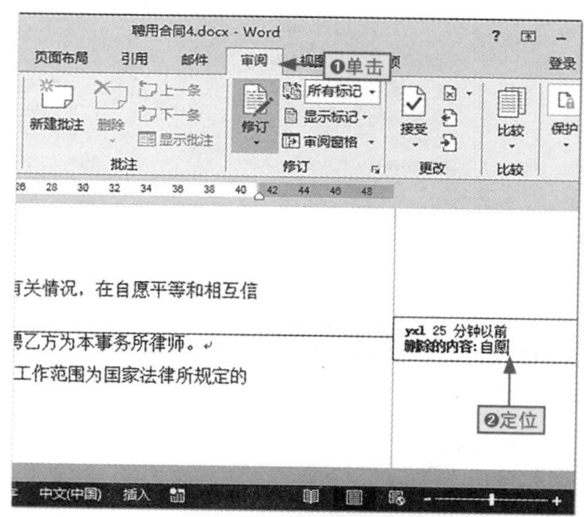

图4-37 选择修订批注框

步骤02 ❶单击“更改”组中的“拒绝”按钮右侧的下拉按钮，❷选择“拒绝更改”选项，如图4-38所示。

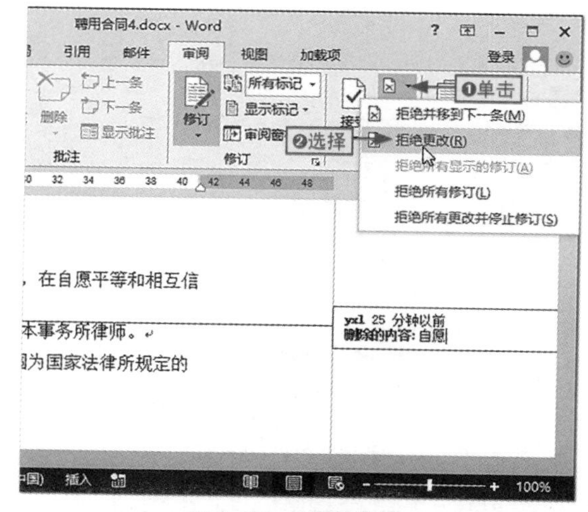

图4-38 拒绝修订

步骤03 在“更改”组中直接单击“下一处修订”按钮即可跳转到下一条修订，如图4-39所示。

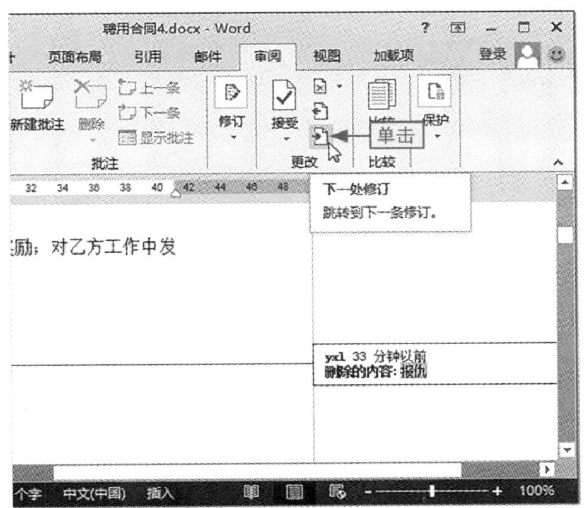

图4-39　浏览下一条修订

步骤04 ❶单击“接受”下拉按钮，❷选择“接受此修订”选项接受删除“报仇”文本的操作，如图4-40所示。

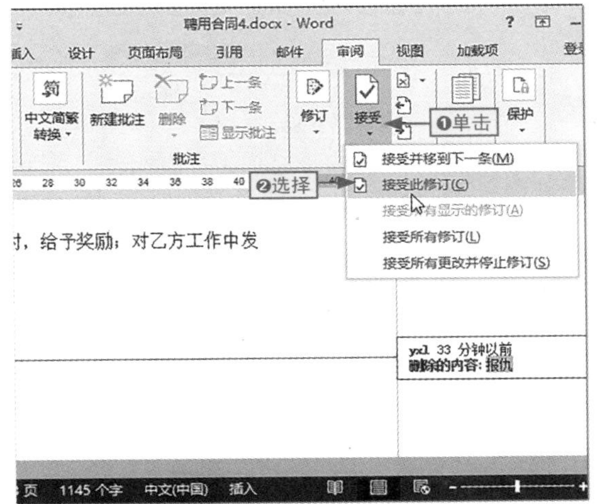

图4-40　接受删除文本的操作

步骤05 ❶程序自动将文本插入点定位到插入的“报酬”文本的前面，单击“接受”下拉按钮，❷选择“接受此修订”选项接受插入的文本，如图4-41所示。

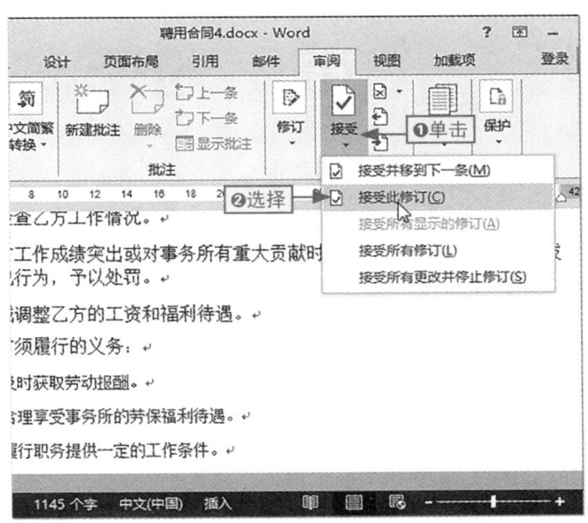

图4-41　完成接受修订的处理

步骤06 ❶单击“接受”下拉按钮，❷选择“接受所有修订”选项一次性接受文档的所有修订，如图4-42所示。

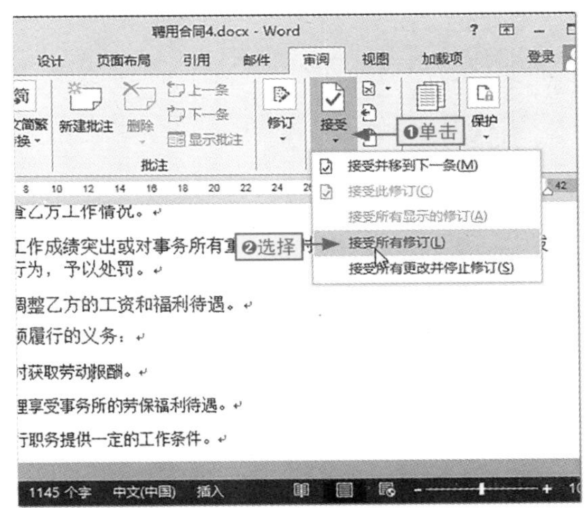

图4-42　接受所有修订

处理修订后自动移到下一条

在处理修订时，如果要在处理修订后自动移到下一条，可以在“拒绝”下拉列表中选择“拒绝并移到下一条”选项，或者在“接受”下拉列表中选择“接受并移到下一条”选项。

4.3 页眉和页脚的设置

小白：我想在页面的顶部和底部添加一些信息，该怎么操作啊？

阿智：这其实就是对文档的页眉和页脚进行设置，专业的商业文档，尤其是长文档，都需要对页眉和页脚进行设置，下面我给你讲讲吧。

对于长文档，都需要为其设置对应的页眉和页脚信息，通过在页眉和页脚中添加公司名称、LOGO图标、制作人、页码等信息，可以让整个文档显示更专业。

4.3.1 插入内置的页眉和页脚

在Word应用程序中，程序自动内置了有关该文档的相关页眉和页脚信息，使用这些样式，可快速为文档插入页眉和页脚。

本节素材	\素材\Chapter04\行政管理制度.docx
本节效果	\效果\Chapter04\行政管理制度.docx
学习目标	掌握为文档添加内置页眉和页脚的方法
难度指数	★★

步骤01 打开素材文件，单击“插入”选项卡，如图4-43所示。

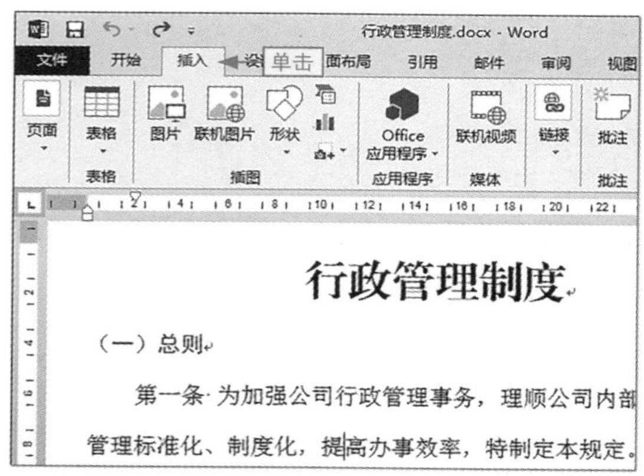

图4-43 切换选项卡

步骤02 ❶在“页眉和页脚”组中单击“页眉”下拉按钮，❷在弹出的下拉列表中选择“怀旧”内置页眉样式，如图4-44所示。

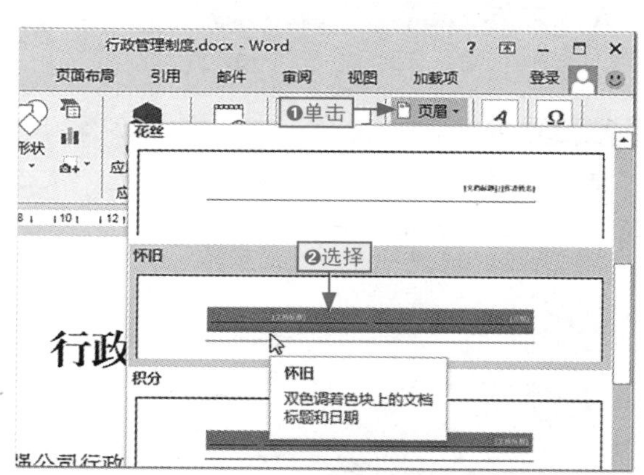

图4-44 选择内置的页眉样式

步骤03 ❶程序自动进入页眉页脚状态并自动生成标题和日期占位符，在标题占位符中输入“××公司行政管理制度”，❷在页眉右侧单击“日期”占位符右侧的下拉按钮，❸单击“今日”按钮，如图4-45所示。

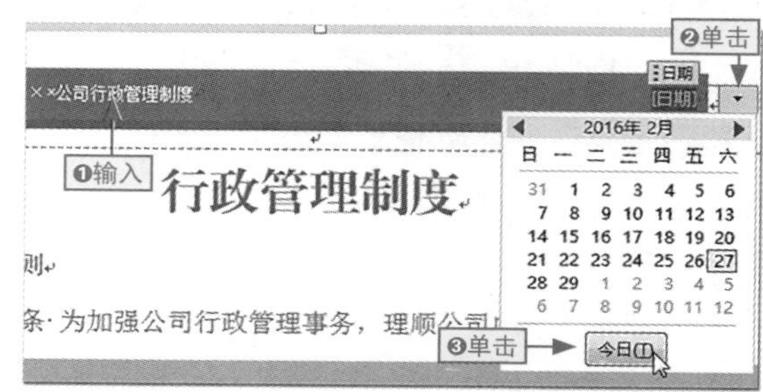

图4-45 设置标题和制作时间

步骤04 ❶在返回的文档中可查看设置的标题和日期，❷单击“页眉和页脚工具-设计”选项卡中的“转至页脚”按钮跳转到页脚，如图4-46所示。

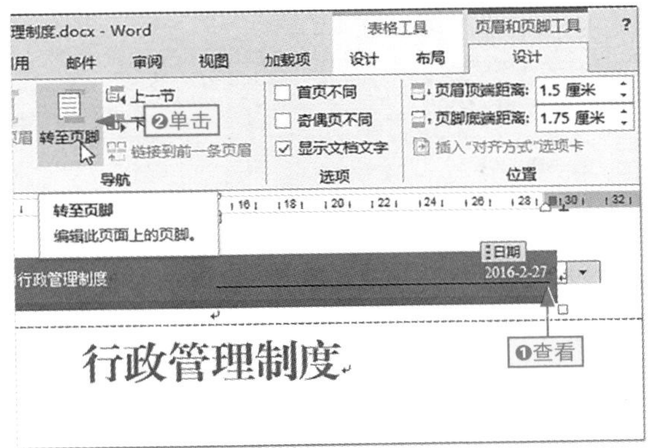

图4-46 跳转到页脚

步骤05 ❶在“页眉和页脚工具-设计”选项卡的“页眉和页脚”组中单击“页脚”下拉按钮，❷选择“信号灯”内置页脚选项，如图4-47所示。

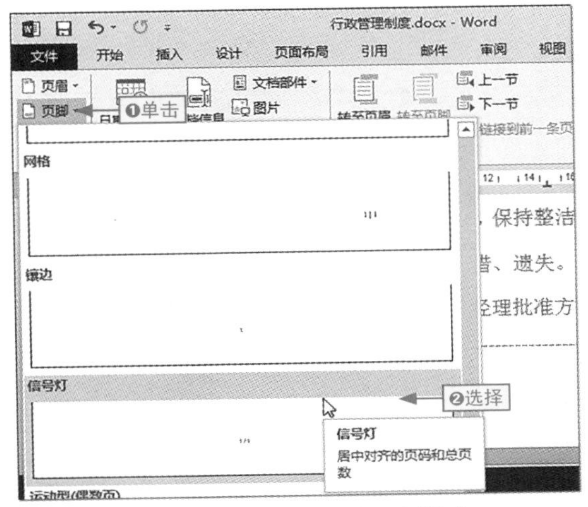

图4-47 选择内置的页脚样式

步骤06 ❶在返回的文档中可看到页脚位置添加的页脚信息，❷单击“页眉和页脚工具-设计”选项卡中的“关闭页眉和页脚”按钮退出页眉页脚的编辑状态，如图4-48所示。

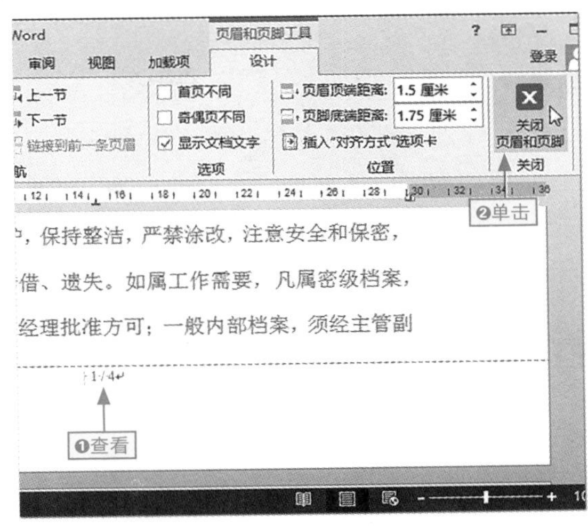

图4-48 退出页眉页脚编辑状态

4.3.2 自定义设置页眉和页脚

如果内置的页眉页脚效果不能满足用户的实际需求，还可以对页眉页脚效果进行自定义设置。下面具体介绍几种常见的自定义操作。

1. 在页眉中使用图片对象

一般情况下，公司内部的文档都会在页眉左上角添加LOGO图标，要实现这种效果，可以通过在页眉中插入图片，具体的操作如下。

本节素材	\素材\Chapter04\行政管理制度\
本节效果	\效果\Chapter04\行政管理制度1.docx
学习目标	掌握在页眉中插入并编辑图片的操作
难度指数	★★★

步骤01 ❶打开素材文件，在页眉的空白区域右击，❷选择“编辑页眉”命令进入页眉页脚的可编辑状态，如图4-49所示。

小绝招

快速进入页眉页脚的可编辑状态

在Word文档中，直接在页眉或者页脚区域的空白位置双击，可快速进入页眉和页脚的可编辑状态。

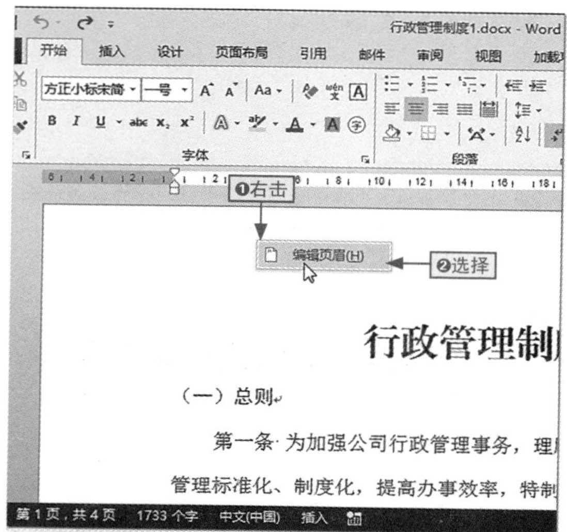

图4-49　进入页眉和页脚的可编辑状态

步骤02 程序自动激活“页眉和页脚工具-设计”选项卡，在“插入”组中单击“图片”按钮，如图4-50所示。

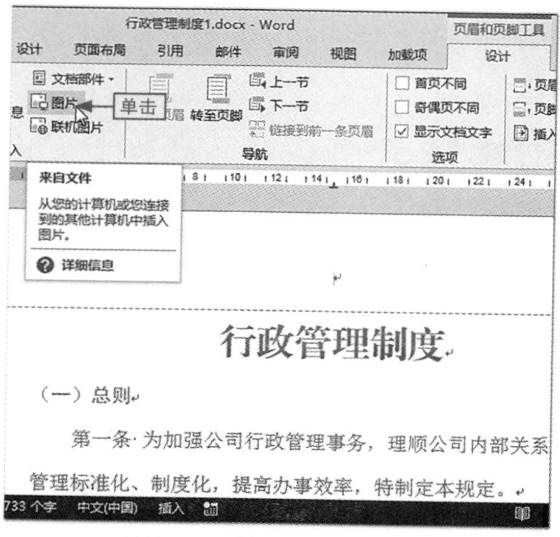

图4-50　单击“图片”按钮

步骤03 ❶在打开的“插入图片”对话框的地址栏中找到文件的保存位置，❷选择图片文件，❸单击“插入”按钮插入图片，如图4-51所示。

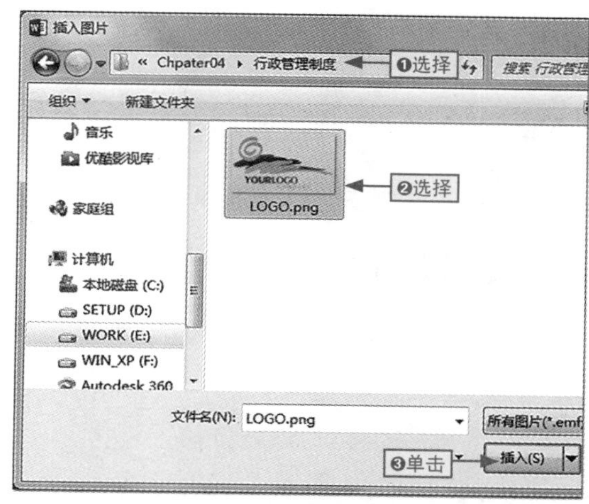

图4-51　插入图片

步骤04 保持图片的选择状态，❶单击图片右侧的“布局选项”按钮，❷选择“浮于文字上方”选项将图片设置为浮于文字上方，如图4-52所示。

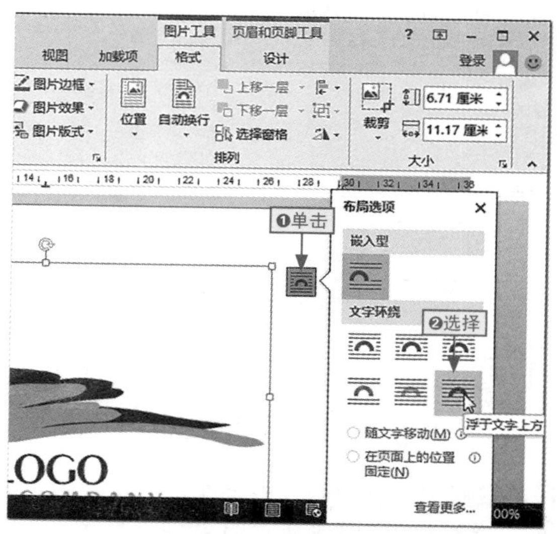

图4-52　更改图片的布局方式

步骤05 ❶在“图片工具-格式”选项卡的“大小”组中设置图片的大小，❷选择图片，

按住鼠标左键不放将其拖动到页眉左上角的合适位置，如图4-53所示。

图4-53　调整图片大小和位置

步骤06 单击“页眉和页脚工具-设计”选项卡中的“关闭页眉和页脚”按钮退出页眉编辑状态，在返回的文档中可查看最终效果，如图4-54所示。

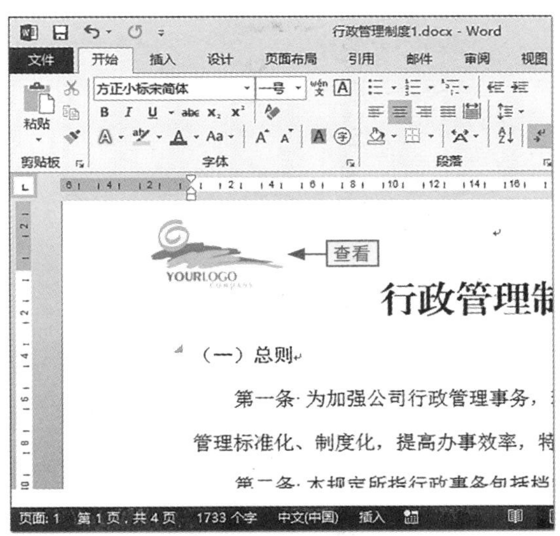

图4-54　查看最终效果

小绝招

页眉中图片的其他操作

在页眉区域插入的图片对象，其各种设置操作与在文档中插入的图片对象的设置操作是一样的，唯一不同的是对象所处的位置不同。

2. 在页脚中插入时间

在页脚中插入日期的操作也非常简单，而且还可以自定义选择任意格式效果的日期，具体的操作如下。

本节素材	\素材\Chapter04\行政管理制度2.docx
本节效果	\效果\Chapter04\行政管理制度2.docx
学习目标	掌握在页脚中自定义插入时间的方法
难度指数	★★★★

步骤01 打开素材文件，双击鼠标进入页眉页脚的可编辑状态，如图4-55所示。

图4-55　双击鼠标进入页脚可编辑状态

步骤02 ❶在页脚区域输入“制作时间：”文本，❷单击“页眉和页脚工具-设计”选项卡的“插入”组中的“日期和时间”按钮，如图4-56所示。

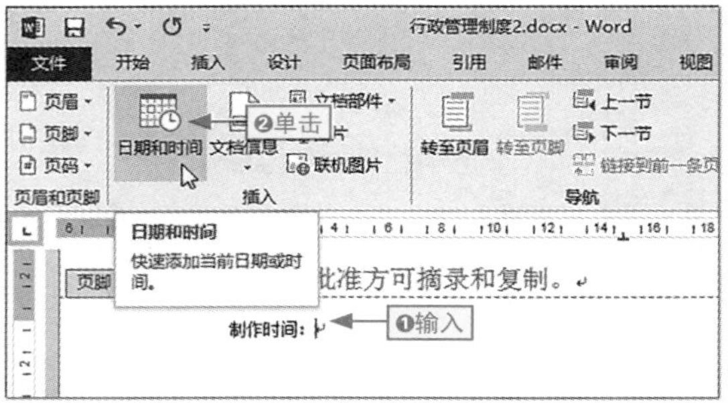

图4-56　输入文本并单击“日期和时间”按钮

步骤03 ❶在打开的“日期和时间”对话框中选择需要的日期格式选项，❷单击“确定”按钮，如图4-57所示。

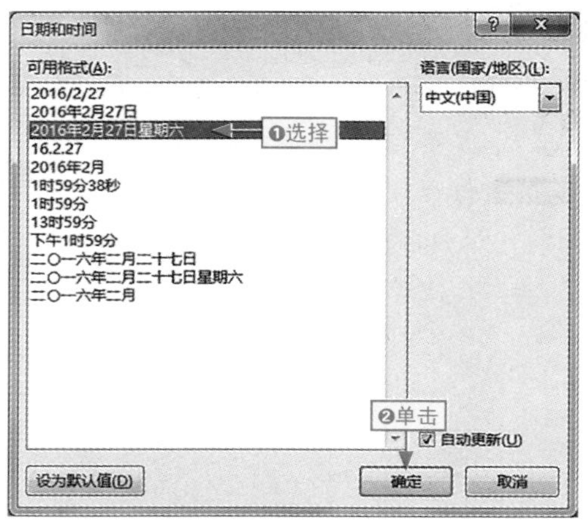

图4-57　插入时间

步骤04 在返回的文档中可查看效果，❶在“星期六”文本两侧添加对应的括号，❷单击“页眉和页脚工具-设计”选项卡中的“关闭页眉和页脚”按钮，完成整个操作，如图4-58所示。

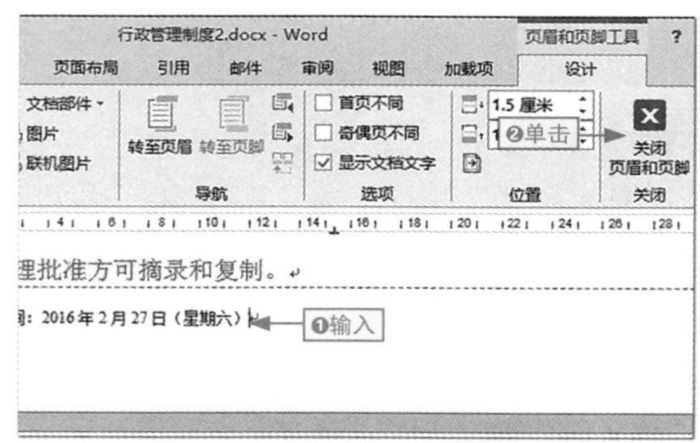

图4-58　编辑页脚内容

3. 在奇偶页页脚添加页码

在长文档中，按照页码的奇偶性，可以将页面分为奇数页和偶数页。下面具体介绍在奇偶页中添加页码的方法。

本节素材	\素材\Chapter04\行政管理制度3.docx
本节效果	\效果\Chapter04\行政管理制度3.docx
学习目标	掌握设置奇偶页和添加页码的方法
难度指数	★★★★★

步骤01 打开素材文件，进入页眉页脚编辑状态，在“页眉和页脚工具-设计”选项卡的“选项”组中选中“奇偶页不同”复选框，如图4-59所示。

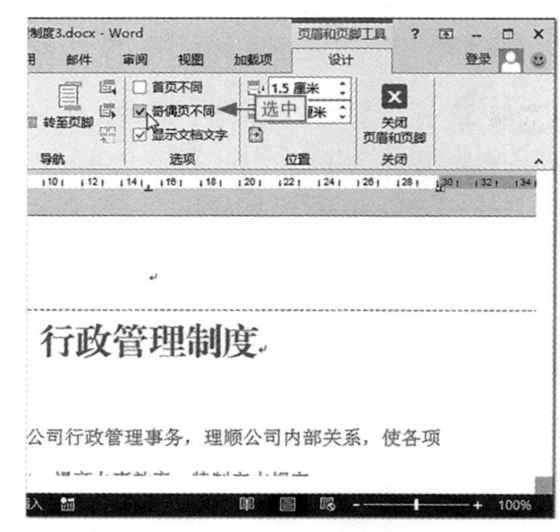

图4-59　设置奇偶页不同

步骤02 切换到页脚，添加空格将文本插入点定位到右侧，如图4-60所示。

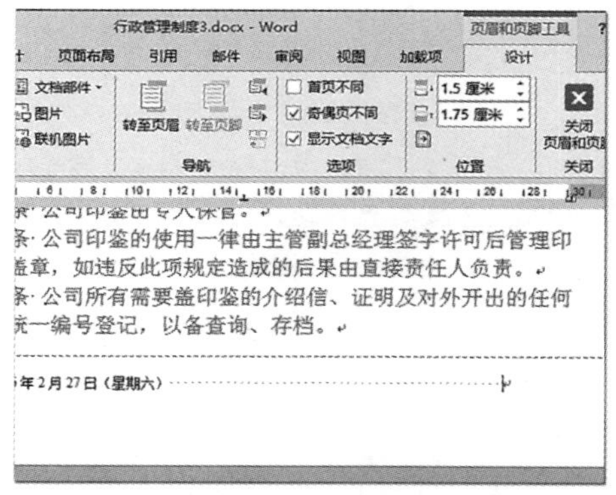

图4-60　定位文本插入点

步骤03 ❶单击“页码”下拉按钮，❷选择“当前位置”选项，❸在其子菜单中选择“加粗显示的数字”页码选项，如图4-61所示。

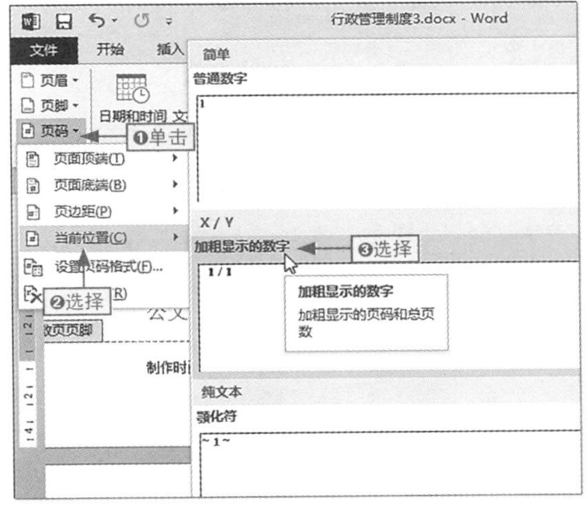

图4-61 选择页码选项

步骤04 ❶在“1”数字两侧分别输入“第”和“页”文本，❷在“3”数字两侧分别输入“共”和“页”文本，如图4-62所示。

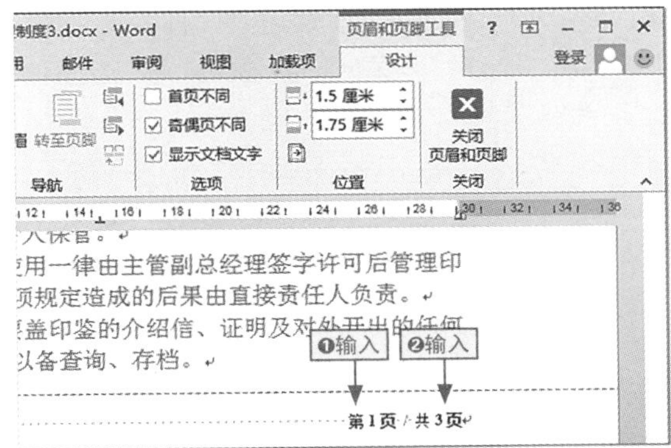

图4-62 设置页码格式

编辑页码格式的注意事项

在插入的页码格式中进行编辑操作时，不能对数字进行修改，因为这是自动插入的一个页码占位符，如果手动修改后，其他页的页码不会自动改变。

步骤05 ❶选择所有的页码内容，❷单击“开始”选项卡，❸单击两次“加粗”按钮取消文本的加粗格式，如图4-63所示。

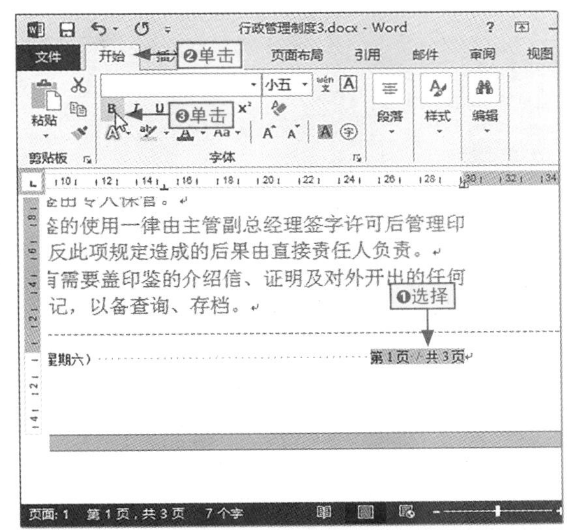

图4-63 取消页码的加粗格式

步骤06 ❶切换到偶数页页脚，输入“制作单位：行政部”文本，❷按空格键将文本插入点定位到右侧，如图4-64所示。

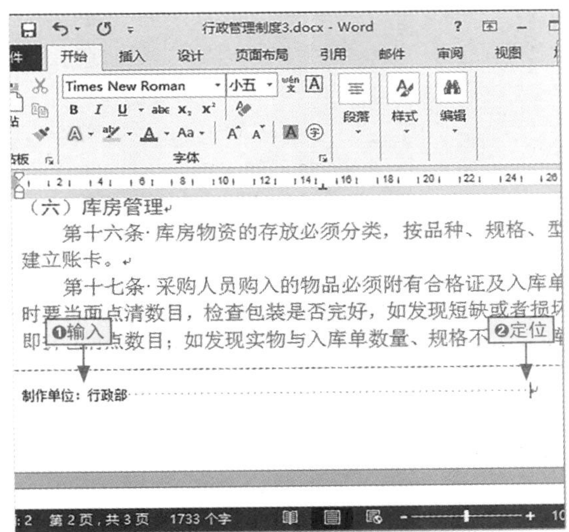

图4-64 输入页脚内容并定位文本插入点

步骤07 ❶单击“页码”下拉按钮，❷选择“当前位置”选项，❸在其子菜单中选择“加粗显示的数字”页码选项，如图4-65所示。

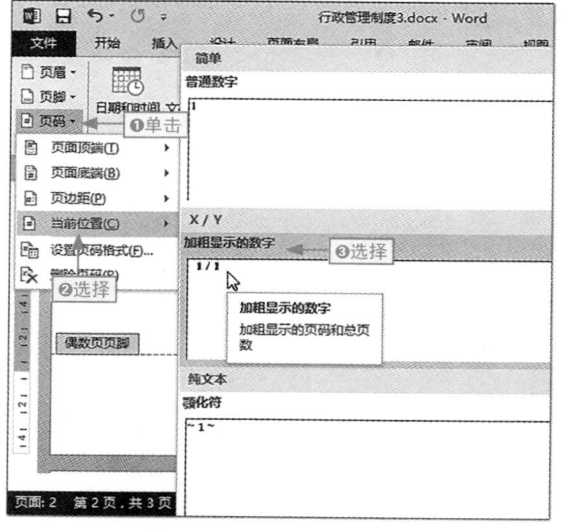

图4-65　选择页码样式

步骤08 返回到文档中编辑页码的内容并取消加粗格式，最后单击“关闭页眉和页脚”按钮完成操作，如图4-66所示。

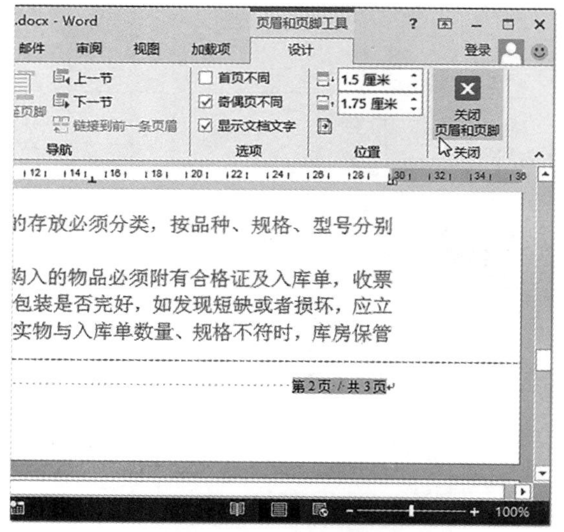

图4-66　完成操作

清除页眉、页脚和页码

在 Word 2013 中，如果要清除在页眉和页脚区域添加的页眉、页脚或者页码内容，可以直接在“插入”选项卡或“页眉和页脚工具－设计”选项卡的“页眉和页脚”组中，单击“页眉”、“页脚”或“页码”下拉按钮，选择对应的“删除页眉”、“删除页脚”或“删除页码”选项来清除，如图 4-67 所示。

需要注意的是，页码添加在页眉或者页脚中时，它也相当于页眉或者页脚内容，当这两个区域只存在页码时，若要删除页码，这 3 个选项都可以完成删除操作。如果页眉或页脚中除了页码，还包括其他页眉或页脚内容，此时通过“删除页码”选项不能清除页码，只能通过“删除页眉”或“删除页脚”选项清除页眉或页脚内容。

图4-67　清除页眉、页脚和页码

4.4 打印与输出文档

阿智：帮我把这个文档打印出来，打印之前把打印参数设置一下，要一张纸显示两页。

小白：这个怎么设置呢？我通常打印都是一张纸显示一页。

制作好的Word文档，要共享给其他人查阅时，可以通过纸质方式和电子版本方式，这就需要用户掌握有关文档打印的各种操作以及输出操作。

4.4.1 预览文档并设置打印

打印文档是日常办公中最常见的操作，本节将具体介绍文档的预览及打印的设置等操作。

1. 打印预览文档

在打印文档之前，首先要预览文档的整体效果，确认无误后再打印，具体的操作如下。

本节素材	\素材\Chapter04\行政管理制度4.docx
本节效果	\效果\Chapter04\无
学习目标	掌握预览文档效果的方法
难度指数	★

步骤01 打开素材文件，在“文件”选项卡中选择“打印”选项，如图4-68所示。

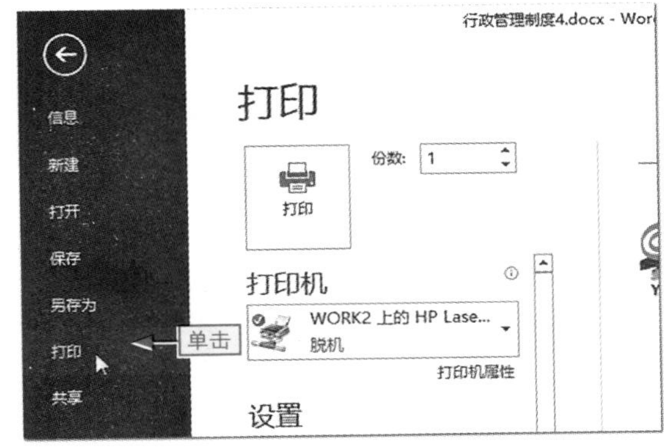

图4-68 “打印”选项卡

步骤02 ❶在右侧窗格中可查看文档的打印预览效果，❷单击下方的“下一页”按钮还可以在不同页面之间切换，如图4-69所示。

图4-69 切换预览文档

快速进入打印预览页面

在Word 2013中，如果在快速访问工具栏中添加了“打印预览和打印”按钮，则直接单击该按钮可快速进入打印预览页面，有关添加该按钮的操作在本书第1章有详细的讲解。

2. 设置打印选项

在预览文档效果后，还需要根据实际需要设置打印选项，然后再打印文档。下面具体介绍各种设置选项的具体操作。

本节素材	\素材\Chapter04\行政管理制度4.docx
本节效果	\效果\Chapter04\无
学习目标	掌握设置打印文档的方法
难度指数	★★

步骤01 打开素材文件，进入打印预览页面，❶单击“单面打印”下拉按钮，❷选择“手动双面打印”选项，如图4-70所示。

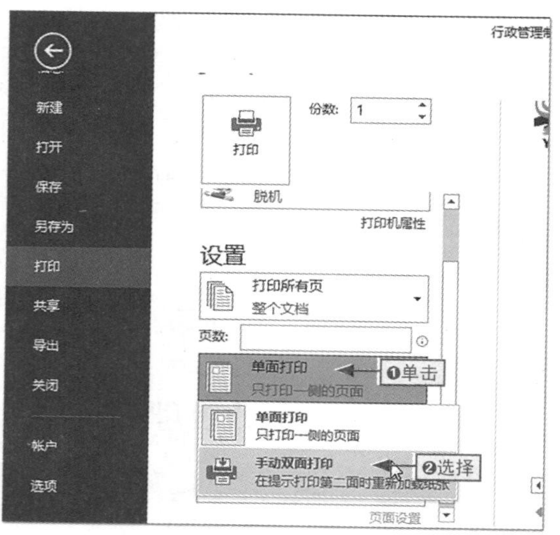

图4-70 设置手动双面打印

步骤02 单击“打印机”下拉按钮下方的“打印机属性”超链接，如图4-71所示。

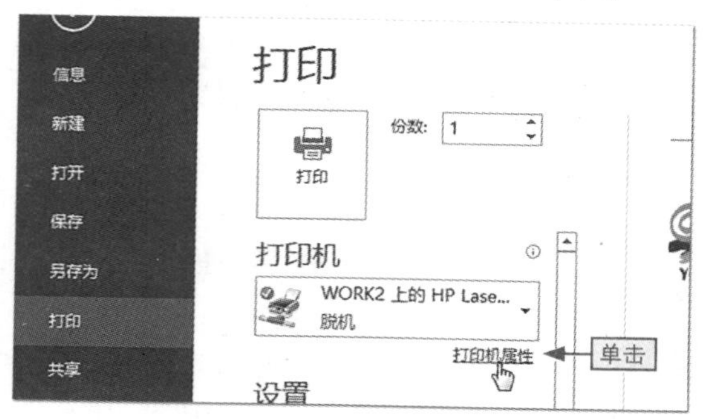

图4-71 设置打印机属性

步骤03 ❶在打开的属性对话框中单击“完成”选项卡，❷单击“每张页数”下拉按钮，❸选择“每张2页”选项，❹单击“确定”按钮，如图4-72所示。

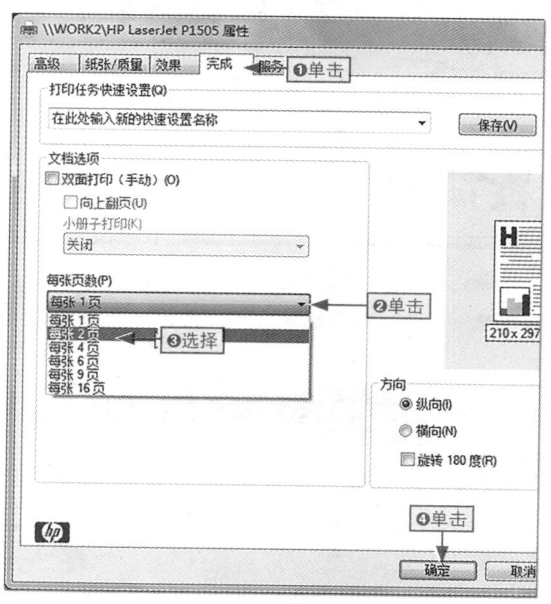

图4-72 设置每张打印的页数

步骤04 在返回的打印预览页面中，❶在“份数”数值框中输入“10”，❷单击“打印”按钮联机打印文档，如图4-73所示。

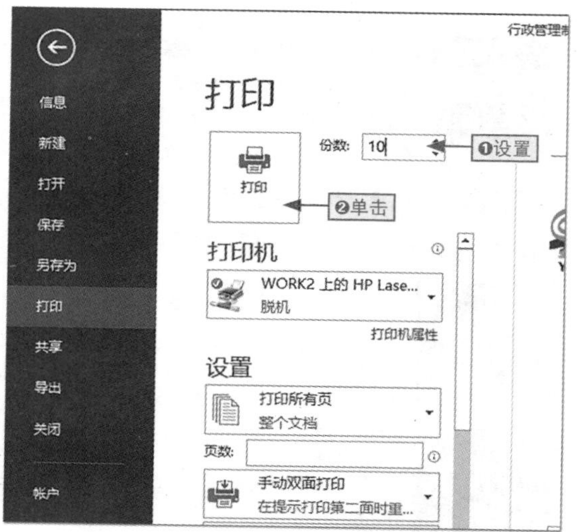

图4-73 设置打印份数并打印文档

4.4.2 将文档输出为PDF格式

如果要以电子版本的方式将文档发送给他人阅览，为了防止他人恶意修改文档内容，可以将文档以PDF格式的方式输出。

将文档输出为PDF格式的操作非常简单，具体介绍如下。

本节素材	\素材\Chapter04\行政管理制度4.docx
本节效果	\效果\Chapter04\行政管理制度4.pdf
学习目标	掌握如何将docx格式的文档转换为pdf格式
难度指数	★★

步骤01 打开素材文件，单击“文件”选项卡，如图4-74所示。

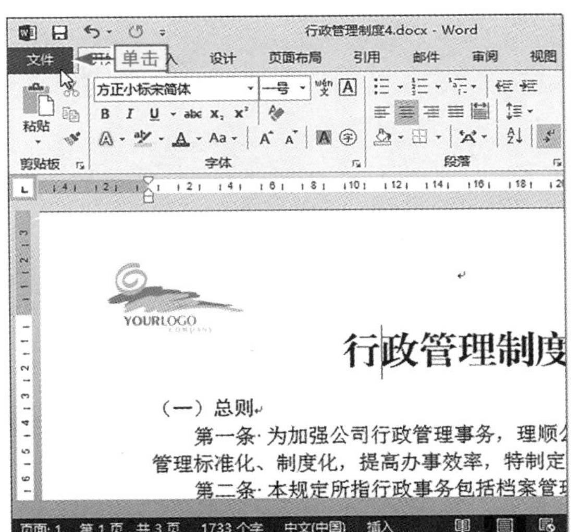

图4-74　切换到“文件”选项卡

什么是PDF格式

PDF 格式是一种便携的文件格式，是由 Adobe 公司开发的独特的跨平台文件格式。

PDF 文件以 PostScript 语言图像模型为基础，无论在哪种打印机上都可保证精确的颜色和准确的打印效果，即 PDF 会如实地再现原稿的每一个字符、颜色以及图像。

步骤02 ❶在打开的界面单击“导出”选项，❷在界面右侧单击“创建PDF/XPS”按钮，如图4-75所示。

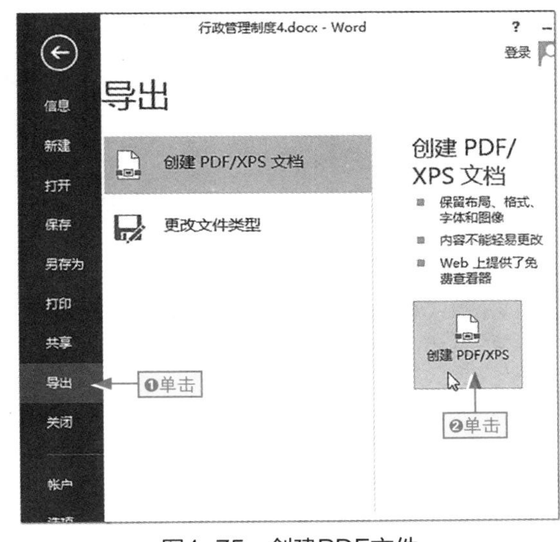

图4-75　创建PDF文件

步骤03 ❶在打开的“发布为PDF或XPS”对话框中设置文件的保存位置，保持默认的文件名称，❷单击“发布”按钮，如图4-76所示。

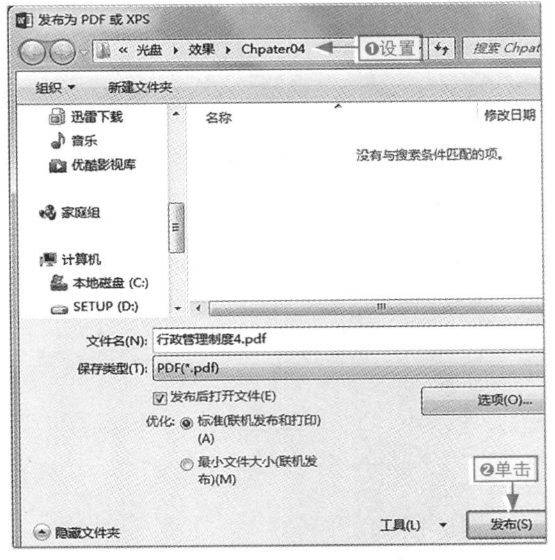

图4-76　发布PDF文件

步骤04 程序自动启动相应的阅读器软件并打开该文件，如图4-77所示。

小绝招

如何查看PDF文件

PDF 文件需要专门的软件才能打开，如果用户的电脑中没有安装这些软件，是不能打开PDF 文件的（虽然 Word 2013 可以打开 PDF 文件，但是兼容性不好）。

网上有很多PDF 阅读器，下载安装就可以使用了，常用的阅读软件有 Adobe Reader 和 Adobe Acroabt 两种。它们都是 Adobe 公司开发的，所以对 PDF 格式文件的支持性最好。

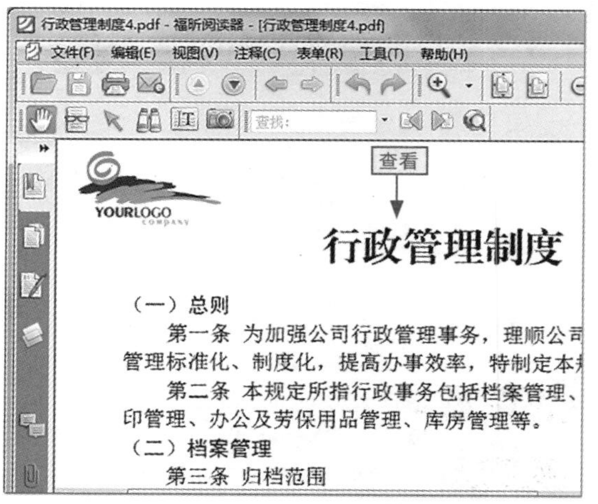

图4-77 查看PDF文件效果

长知识

通过另存为对话框发布PDF文件

在 Word 2013 中，除了可以使用共享功能发布 PDF 文件外，还可以通过另存为功能发布 PDF 文件，具体操作方法如下。

切换到“文件”选项卡，❶单击“另存为”选项，❷单击“浏览”按钮，❸在打开的“另存为”对话框中设置保存路径后单击“保存类型”下拉按钮，❹选择 PDF（*.pdf）选项，最后单击“保存”按钮即可，如图 4-78 所示。

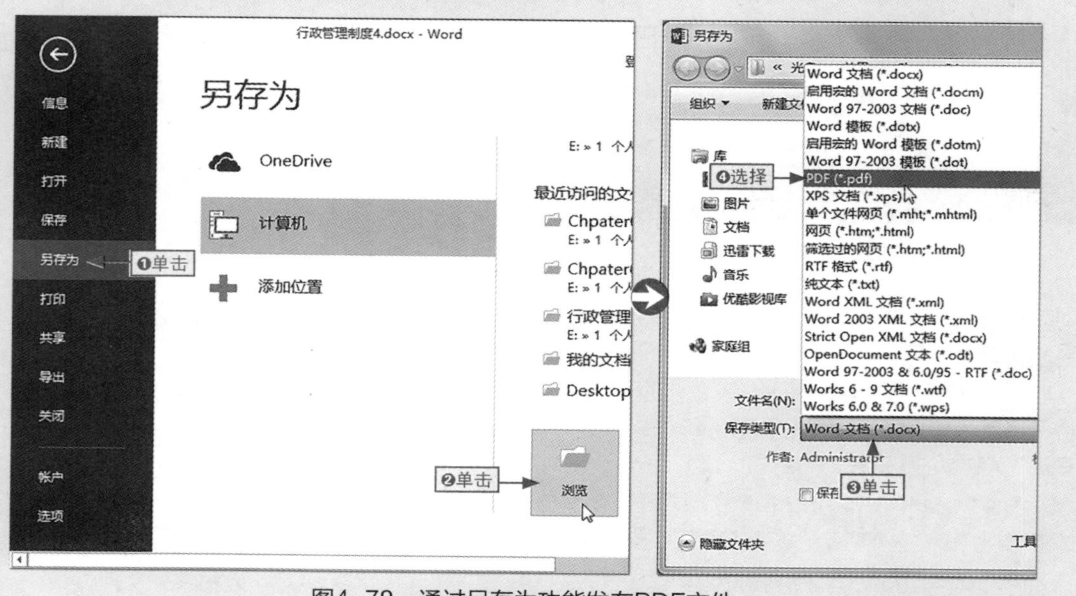

图4-78 通过另存为功能发布PDF文件

给你支招 | 如何取消页眉中的横线

小白： 在Word文档中并没有为页眉添加横线，为什么页眉中会有一条横线呢？有什么方法可以将该横线删除呢？

阿智： 这条横线是在编辑页眉时，程序自动为该段落添加的下框线效果，要删除该横线，直接取消该段落的下框线效果即可，具体操作如下。

步骤01 ❶双击页眉区域进入页眉编辑状态，❷选择段落标记，如图4-79所示。

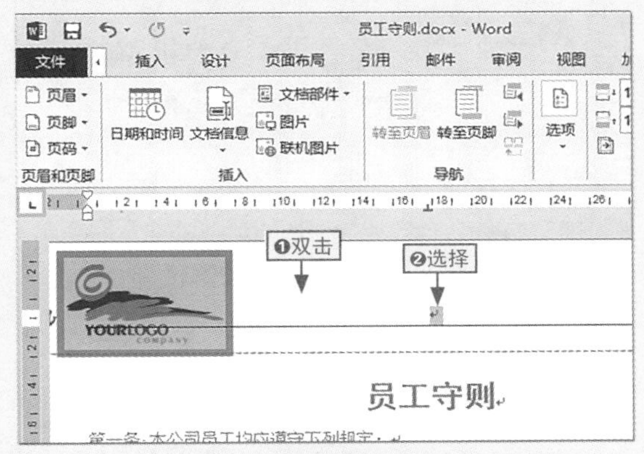

图4-79　选择段落标记

步骤02 ❶单击“开始”选项卡，❷在“边框线”下拉列表中选择“无框线”选项，如图4-80所示。

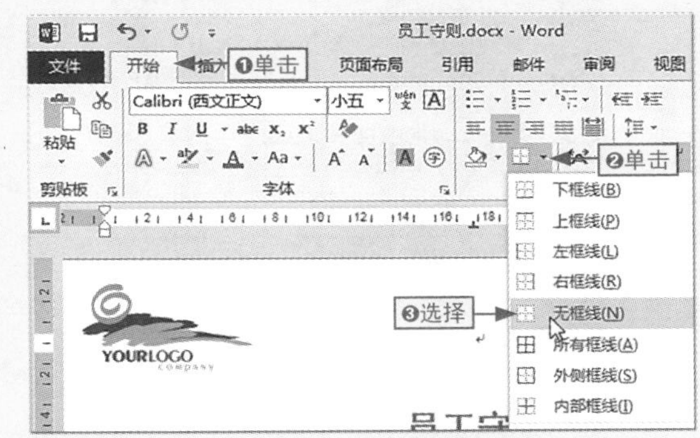

图4-80　取消页眉横线

给你支招 | 如何为导出的PDF文件添加密码

小白： 导出的PDF文件可以像保存文档那样，设置一个密码，只有输入正确的密码才能访问吗？

阿智： 当然可以，设置密码的操作是在“发布为PDF或XPS”对话框中单击“发布”按钮之前设置的，具体操作如下。

步骤01 打开“发布为PDF或XPS”对话框，单击“选项”按钮，如图4-81所示。

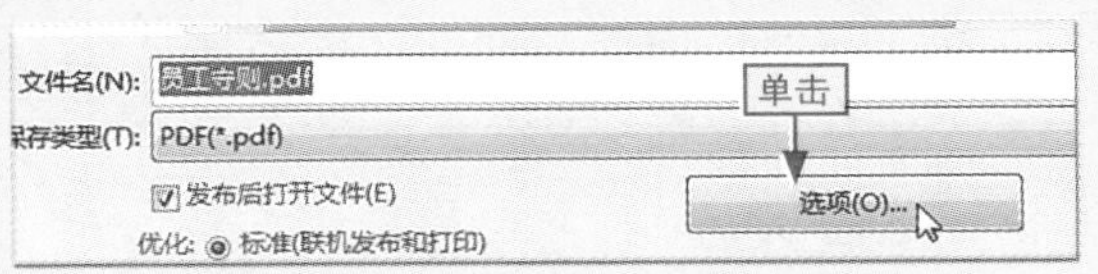

图4-81　单击“选项”按钮

步骤02 ❶在打开的“选项”对话框中选中“使用密码加密文档”复选框，❷单击“确定”按钮，如图4-82所示。

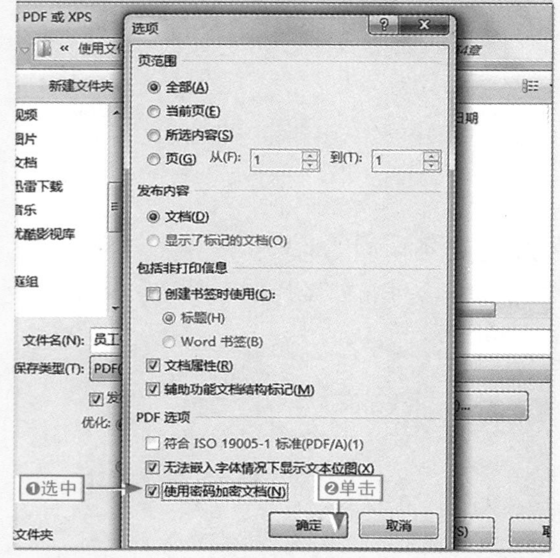

图4-82 选中“使用密码加密文档”复选框

步骤03 ❶在打开的对话框中分别输入密码并确认密码，❷单击“确定”按钮，❸在返回的对话框中单击“发布”按钮完成操作，如图4-83所示。

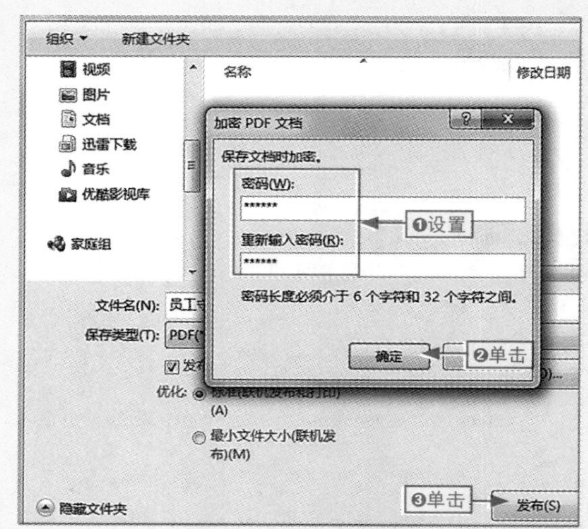

图4-83 为PDF文档添加密码保护

Chapter 05 Excel 表格制作与打印的一般操作

学习目标

数据存储是Excel的强大功能之一，熟练掌握Excel表格的制作，是利用Excel存储与管理表格的第一步。此外，打印表格数据也是办公用户必须掌握的基本操作。因此本章作为Excel软件应用的第一章，首先精选了一些有关Excel表格制作与打印的一般操作，让用户详细学习。

本章要点

- 工作表的新建与重命名
- 工作表的移动和复制
- 工作表窗口的冻结和拆分
- 插入与删除行/列
- 调整单元格的行高和列宽
- 快速填充数据
- 记录单的应用
- 数据有效性的使用
- 套用表格样式
- 重复打印标题行

知识要点	学习时间	学习难度
工作表和单元格的基本操作	60 分钟	★★★
在单元格中输入数据	40 分钟	★★
工作表的美化和常见打印操作	40 分钟	★★

5.1 工作表的基本操作

小白：我想新建一张工作表保存2月份的订单数据，该怎么操作呢？

阿智：这涉及两个方面的知识，一是新建一张空白工作表，二是将空白工作表进行重命名，这些都是工作表的基本操作。下面我就给你具体讲讲工作表的各种常见的操作方法吧。

工作表作为数据存储的载体，是用户必须要了解和掌握的知识。本节将具体介绍一些有关工作表的基本操作，为后期在Excel中存储与管理数据奠基。

5.1.1 工作表的新建与重命名

在Excel 2013中，程序默认情况下只有一张工作表，为方便数据管理，用户可根据需要新建指定名称的工作表。

本节素材	\素材\Chapter05\订单统计表.xlsx
本节效果	\效果\Chapter05\订单统计表.xlsx
学习目标	掌握新建其他工作表和重命名工作表的方法
难度指数	★★

步骤01 ❶打开素材文件，在“1月订单”工作表标签上右击，❷选择“插入”命令，如图5-1所示。

图5-1 选择“插入”命令

删除工作表

在工作表标签上右击，在快捷菜单中选择“删除”命令，程序自动将当前选择的工作表删除。如果数据表中有数据，程序还将打开一个提示对话框，最后询问用户是否删除。如果确认删除，则单击“删除”按钮；如果不删除，则单击“取消”按钮。

步骤02 在打开的“插入”对话框中保持默认“工作表”选项的选择状态，单击“确定”按钮，如图5-2所示。

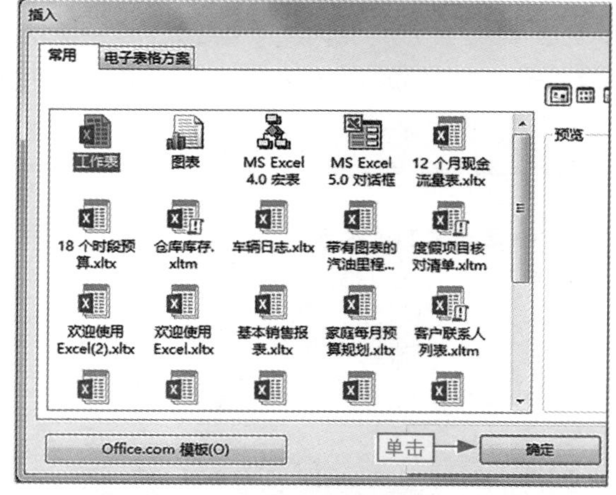

图5-2 插入工作表

步骤03 ❶程序自动在当前工作表左侧插入一个新的工作表，在其上右击，❷选择“重命名”命令，如图5-3所示。

图5-3　重命名工作表

使用快捷键重命名

直接在工作表标签上双击，也可以使工作表标签进入可编辑状态，进行重命名操作。

步骤04 ❶工作表标签自动进入可编辑状态，输入“2月订单”文本，❷单击工作表的其他位置完成重命名操作，如图5-4所示。

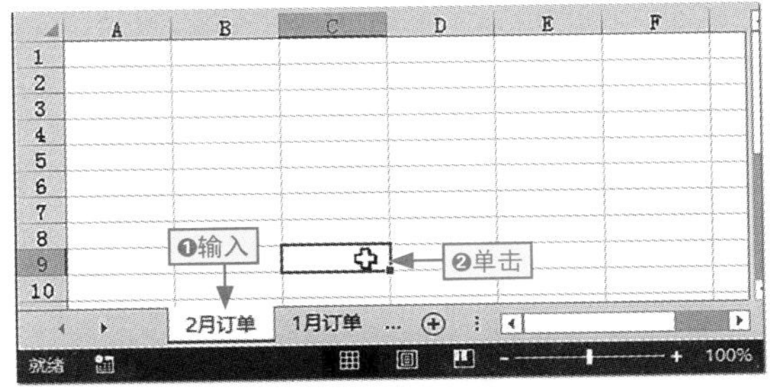

图5-4　完成重命名操作

5.1.2 工作表的移动和复制

在Excel 2013中，通过移动和复制工作表，可快速构建相同结构的工作表，从而节省时间，提高工作效率。

1. 移动工作表

在工作簿中，如果工作表的位置不符合要求，可以将其移动到任意指定的位置，具体操作如下。

本节素材	\素材\Chapter05\订单统计表1.xlsx
本节效果	\效果\Chapter05\订单统计表1.xlsx
学习目标	掌握将工作表移动到指定位置的方法
难度指数	★★

步骤01 ❶打开素材文件，选择“2月订单”工作表，❷在“单元格”组中单击“格式”按钮，❸选择“移动或复制工作表”选项，如图5-5所示。

图5-5　选择“移动或复制工作表”选项

步骤02 ❶在打开的“移动或复制工作表”对话框中选择“（移至最后）”选项，❷单击“确定”按钮，如图5-6所示。

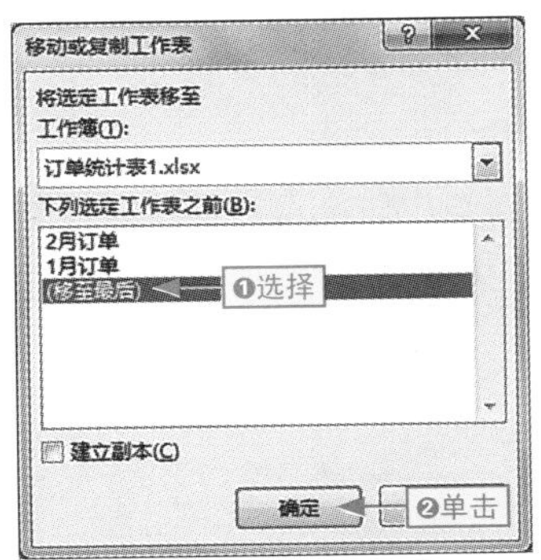

图5-6　设置工作表移动的位置

步骤03 在返回的工作界面可看到“2月订单”工作表被移动到“1月订单”工作表的右侧，如图5-7所示。

	A	B	C	D
1	订单编号	客户姓名	客户电话	订单金额
2	DDBH20160001	张家	139224*****	¥ 125,478.00
3	DDBH20160002	李丹	136336*****	¥ 125,647.00
4	DDBH20160003	赵磊	133254*****	¥ 125,684.00
5	DDBH20160004	卢新月	158365*****	¥ 145,786.00
6	DDBH20160005	曹敏	132024*****	¥ 165,478.00
7	DDBH20160006	陈嘉仪	131365*****	¥ 254,865.00
8	DDBH20160007	路雷	781*****	¥ 125,463.00
9	DDBH20160008	周依依	138320*****	¥ 178,452.00
10	DDBH20160009	杨雪	138664*****	¥ 245,687.00

查看 1月订单 2月订单 就绪 100%

图5-7 查看移动工作表的效果

2. 复制工作表

如果要制作的工作表的结构和已有的工作表结构相似，则可以通过复制工作表的方法快速制作一个副本文件，然后再编辑，这样可提高制作效率，复制工作表的具体操作如下。

本节素材 \素材\Chapter05\订单统计表2.xlsx

本节效果 \效果\Chapter05\订单统计表2.xlsx

学习目标 掌握复制工作表副本的方法

难度指数 ★★

步骤01 ❶打开素材文件，在“2月订单”工作表标签上右击，❷选择“移动或复制”命令，如图5-8所示。

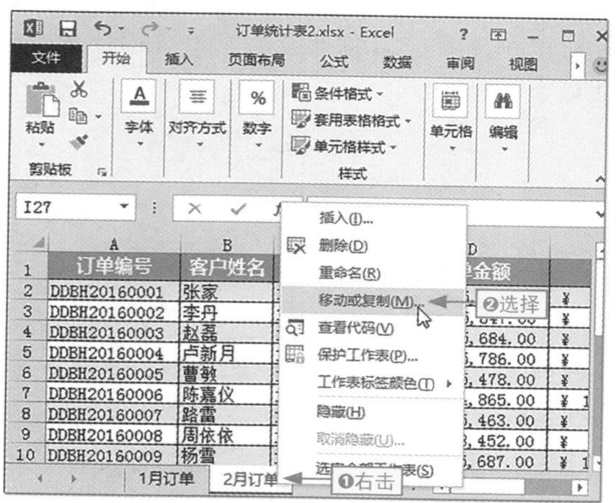

图5-8 选择“移动或复制”命令

步骤02 ❶在打开的“移动或复制工作表”对话框中选择“（移至最后）”选项，❷选中“建立副本”复选框，❸单击“确定”按钮，如图5-9所示。

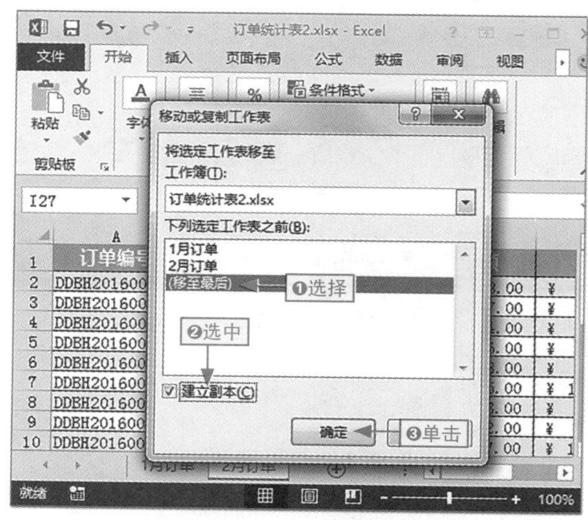

图5-9 设置在末尾复制工作表

步骤03 在返回的工作界面即可看到，程序自动根据“2月订单”工作表在末尾创建了一个名称为“2月订单（2）”的副本工作表，如图5-10所示。

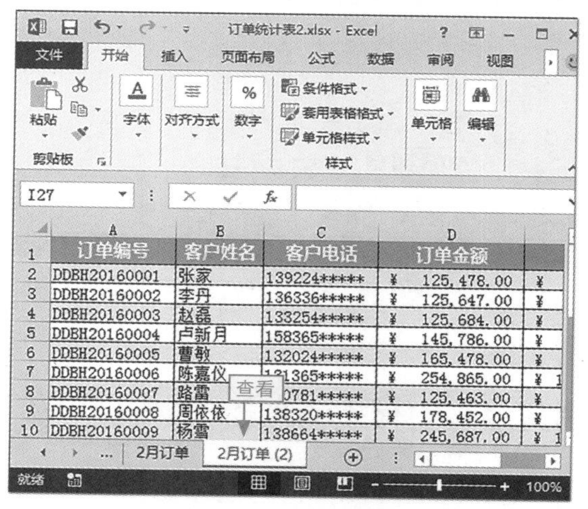

图5-10 查看副本文件

移动和复制操作的快速完成方法

在Excel 2013中，还可以结合鼠标和键盘快速完成工作表的移动和复制操作，具体的操作方法如下。选择工作表，按住鼠标左键不放，拖动工作表到指定位置可完成移动操作，如图5-11上图所示；如果在拖动鼠标的过程中，按住Ctrl键，在目标位置释放鼠标左键可完成复制操作，如图5-11下图所示。

	序号	姓名	应发工资			应发总额
3/4			基本工资	加班费	通信补贴	
5	1	张嘉利	¥6,800.00	¥1,532.00		¥8,332.00
6	2	何时韦	¥4,500.00			¥4,500.00
7	3	马田东	¥3,500.00		¥200.00	¥3,700.00
8	4	钟嘉惠	¥3,30 拖动		¥200.00	¥3,500.00
9	5	何思佯	¥2,500.00		¥100.00	¥2,600.00
10	6	高雅婷	¥2,300.0		¥100.00	¥2,400.00

7月 6月

就绪

	序号	姓名	应发工资			应发总额
3/4			基本工资	加班费	通信补贴	
5	1	张嘉利	¥6,800.00	¥1,532.00		¥8,332.00
6	2	何时韦	¥4,500.00			¥4,500.00
7	3	马田东	¥3,500.00		¥200.00	¥3,700.00
8	4	钟嘉惠	¥3,30 拖动		¥200.00	¥3,500.00
9	5	何思佯	¥2,500.00		¥100.00	¥2,600.00
10	6	高雅婷	¥2,300.00		¥100.00	¥2,400.00

6月 7月

就绪

图5-11　拖动鼠标完成移动和复制

5.1.3 工作表窗口的冻结和拆分

在实际工作中，我们常常需要对照查看多个工作簿中的信息，这时可以根据需要对窗口进行操作，以方便查看数据。在工作簿中实现多窗口查看数据常见的方法是冻结窗口和拆分窗口。

1. 冻结工作表窗口

如果工作表中的数据很多，要查看靠后数据与表头的对应关系，或者靠右数据与前几列的对应关系，此时就需要冻结工作表窗口。

本节素材	\素材\Chapter05\冰箱销售明细.xlsx
本节效果	\效果\Chapter05\冰箱销售明细.xlsx
学习目标	掌握冻结工作表窗口的方法
难度指数	★★

步骤01 打开素材文件，选择C2单元格，如图5-12所示。

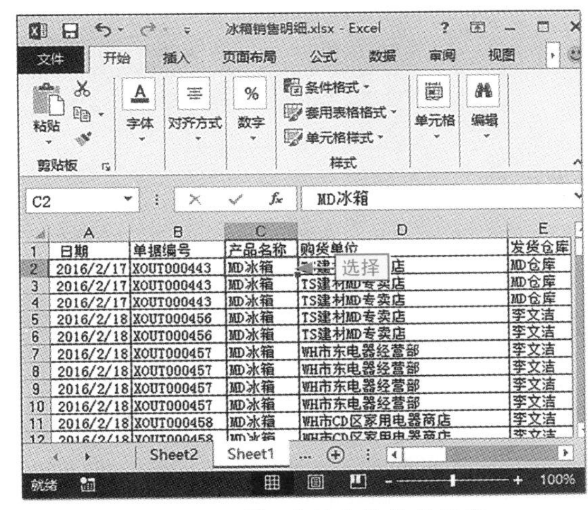

图5-12　选择冻结窗格的单元格

步骤02 ❶单击"视图"选项卡，❷在"窗格"组中单击"冻结窗格"下拉按钮，❸选择"冻结拆分窗格"选项，如图5-13所示。

图5-13　选择冻结方式

3种冻结方式的作用

在Excel中，系统提供了3种冻结方式，分别是冻结拆分窗格、冻结首行和冻结首列，各种冻结方式的具体作用如下。

（1）冻结拆分窗格是以中心单元格左侧和上方的框线为边界将窗口分为4个部分。

（2）冻结工作表的首行，垂直滚动查看工作表中的数据时，保持工作表的首行位置不变。

（3）冻结工作表的首列，水平滚动查看工作表中的数据时，保持工作表的首列位置不变。

步骤03 在返回的工作界面滚动鼠标滑轮，即可看到靠前的记录被隐藏，表格标题、表头和首行始终显示，如图5-14所示。

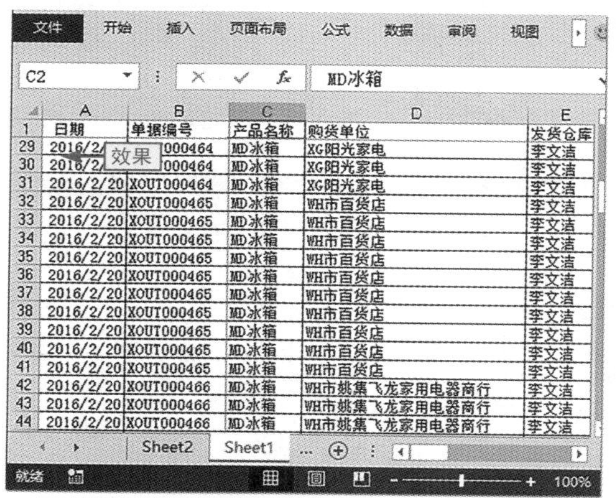

图5-14　查看冻结窗格的效果

2. 拆分工作表窗口

如果要对比查看相隔很远的数据，可以通过拆分工作表窗口功能将工作表窗口拆分为独立的窗格，从而在不同窗格中对比查看数据。

本节素材	\素材\Chapter05\冰箱销售明细1.xlsx
本节效果	\效果\Chapter05\冰箱销售明细1.xlsx
学习目标	掌握将工作表窗口拆分为多个窗格的方法
难度指数	★

步骤01 打开素材文件，在工作表编辑区的表格靠中间的任意位置选择单元格，如图5-15所示。

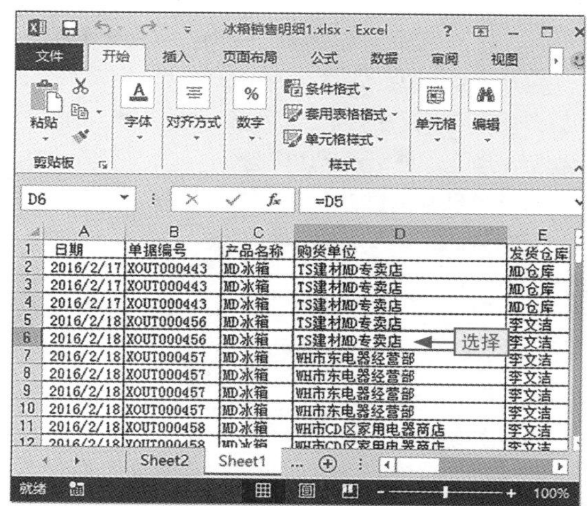

图5-15　选择拆分窗格的中心单元格

步骤02 ❶单击“视图”选项卡，❷在“窗口”组中单击“拆分”按钮（再次单击该按钮可取消拆分），程序自动以中心单元格为基础将窗口拆分为4个独立的窗格，如图5-16所示。

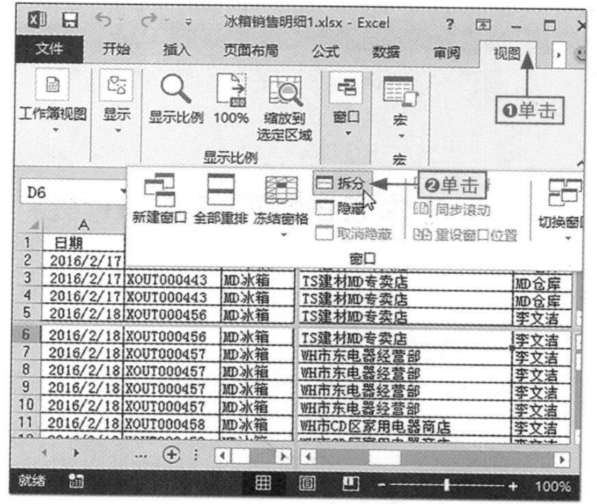

图5-16　拆分窗口

步骤03 选择左下角窗格的任意单元格，滚动鼠标滑轮，靠后的数据自动显示在当前位置，如图5-17所示。

	A	B	C	D	E
1	日期	单据编号	产品名称	购货单位	发货仓库
2	2016/2/17	XOUT000443	MD冰箱	TS建材MD专卖店	MD仓库
3	2016/2/17	XOUT000443	MD冰箱	TS建材MD专卖店	MD仓库
4	2016/2/17	XOUT000443	MD冰箱	TS建材MD专卖店	MD仓库
5	2016/2/18	XOUT000456	MD冰箱	TS建材MD专卖店	李文洁
57	2016/2/21	XOUT000476	MD冰箱	成都MD专卖店	李文洁
58	2016/2/21	XOUT000476	MD冰箱	成都MD专卖店	李文洁
59	2016/2/21	XOUT000476	MD冰箱	成都MD专卖店	李文洁
60	2016/2/21	XOUT000476	MD冰箱	成都MD专卖店	李文洁
61	2016/2/21	XOUT000476	MD冰箱	成都MD专卖店	李文洁
62	2016/2/21	XOUT000476	MD冰箱	成都MD专卖店	李文洁
63	2016/2/21	XOUT000476	MD冰箱	成都MD专卖店	李文洁
64	2016/2/21	XOUT000476	MD冰箱	成都MD专卖店	李文洁
65	2016/2/21	XOUT000477	MD冰箱	TS建材MD专卖店	李文洁

图5-17 在拆分窗格中对比查看数据

拆分窗口后再冻结

在Excel 2013中，如果以某个中心单元格为基础将工作表拆分为4个窗格后，此时再次单击“视图”选项卡“窗口”组中的“拆分”按钮，则无论选择哪个单元格，程序都以拆分中心单元格为基础，将窗口上方和左侧进行冻结。

将窗口拆分为水平或垂直的两个窗格

在Excel中，如果要将工作表窗口拆分为水平或垂直的两个窗格，也是通过单击“拆分”按钮来完成的，例如要将工作表窗口拆分为垂直的两个窗格，❶可以选择某行，❷在“视图”选项卡的“窗口”组中单击“拆分”按钮，如图5-18所示。

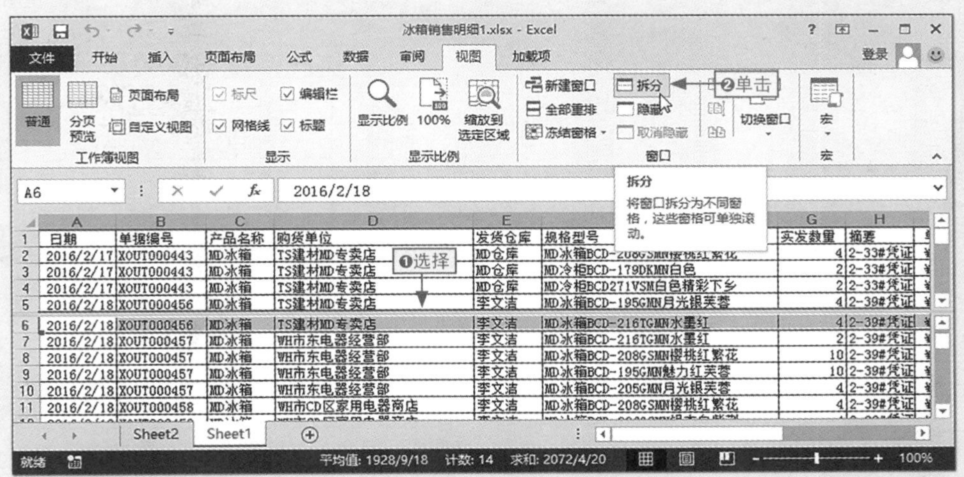

图5-18 垂直拆分窗口

5.2 单元格的基本操作

小白：看Excel表格的界面组成，最多的就是单元格。

阿智：是啊，所以要很好地用Excel来存储数据，就必须掌握最基本的单元格操作，尤其在制作工作表时，会经常用到单元格的插入、删除等操作，下面我具体给你介绍一些常见操作吧。

单元格是工作簿的最小组成单位，主要用行号和列标来标识其位置，如果是连续的单元格区域，则中间使用冒号间隔。熟练地掌握单元格的各种基本操作，可以快速地对数据进行编辑。

5.2.1 插入与删除行/列

对于创建好的表格，如果发现结构不完善需要调整，或者要添加/删除数据，此时用得最多的操作就是单元格行与列的插入与删除，下面分别进行讲解。

1. 插入行/列单元格

如果要在已有表格的中间位置增加数据，就会用到插入整行或整列的操作，二者的操作方法相似。下面以插入整行为例讲解具体操作。

本节素材	\素材\Chapter05\报账登记表.xlsx
本节效果	\效果\Chapter05\报账登记表.xlsx
学习目标	掌握插入行/列的方法
难度指数	★★

步骤01 打开素材文件，将鼠标指针移动到行号上，单击鼠标选择该行，如图5-19所示。

图5-19 选择整行单元格

一次性插入多行/列

如果要一次性插入多行或多列，首先要拖动鼠标指针选择连续的多行或多列，再执行插入行或列操作即可。

步骤02 ❶单击“单元格”组的“插入”下拉按钮，❷选择“插入工作表行”选项，❸程序自动在选择行的上方插入一行，如图5-20所示。

图5-20 插入一行单元格

插入工作表列

选择一列或者多列后，在“插入”下拉列表中选择“插入工作表列”选项即可在选择列的左侧插入一列或多列。

2. 删除行/列单元格

如果发现表格中有不需要的行/列，可以将其选择，然后执行相应的删除行/列操作将其删除，二者的操作方法相似。下面以删除整行为例讲解具体的操作方法。

本节素材	\素材\Chapter05\报账登记表1.xlsx
本节效果	\效果\Chapter05\报账登记表1.xlsx
学习目标	掌握删除行/列的方法
难度指数	★★

步骤01 打开素材文件，选择第6行单元格，如图5-21所示。

图5-21　选择要删除的行

步骤02 单击“单元格”组中的“删除”下拉按钮，❷选择“删除工作表行”选项即可将选择的行删除，如图5-22所示。删除行后下方的记录上移。

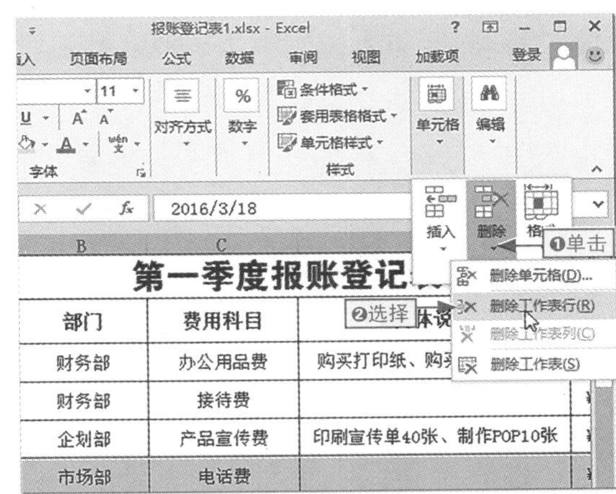

图5-22　删除工作表行

删除工作表列

选择一列或者多列后，在“删除”下拉列表中选择“删除工作表列”选项即可将选择的一列或多列删除，并且右侧的列向左移。

通过对话框插入\删除单元格

在Excel中，选择任意单元格后，在其快捷菜单中选择“插入”命令（或者在“插入”下拉菜单中选择“插入单元格”命令），会打开“插入”对话框，如图5-23左图所示；如果在单元格的快捷菜单中选择“删除”命令（或者在“删除”下拉菜单中选择“删除单元格”命令），会打开“删除”对话框，如图5-23右图所示。

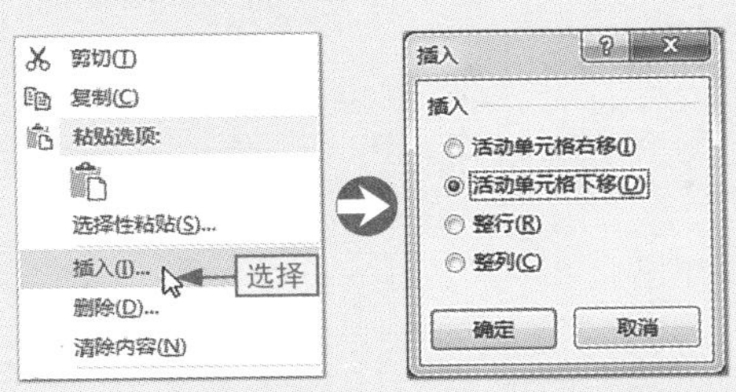

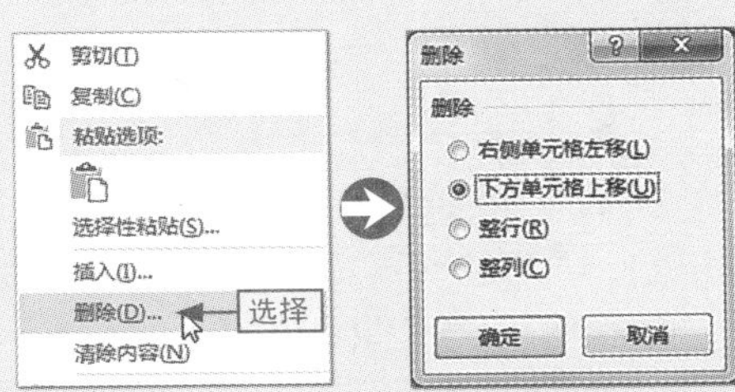

图5-23　“插入”对话框（左）和“删除”对话框（右）

在对话框中，“活动单元格右移”、“活动单元格下移”、“右侧单元格左移”和“下方单元格上移”单选按钮用于对单个单元格的插入或删除，“整行”和“整列”单选按钮用于对整行和整列单元格的插入或删除。

5.2.2 将多个单元格进行合并

在制作表格时，如果某个项目或内容要占据相邻行或列的多个单元格，则可以使用合并功能将多个单元格合并为一个单元格。

单元格既可以通过“对齐方式”合并，也可以通过“设置单元格格式”对话框合并，下面通过具体实例讲解相关操作。

本节素材	\素材\Chapter05\员工年度考核表.xlsx
本节效果	\效果\Chapter05\员工年度考核表.xlsx
学习目标	掌握合并单元格的方法
难度指数	★

步骤01 ❶打开素材文件，选择A1:J1单元格区域，❷单击“合并后居中”下拉按钮，❸选择“合并后居中”选项，如图5-24所示。

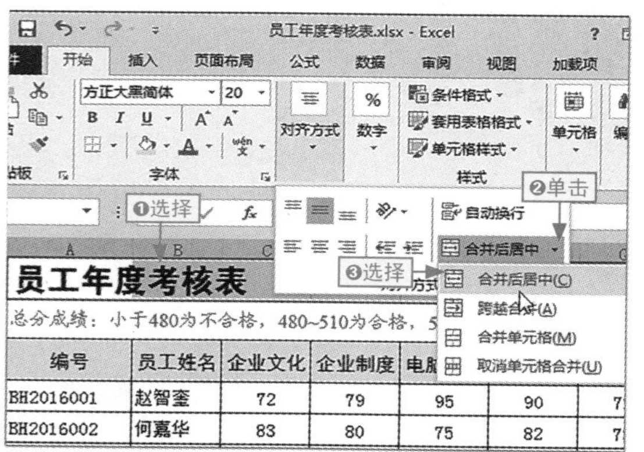

图5-24 将单元格合并后居中

各种合并方式详解

在“合并后居中”下拉列表中，“合并后居中”选项用于将单元格合并后并将其对齐方式设置为居中对齐（与直接单击“合并后居中”按钮效果相同）；“合并单元格”选项用于按原对齐方式合并单元格；“跨越合并”选项用于按行将同行中相邻的多列单元格合并；“取消合并单元格”选项用于将合并的单元格还原到未合并的状态。

步骤02 ❶选择A2:J2单元格区域，❷在“对齐方式”组中单击右下角的“对话框启动器”按钮，如图5-25所示。

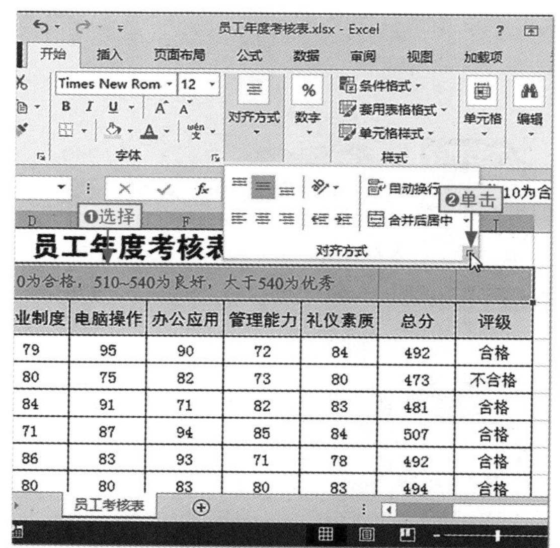

图5-25 选择要合并的单元格区域

步骤03 程序自动打开“设置单元格格式”对话框的“对齐”选项卡，❶选中“合并单元格”复选框，❷单击“确定”按钮即可完成合并操作，如图5-26所示。

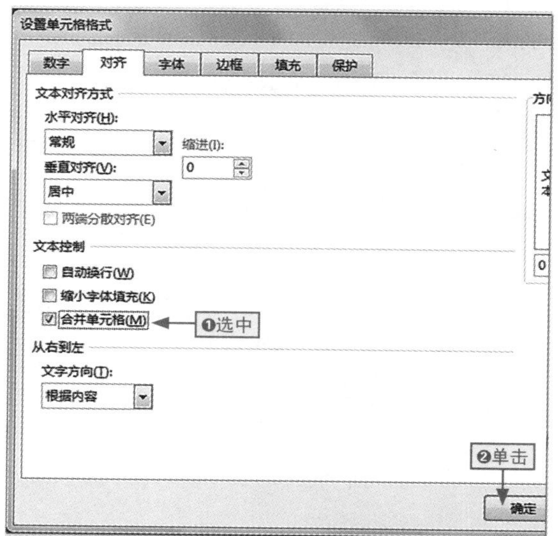

图5-26 合并单元格

5.2.3 调整单元格的行高和列宽

当用户在单元格中输入太多数据时，容易出现显示不全的情况，或造成显示过于密集（稀疏）影响阅读的后果，此时可以根据需要调整单元格的行高和列宽。下面具体介绍调整行高和列宽的操作方法。

1. 拖动鼠标调整行高和列宽

拖动鼠标调整行高和列宽是拖动行号下方或列标右侧的边框线，这是调整行高和列宽最快捷的方法。利用该方法也可以一次性对多行或多列设置相同行高或列宽，具体操作如下。

本节素材	\素材\Chapter05\年终福利统计.xlsx
本节效果	\效果\Chapter05\年终福利统计.xlsx
学习目标	掌握快速调整单元格行高和列宽的方法
难度指数	★★

步骤01 打开素材文件，将鼠标指针移动到第2行行号的下边框上，向上拖动鼠标减小行高，如图5-27所示。

图5-27　调整一行的行高

步骤02 ❶选择连续的多行单元格，❷将鼠标指针移动到任意行号边框线上，向下拖动鼠标增大单元格的行高，如图5-28所示。

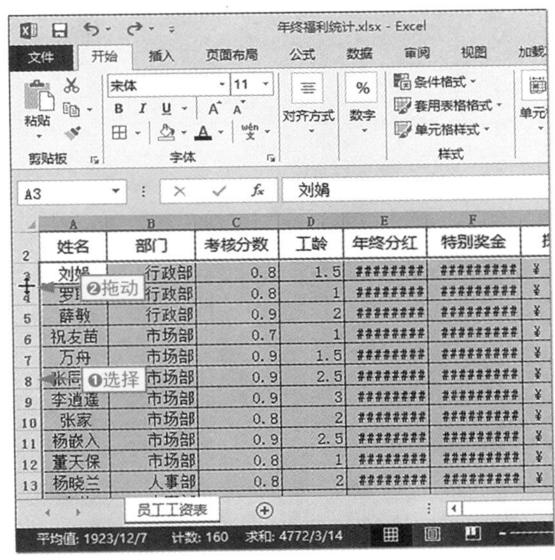

图5-28　调整连续多行的行高

步骤03 按住Ctrl键不放，依次单击要选择的列的列标以选择不连续的多列，如图5-29所示。

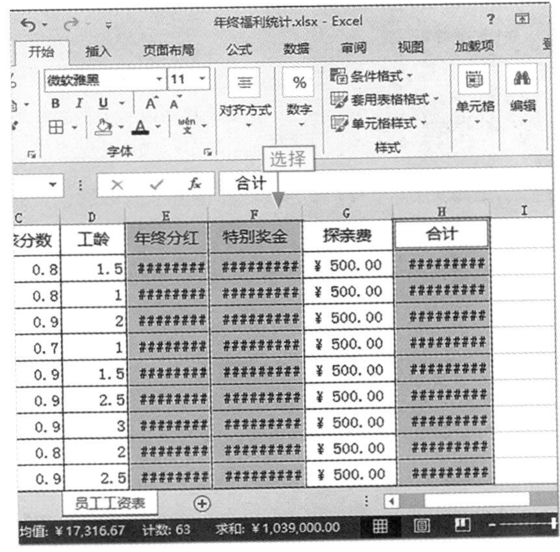

图5-29　选择不连续的多列

步骤04 将鼠标指针移动到E列和F列之间的边框线上，向右拖动鼠标增大单元格的列宽，如图5-30所示。

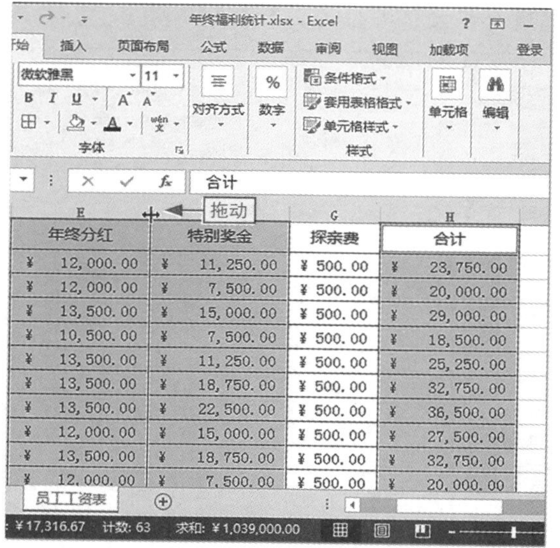

图5-30　调整不连续多列的列宽

2. 精确调整单元格的行高和列宽

如果用户需要快速精确调整单元格的行高和列宽，就需要使用“行高”和“列宽”对话框来完成，具体操作如下。

本节素材	\素材\Chapter05\年终福利统计1.xlsx
本节效果	\效果\Chapter05\年终福利统计1.xlsx
学习目标	掌握用对话框调整单元格行高和列宽的方法
难度指数	★★★

步骤01 打开素材文件，选择第3～22行，如图5-31所示。

图5-31　选择连续多行

步骤02 ❶在“开始”选项卡的“单元格”组中单击“格式”下拉按钮，❷选择“行高”命令，如图5-32所示。

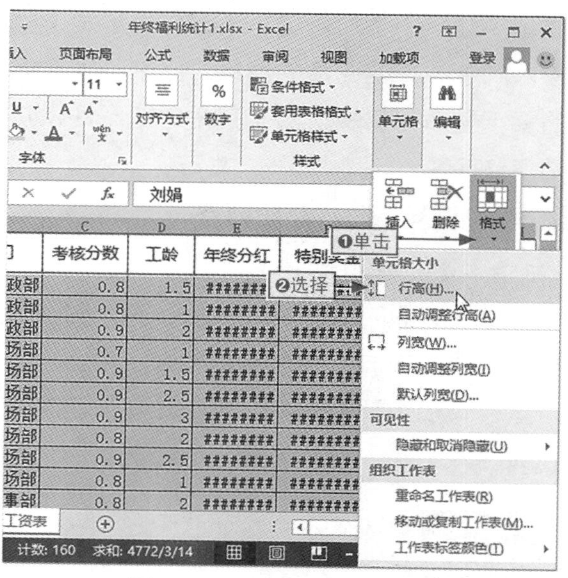

图5-32　选择“行高”命令

步骤03 ❶在打开的“行高”对话框的“行高”文本框中输入“15”，❷单击“确定”按钮关闭对话框，如图5-33所示。

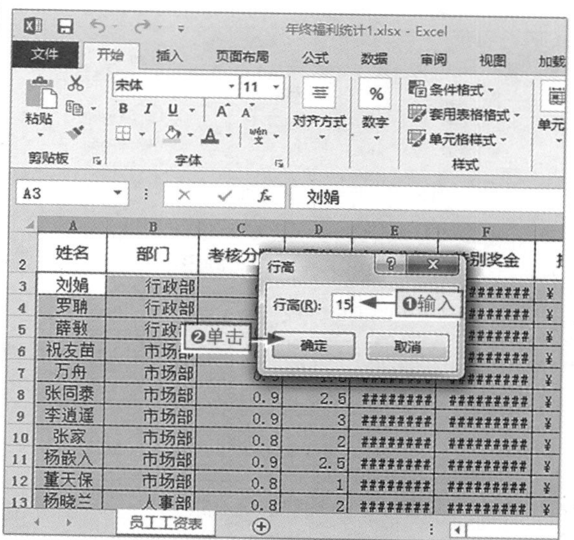

图5-33　精确调整行高

步骤04 ❶选择E、F和H列单元格，❷单击“单元格”组的“格式”下拉按钮，❸选择“列宽”命令，如图5-34所示。

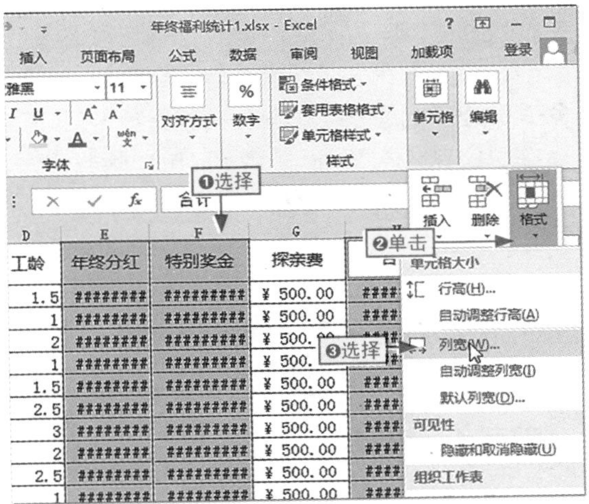

图5-34 选择“列宽”命令

步骤05 ❶在打开的“列宽”对话框的“列宽”文本框中输入“18”，❷单击“确定”按钮关闭对话框，如图5-35所示。

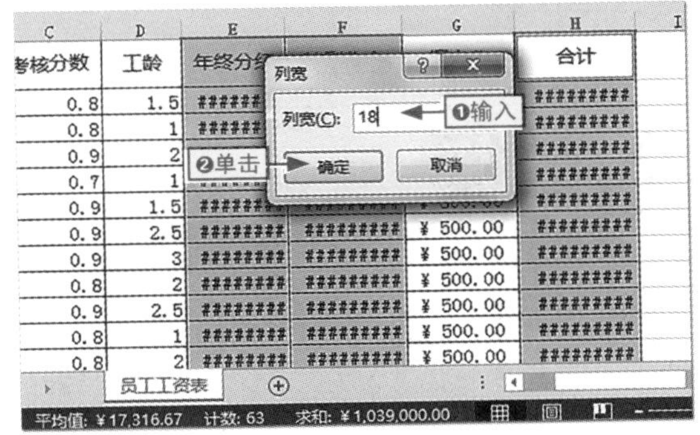

图5-35 精确调整列宽

用快捷菜单精确设置行高和列宽

在Excel 2013中，选择相应的行或者列，在各自的快捷菜单中分别选择“行高”或者“列宽”命令，即可打开对应的“行高”或“列宽”对话框，如图5-36所示，从而进行行高和列宽的精确设置。

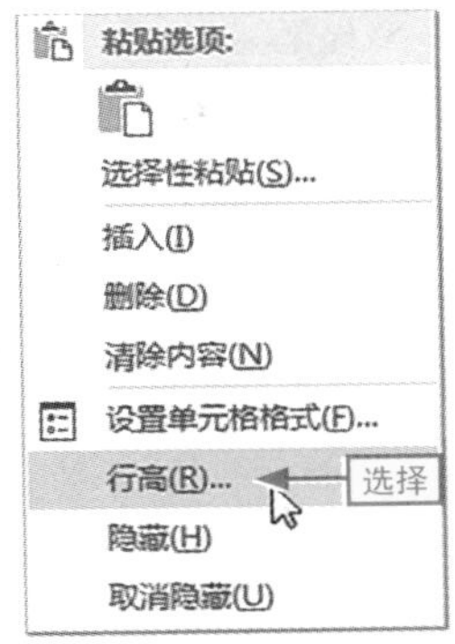

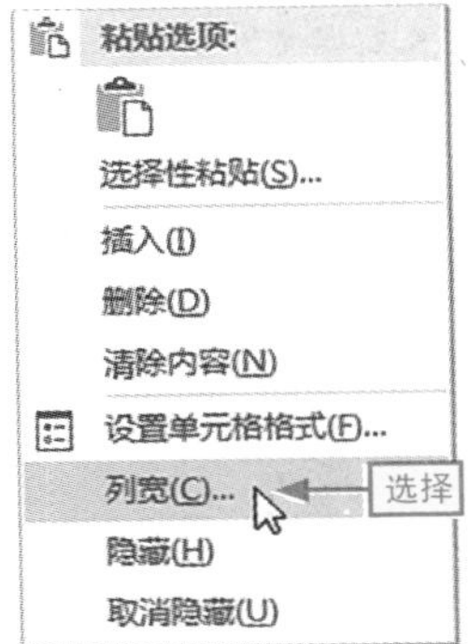

图5-36 利用快捷菜单设置行高\列宽

3. 根据内容自动调整行高和列宽

在Excel中，还可以根据表格中的内容快速自动调整单元格的行高和列宽，具体操作如下。

本节素材	\素材\Chapter05\年终福利统计2.xlsx
本节效果	\效果\Chapter05\年终福利统计2.xlsx
学习目标	掌握根据内容自动调整行高和列宽的方法
难度指数	★★★

步骤01 ❶打开素材文件，选择数据表的所有行，❷单击“格式”下拉按钮，❸选择“自动调整行高”命令，如图5-37所示，程序自动根据单元格中文本的字号大小调整行高。

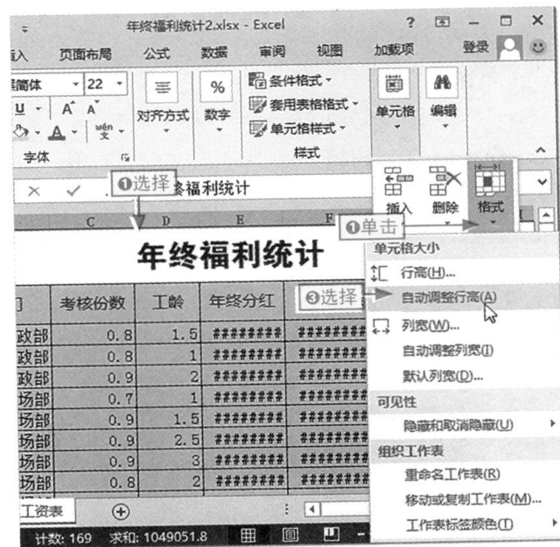

图5-37 自动调整行高

步骤02 ❶保持单元格区域的选择状态，单击“格式”下拉按钮，❷选择“自动调整列宽”命令，如图5-38所示，程序自动根据单元格内容调整列宽。

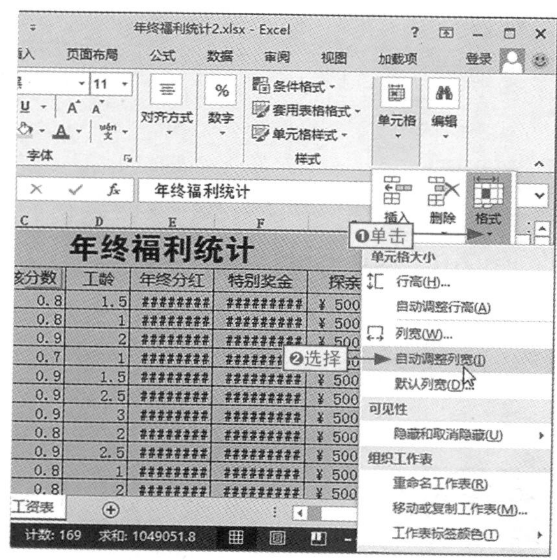

图5-38　自动调整列宽

自定义默认的列宽

工作表的默认列宽为 8.38，用户可以根据需要自定义工作表的默认标准列宽，具体方法如下。

❶在工作表中选择任意单元格，在“格式”下拉菜单中选择“默认列宽”命令，❷在打开的“标准列宽”对话框中重新定义列宽，❸单击“确定”按钮即可，如图 5-39 所示。

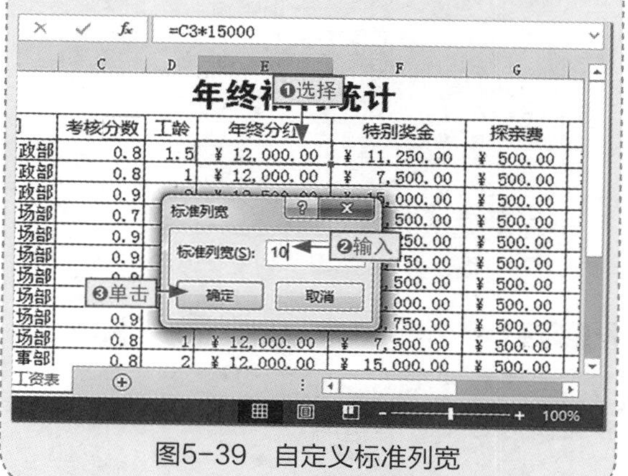

图5-39　自定义标准列宽

5.3 在单元格中输入数据

小白：输入序号数字最麻烦，稍不注意输错了，后面的序号全部都要修改。

阿智：这个很简单啊，不用一个一个地输入，直接填充就可以了，不仅快捷，而且准确无误。

常规的数据录入方法与在Word中录入数据的方法相似，针对Excel表格的特性，Excel还提供了一些特殊的数据录入方法，如填充数据、使用记录单录入、使用有效性规则约束录入数据等。

5.3.1 快速填充数据

在制作工作表时，常常需要输入相同的字符，或者有规律的序号或时间，如果逐个输入，不仅浪费时间，而且容易出现人为的错误。此时用户就可以借助Excel 2013复制和填充数据的功能，实现数据的智能输入。

1. 拖动控制柄填充

在Excel中，拖动控制柄可以填充字符数据、文本数据和数值数据，不同的类型，填充效果不同，如图5-40所示。

填充字符数据

若数据为以字母开头数字结尾的字符数据，则拖动控制柄填充的数据类似于数值数据中的序列数据。

填充文本数据

若数据为文本数据，则拖动控制柄填充相同数据，即将数据复制到拖动过的单元格中。

填充数值数据

若数据为纯数字的数值数据，则拖动控制柄填充的数据可以是相同数据，也可以是序列数据。

图5-40　拖动控制柄填充的数据类型及其效果

本节素材	\素材\Chapter05\工资结算表.xlsx
本节效果	\效果\Chapter05\工资结算表.xlsx
学习目标	掌握控制柄的使用方法
难度指数	★★★

步骤01 打开素材文件，选择A4单元格，输入“1”，按Ctrl+Enter组合键确认输入的数据并选择当前数据单元格，如图5-41所示。

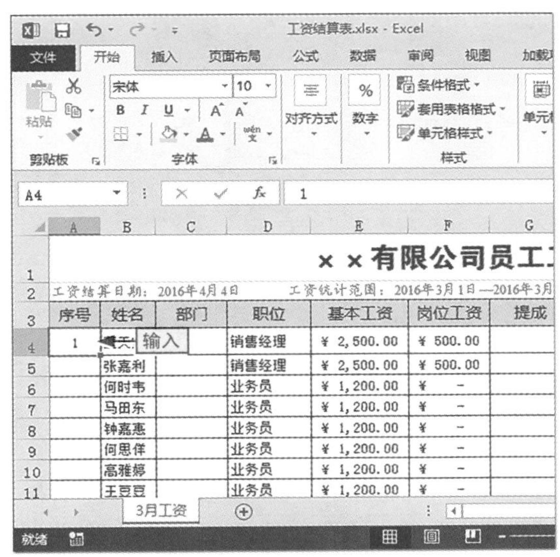

图5-41　输入数值数据

小绝招　确认数据输入的其他方法

在单元格中输入数据后，按Enter键确认数据的输入并选择其下方的单元格；按Shift+Enter组合键确认数据的输入并选择其上方的单元格；按Tab键确认数据的输入并选择其右侧的单元格。

步骤02 将鼠标指针移动到A4单元格右下角的控制柄上（绿色小方块），向下拖动鼠标到A26单元格，释放鼠标可填充相同数据，如图5-42所示。

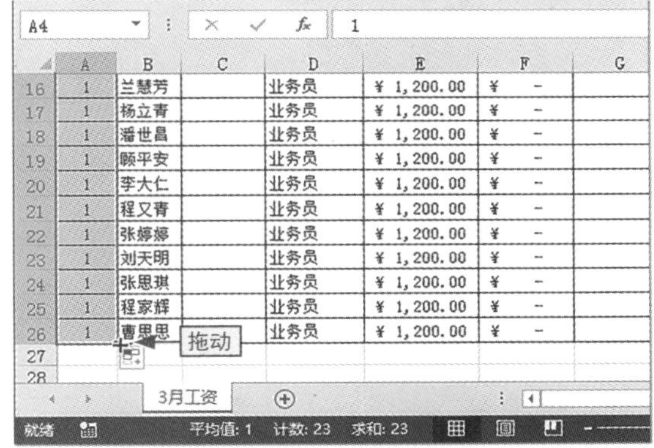

图5-42　填充相同数据

步骤03 ❶单击“自动填充选项”标记右侧的下拉按钮，❷选中“填充序列”单选按钮可完成序列数据的填充，如图5-43所示。

图5-43　填充序列数据

步骤04 选择C4单元格（或者双击C4单元格将文本插入点定位到其中），输入“销售部”文本，按Ctrl+Enter组合键结束输入并选择该单元格，如图5-44所示。

	A	B	C	D	E	F	G
1	××有限公司员工						
2	工资结算日期：2016年4月4日			工资统计范围：2016年3月1日—2016年3月			
3	序号	姓名	部门	职位	基本工资	岗位工资	提成
4	1	董天宝	销售部	销售 输入	¥ 2,500.00	¥ 500.00	
5	2	张嘉利		销售经理	¥ 2,500.00	¥ 500.00	
6	3	何时韦		业务员	¥ 1,200.00	¥ -	
7	4	马田东		业务员	¥ 1,200.00	¥ -	
8	5	钟嘉惠		业务员	¥ 1,200.00	¥ -	
9	6	何思佯		业务员	¥ 1,200.00	¥ -	
10	7	高雅婷		业务员	¥ 1,200.00	¥ -	
11	8	王豆豆		业务员	¥ 1,200.00	¥ -	

图5-44　输入文本数据

步骤05 拖动C4单元格的控制柄到C26单元格后，释放鼠标左键可完成相同数据的填充，如图5-45所示。

	A	B	C	D	E	F	G
16	13	兰慧芳	销售部	业务员	¥ 1,200.00	¥ -	
17	14	杨立青	销售部	业务员	¥ 1,200.00	¥ -	
18	15	潘世昌	销售部	业务员	¥ 1,200.00	¥ -	
19	16	顾平安	销售部	业务员	¥ 1,200.00	¥ -	
20	17	李大仁	销售部	业务员	¥ 1,200.00	¥ -	
21	18	程又青	销售部	业务员	¥ 1,200.00	¥ -	
22	19	张婷婷	销售部	业务员	¥ 1,200.00	¥ -	
23	20	刘天明	销售部	业务员	¥ 1,200.00	¥ -	
24	21	张思琪	销售部	业务员	¥ 1,200.00	¥ -	
25	22	程家辉	销售部	业务员	¥ 1,200.00	¥ -	
26	23	曹思思	销售部	业务 拖动	¥ 1,200.00	¥ -	
27							

图5-45　填充相同数据

使用快捷键输入相同数据

选择要输入相同数据的多个单元格，将文本插入点定位到编辑栏中（也可直接输入数据），输入相同数据后，直接按Ctrl+Enter组合键可以快速在选择的单元格区域全部录入相同数据。

2. 利用对话框填充规律数据

在Excel中，程序还提供了通过“序列”对话框填充规律数据的方法，利用该方法设置的规律数据类型更多。

本节素材	\素材\Chapter05\店面毛利分析.xlsx
本节效果	\效果\Chapter05\店面毛利分析.xlsx
学习目标	掌握填充等差、等比等规律数据的方法
难度指数	★★★★

步骤01 ❶打开素材文件，在A4单元格中输入“2016/4/1”日期数据，❷选择A4:A25单元格区域，如图5-46所示。

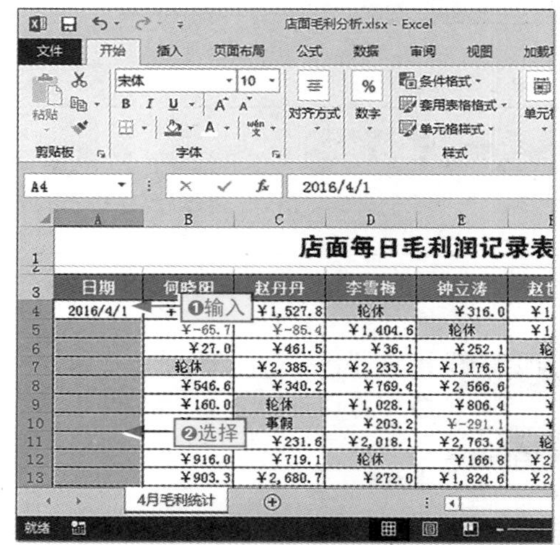

图5-46　输入数据并选择单元格区域

步骤02 ❶在“开始”选项卡的“编辑”组中单击“填充”下拉按钮，❷选择“序列”命令，如图5-47所示。

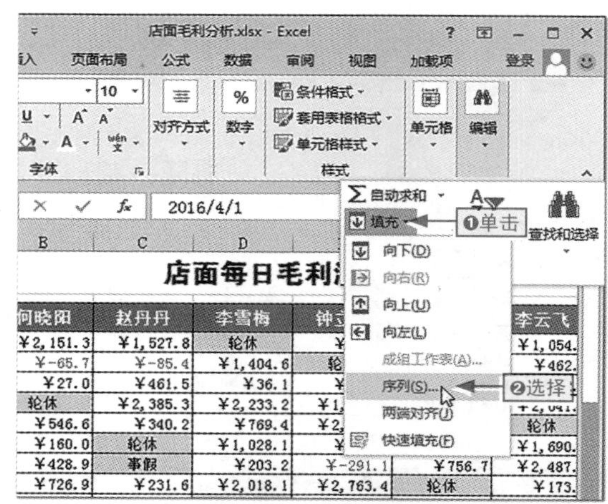

图5-47　选择“序列”命令

步骤03 在打开的“序列”对话框中保持“序列产生在”和“类型”参数的默认值，❶选中“工作日”单选按钮，❷单击“确定”按钮，如图5-48所示。

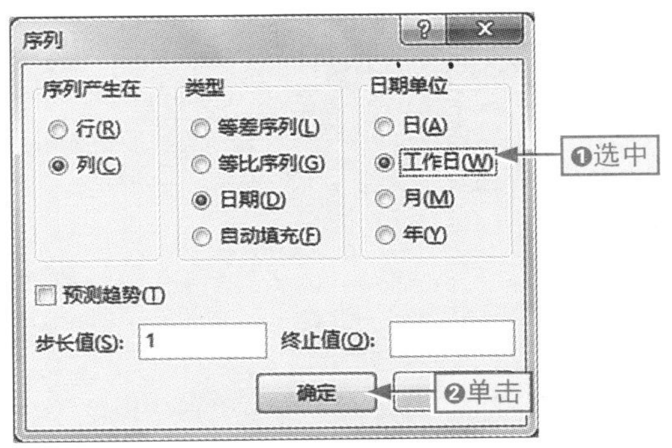

图5-48　设置填充依据

按工作日方式填充日期

按工作日填充日期是指在连续的日期中填充除星期六和星期日以外的时间，其他国家规定的法定假日也包括在工作日填充的范围内。

步骤04 在返回的工作表中可看到程序自动在选择的单元格区域填充了这段时间的工作日日期，如图5-49所示。

店面毛利分析.xlsx - Excel

文件　开始　插入　页面布局　公式　数据　审阅　视图　加载项

A4　2016/4/1

	A	B	C	D	E
3	日期	何晓阳	赵丹丹	李雪梅	钟立涛
4	2016/4/1	¥2,151.3	¥1,527.8	轮休	¥316.0
5	2016/4/4	¥-65.7	¥-85.4	¥1,404.6	轮休
6	2016/4/5	¥27.0	¥461.5	¥36.1	¥252.1
7	2016/4/6	轮休	¥2,385.3	¥2,233.2	¥1,176.5
8	2016/4/7	¥546.6	¥340.2	¥769.4	¥2,566.6
9	2016/4/8	[illegible]	轮休	¥1,028.1	¥806.4
10	2016/4/11		事假	¥203.2	¥-291.1
11	2016/4/12	¥726.9	¥231.6	¥2,018.1	¥2,763.4
12	2016/4/13	¥916.0	¥719.1	轮休	¥166.8
13	2016/4/14	¥903.3	¥2,680.7	¥272.0	¥1,824.6
14	2016/4/15	¥170.2	¥428.4	¥2,122.4	轮休
15	2016/4/18	轮休	¥886.9	¥737.1	¥246.7
16	2016/4/19	换休	¥1,155.3	¥-193.5	¥-101.3
17	2016/4/20	¥418.3	¥2,156.0	¥1,408.8	¥990.8
18	2016/4/21	¥190.5	¥888.0	¥1,159.3	¥2,361.7
19	2016/4/22	¥120.8	轮休	¥2,329.5	¥2,464.8
20	2016/4/25	¥-62.2	¥226.0	¥2,645.5	事假

查看

4月毛利统计

平均值: 2016/4/16　计数: 22　求和: 4458/7/10

图5-49　查看填充结果

深入认识“序列”对话框

深入理解“序列”对话框中的各个参数，可以帮助用户更快速地设置填充依据，下面分别讲解“序列产生在”、“类型”、“日期单位”栏以及“步长值”和“终止值”文本框的作用，具体内容如图5-50所示。

序列产生在

该参数用于指定序列填充的位置，其中，选中“行”单选按钮则表示序列数据的填充方向为行；选中“列”单选按钮则表示序列数据的填充方向为列。

类型

选中“等差序列”单选按钮表示按等差规律填充数据；选中“等比序列”单选按钮表示按等比规律填充数据；选中“日期”单选按钮表示将日期数据按指定方式进行填充；选中“自动填充”单选按钮表示填充相同数据。

日期单位

当类型为日期时，该栏中的所有项目才为可用状态，其中，选中“日”单选按钮表示逐日填充数据；选中“月”单选按钮表示年份和日期不变，按月份逐月填充；选中“年”单选按钮表示月份和日期不变，按年份逐年填充。

步长值和终止值

“步长值”文本框用于设置等差规律数据的差值以及等比规律数据的等比。“终止值”文本框用于设置数据填充的结束值。

图5-50　深入理解“序列”对话框的参数

5.3.2 记录单的应用

在Excel中，如果表格的项目很多，为了确保录入的数据与项目的准确对应，可以使用记录单功能录入数据，具体操作如下。

本节素材	\素材\Chapter05\员工档案管理.xlsx
本节效果	\效果\Chapter05\员工档案管理.xlsx
学习目标	掌握使用记录单录入数据的方法
难度指数	★★★★

步骤01 ❶打开素材文件，选择A1单元格，❷单击快速访问工具栏中的“记录单”按钮，如图5-51所示。

图5-51 单击“记录单”按钮

使用记录单功能的前提

默认情况下，快速访问工具栏中并没有显示“记录单”按钮，用户要使用记录单功能，首先需要通过自定义快速访问工具栏的相关操作在该工具栏中添加“记录单”按钮，有关具体操作可参见第1章1.5.3节的内容。

步骤02 ❶打开的记录单对话框显示了表格中的第一条记录，并且可查看当前工作表中的总记录数，❷单击“新建”按钮，如图5-52所示。

图5-52 查看记录并新建记录

步骤03 ❶程序自动新建一条空白记录，在其中根据文本框名称的提示，逐个录入对应的表格数据，❷单击“关闭”按钮，如图5-53所示。

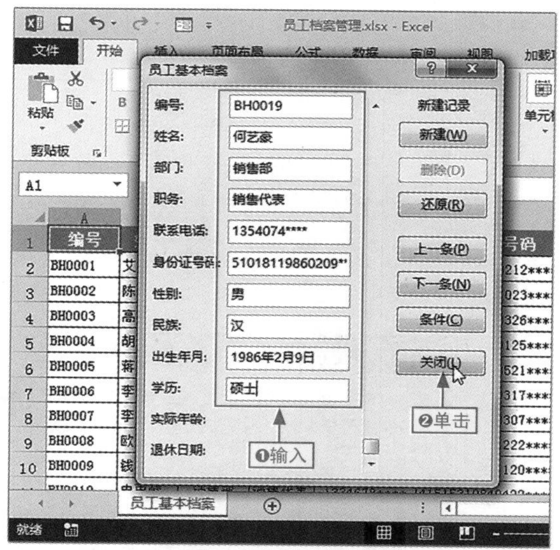

图5-53 录入新记录的数据

步骤04 在返回的工作表中可看到，程序自动在表格末尾插入了一条新记录，如图5-54所示。

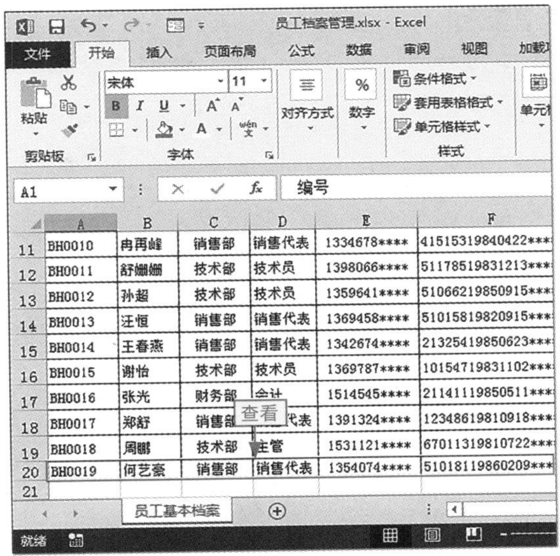

图5-54 查看添加的新记录

利用记录单对话框管理记录

在记录单对话框中，通过单击“上一条”和“下一条”按钮还可以逐条浏览表格中的所有数据记录；单击“删除”按钮可删除当前显示的记录；单击“还原”按钮可清空新建记录时录入的数据；单击“条件”按钮，还可以设置查看指定条件的数据记录。

5.3.3 数据有效性的使用

如果需要将事先制作好的表格发放给他人填写，为了避免因输入有误导致的人为错误，用户可以事先对表格中的单元格数据进行约束，如用序列限制录入的数据，或者设置录入指定范围的数值数据，从而降低错误发生的可能性。

1. 用序列限制录入的数据

在Excel中，如果要限制用户录入指定序列中的数据，可以使用数据有效性功能的序列有效性条件来限制录入的数据，具体操作如下。

本节素材	\素材\Chapter05\各部门费用支出统计.xlsx
本节效果	\效果\Chapter05\各部门费用支出统计.xlsx
学习目标	掌握利用序列来限制录入数据的方法
难度指数	★★★

步骤01 打开素材文件，选择要设置数据有效性的单元格区域，这里选择B3:B16单元格区域，如图5-55所示。

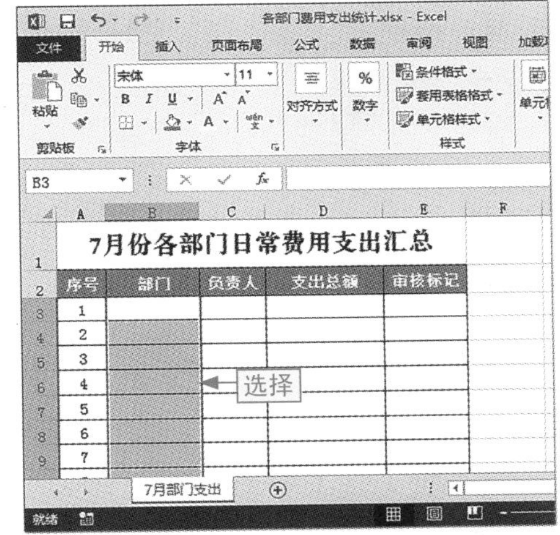

图5-55 选择设置有效性的单元格区域

步骤02 ❶单击“数据”选项卡，❷在“数据工具”组中单击“数据验证”下拉按钮，❸选择“数据验证”命令，如图5-56所示。

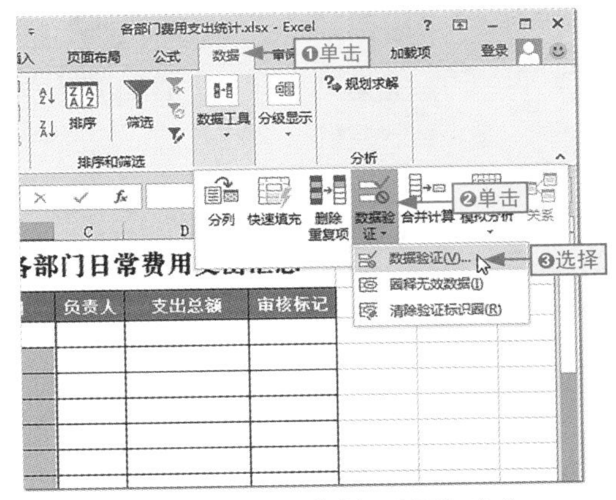

图5-56 选择“数据验证”命令

快速打开“数据验证”对话框

在Excel中，直接单击“数据工具”组中的“数据验证”按钮也可以打开“数据验证”对话框。

步骤03 ❶在打开的“数据验证”对话框的“设置”选项卡中单击“允许”下拉列表框按钮，❷选择“序列”选项，如图5-57所示。

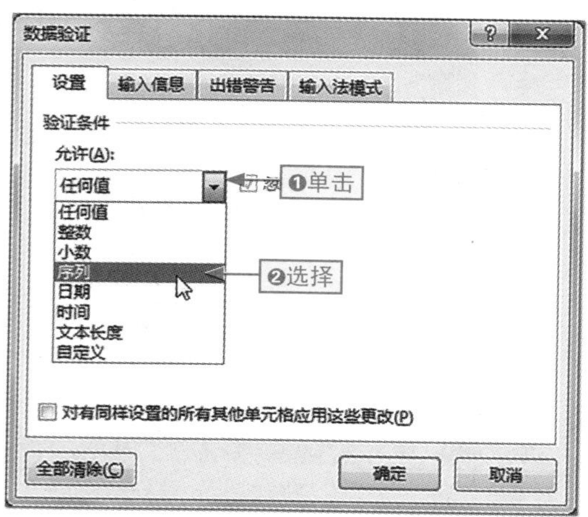

图5-57 设置序列约束

步骤04 ❶在“来源”文本框中输入“市场部,销售部,客服部,技术部”序列，❷单击“确定”按钮，如图5-58所示。

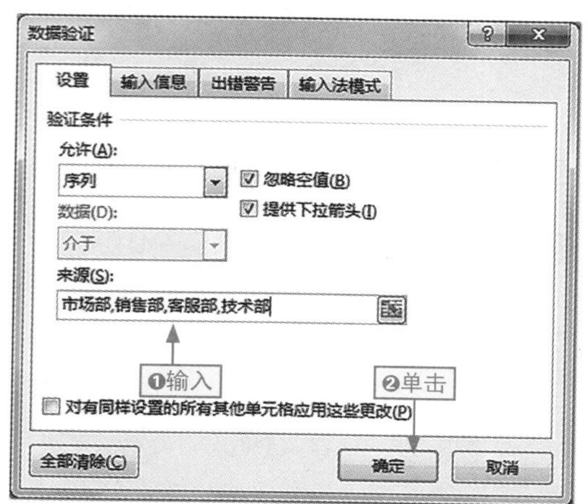

图5-58 设置具体的约束条件

步骤05 ❶在返回的工作表中可看到单元格右侧都有一个下拉按钮，❷直接在其中输入“财务部”，如图5-59所示，按Enter键确认。

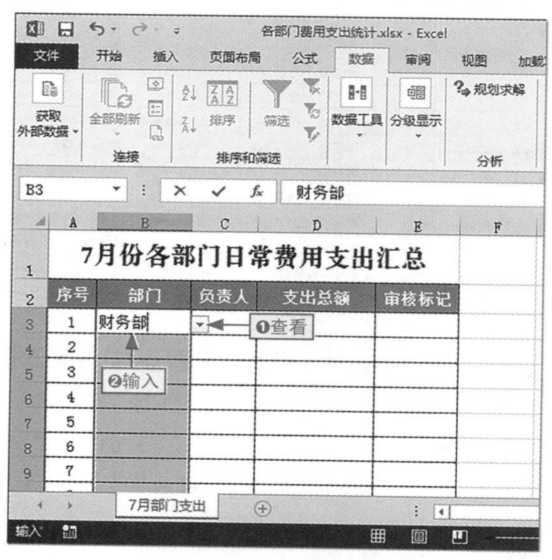

图5-59 输入非法数据

步骤06 程序自动打开警告对话框，提示输入了非法值，单击“取消”按钮关闭对话框并重新选择该单元格，如图5-60所示。

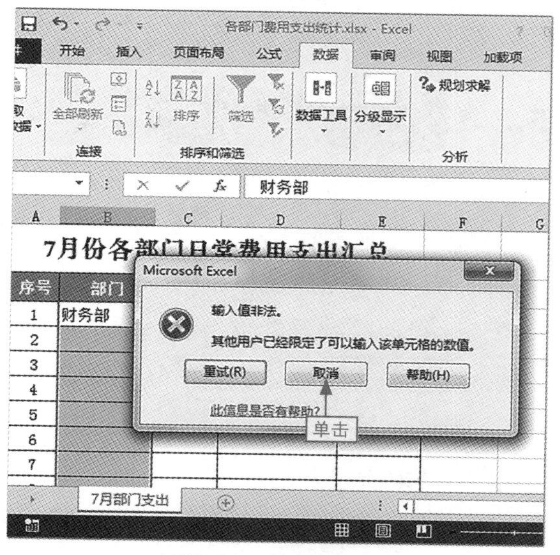

图5-60 处理非法值

步骤07 ❶单击B3单元格右侧的下拉按钮，❷选择“市场部”选项后程序会自动将选择的内容输入单元格中，如图5-61所示。

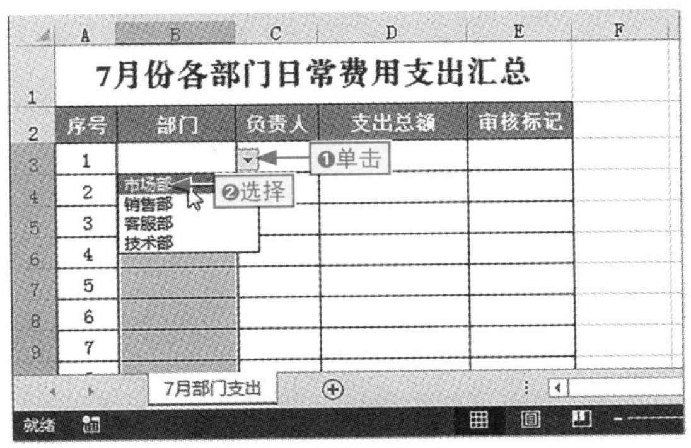

图5-61 通过下拉列表录入有效数据

2. 录入指定范围的数值数据

对于成绩、年龄等数据，都是大于零的数据，为了避免用户输入小于零的数据，可以通过数据有效性功能将录入的数据约束在某个指定的范围内，具体操作如下。

本节素材	\素材\Chapter05\员工年度考核表1.xlsx
本节效果	\效果\Chapter05\员工年度考核表1.xlsx
学习目标	掌握将录入的数据约束在某个范围内的方法
难度指数	★★★

步骤01 打开素材文件，选择要设置数据有效性的单元格区域，这里选择C3:H15单元格区域，如图5-62所示。

图5-62 选择要设置数据有效性的单元格

步骤02 ❶单击“数据”选项卡，❷在“数据工具”组中单击“数据验证”按钮，打开“数据验证”对话框，如图5-63所示。

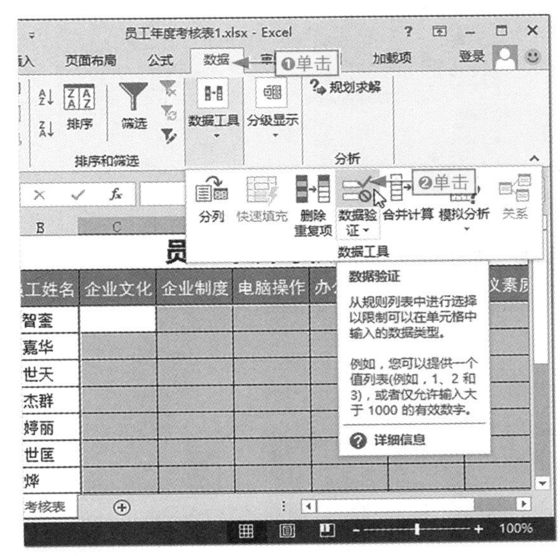

图5-63 单击“数据验证”按钮

步骤03 ❶在打开的对话框的“设置”选项卡中设置“允许”为“小数”，❷单击“数据”下拉按钮，❸选择“大于或等于”选项，如图5-64所示。

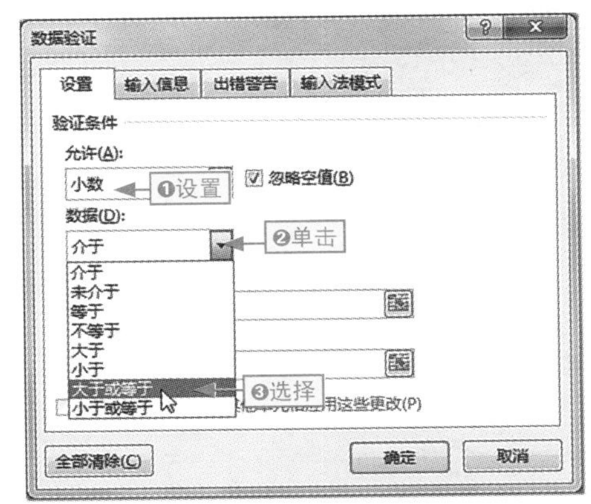

图5-64 设置有效性的允许条件

步骤04 ❶在“最小值”文本框中输入“0”，❷单击“确定”按钮完成有效性条件的设置，如图5-65所示。

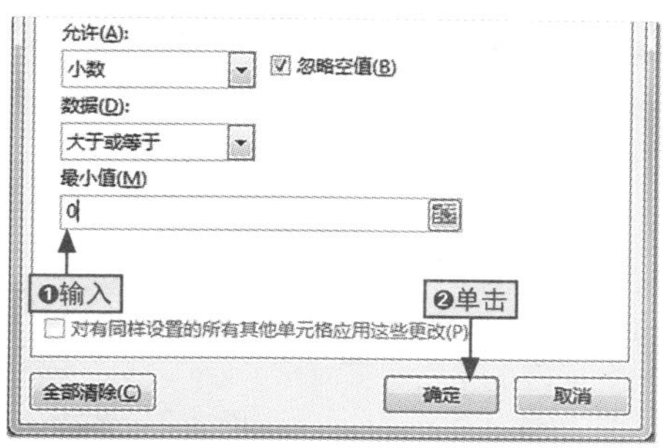

图5-65 设置数据范围的约束条件

步骤05 ❶在返回的工作表中输入第一个员工的企业文化考核成绩“-72”，按Enter键，❷在打开的警告对话框中单击“取消”按钮，如图5-66所示。

删除设置的数据有效性

如果要清除为单元格设置的数据有效性条件，可以选择单元格后，打开“数据验证”对话框，单击“全部清除”按钮。

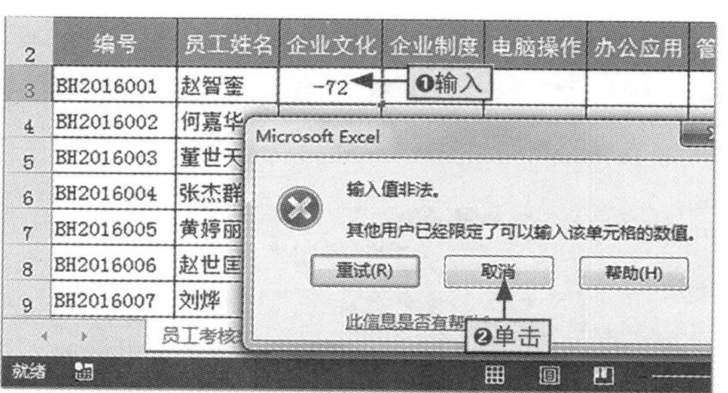

图5-66 录入负数后提示输入非法值

步骤05 依次在工作表中录入有效的考核成绩，完成整个操作，如图5-67所示。

员工年度考核表

员工姓名	企业文化	企业制度	电脑操作	办公应用	管理能力	礼仪素质
赵智銮	72	79	95	90	72	84
何嘉华	83	80	75	82	73	80
董世天	70	84	91	71	82	83
张杰群	86	71	87	94	85	84
黄婷丽	81	86	83	93	71	78
赵世国	88	80	80	83	80	83
刘烨	80	83	81	81	93	83

录入

图5-67 录入各考核项目的有效成绩

自定义设置输入提示

在工作表中如果对某些单元格设置了有效性验证约束条件，但是用户在填写表格时并不知道，为了让用户在选择单元格时，就知道应该要输入什么样的数据才是合法的，可以通过“数据验证”对话框的“输入信息”选项卡来自定义设置。其方法是：直接在“输入信息”选项卡的“输入信息”列表框中输入提示信息内容即可，如果设置了输入信息，当用户在选择单元格输入数据时，会自动弹出输入提示信息，如图5-68所示。

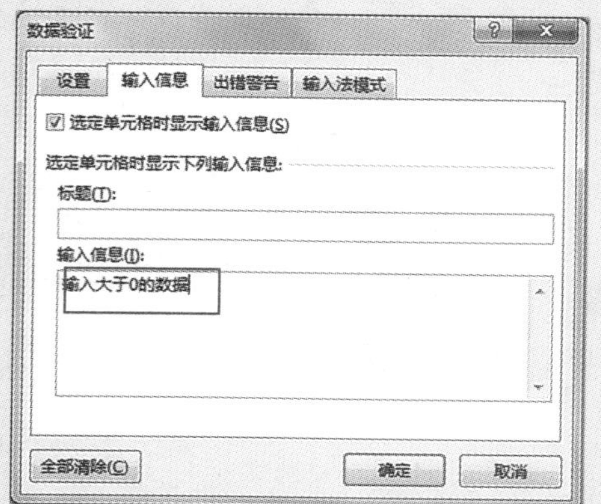

专业	班级	姓名	大学英语	高等数学	线性代数
电子商务	一班	谭媛文			
电子商务	一班	廖剑			
电子商务	一班	陈晓			
电子商务	一班	彭霞			
电子商务	一班	陈佳龙			
电子商务	一班	甘娟			
电子商务	一班	万磊			
电子商务	一班	徐羽			
电子商务	一班	时刚亮			
电子商务	一班	何柳			
电子商务	一班	刘钦			
电子商务	一班	朱丹妮			

输入大于0的数据

考试成绩(一班)

图5-68 设置输入提示

5.4 工作表的美化

小白：我看见别人制作的表格都很漂亮，这是怎么设置的呢？

阿智：这个其实是对表格的一种美化设置，通过美化不仅可以让表格更美观，还能让数据关系更清晰。下面我就给你讲讲美化工作表的具体操作方法吧。

为了让制作的电子表格的外观更美观，数据表中的数据展示更清晰，用户可对表格进行各种美化操作。在Excel中，系统提供了手动美化和自动美化两大类方法。

5.4.1 手动美化表格

手动美化表格是指用户根据实际情况对表格的单元格格式、边框和底纹效果进行自定义设置。

1. 设置单元格的格式

在表格中，默认输入的数字、日期等格式都是按照默认效果显示的，为了让各种数据更符合实际意义，可以对默认的数字、日期等数据的格式进行设置，具体操作如下。

本节素材	\素材\Chapter05\店面毛利分析1.xlsx
本节效果	\效果\Chapter05\店面毛利分析1.xlsx
学习目标	掌握美化工作表的方法
难度指数	★★

步骤01 打开素材文件，选择A4:A25单元格区域，如图5-69所示。

	A	B	C	D
3	日期	何晓阳	赵丹丹	李雪梅
4	2016/4/1	2151.319646	1527.779748	轮休
5	2016/4/4	-65.69519607	-85.43416267	1404.604712
6	2016/4/5	26.97810993	461.5073772	36.06736493
7	2016/4/6	轮休	2385.279202	2233.197404
8	2016/4/7	546.5682941	340.1859949	769.3784862
9	2016/4/8	160.0443307	轮休	1028.1409
10	2016/4/11	428.8722672	事假	203.1853255
11	2016/4/12	726.8904407	231.6288192	2018.106144
12	2016/4/13	915.9667521	719.130737	轮休
13	2016/4/14	903.2900053	2680.665613	272.04632

图5-69　选择所有日期数据

步骤02 在“开始”选项卡的“数字”组中单击“对话框启动器”按钮，打开“设置单元格格式”对话框，如图5-70所示。

B			E
何晓阳	赵		钟立涛
2151.319646	1527.779748	轮休	16.0480896
-65.69519607	-85.43416267	1404.604712	轮休
26.97810993	461.5073772	36.06736493	252.1439955
轮休	2385.279202	2233.197404	1176.454614
546.5682941	340.1859949	769.3784862	2566.580634
160.0443307	轮休	1028.1409	806.4007063
428.8722672	事假	203.1853255	-291.1191557
726.8904407	231.6288192	2018.106144	2763.422851
915.9667521	719.130737	轮休	166.8435977
903.2900053	2680.665613	272.04632	1824.592636
170.2060928	428.4129466	2122.419928	轮休
轮休	886.8640029	737.1323306	246.6901215

图5-70　单击“对话框启动器”按钮

步骤03 在“数字”选项卡中，程序自动选择“日期”分类，❶在“类型”列表框中选择一种日期样式，❷单击“确定”按钮，如图5-71所示。

图5-71　选择一种日期类型

步骤04 ❶选择B4:H25单元格区域，❷在“数字”组的下拉列表框中选择“会计专用”选项，如图5-72所示。

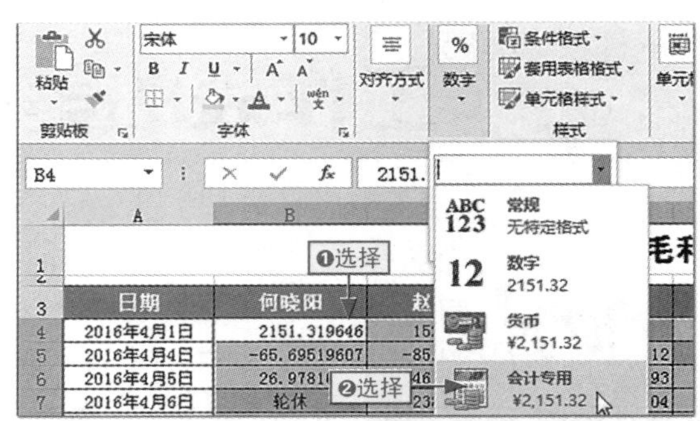

图5-72　为毛利单元格区域设置会计专用格式

步骤05 此时程序自动为选择的单元格区域中的数字应用对应的会计专用格式，至此完成整个操作，如图5-73所示。

图5-73　查看最终效果

为小数设置指定的小数位数

在Excel中，如果要调整小数数据的小数位数，可以选择单元格区域后，单击“数字”组中的“增加小数位数”或者“减少小数位数”按钮来逐位增加或减小小数位数，如图5-67左图所示。如果要快速精确设置指定的小数位数，可打开“设置单元格格式”对话框，选择一种数字分类后，在右侧的“小数位数”数值框中输入小数位数即可，如图5-74右图所示。

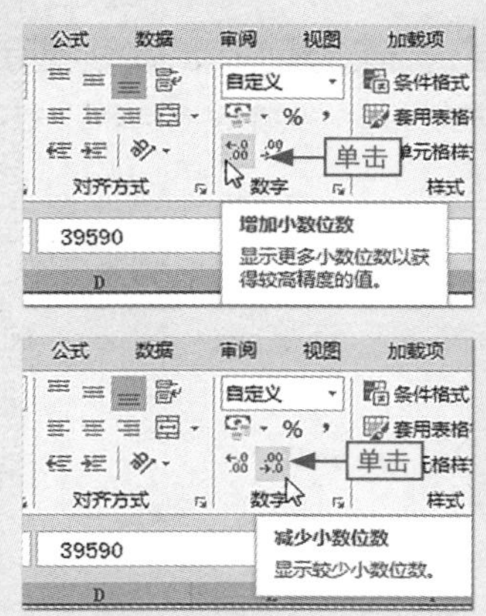

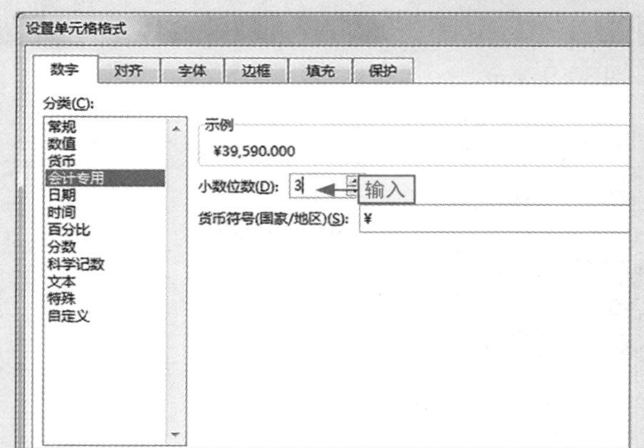

图5-74　逐位调整小数位数（左）和快速精确调整小数位数（右）

2. 添加边框和底纹效果

在工作表中，为了让行与列效果区分更明确，信息记录的显示效果更清晰，可以通过为表格添加边框和底纹效果来实现，具体操作如下。

本节素材	\素材\Chapter05\报账登记表2.xlsx
本节效果	\效果\Chapter05\报账登记表2.xlsx
学习目标	掌握自定义添加边框和底纹的方法
难度指数	★★★

步骤01 打开素材文件，选择A2:E13单元格区域，如图5-75所示。

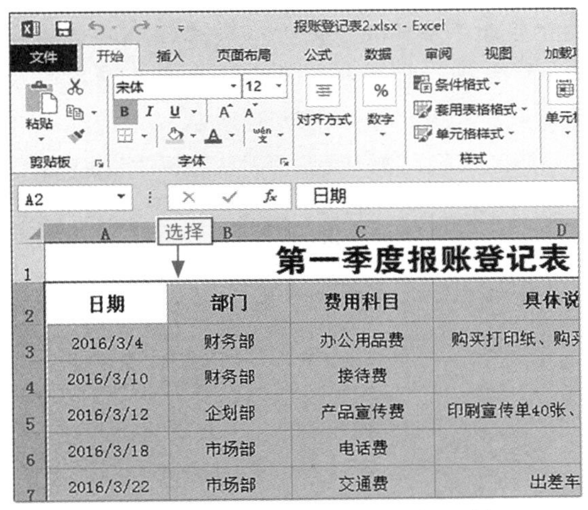

图5-75 选择表头和表格数据区域

步骤02 ❶在“字体”组中单击“边框”按钮右侧的下拉按钮，❷选择“其他边框”命令，如图5-76所示。

添加边框的说明

在“字体”组中，“边框”按钮默认显示的是“下框线”按钮，单击该按钮后可为选择的单元格添加对应的边框。当单击“边框”按钮右侧的下拉按钮后，在弹出的下拉菜单中可以看到很多快速添加边框的选项，选择选项可快速添加边框。

需要注意的是，当选择某个边框选项后，“边框”按钮的默认“下框线”按钮将变为当前选项对应的按钮。

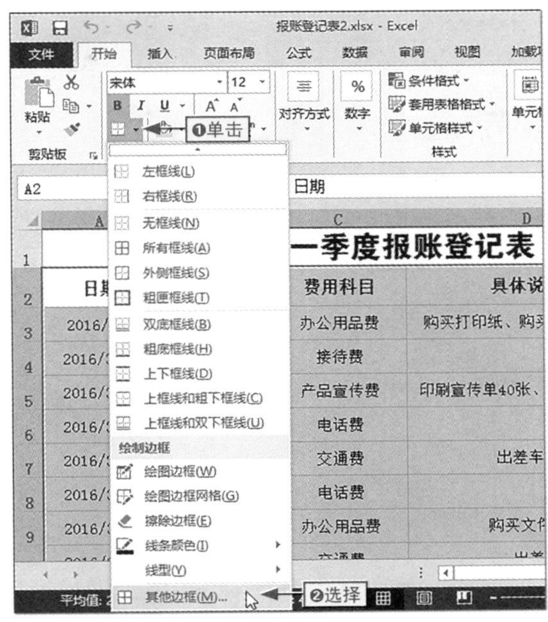

图5-76 选择“其他边框”命令

步骤03 ❶在打开的“设置单元格格式”对话框的“边框”选项卡中选择一种线条样式，❷单击“上边框”按钮和“下边框”按钮添加对应的边框，如图5-77所示。

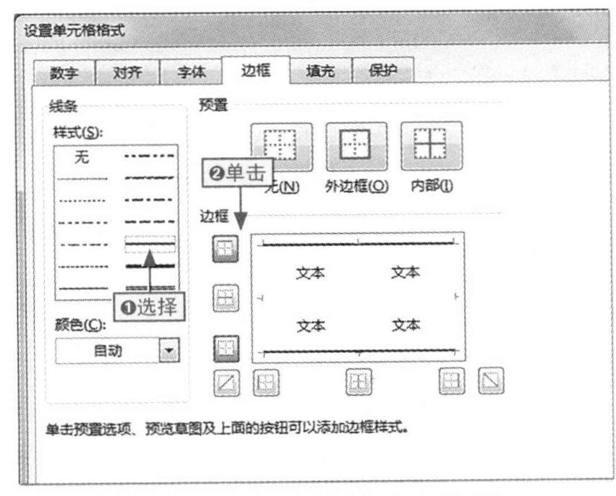

图5-77 添加上边框和下边框

步骤04 ❶在“样式”列表框中选择最后一种样式，❷单击“内部”按钮快速为表格内部添加边框，❸单击“确定”按钮确认，如图5-78所示。

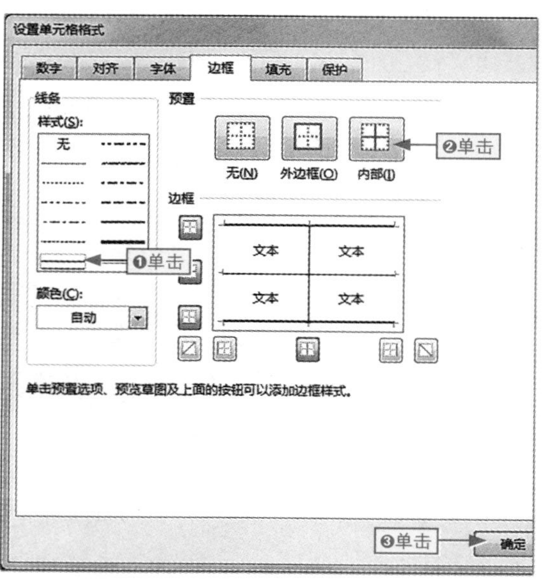

图5-78 添加内部边框线

步骤05 ❶在工作表中选择所有表头数据所在的单元格，❷单击"字体"组中的"其他边框"按钮，如图5-79所示。

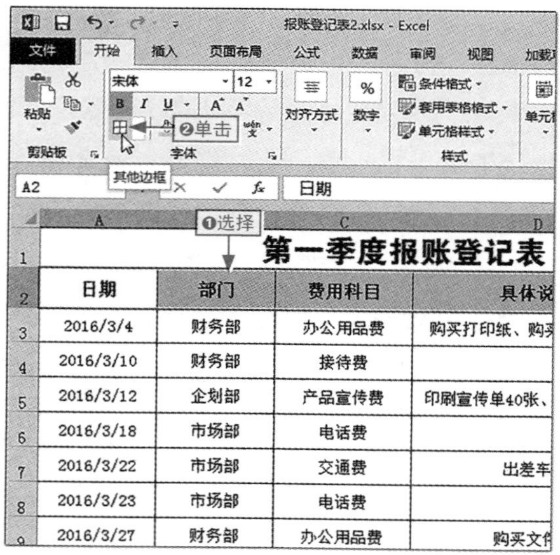

图5-79 单击"其他边框"按钮

步骤06 ❶在打开的"设置单元格格式"对话框中单击"填充"选项卡，❷选择一种背景颜色选项，如图5-80所示。

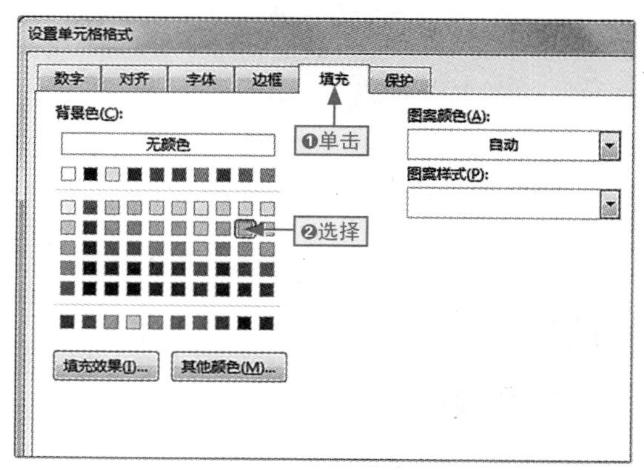

图5-80 选择填充颜色

步骤07 ❶在"图案颜色"下拉列表框中选择一种图案颜色，❷单击"图案样式"下拉按钮，❸选择一种图样样式，❹单击"确定"按钮完成整个操作，如图5-81所示。

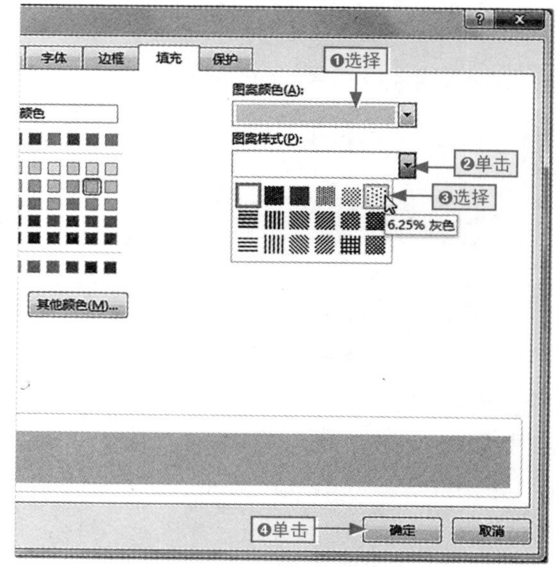

图5-81 设置填充图案和样式

小绝招

快速添加底纹效果

在"字体"组中单击"填充颜色"下拉按钮，选择相应的颜色，即可快速为单元格添加底纹效果。

5.4.2 套用表格样式

Excel 2013为用户提供了一些内置的样式，包括单元格的样式以及工作表的样式，只要在样式库中选中某个选项即可快速套用该样式。

1. 套用单元格格式

Excel内置了多种单元格样式，这些样式事先定义了单元格的填充颜色、边框效果和字体效果等，应用这些样式，可快速为单元格的内容进行格式化，具体操作如下。

本节素材　\素材\Chapter05\特聘教授名单.xlsx
本节效果　\效果\Chapter05\特聘教授名单.xlsx
学习目标　掌握应用和修改内置单元格格式的方法
难度指数　★★

步骤01 ❶打开素材文件，选择A1标题单元格，❷单击“样式”组中的“单元格样式”下拉按钮，❸选择“标题1”样式，如图5-82所示。

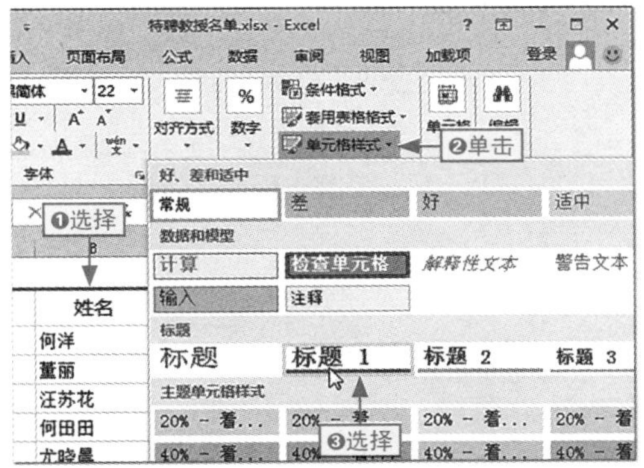

图5-82　套用“标题1”样式

应用单元格格式的说明

如果选择的单元格事先设置了字体格式和填充颜色，则当应用标题单元格样式时，所有的字体格式将被替代，但是单元格的填充颜色保留；若应用除标题以外的其他单元格样式，则单元格的字体格式和填充颜色都将被替代。

步骤02 保持单元格的选择状态，❶将其字体格式修改为“方正大黑简体，20”，❷单击“加粗”按钮取消文本的加粗格式，如图5-83所示。

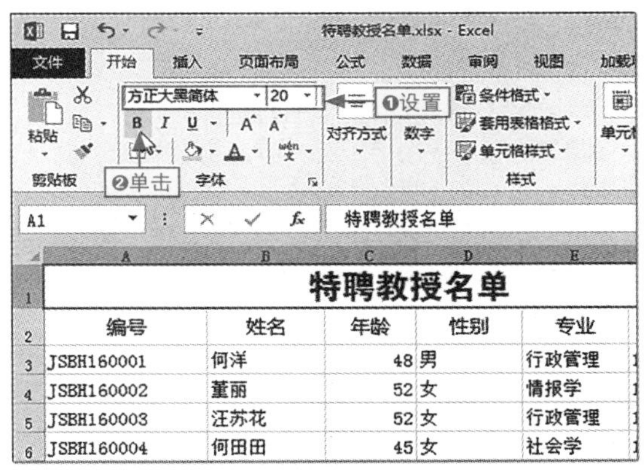

图5-83　修改套用的单元格样式

2. 套用表格格式

如果要为表格中的表头和表格内容添加专业搭配效果的边框和底纹样式，可以使用程序内置的表格格式来快速完成，具体操作如下。

本节素材　\素材\Chapter05\特聘教授名单1.xlsx
本节效果　\效果\Chapter05\特聘教授名单1.xlsx
学习目标　掌握应用和设置内置表格格式的方法
难度指数　★★

步骤01 ❶打开素材文件，选择A2:F14单元格区域，如图5-84所示。

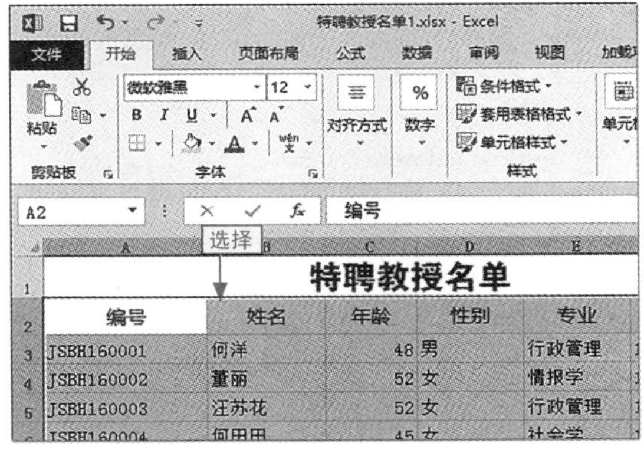

图5-84　选择所有表头和内容区域

步骤02 ❶单击“样式”组中的“套用表格格式”下拉按钮，❷选择“表样式浅色9”选项，如图5-85所示。

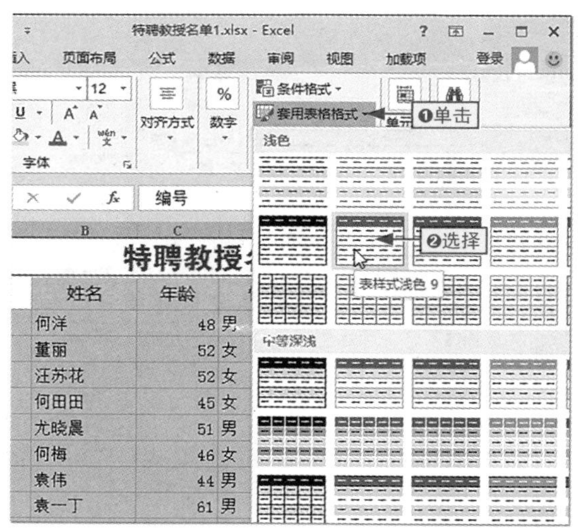

图5-85　选择内置的表格格式

步骤03 在打开的“套用表格式”对话框中保持默认表数据的来源及“表包含标题”复选框的选中状态，单击“确定”按钮，如图5-86所示。

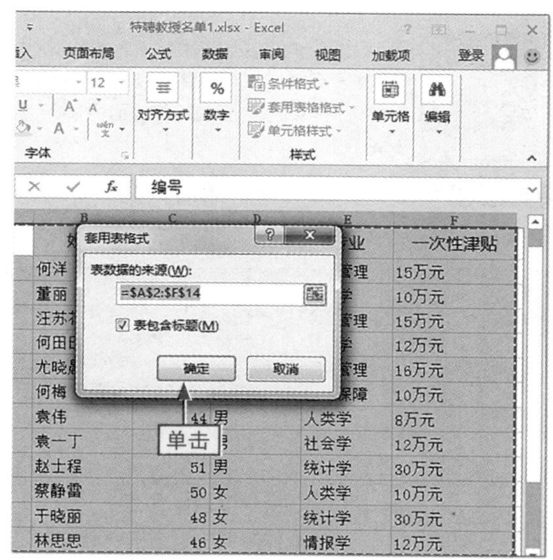

图5-86　确认应用表格式

小绝招

套用表格格式的相关说明

在套用表格格式时，如果要将选择的单元格区域的第一行设置为表头，则必须选中“表包含标题”复选框，否则在套用表格样式后，表格顶部将自动添加一行显示每列的标记。

此外，为表格套用样式后，拖动垂直滚动条查看靠后的数据时，如果表头被隐藏了，则表格的列表将自动变为对应的表头项目。

步骤04 ❶在“表格工具-设计”选项卡中取消选中“筛选按钮”复选框，❷选中“镶边列”复选框完成样式选项的设置，如图5-87所示。

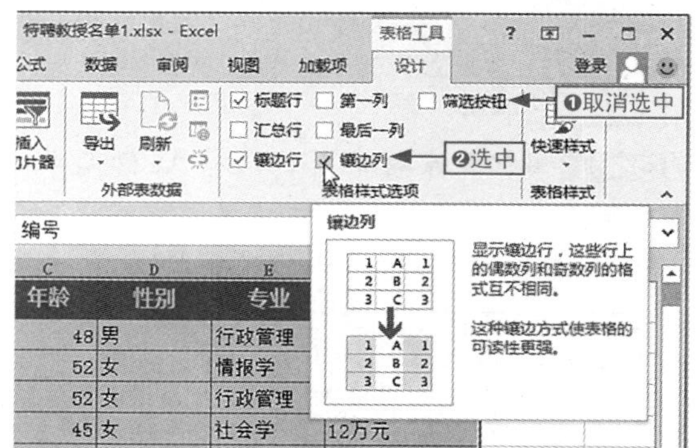

图5-87　修改表格样式选项

小绝招

快速复制样式

套用表格样式后，除了可以使用插入行的方法快速复制整行单元格的样式外，还可在表格末行任意选择一个单元格，通过拖动控制柄复制单元格的方式来实现，如图 5-88 所示。

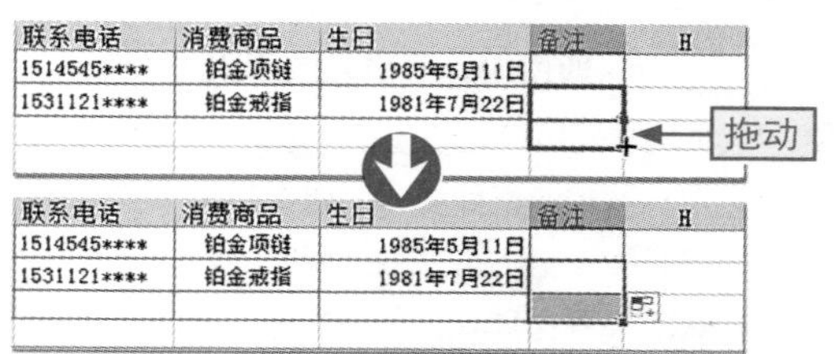

图5-88　快速复制样式

5.5 工作表的常见打印操作

小白：我想把这个成绩表打印出来，是不是直接单击“打印”按钮就可以了？

阿智：你这个成绩表数据太多了，需要设置一下，否则只有第一页会显示表头，其他页都没有表头行了。

如果要将电子表格输出到纸张上，就需要打印表格，对于打印操作，与Word相似。由于表格的特性，在Excel中，电子表格的打印也分为多种情况，下面介绍几种常见的操作。

5.5.1 设置打印区域

在Excel中，如果要打印整张表格中的部分表格内容，首先就需要确定打印区域，具体操作方法如下。

本节素材	\素材\Chapter05\成绩表.xlsx
本节效果	\效果\Chapter05\无
学习目标	掌握设置打印区域的方法
难度指数	★

步骤01 打开素材文件，选择A2:G25单元格区域，如图5-89所示。

成绩表.xlsx - Excel

文件 开始 插入 页面布局 公式 数据 审阅 视图 加载

A2 选择 报考编号

	A	B	C	D	E
13	Z201610011	廖嘉琦	女	517***19840122****	26
14	Z201610012	陈光辉	男	519***19870212****	27
15	Z201610013	陈祖志	男	513***19790714****	24
16	Z201610014	彭豆华	女	511***19850827****	25
17	Z201610015	刘平香	男	512***19901201****	35
18	Z201610016	林江希泓	男	513***19790506****	29
19	Z201610017	胡琪	男	516***19770703****	20
20	Z201610018	张霞	男	514***19881101****	26
21	Z201610019	彭春明	男	517***19751209****	29
22	Z201610020	黄丹	女	513***19900502****	35
23	Z201610021	陈薇	女	513***19900101****	24
24	Z201610022	刘云	男	514***19760125****	23
25	Z201610023	朱立	女	518***19770310****	25
26	Z201610024	胡琦	女	513***19800610****	37
27	Z201610025	李良	男	513***19831130****	30

图5-89 选择目标单元格区域

步骤02 ❶单击“页面布局”选项卡，❷在“页面设置”组中单击“打印区域”下拉按钮，❸选择“设置打印区域”选项，如图5-90所示。

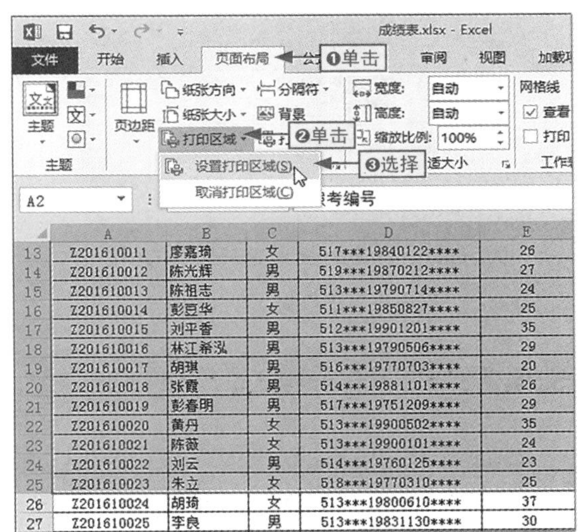

图5-90 设置打印区域

取消打印区域

选择设置的打印区域的任意一个单元格，在“打印区域”下拉列表中选择“取消打印区域”选项可以取消设置的打印区域。

Excel中的3种打印方式

在Excel中，系统提供了3种打印方式，第一种是打印选定的区域，第二种是打印活动工作表，第三种是打印整个工作簿，这些设置都是通过“文件”选项卡中“打印”选项卡的“设置”下拉列表来设置的，如图5-91所示。

其中，打印活动工作表是指当前活动工作簿窗口中的活动工作表，它可以是单张工作表，也可以是多张工作表。而打印整个工作簿是指打印当前活动工作簿窗口中的所有工作表。

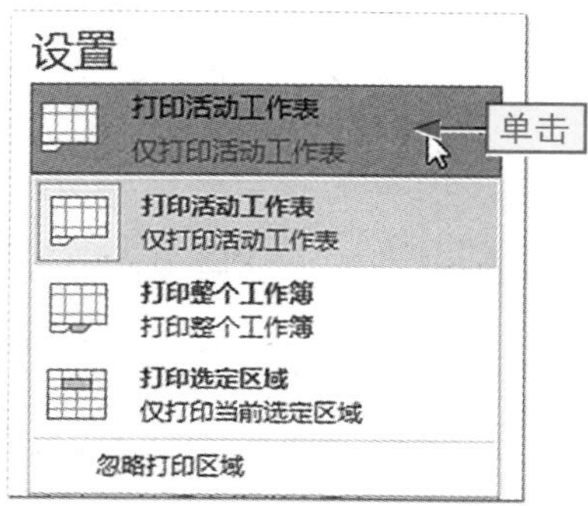

图5-91　Excel中的3种打印方式

5.5.2 重复打印标题行

由于表格的内容比较多，在打印时可能会出现多页显示，但是默认情况下，当表格内容跨页后，程序不会自动在每页都添加标题行，因此从第二页开始，表格内容和表头就不能对应了。

此时用户需要手动来设置在每页顶端重复打印标题行，操作方法如下。

本节素材	\素材\Chapter05\成绩表.xlsx
本节效果	\效果\Chapter05\无
学习目标	掌握在每页顶端重复打印标题行的方法
难度指数	★★

步骤01 ❶打开素材文件，选择任意单元格，❷单击“页面布局”选项卡，❸在“页面设置”组中单击“打印标题”按钮，如图5-92所示。

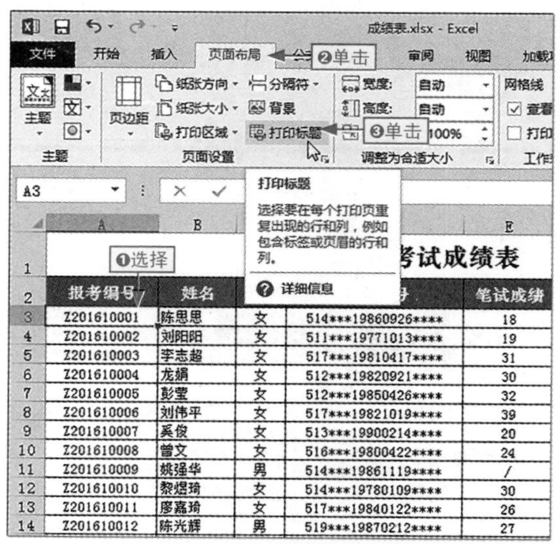

图5-92　单击“打印标题”按钮

步骤02 程序自动打开“页面设置”对话框的“工作表”选项卡，❶将文本插入点定位到“顶端标题行”文本框中，❷单击其右侧的折叠按钮，如图5-93所示。

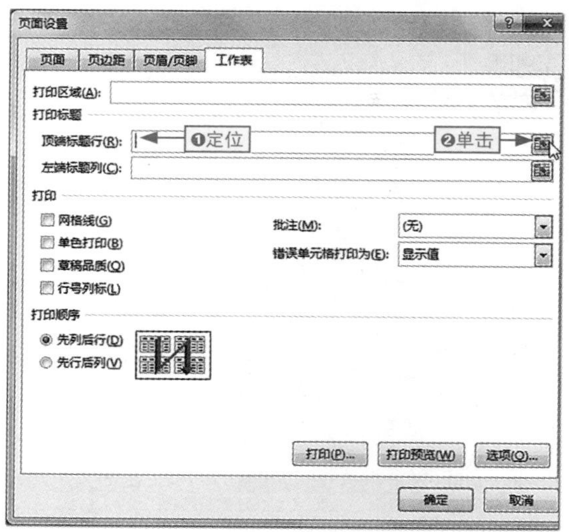

图5-93　单击“折叠”按钮

步骤03 ❶在工作表中选择第2行单元格，❷单击“页面设置-顶端标题行”对话框中的“展开”按钮，如图5-94所示。

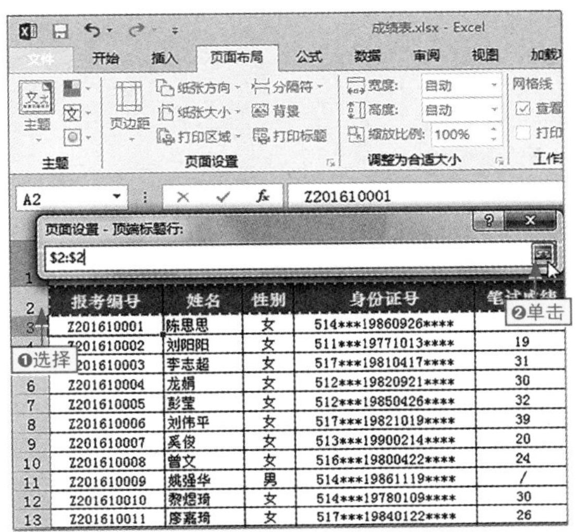

图5-94 单击“展开”按钮

步骤04 在展开的“页面设置”对话框中直接单击“打印预览”按钮，如图5-95所示。

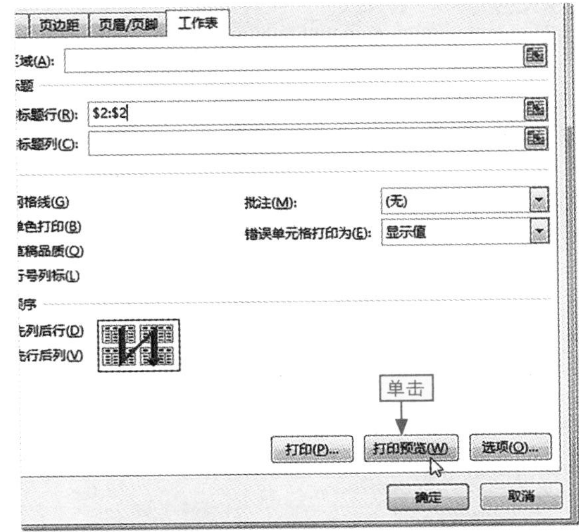

图5-95 单击“打印预览”按钮

在每页重复打印标题列

在Excel 2013中，如果要在每页的左侧打印标题列，需要在“页面设置”对话框中的“左端标题列”文本框中设置要打印列的列标，单击“确定”按钮即可。

步骤05 ❶在打印预览区域单击预览区域下方的“下一页”按钮，❷在第二页的顶端即可看到添加的标题行，如图5-96所示。

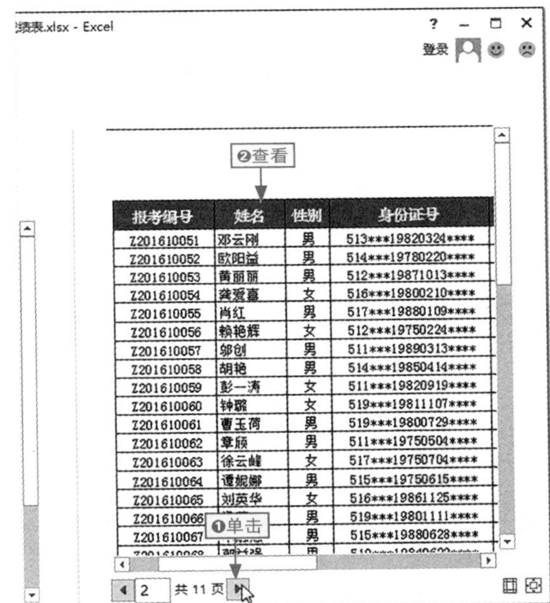

图5-96 查看重复打印标题行的设置效果

设置打印机属性

在Excel 2013中，如果要快速设置打印机的属性，直接在“页面设置”对话框的“工作表”选项卡中单击“选项”按钮，在打开的对话框中即可设置，如图5-97所示。

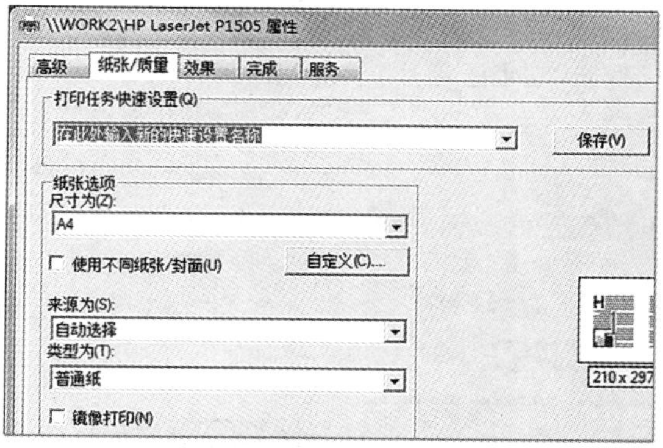

图5-97　设置打印机属性

给你支招 | 保存文件的同时生成备份文件

小白：前几天做的一个表格，今天使用时，系统提示我文件损坏了，不能查看。

阿智：对于比较重要的表格文件，最好备份一份副本文件，当源文件被损坏后，还有备份文件，这样不至于损失太大。我们在保存工作簿的同时，就可以设置生成备份文件，具体操作如下。

步骤01 ❶在“文件”选项卡中选择“另存为”选项，❷单击“浏览”按钮，如图5-98所示。

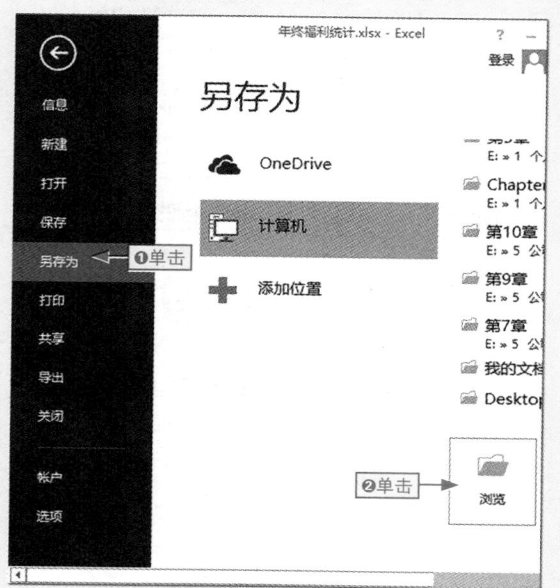

图5-98　单击“浏览”按钮

步骤02 ❶在打开的“另存为”对话框中设置文件的保存位置，❷单击“工具”下拉按钮，❸选择“常规选项”命令打开“常规选项”对话框，如图5-99所示。

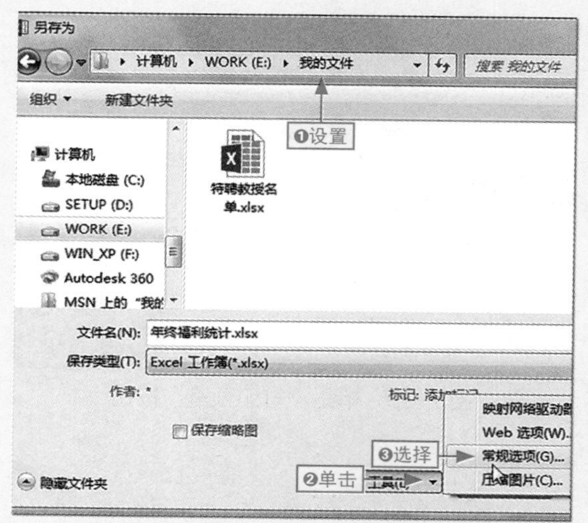

图5-99　选择“常规选项”命令

步骤03 ❶选中“生成备份文件”复选框，❷单击“确定”按钮，在返回的“另存为”对话框中单击“保存”按钮即可，程序自动保存工作簿并同时生成一个备份工作簿文件，如图5-100所示。

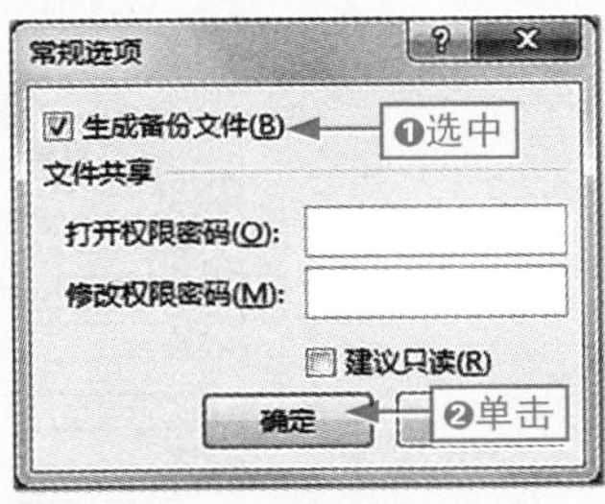

图5-100　设置生成备份文件

给你支招 | 巧妙输入以“0”打头的数据

小白：我在表格中输入“00001”数字，怎么只显示“1”，如果要显示“00001”，该怎么输入呢？

阿智：在Excel中，直接在单元格中输入以“0”打头的数据，系统默认情况下不会显示数据前的“0”，如果要显示完整的数据，可以通过定义单元格格式来完成，操作如下。

步骤01 ❶选择要设置单元格格式的单元格区域，❷单击“数字”组中的“对话框启动器”按钮，如图5-101所示。

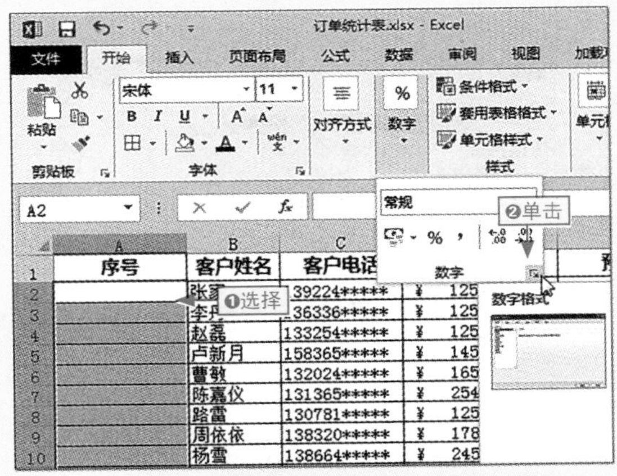

图5-101　单击“对话框启动器”按钮

步骤02 ❶在打开的“设置单元格格式”对话框的“分类”列表框中选择“自定义”选项，❷在“类型”文本框中输入“00000”，❸单击“确定”按钮，如图5-102所示。

输入以“0”打头数字的其他方法

除了通过自定义类型设置单元格格式来显示以“0”开头的数据外，还可通过将单元格设置为“文本”类型显示数据，在“开始”选项卡的“数字”组中单击文本框右侧的下拉按钮，在弹出的下拉列表框中选择“文本”选项即可。

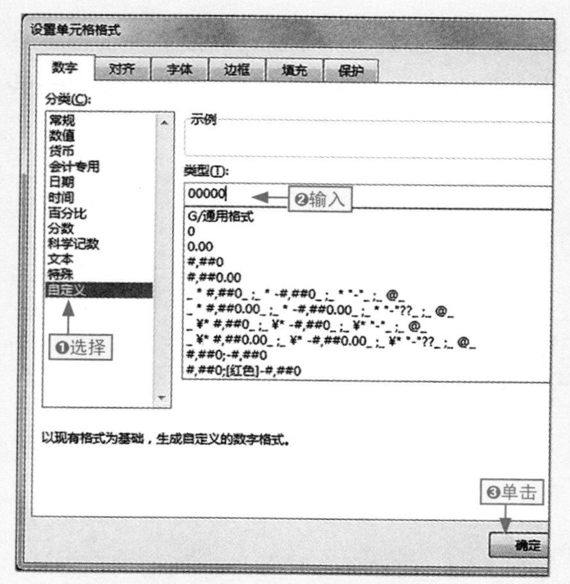

图5-102 自定义数字格式

步骤03 ❶在返回的工作表中的A2单元格中输入数字“1”，❷按Enter键确认输入，此时程序自动显示“00001”数据，如图5-103所示。

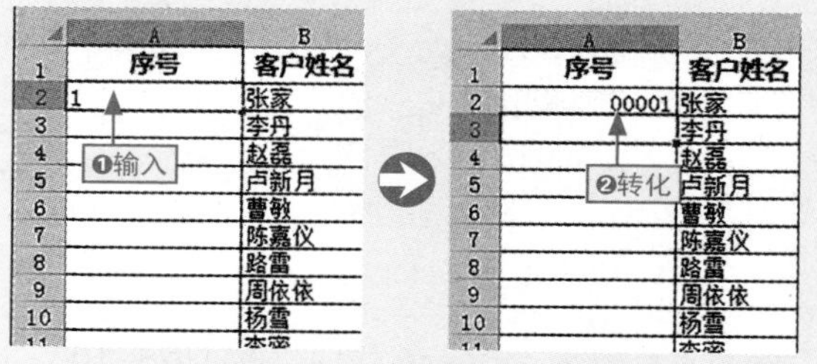

图5-103 输入数字后自动转换为以“0”打头的效果

给你支招 | 自定义设置当输入非法数据时弹出警告

小白：通过数据验证功能限制输入的数据后，若输入非法数据，提示信息总是显示输入了非法值，到底为什么非法我却不是很清楚。

阿智：其实我们在设置数据验证时，可以自定义设置当输入非法数据时弹出的警告信息，从而准确了解哪些是非法数据，该怎么输入正确的数据，具体操作如下。

步骤01 ❶选择目标单元格区域，打开“数据验证”对话框，在“设置”选项卡的“允许”下拉列表框中选择“小数”选项，❷保持“数据”下拉列表框的默认选项，分别设置最小值和最大值为“0”和“1”，如图5-104所示。

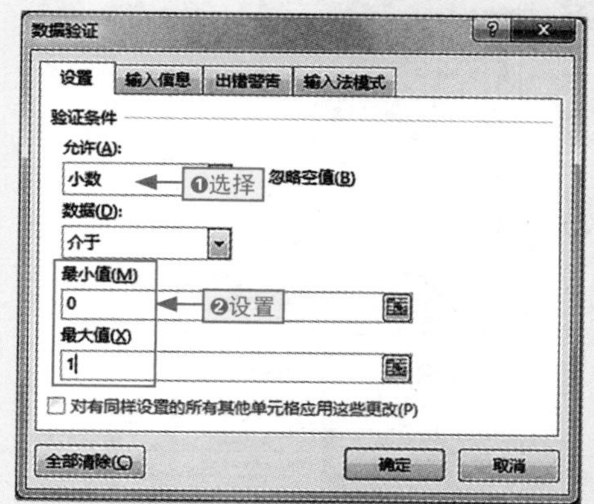

图5-104 设置数据范围为0~1的小数

步骤02 ❶单击“出错警告”选项卡，❷在“样式”下拉列表框中选择“警告”样式，❸输入标题，这里输入“警告”，❹输入出错信息，如“考核分数为0～1的数据”，❺单击“确定”按钮即可，如图5-105所示。

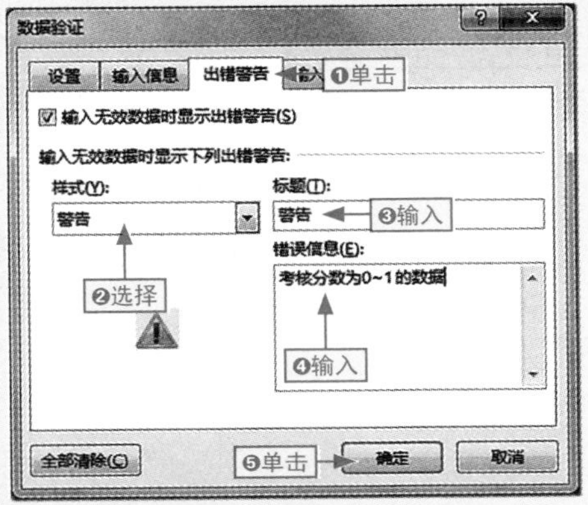

图5-105　设置出错警告信息

步骤03 ❶在单元格中输入非法的数据，如输入50，❷按Enter键后，程序自动打开警告对话框，提示考核分数为0～1的数据，如图5-106所示。

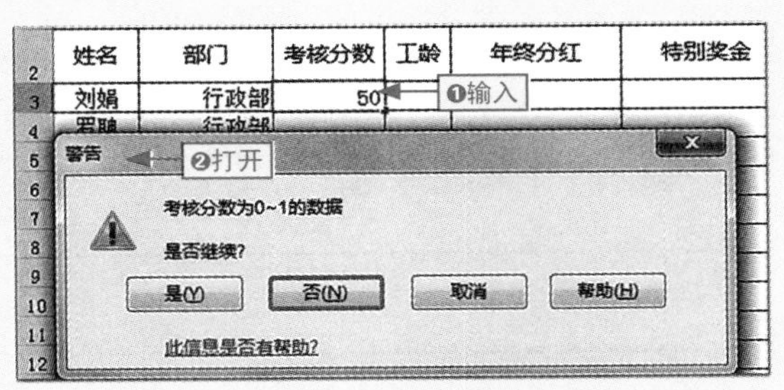

图5-106　非法数据的警告提示

阅读随笔

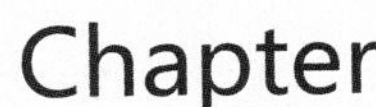

使用公式和函数计算数据的相关内容

学习目标

Excel最突出的功能之一就是强大的数据计算功能，使用该功能不仅能帮助快速计算各种数据，还能提高计算的准确性。本章具体安排了一些与公式、函数应用相关的基础知识与操作内容，目的是为了帮助用户快速了解与掌握使用公式和函数计算数据的各种方法与技巧。

本章要点

- 输入公式并计算结果
- 复制公式
- 插入函数的方法
- 嵌套函数的应用
- 将函数结果转换为数值
- 定义名称的常见方法
- 快速批量定义名称并查看
- 使用名称的方法

知识要点	学习时间	学习难度
单元格的引用方式	20 分钟	★★
公式和函数的应用与编辑	60 分钟	★★★★
使用名称	30 分钟	★★★

6.1 单元格的引用方式

小白：听说Excel的数据计算功能很强大，也很方便，我什么都不会，应该怎么来学习呢？

阿智：要想学习数据的计算，首先要了解单元格的引用方式，下面我给你介绍一下吧。

单元格的引用方式有3种，即相对引用、绝对引用和混合引用，不同的引用类型，虽然在外观显示上只是是否有“$”符号，但在公式和函数中的应用却有着很大的差别。

学习目标	了解相对引用、绝对引用和混合引用
难度指数	★★

相对引用

相对引用是指在公式中被引用的单元格地址随着公式位置的改变而改变。它是Excel在同一工作表中引用单元格时使用的默认类型，如图6-1所示为相对引用中单元格的变化示意图。

原始位置		目标位置
D5	复制公式到上一行 → 行号减1，列标不变	D4
D5	复制公式到右一列 → 行号不变，列标加1	E5

图6-1　相对引用的单元格变化示意图

相对引用的补充说明

通过自动填充、选择性粘贴公式或移动／复制单元格等方法复制单元格中的公式时，相对引用的单元格地址会随着新单元格地址的变化而变化。若在原单元格的编辑栏中复制公式并双击新单元格进行粘贴，则公式中相对引用的单元格地址不会发生改变。

绝对引用

绝对引用是指无论用何种方法将公式复制到任意位置，该引用地址始终保持不变。从引用地址的形态上来看，在单元格列标和行号之前分别添加了“$”符号。图6-2所示为绝对引用中单元格的变化示意图。

原始位置		目标位置
D5	复制公式到上一行 → 行号不变，列标不变	D5
D5	复制公式到右一列 → 行号不变，列标不变	D5

图6-2　绝对引用的单元格变化示意图

混合引用

混合引用是指在单元格中，行号或列标的任意一个部分前添加“$”符号，当引用位置改变时，添加了“$”符号的绝对引用部分的地址不会改变，只有相对引用部分的地址才改变。图6-3所示为混合引用中单元格的变化示意图。

原始位置　　　　　　**目标位置**

$D5 —复制公式到上一行 / 行号减1，列标不变→ $D4

$D5 —复制公式到右一列 / 行号不变，列标不变→ $D5

图6-3　混合引用的单元格变化示意图

使用快捷键更改引用方式

在编辑栏的公式中选择需要切换引用方式的单元格地址，重复按F4键，即可依次切换到绝对引用、行绝对列相对引用、行相对列绝对引用和相对引用，如此循环。

6.2 公式与函数的基础掌握

小白：我知道数据计算既可以使用公式，也可以用函数，可是二者到底指什么我却没有真正理解。

阿智：那下面我就具体介绍一下有关公式与函数的基础知识吧，把这个基础课给你补上。

要在Excel中使用公式或者函数来计算数据，首先要了解一些基本知识，如公式的结构、函数的结构、各种运算符及其优先级别等。

学习目标　了解公式和函数的构成以及各种运算符

难度指数　★★

公式

公式是以等号“=”开始，用不同的运算符将操作数按照一定的规则连接起来的表达式。图6-4所示为一个简单的公式示意图。

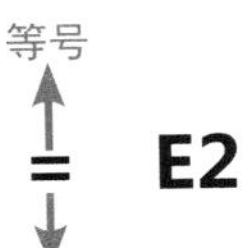

等号　　操作数　　运算符

= E2 + E3 - A1 * 2

公式总是以等号开头，其实际意义是将等号右侧的表达式的计算结果赋值给当前单元格。

必要组成部分，每个公式至少有一个操作数，它可以是文本、数字等Excel支持的数据类型，也可以是单元格引用或函数。

连接各操作数的符号，也是告诉公式如何计算最终结果的符号。如果公式仅有一个操作数，可不包含运算符。

图6-4　公式的结构

函数

函数是将特定的计算方法和计算顺序打包，通过参数接收计算数据并返回特定结果的表达式。图6-5所示为一个简单的函数示意图。

每一个函数都有唯一的名称，此名称通常能反映函数的功能。如SUM表示求和，MAX表示求最大值等。

一对半角小括号是函数的标识符，函数的所有参数都必须包含在这一对小括号内。即使没有参数，也必须要有括号。

参数是决定函数运算结果的因素，由函数的功能决定，有些函数可以不带参数，有些函数可带多个参数。

图6-5　函数的结构

各种运算符

运算符是决定公式计算方式的重要组成部分。Excel的运算符有算术运算符、文本运算符、比较运算符、引用运算符和括号运算符，如图6-6所示。

算术运算符

用于对等式中的操作数进行算术运算，如+、-、*、\或\等。

文本运算符

使用英文状态下的“与”运算符（&）连接两个及以上的文本字符串。

比较运算符

用于比较参数大小，返回真和假，如=、>、<、>=和<=等。

引用运算符

只有冒号“:”和逗号“,”，分别表示引用两个单元格及其之间的区域和将多个引用合并为一个引用。

括号运算符

小括号用于改变公式的计算顺序，括号中的运算先于括号外，内层括号的运算先于外层括号。

图6-6　各种运算符

运算符的优先级

在Excel中，公式并非完全按从左至右的顺序依次运算，公式的优先级顺序对返回值有着绝对的影响。

如果一个公式包括多个不同的运算符号，可以按照图6-7所示的顺序进行优先级运算；如果出现多个同级的运算符，按从左至右的顺序进行计算。

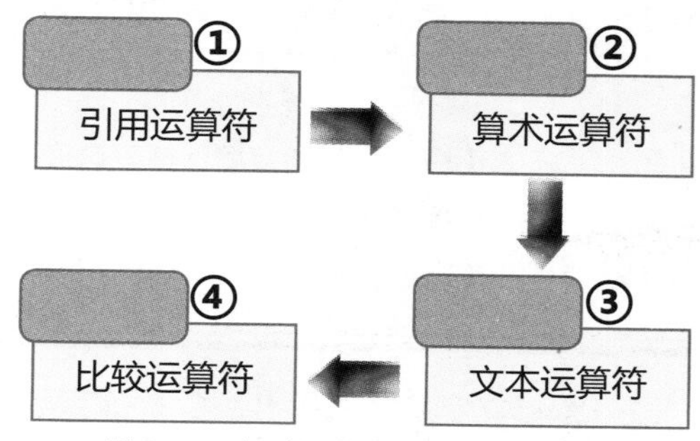

图6-7　各种运算符的优先级顺序

6.3 公式的使用与复制

小白：我怎么计算不出公式结果呢，只显示公式?

阿智：你怎么忘记写“=”了，公式前面要有等号，少了这个符号，当然计算不出公式结果了。

要使用公式计算数据，首先需要确定计算结果的保存位置，然后在其中输入正确的公式后即可计算结果。此外，为了提高计算效率，对于复制公式这项基本操作也是用户必须掌握的。

6.3.1 输入公式并计算结果

输入公式的方法与输入数据的方法相似，只是在每次输入公式时，首先要输入一个“=”，要计算公式的结果，直接输入公式即可。

本节素材	◎\素材\Chapter06\员工工资表.xlsx
本节效果	◎\效果\Chapter06\员工工资表.xlsx
学习目标	掌握公式的输入与计算的方法
难度指数	★★

步骤01 ❶打开素材文件，选择G2单元格，❷在编辑栏中单击鼠标定位文本插入点，如图6-8所示。

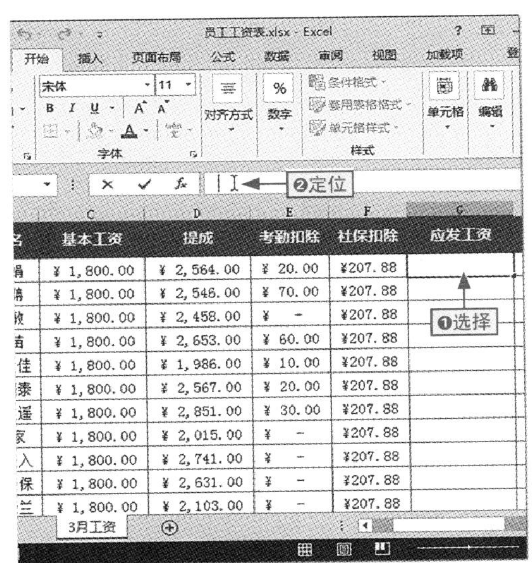

图6-8 在编辑栏中定位文本插入点

步骤02 ❶输入“=”运算符，❷直接用鼠标选择C2单元格，在公式中输入第一个操作数，如图6-9所示。

输入公式的其他方法

除了可以用鼠标选择的方式输入操作数外，也可以直接输入单元格的引用地址来输入操作数。

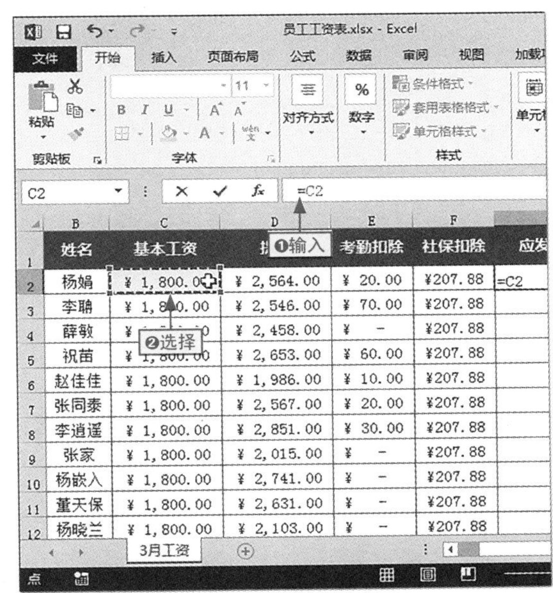

图6-9 输入“=”运算符和第一个操作数

步骤03 ❶在编辑栏中输入“+”运算符，❷选择D2单元格，输入第二个操作数，如图6-10所示。

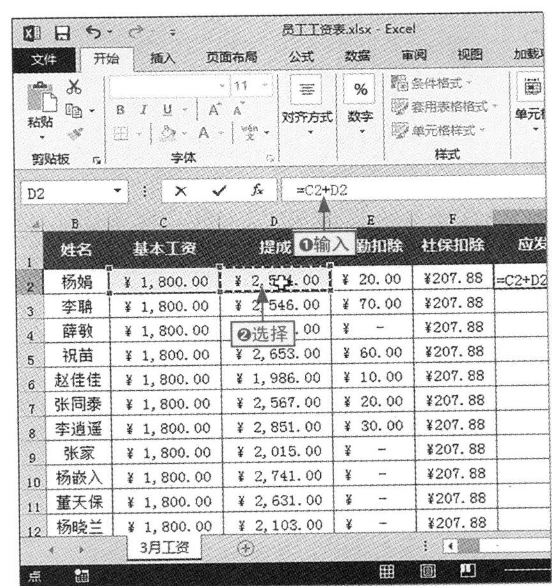

图6-10 输入“+”运算符和第二个操作数

步骤04 用相同的方法将应发工资的计算公式全部输完，如图6-11所示。

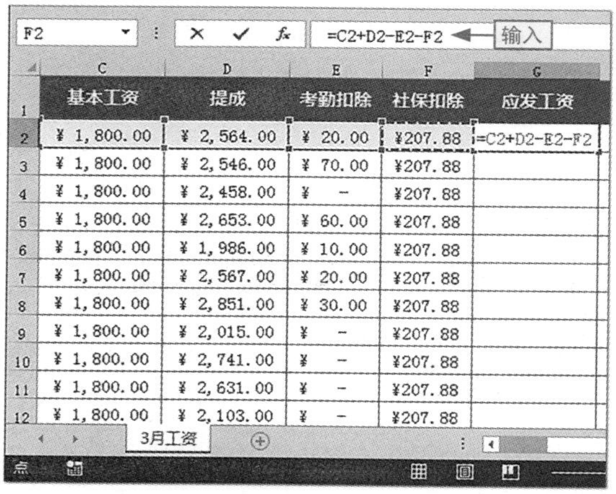

F2 =C2+D2-E2-F2 输入

	C	D	E	F	G
1	基本工资	提成	考勤扣除	社保扣除	应发工资
2	¥ 1,800.00	¥ 2,564.00	¥ 20.00	¥207.88	=C2+D2-E2-F2
3	¥ 1,800.00	¥ 2,546.00	¥ 70.00	¥207.88	
4	¥ 1,800.00	¥ 2,458.00	¥ -	¥207.88	
5	¥ 1,800.00	¥ 2,653.00	¥ 60.00	¥207.88	
6	¥ 1,800.00	¥ 1,986.00	¥ 10.00	¥207.88	
7	¥ 1,800.00	¥ 2,567.00	¥ 20.00	¥207.88	
8	¥ 1,800.00	¥ 2,851.00	¥ 30.00	¥207.88	
9	¥ 1,800.00	¥ 2,015.00	¥ -	¥207.88	
10	¥ 1,800.00	¥ 2,741.00	¥ -	¥207.88	
11	¥ 1,800.00	¥ 2,631.00	¥ -	¥207.88	
12	¥ 1,800.00	¥ 2,103.00	¥ -	¥207.88	

3月工资

图6-11　完成公式的输入

步骤05 直接按Ctrl+Enter组合键结束公式的输入，此时程序自动在G2单元格中计算出公式的结果，如图6-12所示。

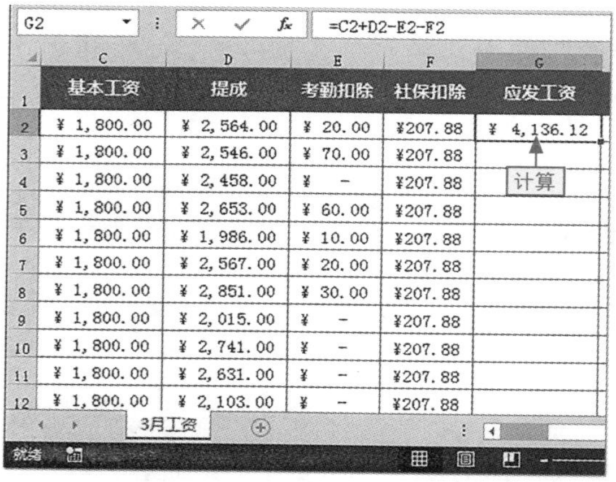

G2 =C2+D2-E2-F2

	C	D	E	F	G
1	基本工资	提成	考勤扣除	社保扣除	应发工资
2	¥ 1,800.00	¥ 2,564.00	¥ 20.00	¥207.88	¥ 4,136.12
3	¥ 1,800.00	¥ 2,546.00	¥ 70.00	¥207.88	
4	¥ 1,800.00	¥ 2,458.00	¥ -	¥207.88	
5	¥ 1,800.00	¥ 2,653.00	¥ 60.00	¥207.88	
6	¥ 1,800.00	¥ 1,986.00	¥ 10.00	¥207.88	
7	¥ 1,800.00	¥ 2,567.00	¥ 20.00	¥207.88	
8	¥ 1,800.00	¥ 2,851.00	¥ 30.00	¥207.88	
9	¥ 1,800.00	¥ 2,015.00	¥ -	¥207.88	
10	¥ 1,800.00	¥ 2,741.00	¥ -	¥207.88	
11	¥ 1,800.00	¥ 2,631.00	¥ -	¥207.88	
12	¥ 1,800.00	¥ 2,103.00	¥ -	¥207.88	

计算

3月工资

图6-12　计算公式结果

6.3.2 复制公式

如果在某列或者某行中，要计算的数据所引用的位置相似，只是具体对应的行或列不同而已，对于这种相似公式的数据计算，可以使用复制公式的方法简化操作。

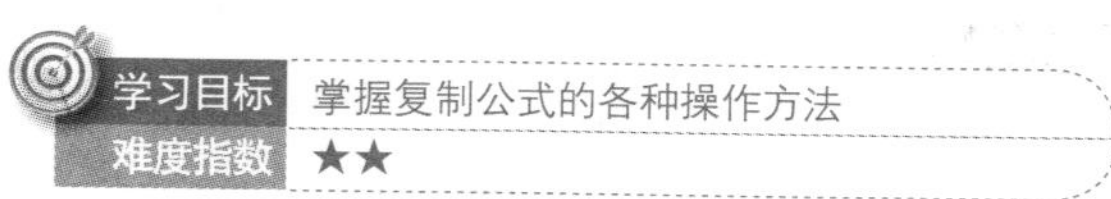

通过菜单填充复制公式

❶选择包含公式的单元格及要填充公式的单元格，❷单击“填充”下拉按钮，❸选择“向下”命令完成操作，如图6-13所示。

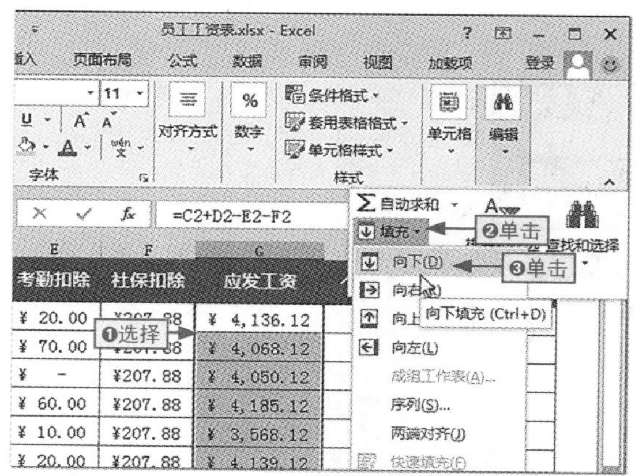

图6-13　向下填充完成公式的复制

拖动控制柄复制公式

选择包含公式的单元格，向下拖动其控制柄到目标单元格，释放鼠标左键完成公式的复制操作，如图6-14所示。

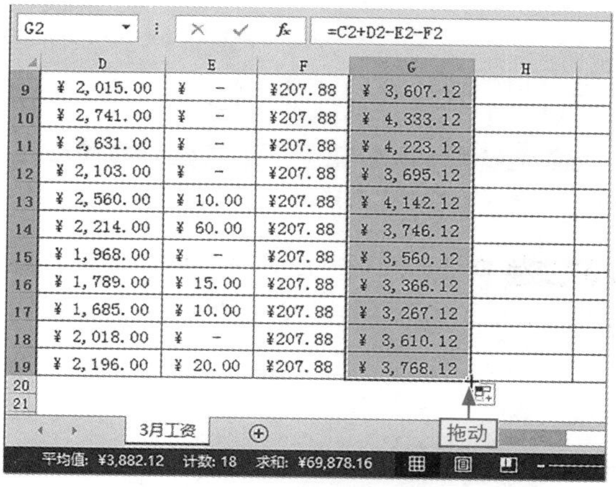

G2 =C2+D2-E2-F2

	D	E	F	G	H
9	¥ 2,015.00	¥ -	¥207.88	¥ 3,607.12	
10	¥ 2,741.00	¥ -	¥207.88	¥ 4,333.12	
11	¥ 2,631.00	¥ -	¥207.88	¥ 4,223.12	
12	¥ 2,103.00	¥ -	¥207.88	¥ 3,695.12	
13	¥ 2,560.00	¥ 10.00	¥207.88	¥ 4,142.12	
14	¥ 2,214.00	¥ 60.00	¥207.88	¥ 3,746.12	
15	¥ 1,968.00	¥ -	¥207.88	¥ 3,560.12	
16	¥ 1,789.00	¥ 15.00	¥207.88	¥ 3,366.12	
17	¥ 1,685.00	¥ 10.00	¥207.88	¥ 3,267.12	
18	¥ 2,018.00	¥ -	¥207.88	¥ 3,610.12	
19	¥ 2,196.00	¥ 20.00	¥207.88	¥ 3,768.12	
20					
21					

3月工资　拖动

平均值：¥3,882.12　计数：18　求和：¥69,878.16

图6-14　拖动控制柄复制公式

双击控制柄复制公式

❶选择包含公式的单元格，双击控制柄，❷程序自动向下填充公式到整个数据表格目标单元格，如图6-15所示。

	D 提成	E 考勤扣除	F 社保扣除	G 应发工资	H 个税扣除
2	¥ 2,564.00	¥ 20.00	¥207.88	¥ 4,136.12	
3	¥ 2,546.00	¥ 70.00	¥207.88		
4	¥ 2,458.00	¥ –	¥207.88		
5	¥ 2,653.00	¥ 60.00	¥207.88		
6	¥ 1,986.00	¥ 10.00	¥207.88		
7	¥ 2,567.00	¥ 20.00	¥207.88		

❶双击

	D 提成	E 考勤扣除	F 社保扣除	G 应发工资	H 个税扣除
2	¥ 2,564.00	¥ 20.00	¥207.88	¥ 4,136.12	
3	¥ 2,546.00	¥ 70.00	¥207.88	¥ 4,068.12	
4	¥ 2,458.00	¥ –	¥207.88	¥ 4,050.12	
5	¥ 2,653.00	¥ 60.00	¥207.88	¥ 4,185.12	
6	¥ 1,986.00	¥ 10.00	¥207.88	¥ 3,568.12	
7	¥ 2,567.00	¥ 20.00	¥207.88	¥ 4,139.12	
8	¥ 2,851.00	¥ 30.00	¥207.88	¥ 4,413.12	
9	¥ 2,015.00	¥ –	¥207.88	¥ 3,607.12	

❷复制

图6-15 双击控制柄复制公式

通过粘贴选项复制公式

❶选择包含公式的单元格，直接按Ctrl+C组合键复制公式，❷选择目标单元格，❸单击"粘贴"下拉按钮，❹选择"公式"选项，如图6-16所示。

员工工资表.xlsx - Excel

文件 开始 插入 页面布局 公式 数据 审阅 视图 加载项

粘贴 宋体 11 对齐方式 数字 条件格式 套用表格格式 单元格样式 样式 字体

❸单击

粘贴 ❹选择 公式(F) 粘贴数值 其他粘贴选项 选择性粘贴(S)...

	D	E 考勤扣除	F 社保扣除	G 应发工资	H 个税扣除
2		20.00	¥207.88	¥ 4,136.12	
3		70.00	¥207.88	¥ 4,068.12	
4		–	¥207.88	¥ 4,050.12	
5		60.00	¥207.88	¥ 4,185.12	
6	¥ 1,986.00	¥ 10.00	¥207.88	¥ 3,568.12	
7	¥ 2,567.00	¥ 20.00	¥207.88	¥ 4,139.12	
8	¥ 2,851.00	¥ 30.00	¥207.88	¥ 4,413.12	
9	¥ 2,015.00	¥ –	¥207.88	¥ 3,607.12	
10	¥ 2,741.00	¥ –	¥207.88	¥ 4,333.12	

❶复制 ❷选择

图6-16 使用粘贴选项复制公式

6.4 函数的应用及数据结果的转换

小白：使用函数计算数据与使用公式计算数据到底有什么区别呢？

阿智：对于一些求和的数据结果的计算，使用函数更简单，虽然操作步骤多一些，看起来复杂一些，但是不用逐个选择或者输入操作数和运算符。

在Excel中，对于比较复杂的数据计算，可以使用程序内置的各种函数来完成，而且使用函数计算数据，还可以简化公式。

6.4.1 插入函数的方法

由于函数包含有参数，各参数必须按正确的顺序和格式输入，因此使用函数计算数据的方法比仅包含单元格引用和常数的公式输入方法要复杂一些。

本节素材	\素材\Chapter06\员工年度考核表.xlsx
本节效果	\效果\Chapter06\员工年度考核表.xlsx
学习目标	掌握函数的插入方法
难度指数	★★

步骤01 打开素材文件，选择I3单元格，如图6-17所示。

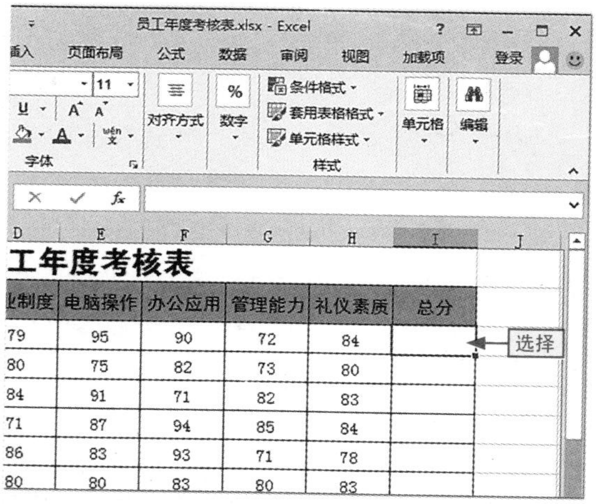

图6-17　选择目标单元格

步骤02 ❶单击“公式”选项卡，❷在“函数库”组中单击“插入函数”按钮，如图6-18所示。

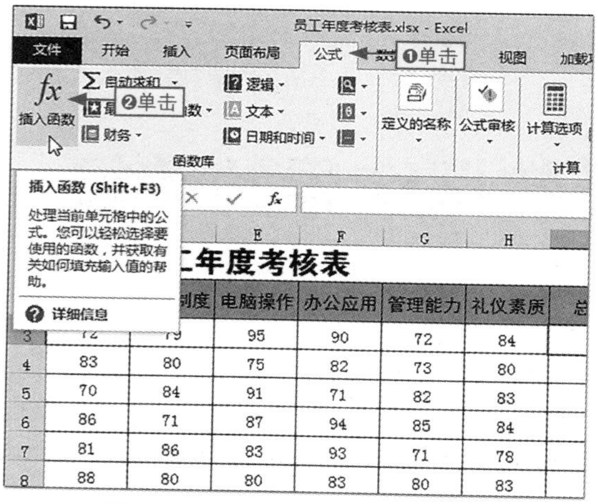

图6-18　单击“插入函数”按钮

小绝招　打开“插入函数”对话框的方法

在编辑栏中单击“插入函数”按钮，或者在“函数库”组中的各个函数分类下拉菜单中选择“插入函数”命令，都可以打开“插入函数”对话框。

步骤03 ❶在打开的“插入函数”对话框的“选择函数”列表框中选择SUM选项，❷单击“确定”按钮，如图6-19所示。

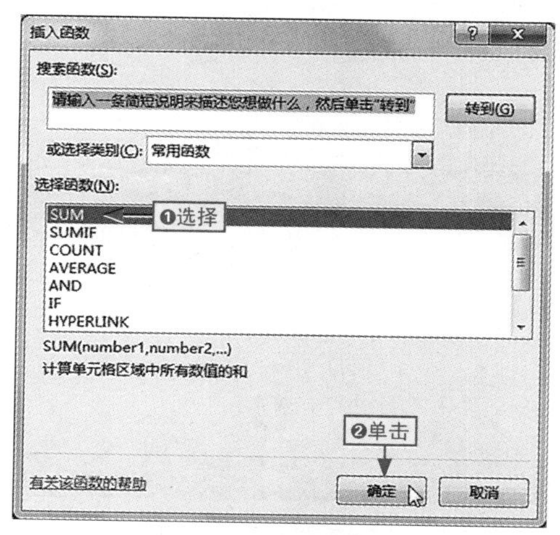

图6-19　选择SUM()函数

步骤04 在打开的“函数参数”对话框中，程序自动在Number1文本框中显示了要求和的数据，确认后单击“确定”按钮，如图6-20所示。

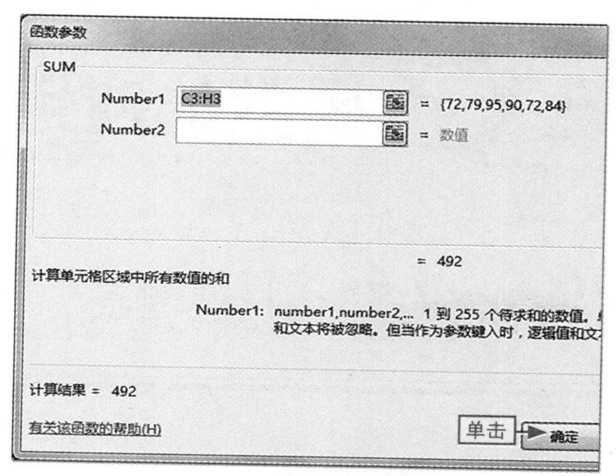

图6-20　设置函数参数

步骤05 在返回的工作表中即可看到计算的数据结果，拖动该单元格的控制柄复制公式计算其他员工年度考核的总分成绩，如图6-21所示。

82	72	79	77	94	82	486
82	81	94	88	94	95	534
70	94	73	86	93	93	509
95	94	89	97	90	91	556
81	76	92	77	91	77	494
77	73	75	83	82	93	483

员工考核表　拖动

平均值: 500.1538462　计数: 13　求和: 6502

图6-21　复制公式计算其他员工的总分

手动输入函数

如果用户对一些常用函数的结构比较了解，还可以直接在单元格或者编辑栏中输入函数名称及对应的参数，完成函数的输入。

快速自动计算数据

在Excel 2013中，程序提供了自动计算数据的功能，通过该功能可以快速对求和、平均值、计数、最大值和最小值这类运算进行计算。需要注意的是，这种自动计算功能必须满足两个条件：第一、结果单元格与数据源单元格相邻；第二、连续的数据源单元格区域都要参加计算。

具体操作是：❶选择结果单元格，❷单击“公式”选项卡中的“自动求和”按钮（如果要进行其他运算的自动求和，单击该按钮右侧的下拉按钮，选择对应的选项即可），程序自动在结果单元格中输入计算公式，如图6-22所示，最后按Ctrl+Enter组合键即可计算结果。

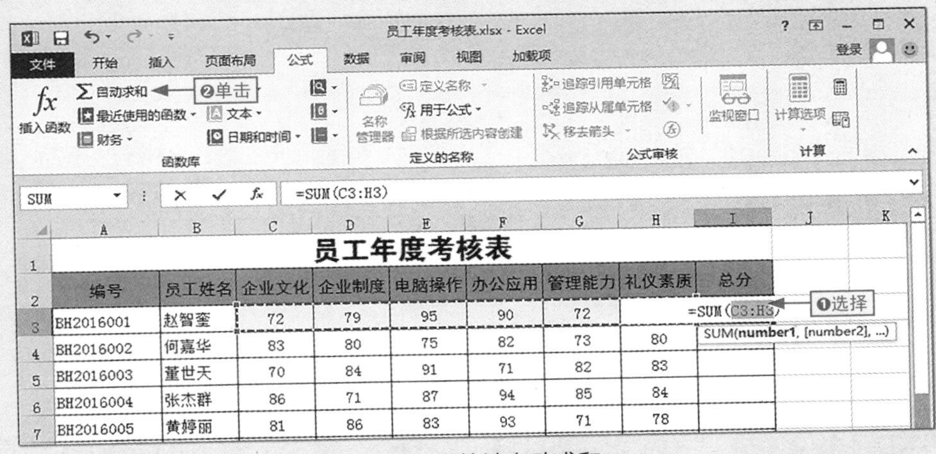

	A	B	C	D	E	F	G	H	I
1	员工年度考核表								
2	编号	员工姓名	企业文化	企业制度	电脑操作	办公应用	管理能力	礼仪素质	总分
3	BH2016001	赵智奎	72	79	95	90	72		=SUM(C3:H3)
4	BH2016002	何嘉华	83	80	75	82	73	80	
5	BH2016003	董世天	70	84	91	71	82	83	
6	BH2016004	张杰群	86	71	87	94	85	84	
7	BH2016005	黄婷丽	81	86	83	93	71	78	

图6-22　快速自动求和

6.4.2 嵌套函数的应用

Excel的函数能够返回一个结果，如果返回的结果是另一个函数的参数，这就是函数的嵌套。

下面将根据员工的年度绩效总分，使用IF()函数的嵌套结构进行考核结果的判定，讲解有关嵌套函数的应用。

本节素材	\素材\Chapter06\绩效考核表.xlsx
本节效果	\效果\Chapter06\绩效考核表.xlsx
学习目标	利用IF()函数的嵌套结构进行条件判断
难度指数	★★★

步骤01 打开素材文件，选择G4:G12单元格区域，如图6-23所示。

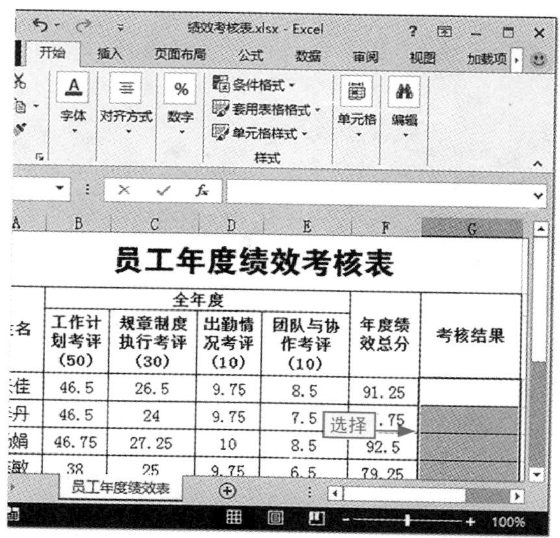

图6-23　选择结果单元格

步骤02　❶在编辑栏中输入“=IF(F4>80,"合格","不合格")”公式，❷按Ctrl+Enter组合键计算结果，如图6-24所示。

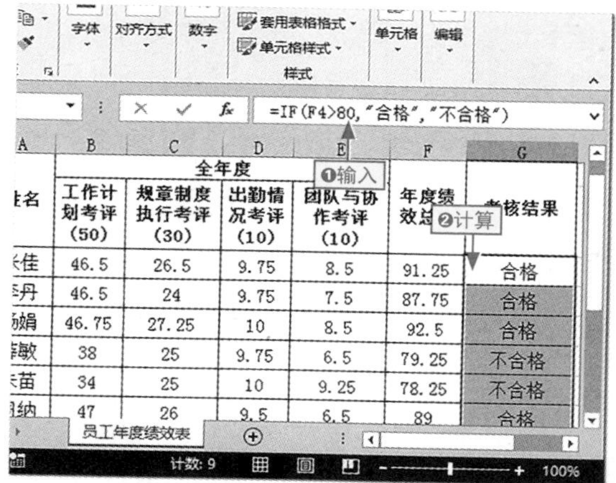

图6-24　根据绩效总分判断考核结果

小绝招

嵌套函数的使用注意事项

由于函数的参数对数据的类型有固定要求，因此在使用嵌套函数时，作为参数的函数的返回值的数据类型必须与外层函数对应位置的参数类型相同，否则函数将返回错误值。

6.4.3　将函数结果转换为数值

利用公式计算得到的结果，当引用位置的数据改变时，公式的计算结果将自动更新。如果用户想要固定得到的计算结果，让其不随引用位置的数据改变而改变，可以通过将计算结果转换为数值实现，具体操作如下。

本节素材	\素材\Chapter06\绩效考核表1.xlsx
本节效果	\效果\Chapter06\绩效考核表1.xlsx
学习目标	掌握将计算结果转化为常规数值的方法
难度指数	★★

步骤01　❶打开素材文件，选择F4:G12单元格区域，❷在“剪贴板”组中单击“复制”按钮，如图6-25所示。

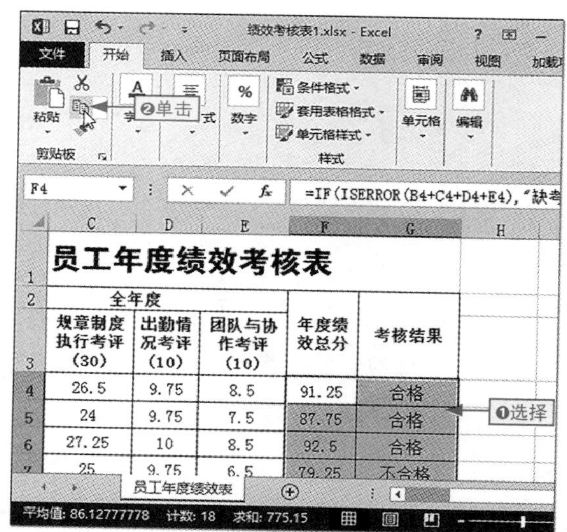

图6-25　对计算结果单元格执行复制操作

步骤02　❶单击“粘贴”下拉按钮，❷选择“选择性粘贴”命令，如图6-26所示。

小绝招

快速打开“选择性粘贴”对话框

在Excel 2013中，执行复制操作后，直接按Ctrl+Alt+V组合键可以快速打开“选择性粘贴”对话框。

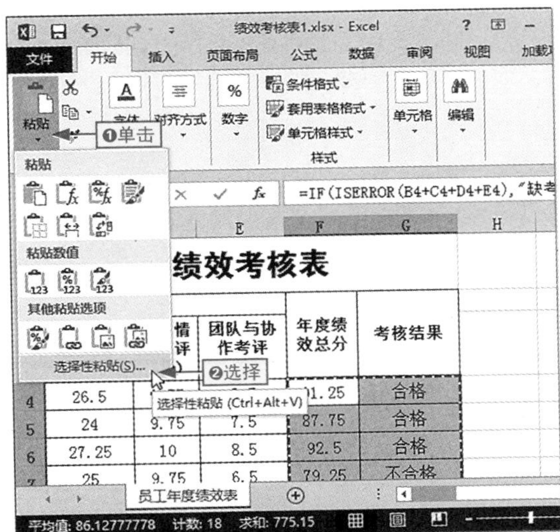

图6-26 选择“选择性粘贴”命令

步骤03 ❶在打开的“选择性粘贴”对话框中选中“数值”单选按钮，❷单击“确定”按钮，如图6-27所示。

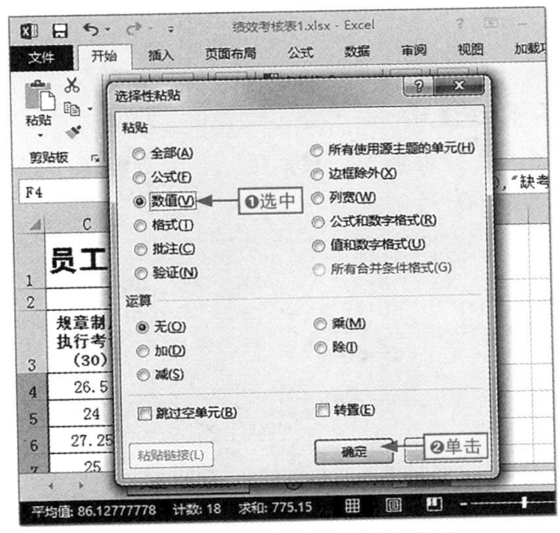

图6-27 将计算结果转换为数值

步骤04 在返回的工作表中可看到，结果没有改变，但是在编辑栏中可看到，计算公式已经没有了，如图6-28所示。

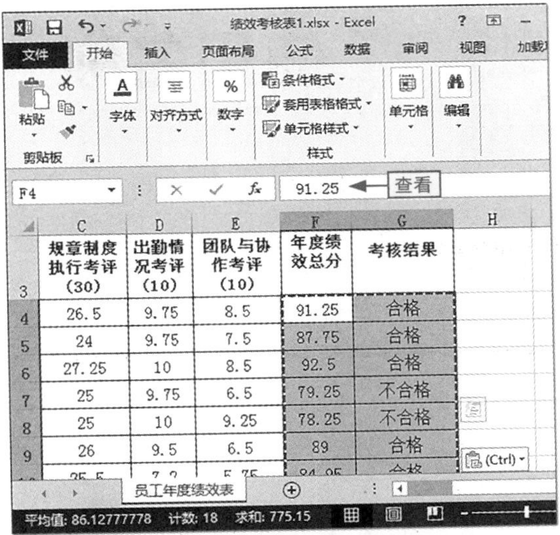

图6-28 查看将公式转换为数值的结果

将公式转换为结果的格式变化

将公式结果转换为数值时，如果是在原始单元格上转换，这种转换不会改变原始单元格的格式。如果将公式结果复制到其他位置并将结果转换为数值，直接以值的方式转换时，则原始单元格的字体格式不会复制到目标位置。如果要得到转换值并应用原始单元格的格式，则需要在“粘贴”下拉菜单中选择“值和源格式”选项，如图 6-29 所示。

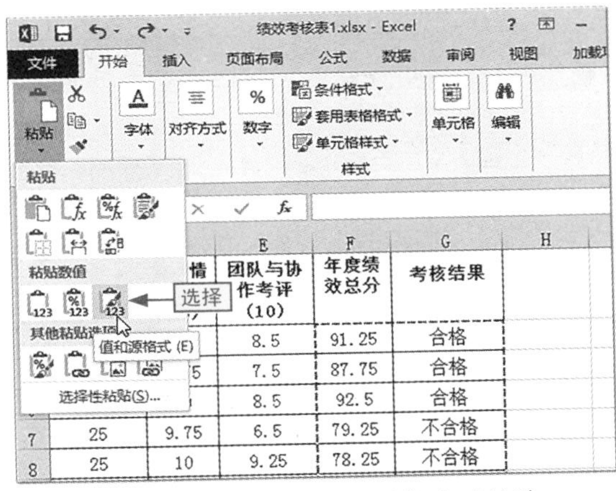

图6-29 以“值和源格式”方式粘贴

6.5 使用名称

小白：在公式和函数中，很多情况下操作数和参数都是一些单元格应用，这使得公式和函数不容易理解。

阿智：如果要让公式和函数的实际意义更明确，可以为涉及的相关引用定义一个名称。下面我具体给你讲讲这到底是怎么回事儿吧。

在Excel中，系统提供了名称功能，如果为单元格或者公式定义名称后，可以直接在公式和函数中对其进行引用，比使用单元格地址引用更直观。

6.5.1 定义名称的常见方法

Excel中的名称并不是创建工作簿时就有的，要使用名称，首先需要定义名称。具体的创建方法如下。

本节素材	\素材\Chapter06\员工基本信息.xlsx
本节效果	\效果\Chapter06\员工基本信息.xlsx
学习目标	掌握为单元格定义名称的方法
难度指数	★★★

步骤01 ❶打开素材文件，选择E2:E14单元格区域，❷单击“公式”选项卡，如图6-30所示。

图6-30 选择要定义名称的单元格区域

小绝招

使用名称框定义名称

使用名称框定义名称是最快捷的一种方法，具体的操作方法是：选择单元格或者单元格区域，在名称框中输入需要定义的单元格名称，按Enter键确定。

步骤02 ❶单击“定义的名称”组中的“定义名称”下拉按钮，❷选择“定义名称”命令，如图6-31所示。

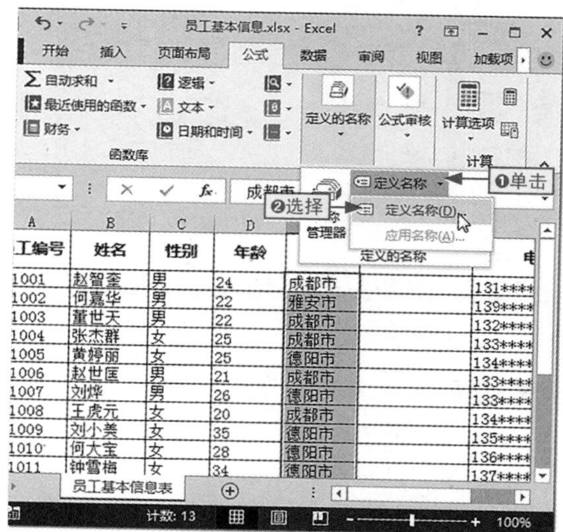

图6-31 选择“定义名称”命令

步骤03 ❶在打开的“新建名称”对话框的“名称”文本框中输入“籍贯”，❷单击“确定”按钮，如图6-32所示。

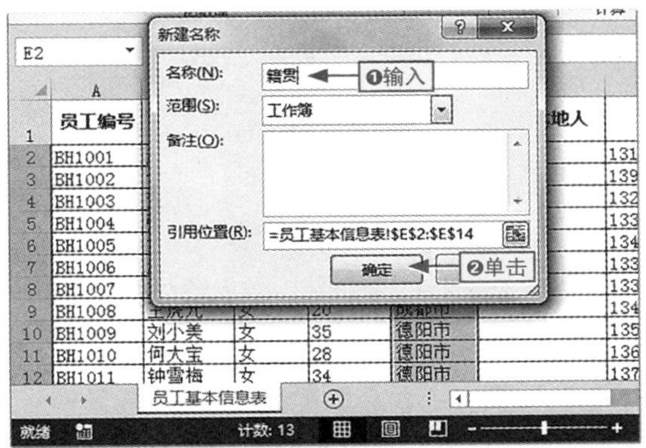

图6-32 为选择的单元格区域定义名称

小绝招

定义单元格名称的注意事项

在定义单元格名称的过程中，要注意名称不能与系统内置的单元格名称重复，也不能使用Excel的一些固定用法来作为单元格名称。例如，名称不能使用“A1”“B2”等代表单元格地址的字符串，也不能使用“Print_Area”“Print_Titles”等代表单元格内置名称的字符串。

步骤04 在返回的工作界面的名称框中即可查看为当前选择的单元格区域定义的“籍贯”名称，如图6-33所示。

员工基本信息.xlsx - Excel

	A	B	C	D	E	F
1	员工编号	姓名	性别	年龄	籍贯	是否本地人
2	BH1001	赵智奎	男	24	成都市	
3	BH1002	何嘉华	男	22	雅安市	
4	BH1003	董世天	男	22	成都市	
5	BH1004	张杰群	女	25	成都市	
6	BH1005	黄婷丽	女	25	德阳市	

图6-33 查看定义的名称

小绝招

全局名称和局部名称的区别

在Excel中，根据作用范围不同，名称分为全局名称和局部名称。其中，全局名称是工作簿级别名称，其作用范围为整个工作簿，即可以在当前工作簿的任意工作表的公式中调用；局部名称是工作表级别名称，其作用范围为当前工作表。要设置名称的作用域（即在哪些位置起作用），可以在“新建名称”对话框中的“范围”下拉列表框中进行设置，在该下拉列表框中，有“工作簿”和“当前工作表名称”两个选项，选择不同的选项分别将名称的作用域设置为全局名称和局部名称。

6.5.2 快速批量定义名称并查看

如果要一次性为多个单元格区域分别定义不同的名称，可以使用批量定义单元格名称功能实现，创建完后，可以通过名称管理器来查看创建的名称，具体操作如下。

本节素材	\素材\Chapter06\员工年度考核表1.xlsx
本节效果	\效果\Chapter06\员工年度考核表1.xlsx
学习目标	掌握批量定义名称及查看名称的方法
难度指数	★★★

步骤01 打开素材文件，选择C2:H15单元格区域，如图6-34所示。

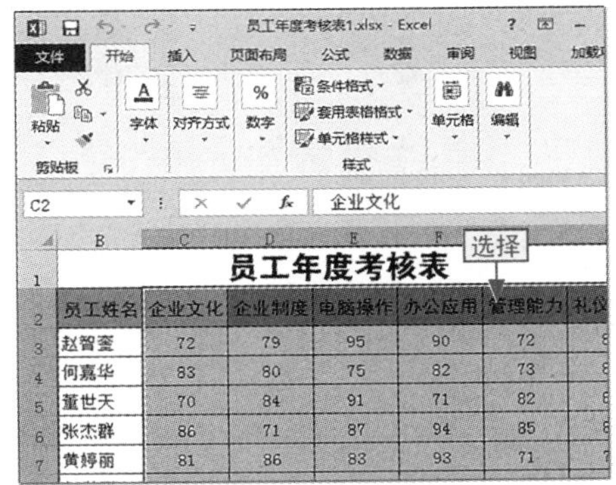

图6-34 选择要定义名称的单元格区域

步骤02 ❶单击“公式”选项卡，❷在“定义的名称”组中单击“根据所选内容创建”按钮，如图6-35所示。

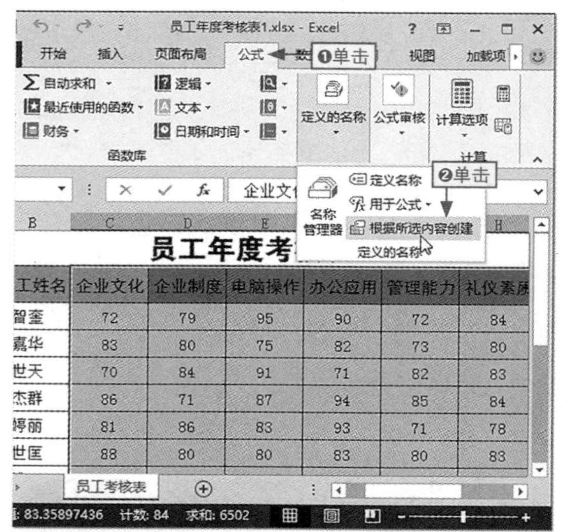

图6-35　根据所选内容批量创建名称

步骤03 ❶在打开的“以选定区域创建名称”对话框中选中“首行”复选框，❷单击“确定”按钮，如图6-36所示。

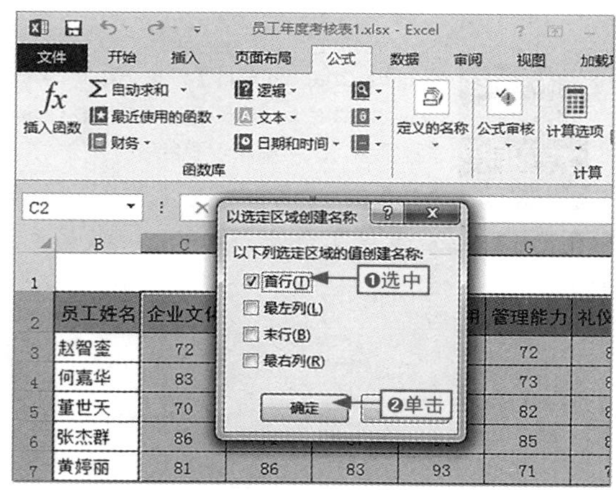

图6-36　设置创建名称的依据

步骤04 程序自动以首行的字段为名称来定义当前列的单元格区域，在“定义的名称”组中单击“名称管理器”按钮，如图6-37所示。

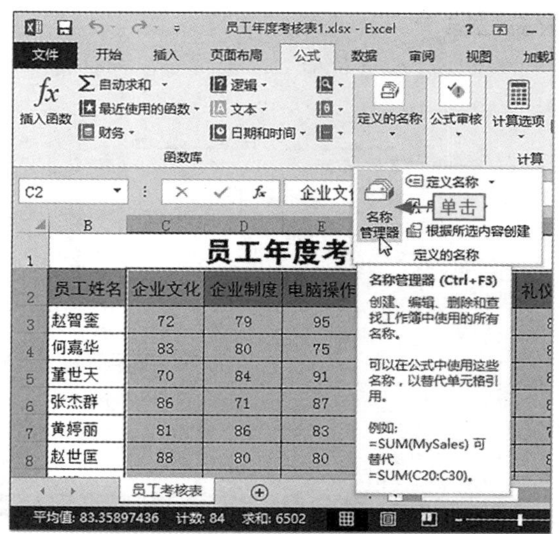

图6-37　启用名称管理器

名称管理器的其他用途

在“名称管理器”对话框中，单击“新建”按钮可以继续新建名称；在对话框中间的列表框中选择名称选项，单击“编辑”按钮，在打开的对话框中可对名称进行编辑操作；选择名称选项后单击“删除”按钮，可以将当前选择的名称删除；如果要同时删除多个名称，则选择多个名称选项后执行删除操作。

步骤05 在打开的“名称管理器”对话框中即可查看批量创建的单元格名称，如图6-38所示。

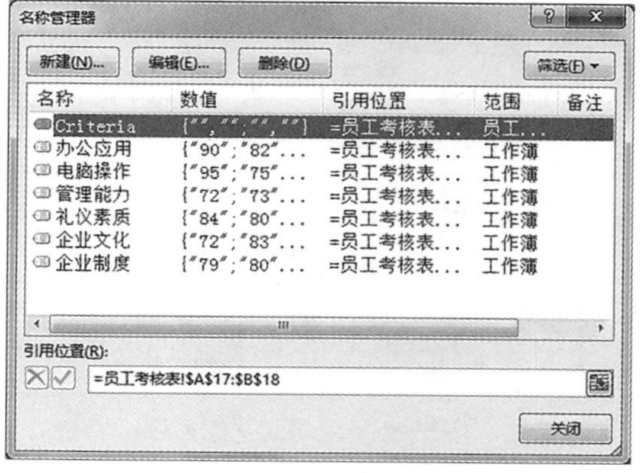

图6-38　查看批量创建的单元格名称

小绝招

为公式定义名称

若公式中的某个计算部分在该公式中会多次被用到，则可以将该部分定义一个名称，方法是：选择任意单元格，打开“新建名称”对话框，❶在“名称”文本框中输入名称，❷在“引用位置”文本框中输入公式，❸单击“确定”按钮，如图 6-39 所示。

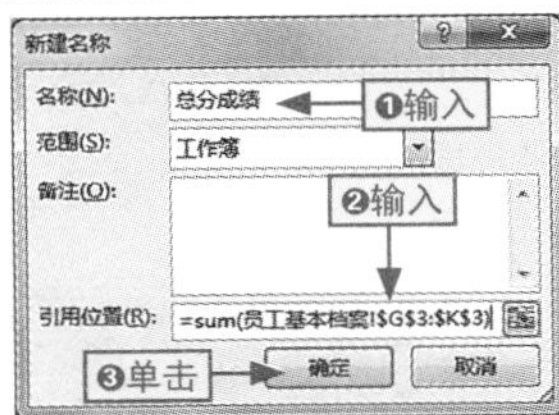

图6-39　为公式定义名称

6.5.3 使用名称的方法

定义单元格名称的主要目的是为了在公式中引用名称的数据，让公式更加直观或有效地简化公式，具体操作如下。

本节素材	⊙\素材\Chapter06\员工档案管理.xlsx
本节效果	⊙\效果\Chapter06\员工档案管理.xlsx
学习目标	掌握在公式或函数中使用名称的方法
难度指数	★★★

步骤01 ❶打开素材文件，选择K3:K20单元格区域，❷在编辑栏中输入“=DATEDIF()”函数，❸将文本插入点定位到括号内，如图6-40所示。

图6-40　手动插入DATEDIF()函数

DATEDIF()函数介绍

DATEDIF()函数是Excel的一个隐藏函数，在Excel的帮助和“插入函数”对话框中都不能找到这个函数。它主要用于返回两个日期之间间隔的年、月、日数，其语法结构是：DATEDIF(start_date,end_date,unit)，其中start_date参数用于指定起始日期，end_date参数用于指定终止日期，unit参数用于指定所需信息的返回类型，参数值可以为"Y"（时间段中的整年数）、"M"（时间段中的整月数）、"D"（时间段中的天数）、"MD"（忽略日期中的月和年）、"YM"（忽略日期中的日和年）、"YD"（忽略日期中的年）。

步骤02 ❶单击“公式”选项卡，❷在“定义的名称”组中单击“用于公式”下拉按钮，❸选择“出生年月”选项将其插入公式中，如图6-41所示。

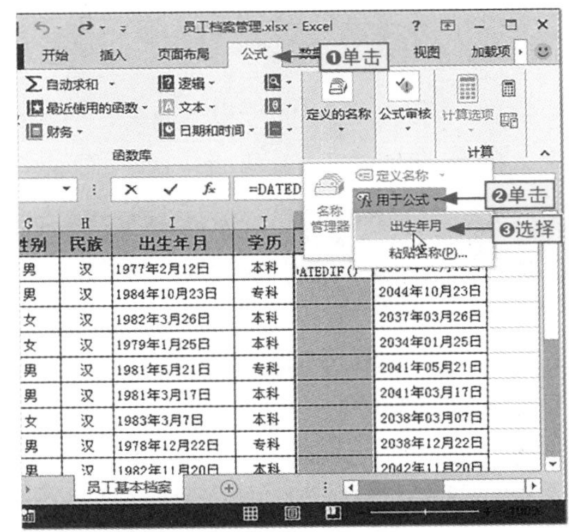

图6-41　选择要使用的名称

步骤03 ❶在编辑栏中完成公式的输入，❷按Ctrl+Enter组合键结束公式的输入并完成数据的计算，如图6-42所示。

=DATEDIF(出生年月,TODAY(),"y")

性别	民族	出生年月	学历	实际年龄	
男	汉	1977年2月12日	本科	39	2037年02月12日
男	汉	1984年10月23日	专科	31	2044年10月23日
女	汉	1982年3月26日	本科	33	2037
女	汉	1979年1月25日	本科	37	2034年01月25日
男	汉	1981年5月21日	专科	34	2041年05月21日
男	汉	1981年3月17日	本科	34	2041年03月17日
女	汉	1983年3月7日	本科	33	2038年03月07日
男	汉	1978年12月22日	专科	37	2038年12月22日
男	汉	1982年11月20日	本科	33	2年11月20日

❶输入 ❷计算

图6-42　计算每个员工的实际年龄

TODAY()函数介绍

在Excel 2013中，如果要返回当前系统的日期，可以使用系统提供的TODAY()函数来完成，其语法结构为：TODAY()。

从语法结构可以看出，该函数没有任何参数，如果要在某个位置获取当前系统的日期，直接输入“=TODAY()”，按Ctrl+Enter组合键即可。

手动在公式或者函数中输入名称

在 Excel 2013 中，如果用户可以记住要使用的名称的全称，还可以通过手动的方式在公式或函数中插入名称，具体方法如下。

❶在要使用的名称位置输入名称的前几个关键字，如输入“出生”，此时程序自动弹出一个信息列表，在其中显示了以该关键字开头的名称，❷在需要的名称选项上双击即可将该名称插入公式或者函数中，如图 6-43 所示。

=DATEDIF(出生　❶输入　出生年月　❷双击

员工基本档案

身份证号码	性别	民族	出生年月	学历	实际年龄
51112919770212****	男	汉	1977年2月12日	本科	IF(出生)
33025319841023****	男	汉	1984年10月23日	专科	
41244619820326****	女	汉	1982年3月26日	本科	
41052119790125****	女	汉	1979年1月25日	本科	
51386119810521****	男	汉	1981年5月21日	专科	
61010119810317****	男	汉	1981年3月17日	本科	
31048419830307****	女	汉	1983年3月7日	本科	
10112519781222****	男	汉	1978年12月22日	专科	

图6-43　手动插入要使用的名称

给你支招 | 搜索需要的函数

小白： Excel中有那么多函数，每个函数的作用和语法结构都不同，我怎么记得住那么多呢，有什么简便方法快速记忆呢?

阿智： 在Excel中，系统提供了12大类共计472个函数，如此多的函数，我们当然不可能全部记忆，如果我们只知道计算目的，但是不知道用什么函数来计算，可以通过系统提供的搜索功能搜索需要的函数，这样就方便多了。下面以搜索平均值函数为例讲解，具体操作如下。

步骤01 ❶打开“插入函数”对话框，在“搜索函数”文本框中输入“平均值”关键字，❷单击“转到”按钮，程序自动根据关键字将搜索到的相关函数显示在“选择函数”列表框中，如图6-44所示。

图6-44　根据关键字搜索所需的函数

步骤02 ❶在“选择函数”列表框中选择需要的函数，如选择AVERAGE函数，❷单击“确定”按钮，如图6-45所示。

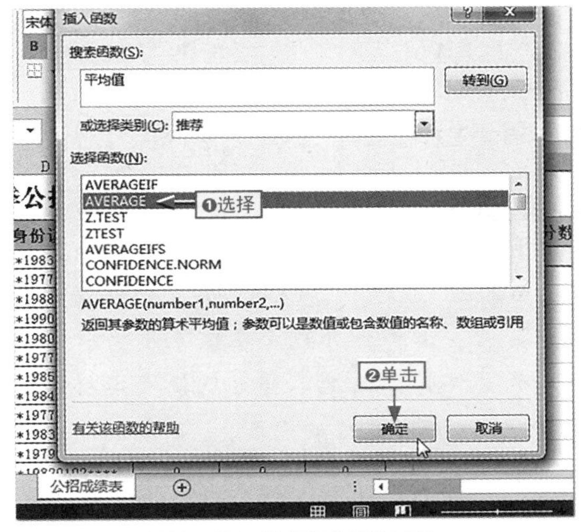

图6-45　选择需要的函数

步骤03 ❶在打开的“函数参数”对话框中设置要计算平均值的数据源区域，❷单击“确定”按钮完成数据计算，如图6-46所示。

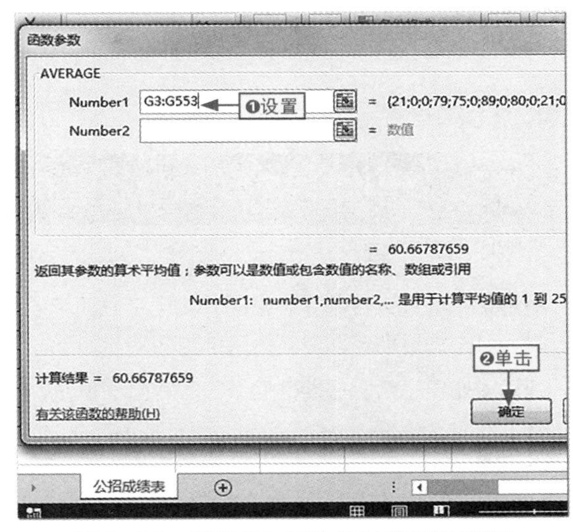

图6-46　设置参与平均值计算的数据源

根据名称查找函数

如果用户能够记住所需函数的开头几个字母，❶可以在“插入函数”对话框中将“或选择类别”设置为“全部”，❷在键盘上输入函数的前几个字母，如需要查找 COUNT() 函数，可以只输入名称中的“COU”部分，便可自动跳到以该字母开头的函数位置，如图 6-47 所示。

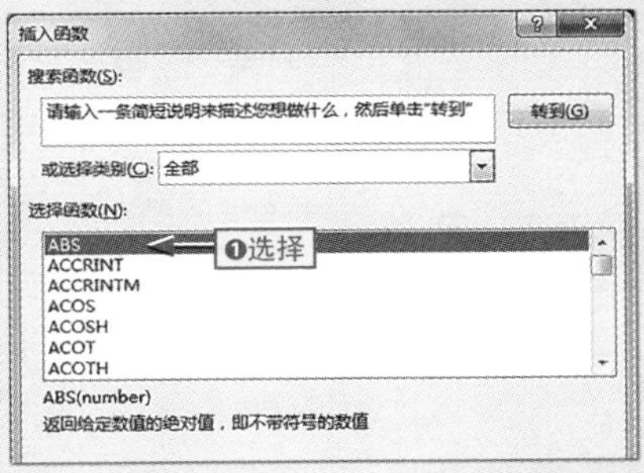

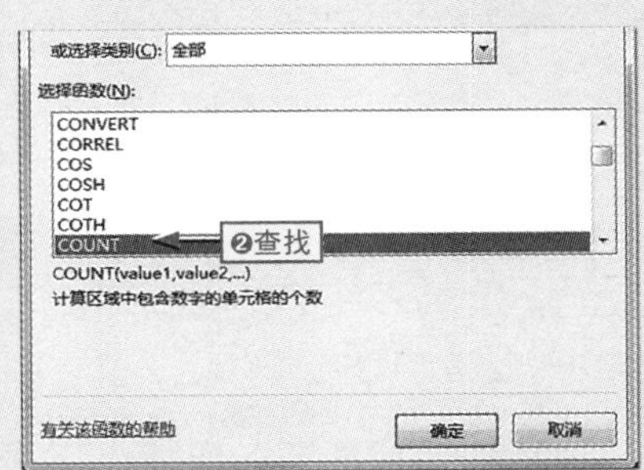

图6-47　根据名称查找函数

需要注意的是，在输入名称时，必须连续按键，不能停顿，否则会搜索出错误结果。此外，在“选择函数”列表框中选择函数后，在该列表框下方将显示该函数的具体功能和语法结构。如果要查看该函数的详细帮助，可以单击单元格左下角的“有关该函数的帮助”超链接。

给你支招 | 让计算结果不随系统时间的变化而变化

小白：我前几天在制作表格时，使用了TODAY()函数获取当时系统的日期，但是今天再次打开该文件时，其中的日期自动更新为系统当前的日期了，而导致表格数据出错。

阿智：如果不希望日期根据系统时间自动更新，可以启用手动重算数据功能，具体的方法如下。

步骤01 打开工作表文件，切换到“文件”选项卡，单击“选项”按钮，打开“Excel选项”对话框，如图6-48所示。

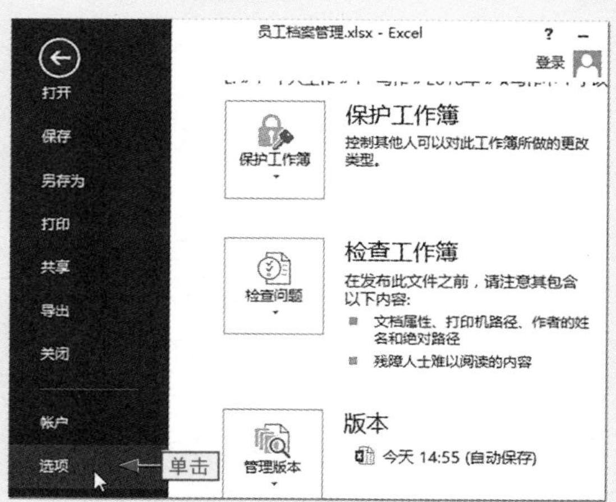

图6-48 单击“选项”按钮

快速获取系统当前日期

在Excel中还有一种快速获取系统当前日期的方法，即直接在目标单元格中按Ctrl+;组合键。但是，以这种方式获取的系统当前日期中不包含公式，下次打开该文件时，不会随系统当前时间的日期自动更新。

步骤02 ❶单击“公式”选项卡，❷在右侧的“计算选项”栏中选中“手动重算”单选按钮，❸单击“确定”按钮即可，如图6-49所示。此后，再次打开包含获取系统当前日期公式的文件时，系统不会自动使用当前系统日期更新相应单元格的内容。

图6-49 启用手动重算功能

Chapter 07

数据管理技术全面掌握

学习目标

排序数据、筛选数据、分类汇总数据、处理重复数据等都是Excel中最常见的数据管理内容，为了让读者快速掌握这些内容并将其应用到具体的日常办公中，本章详细安排了这些内容，并且通过图解操作的方式具体讲解。

本章要点

- 单字段排序
- 多字段排序
- 自定义排序
- 自动筛选
- 创建分类汇总的几种情况
- 显示汇总明细
- 直接删除重复项
- 突出显示符合条件的数据

知识要点	学习时间	学习难度
数据的排序和筛选	60 分钟	★★★★
数据的分类汇总和重复项处理	60 分钟	★★★★
使用条件格式	30 分钟	★★

7.1 数据的排序操作

阿智：小白，考考你，你知道怎么快速查看毛利最高的销售记录吗?

小白：用RANK()函数就可以了吧。

阿智：RANK()函数只能判断毛利数据的名次，如果毛利最高的销售记录在表格中间位置，也不能快速找到。本节我就来教教你怎么使用数据排序功能把你想要的目标数据靠前显示。

数据排序是数据分析中使用频率较高的操作之一，Excel可以按数值、文本、日期和时间等数据进行升序和降序排列。数据排序操作分为根据一个字段排序、根据多个字段排序及自定义排序3种。

7.1.1 单字段排序

单字段排序是指将指定数据区域的某一列的列标题作为排序关键字，让Excel根据此列数值执行升序或降序排列。下面通过具体实例讲解相关操作。

本节素材	\素材\Chapter07\店面毛利分析.xlsx
本节效果	\效果\Chapter07\店面毛利分析.xlsx
学习目标	掌握按一个字段进行升降序排序的方法
难度指数	★

步骤01 打开素材文件，选择毛利合计列所在的任意数据单元格，如选择H5单元格，如图7-1所示。

图7-1 选择排序依据的任意单元格

步骤02 ❶单击“数据”选项卡，❷在“排序和筛选”组中单击“降序”按钮将表格数据按照毛利的降序顺序重排，如图7-2所示。

图7-2 按毛利的降序顺序排列

快速排序的其他方法

选择需要排序的列中的任意单元格，单击鼠标右键，选择“排序”命令，在其子菜单中选择所需的排列方式，如图7-3上图所示；或者在“开始”选项卡的“编辑”组中单击“排序和筛选”按钮，在弹出的下拉菜单中选择所需的排列方式，如图7-3下图所示。

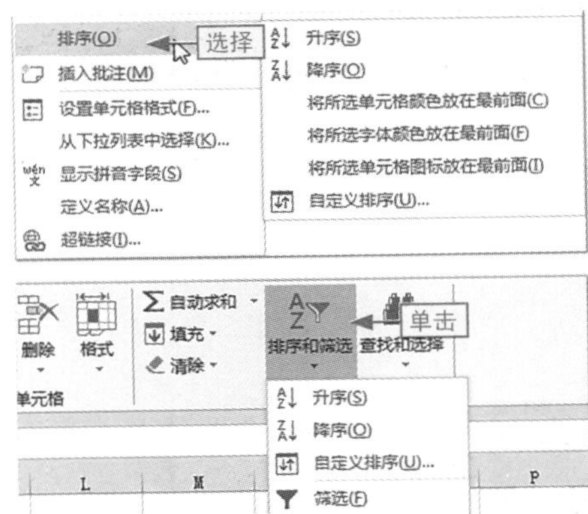

图7-3 快速排序的其他方法

7.1.2 多字段排序

多字段排序是指根据多列字段的数据对表格数据进行排序，这种排序方法也可以处理通过一个字段排序后排序结果有重复的情况。

本节素材	\素材\Chapter07\员工年度考核表.xlsx
本节效果	\效果\Chapter07\员工年度考核表.xlsx
学习目标	掌握按多个字段进行升降序排序的方法
难度指数	★★

步骤01 ❶打开素材文件，选择任意数据单元格，❷单击“数据”选项卡，❸在“排序和筛选”组中单击“排序”按钮，如图7-4所示。

编号	员工姓名	企业文化	企业制度	电脑操作	办公应用
BH2016001	赵智鎏	72	79	95	90
BH2016002	何嘉华	83	80		82
BH2016003	董世天	70	84	91	71
BH2016004	张杰群	86	71	87	94
BH2016005	黄婷丽	81	86	83	93
BH2016006	赵世匡	88	80	80	83

图7-4 切换选项卡

打开“排序”对话框的其他方法

选择任意数据单元格后，在“开始”选项卡的“编辑”组中单击“排序和筛选”下拉按钮，选择“自定义排序”命令也可以打开“排序”对话框。

步骤02 ❶在打开的“排序”对话框的主要关键字栏中单击“列”下拉列表框右侧的下拉按钮，❷在弹出的下拉列表中选择“总分”选项，如图7-5所示。

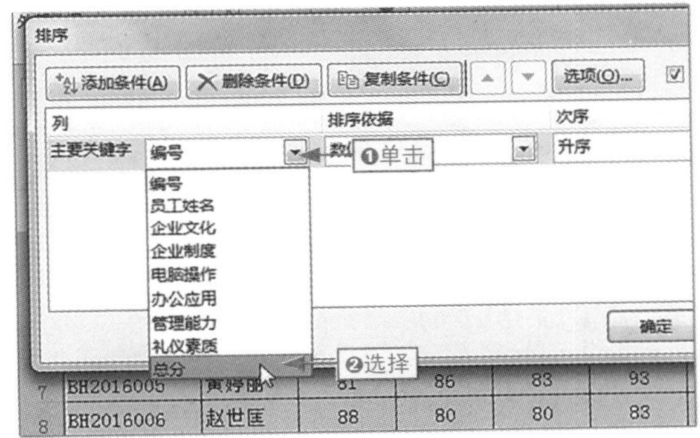

图7-5 设置主要关键字

步骤03 ❶在主要关键字的“次序”下拉列表框中选择“降序”选项，❷单击“添加条件”按钮添加次要关键字栏，如图7-6所示。

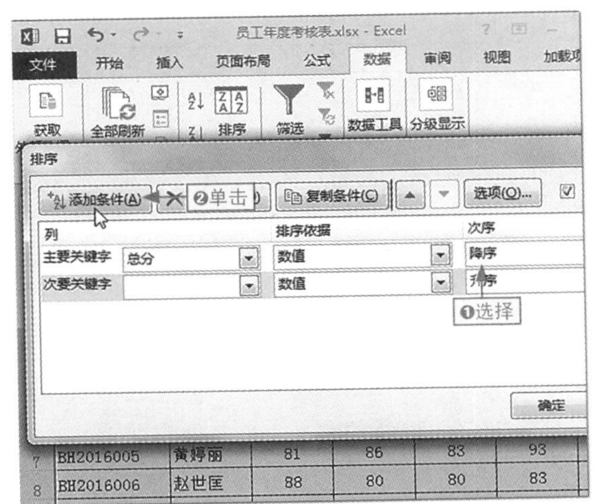

图7-6 添加次要关键字栏

步骤04 ❶在次要关键字的“列”下拉列表框中选择“管理能力”选项，❷在对应的“次序”下拉列表框中选择“降序”选项，❸单击“确定”按钮，如图7-7所示。

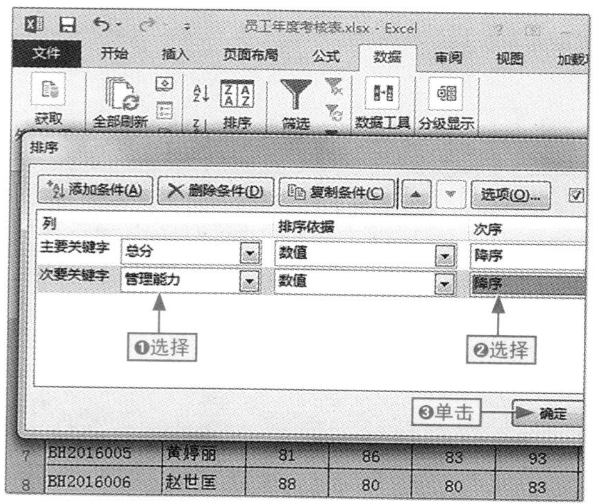

图7-7　完成排序依据的设置

步骤05 在返回的工作表中可查看当总分相同时，程序自动按管理能力的降序顺序继续排序，如图7-8所示。

员工年度考核表

企业文化	企业制度	电脑操作	办公应用	管理能力	礼仪素质	总分
95	94	89	97	[illegible]	91	556
82	81	94	88	94	95	534
70	94	73	86	93	91	507
86	71	87	94	85	84	507
80	83	81	81	93	83	501
81	76	92	77	91	77	494
88	80	80	83	80	83	494
72	79	95	90	72	84	492
81	86	83	93	71	78	492
82	72	79	77	94	82	486

效果

图7-8　查看排序结果

删除条件

在“排序”对话框中，如果添加了多余的排序依据，可以选择该排序依据，然后单击对话框上方的“删除条件”按钮将其删除。

7.1.3 自定义排序

在处理数据的过程中，如果需要按某种特定的序列进行排序，可以利用系统内置的序列或用户可以自己定义序列来进行排序。下面通过具体的实例讲解相关操作。

本节素材	\素材\Chapter07\员工档案管理.xlsx
本节效果	\效果\Chapter07\员工档案管理.xlsx
学习目标	掌握创建自定义序列并排序的方法
难度指数	★★★★

步骤01 ❶打开素材文件，选择任意数据单元格，❷单击“编辑”组中的“排序和筛选”下拉按钮，❸选择“自定义排序”命令，如图7-9所示。

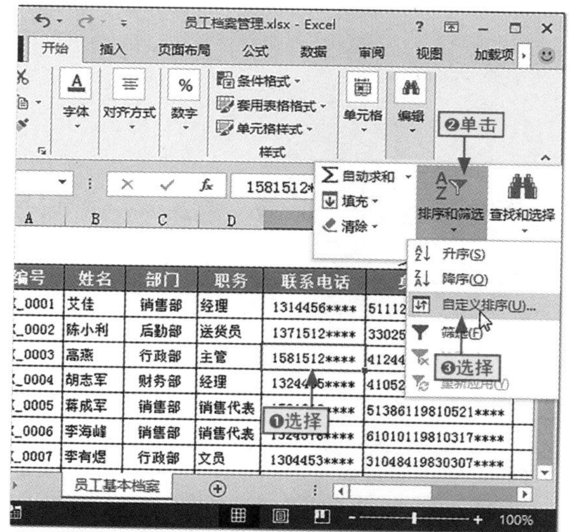

图7-9　选择“自定义排序”命令

使用内置序列

在Excel中，月份、星期、季度、天干和地支等序列都是内置的，在对包含这些数据的列进行排序时，只需要打开“排序”对话框，在“次序”下拉列表框中选择“自定义序列”选项，在打开的“自定义序列”对话框中选择序列后单击“确定”按钮即可。

步骤02 ❶在打开的“排序”对话框的主要关键字栏中的“列”下拉列表框中选择“学历”选项，❷在“次序”下拉列表框中选择“自定义序列”选项，如图7-10所示。

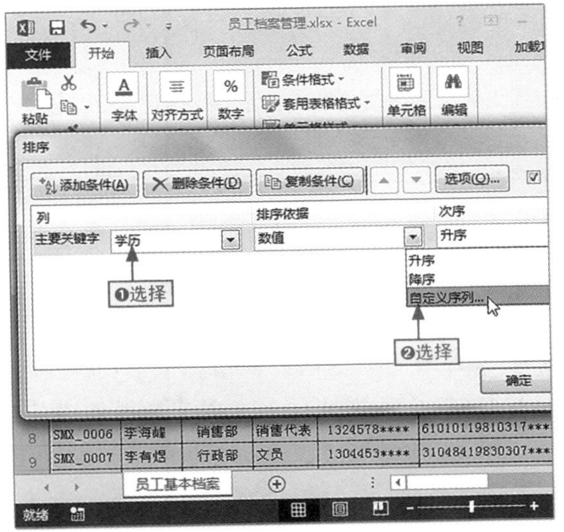

图7-10 选择“自定义序列”选项

步骤03 ❶在打开的“自定义序列”对话框中选择“新序列”选项，❷在“输入序列”列表框中输入自定义的序列，如图7-11所示。

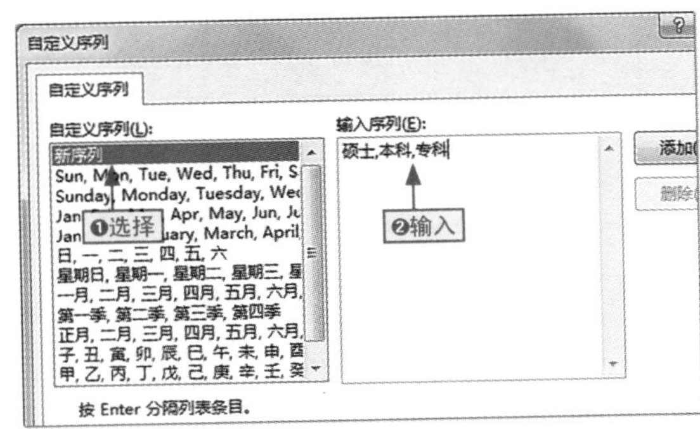

图7-11 输入新序列

输入新序列的注意事项

在输入新序列时，各个序列之间用英文状态下的逗号分隔，或者输入一个序列后按 Enter 键换行输入下一个序列数据。

步骤04 ❶单击“添加”按钮将输入的序列数据添加到左侧的“自定义序列”列表框中，❷单击“确定”按钮，如图7-12所示。

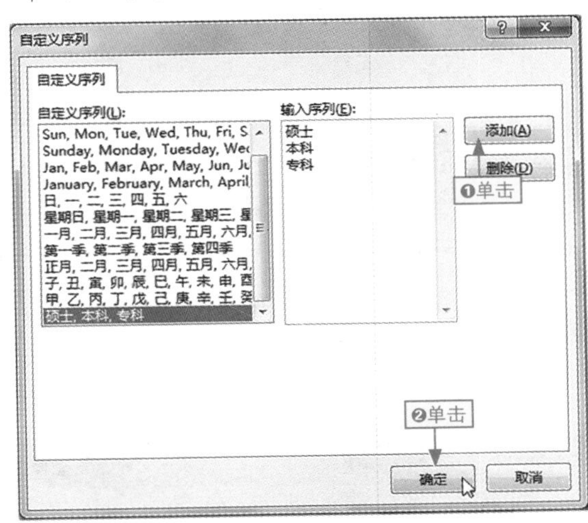

图7-12 添加自定义序列

步骤05 ❶在返回的“排序”对话框的“次序”下拉列表框中选择需要的自定义序列的顺序，❷单击“确定”按钮确认设置的排序依据，程序自动按要求对表格数据进行排序，如图7-13所示。

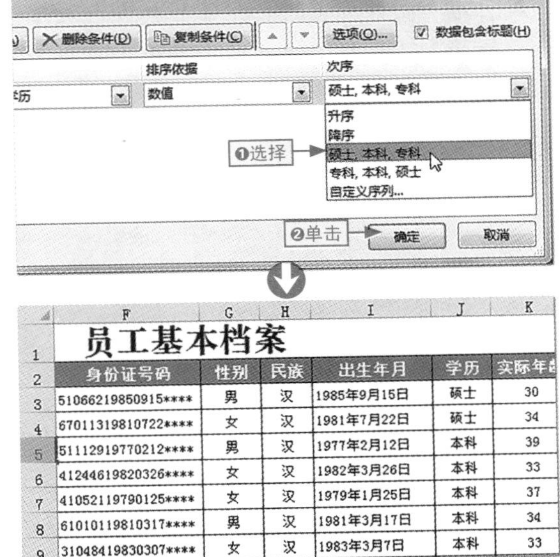

员工基本档案

身份证号码	性别	民族	出生年月	学历	实际年
51066219850915****	男	汉	1985年9月15日	硕士	30
67011319810722****	女	汉	1981年7月22日	硕士	34
51112919770212****	男	汉	1977年2月12日	本科	39
41244619820326****	女	汉	1982年3月26日	本科	33
41052119790125****	女	汉	1979年1月25日	本科	37
61010119810317****	男	汉	1981年3月17日	本科	34
31048419830307****	女	汉	1983年3月7日	本科	33

图7-13 按自定义序列的顺序排序的效果

7.2 数据的筛选操作

阿智：小白你在干什么呢?

小白：我在整理数据，看2月份魅力红芙蓉冰箱的销售明细。

阿智：你这样一条一条地看记录，多不方便啊，直接用筛选功能可以把指定规格冰箱的销售明细筛选出来。

筛选数据源是根据一定的条件，找出符合条件的数据记录，而将不符合条件的数据记录暂时隐藏起来，以方便操作。筛选数据源主要有自动筛选、自定义筛选和高级筛选3种方式。

7.2.1 自动筛选

自动筛选可以快速完成简单的筛选操作，它是通过在筛选器中选中或取消选中复选框来完成的，具体操作如下。

本节素材	\素材\Chapter07\冰箱销售明细.xlsx
本节效果	\效果\Chapter07\冰箱销售明细.xlsx
学习目标	掌握通过筛选器自动筛选数据的方法
难度指数	★★

步骤01 ❶打开素材文件，选择任意数据单元格，❷单击“数据”选项卡，❸单击“筛选”按钮进入筛选状态，如图7-14所示。

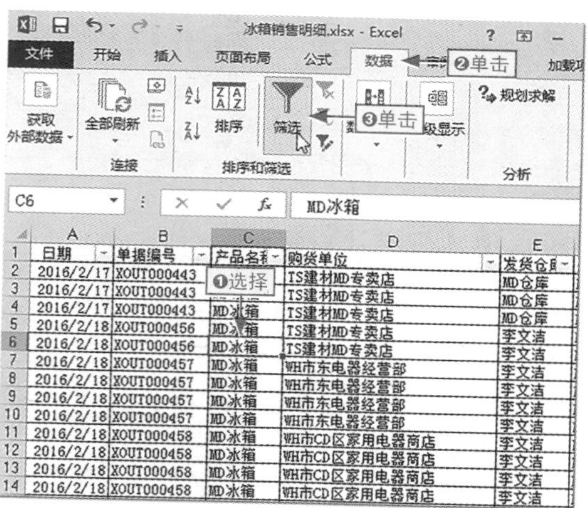

图7-14　进入工作表的筛选状态

步骤02 ❶单击“规格型号”单元格右侧的下拉按钮，❷在弹出的筛选器中取消选中“全选”复选框，❸选中“MD冰箱BCD-195GMN魅力红芙蓉”复选框，❹单击“确定”按钮，如图7-15所示。

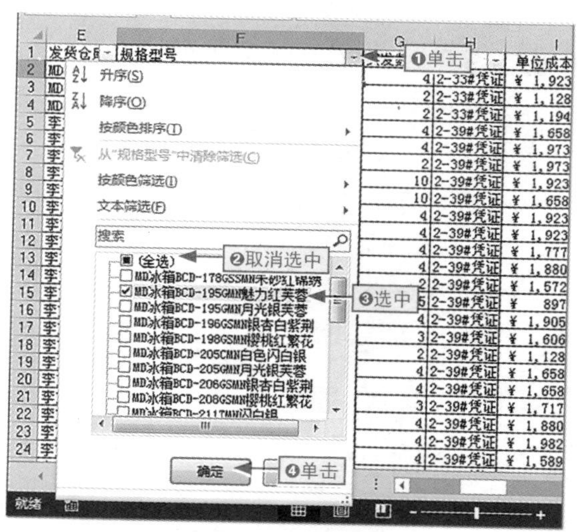

图7-15　设置筛选条件

步骤03 在返回的工作表中即可看到此时表格中只显示了规格型号为MD冰箱BCD-195GMN的商品信息，如图7-16所示。

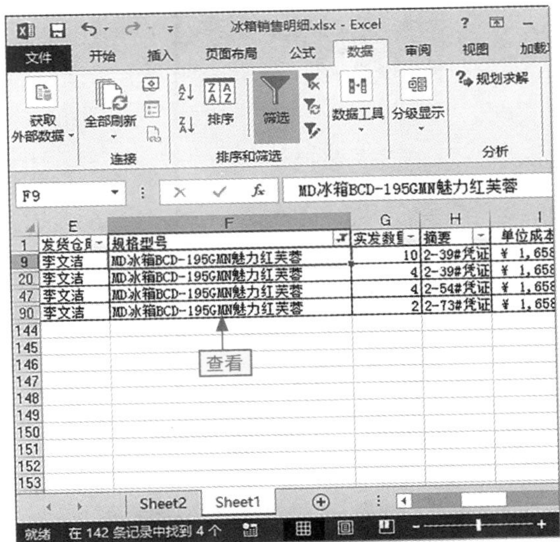

图7-16 查看筛选结果

进入和退出筛选状态

选择任意数据后，直接按 Ctrl+Shift+L 组合键，或者在“开始”选项卡的“编辑”组中单击“排序和筛选”按钮，在弹出的下拉菜单中选择“筛选”命令，都可以进入工作表的筛选状态。如果要退出筛选状态，选择任意数据单元格后，再次执行进入筛选状态的操作即可。

7.2.2 自定义筛选

自动筛选只能把当前列中存在的某具体值作为筛选条件，而自定义筛选允许用户设定两个条件来模糊筛选所需数据记录。

本节素材	\素材\Chapter07\冰箱销售明细1.xlsx
本节效果	\效果\Chapter07\冰箱销售明细1.xlsx
学习目标	掌握自定义设置筛选条件的方法
难度指数	★★★

步骤01 ❶打开素材文件，选择任意数据单元格，❷按Ctrl+Shift+L组合键进入筛选状态，如图7-17所示。

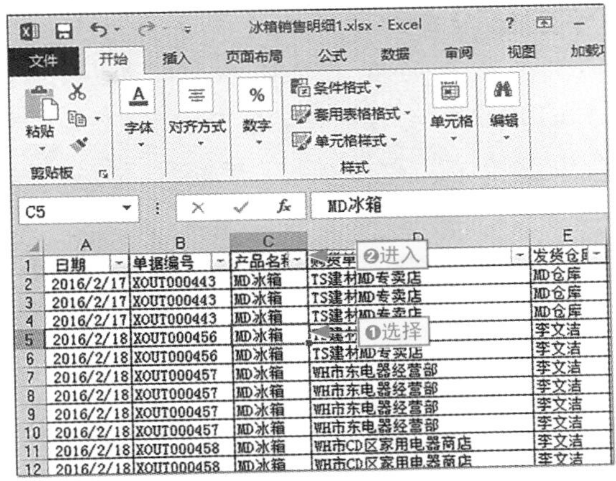

图7-17 进入筛选状态

步骤02 ❶单击“日期”单元格右侧的下拉按钮，❷在弹出的筛选器中选择“日期筛选/介于”命令，如图7-18所示。

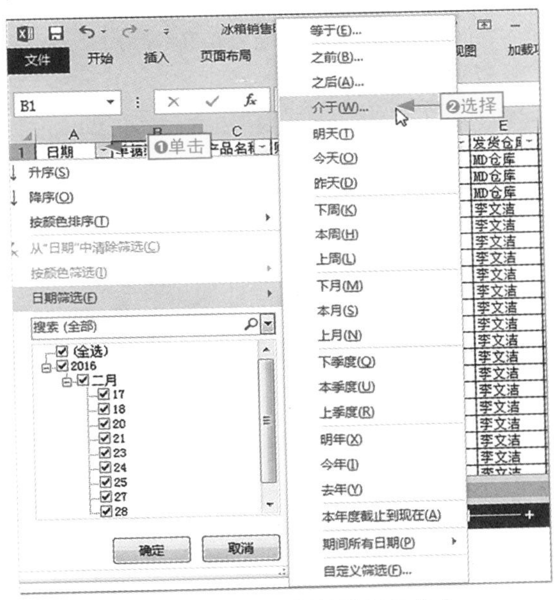

图7-18 选择日期筛选条件命令

筛选器中的命令说明

根据被筛选列中的数据类型不同，筛选器中的命令也不同，如数字类型对应的命令为“数字筛选”，文本类型对应的命令为“文本筛选”，日期数据对应的命令为“日期筛选”。

步骤03 ❶在打开的“自定义自动筛选方式”对话框的右上角下拉列表框中选择“2016/2/20”日期，❷在右下角下拉列表框中选择“2016/2/23”日期，❸单击“确定”按钮，如图7-19所示。

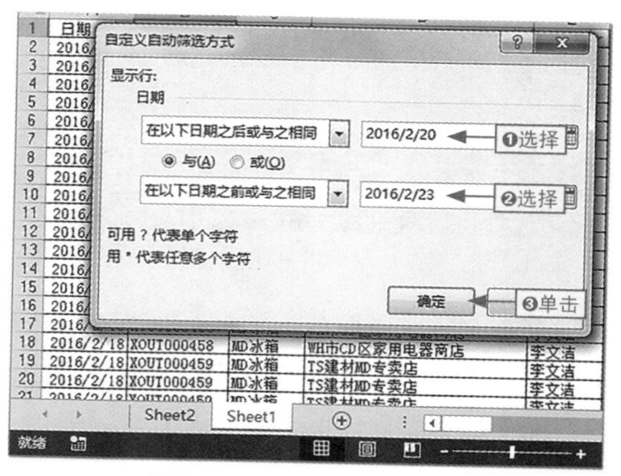

图7-19　自定义筛选条件

“与”“或”单选按钮的作用

在“自定义自动筛选方式”对话框中，“与”单选按钮表示两个条件同时满足，“或”单选按钮表示任意一个条件满足即可。

步骤04 在返回的工作表中即可看到，当前工作表中只显示了日期为2016/2/20～2/23的相关数据记录，如图7-20所示。

	A 日期	B 单据编号	C 产品名称	D 购货单位	E 发货仓库
27	2016/2/20	XOUT000464	MD冰箱	XG阳光家电	李文洁
28	2016/2/20	XOUT000464	MD冰箱	XG阳光家电	李文洁
29	2016/2/20	XOUT000464	MD冰箱	XG阳光家电	李文洁
30	2016/2/20	XOUT000464	MD冰箱	XG阳光家电	李文洁
31	2016/2/20	XOUT000464	MD冰箱	XG阳光家电	李文洁
32	2016/2/20	XOUT000465	MD冰箱	WH市百货店	李文洁
33	2016/2/20	XOUT000465	MD冰箱	WH市百货店	李文洁
34	2016/2/20	查看	MD冰箱	WH市百货店	李文洁
35	2016/2/20	XOUT000465	MD冰箱	WH市百货店	李文洁
36	2016/2/20	XOUT000465	MD冰箱	WH市百货店	李文洁
37	2016/2/20	XOUT000465	MD冰箱	WH市百货店	李文洁
38	2016/2/20	XOUT000465	MD冰箱	WH市百货店	李文洁
39	2016/2/20	XOUT000465	MD冰箱	WH市百货店	李文洁
40	2016/2/20	XOUT000465	MD冰箱	WH市百货店	李文洁
41	2016/2/20	XOUT000465	MD冰箱	WH市百货店	李文洁
42	2016/2/20	XOUT000466	MD冰箱	WH市姚集飞龙家用电器商行	李文洁

图7-20　查看筛选结果

7.2.3 高级筛选

在“自定义自动筛选方式”对话框中，针对一个字段最多只能设置两个条件，如果要设置更多字段的多条件筛选，需要使用系统提供的高级筛选功能来完成。

高级筛选的关键在于如何设置筛选的条件区域，具体来说，条件区域需要满足如图7-21所示的几个规则。

规则1

条件区域的第1行为条件的列标签行，需要与筛选的数据源区域的筛选条件列标签相同。

规则2

在条件区域的列标签行的下方，至少应包含一行具体的筛选条件（筛选条件中的日期、数值、文本数据都不加引号）。

规则3

如果某个字段具有两个或两个以上筛选条件，可在条件区域中对应的列标签下方的单元格中依次列出各个条件，各条件之间的逻辑关系为“或”。

规则4

要筛选同时满足两个以上列标签条件的记录，可在条件区域的同一行中对应的列标签下输入各个条件，各条件之间的逻辑关系为“与”。

规则5

要筛选满足多组条件（每一组条件都包含针对多个字段的条件）之一的记录，可将各组条件输入在条件区域的不同行上。

图7-21　高级筛选的条件区域需要满足的规则

本节素材 \素材\Chapter07\冰箱销售明细2.xlsx
本节效果 \效果\Chapter07\冰箱销售明细2.xlsx
学习目标 掌握用高级筛选设置更多条件的数据筛选的方法
难度指数 ★★★★★

步骤01 打开素材文件，在数据表下方添加“筛选条件区域”表格并设置对应的表格格式，如图7-22所示。

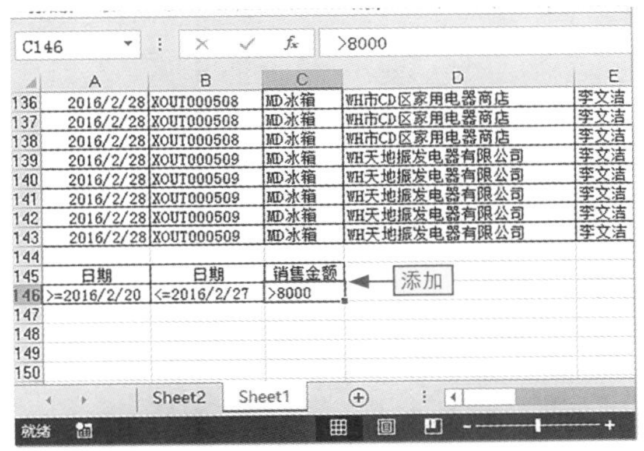

图7-22 添加筛选条件区域格式

步骤02 ❶单击“数据”选项卡，❷在“排序和筛选”组中单击“高级”按钮，打开“高级筛选”对话框，如图7-23所示。

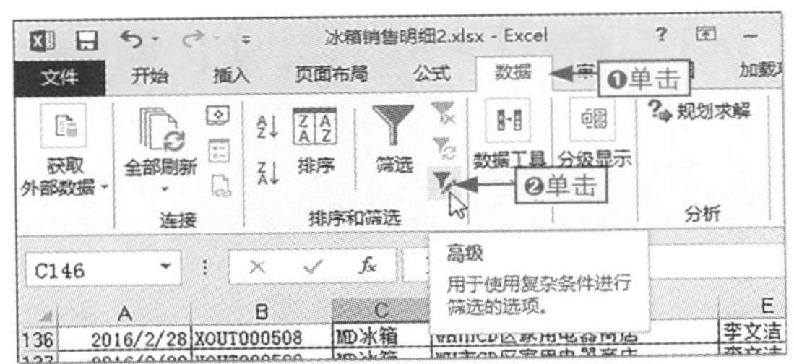

图7-23 单击“高级”按钮

步骤03 ❶选中“将筛选结果复制到其他位置”单选按钮，❷将文本插入点定位到“条件区域”文本框中，选择筛选条件区域，如图7-24所示。

图7-24 引用条件区域

步骤04 ❶将文本插入点定位到“复制到”文本框中，选择A148单元格，❷单击“确定”按钮，如图7-25所示。

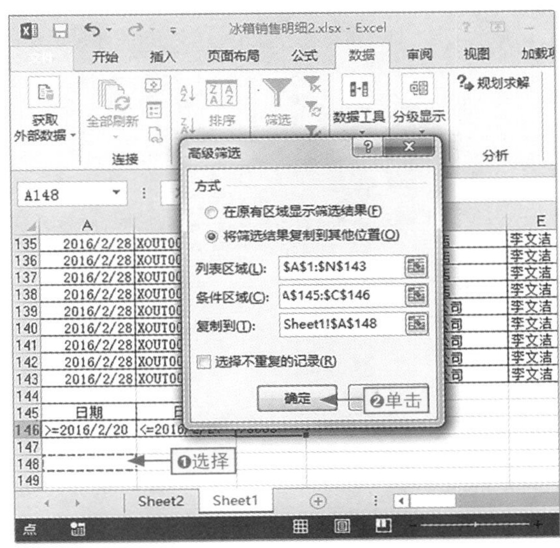

图7-25 设置筛选结果的保存位置

步骤05 在返回的工作表中即可看到，程序自动在数据表中将指定日期内销售总额在8000以上的销售明细记录筛选出来并保存在相应的位置，如图7-26所示。

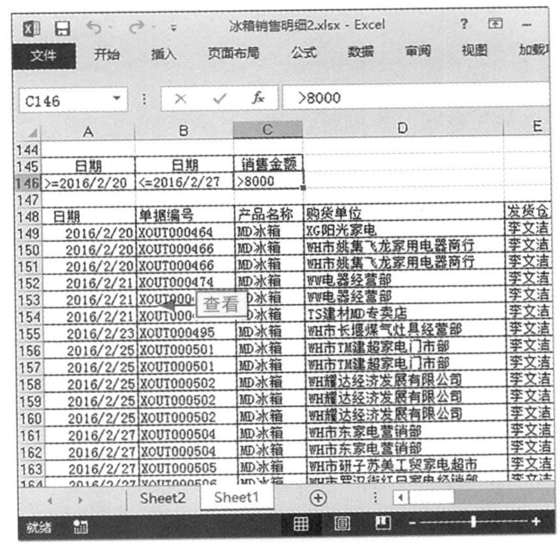

图7-26 查看筛选结果

使用通配符筛选数据

在筛选文本时，如果筛选条件为模糊的条件，如查找姓杨、名字为3个字的客户资料，就可以在打开的“自定义自动筛选方式”对话框中使用系统提供的通配符来完成。在Excel中，通配符只有两个，即“?”和“*”，它们的具体作用如图7-27所示。

“?”通配符

“?”通配符用于替代一个字符，例如在姓名字段中设置筛选条件为“杨？”，表示查找姓杨，名字为两个字的员工的记录。

“*”通配符

“*”通配符用于替代0个或多个字符，例如在姓名字段中设置筛选条件为“杨*”，表示查找姓杨的员工的记录。

图7-27 使用通配符设置筛选条件

7.3 数据的分类汇总操作

小白：有没有什么功能可以把同类型的数据进行汇总呢?

阿智：当然有，如果要对数据进行分类汇总操作，直接使用分类汇总功能即可，这个功能看起来简单，但是作用确实非常大，在日常的数据处理工作中经常使用。

分类汇总是数据分析中使用较多的一种操作，它以某列为关键字，将相同的数据记录归结到一起并对指定的列进行求和、计数、求平均值等计算。

7.3.1 创建分类汇总的几种情况

创建分类汇总有两种情况，一种是根据某列创建，另一种是根据多列创建，下面分别对其进行讲解。

1. 根据某列创建分类汇总

如果要创建分类汇总，首先要确定汇总字段和汇总方式，这些设置都可以通过“分类汇总”对话框完成，具体操作如下。

本节素材	\素材\Chapter07\考试座位安排.xlsx
本节效果	\效果\Chapter07\考试座位安排.xlsx
学习目标	掌握根据一个字段创建计数分类的方法
难度指数	★★

步骤01 ❶打开素材文件，选择任意数据单元格，❷单击“数据”选项卡，❸在“分级显示”组中单击“分类汇总”按钮，如图7-28所示。

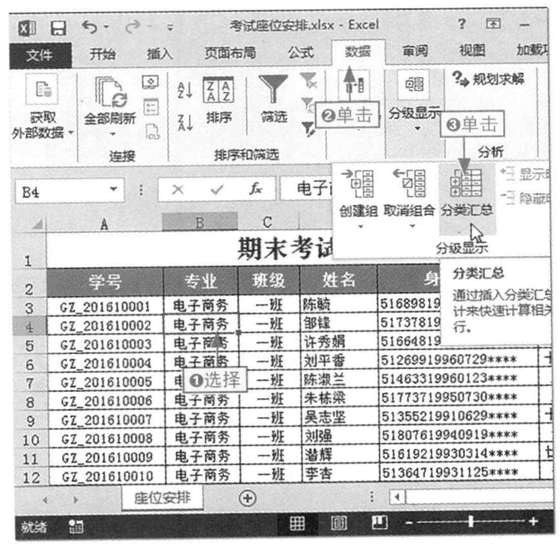

图7-28　单击“分类汇总”按钮

创建分类汇总前先排序

在创建分类汇总之前，首先要确认工作表是否按汇总字段进行排序，如果没有排序，需要先进行排序操作，否则创建出来的分类汇总将非常混乱。

步骤02 ❶在打开的“分类汇总”对话框中单击“分类字段”下拉列表框右侧的下拉按钮，❷选择“专业”选项，如图7-29所示。

图7-29　设置分类汇总字段

步骤03 ❶在“汇总方式”下拉列表框中选择“计数”选项，❷在“选定汇总项”列表框中仅选中“姓名”复选框，❸单击“确定”按钮，如图7-30所示。

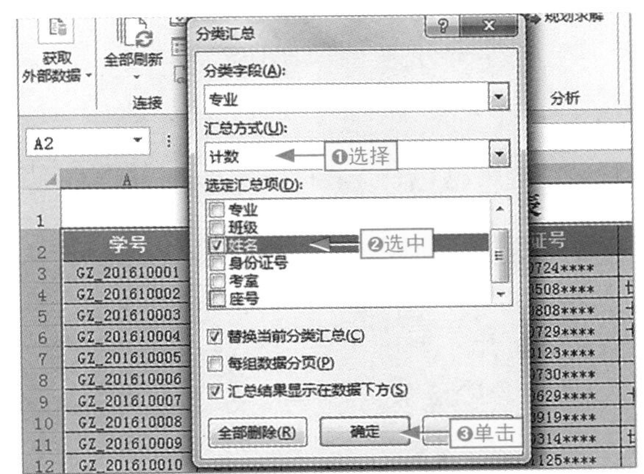

图7-30　设置汇总方式和汇总项

步骤04 在返回的工作表中可看到工作表左侧窗格中有3个按钮，单击“2”按钮可查看2级汇总明细，如图7-31所示。

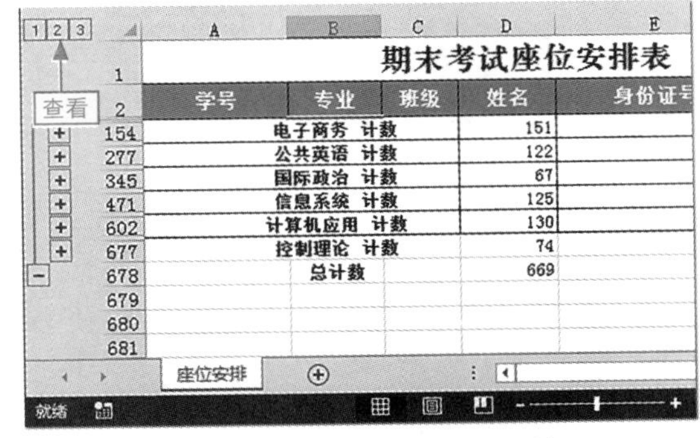

图7-31　查看2级汇总明细数据

按级别查看分类汇总

根据一个汇总字段创建分类汇总后，数据记录被分为3个级别，第1级为所有类别的总计汇总结果，第2级为每一个类别的分别汇总结果，第3级为所有数据的明细数据和汇总结果。直接单击“1”“2”“3”按钮可分别查看不同级别的明细数据。

2. 在工作表中创建多个分类汇总

在Excel中，在表格中创建第2个分类汇总时，程序自动将前面创建的分类汇总替换掉，要在工作表中创建多个分类汇总，必须通过设置让多个分类汇总同时被保存，具体操作如下。

本节素材	\素材\Chapter07\考试座位安排1.xlsx
本节效果	\效果\Chapter07\考试座位安排1.xlsx
学习目标	掌握同时保存创建的多个分类汇总的方法
难度指数	★★★

步骤01 打开素材文件，选择任意数据单元格，如图7-32所示。

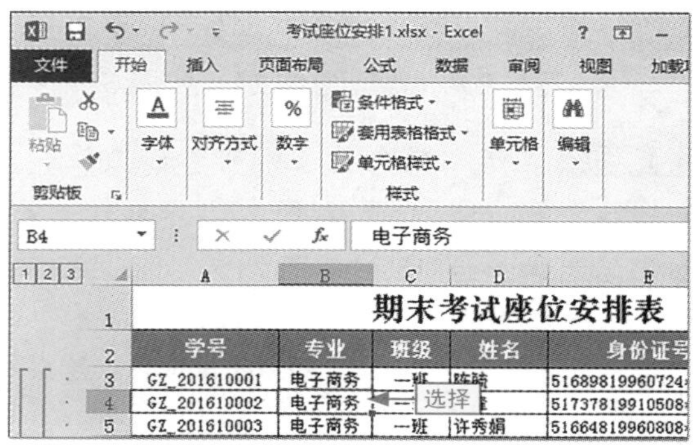

图7-32 选择任意数据单元格

步骤02 ❶单击“数据”选项卡，❷在“分级显示”组中单击“分类汇总”按钮，打开分类汇总对话框，如图7-33所示。

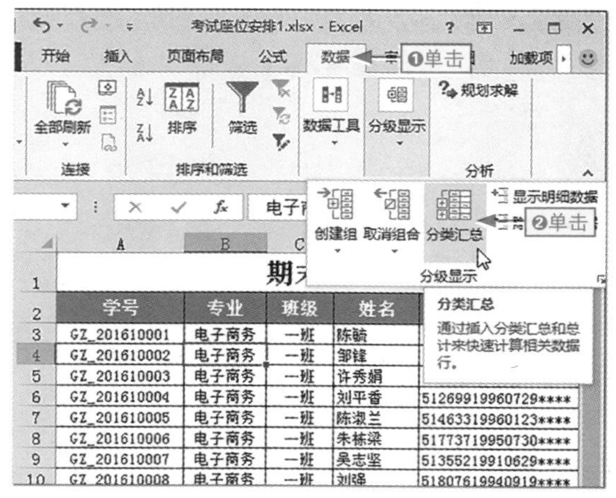

图7-33 单击“分类汇总”按钮

步骤03 ❶在“分类字段”下拉列表框中选择“班级”选项，保持汇总方式不变，❷在“选定汇总项”列表框中仅选中“身份证号”复选框，如图7-34所示。

图7-34 设置分类字段和汇总项

步骤04 ❶取消选中“替换当前分类汇总”复选框，❷单击“确定”按钮完成在原分类汇总的基础上创建其他分类汇总的操作，如图7-35所示。

图7-35 创建多个分类汇总

步骤05 在返回的工作表中可看到工作表左侧窗格中又添加了一个按钮，单击“3”按钮可查看3级汇总明细，如图7-36所示。

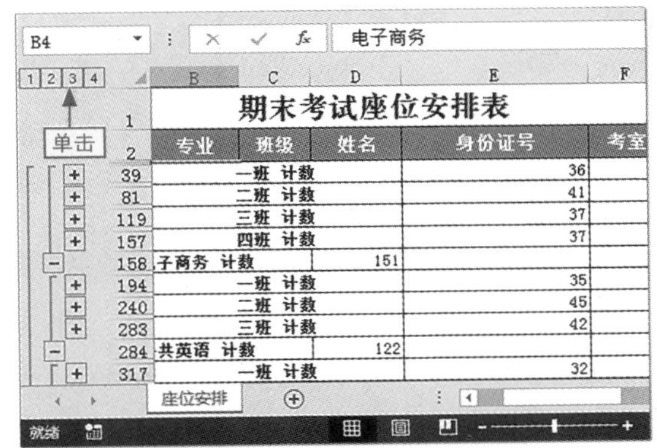

行	专业	班级	姓名	身份证号	考室
1	期末考试座位安排表				
39		一班 计数		36	
81		二班 计数		41	
119		三班 计数		37	
157		四班 计数		37	
158	子商务 计数		151		
194		一班 计数		35	
240		二班 计数		45	
283		三班 计数		42	
284	共英语 计数		122		
317		一班 计数		32	

图7-36　查看3级汇总明细数据

创建多个分类汇总的注意事项

若在已有分类汇总的工作表中创建其他计数分类汇总，则在设置汇总项时，不能选择已经作为分类汇总字段的列作为汇总项，否则计数结果将出错。如图 7-37 所示，"专业"字段已经作为分类字段创建了分类汇总，此时将其作为班级分类汇总的汇总项，第 1 个专业分类汇总的计数结果就出错了。

行	学号	专业	班级	姓名
1	期末考试座位安排			
39		36	一班 计数	
81		41	二班 计数	
119		37	三班 计数	
157		37	四班 计数	
158		电子商务 计数	154	
194		35	一班 计数	
240		45	二班 计数	
283		42	三班 计数	
284		公共英语 计数	124	
317		32	一班 计数	

图7-37　汇总项选错导致结果错误

7.3.2 隐藏/显示汇总明细

通过工作表左侧的窗格，只能按级别显示当前级别的汇总行数据，如果要单独查看某个汇总的明细数据，可以通过如下两种方法来实现。

通过任务窗格操作

在工作表左侧窗格中单击"+"按钮可展开当前汇总项的明细数据，如图7-38下图所示，此时该按钮变成"-"按钮，单击"-"按钮可隐藏明细数据，只显示汇总行，如图7-38上图所示。

行	员工姓名	部门	职务	基本工资
9		销售部 汇总		
1		客服部 汇总		
20		办公室 汇总		

单击

行	员工姓名	部门	职务	基本工资
9		销售部 汇总		
10	杨娟	客服部	客服经理	¥ 3,800.00
11	马英	客服部	普通员工	¥ 3,000.00
12	周晓红	客服部	普通员工	¥ 2,500.00
13	薛敏	客服部	普通员工	¥ 1,500.00
14	祝苗	客服部	普通员工	¥ 2,000.00
15		客服部 汇总		

图7-38　通过任务窗格显示明细数据

通过功能区选项卡操作

选择任意数据单元格，在"分级显示"组中单击"显示明细数据"按钮或"隐藏明细数据"按钮，显示或隐藏当前分类的明细数据，如图7-39所示。

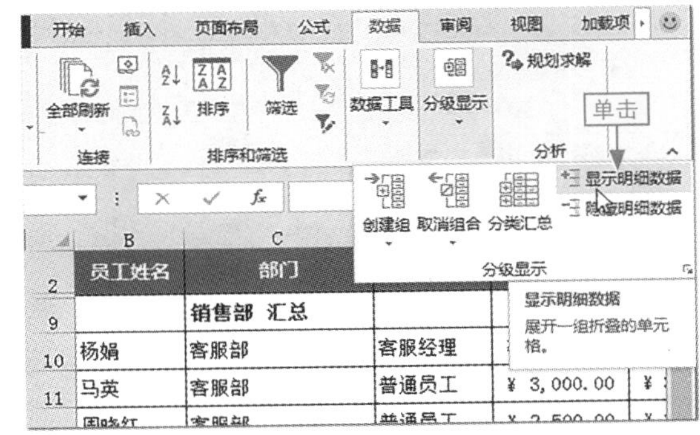

图7-39　通过功能区按钮显示明细数据

7.4 删除重复项

小白：今天又得加班了，这么多数据，要把重复的记录找出来删除，看着都头疼。

阿智：这个简单啊，Excel有那么多处理重复项的功能，随便用一个都能快速搞定，还加什么班啊。

在表格中录入数据，尤其是一次性要录入很多数据时，难免会重复录入一些数据记录，因此，在录入完数据后，最好通过重复项功能检查一下是否有重复记录，确保数据的正确性。

7.4.1 直接删除重复项

如果要直接在原始数据记录中检查某条记录的所有项是否与其他记录的对应项完全相同并自动将重复项删除，可以使用删除重复项功能来实现。

本节素材	\素材\Chapter07\公招报考信息.xlsx
本节效果	\效果\Chapter07\公招报考信息.xlsx
学习目标	掌握在数据源中自动匹配并删除重复项的方法
难度指数	★★★

步骤01 ❶打开素材文件，选择任意数据单元格，❷单击“数据”选项卡，❸单击“数据工具”组中的“删除重复项”按钮，如图7-40所示。

图7-40 单击“删除重复项”按钮

步骤02 ❶在打开的“删除重复项”对话框中取消选中“报考编号”复选框，❷单击“确定”按钮，如图7-41所示。

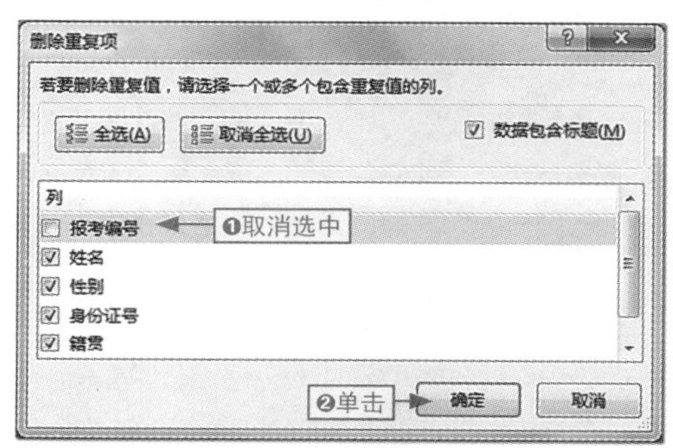

图7-41 设置检查重复记录的列

步骤03 在打开的提示对话框中提示发现的重复记录数目及将其删除的提示信息，单击“确定”按钮完成操作，如图7-42所示。

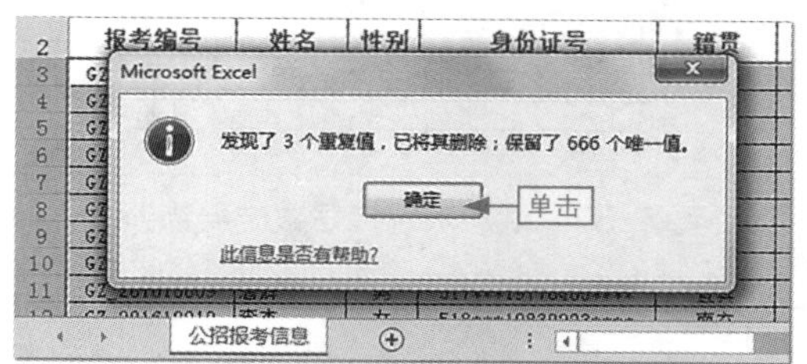

图7-42 查看筛选结果

检查记录的所有字段是否重复

在使用删除重复项功能删除重复记录时，如果表格中的所有字段都要求不重复，则在“列”列表框中保持所有复选框的选中状态即可。

7.4.2 利用筛选功能删除重复项

在检测重复项时，如果担心因为设置了错误的匹配条件而误删了表格中的记录，可以使用筛选功能在不改变数据源的前提下将不包含重复项的数据筛选出来，具体操作如下。

本节素材 \素材\Chapter07\公招报考信息1.xlsx
本节效果 \效果\Chapter07\公招报考信息1.xlsx
学习目标 了解不修改数据源的情况下处理重复项的方法
难度指数 ★★★

步骤01 ❶打开素材文件，选择任意数据单元格，❷单击“数据”选项卡，❸单击“高级”按钮，如图7-43所示。

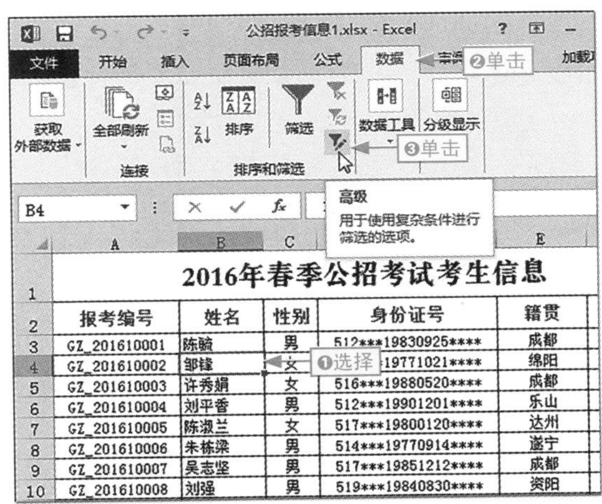

图7-43 单击“高级”按钮

在Excel中，利用筛选功能删除重复项时，程序自动将每条记录的所有项进行完全匹配，不能手动设置忽略哪些列来检测重复项。

步骤02 ❶在打开的“高级筛选”对话框中选中“将筛选结果复制到其他位置”单选按钮，❷将文本插入点定位到“复制到”文本框后选择A674单元格，如图7-44所示。

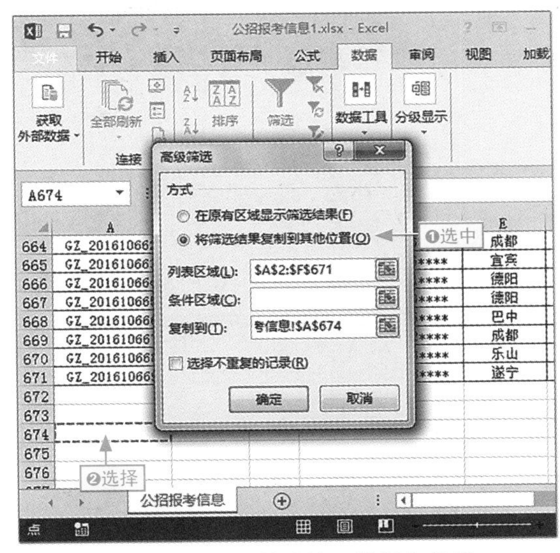

图7-44 设置筛选结果的保存位置

步骤03 ❶选中“选择不重复的记录”复选框，❷单击“确定”按钮，如图7-45所示，此时程序自动在列表区域完全匹配每条记录，将最终不重复的数据记录保存在指定位置。

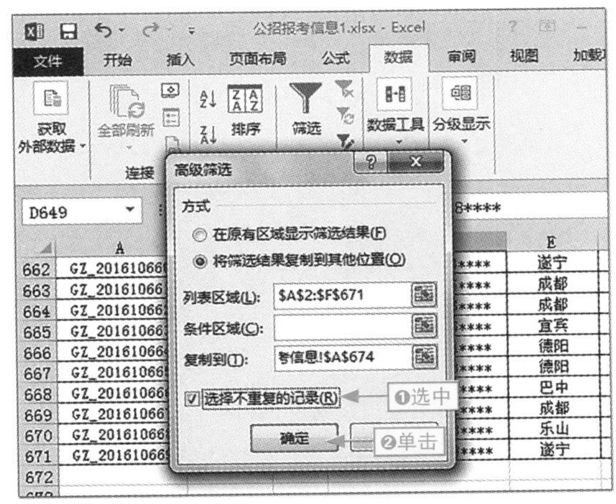

图7-45 将不重复的记录筛选出来并保存

7.5 使用条件格式

小白：我想把考核成绩最好的3个数据用其他填充色标注一下，有什么办法可以快速查找并设置呢?

阿智：这个简单啊，直接使用条件格式中的突出显示单元格规则就可以了。

如果要将表格中某些符合指定条件的数据突出显示出来，方便数据的分析与管理，可以使用程序提供的条件格式功能来完成。

7.5.1 突出显示符合条件的数据

要达到突出显示数据的目的，可以使用条件格式中的“突出显示单元格规则”和“项目选取规则”，如图7-46所示。

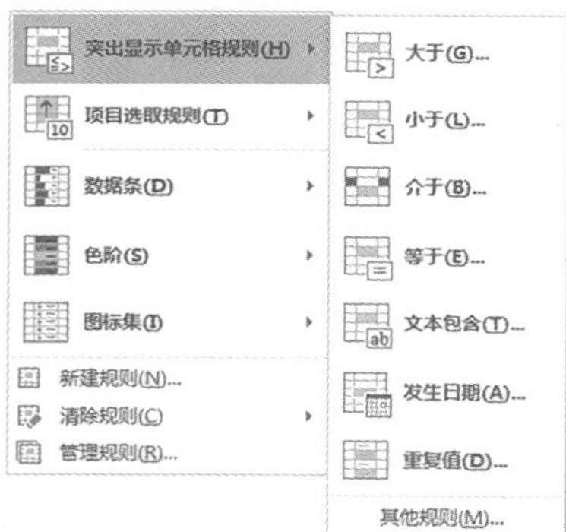

图7-46　突出显示数据的条件格式

二者的操作基本相似，下面通过突出显示考核总分最多的3项数据为例，讲解相关的操作方法。

本节素材	\素材\Chapter07\员工年度考核表1.xlsx
本节效果	\效果\Chapter07\员工年度考核表1.xlsx
学习目标	掌握突出显示最大数据的方法
难度指数	★★★

步骤01 打开素材文件，选择I3:I15单元格区域，如图7-47所示。

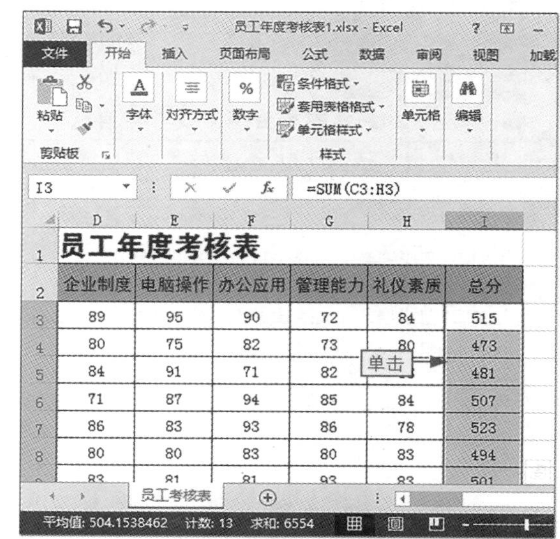

图7-47　选择总分单元格区域

步骤02 ❶单击“条件格式”下拉按钮，❷选择“项目选取规则”命令，❸在其子菜单中选择“前10项”命令，如图7-48所示。

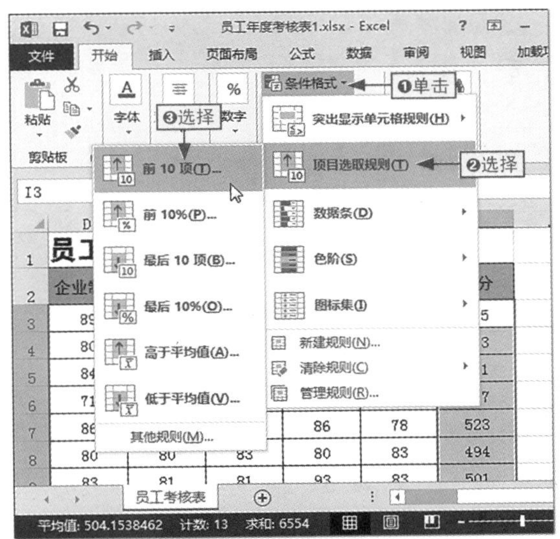

图7-48　选择前10项选取规则

步骤03 ❶在打开的对话框的数值框中输入“3”，❷在“设置为”下拉列表框中选择“自定义格式”选项，如图7-49所示。

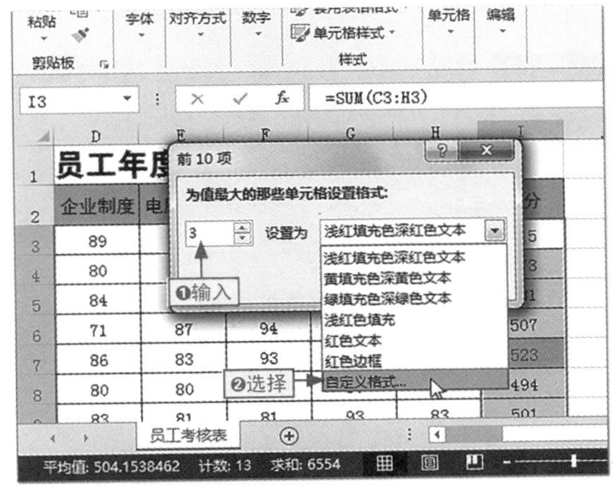

图7-49　设置自定义突出显示规则

步骤04 在打开的“设置单元格格式”对话框的“字体”选项卡中选择“加粗”选项为突出显示的单元格字体设置加粗格式，如图7-50所示。

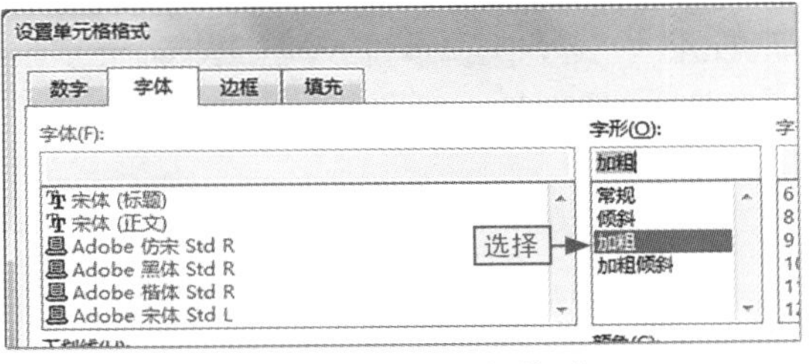

图7-50　设置加粗格式

步骤05 ❶单击“填充”选项卡，❷选择“黄色”背景色，❸单击“确定”按钮完成自定义突出显示规则的操作，如图7-51所示。

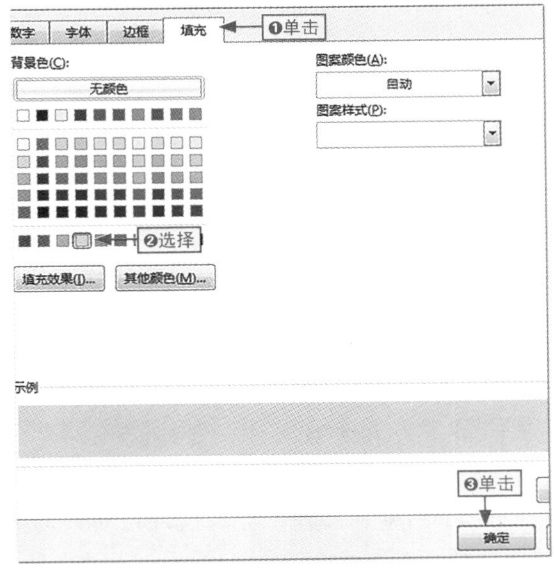

图7-51　设置填充效果

步骤06 在返回的“前10项”对话框中单击“确定”按钮完成将总分最大的前3项突出显示的操作，如图7-52所示。

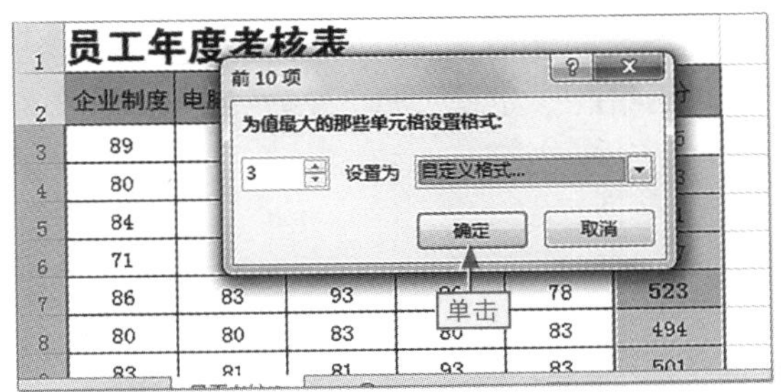

图7-52　应用设置的条件格式突出数据

7.5.2 使用图形比较数据

使用条件格式功能还可以对指定数据集的大小用数据条、色阶和图标集几种图形表示，如图7-53所示。

图7-53 突出显示数据的条件格式

三者的操作基本相似，下面通过实例讲解具体的操作方法。

本节素材	\素材\Chapter07\相机配件库存.xlsx
本节效果	\效果\Chapter07\相机配件库存.xlsx
学习目标	掌握数据条、色阶和图标集的使用方法
难度指数	★★★

步骤01 ❶打开素材文件，选择C5:C24单元格区域，❷单击“条件格式”下拉按钮，❸选择“数据条/紫色数据条”选项应用对应的数据条件格式，如图7-54所示。

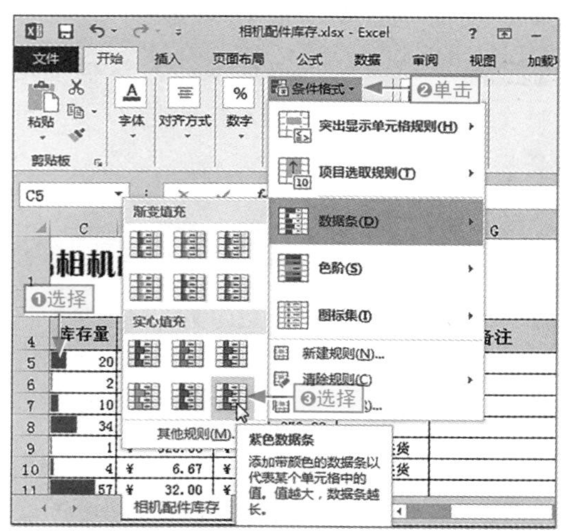

图7-54 为单元格区域应用数据条

步骤02 ❶选择D5:D24单元格区域，❷单击“条件格式”下拉按钮，❸选择“色阶/绿-黄色阶”命令应用对应的色阶条件格式，如图7-55所示。

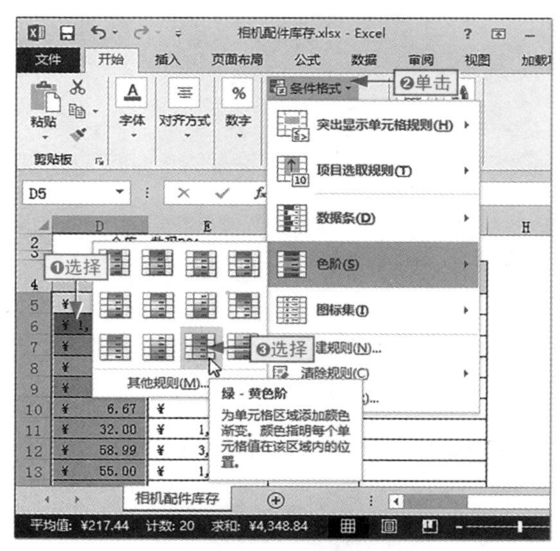

图7-55 为单元格区域应用色阶

步骤03 ❶选择E5:E24单元格区域，❷单击“条件格式”下拉按钮，❸选择“图标集/五等级”命令应用对应的图标集条件格式，如图7-56所示。

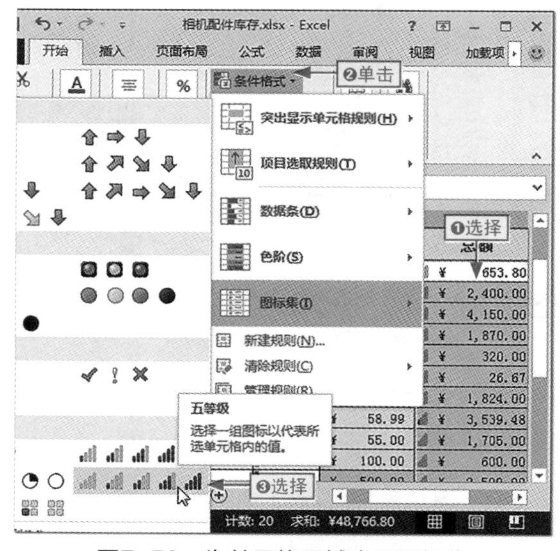

图7-56 为单元格区域应用图标集

给你支招 | 将筛选结果保存到新工作表中

小白：利用数据的高级筛选功能可以将筛选结果保存到其他工作表中吗？具体应该怎么操作呢？

阿智：当然可以，只是在打开“高级筛选”对话框时，需要在数据源以外的其他工作表中进行，引用数据时从数据源工作表中引用，具体操作如下。

步骤01 ❶在“筛选结果”工作表中单击“数据”选项卡，❷单击“高级”按钮，如图7-57所示。

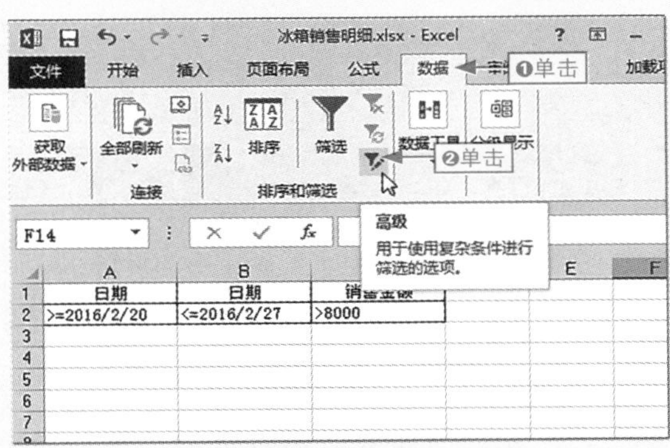

图7-57 单击“高级”按钮

步骤02 ❶设置筛选条件和结果保存位置，❷单击“确定”按钮，如图7-58所示。

图7-58 设置筛选条件和保存位置

给你支招 | 突出显示指定关键字的整行数据记录

小白：我想随意指定一个员工的姓名，让程序自动将该员工的福利明细数据记录突出显示出来，利用条件格式可以实现吗？

阿智：可以实现，对于这种突出显示符合指定条件的数据记录，可以结合公式来自定义条件格式，由于要根据关键字查找，因此可以使用程序内置的FIND()函数来完成。该函数的语法结构为：FIND(find_text,within_text,start_num)，其中，find_text参数用于指定需要查找的文本；within_text参数用于指定在哪个字符串或者单元格中查找；start_num参数是在within_text中开始查找的字符的编号，也可以省略，省略时表示从within_text的第1个字符开始查找。下面具体介绍根据指定关键字突出显示整行数据记录的具体操作。

步骤01 ❶选择目标单元格区域，❷单击“条件格式”按钮，❸选择“新建规则”命令，打开“新建格式规则”对话框，如图7-59所示。

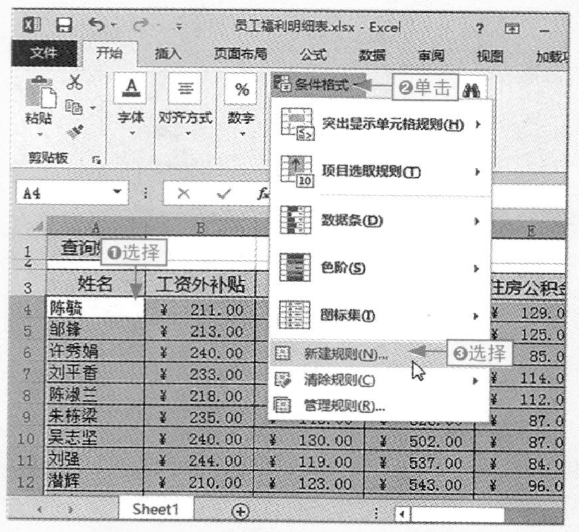

图7-59　选择“新建规则”命令

步骤02 ❶在打开的对话框中选择“使用公式确定要设置格式的单元格”选项，❷在“为符合此公式的值设置格式”文本框中输入“=FIND(B1,$A4)”公式，❸单击“格式”按钮，如图7-60所示。

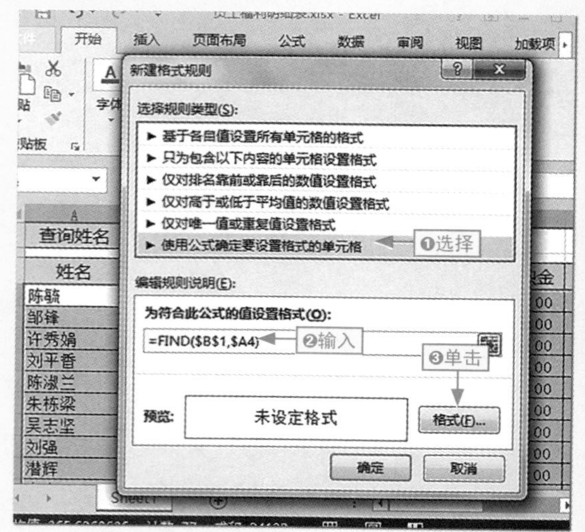

图7-60　自定义条件格式规则

步骤03 ❶在打开的“设置单元格格式”对话框的“填充”选项卡中设置一种填充颜色，❷单击“确定”按钮，如图7-61所示。

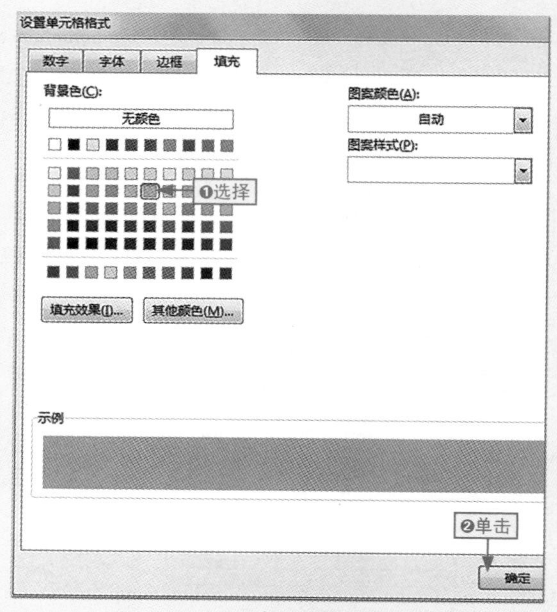

图7-61　设置填充色

步骤04 在返回的对话框中单击“确定”按钮，在返回的工作表中设置要查询的姓名，程序自动将对应姓名的员工的福利明细记录突出显示出来，如图7-62所示。

	A	B	C	D	E
1	查询姓名	许秀娟			
3	姓名	工资外补贴	教育经费	社会保险费	住房公积金
4	陈骕	¥ 211.00	¥ 102.00	¥ 508.00	¥ 129.0
5	邹锋	¥ 213.00	¥ 122.00	¥ 543.00	¥ 125.0
6	许秀娟	¥ 240.00	¥ 118.00	¥ 524.00	¥ 85.0
7	刘平香	¥ 233.00	¥ 113.00	¥ 527.00	¥ 114.0
8	陈淑兰	¥ 218.00	¥ 140.00	¥ 523.00	¥ 112.0
9	朱栋梁	¥ 235.00	¥ 145.00	¥ 525.00	¥ 87.0
10	吴志坚	¥ 240.00	¥ 130.00	¥ 502.00	¥ 87.0
11	刘强	¥ 244.00	¥ 119.00	¥ 537.00	¥ 84.0
12	潜辉	¥ 210.00	¥ 123.00	¥ 543.00	¥ 96.0
13	李杏	¥ 238.00	¥ 137.00	¥ 538.00	¥ 109.0
14	谭媛文	¥ 210.00	¥ 139.00	¥ 509.00	¥ 124.0

图7-62　突出显示指定员工的福利明细

Chapter

08 数据的图形化展示与透视分析

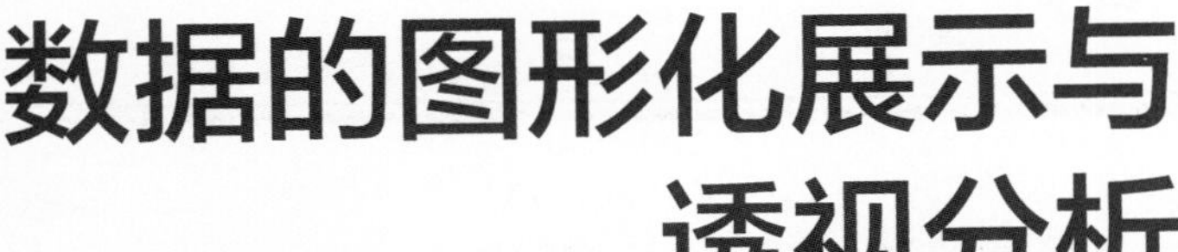

学习目标

为了让表格数据更清晰和直观，最常用的方法就是利用图表、迷你图将枯燥的数据图形化，以及用透视表对数据进行透视分析。本章详细安排了有关图表对象和迷你图以及透视分析数据的常见知识和操作，让读者快速学会数据图形化展示与透视分析的实战技能。

本章要点

- 根据数据源创建图表
- 手动添加图表标题
- 调整图表的大小和位置
- 更改图表类型
- 美化图表的外观
- 快速创建迷你图
- 创建数据透视表
- 设置数据透视表格式

知识要点	学习时间	学习难度
使用图表分析数据	70分钟	★★★★
迷你图的创建与编辑	30分钟	★★
数据的透视分析	40分钟	★★★

8.1 初识图表的构成

小白：图表在数据分析中的用处大吗?

阿智：当然大了，使用它可以非常方便地把分析结果变得清晰、直观，但是要用好图表，首先需要认识图表的基本组成。

图表类型不同，其结构也不同，以柱形图为例，一张完整的图表通常可能包含图8-1所示的图表元素（除图表区外，其他图表元素都是可选的）。

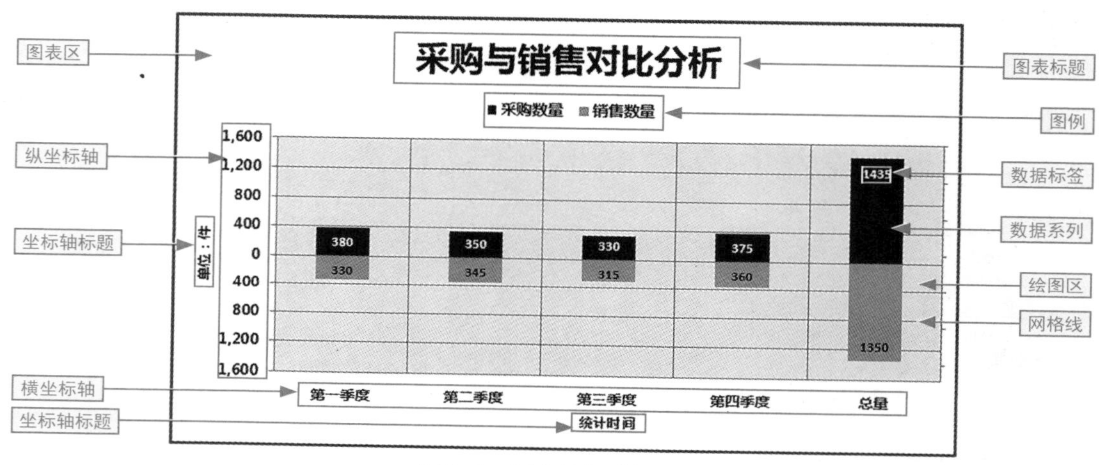

图8-1　图表的组成部分

常见图表组成部分的具体含义如图8-2所示。

图表区

整个图表所占的区域，图表中的其他所有元素都包含在图表区内。

数据系列

根据数据源中的数据绘制图表中的数据点，一个图表可以包含一个或多个数据系列。

纵坐标轴

用于衡量图表中不同高度的数据系列对应的数值，通常在创建图表时由Excel自动分配显示间隔。

数据标签

当前数据点数值大小的说明文本（数据标签可包含数据系列名称和类别名称）。

绘图区

表格数据以图形方式出现的区域，也是图表最重要的组成部分，没有绘图区就无法显示任何数据关系。

图表标题

对当前图表表现的数据的说明，通常要求从图表标题中可看出图表的功能或图表要表达的内容。

横坐标轴

沿水平方向（在条形图中是按垂直方向）显示的各类别的分类的名称。

图例项

标识当前图表中各数据系列代表的意义，通常在图表中有两个或两个以上数据系列时才用图例项。

图8-2　图表各组成部分的作用

8.2 创建图表的基本操作

小白：领导让我把这个月的差旅报销费用图表展示，该怎么操作呢？

阿智：创建图表的操作不难，关键是你要理清创建顺序，下面我具体给你讲讲吧。

创建一个完整、具有分析意义的图表，需要经历3个过程，即根据数据源创建图表、为图表添加标题以及调整图表的大小和位置。

8.2.1 根据数据源创建图表

在创建图表之前，首先需要准备创建图表所需的数据源，然后根据数据源创建指定类型的图表。在Excel 2013中，可以通过如下几种方法创建图表。

学习目标　掌握创建图表的各种方法

难度指数　★★

根据图表类别创建

❶选择数据源，❷单击“插入”选项卡，❸单击图表类别下拉按钮，如单击“柱形图”下拉按钮，❹选择需要的图表类型，如图8-3所示。

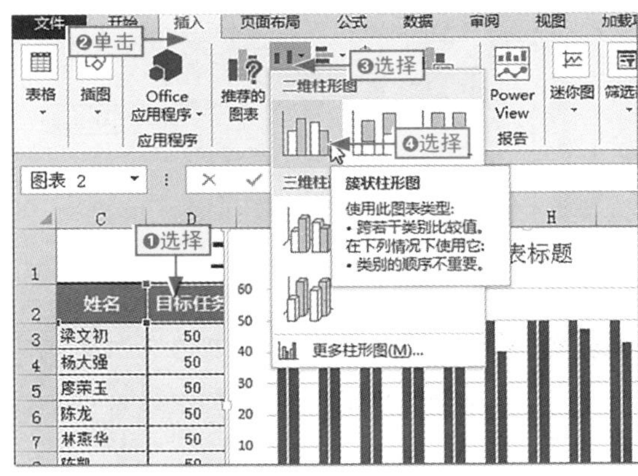

图8-3　通过图表类别下拉按钮创建

根据对话框创建

选择数据源，单击“图表”组的“对话框启动器”按钮，❶在打开的“插入图表”对话框中单击图表类型选项卡，❷选择一种图表类型，❸单击“确定”按钮，如图8-4所示。

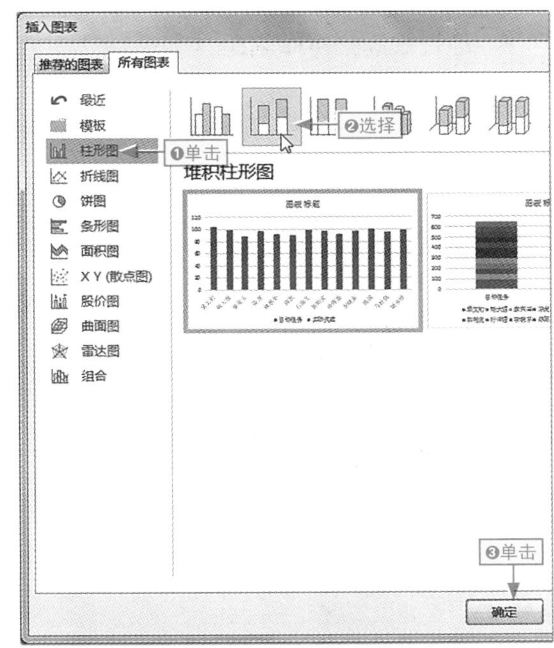

图8-4　通过对话框创建图表

在Excel 2013中，在“插入图表”对话框中选择图表类型后，在其下方会有根据数据创建图表后的预览效果。在该对话框中有一个“推荐的图表”选项卡，在该选项卡中，程序自动根据选择的数据生成了一些图表选项，如图8-5所示，选择图表后单击“确定”按钮即可。此外，也可以在“图表”组中单击“推荐的图表”按钮打开该对话框。

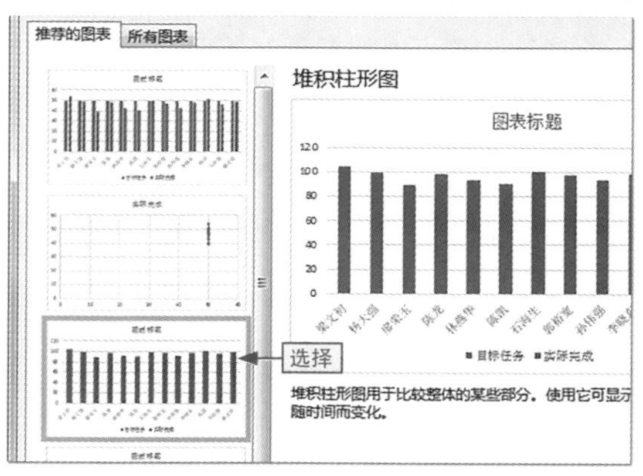

图8-5　推荐的图表类型

通过快速分析库创建

❶选择数据源，❷单击“快速分析”按钮，❸在打开的快速分析库中选择“图表”选项，❹在下方选择图表类型，如图8-6所示。

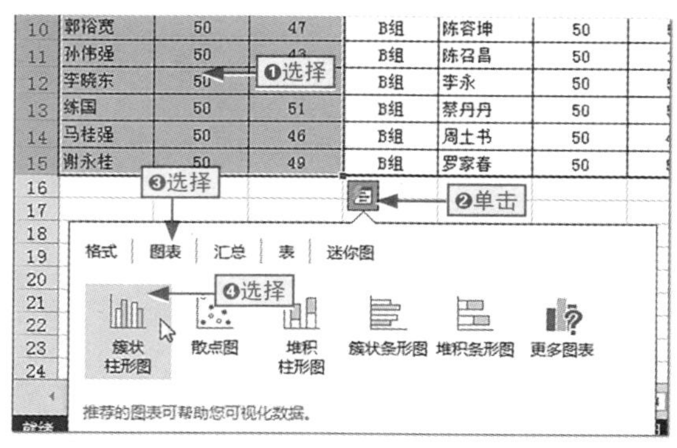

图8-6　通过快速分析库创建图表

8.2.2 手动添加图表标题

在Excel 2013中，如果创建的图表只有一个数据系列，则程序会默认将数据源的表头作为图表标题；如果创建的图表有多个数据系列，则程序只会添加一个图表标题占位符。

如果不小心将图表标题的占位符删掉了，则需要手动添加占位符，再编辑标题。

为图表添加合适的标题，可以让读者了解图表的含意，让图表信息更加明确。

本节素材	\素材\Chapter08\工作量完成情况.xlsx
本节效果	\效果\Chapter08\工作量完成情况.xlsx
学习目标	掌握添加并编辑图表标题的方法
难度指数	★★

步骤01 ❶打开素材文件，选择图表激活“图表工具”选项卡组，❷单击“图表工具-设计”选项卡，如图8-7所示。

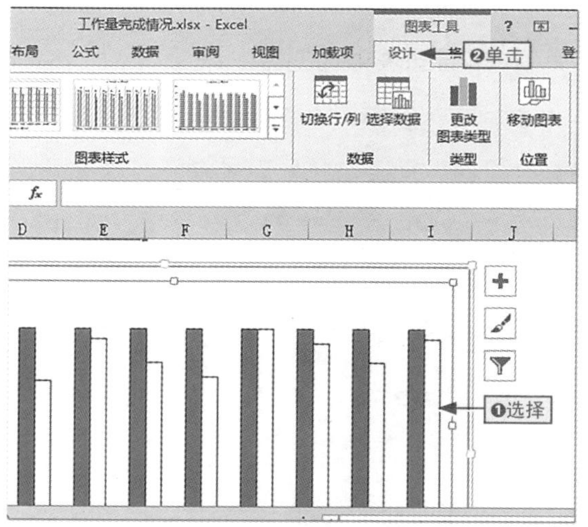

图8-7　选择图表并切换选项卡

步骤02 ❶单击“图表布局”组的“添加图表元素”下拉按钮，❷选择“图表标题”命令，❸在其子菜单中选择“图表上方”选项，如图8-8所示。

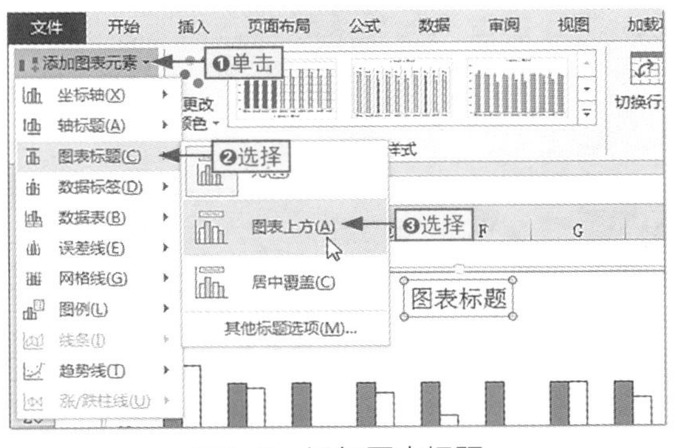

图8-8　添加图表标题

步骤03 选择并删除占位符中的文本，然后输入“A组员工目标任务与实际完成对比”标题名称，如图8-9所示。

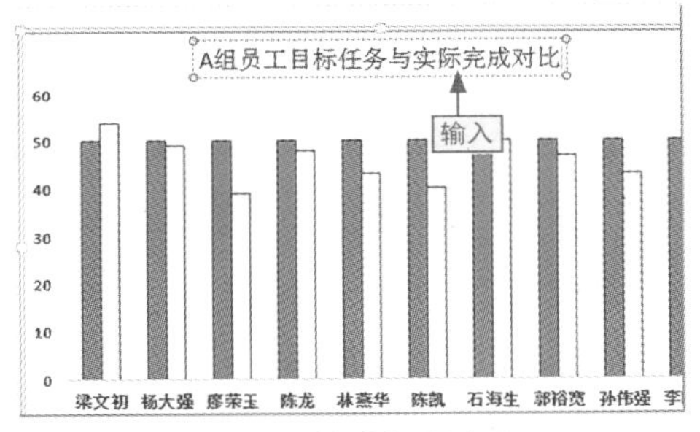

图8-9　修改标题名称

步骤04 ❶选择标题占位符文本框，❷单击“开始”选项卡，❸设置字体格式为“方正大黑简体，20”，如图8-10所示。

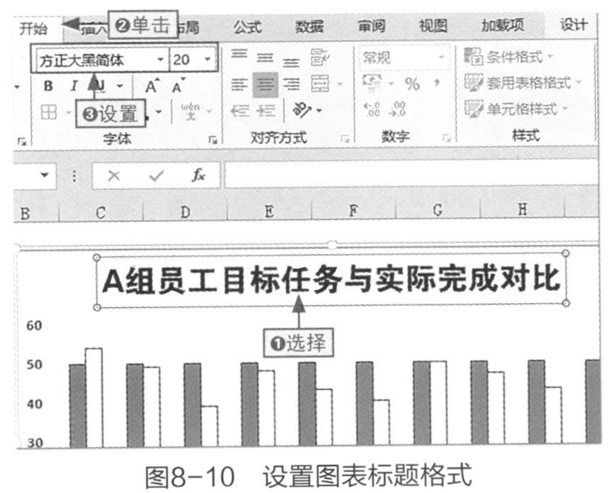

图8-10　设置图表标题格式

“图表元素”按钮的使用

选择图表后，在其右侧将出现“图表元素”按钮，❶单击该按钮，❷在弹出的图表元素库中将鼠标指针移动到要添加的图表元素选项上，单击其右侧的下拉按钮，❸在弹出的菜单中选择需要的选项即可在图表中添加对应的图标元素，如图8-11所示。

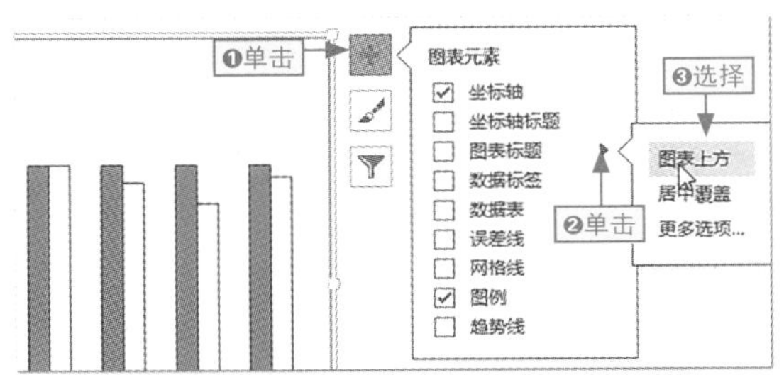

图8-11　利用图表元素库添加图表标题

8.2.3 调整图表的大小和位置

在Excel 2013中创建的图表，默认大小为12.7厘米×7.62厘米，这样的大小通常都不符合用户的实际需求，此时就需要对图表的大小进行调整，将其调整到合适的位置。

本节素材	\素材\Chapter08\旅客增减量分析.xlsx
本节效果	\效果\Chapter08\旅客增减量分析.xlsx
学习目标	了解精确调整图表大小和移动图表位置的方法
难度指数	★★

步骤01 打开素材文件，选择图表，如图8-12所示。

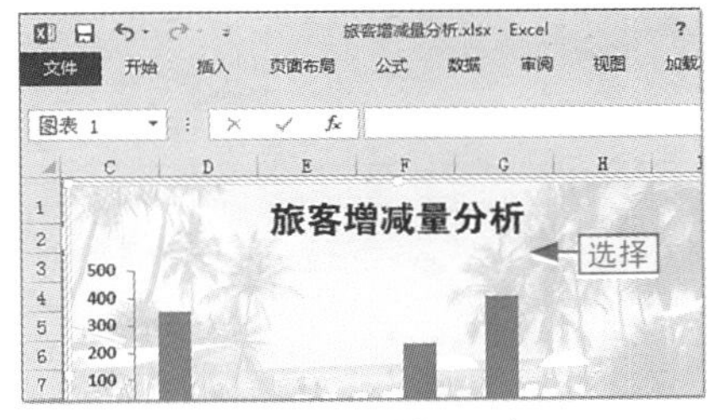

图8-12　选择图表

步骤02 ❶单击“图表工具-格式”选项卡，❷在“大小”组中的“高度”和“宽度”数值框中设置高度和宽度，如图8-13所示。

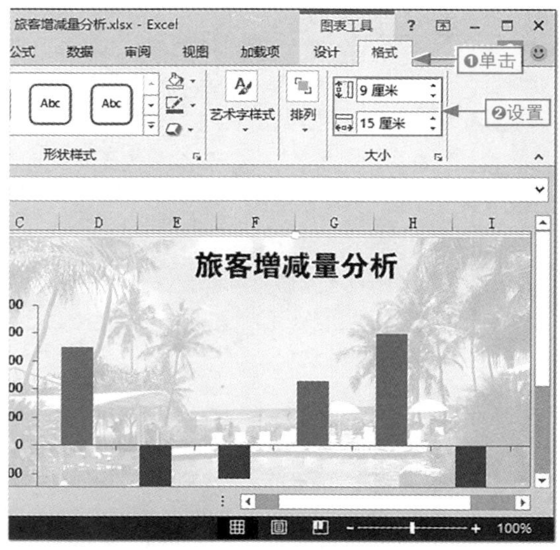

图8-13 精确调整图表大小

拖动控制点调整图表大小

选择需要调整大小的图表，将鼠标指针移动到图表区的 4 个角或 4 边的中心（这 8 个位置均有几个小圆点），当其变为双向箭头时，拖动鼠标指针即可快速调整图表的高度和宽度。

步骤03 在图表的图表区位置按下鼠标左键不放，拖动鼠标指针将图表移动到合适的位置，如图8-14所示。

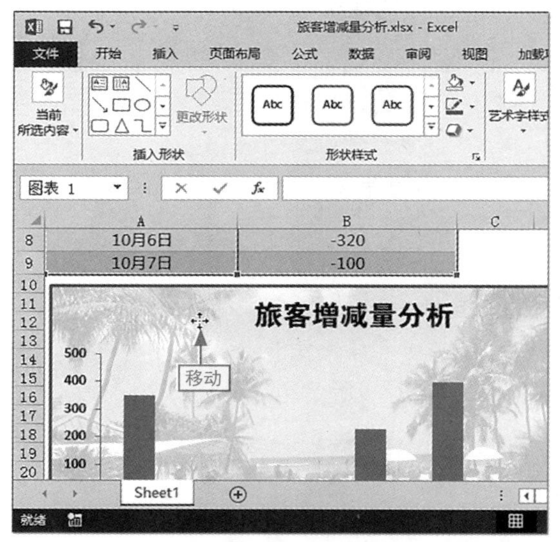

图8-14 移动图表位置

快速统一多个图表的大小

若在同一张工作表中有多张图表，并且要求这些图表具有相同的大小，手动逐个调整非常慢，可按住Ctrl键或Shift键，依次选择要统一调整大小的图表，再通过“图表工具－格式”选项卡调整其大小。

8.3 图表的编辑与美化

小白：默认的图表效果不好看，可以美化吗？

阿智：当然可以，甚至如果你觉得图表类型不合适，还可对其更改。下面具体给你介绍可以对图表进行哪些编辑和美化操作吧。

创建图表后，如果发现图表不符合要求，还可以对其进行编辑或美化操作。

8.3.1 更改图表类型

每一种图表都有各自的功能，当发现创建了错误的图表类型后，可以通过更改图表类型快速更改。

本节素材	\素材\Chapter08\预算与实际达成率分析.xlsx
本节效果	\效果\Chapter08\预算与实际达成率分析.xlsx
学习目标	掌握快速更改创建的错误图表类型的方法
难度指数	★★★

步骤01 打开素材文件，选择图表，如图8-15所示。

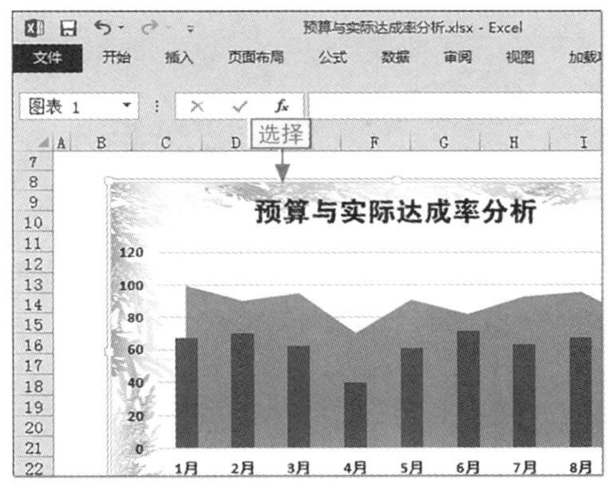

图8-15 选择图表

步骤02 ❶单击“图表工具-设计”选项卡，❷单击“类型”组中的“更改图表类型”按钮，如图8-16所示。

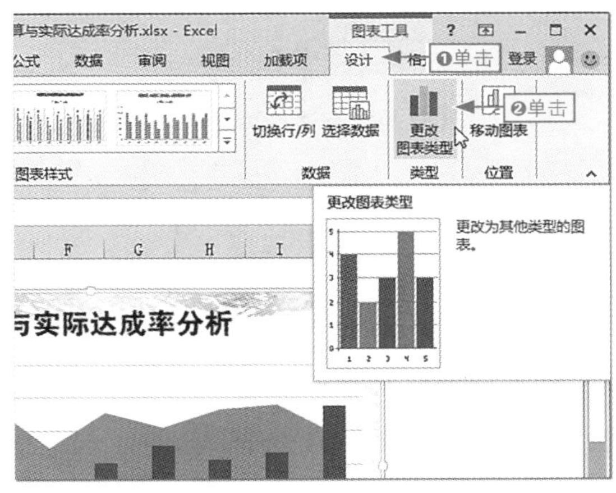

图8-16 单击“更改图表类型”按钮

步骤03 ❶在打开的“更改图表类型”对话框中单击“柱形图”选项，❷在右侧的窗格中选择“簇状柱形图”选项，❸单击“确定”按钮，如图8-17所示。

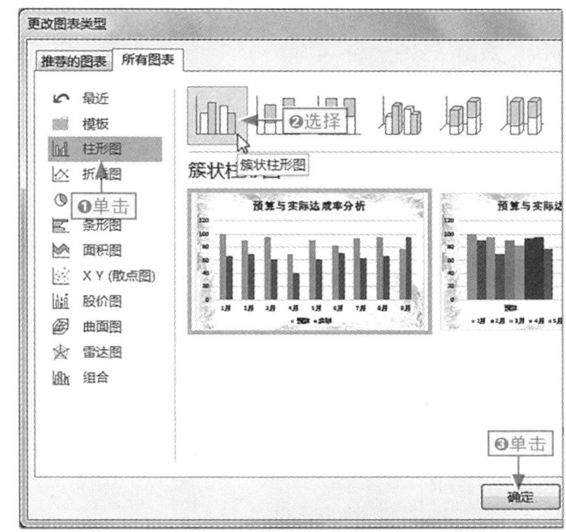

图8-17 选择需要的图表类型

步骤04 在返回的工作表中可以看到图表被更改为柱形图图表，如图8-18所示。

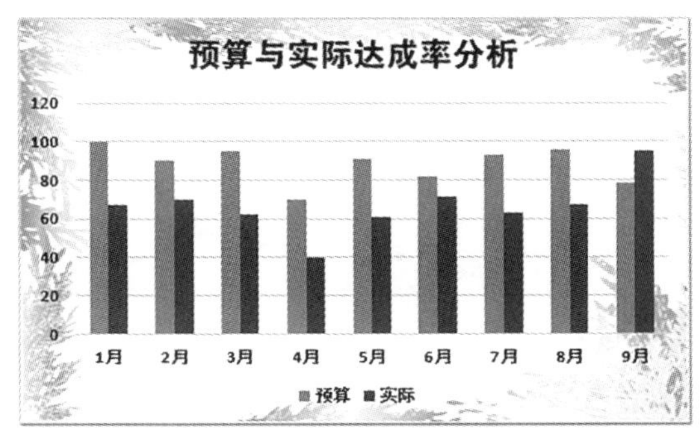

图8-18 查看更改图表类型后的效果

更改图表类型的说明

在Excel 2013中，使用更改图表类型功能修改错误的图表时，程序只会对图表的类型进行修改，不会修改早期为图表设置的各种效果。

图表能处理哪些关系的数据

对于同一组数据源，如果分析目的不同，则使用的图表类型也不同。在Excel中，常处理的数据关系有比较关系、占比关系、趋势关系、相关关系及其他关系，它们与图表类型的对应如图8-19所示。

比较关系与图表类型

柱形图和条形图是比较关系的首选图表类型。柱形图主要用于展示一段时间内数据的变化，或者各类别之间数值的大小比较；条形图可以看作是顺时针旋转90°后的柱形图，但它弱化了时间的变化，偏重于比较数量的大小。

占比关系与图表类型

要展示数据点与整体的占比关系，可选择饼图和圆环图。饼图以一个圆代表整体，用不同的扇区代表不同的分类，扇区的大小即表示所占的比重；圆环图与饼图功能相似，但饼图只能显示一个系列的数据，而圆环图可同时显示多个数据系列。

趋势关系与图表类型

要分析一组数据的变化趋势，可使用折线图或面积图。折线图用于描述连续数据的变化，突出数据随时间改变而变化的过程；面积图主要强调总体值随时间变化的趋势，同时还兼具对总体与部分关系的展示功能。

相关关系与图表类型

对于几组数据之间的相关性分析，可使用散点图和雷达图。散点图用于比较成对的数据，或者显示一些独立的数据点之间的关系；雷达图通常用于对比几个数据系列之间的聚合程度，此图表类型能同时显示多个指标的发展趋势，一目了然。

其他关系与图表类型

Excel还提供了气泡图、股价图和曲面图等图表类型，这些图表可分析具有特殊要求的数据。气泡图可展示一组随着时间的推移而变化的数值与原始数值之间的比例关系；股价图用于展示一段时间内股价变化情况；曲面图用来表达几组数据之间的最佳组合。

图8-19　各种数据关系与图表类型的对应

8.3.2 添加图表数据

创建图表后，用户还可以根据需要向图表中添加其他数据，具体的实现方法有3种。

学习目标　掌握在图表中增加新数据的方法

难度指数　★★

❶选择要添加到图表中的数据系列的所有数据，按Ctrl+C组合键复制，❷选择图表，❸按Ctrl+V组合键粘贴，如图8-20所示。

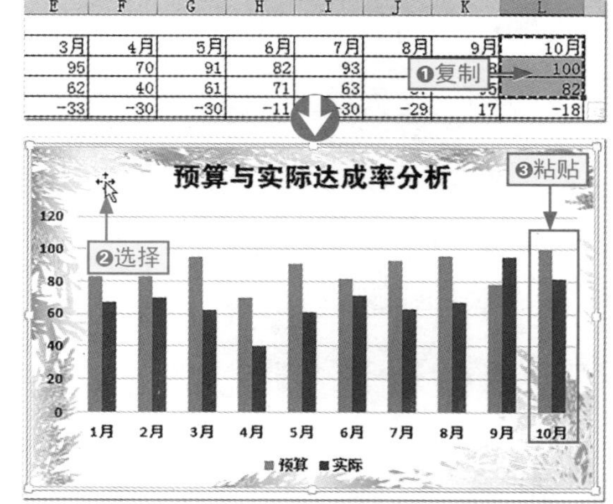

图8-20　通过快捷键添加图表数据

拖动数据源区域添加

❶选择图表，数据源区域带蓝色边框的区域即为图表的数据系列所在的区域，❷拖动该区域右下角的顶点以调整数据源区域，也可以向图表中添加数据系列，如图8-21所示。

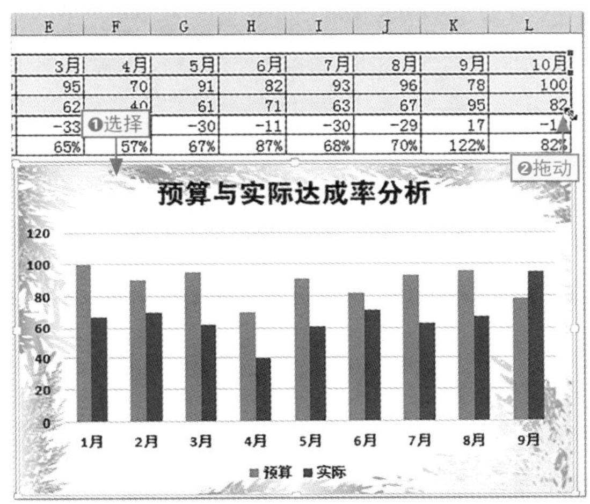

图8-21　拖动数据源区域添加数据

通过对话框添加

选择图表，❶单击“图表工具-设计”选项卡“数据”组中的“选择数据”按钮，❷在打开的“选择数据源”对话框中重新设置图标区域，如图8-22所示。

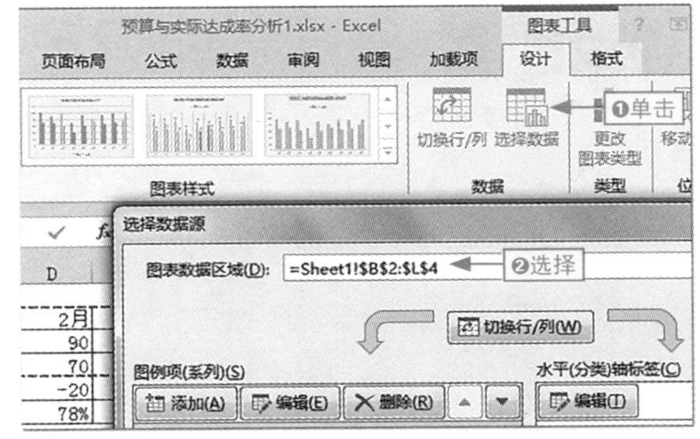

图8-22　通过对话框添加图表数据

小绝招

通过快捷菜单添加图表数据

在图表中任意位置单击鼠标右键，在弹出的快捷菜单中选择“选择数据”命令，如图8-23所示，在打开的“选择数据源”对话框也可设置添加图表数据。

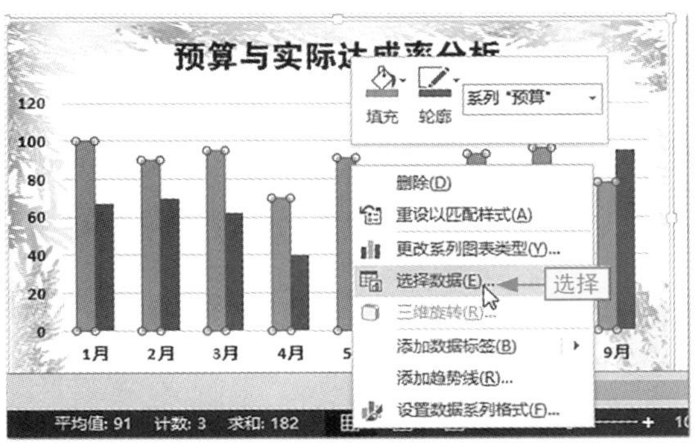

图8-23　用快捷菜单打开“选择数据源”对话框

小绝招

删除图表数据

根据向图表中添加数据系列的方法可以推测，删除数据系列也应该有3种方法，分别是：（1）选择数据系列后按Delete键将相关数据删除；（2）选择图表，在数据源中通过减小蓝色边框将不需要的数据单元格从范围内删除；（3）选择图表，打开“选择数据源”对话框，重新选择图表数据源。

8.3.3 设置数据系列的填充格式

绝大多数类型的图表都可以为其数据点或数据系列设置填充效果，使用图片填充数据系列，可以让数据系列代表的项目更加明了。

本节素材	\素材\Chapter08\水果销售毛利分析\
本节效果	\效果\Chapter08\水果销售毛利分析.xlsx
学习目标	掌握用图片填充数据系列的方法
难度指数	★★★★

步骤01 打开素材文件，单击两次“草莓”数据系列选择该数据系列，如图8-24所示。

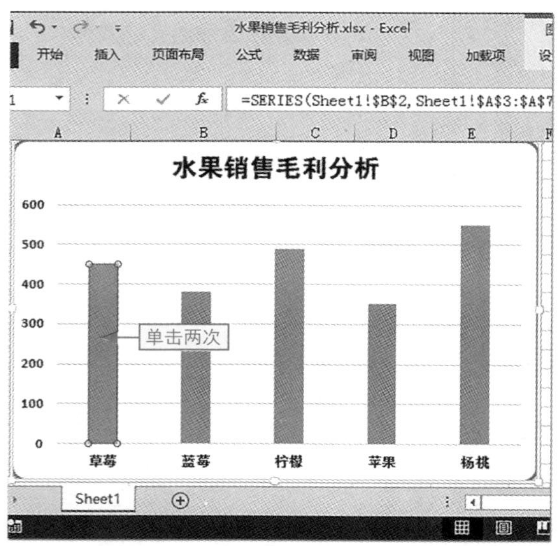

图8-24　选择单个数据系列

步骤02 ❶单击“图表工具-格式”选项卡，❷在“形状样式”组中单击“对话框启动器”按钮，❸在打开的窗格中单击“填充线条”图标，如图8-25所示。

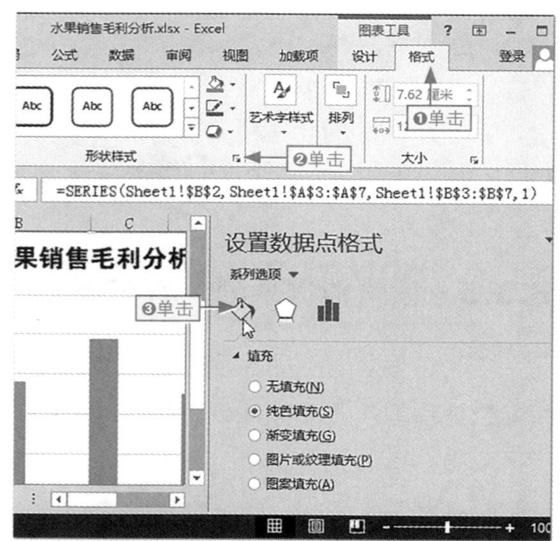

图8-25　“设置数据点格式”窗格

步骤03 ❶在“填充”栏中选中“图片或纹理填充”单选按钮，❷单击“文件”按钮，如图8-26所示。

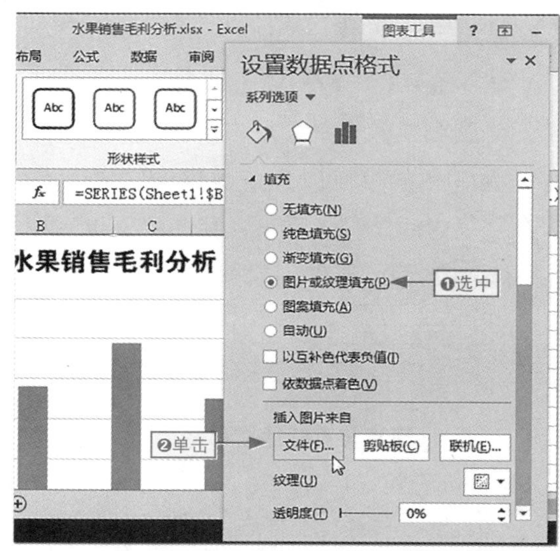

图8-26　选择填充的文件来源

步骤04 ❶在打开的“插入图片”对话框中选择文件的保存位置，❷在中间的列表框中选择需要的图片选项，❸单击“插入”按钮，如图8-27所示。

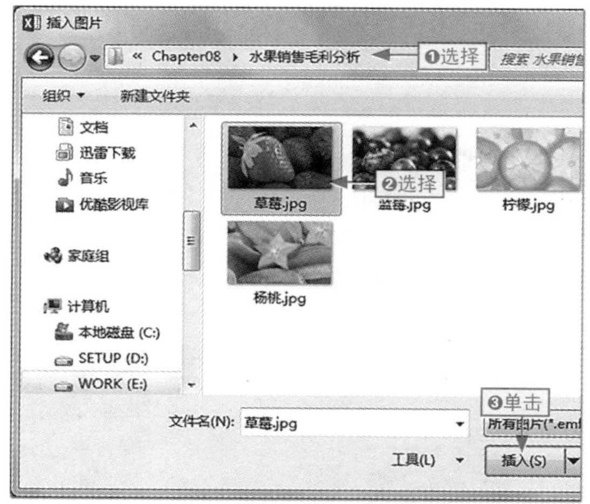

图8-27　插入图片文件

选择数据系列组

在图表中选择任意一个数据系列，系统自动会将该图例项的所有数据系列点全部选中。

步骤05 在返回的工作界面可以看到图片以伸展方式进行填充，在任务窗格中选中“层叠”单选按钮更改图片的填充方式，如图8-28所示。

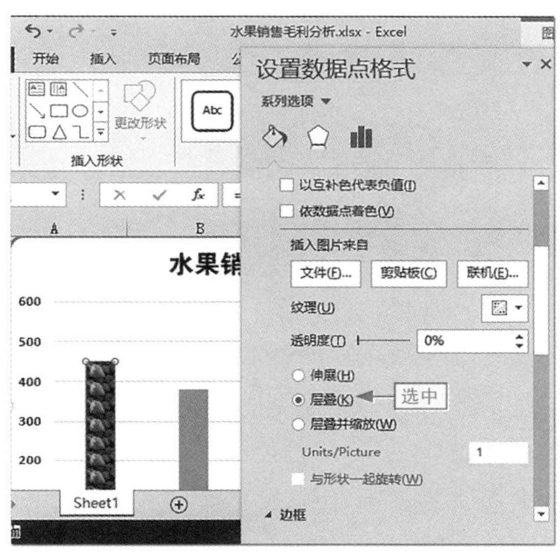

图8-28 更改图片在数据系列中的填充方式

步骤06 ❶选择“蓝莓”数据系列，❷在窗格中选中“图片或纹理填充”单选按钮，❸单击“文件”按钮，如图8-29所示。

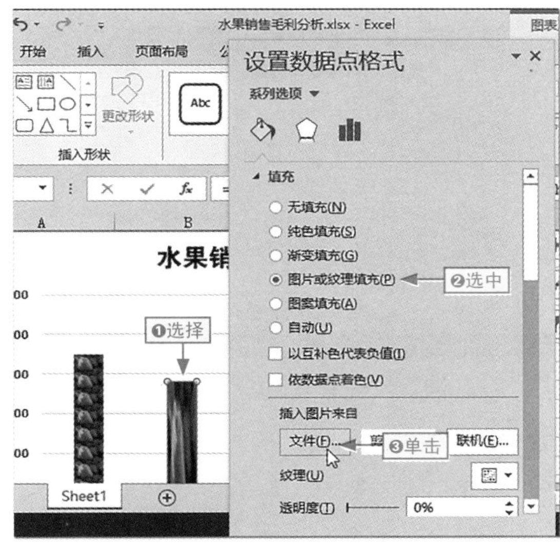

图8-29 为蓝莓数据系列设置图片填充

步骤07 ❶在打开的“插入图片”对话框中选择需要的图片文件，❷单击“插入”按钮插入图片，如图8-30所示。

图8-30 插入图片

步骤08 用相同的方法为其他数据系列设置对应的图片填充，完成整个操作，如图8-31所示。

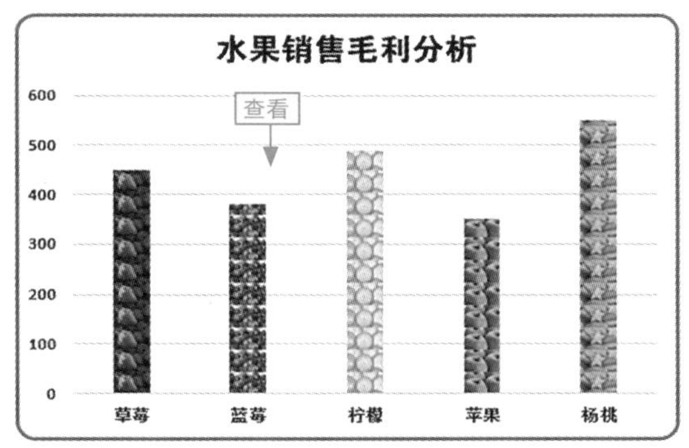

图8-31 查看填充样式

连续设置数据系列格式

打开“设置数据点格式”窗格后，选择不同的数据系列，程序自动为当前选择的数据系列设置格式。

8.3.4 美化图表的外观

在美化图表时，可以单独为各个对象进行美化，其操作与在Word中为对象设置美化的操作一样。

此外，在Excel 2013中，程序还提供了内置的形状样式和布局样式，套用这些样式可快速美化图表。

本节素材	\素材\Chapter08\气温监测数据.xlsx
本节效果	\效果\Chapter08\气温监测数据.xlsx
学习目标	掌握套用形状样式和布局样式的方法
难度指数	★★★

步骤01 打开素材文件，选择图表，如图8-32所示。

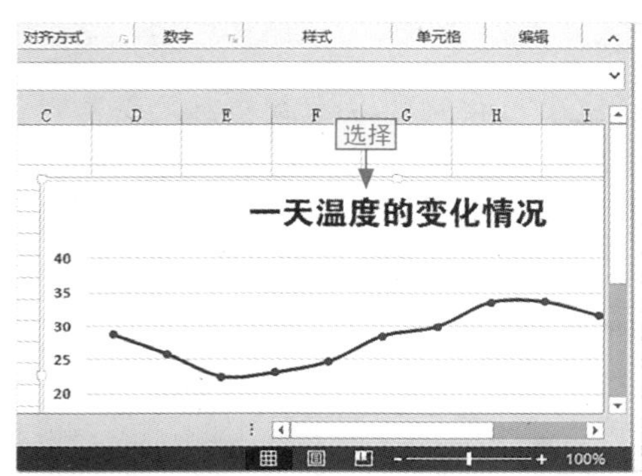

图8-32 选择图表

步骤02 ❶单击“图表工具-格式”选项卡，❷在“形状样式”组的列表框中选择“彩色轮廓-紫色，强调颜色4”样式快速为图表套用形状样式，如图8-33所示。

套用内置形状样式后的效果

在Excel中，为图表套用内置的形状样式后，如果之前已经在图表中设置了一些样式效果，如设置了字体格式、添加了填充效果等，此时程序将自动清除这些样式，并且以选择的形状样式中的预设填充效果和文字效果替换清除的样式。

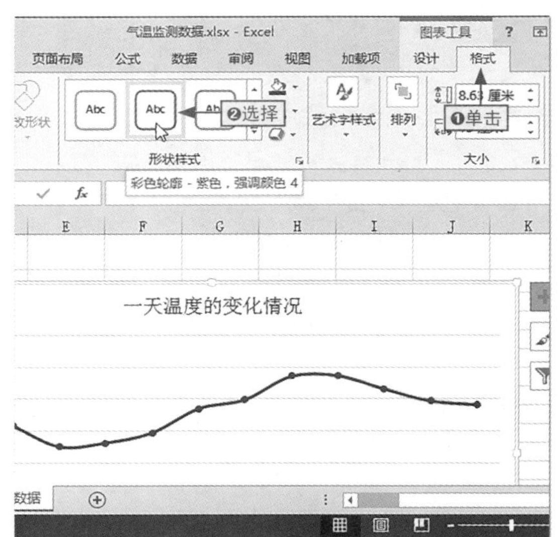

图8-33 为图表套用内置的形状样式

步骤03 ❶保持图表的选择状态，单击“形状轮廓”下拉按钮，❷选择“粗细/2.25磅”命令更改图表的轮廓，如图8-34所示。

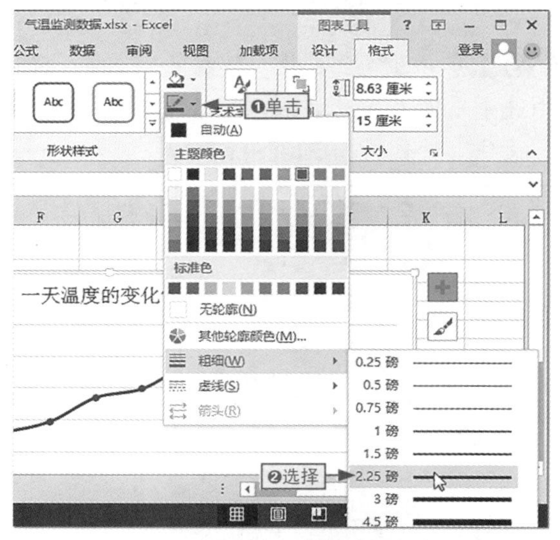

图8-34 更改图表轮廓的粗细

步骤04 ❶单击“形状填充”下拉按钮，❷选择“渐变”命令，❸在其子菜单中选择“其他渐变”命令，如图8-35所示。

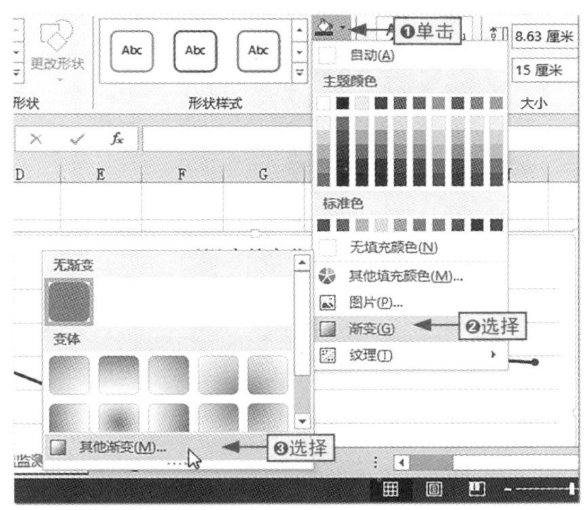

图8-35　选择“其他渐变”命令

步骤05 ❶在打开的窗格中选中“渐变填充”单选按钮，❷单击“预设渐变”下拉按钮，❸选择一种预设的渐变颜色，❹单击窗格右上角的“关闭”按钮关闭该窗格，如图8-36所示。

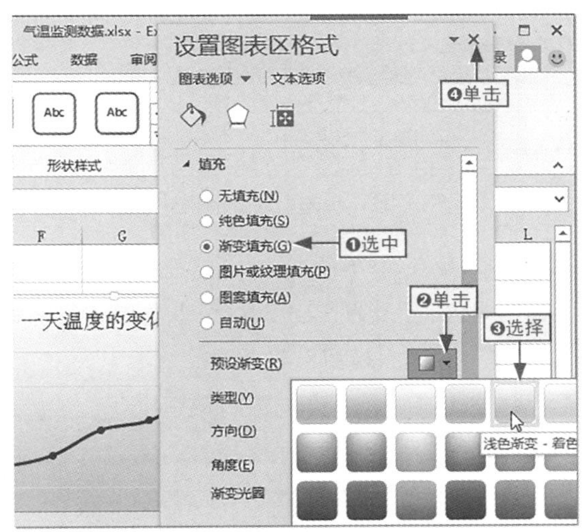

图8-36　为图表添加渐变填充效果

小绝招

自动应用最近一次的渐变设置

选中“渐变填充”单选按钮后，系统自动为图表添加程序最近一次使用过的渐变填充选项。

步骤06 ❶单击“图表工具-设计”选项卡，❷单击“快速布局”下拉按钮，❸选择“布局2”选项更改图表的布局，如图8-37所示。

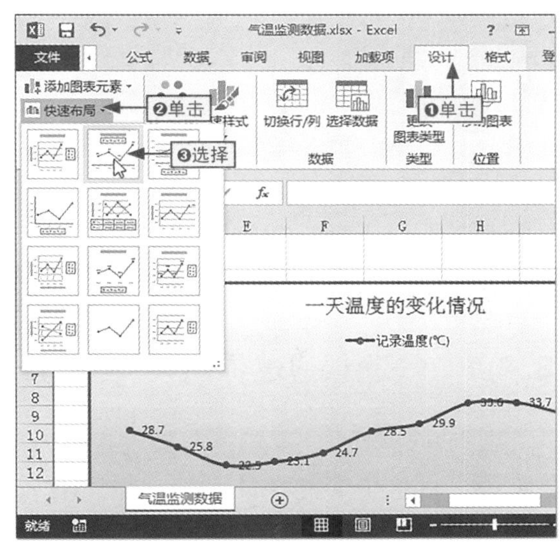

图8-37　更改图表的布局格式

步骤07 通过“开始”选项卡的“字体”组为图表的标题、图例项、数据标签和坐标轴文本设置对应的字体格式，完成整个操作，如图8-38所示。

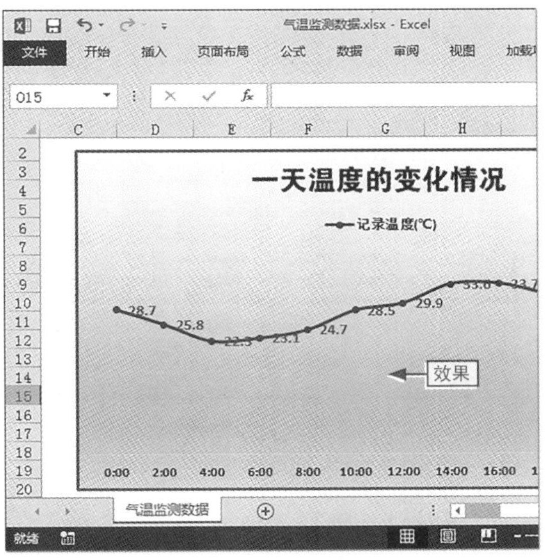

图8-38　更改图表的字体格式

8.4 使用迷你图在单元格中分析数据

小白：你知道迷你图吗？它有什么用呢？

阿智：迷你图也是图表的一种类型，对于简单的数据分析，可以直接用这种图表来完成，下面我具体给你介绍一下吧。

迷你图是自Excel 2010起新增的一种微型图表，它可以在单元格中对简单的数据进行直观的分析，如比较数据大小、描述数据变化趋势等。

8.4.1 快速创建迷你图

要创建迷你图，首先还是要确定图表的数据源，与普通图表不同的是，迷你图的数据源只能是一行或一列，并且迷你图不允许数据源为空。下面通过实例讲解创建迷你图的具体方法。

本节素材	\素材\Chapter08\费用支出统计.xlsx
本节效果	\效果\Chapter08\费用支出统计.xlsx
学习目标	掌握根据单列数据源创建柱形迷你图的方法
难度指数	★★

步骤01 打开素材文件，选择G2单元格，如图8-39所示。

图8-39　选择目标单元格

步骤02 ❶单击“插入”选项卡，❷在“迷你图”组中单击“柱形图”按钮，如图8-40所示。

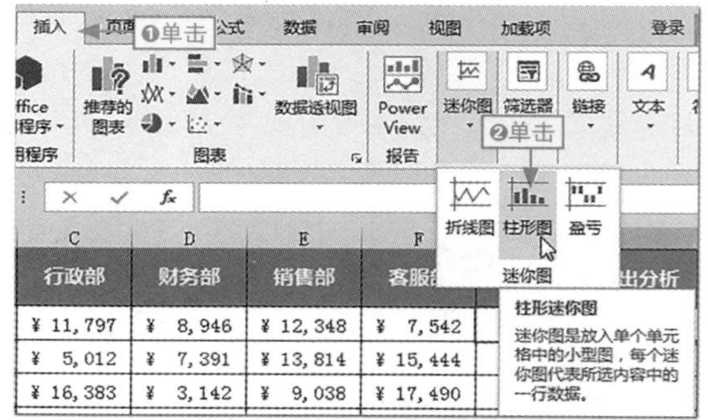

图8-40　单击“柱形图”按钮

步骤03 ❶在打开的“创建迷你图”对话框中设置数据范围为B2:F2单元格区域，❷单击“确定”按钮，如图8-41所示。

图8-41　设置创建柱形迷你图的数据源

步骤04 在返回的工作表中可看到G2单元格中创建的迷你图，拖动该单元格的控制柄进行复制，完成其他行的迷你图的创建，如图8-42所示。

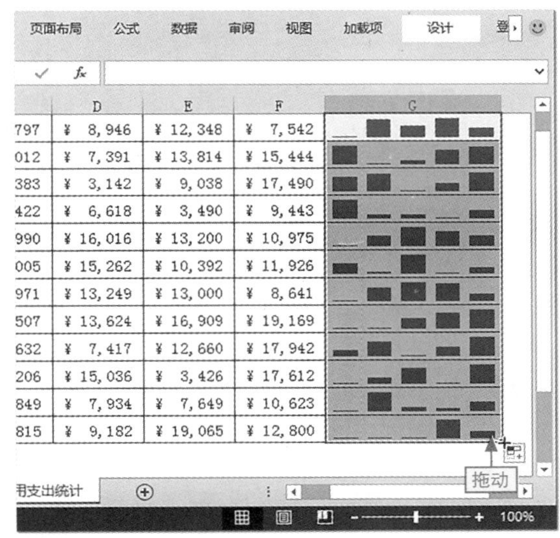

图8-42　复制创建迷你图

迷你图与图表的区别

虽然图表和迷你图都可以用于图形化分析数据，但是二者存在明显区别：

（1）迷你图是嵌入在单元格内部的微型图表，图表类型只有折线图、柱形图和盈亏图3种，数据源只能是某行/列，图表的设置项也比较少。

（2）图表是浮于工作表上方的图形对象，可同时对多组数据进行分析，图表类型多，且设置项多。

创建迷你图的其他方法

选择需要创建迷你图的单元格区域，打开“创建迷你图”对话框，设置数据源区域为所有行或列的区域，单击“确定”按钮，程序自动将结果单元格所在的行或列数据作为数据源创建迷你图。

8.4.2 更改迷你图的图表类型

要更改迷你图的类型，可选择所有需要更改图表类型的迷你图所在的单元格，在“迷你图工具-设计”选项卡的“类型”组中单击相应的按钮即可。

本节素材	\素材\Chapter06\费用支出统计1.xlsx
本节效果	\效果\Chapter06\费用支出统计1.xlsx
学习目标	掌握将柱形迷你图更改为折线迷你图的方法
难度指数	★

步骤01 打开素材文件，选择任意迷你图单元格，如选择G2单元格，如图8-43所示。

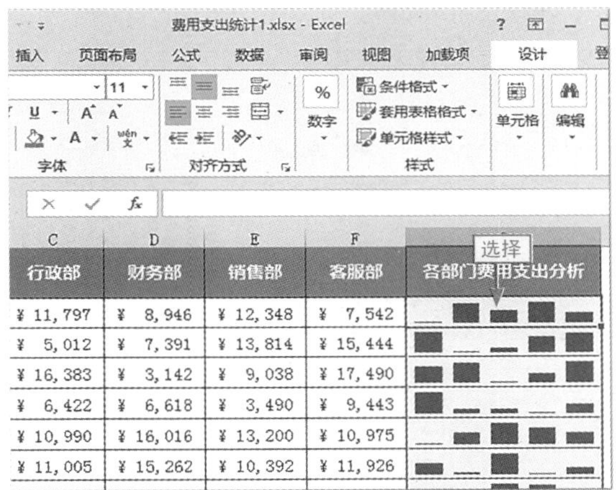

图8-43　选择任意迷你图单元格

步骤02 ❶单击“迷你图工具-设计”选项卡，❷在“类型”组中单击“折线图”按钮将柱形迷你图更改为折线迷你图，如图8-44所示。

图8-44　更改迷你图类型

8.4.3 编辑迷你图的样式和选项

在单元格中创建迷你图后，可根据需要对迷你图的图表样式、效果以及各种显示选项进行自定义设置，从而让迷你图的表达更清晰。

本节素材	\素材\Chapter06\费用支出统计2.xlsx
本节效果	\效果\Chapter06\费用支出统计2.xlsx
学习目标	掌握美化迷你图、显示及设置迷你图标记的方法
难度指数	★★★★

步骤01 ❶打开素材文件，选择任意迷你图，❷单击“迷你图工具-设计”选项卡，❸单击“迷你图颜色”下拉按钮，❹选择“绿色”颜色，如图8-45所示。

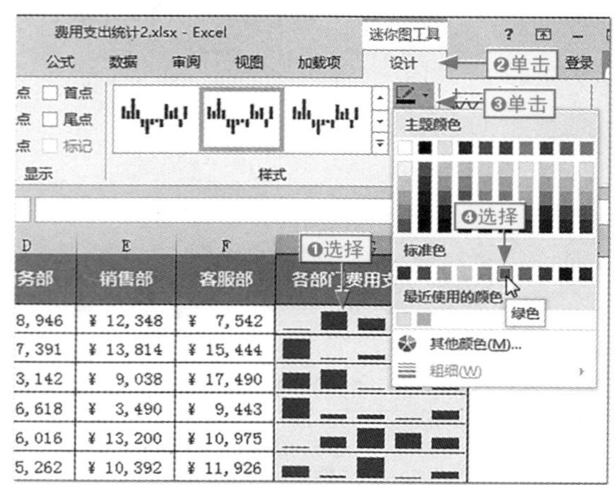

图8-45 更改迷你图颜色

套用迷你图样式

Excel 2013也为迷你图提供了内置的图表样式，选择迷你图以后，在“迷你图工具-设计”选项卡的“样式”组中间的列表框中选择相应的选项即可为迷你图设置应用样式，如图8-46所示。

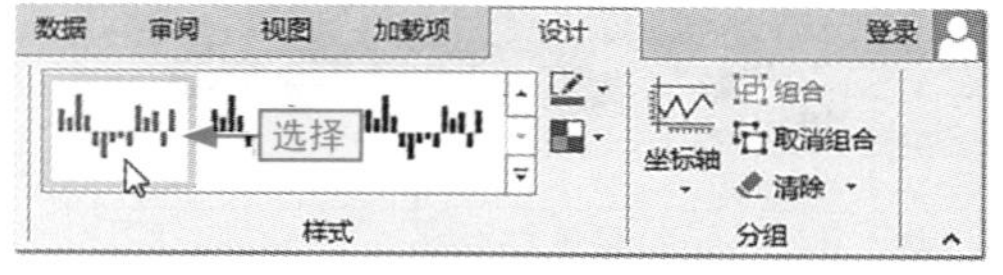

图8-46 使用内置的迷你图样式

步骤02 在“显示”组中选中“高点”复选框，突出显示迷你图中的最大值数据，如图8-47所示。

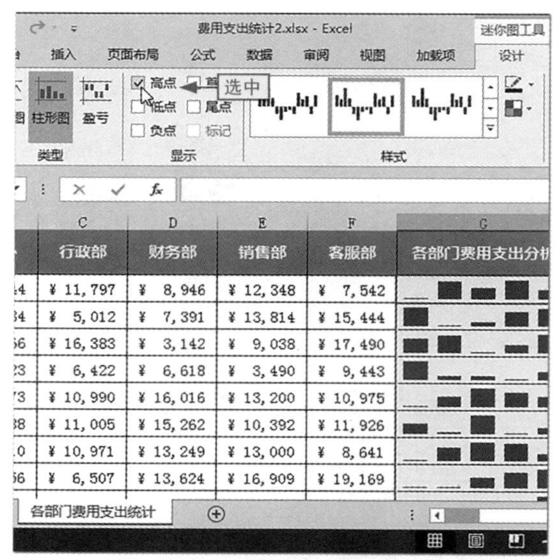

图8-47 突出显示高点

步骤03 ❶单击“标记颜色”下拉按钮，❷选择“高点”命令，❸在其子菜单中选择一种颜色，如图8-48所示。

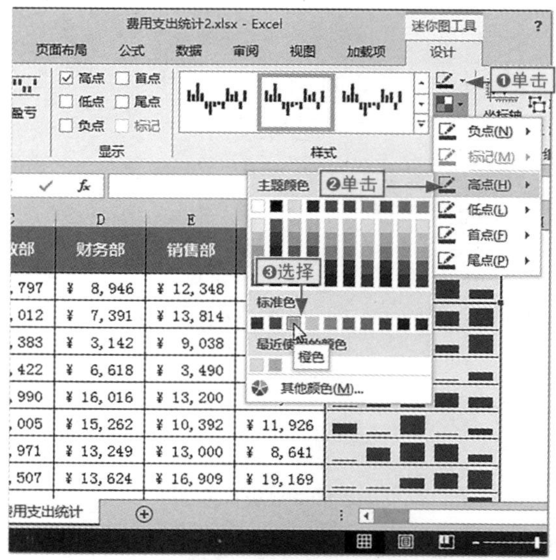

图8-48 修改高点的显示颜色

8.5 数据透视表的使用

小白：我想把订单明细表中的各种产品不同订货日期的订货数量挑选出来，有什么办法呢？

阿智：可以使用数据透视表来完成，你想看什么数据都可以变出来。

数据透视表是根据数据源表格生成的具有分析功能的总结报表，通过它能方便地查看工作表中的数据，可以快速合并和比较数据，从而方便地对这些数据进行分析和处理。

8.5.1 创建数据透视表

在Excel 2013中，用户可以通过“插入”选项卡的“表格”组来创建数据透视表，创建方法有两种，下面分别介绍。

1. 自定义创建数据透视表

自定义创建数据透视表是指直接利用数据透视表功能来创建，数据透视表的内容可进行自定义布局。

本节素材	\素材\Chapter08\销售业绩记录表.xlsx
本节效果	\效果\Chapter08\销售业绩记录表.xlsx
学习目标	掌握常规创建数据透视表的方法
难度指数	★★

步骤01 ❶打开素材文件，选择数据单元格，❷单击“插入”选项卡，❸在“表格”组中单击“数据透视表”按钮，如图8-49所示。

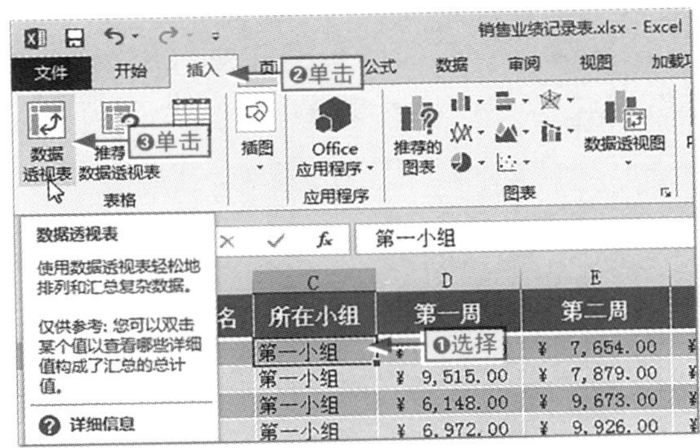

图8-49 单击“数据透视表”按钮

步骤02 ❶打开“创建数据透视表”对话框，选中“现有工作表”单选按钮，❷在“位置”文本框中引用A13单元格，❸单击“确定”按钮，如图8-50所示。

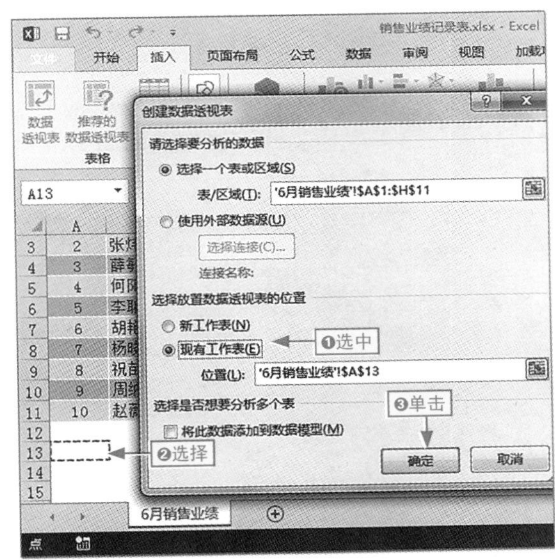

图8-50 设置数据透视表的创建位置

步骤02 在打开的“数据透视表字段”窗格中选中需要添加的字段复选框，在右侧的表格中即可查看添加字段的数据透视表效果，如图8-51所示。

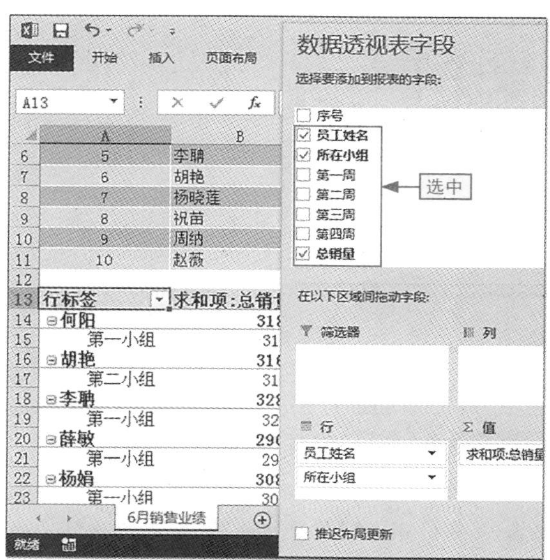

图8-51　向数据透视表添加字段

步骤04 ❶在行标签字段区域单击“所在小组”字段，❷选择“上移”选项更改两个行标签的位置，❸单击“关闭”按钮关闭窗格，如图8-52所示。

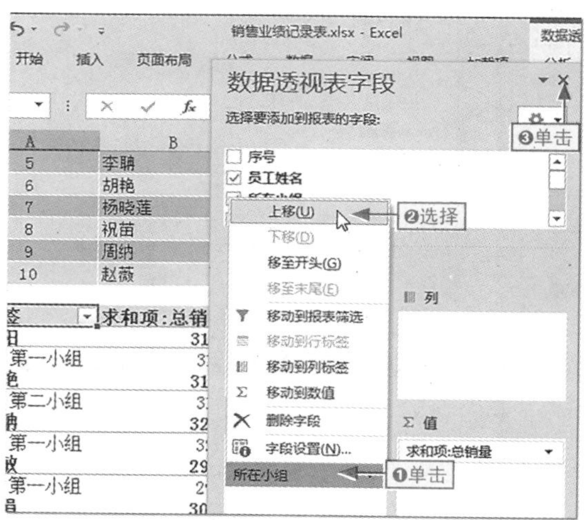

图8-52　更改字段的位置

步骤05 数据透视表自动按小组进行归类汇总并在首行汇总该小组的总销售额，最终效果如图8-53所示。

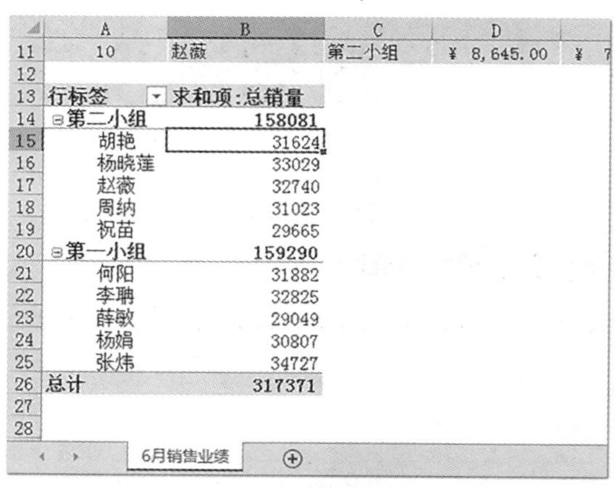

行标签	求和项:总销量
⊟第二小组	158081
胡艳	31624
杨晓莲	33029
赵薇	32740
周纳	31023
祝苗	29665
⊟第一小组	159290
何阳	31882
李聃	32825
薛敏	29049
杨娟	30807
张炜	34727
总计	317371

图8-53　查看效果

显示任务窗格的方法

如果不小心将“数据透视表字段”窗格关闭了，可以通过单击“数据透视表工具－分析”选项卡，然后在“显示”组中单击“字段列表”按钮将其显示出来，如图8－54所示。

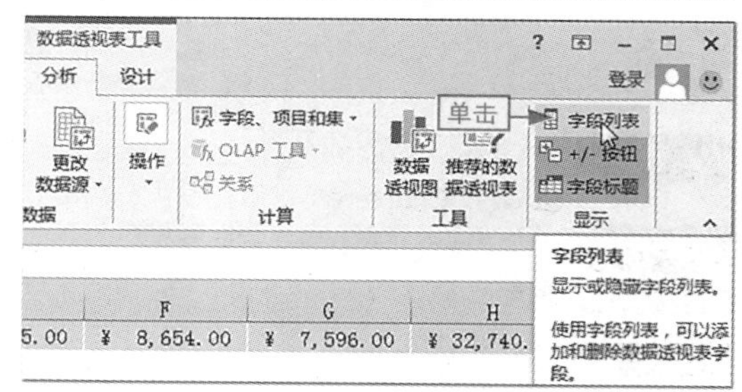

图8-54　显示“数据透视表字段列表”任务窗格

2. 推荐数据透视表功能分析数据

Excel 2013增加了许多功能，使Excel更加智能和强大，其中就包括根据推荐的数据透视表功能来创建数据透视表，它智能地判断用户选择的数据源来推荐一些符合要求的数据透视表样式，实现快速创建，提高工作效率。

本节素材 \素材\Chapter08\销售业绩记录表1.xlsx

本节效果 \效果\Chapter08\销售业绩记录表1.xlsx

学习目标 掌握快速创建数据透视表的方法

难度指数 ★★

步骤01 ❶打开素材文件，选择数据单元格，❷单击“插入”选项卡，❸在“表格”组单击“推荐的数据透视表”按钮，如图8-55所示。

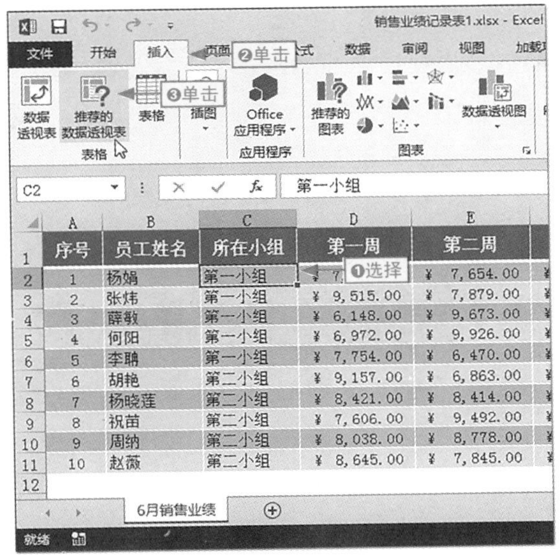

图8-55 单击“推荐的数据透视表”按钮

步骤02 ❶打开“推荐的数据透视表”对话框，选择要创建的数据透视表样式选项，❷单击“确定”按钮，如图8-56所示。

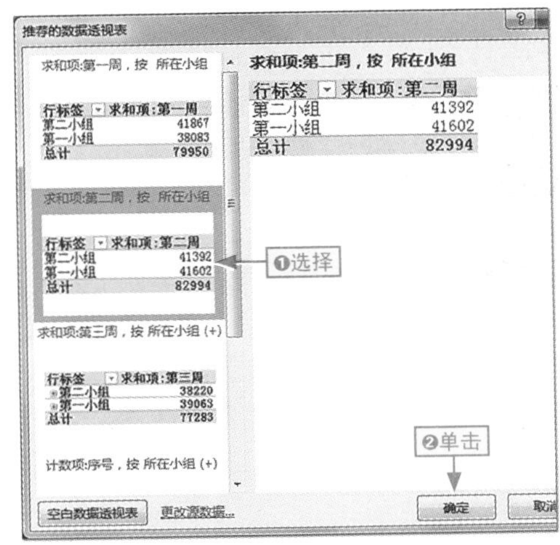

图8-56 创建推荐的数据透视表

8.5.2 设置数据透视表格式

在表格中创建的透视表都有其默认的结构和样式，但是用户可以根据实际需要重新设计透视表的布局并套用系统自带的表格样式来美化数据透视表的外观。

下面通过具体的实例，讲解设置数据透视表格式的相关操作方法。

步骤01 ❶打开素材文件，在数据透视表中选择数据单元格，❷单击“数据透视表工具-设计”选项卡，❸在“布局”组单击“报表布局”按钮，❹选择“以表格形式显示”选项，如图8-57所示。

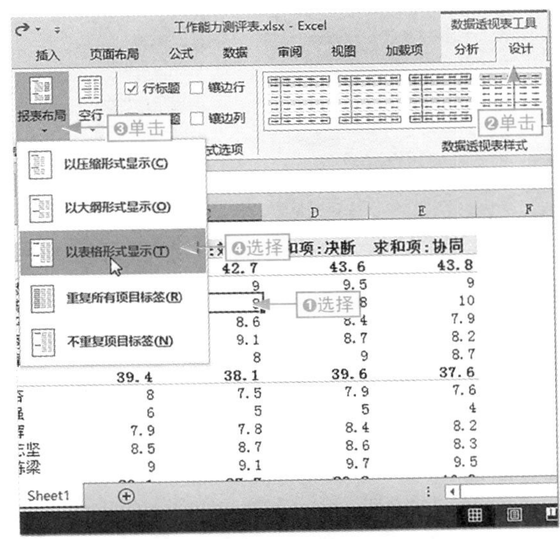

图8-57 修改数据透视表的布局

步骤02 ❶单击“空行”按钮，❷选择“在每个项目后插入空行”选项，如图8-58所示。程序自动在每个分类的末尾添加一行空白行，将各个分类分隔开来。

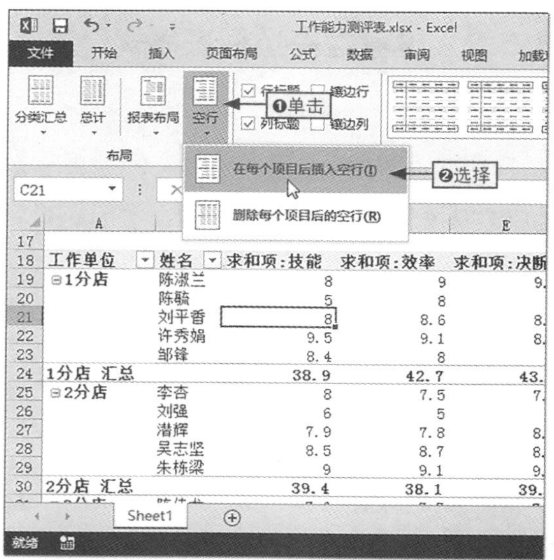

图8-58 在分组后面添加空行

步骤03 在“数据透视表样式选项”组中选中“镶边列”复选框为数据透视表添加镶边列样式，如图8-59所示。

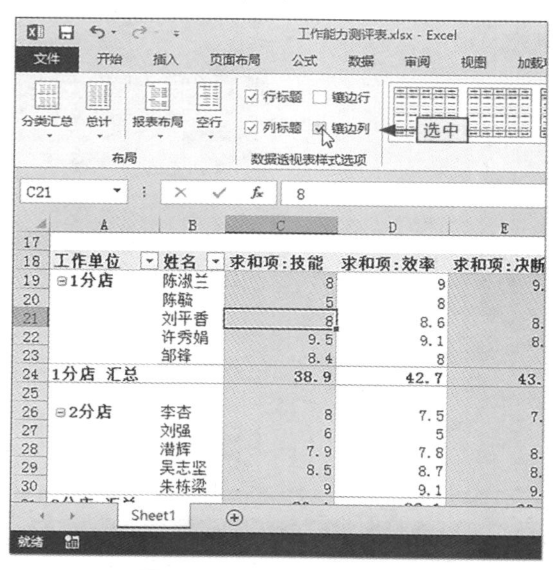

图8-59 添加镶边列样式

步骤04 在“数据透视表样式”组的列表框中选择一种数据透视表样式，如选择“数据透视表样式中等深浅7”样式，快速为数据透视表套用内置的样式效果，如图8-60所示。

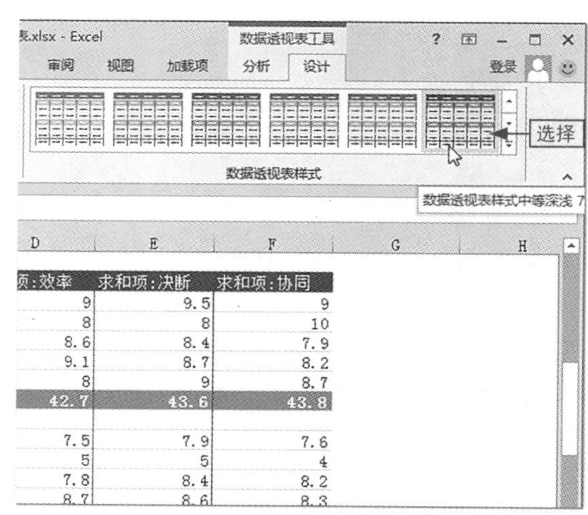

图8-60 为数据透视表套用内置表格样式

8.5.3 刷新数据透视表中的数据

数据透视表是通过数据源表格生成的报表，因此数据透视表中的数据与数据源中的数据是关联的。

但是若修改了表格中的数据，数据透视表中的数据是不会自动更新的，此时就需要用户进行手动刷新操作，从而确保数据透视表的数据与数据源的数据一致。

下面通过具体的实例，讲解手动刷新数据的相关操作方法。

本节素材	\素材\Chapter08\工作能力测评表1.xlsx
本节效果	\效果\Chapter08\工作能力测评表1.xlsx
学习目标	掌握手动刷新数据透视表中数据的方法
难度指数	★★

步骤01 打开素材文件，分别将“1分店”“2分店”和“3分店”数据修改为“旗舰店”“成华店”和“高新店”，如图8-61所示。

使用快捷键刷新数据

在数据透视表中选择任意一个数据单元格，按Alt+F5组合键可快速刷新数据透视表中的数据，如图8-61所示。

个人编号	姓名	工作单位	技能	效率
YGBH20161001	陈骁	旗舰店	5	8
YGBH20161002	邹锋	旗舰店	8.4	8
YGBH20161003	许秀娟	旗舰店	9.5	9.1
YGBH20161004	刘平香	旗舰店	8	8.6
YGBH20161005	陈淑兰	旗舰店	8	9
YGBH20161006	朱栋梁	成华店	9	9.1
YGBH20161007	吴志坚	成华店	8.5	8.7
YGBH20161008	刘强	成华店	6	5
YGBH20161009	潘辉	成华店		7.8
YGBH20161010	李杏	成华店	8	7.5
YGBH20161011	谭媛文	高新店	5.1	4.8
YGBH20161012	廖剑	高新店	9	8.6
YGBH20161013	陈晓	高新店	8.8	7.9
YGBH20161014	彭霞	高新店	8.6	8.7
YGBH20161015	陈佳龙	高新店	7.6	7.7

修改

图8-61　修改数据源的工作单位数据

步骤02 ❶在数据透视表中选择任意数据单元格，❷单击“数据透视表工具-分析”选项卡，如图8-62所示。

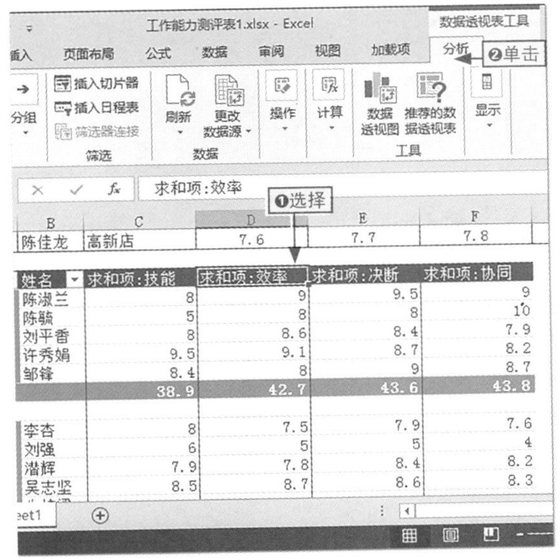

图8-62　切换选项卡

步骤03 ❶在“数据”组中单击“刷新”按钮下方的下拉按钮，❷选择“刷新”选项，如图8-63所示。

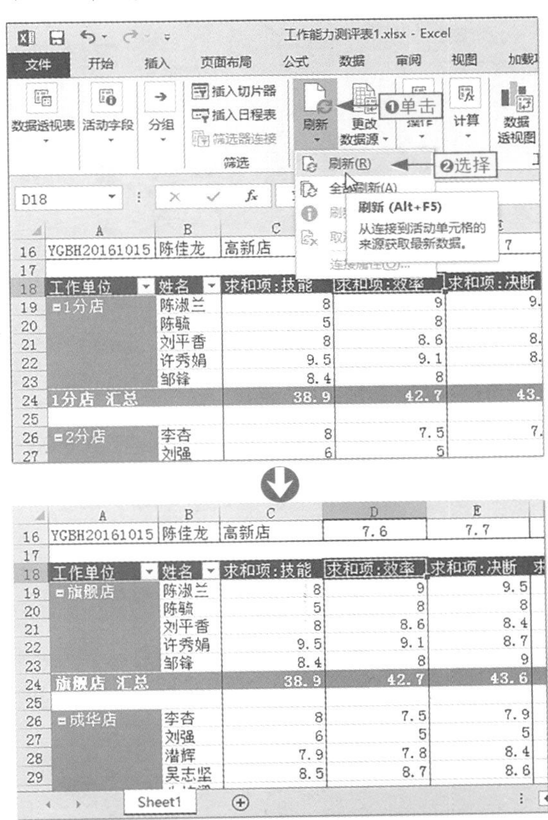

图8-63　刷新透视表的数据

8.5.4 更改数据透视表的汇总方式

数据透视表默认的汇总方式为求和汇总，当然用户根据实际需要，还可将汇总方式设置为求平均值、最大值等。下面通过具体的实例，讲解更改数据透视表汇总方式的相关操作方法。

本节素材	\素材\Chapter08\工作能力测评表2.xlsx
本节效果	\效果\Chapter08\工作能力测评表2.xlsx
学习目标	掌握将求和汇总方式更改为最大值的方法
难度指数	★★★

步骤01 ❶打开素材文件，选择任意透视表单元格，❷单击“数据透视表工具-分析”选项卡，❸在“显示”组中单击“字段列表”按钮，如图8-64所示。

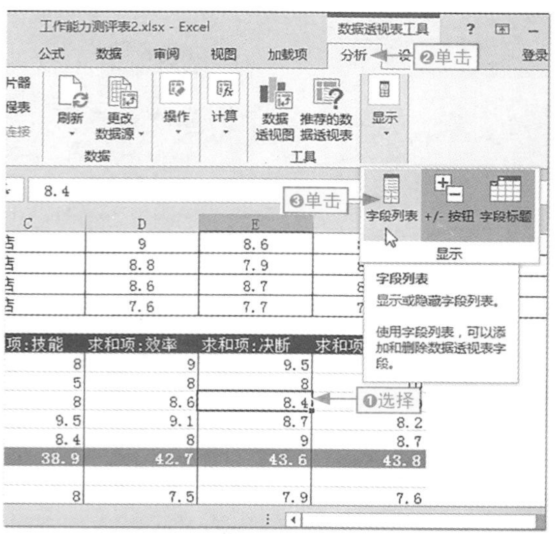

图8-64 单击“字段列表”按钮

步骤02 ❶在打开的“数据透视表字段”任务窗格中的值字段区域单击“求和项：技能”按钮，❷选择“值字段设置”命令，如图8-65所示。

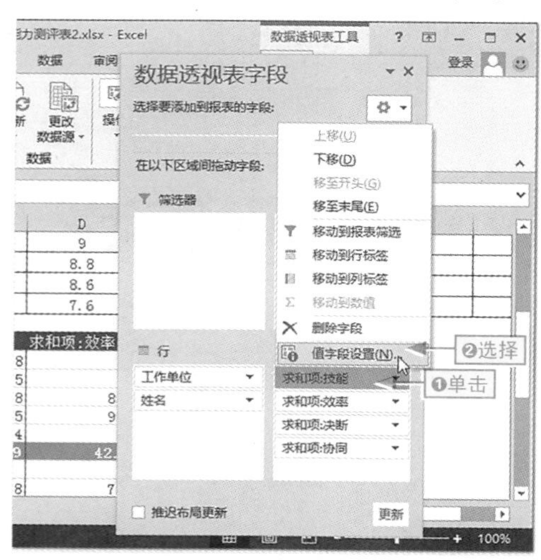

图8-65 选择“值字段设置”命令

步骤03 ❶在打开的“值字段设置”对话框的“计算类型”列表框中选择“最大值”选项，❷单击“确定”按钮，如图8-66所示。

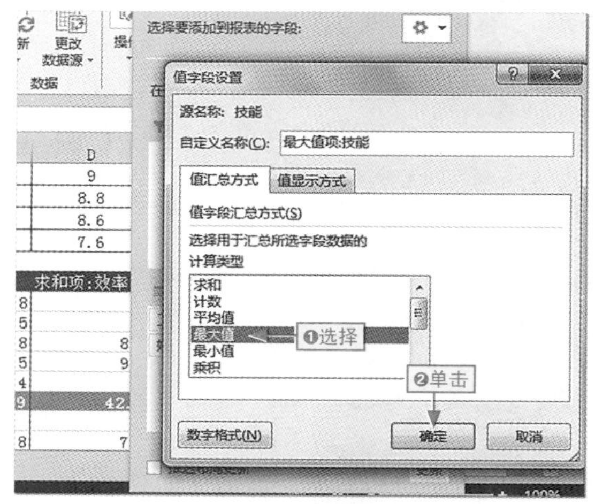

图8-66 更换汇总方式

步骤04 ❶在透视表中即可看到技能字段的汇总数据显示最大值，❷用相同的方法将其他字段的汇总方式修改为最大值，❸单击“关闭”按钮关闭任务窗格，如图8-67所示。

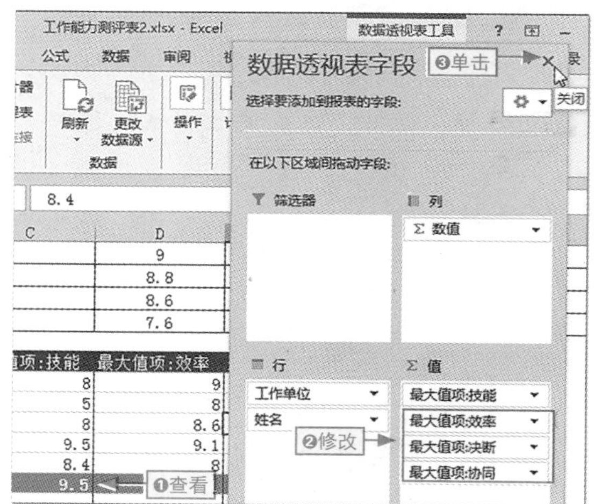

图8-67 完成修改并关闭任务窗格

更改汇总方式的其他方法

如果需要修改某个汇总项的汇总方式，可以选择该汇总项的任意一个数据单元格，在“透视表工具－分析”选项卡的“活动字段”组中单击“值字段设置”按钮，在打开的“值字段设置”对话框中即可进行设置。

给你支招 | 处理数据差异大的图表数据

小白：在图表中，有两个数据系列的差异比较大，从而使数据较小的一项在图表中的显示效果不清晰，遇到这种问题应该怎么解决呢？

阿智：通常遇到这种问题，可以采取在图表中添加两个坐标轴，让数据较小的数据系列单独使用一个坐标轴的方法来解决，具体操作如下。

步骤01 ❶选择要添加次坐标轴的数据系列，❷在其上右击，❸在弹出的快捷菜单中选择“设置数据系列格式”命令，如图8-68所示。

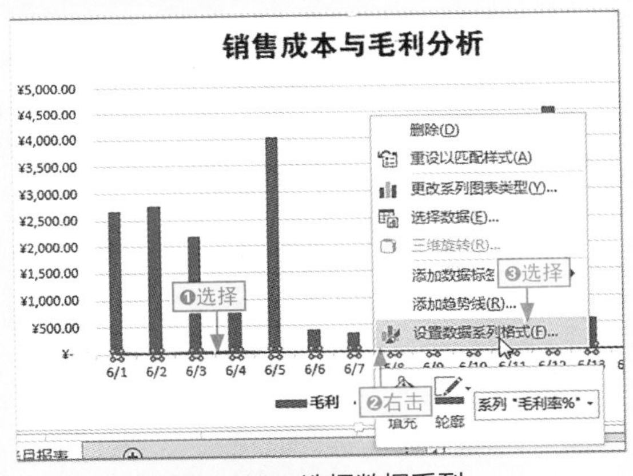

图8–68　选择数据系列

步骤02 ❶在打开的“设置数据系列格式”窗格中选中“次坐标轴”单选按钮，❷单击窗格右上角的“关闭”按钮完成操作，如图8-69所示。

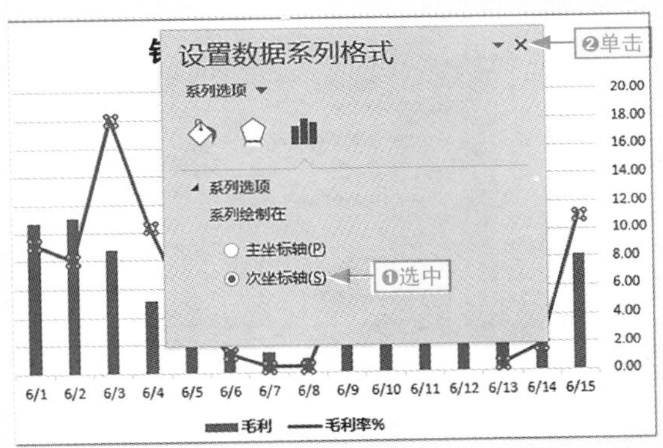

图8–69　添加次坐标轴

给你支招 | 将透视表的数据图形化展示

小白：普通表格中的数据都能使用图表来直观展示和分析，那么，数据透视表中的数据能用图表展示吗？

阿智：当然可以，而且数据透视图中还自动添加了一些筛选按钮，通过这些筛选按钮可以自动筛选图表中要显示的数据。创建数据透视图的具体操作方法如下。

步骤01 ❶选择数据源，❷单击“插入”选项卡，❸在“图表”组中单击“数据透视图”下拉按钮，❹选择“数据透视图”命令打开“创建数据透视图”对话框，如图8-70所示。

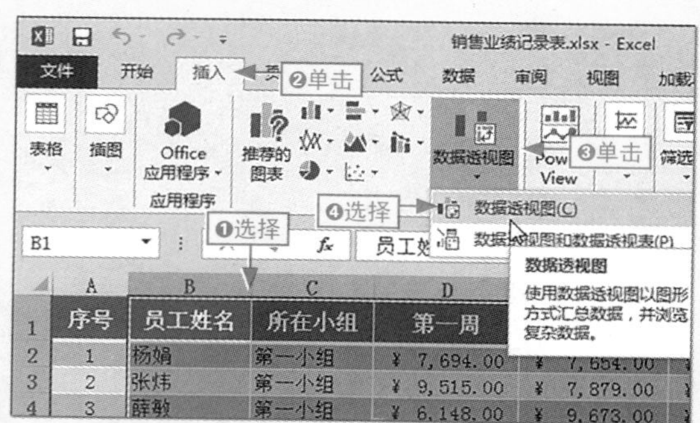

图8-70　打开“创建数据透视图”对话框

步骤02 ❶在打开的对话框中选中“现有工作表”单选按钮，❷选择保存位置单元格，❸单击“确定”按钮创建空白数据透视表和透视图，如图8-71所示。

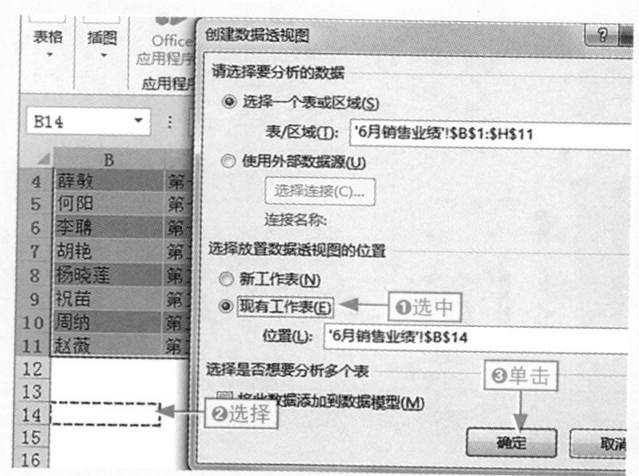

图8-71　创建空白数据透视表和数据透视图

步骤03 ❶在“数据透视图字段”任务窗格中选中要添加到数据透视图中的数据字段对应的复选框，❷在“轴（类别）”字段区域将所在小组字段调整到员工姓名字段上方，如图8-72所示。

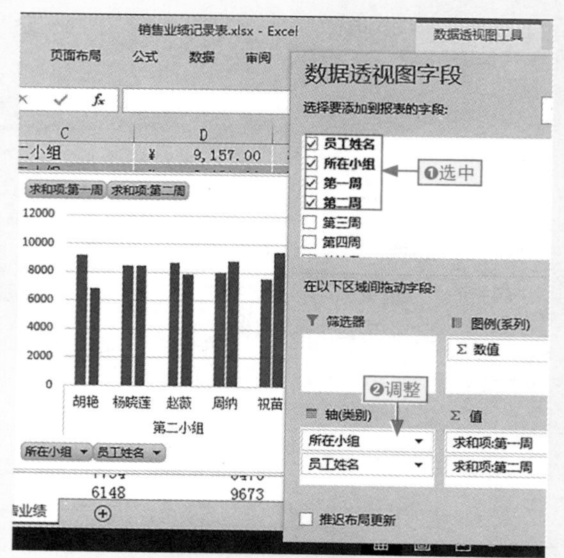

图8-72　向数据透视图中添加数据

根据透视表创建透视图

在数据透视表中选择任意数据单元格，在“插入”选项卡的“图表”组中单击相应的图表按钮，选择图表类型，或者在“数据透视表工具－分析”选项卡的“工具”组中单击“数据透视图”按钮，在打开的“插入图表”对话框中选择需要的图表类型即可（透视图的各种编辑和美化操作与普通图表相同）。

Chapter 09 幻灯片整体外观设置和必会操作

学习目标

PowerPoint作为一种演示工具，被广泛应用在商务演示的各个领域。本章主要介绍一些有关幻灯片整体外观设置的方法和必会操作，如设置幻灯片母版样式、幻灯片的基本操作以及使用相册功能创建相册等。通过对本章基本操作的学习，可以为后面更好、更快地创建演示文稿奠定基础。

本章要点

- 设置母版占位符的字体格式
- 设置与编辑母版的背景格式
- 复制、重命名与插入母版
- 调整幻灯片的大小
- 更改幻灯片的版式
- 使用相册功能创建相册
- 在相册中添加一组新的照片

知识要点	学习时间	学习难度
编辑幻灯片的母版	40 分钟	★★★
掌握幻灯片的基本操作	30 分钟	★★
使用相册功能创建电子相册	30 分钟	★★

9.1 编辑幻灯片的母版

小白：我看你在编辑幻灯片时，修改一个地方，其他的幻灯片全部都变了，这是怎么做到的?

阿智：这是母版的应用，它是快速制作统一风格幻灯片的神奇功能，我具体给你介绍一下吧。

为了保持同一演示文稿中各张幻灯片的风格统一，方便幻灯片效果的控制，可以通过幻灯片母版来设置。幻灯片母版包括一个主母版和11个版式母版，如图9-1所示。

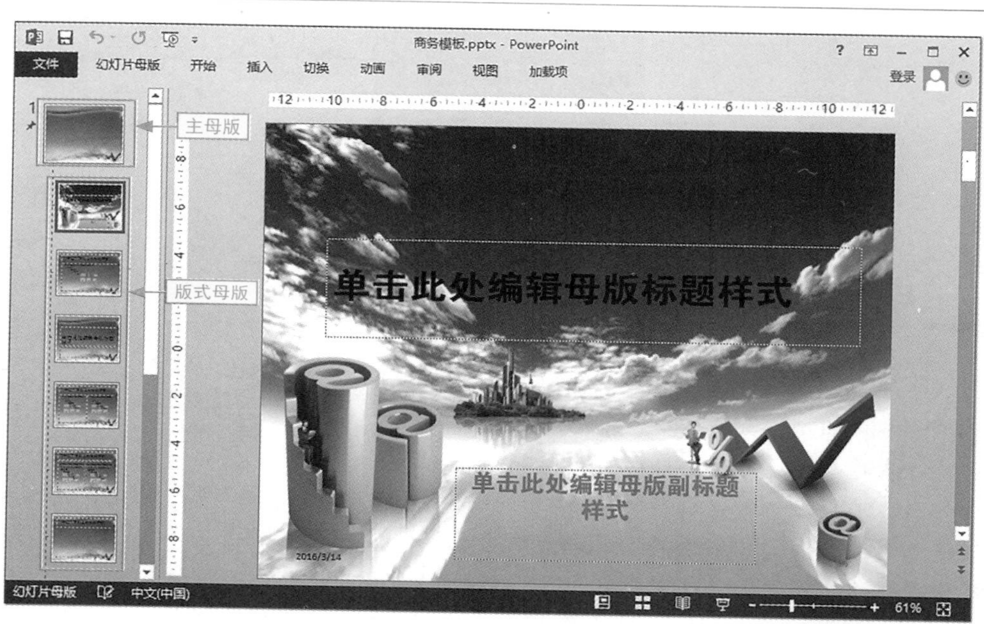

图9-1　主母版和版式母版

9.1.1 设置母版占位符的字体格式

默认创建的演示文稿，其字体格式往往都不符合实际需求，用户可通过设置母版占位符的字体格式，达到快速更改整个演示文稿所用字体的格式。

母版占位符的字体格式设置也是在“开始”选项卡的“字体”组中完成的，只是首先需要切换到母版视图。下面通过具体的实例讲解相关操作。

本节素材	\素材\Chapter09\营销报告.pptx
本节效果	\效果\Chapter09\营销报告.pptx
学习目标	掌握进入母版视图并设置占位符字体格式的方法
难度指数	★★

步骤01 ❶打开素材文件，单击“视图”选项卡，❷在“母版视图”组中单击“幻灯片母版”按钮，如图9-2所示。

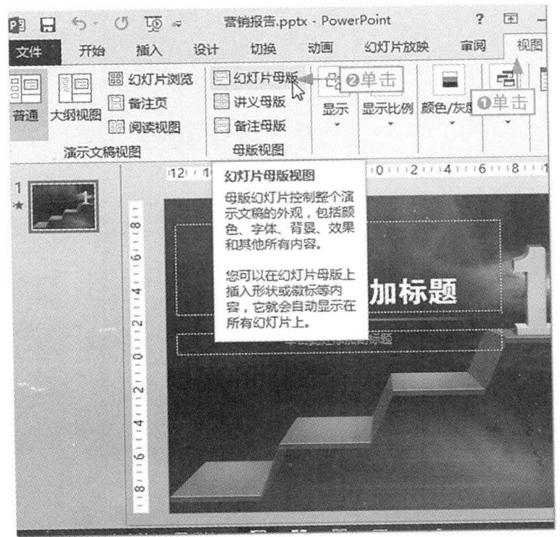

图9-2 进入母版视图模式

步骤02 ❶在左侧窗格中选择主母版，❷在右侧工作区选择标题占位符，❸单击“开始”选项卡，❹将字体设置为“方正大黑简体”，❺单击“字体颜色”下拉按钮，❻选择“白色，背景1”颜色，如图9-3所示。

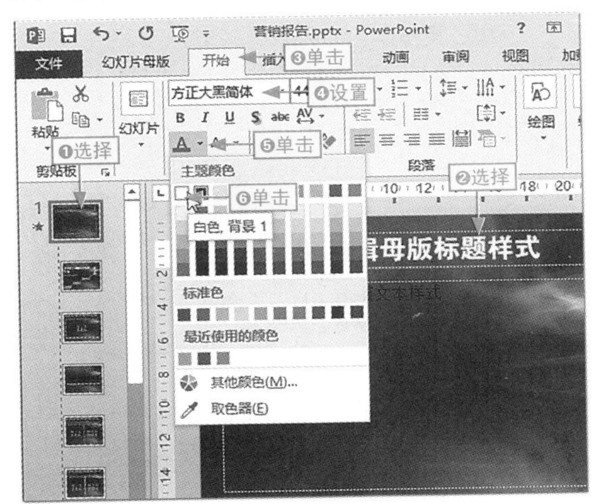

图9-3 为主母版的标题设置字体格式

步骤03 ❶选择正文占位符中的所有文本，❷在“字体”下拉列表框中选择“微软雅黑”选项，❸单击“字体颜色”下拉按钮，❹选择一种合适的颜色，如图9-4所示。

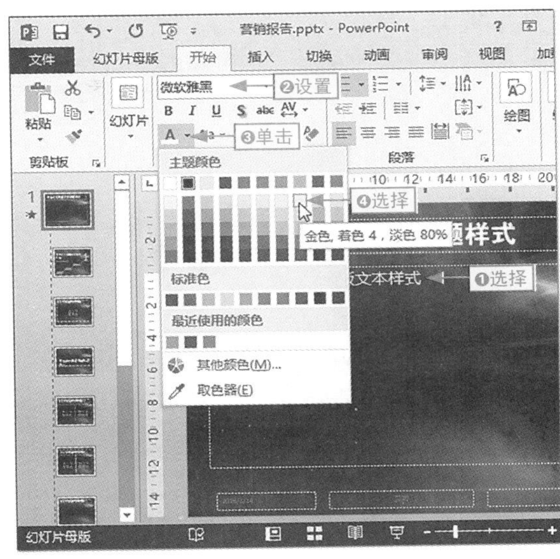

图9-4 设置正文字体的格式

步骤04 ❶选择一级正文文本，❷在“字体”组中单击“加粗”按钮，为其设置加粗格式，如图9-5所示。

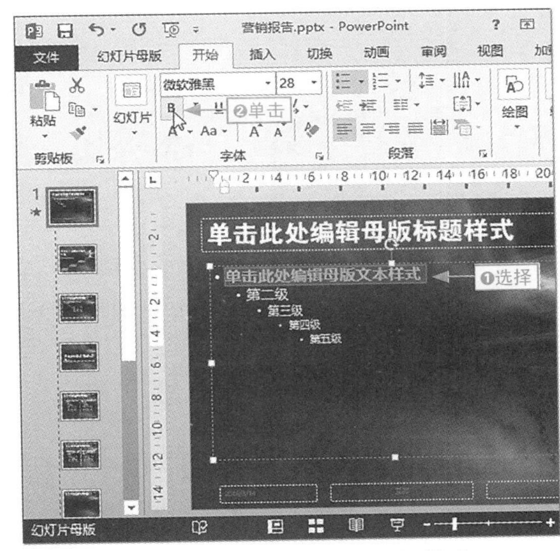

图9-5 为一级正文设置加粗格式

步骤05 ❶选择任意版式母版，在右侧的工作区可看到文本格式都发生了改变，❷单击“幻灯片母版”选项卡，❸单击“关闭母版视图”按钮退出幻灯片母版视图，完成操作，如图9-6所示。

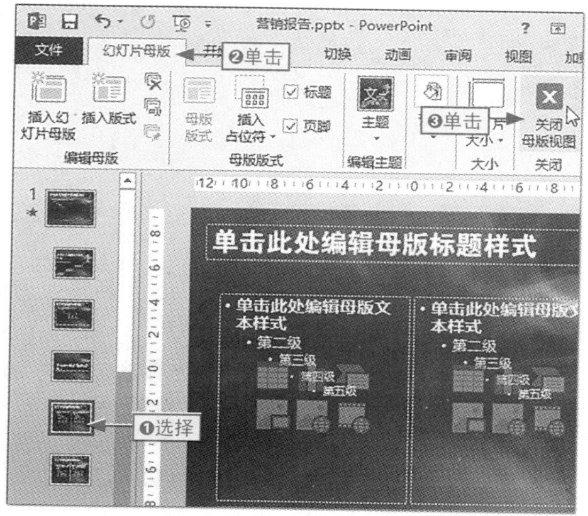

图9-6　查看效果并退出幻灯片母版视图

在文本占位符中，“单击此处编辑母版文本样式”文本即为一级正文，它代表正文占位符中最普遍使用的文本，即默认的正文格式。选中一级正文文本后按Tab键即可使其变为二级正文。

9.1.2 设置与编辑母版的背景格式

幻灯片母版的背景不仅可以设置纯色填充，还可以将一些图片文件设置为背景格式，通过背景格式的设置，可以快速达到美化幻灯片效果的目的。

具体操作很简单，既可以通过“背景样式”下拉菜单完成，也可以通过快捷菜单完成，下面通过实例讲解这两种方法的具体操作。

本节素材	\素材\Chapter09\公司宣传
本节效果	\效果\Chapter09\公司宣传.pptx
学习目标	掌握为主母版和标题母版添加背景的方法
难度指数	★★★

步骤01 ❶打开素材文件，单击“视图”选项卡，❷在“母版视图”组中单击“幻灯片母版”按钮，如图9-7所示。

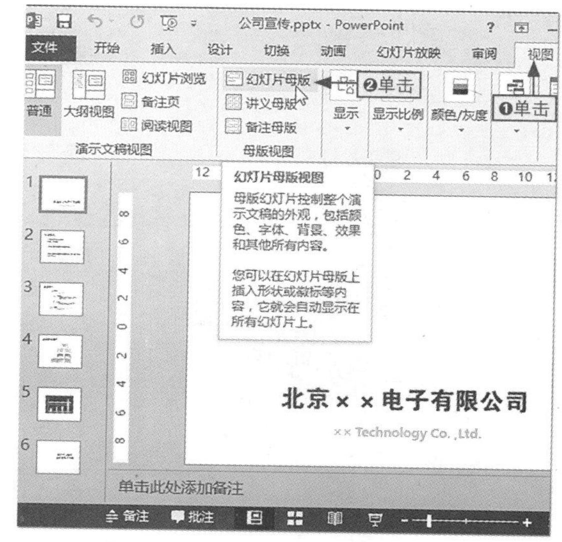

图9-7　单击“幻灯片母版”按钮

步骤02 ❶选择主母版，❷在“幻灯片母版”选项卡的“背景”组中单击“背景样式”下拉按钮，❸选择“设置背景格式”命令，如图9-8所示。

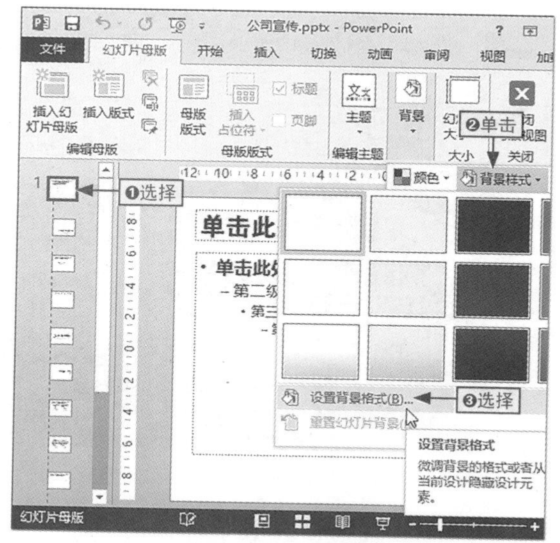

图9-8　设置背景格式

步骤03 ❶在打开的“设置背景格式”窗格中选中“图片或纹理填充”单选按钮，❷单击“文件”按钮，如图9-9所示。

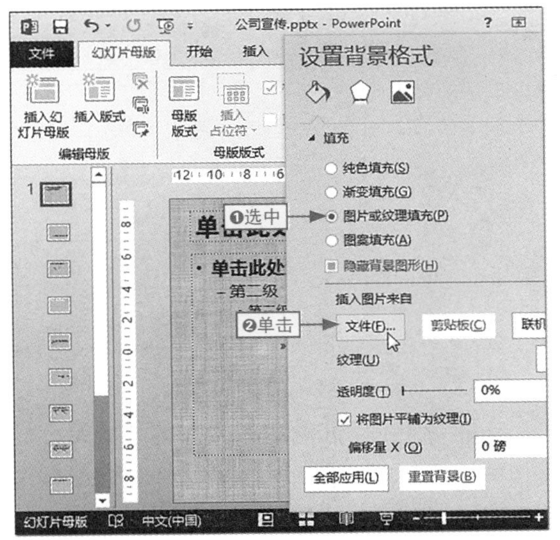

图9-9　单击“文件”按钮

步骤04 ❶在打开的“插入图片”对话框中找到文件的保存位置，❷在中间的列表框中选择“背景1”图片，❸单击“插入”按钮，如图9-10所示。

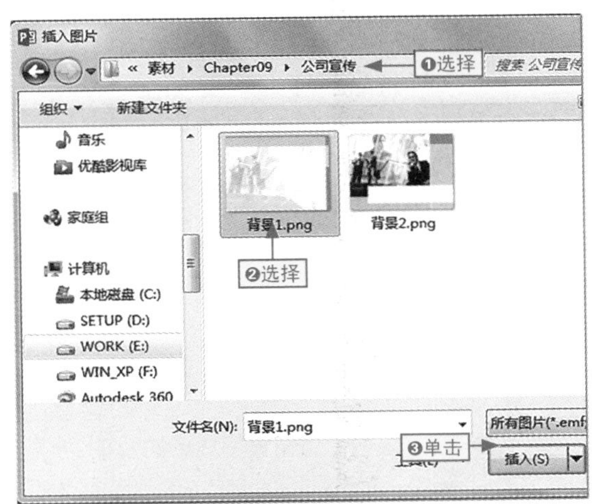

图9-10　选择需要设置背景的图片

步骤05 在返回的界面可以预览程序自动为所有的母版添加了背景图片，单击窗格右上角的“关闭”按钮关闭窗格，如图9-11所示。

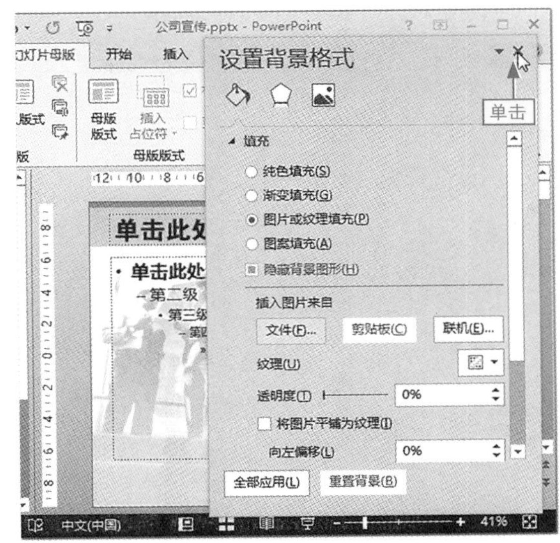

图9-11　查看添加的背景效果

步骤06 ❶选择标题版式母版，在其上右击，❷在弹出的快捷菜单中选择“设置背景格式”命令，如图9-12所示。

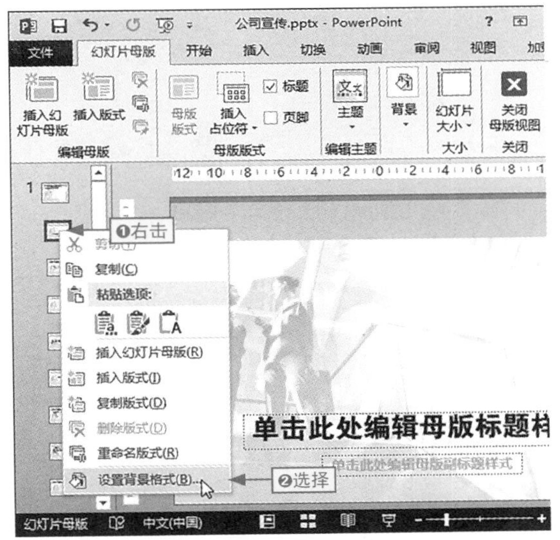

图9-12　选择“设置背景格式”命令

步骤07 在打开的“设置背景格式”窗格中自动选中“图片或纹理填充”单选按钮，单击“文件”按钮，如图9-13所示。

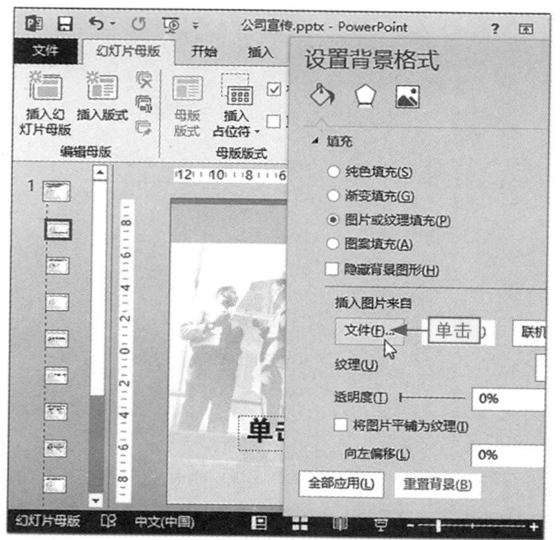

图9-13　单击“文件”按钮

步骤08 ❶在打开的“插入图片”对话框中，选择“背景2”图片，❷单击“插入”按钮插入图片，如图9-14所示。

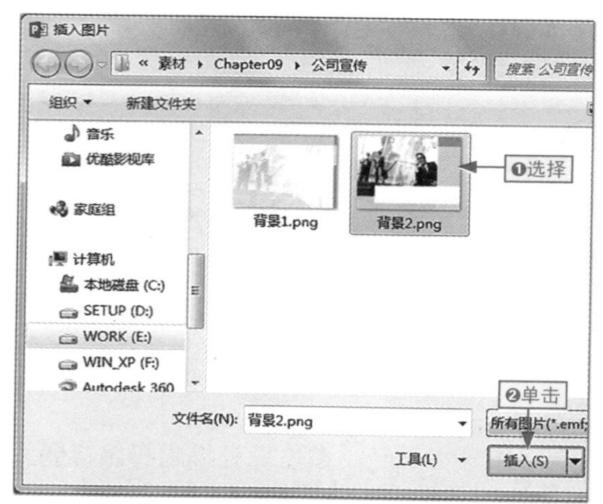

图9-14　插入“背景2”图片

步骤09 在返回的界面可查看为标题版式母版添加的背景效果，关闭“设置背景格式”窗格，在“关闭”组中单击“关闭母版视图”按钮，如图9-15所示。

图9-15　退出母版视图模式

步骤10 在返回的普通视图模式工作界面，任意选择一张幻灯片，即可查看添加背景格式后的效果，如图9-16所示。

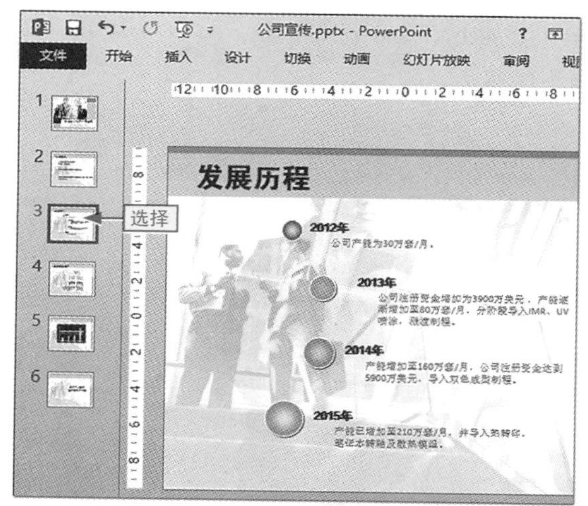

图9-16　查看设置背景格式后的效果

为母版添加背景的说明

在“幻灯片母版”选项卡中单击“背景格式”下拉按钮，在弹出的下拉菜单中选择需要的选项可以为幻灯片添加纯色填充。此外，在打开的“设置背景格式”窗格中，可以设置更多的纯色填充，以及纹理填充。

9.1.3 复制、重命名与插入母版

默认的母版版式如果不能满足需求，就需要新建其他版式的母版，下面具体介绍有关母版版式的常用操作。

1. 复制与重命名母版

通常，在设计母版时，都会多设计几张内文幻灯片，它们的字体格式和版式布局都相同，只是背景格式不同，此时可以通过复制与重命名的操作快速创建母版。

下面以在“礼仪培训”演示文稿中创建“标题和内容2”母版为例，讲解相关操作。

本节素材	\素材\Chapter09\礼仪培训
本节效果	\效果\Chapter09\礼仪培训.pptx
学习目标	掌握根据版式母版复制并重命名版式的方法
难度指数	★★★★

步骤01 ❶打开素材文件，单击“视图”选项卡，❷在“母版视图”组中单击“幻灯片母版”按钮，如图9-17所示。

图9-17 切换到“幻灯片母版”视图

步骤02 ❶选择标题和内容版式母版，❷在其上右击，❸选择“复制版式”命令，如图9-18所示。

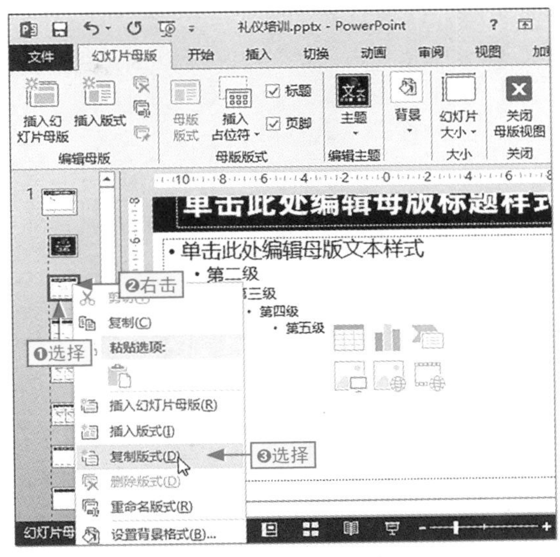

图9-18 复制版式

步骤03 保持新建母版版式的选择状态，在“幻灯片母版”选项卡的“编辑母版”组中单击“重命名”按钮，如图9-19所示。

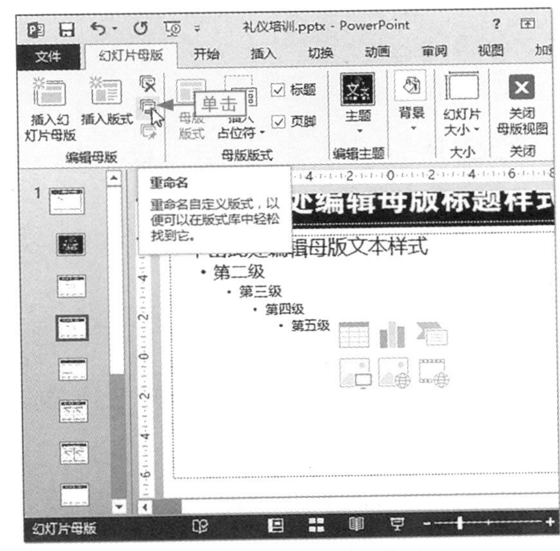

图9-19 单击“重命名”按钮

步骤04 ❶在打开的“重命名版式”对话框中设置对应的名称，❷单击“重命名”按钮，如图9-20所示。

图9-20　重命名版式

使用快捷菜单重命名母版

选择母版版式后，单击鼠标右键，在弹出的快捷菜单中选择“重命名版式”命令也可以对该母版版式进行重命名操作。

步骤05 ❶将素材中的“背景”图片文件设置为“标题和内容2”母版的背景格式，❷单击“关闭母版视图”按钮完成整个操作，如图9-21所示。

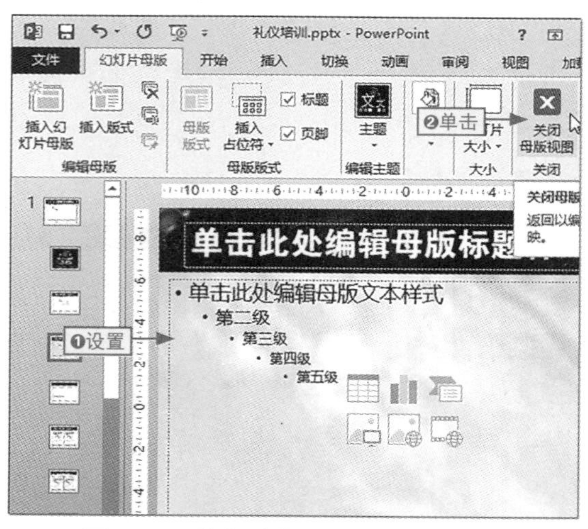

图9-21　为新建的母版设置背景格式

2. 插入母版

如果系统默认的11种版式母版不能满足实际需求，还可以通过插入版式母版来自定义版式。在PowerPoint 2013中，插入版式母版的方法有如下几种。

学习目标　掌握插入版式母版和幻灯片母版的方法

难度指数　★★

单击按钮插入版式母版

❶在幻灯片母版视图模式的左侧窗格中选择任意母版选项，❷在“编辑母版”组中单击“插入版式”按钮插入一个版式母版，如图9-22所示。

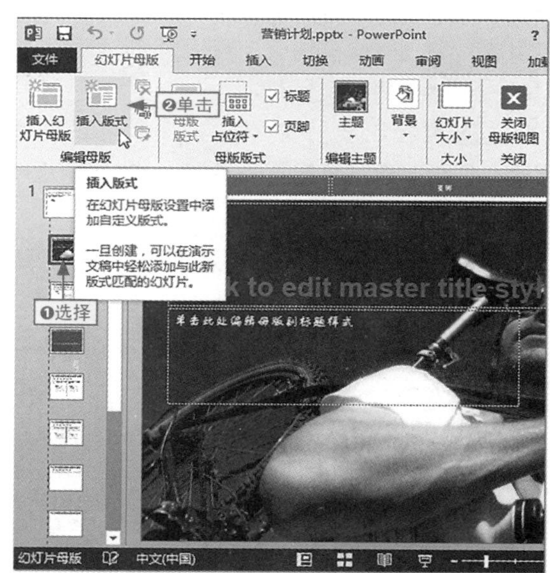

图9-22　单击“插入版式”按钮插入母版

删除母版

除了程序自带的母版外，选择新建的母版后，单击鼠标右键，选择“删除母版”命令，或者在“编辑母版”组中单击“删除母版”按钮，或者直接按Delete键都可以删除该母版。

按快捷键插入版式母版

将文本插入点定位到任意两个母版之间，直接按Enter键，或者按Shift+Enter组合键都可以快速在文本插入点位置插入一个版式母版，如图9-23所示。

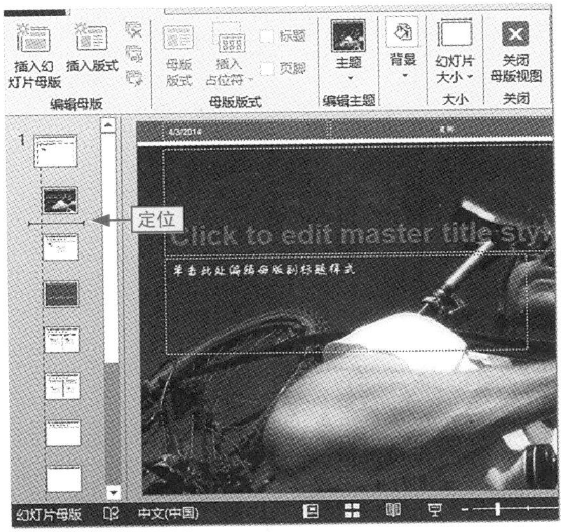

图9-23　按快捷键插入版式母版

通过快捷菜单插入版式母版

❶选择任意母版，或者在左侧窗格的空白位置右击，❷选择“插入版式”命令都可以快速插入版式母版，如图9-24所示。

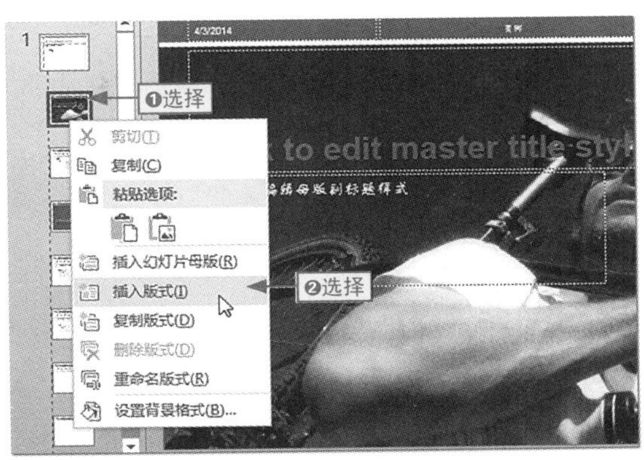

图9-24　通过快捷菜单插入版式母版

小绝招

插入幻灯片母版

程序支持一个PPT文件中包含多组幻灯片母版，每组幻灯片母版都有属于自己的主母版和版式母版，相互之间互不影响，如图9-25所示，当用户需要时，可以在当前幻灯片中再新建其他幻灯片母版。

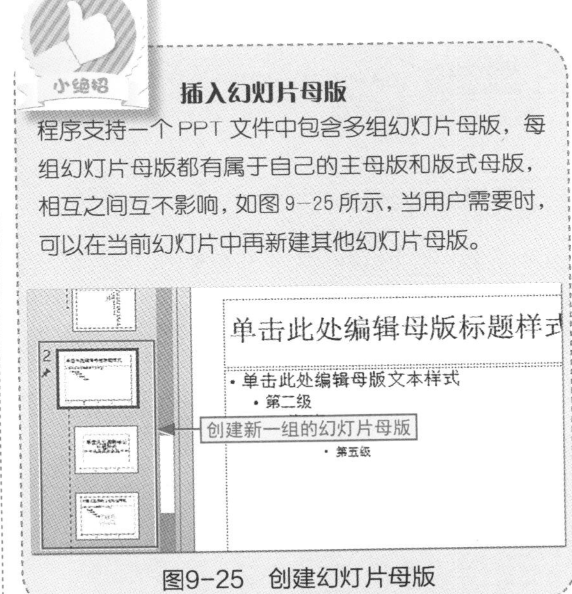

图9-25　创建幻灯片母版

9.2 掌握幻灯片的基本操作

小白：幻灯片的操作和母版的操作是一样的吗？

阿智：它们有相似之处，但是毕竟是两种不同的对象，因此也有不同之处，下面我具体给你讲讲吧。

对于幻灯片的操作，大部分都与母版的基本操作相似，如新建、复制、删除、设置背景格式等。下面重点讲解幻灯片的其他常用基本操作，如调整幻灯片大小、更改幻灯片版式等。

9.2.1 调整幻灯片的大小

默认情况下，新建演示文稿后，幻灯片的页面宽33.867厘米、高19.05厘米，方向为横向。

这些尺寸一般都不符合实际需求，用户可根据实际需要对幻灯片的大小进行快速调整或精确调整。

学习目标 掌握调整幻灯片页面大小的方法

难度指数 ★★

快速调整幻灯片大小

在PowerPoint 2013中，❶在“设计”选项卡“自定义”组中单击“幻灯片大小”按钮，❷在弹出的下拉菜单中即可选择“标准（4:3）”和“宽屏（16:9）”选项快速调整幻灯片的大小，如图9-26所示。

图9-26 选择选项快速调整幻灯片大小

通过对话框调整幻灯片的大小

在“幻灯片大小”下拉菜单中选择“自定义幻灯片大小”命令，在打开的“幻灯片大小”对话框中可以选择更多的内置尺寸，此外，在该对话框中还可以自定义幻灯片的高度、宽度以及页面方向，如图9-27所示。

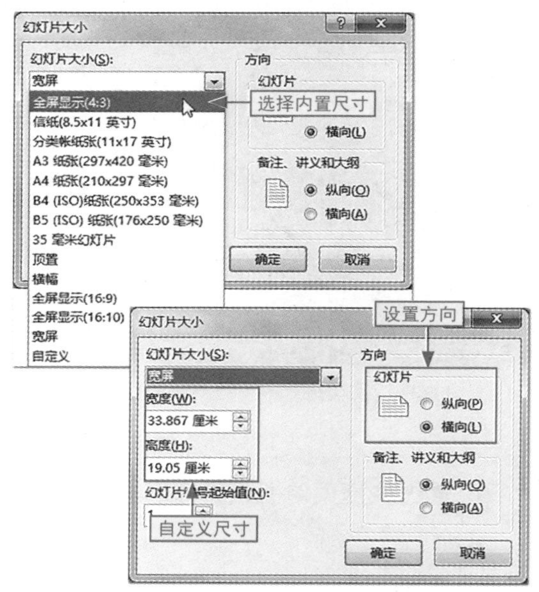

图9-27 更多尺寸的选择与自定义

在幻灯片母版中调整幻灯片大小

在幻灯片母版视图中也可以设置幻灯片的大小，具体操作是：❶在“幻灯片母版”选项卡的“大小”组中单击“幻灯片大小”按钮，❷在弹出的下拉菜单中可以选择尺寸选项，或者选择“自定义幻灯片大小”命令，在打开的对话框中进行更多尺寸的设置，如图 9−28 所示。

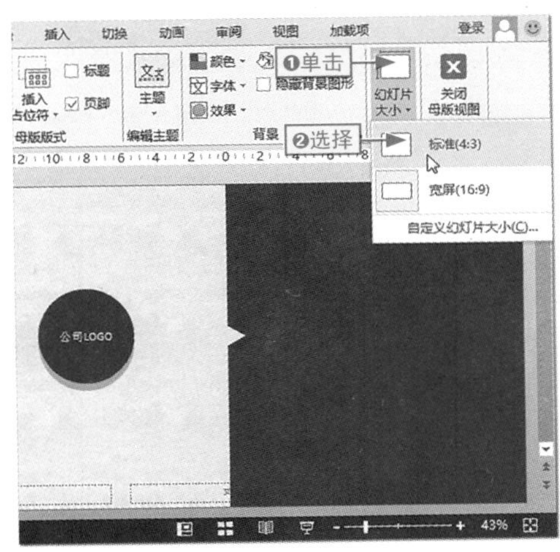

图9-28　在幻灯片母版视图中调整幻灯片大小

9.2.2 更改幻灯片的版式

在创建幻灯片后，如果发现当前使用的幻灯片的版式不太合适，可以更改幻灯片的版式，从而快速将其编辑成需要的效果，以避免删除幻灯片后重新编辑的麻烦。

本节素材	\素材\Chapter09\礼仪培训1.pptx
本节效果	\效果\Chapter09\礼仪培训1.pptx
学习目标	掌握为指定幻灯片更改版式的方法
难度指数	★★

步骤01 打开素材文件，在左侧窗格中选择需要修改版式的幻灯片，如图9-29所示。

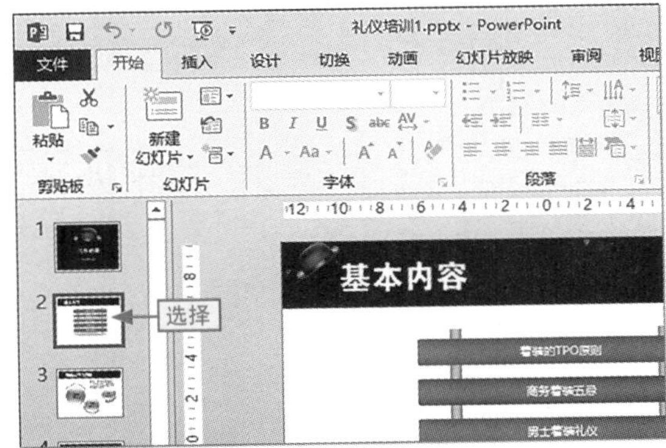

图9-29　选择幻灯片

步骤02 ❶在“开始”选项卡的“幻灯片”组中单击“版式”下拉按钮，❷选择“标题和内容2”选项，如图9-30所示。

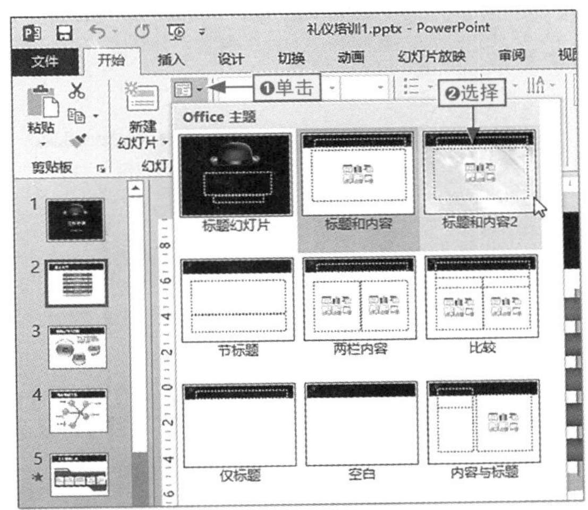

图9-30　选择新版式

步骤03 程序自动将“标题和内容2”版式应用到当前幻灯片中，选择正文占位符，按Delete键将其删除，如图9-31所示。

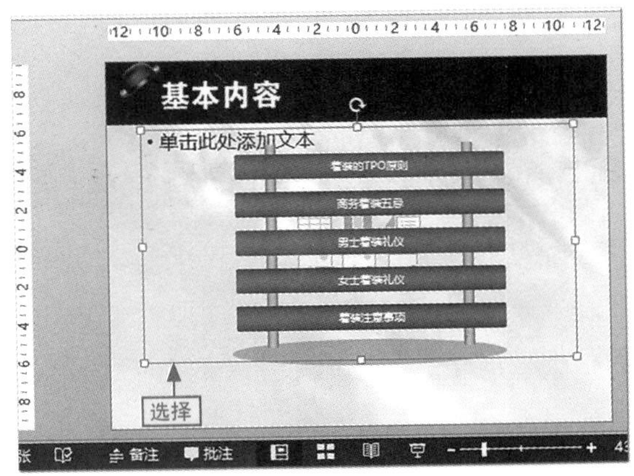

图9-31　删除应用版式后添加的占位符

小绝招

通过快捷菜单更改幻灯片版式

选择要更改版式的幻灯片，在其上右击，❶选择“版式”命令，❷在其子菜单中选择需要的版式，如图9-32所示。

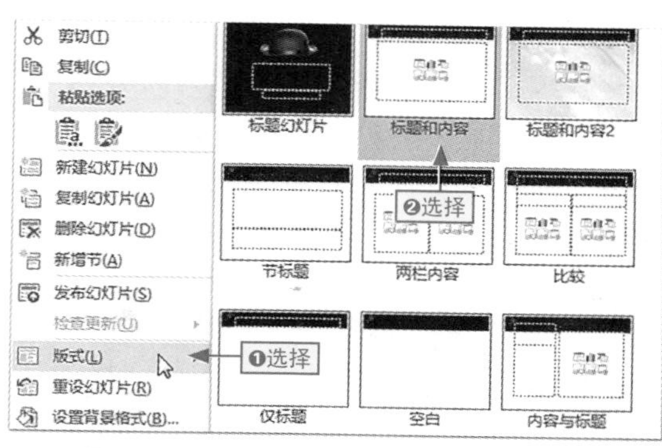

图9-32　通过快捷菜单更改幻灯片版式

新建幻灯片版式

在新建幻灯片时，选择某张幻灯片后，执行新建操作，程序自动创建一张与选择的幻灯片相同版式的幻灯片。如果要创建指定版式的幻灯片，直接单击"开始"选项卡的"幻灯片"组中的"新建幻灯片"下拉按钮，选择需要的版式即可。

使用相册功能创建电子相册

小白：有什么工具可以制作电子相册呢?

阿智：PowerPoint就可以啊，而且还可以自定义照片的排版效果，操作也很简单，下面我给你讲讲吧。

在PowerPoint 2013中，使用系统提供的相册功能可以将电脑中保存的照片制作成精美的电子相册，从而可以动态播放所有照片。

9.3.1 使用相册功能创建相册

在使用相册功能创建相册之前，首先需要准备一个相册模板供创建相册时使用，然后根据相册功能创建指定效果的电子相册。

本节素材	\素材\Chapter09\婚纱照1/
本节效果	\效果\Chapter09\婚纱照电子相册.pptx
学习目标	掌握根据主题模板创建电子相册的方法
难度指数	★★★

步骤01 ❶新建一个空白演示文稿，❷单击"插入"选项卡，❸在"图像"组中单击"相册"下拉按钮，❹选择"新建相册"命令，如图9-33所示。

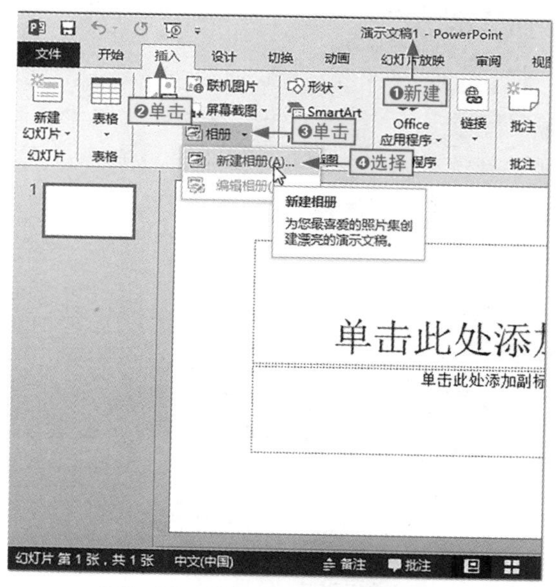

图9-33　选择"新建相册"命令

步骤02 在打开的“相册”对话框中直接单击“文件/磁盘”按钮，如图9-34所示。

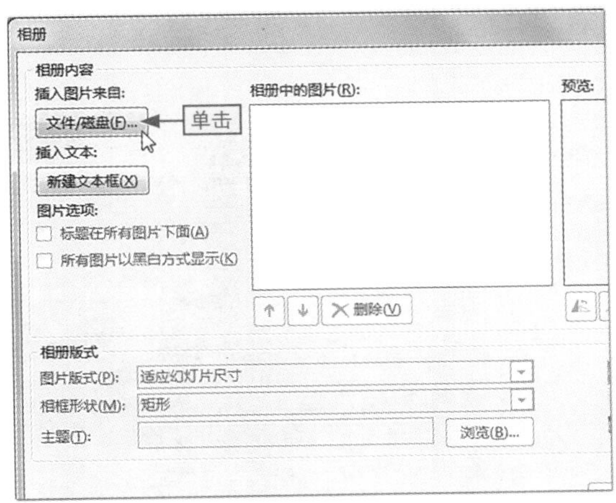

图9-34　单击“文件/磁盘”按钮

步骤03 ❶在打开的“插入新图片”对话框中找到文件的保存位置，❷在中间的列表框中选择所有图片，❸单击“插入”按钮，如图9-35所示。

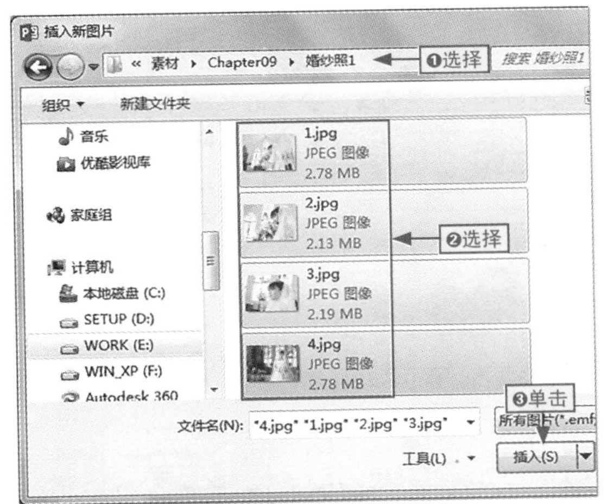

图9-35　插入图片

步骤04 ❶在返回的“相册”对话框中单击“图片版式”下拉列表框右侧的下拉按钮，❷选择“1张图片”选项，如图9-36所示。

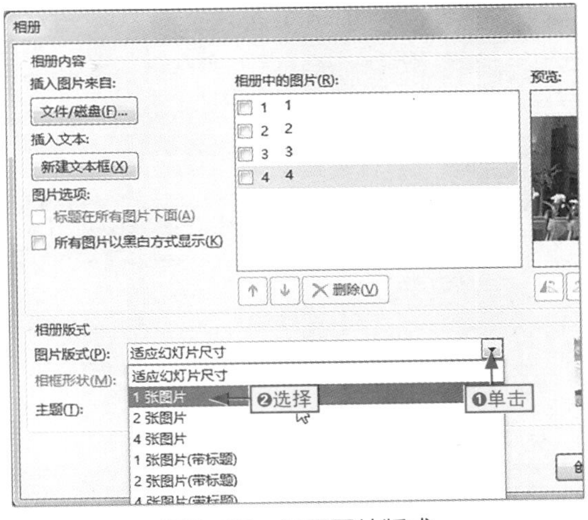

图9-36　设置图片版式

步骤05 ❶在“相框形状”下拉列表框中选择“柔化边缘矩形”选项，❷单击“浏览”按钮，如图9-37所示。

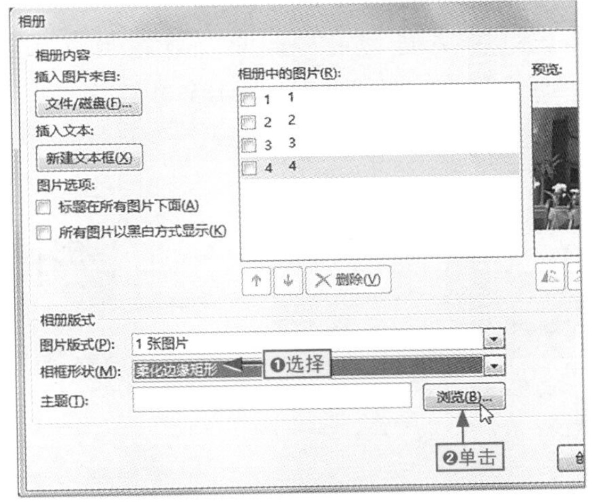

图9-37　设置相框形状

对插入的图片进行效果设置

在“相册”对话框中，选中插入的图片左侧的复选框，对应预览区下方的按钮成可用状态，通过这些按钮可以对图片的方向、亮度等效果进行设置。如果要让所有的图片以黑白方式显示，直接选中对话框中的“所有图片以黑白方式显示”复选框即可。

步骤06 ❶在打开的“选择主题”对话框中选择主题文件的保存位置，❷在中间的列表框中选择“相册模板”文件，❸单击“选择”按钮，如图9-38所示。

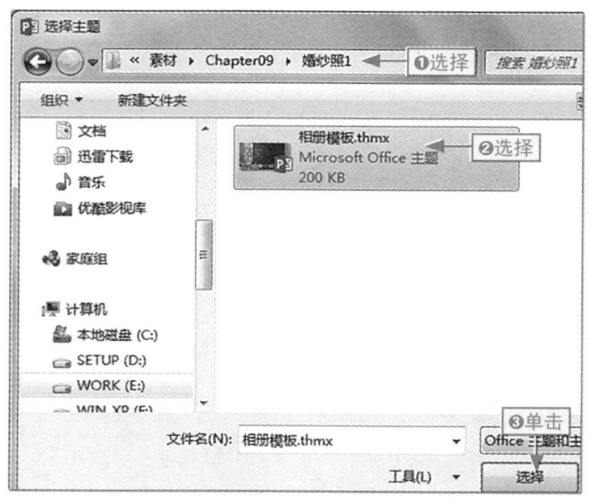

图9-38 选择主题

步骤07 在返回的“相册”对话框中单击“创建”按钮创建相册，如图9-39所示。

图9-39 创建相册

步骤08 系统自动新建一个以相册版式为模板并插入了选择照片的演示文稿，❶单击“设计”选项卡，❷单击“幻灯片大小”下拉按钮，❸选择“标准（4:3）”选项，如图9-40所示。

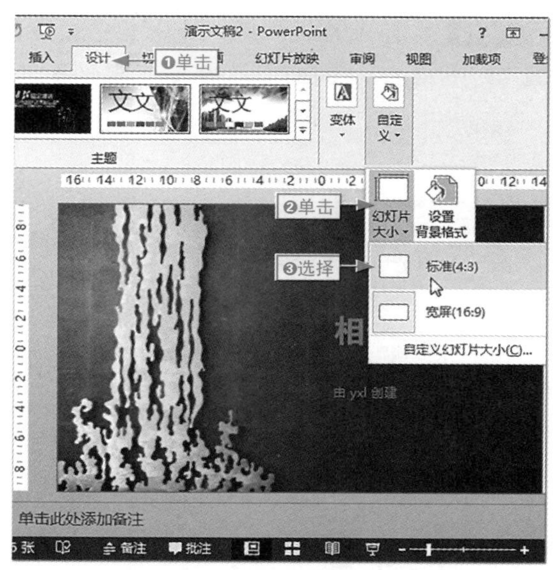

图9-40 更改相册的幻灯片大小

步骤09 在打开的提示对话框中单击“确保适合”按钮，如图9-41所示，程序自动关闭该对话框并调整图表的大小。

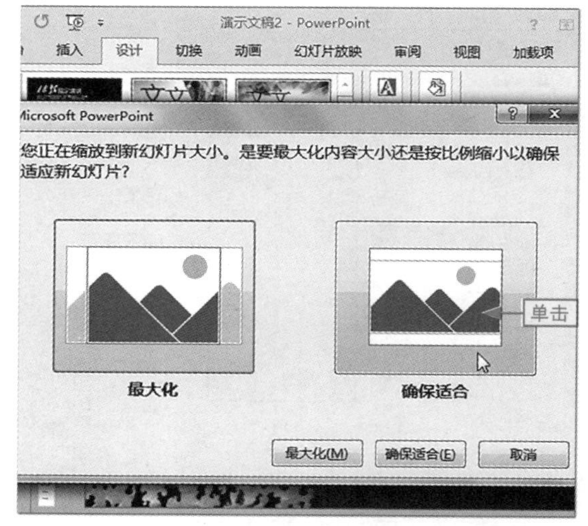

图9-41 选择幻灯片大小的调整方式

步骤10 ❶打开“另存为”对话框，❷选择演示文稿的保存位置，❸在“文件名”文本框中输入名称，❹单击“保存”按钮，如图9-42所示。

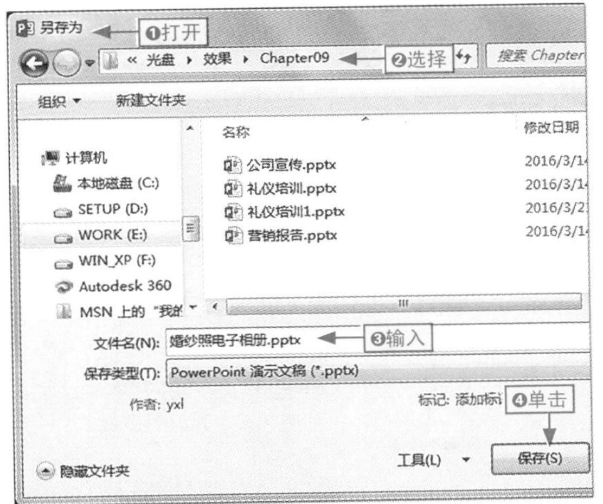

图9-42　保存创建的相册演示文稿

步骤11 ❶将第1张幻灯片的标题修改为“婚纱照电子相册”，❷将“电子相册”文本换行显示并设置字体颜色为白色，❸将副标题修改为“由HYH创建”，如图9-43所示。

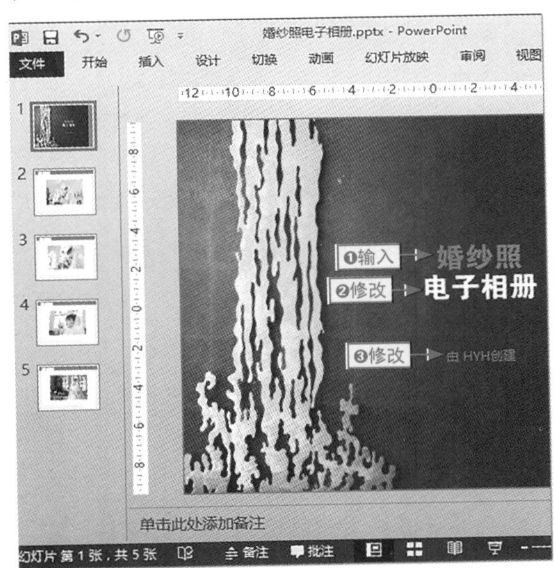

图9-43　修改相册封面文字效果

步骤12 在左侧窗格中选择任意幻灯片，在右侧的工作区即可查看在相册中创建的图片，如图9-44所示。

图9-44　查看相册图片

9.3.2　在相册中添加一组新的照片

默认情况下创建的相册的图片版式都是相同的，如果要在相册中创建多种版式的相册，可以分多次创建不同版式的相册，再通过复制的方式将多个版式的相册整理在一起。

本节素材	\素材\Chapter09\婚纱照2/
本节效果	\效果\Chapter09\婚纱照电子相册2.pptx
学习目标	掌握在电子相册中添加其他版式的相册图片的方法
难度指数	★★★

步骤01 ❶打开“婚纱照电子相册2”素材，单击“插入”选项卡，❷在“图像”组中单击“相册”下拉按钮，❸选择“新建相册”命令，如图9-45所示。

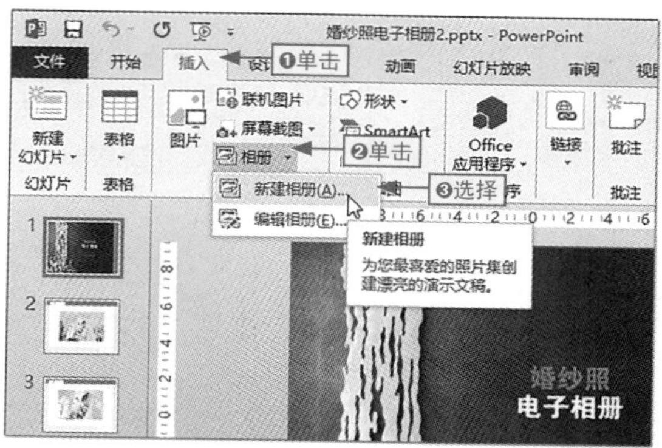

图9-45　选择“新建相册”命令

步骤02 在打开的对话框中单击“文件/磁盘”按钮，❶在打开的“插入新图片”对话框中找到文件的保存位置，❷在中间的列表框中选择所有图片，❸单击“插入”按钮，如图9-46所示。

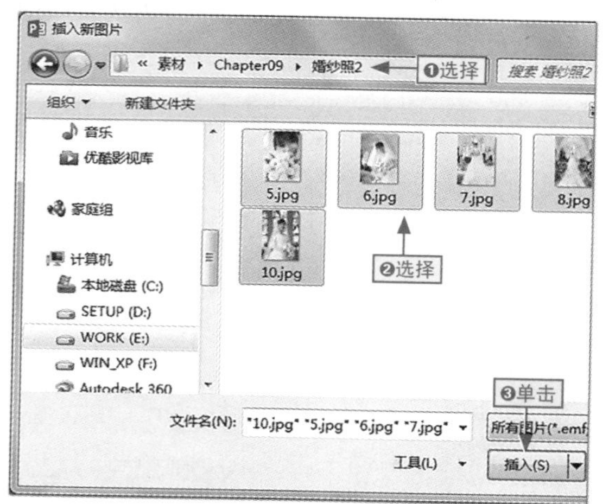

图9-46　选择要插入的图片

步骤03 ❶在返回的“相册”对话框的“图片版式”下拉列表框中选择“2张图片”选项，❷在“相框形状”下拉列表框中选择“柔化边缘矩形”选项，❸单击“浏览”按钮，如图9-47所示。

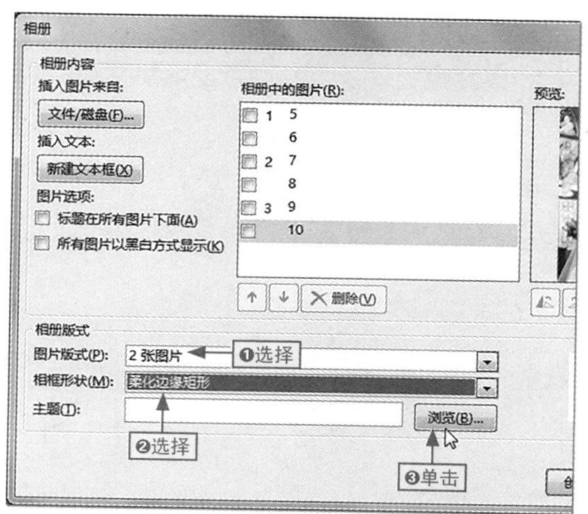

图9-47　设置图片版式和相框形状

步骤04 ❶在打开的“选择主题”对话框中选择主题文件的保存位置，❷在中间的列表框中选择“相册模板”文件，❸单击“选择”按钮，如图9-48所示。

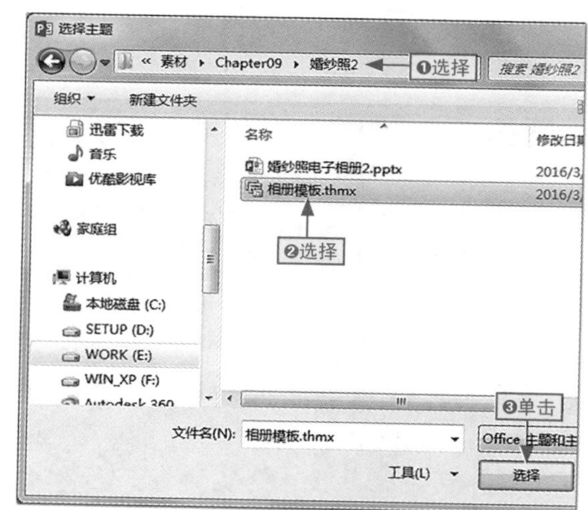

图9-48　选择创建相册的主题文件

步骤05 在返回的“相册”对话框中单击“创建”按钮，如图9-49所示，系统自动新建一个以相册版式为模板并插入了选择照片的演示文稿。

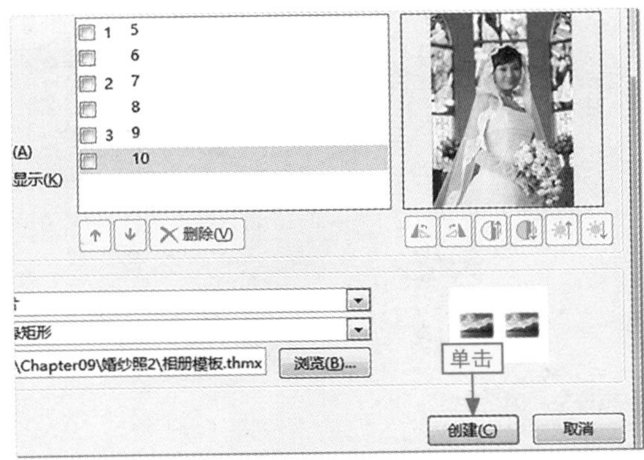

图9-49 创建相册

步骤06 ❶在创建的相册演示文稿中调整幻灯片的大小，❷在左侧的窗格中选择除首页以外的其他幻灯片，按Ctrl+C组合键复制，如图9-50所示。

图9-50 复制幻灯片

小绝招

编辑相册

如果要为创建的相册更换相册主题、相框形状等，可以单击“相册”下拉按钮，选择“编辑相册”命令，在打开的“编辑相册”对话框中进行设置。

步骤07 ❶将文本插入点定位到第5张幻灯片的后面，❷按Ctrl+V组合键粘贴幻灯片完成整个操作，如图9-51所示。

图9-51 将复制的幻灯片粘贴到指定位置

给你支招 | 取消标题母版版式中的背景效果

小白：在标题母版中对其背景格式进行了单独设置，但是在该版式中还是会显示主母版中设置的部分背景格式，应该怎么去掉呢？

阿智：通常情况下，如果设置的标题母版的效果不能将主母版中的所有效果全部覆盖，可以在“幻灯片母版”选项卡的“背景”组中选中“隐藏背景图形”复选框，如图9-52所示。

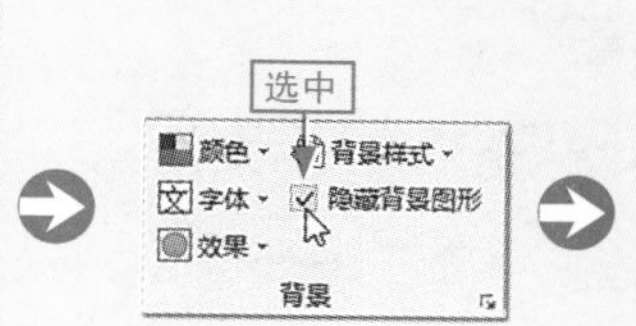

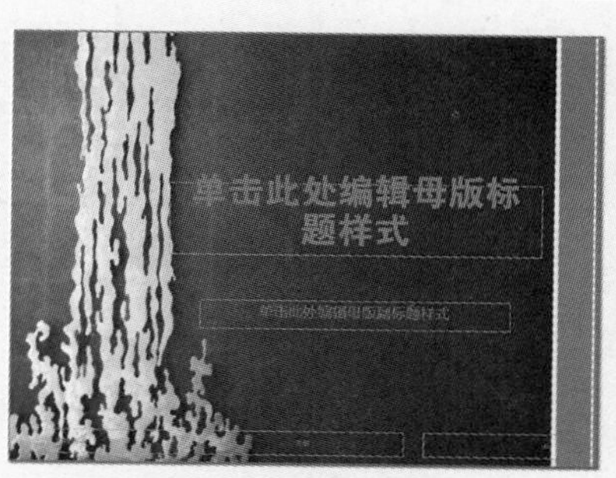

图9-52　隐藏标题母版中的主母版效果

给你支招 | 设置对象的微移动

小白：在PPT中，选择对象后，按方向键移动其位置时，每次移动的位置都很大，应该怎么设置才能在按方向键时微移对象位置呢?

阿智：这种情况通常是在PPT中设置了对象与网格对齐，只要取消这个设置就可以了，具体的操作如下。

步骤01 ❶在幻灯片的任意位置右击，❷选择“网格和参考线”命令，如图9-53所示。

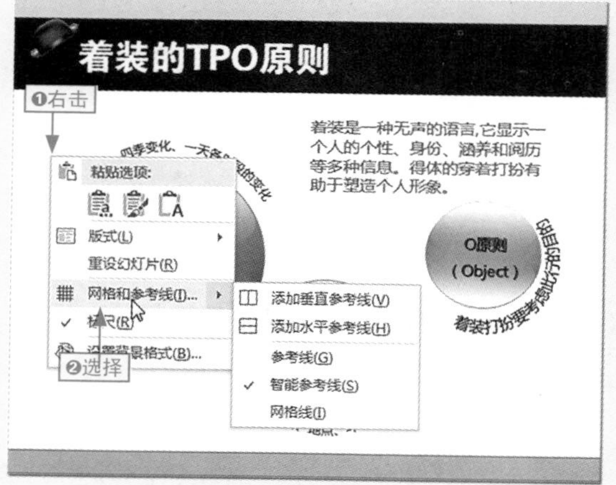

图9-53　选择“网格和参考线”命令

步骤02 ❶在打开的对话框中取消选中“对象与网格对齐”复选框，❷单击“确定”按钮，如图9-54所示。

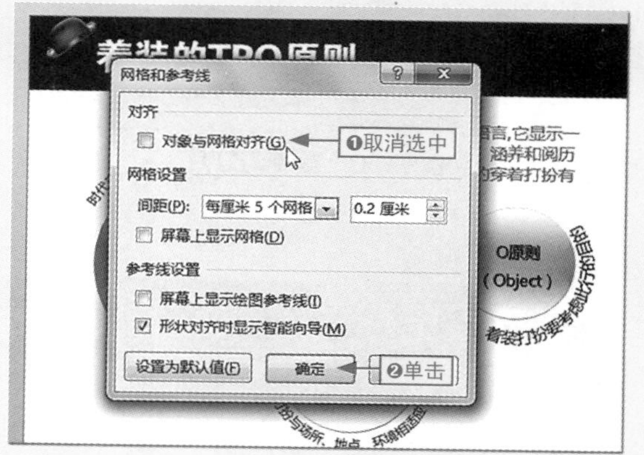

图9-54　取消对象与网格对齐

Chapter 10

制作视听效果丰富的演示文稿

学习目标

对于制作好的演示文稿，可以在其中使用动画、声音和视频，让整个播放效果耳目一新，从而增强演示文稿的播放效果。本章将具体介绍为幻灯片设置切换效果、实现跳转、为幻灯片中的各种对象应用动画，以及在幻灯片中添加音频和视频文件，从而帮助用户快速制作出视听效果丰富的演示文稿。

本章要点

- 添加切换动画并预览
- 自定义设置切换动画
- 在幻灯片中使用超链接
- 使用动作实现跳转
- 添加动画并设置其效果
- 为对象添加多个动画
- 自定义动作路径
- 在幻灯片中使用音频文件

知识要点	学习时间	学习难度
为幻灯片设置转场效果	40分钟	★★★
应用超链接、动作和动画	30分钟	★★
为幻灯片添加音频和视频	30分钟	★★

10.1 设置幻灯片的转场效果

小白：上次婷婷放演示文稿时，我看到幻灯片从这张跳到下一张，效果很漂亮，这是怎么实现的呢？

阿智：其实就是给幻灯片添加了切换效果，这是让幻灯片动态放映最简单的方法。在制作好的演示文稿中，为不同的幻灯片设置相应的切换动画，可以让幻灯片的转场更绚丽，演示效果更好，如图10-1所示。

▶立方体切换动画

▶跌落切换动画

▶门切换动画

图10-1　添加切换动画的效果

10.1.1 添加切换动画并预览

程序内置了3种切换动画，分别是细微型、华丽型和动态型。它们的添加方法都一样。

在PowerPoint 2013中，通过“切换”选项卡不仅可以为幻灯片添加切换动画，还能预览添加的效果。

本节素材	\素材\Chapter10\总结报告.pptx
本节效果	\效果\Chapter10\总结报告.pptx
学习目标	掌握添加内置切换动画以及预览效果的方法
难度指数	★★★

步骤01 打开素材文件，单击“切换”选项卡，如图10-2所示。

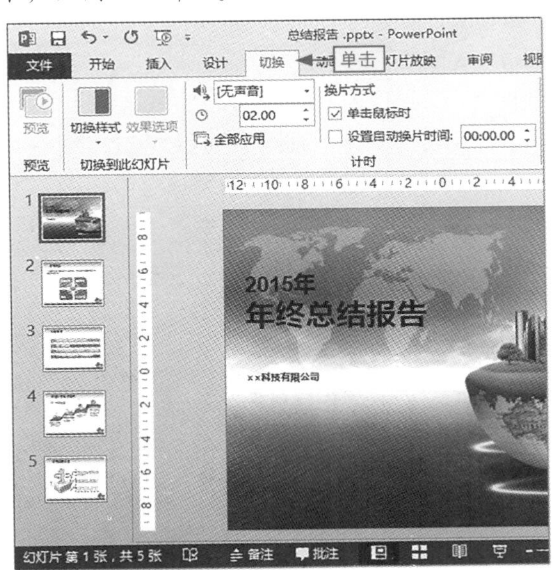

图10-2 切换到“切换”选项卡

步骤02 在“切换到此幻灯片”组中单击列表框的“其他”按钮，选择“推进”细微型切换动画，如图10-3所示。

设置切换动画的说明

为幻灯片添加切换动画后，左侧窗格中的幻灯片缩略图左侧将出现五角星标记。

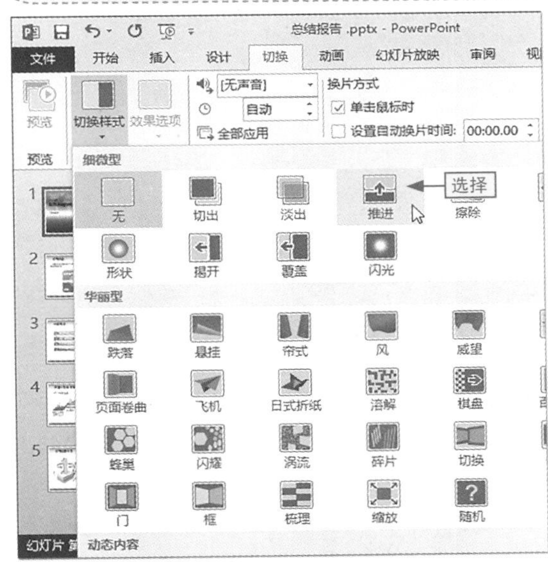

图10-3 选择切换动画

步骤03 用相同的方法为演示文稿的其他幻灯片应用相应的切换动画，如图10-4所示。

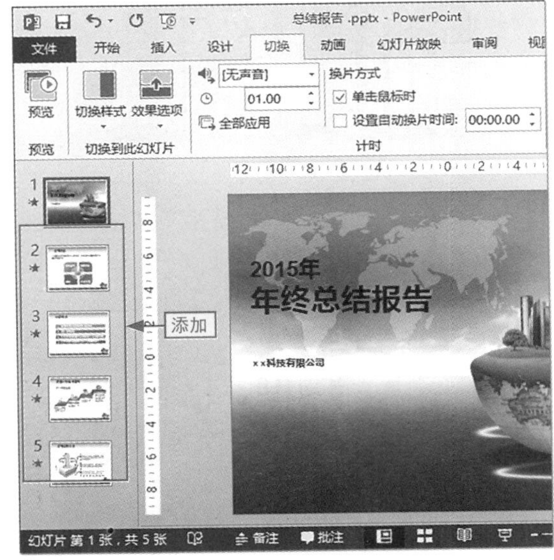

图10-4 为其他幻灯片添加切换动画

步骤04 ❶选择任意一张幻灯片，❷在“切换”选项卡的“预览”组中单击“预览”按钮，如图10-5所示。

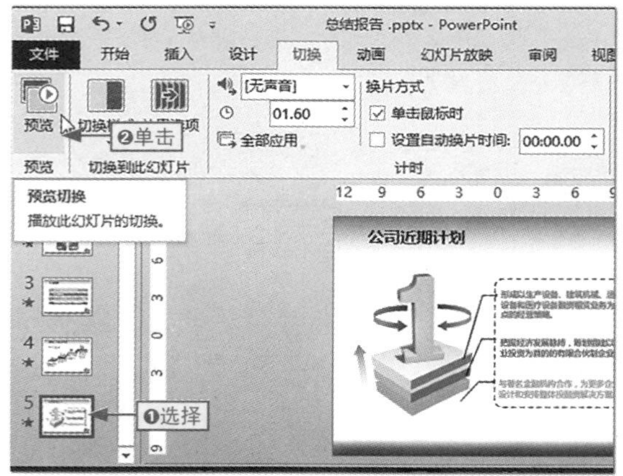

图10-5 预览切换动画

步骤05 程序自动应用当前幻灯片的切换效果，从上一张幻灯片结束切换到当前幻灯片，如图10-6所示。

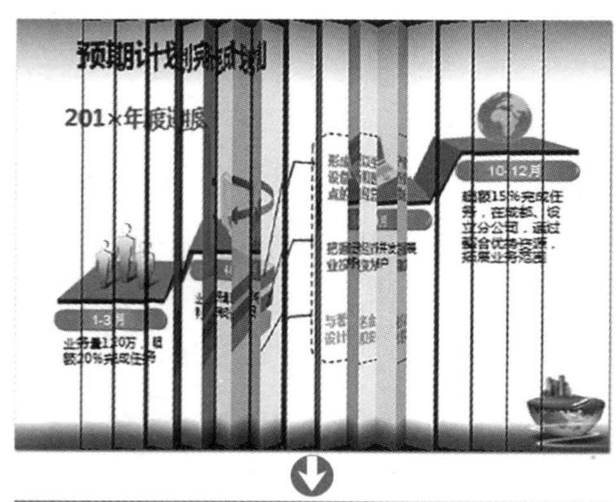

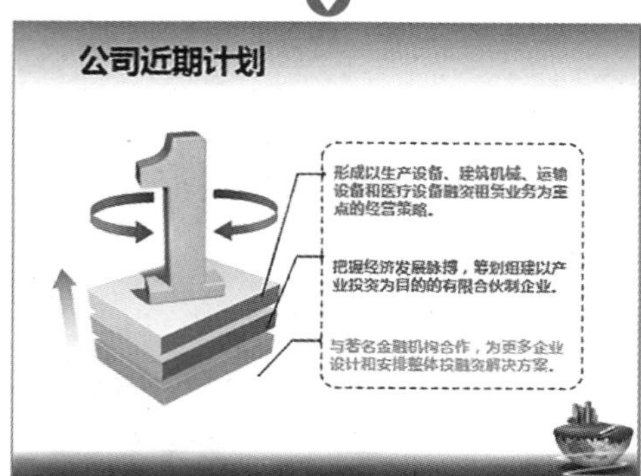

图10-6 查看切换效果

10.1.2 自定义设置切换动画

添加的切换动画，程序按默认的设置进行播放，如果发现有些切换动画不太合理，用户还可以对切换动画的效果选项、声音、持续时间、换片方式等进行设置。

本节素材	\素材\Chapter10\总结报告1.pptx
本节效果	\效果\Chapter10\总结报告1.pptx
学习目标	掌握设置切换动画效果、声音等选项的方法
难度指数	★★★

步骤01 打开素材文件，程序自动选择第一张幻灯片，单击“切换”选项卡，如图10-7所示。

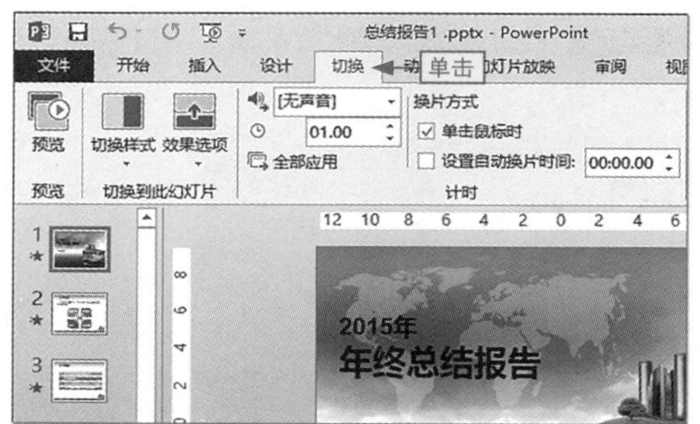

图10-7 切换到“切换”选项卡

步骤02 ❶在“切换到此幻灯片”组中单击“效果选项”下拉按钮，❷选择“自右侧”选项，如图10-8所示。

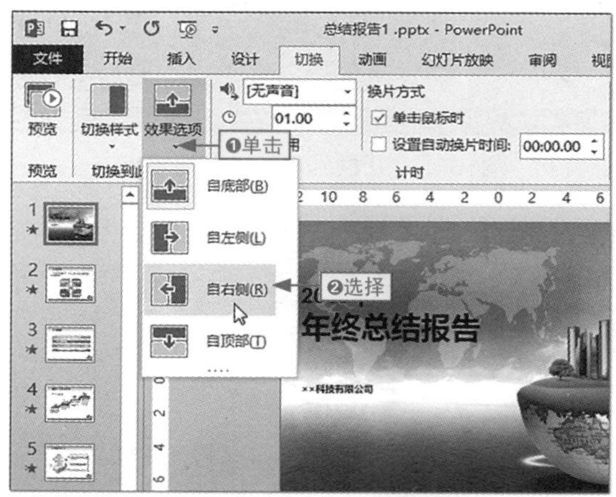

图10-8 更改切换动画的效果选项

步骤03 ❶在“计时”组中单击“声音”下拉列表框右侧的下拉按钮，❷选择“风铃”选项，如图10-9所示。

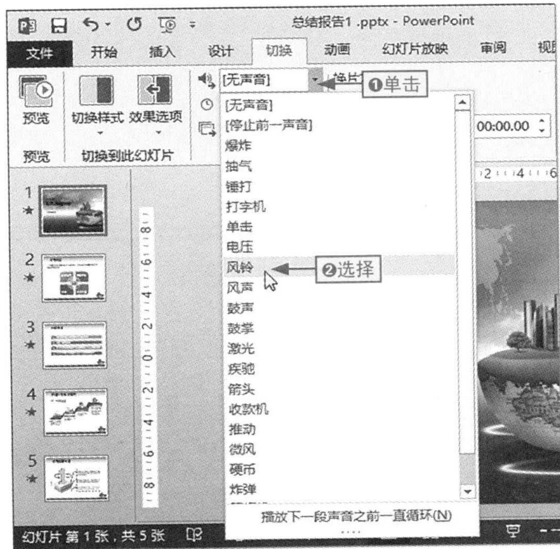

图10-9　更改幻灯片切换动画的声音

步骤04 在“计时”组的“持续时间”数值框中输入“02.00”，按Enter键确认输入的持续时间，如图10-10所示。

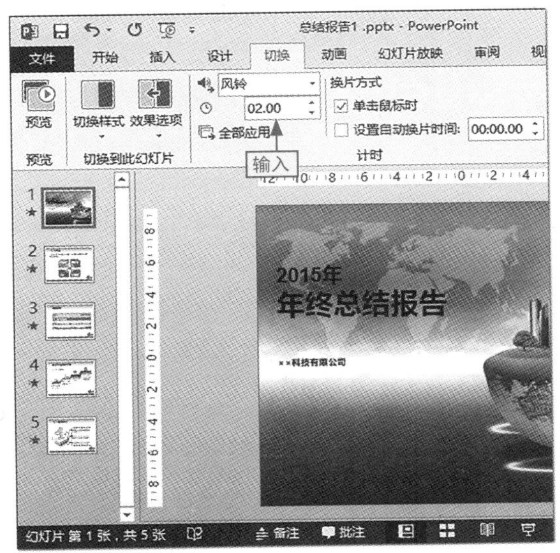

图10-10　更改切换动画的持续时间

步骤05 ❶选中“设置自动换片时间”复选框，❷将自动换片时间设置为2分钟，如图10-11所示。

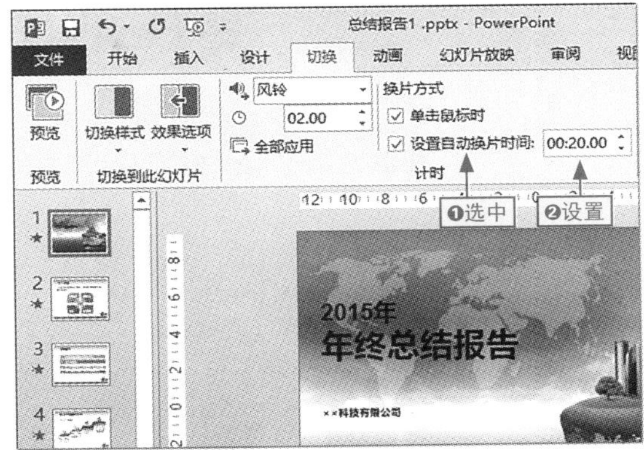

图10-11　设置自动换片时间

自动换片时间说明

为幻灯片设置了自动换片时间后，只有在放映整个演示文稿时才能看到效果。若用户没有手动切换幻灯片，则程序在设置的时间后自动切换到下一张幻灯片。

步骤06 在“计时”组中单击“全部应用”按钮，快速将第一张幻灯片中添加并设置的切换动画效果应用到其他幻灯片中，如图10-12所示。

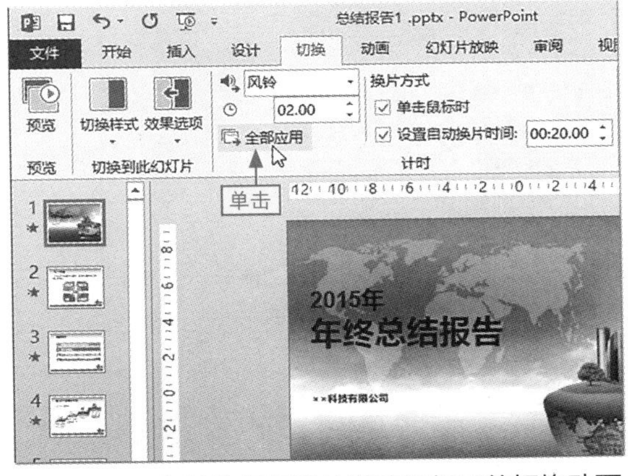

图10-12　为其他幻灯片快速应用相同的切换动画

10.2 超链接和动作的应用

小白： 浏览网页时，我们可以单击超链接查看某个具体的页面，放映幻灯片时，可以实现这个效果吗？

阿智： 当然可以，而且也是使用超链接完成的，此外，用动作也可以实现这种效果，下面我具体给你讲讲吧。

在幻灯片中，如果想通过单击某个对象或者文字内容快速从当前幻灯片跳转到其他页面，可以使用超链接和动作来实现。

10.2.1 在幻灯片中使用超链接

幻灯片中的超链接与网页中的超链接类似，单击幻灯片中设置有超链接的文字、图片等对象，可以快速跳转到对应的内容。

1. 插入超链接

在幻灯片中添加超链接的对象并没有严格的限制，文字、图表、形状、表格等对象都可以，因此，只需要选择目标对象，通过“插入”选项卡的“链接”组中的“超链接”按钮即可快速完成。

本节素材	\素材\Chapter10\礼仪培训.pptx
本节效果	\效果\Chapter10\礼仪培训.pptx
学习目标	掌握为文本内容添加超链接的方法
难度指数	★★★

步骤01 打开素材文件，在左侧窗格中选择第2张幻灯片，如图10-13所示。

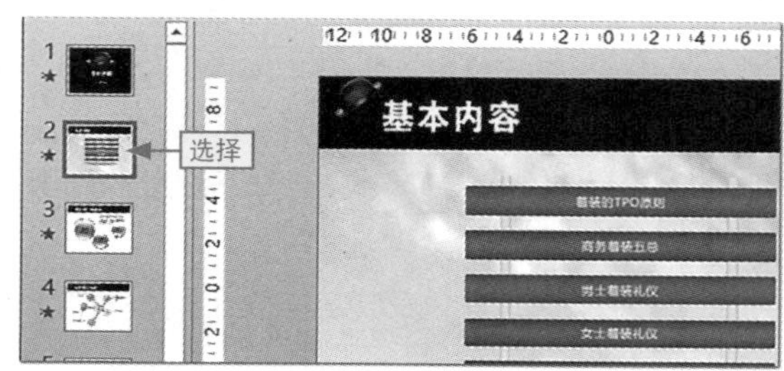

图10-13 选择幻灯片

步骤02 ❶选择“着装的TPO原则”文本，❷单击“插入”选项卡，❸在“链接”组中单击“超链接”按钮，如图10-14所示。

图10-14 准备插入超链接

步骤03 ❶在打开的“插入超链接”对话框中单击“本文档中的位置”按钮，❷在中间的列表框中选择链接到的幻灯片，❸单击“确定”按钮，如图10-15所示。

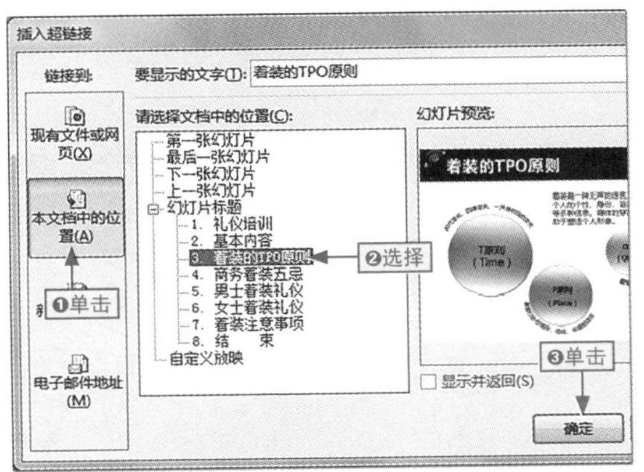

图10-15 设置超链接的目标位置

步骤04 用相同的方法为幻灯片中的其他文本内容设置对应的超链接，如图10-16所示。

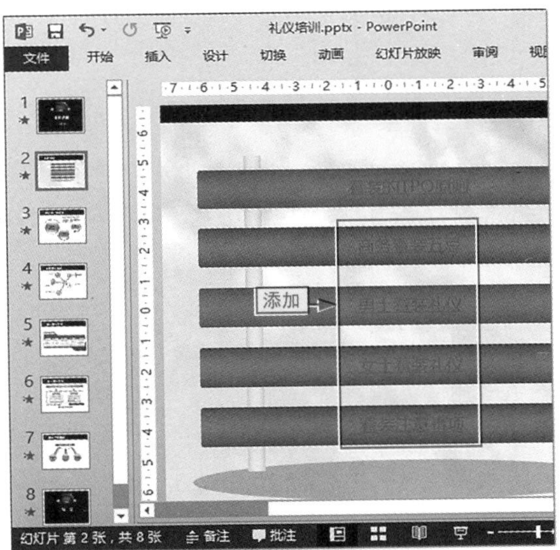

图10-16 为其他文本添加超链接

添加超链接后的变化效果

在PowerPoint 2013中，为文本添加超链接后，其下方会自动添加下划线效果。

如果为其他对象添加超链接，则对象效果没有任何变化，但是在放映幻灯片时，将鼠标指针移动到超链接的对象或者文本上，会变成手形状。

2. 编辑超链接

插入超链接后，如果发现超链接被链接到了错误的位置，则需要对超链接进行编辑。

本节素材	\素材\Chapter10\礼仪培训1.pptx
本节效果	\效果\Chapter10\礼仪培训1.pptx
学习目标	掌握更改超链接的链接位置的方法
难度指数	★★★

步骤01 打开素材文件，在左侧窗格中选择第2张幻灯片，如图10-17所示。

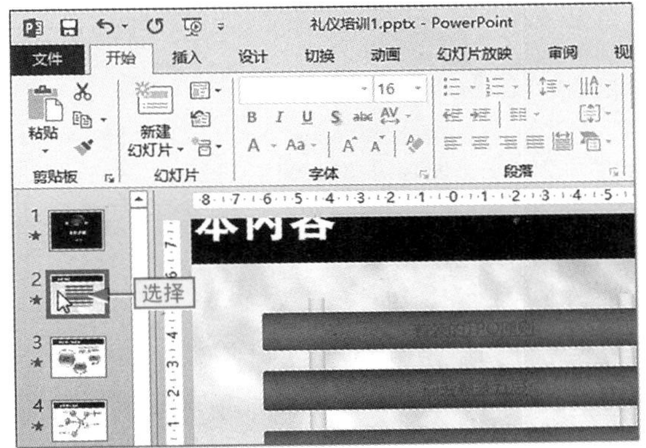

图10-17 选择幻灯片

步骤02 ❶将文本插入点定位到超链接文本上并右击，❷选择“编辑超链接”命令，如图10-18所示。

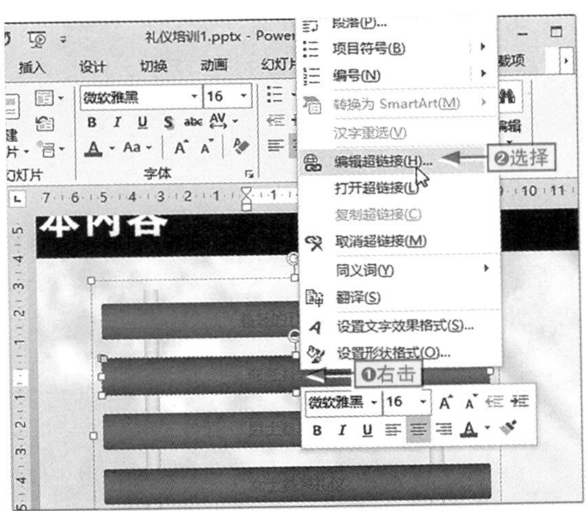

图10-18 编辑超链接

步骤03 ❶在打开的“编辑超链接”对话框中重新选择正确的链接位置，❷单击“确定”按钮完成操作，如图10-19所示。

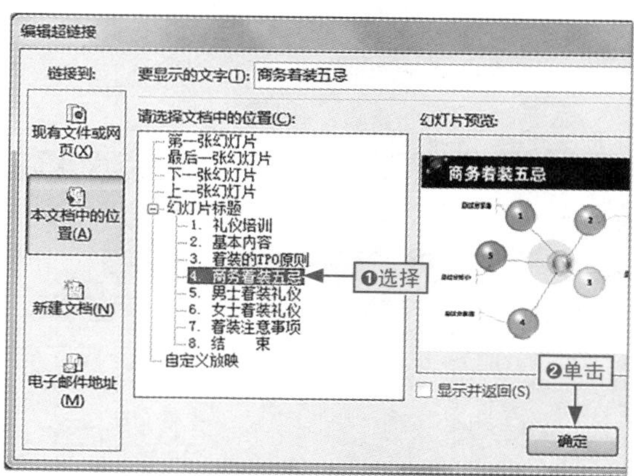

图10-19　更改超链接的链接位置

小绝招

删除超链接的方法

如果需要删除为文本或对象添加的超链接，可以通过两种方法实现。分别是：在设置了超链接的对象的右键快捷菜单中选择“取消超链接”命令，或者打开“编辑超链接”对话框，单击该对话框右侧的“删除超链接”按钮。

长知识

为超链接添加屏幕提示

默认情况下，添加超链接后，在放映幻灯片时，将鼠标指针移动到超链接上，不会显示任何提示信息，用户可以根据需要添加屏幕提示，具体操作如下。

❶打开“编辑超链接”对话框，❷单击“屏幕提示”按钮，❸在打开的对话框中输入需要显示的屏幕提示内容，❹单击“确定”按钮，❺在返回的对话框中单击“确定”按钮，❻放映幻灯片时，将鼠标指针移动到超链接上，将显示屏幕提示信息，如图 10-20 所示。

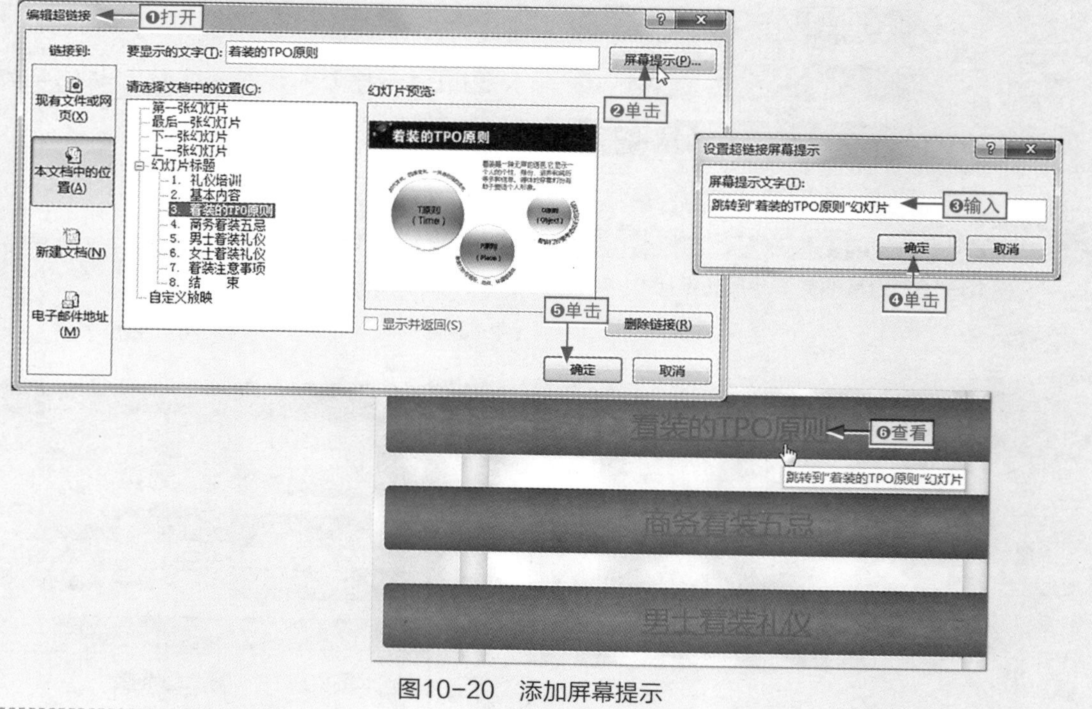

图10-20　添加屏幕提示

10.2.2 使用动作实现跳转

在PowerPoint 2013中，通过设置动作，也可以访问所链接的对象，从而实现快速跳转的效果。下面通过实例具体讲解设置操作。

本节素材	\素材\Chapter10\公司宣传.pptx
本节效果	\效果\Chapter10\公司宣传.pptx
学习目标	掌握为形状添加动作及复制动作的方法
难度指数	★★★

步骤01 ❶打开素材文件，在左侧窗格中选择第3张幻灯片，❷选择幻灯片左下角的箭头形状，如图10-21所示。

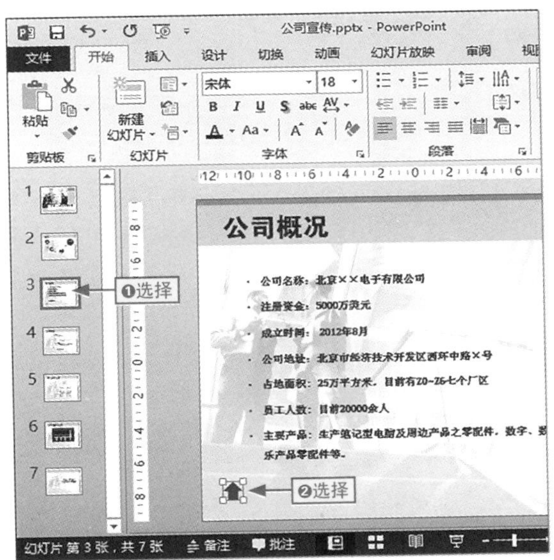

图10-21　选择箭头形状

添加动作的相关说明

在PowerPoint 2013中，用户可以为图片、形状、文字内容等对象添加动作，具体添加操作都是一样的。但是，如果使用了组合对象功能将多个对象组合在一起，则不能为组合对象添加动作，即选择了组合对象后，“插入”选项卡的“链接”组中的“动作”按钮为不可用状态。

步骤02 ❶单击“插入”超链接，❷在“链接”组中单击“动作”按钮，打开“操作设置”对话框，如图10-22所示。

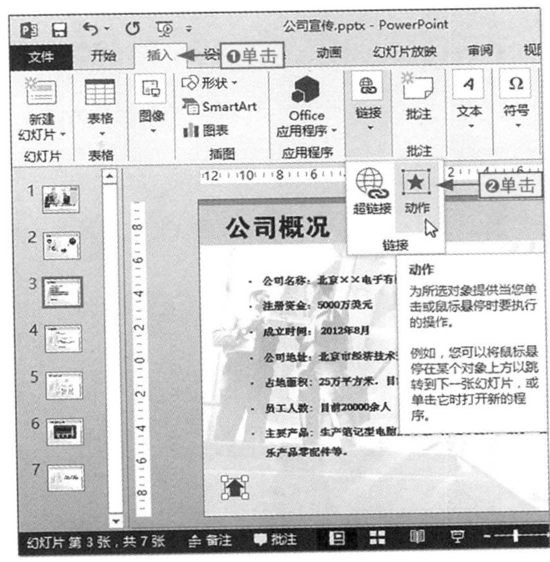

图10-22　单击“动作”按钮

步骤03 ❶选中“超链接到”复选框，❷单击下方下拉列表框右侧的下拉按钮，❸选择“幻灯片”选项，如图10-23所示。

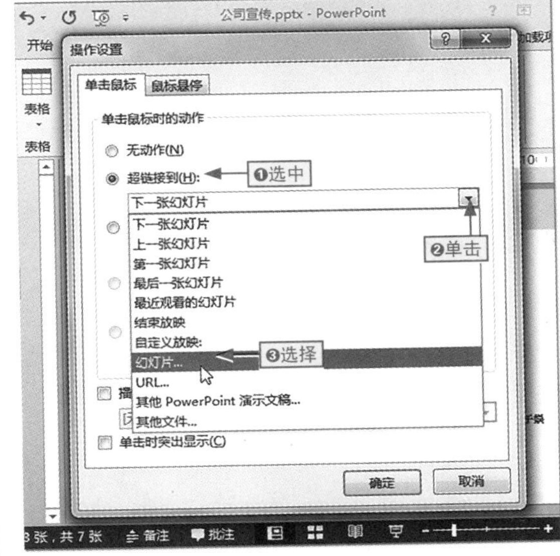

图10-23　超链接到幻灯片

步骤04 ❶在打开的“超链接到幻灯片”对话框的左侧列表框中选择“2.目录”选项，❷单击“确定”按钮，如图10-24所示。

图10-24 选择要跳转到的幻灯片

步骤05 在返回的“操作设置”对话框的“超链接到”下拉列表框中即可查看链接的目标位置，单击“确定”按钮，如图10-25所示。

图10-25 确认设置动作的链接位置

步骤06 ❶复制页面左下角的形状，选择第4张幻灯片，❷按Ctrl+V组合键粘贴形状，如图10-26所示。

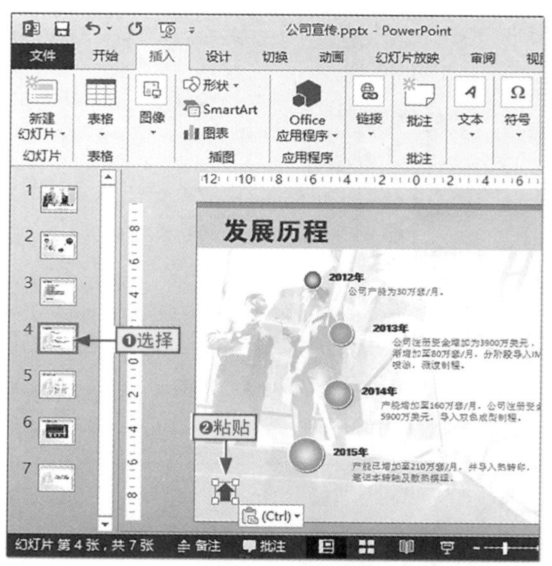

图10-26 复制并粘贴动作

步骤07 继续选择第5张和第6张幻灯片，分别按Ctrl+V组合键粘贴形状，完成复制动作的操作，如图10-27所示。

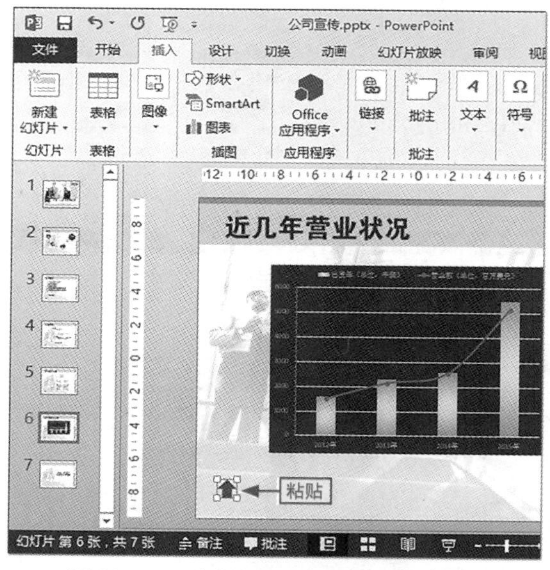

图10-27 为其他幻灯片复制动作形状

10.3 为幻灯片对象应用动画

小白：我想让幻灯片中的图片和文字按照一定的顺序逐个显示，有方法实现吗？

阿智：有啊，直接为对象应用相应的动画效果即可。

除了可以为幻灯片添加切换动画外，在幻灯片中，还可以为每一个对象或者文字添加各种动画，从而让整个幻灯片的播放效果更精彩，如图10-28所示。

图10-28　在幻灯片中使用动画的效果

10.3.1 添加动画并设置其效果

在PowerPoint 2013中，程序提供了4种基本动画类型，分别是进入、退出、强调和动作路径，它们都是通过“动画”选项卡来添加和设置效果的，操作方法都相同。下面通过具体实例讲解为对象添加动画并设置其效果的具体操作。

本节素材	\素材\Chapter10\散文鉴赏.pptx
本节效果	\效果\Chapter10\散文鉴赏.pptx
学习目标	掌握添加并设置进入和强调动画的方法
难度指数	★★★

步骤01 打开"散文鉴赏"素材文件，选择透明的背景形状，如图10-29所示。

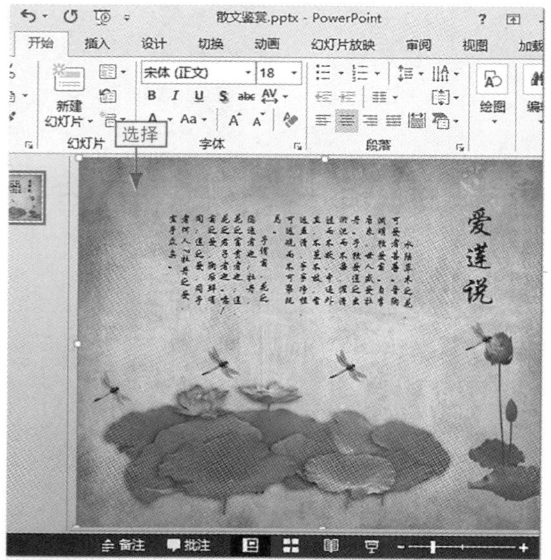

图10-29 选择背景形状

步骤02 ❶单击"动画"选项卡，❷在"动画"组的"动画样式"列表框中选择"随机线条"进入动画，如图10-30所示。

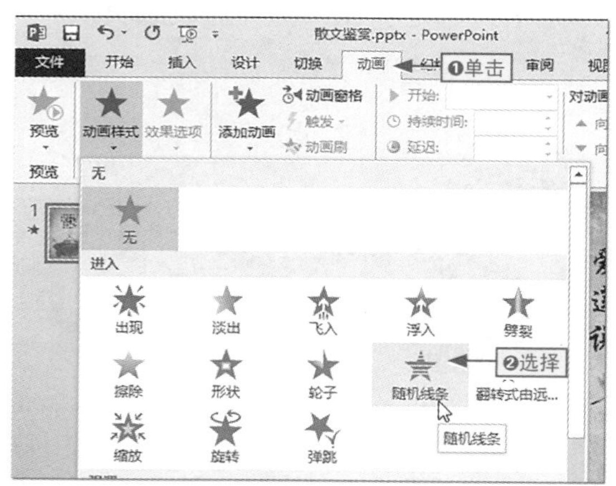

图10-30 为形状添加进入动画的样式

步骤03 ❶单击"动画"组中的"效果选项"下拉按钮，❷选择"垂直"选项，如图10-31所示。

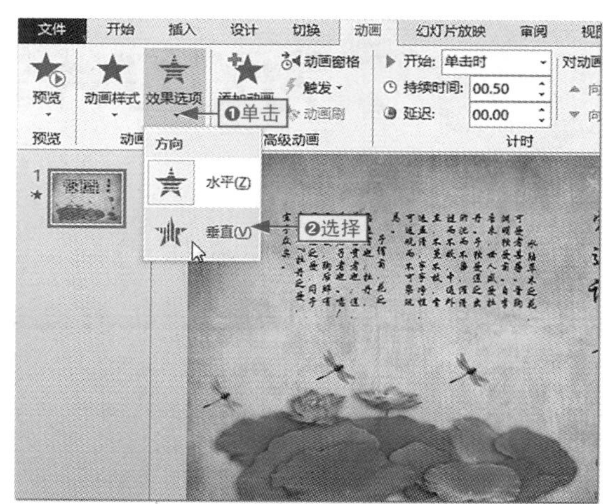

图10-31 更改进入动画的效果选项

步骤04 在"计时"组的"持续时间"数值框中输入"1"，按Enter键完成该进入动画持续时间的修改，如图10-32所示。

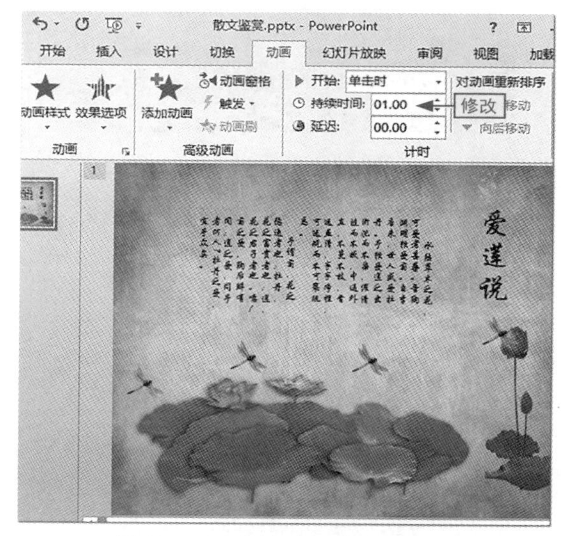

图10-32 修改动画的持续时间

步骤05 ❶选择"爱莲说"文本框，❷在"动画样式"列表框中选择"擦除"进入动画，如图10-33所示。

图10-33 为文本框添加进入动画

步骤06 ❶单击“高级动画”组的“动画窗格”按钮，❷在窗格中单击第2个动画右侧的下拉按钮，❸选择“效果选项”命令，如图10-34所示。

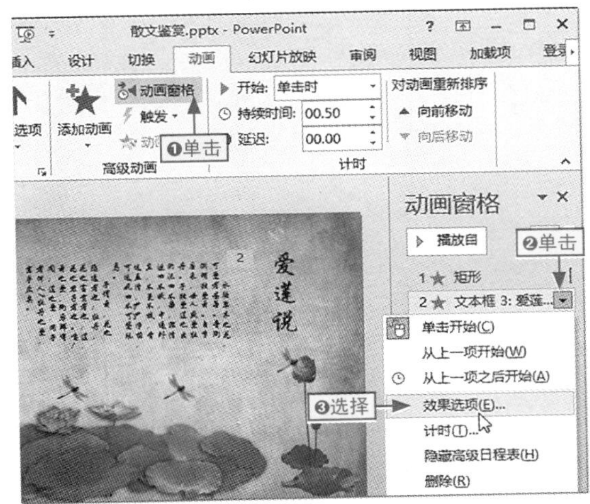

图10-34 选择“效果选项”命令

步骤07 ❶在打开的“擦除”对话框中单击“方向”下拉列表框右侧的下拉按钮，❷选择“自右侧”选项，如图10-35所示。

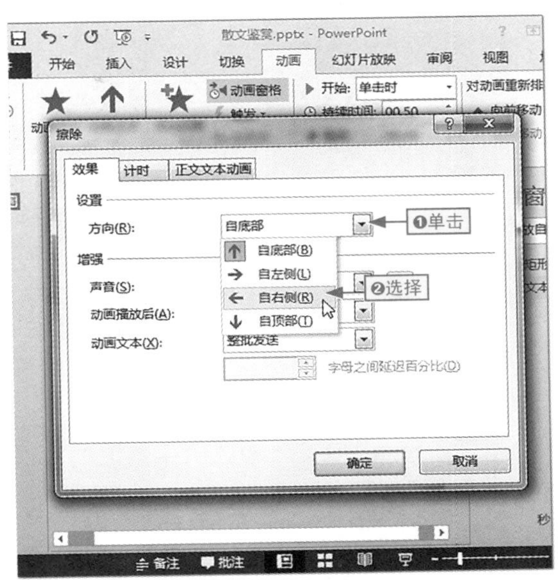

图10-35 更改动画的方向

步骤08 ❶单击“计时”选项卡，❷设置“开始”为“上一动画之后”，❸设置“期间”为“快速（1秒）”，❹单击“确定”按钮，如图10-36所示。

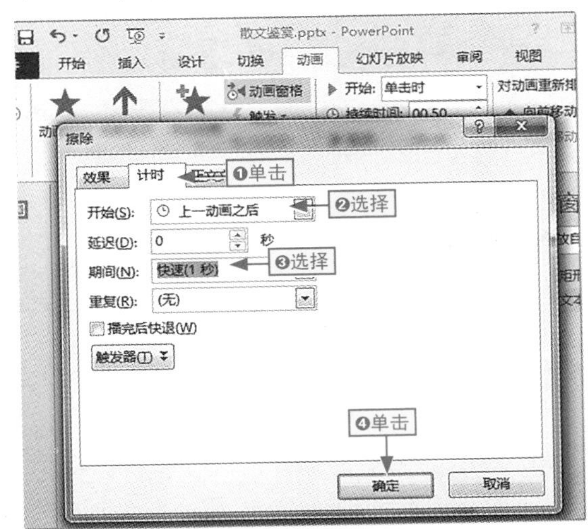

图10-36 设置动画的开始和持续时间

步骤09 用相同的方法为正文内容文本框添加擦除动画并设置相应的播放方向、开始和持续时间，如图10-37所示。

图10-37　为内容文本框添加动画

预览动画

在幻灯片中添加动画后，在“动画”选项卡“预览”组中单击“预览”按钮可以从头预览当前幻灯片中的所有动画。如果在动画窗格中选择中间的某一个动画，单击窗格中的“播放自”按钮，可播放当前动画以后的所有动画。

10.3.2 为对象添加多个动画

在PowerPoint 2013中，允许用户为同一个对象添加多个动画，从而制作出更加精彩的播放效果，具体操作如下。

本节素材	\素材\Chapter10\散文鉴赏1.pptx
本节效果	\效果\Chapter10\散文鉴赏1.pptx
学习目标	掌握为同一个对象添加进入和退出动画的方法
难度指数	★★★★

步骤01 打开“散文鉴赏1”素材文件，选择最左侧的蜻蜓图片，如图10-38所示。

图10-38　选择图片文件

步骤02 ❶单击“动画”选项卡，❷在“动画样式”列表框中选择“淡出”进入动画，如图10-39所示。

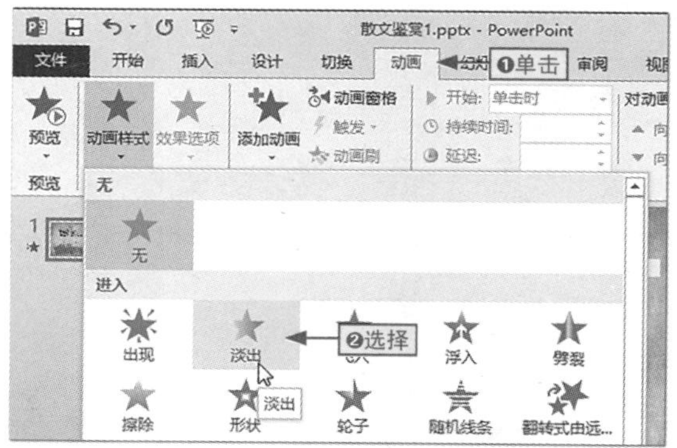

图10-39　为图片添加“淡出”进入动画

步骤03 保持图片的选择状态，❶单击“高级动画”组中的“添加动画”下拉按钮，❷选择“淡出”退出动画，如图10-40所示。

图10-40　为图片添加“淡出”退出动画

步骤04 ❶在“计时”组的“开始”下拉列表框中选择“上一动画之后”选项，❷单击“动画窗格”按钮，如图10-41所示。

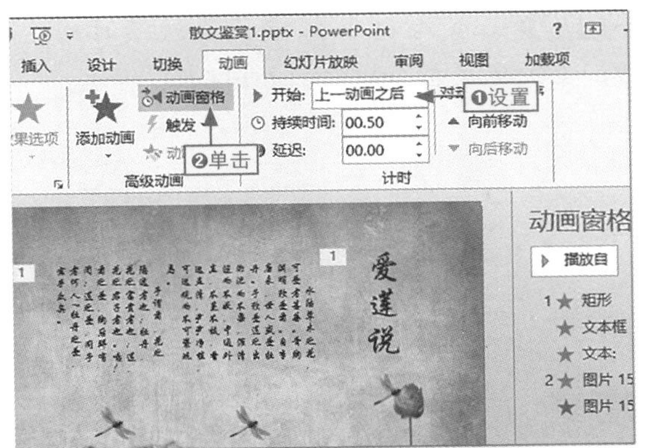

图10-41　设置退出动画的开始

步骤05 用相同的方法为中间两张蜻蜓图片添加相应的进入和退出动画，为最右侧的蜻蜓图片添加进入动画，如图10-42所示。

图10-42　为其他动画添加相应的动画

步骤06 关闭动画窗格，单击“预览”组中的“预览”按钮，开始播放所有动画，播放的最终效果如图10-43所示。

图10-43　播放动画

10.3.3 自定义动作路径

系统内置了各种运行路径的动画，如果这些运行路径都不满足用户需求，则可以自定义动作路径，从而制作出更灵活的动画效果，具体操作如下。

本节素材	\素材\Chapter10\圣诞贺卡.pptx
本节效果	\效果\Chapter10\圣诞贺卡.pptx
学习目标	掌握绘制动画路径的方法
难度指数	★★★★

步骤01 打开“圣诞贺卡”素材文件，选择右侧的图片文件，如图10-44所示。

图10-44　选择图片文件

步骤02 ❶单击“动画”选项卡，❷在“动画样式”下拉列表框中选择“自定义路径”选项，如图10-45所示。

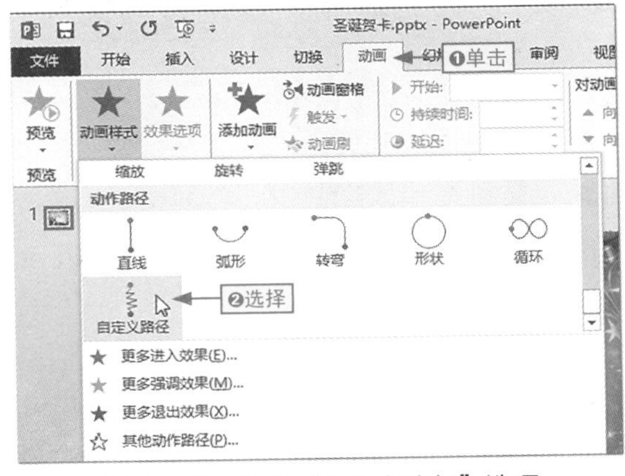

图10-45　选择“自定义路径”选项

步骤03 ❶在图片位置单击鼠标确定起始位置，❷按住鼠标左键不放，拖动鼠标绘制动作路径，❸在终止位置双击结束绘制，如图10-46所示。

图10-46　绘制动画路径

步骤04 在“计时”组中设置持续时间为6秒，至此完成整个操作，如图10-47所示。

图10-47　更改动作路径动画的持续时间

10.4 使用音频和视频文件

小白：上次我看大头制作的电子相册，放映时有背景音乐，这是怎么实现的呢？

阿智：要实现这种效果，可以在幻灯片中插入音频文件，此外，也可以插入视频短片，二者的操作非常相似。

在幻灯片中使用音频和视频文件后，可以让演示文稿的播放效果变得更加丰富，让整个展示效果更具感染力。

10.4.1 在幻灯片中使用音频文件

对于宣传、展示类型的演示文稿，通常都会为其添加背景音乐，让演示文稿在播放时从头到尾都伴有音乐。下面通过具体的实例，讲解如何在幻灯片中添加并编辑音频文件。

本节素材	\素材\Chapter10\婚纱照电子相册/
本节效果	\效果\Chapter10\婚纱照电子相册.pptx
学习目标	掌握在幻灯片中始终播放音乐的方法
难度指数	★★★★

步骤01 打开素材文件，单击“插入”选项卡，如图10-48所示。

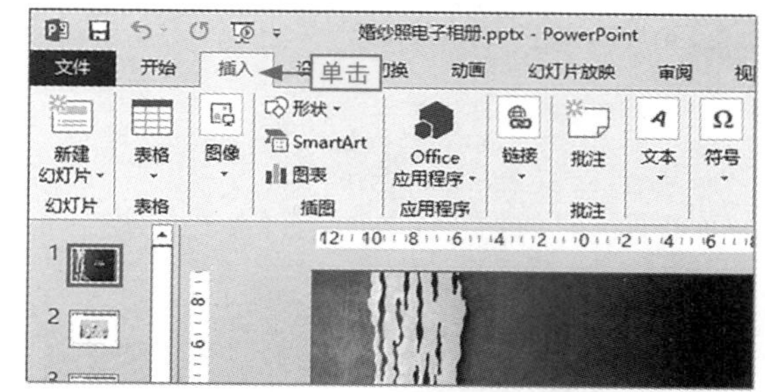

图10-48　切换到“插入”选项卡

步骤02 ❶单击“媒体”组中的“音频”下拉按钮，❷在弹出的下拉菜单中选择“PC上的音频”命令，如图10-49所示。

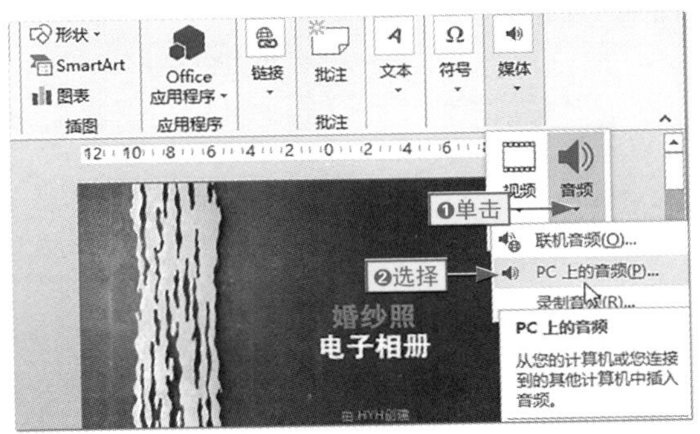

图10-49　选择“PC上的音频”命令

步骤03 ❶在打开的“插入音频”对话框中选择文件的保存位置，❷在中间的列表框中选择音频文件，❸单击“插入”按钮，如图10-50所示。

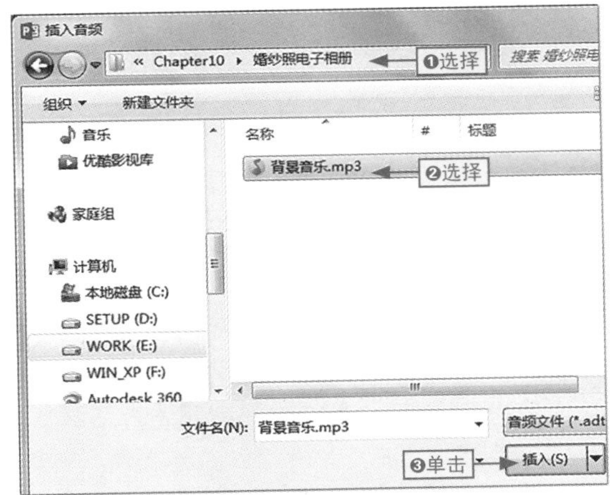

图10-50　插入音频文件

导入的音乐文件太大的说明

在插入音频文件时，如果该文件太大，程序会自动打开一个提示对话框提示正在插入的信息，如图10-51所示。如果此时单击“取消”按钮，或者按Esc键，将取消插入音频文件的操作。

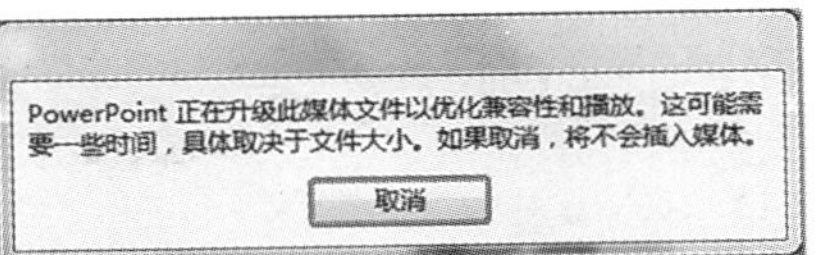

图10-51　提示正在插入文件

步骤04 ❶在“音频工具-播放”选项卡中单击“开始”下拉列表框右侧的下拉按钮，❷选择“自动”选项，如图10-52所示。

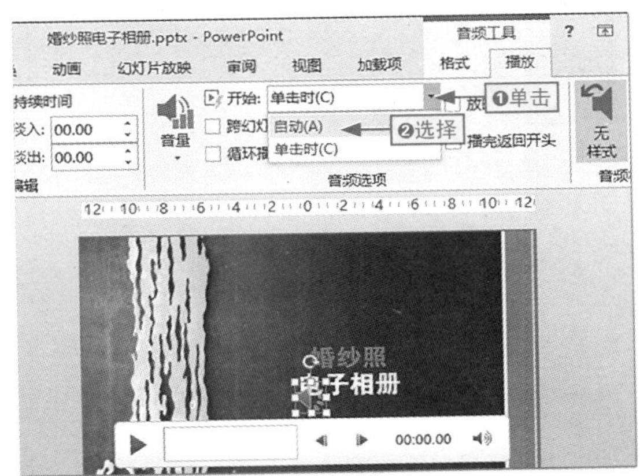

图10-52　设置音频文件的开始方式

步骤05 在“音频选项”组中选中“跨幻灯片播放”“循环播放，直到停止”和“放映时隐藏”复选框，完成操作，如图10-53所示。

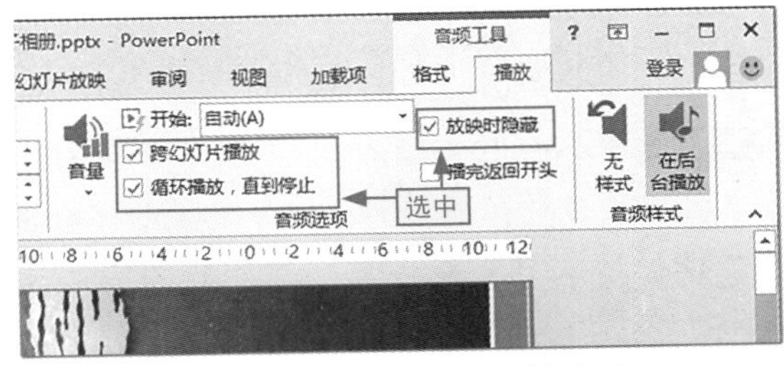

图10-53　设置其他播放选项

在后台播放音频样式的应用

插入音频文件后，在“音频样式”组中单击“在后台播放”按钮可快速设置音频的开始方式、跨页播放、循环播放和放映时隐藏图标。

10.4.2 在幻灯片中使用视频文件

在幻灯片中，还可以添加拍摄的视频文件，从而增强演示的视觉效果。下面通过具体的实例，讲解如何在幻灯片中添加并编辑视频文件。

本节素材	\素材\Chapter10\动物保护宣传片/
本节效果	\效果\Chapter10\野生动物保护宣传片.pptx
学习目标	掌握在幻灯片中插入、播放和编辑视频的方法
难度指数	★★★★

步骤01 ❶打开素材文件，选择第2张幻灯片，❷单击“插入”选项卡，❸在“媒体”组中单击“视频”下拉按钮，❹选择“PC上的视频”命令，如图10-54所示。

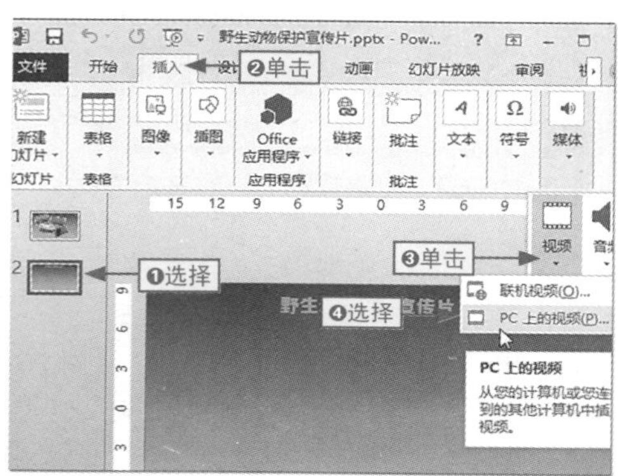

图10-54 选择“PC上的视频”命令

步骤02 ❶在打开的“插入视频文件”对话框中选择文件的保存路径，❷在中间的列表框中选择视频文件，❸单击“插入”按钮，如图10-55所示。

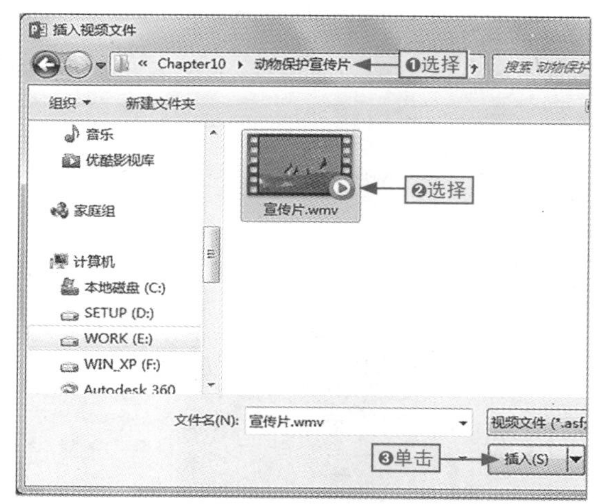

图10-55 插入视频文件

步骤03 ❶等比例缩放播放界面的大小，❷单击插入视频文件下方的“播放”按钮开始播放预览插入的视频效果，如图10-56所示。

图10-56 播放预览插入的视频效果

小绝招 PPT支持的视频格式及插入类型

在PowerPoint 2013中，程序可以识别的视频格式有MP4、MOV、AVI、MPG、ASF、DVR-MS 、WMV等。用户可通过本地电脑插入视频文件，也可以通过“视频”下拉菜单中的“联机视频”命令插入网络中的视频文件。

小绝招 播放视频文件的其他方法

在PowerPoint 2013中，选择插入的视频文件，在“视频工具－格式”选项卡的“预览”组中单击“播放”按钮也可以播放视频文件。

步骤04 在播放进度的任意位置单击鼠标选定需要设置为标牌框架的视频画面，如图10-57所示。

图10-57 自定义选择画面

步骤05 ❶单击“视频工具-格式”选项卡的“调整”组中的“标牌框架”下拉按钮，❷选择“当前框架”选项，如图10-58所示。

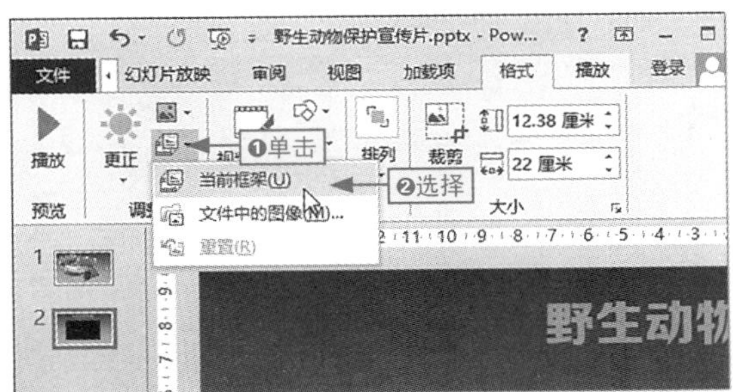

图10-58 设置标牌框架

什么是标牌框架

标牌框架是指视频文件在没有正式播放时所展示的画面。默认情况下，插入视频的标牌框架为黑色或视频的第一帧画面。

给你支招 | 修改文本超链接的字体颜色

小白：为文本创建超链接后，文本的颜色也发生了改变，如果对自动改变的颜色效果不满意，可不可以更改超链接文本的颜色呢？

阿智：超链接的文本颜色是由当前幻灯片所应用的主题来决定的，因此，这个颜色是可以根据用户的实际需要进行自定义的，具体操作如下。

步骤01 ❶在“设计”选项卡的“变体”组中单击“其他”按钮展开列表框，选择“颜色”命令，❷在弹出的子菜单中选择“自定义颜色”命令，如图10-59所示（也可以选择预设的颜色方案，同时更改整个幻灯片的主题颜色）。

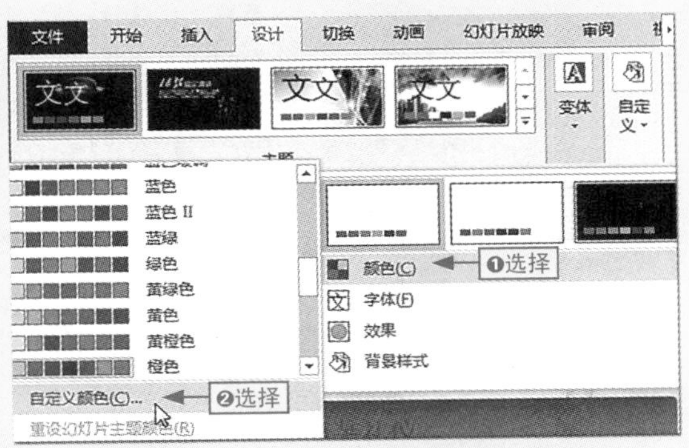

图10-59 选择“自定义颜色”命令

步骤02 ❶在打开的对话框中单击“超链接”颜色按钮，❷选择“黑色，背景1”颜色选项，如图10-60所示。

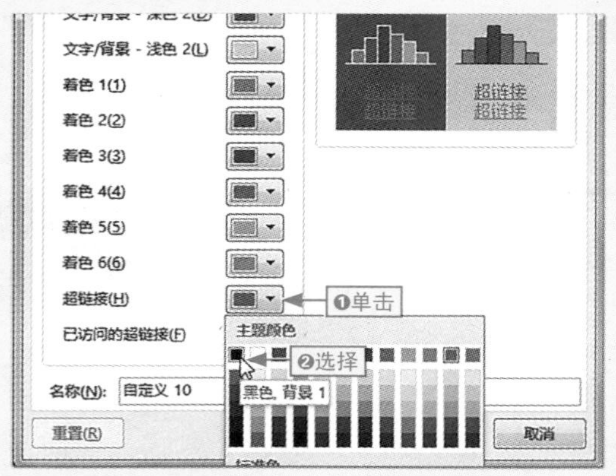

图10-60　自定义访问前的超链接颜色

步骤03 ❶用相同的方法将已访问的超链接的颜色设置为“黑色，背景1”，❷单击“保存”按钮完成操作，如图10-61所示。

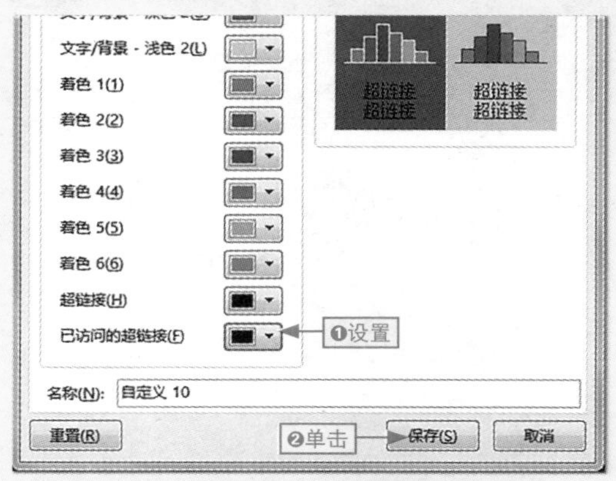

图10-61　自定义访问后的超链接颜色

给你支招 | 更改音频图标的外观

阿智：默认情况下，如果不设置“放映时隐藏”参数，则在放映过程中，音频文件的小喇叭图标始终会显示，这样会影响幻灯片的外观效果。其实，这个小喇叭的图标是可以自定义更改的。

小白：是吗？那具体该怎么操作呢？

阿智：❶选择音频图标，在其上右击，❷选择“更改图片”命令，在打开的对话框中可选择用剪贴画、电脑中保存的图片或者网络上的联机图片来替换该图标，如图10-62所示。

图10-62　选择“更改图片”命令

Chapter 11 幻灯片的放映与共享

学习目标

在放映幻灯片时，根据放映目的的不同，还必须设置不同的放映方式，此外还可以将制作好的演示文稿按照不同方式分享给他人查阅。本章将具体讲解有关放映与分享幻灯片的相关操作，从而帮助用户更灵活、更快捷地对演示文稿进行放映和分享。

本章要点

- 隐藏幻灯片
- 设置放映方式
- 从头开始放映幻灯片
- 从当前幻灯片放映幻灯片
- 自定义放映幻灯片
- 快速定位幻灯片
- 在幻灯片上添加墨迹
- 打包演示文稿
- 通过电子邮件共享演示文稿

知识要点	学习时间	学习难度
放映幻灯片前的准备	20分钟	★★
开始放映幻灯片并控制放映过程	40分钟	★★★
演示文稿的共享	40分钟	★★★

放映幻灯片前的准备

小白：我想让幻灯片自动进行播放，该怎么操作呢?

阿智：这个就要对演示文稿的放映方式进行设置。通常情况下，在放映幻灯片之前，都需要根据放映要求对幻灯片做好放映准备，下面我就具体给你介绍一下吧。

在放映幻灯片之前，还需要对要放映的幻灯片进行一些设置，如隐藏不放映的幻灯片和设置幻灯片的放映方式等。

11.1.1 隐藏幻灯片

制作好的一份演示文稿，有可能在某次播放中需要禁止播放某些幻灯片内容，此时就需要将不放映的幻灯片隐藏起来（隐藏幻灯片后，该幻灯片还被保存在演示文稿中，当需要时可以将其显示出来）。具体的操作方法如下。

本节素材	\素材\Chapter11\礼仪培训.pptx
本节效果	\效果\Chapter11\礼仪培训.pptx
学习目标	掌握隐藏幻灯片并查看隐藏后的效果的方法
难度指数	★★

步骤01 打开素材文件，在左侧窗格中选择第2张幻灯片，如图11-1所示。

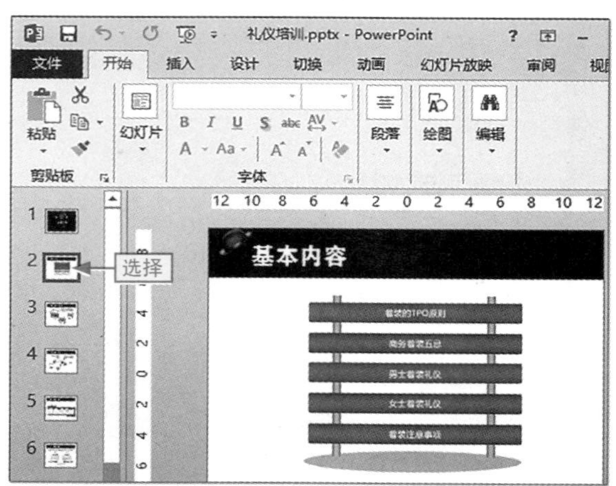

图11–1　选择要隐藏的幻灯片

使用快捷菜单隐藏幻灯片

在左侧窗格中选择一张或者多张幻灯片后右击，选择“隐藏幻灯片”命令可以快速完成幻灯片的隐藏操作。

步骤02 ❶单击“幻灯片放映”选项卡，❷在“设置”组中单击“隐藏幻灯片”按钮隐藏该幻灯片，如图11-2所示。

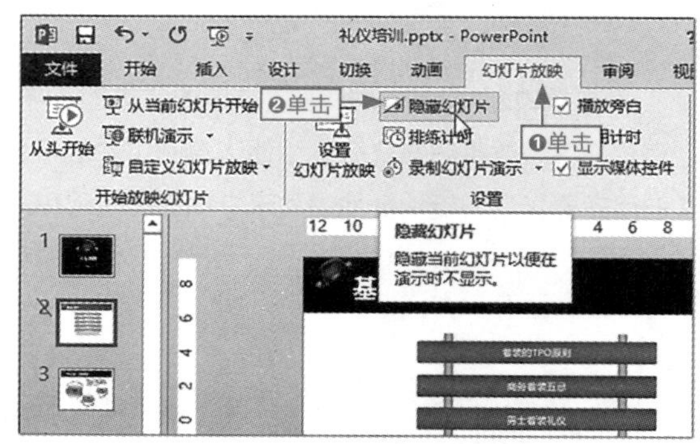

图11–2　隐藏幻灯片

步骤03 ❶单击“视图”选项卡，❷在“演示文稿视图”组中单击“幻灯片浏览”按钮切换视图模式，可以看到被隐藏的幻灯片变成了半透明状，并且序号被划上了斜删除线，如图11-3所示。

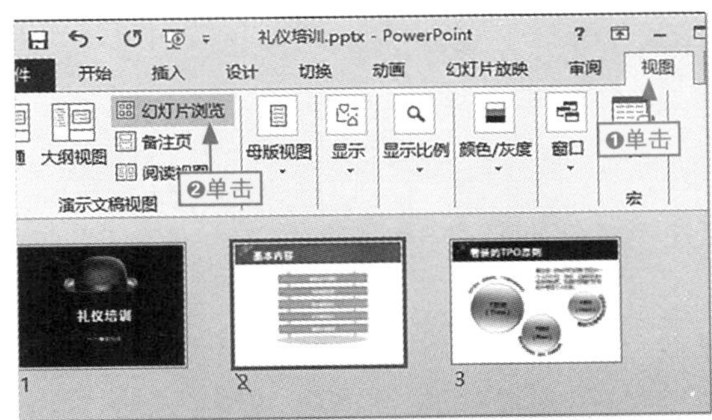

图11-3 查看被隐藏幻灯片的效果

显示被隐藏的幻灯片

如果要重新放映被隐藏的幻灯片，可以在普通视图的左侧窗格选中目标幻灯片，或者在浏览幻灯片视图模式中选择被隐藏的幻灯片，再次执行隐藏幻灯片的操作，可以将隐藏的幻灯片显示出来。

11.1.2 设置放映方式

PowerPoint为用户提供了3种不同场合的放映类型，分别是演讲者放映、观众自行浏览和在展台浏览。3种放映方式的具体作用如图11-4所示。

演讲者放映

由演讲者控制整个演示的过程，演示文稿将在观众面前全屏播放。

观众自行浏览

使演示文稿在标准窗口中显示，观众可以拖动窗口上的滚动条或通过按方向键自行浏览，与此同时还可以打开其他窗口。

在展台浏览

整个演示文稿会以全屏的方式循环播放，在此过程中除了通过鼠标指针选择屏幕对象进行放映外，不能对其进行任何修改。

图11-4 3种放映方式的具体作用

下面通过实例讲解设置幻灯片放映方式的具体操作。

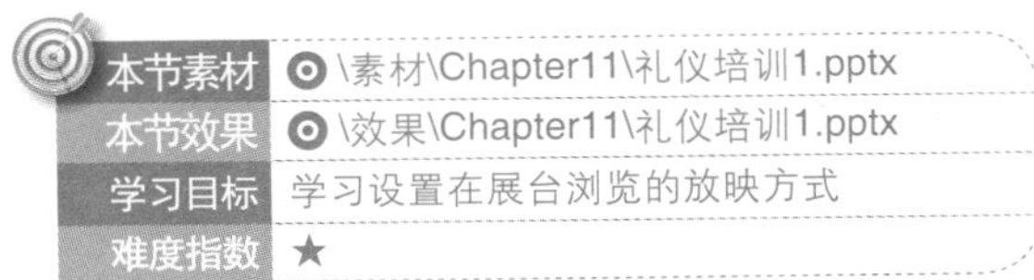

本节素材	\素材\Chapter11\礼仪培训1.pptx
本节效果	\效果\Chapter11\礼仪培训1.pptx
学习目标	学习设置在展台浏览的放映方式
难度指数	★

步骤01 ❶打开素材文件，单击“幻灯片放映”选项卡，❷单击“设置”组中的“设置幻灯片放映”按钮，如图11-5所示。

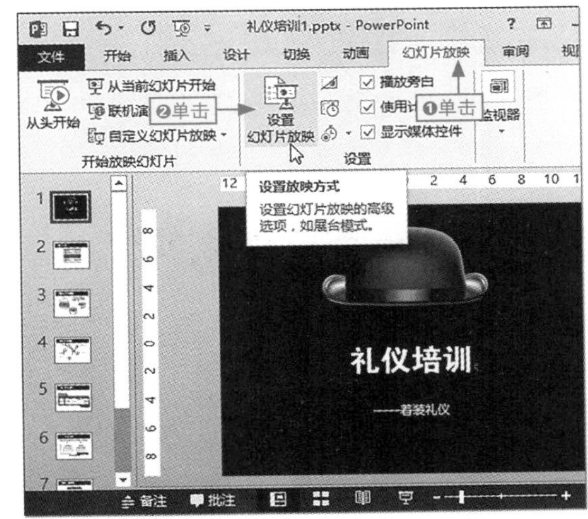

图11-5 单击“设置幻灯片放映”按钮

步骤02 ❶在打开的“设置放映方式”对话框中选中“在展台浏览”单选按钮，❷单击“确定”按钮，如图11-6所示。

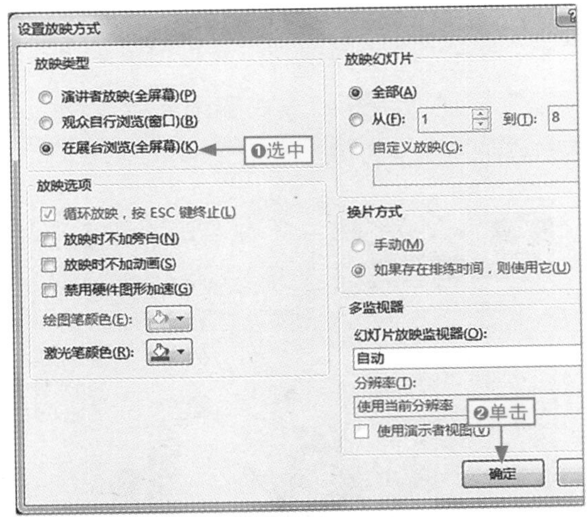

图11-6 选择放映类型

11.2 开始放映幻灯片

小白： 上次我给一个客户展示购买计划时，结果忘记隐藏一张幻灯片，把另一个客户的购买计划信息展示出来了。

阿智： 对于这种情况，你可以把不同客户需要展示的幻灯片建立成不同的放映方案，只放映该方案的幻灯片就可以了，准确又快速。

在PowerPoint 2013中，程序提供了3种放映幻灯片的方式，以满足用户的不同放映需求，这3种放映方式分别是从头开始放映幻灯片、从当前幻灯片放映幻灯片和自定义放映幻灯片。

11.2.1 从头开始放映幻灯片

如果用户要求从第一张幻灯片开始全屏放映整个演示文稿，就需要使用从头开始放映幻灯片的功能，具体的实现方式有如下几种。

通过“幻灯片放映”选项卡放映

❶在演示文稿中单击“幻灯片放映”选项卡，❷在“开始放映幻灯片”组单击“从头开始”按钮从头开始放映整个演示文稿，如图11-7所示。

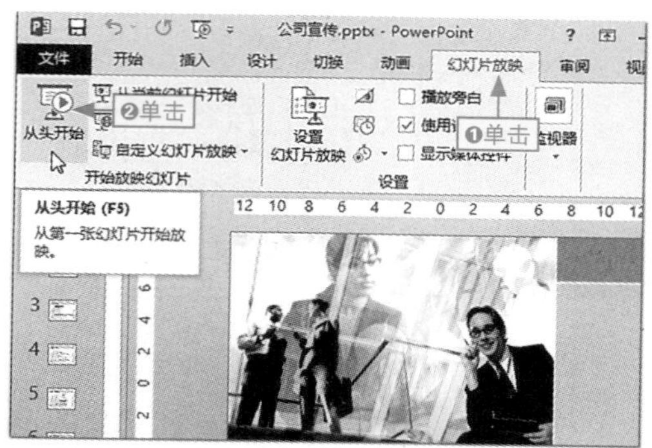

图11-7　通过选项卡放映演示文稿

通过快速访问工具栏放映

如果快速访问工具栏中添加了“从头开始”按钮，直接单击该按钮可全屏从头开始放映整个演示文稿的内容，如图11-8所示。

图11-8　通过快速访问工具栏放映演示文稿

使用快捷键从头开始放映幻灯片

在PowerPoint 2013中，直接按F5键也可以从第一张幻灯片开始放映整个演示文稿的所有幻灯片。

11.2.2 从当前幻灯片放映幻灯片

从当前幻灯片放映幻灯片是指从演示文稿中间的某一张幻灯片开始，放映其后所有的幻灯片，实现这种放映效果的方式有如下几种。

学习目标	了解从当前位置开始放映幻灯片的各种方法
难度指数	★★

通过“幻灯片放映”选项卡放映

❶选择中间的某张幻灯片，❷单击“幻灯片放映”选项卡，❸在“开始放映幻灯片”组中单击“从当前幻灯片开始”按钮可从指定的幻灯片开始放映其后的所有幻灯片，如图11-9所示。

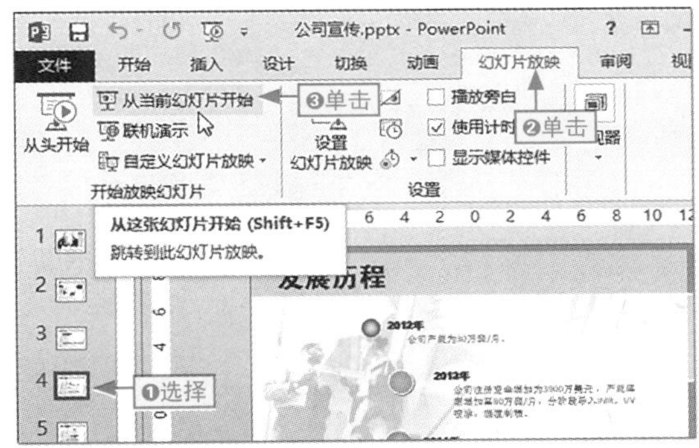

图11-9 通过选项卡从当前幻灯片开始放映

通过视图栏放映

❶选择中间的某张幻灯片，❷在视图栏中单击“幻灯片放映”按钮可从当前幻灯片开始放映其后的所有幻灯片，如图11-10所示。

从当前幻灯片放映的快捷方法

在PowerPoint 2013中，按Shift+F5组合键可快速从当前幻灯片开始放映其后的幻灯片。

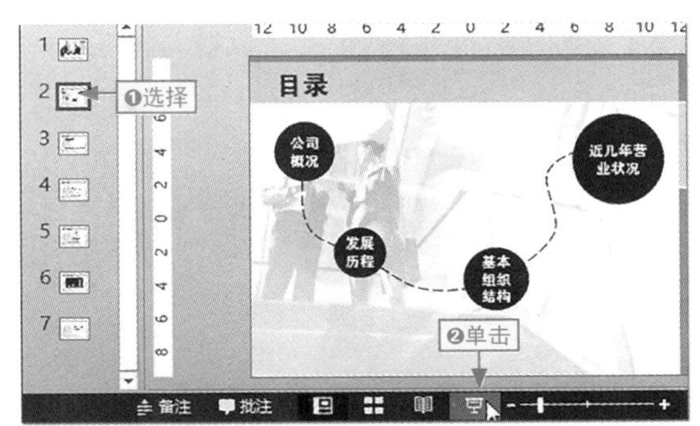

图11-10 通过视图栏放映

11.2.3 自定义放映幻灯片

自定义放映幻灯片可以先将整个演示文稿中的幻灯片按不同的类型创建多个组，然后按组放映某组中的所有幻灯片，从而让放映更灵活，具体的操作如下。

本节素材	\素材\Chapter11\新员工培训测试.pptx
本节效果	\效果\Chapter11\新员工培训测试.pptx
学习目标	掌握创建放映组并放映组中幻灯片的方法
难度指数	★★★★

步骤01 ❶打开素材文件，单击“幻灯片放映”选项卡，❷单击“自定义幻灯片放映”按钮，❸选择“自定义放映”命令，如图11-11所示。

图11-11 选择“自定义放映”命令

步骤02 在打开的“自定义放映”对话框中单击“新建”按钮，如图11-12所示。

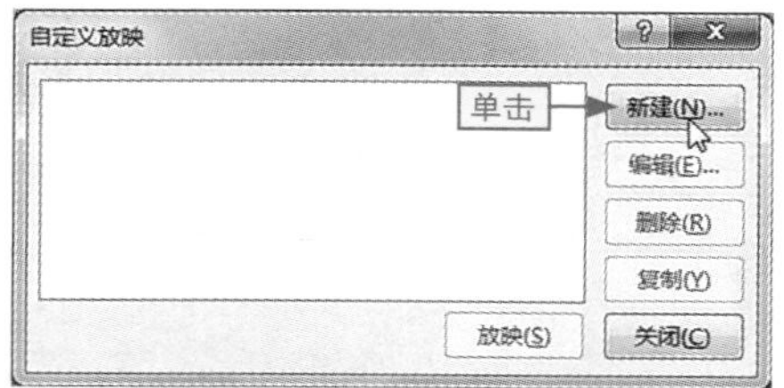

图11-12　新建放映组

步骤03 ❶在打开的“定义自定义放映”对话框中设置该放映组的名称为“性格测试”，❷在左侧列表框中选择第1～14张幻灯片左侧的复选框，如图11-13所示。

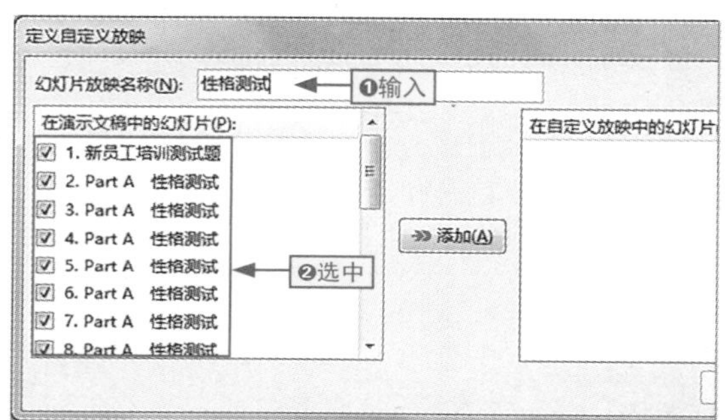

图11-13　设置放映组名称并选择幻灯片

步骤04 ❶单击“添加”按钮将其添加到右侧的列表框，❷单击“确定”按钮，如图11-14所示。

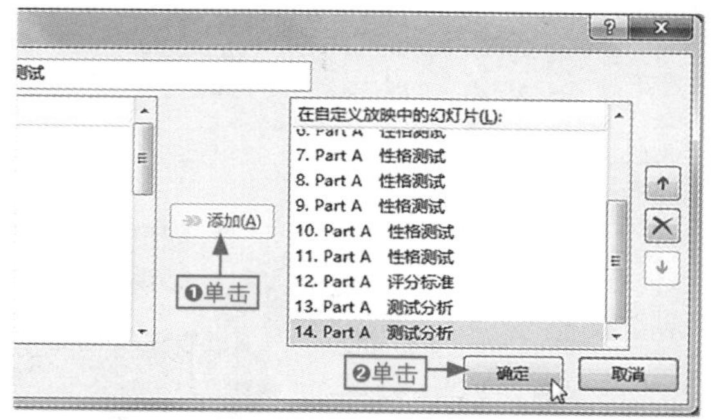

图11-14　在放映组中添加幻灯片

步骤05 在返回的对话框中可查看创建的“性格测试”放映组，❶用相同的方法创建“管理能力测试”和“综合能力测试”放映组，❷单击“关闭”按钮，如图11-15所示。

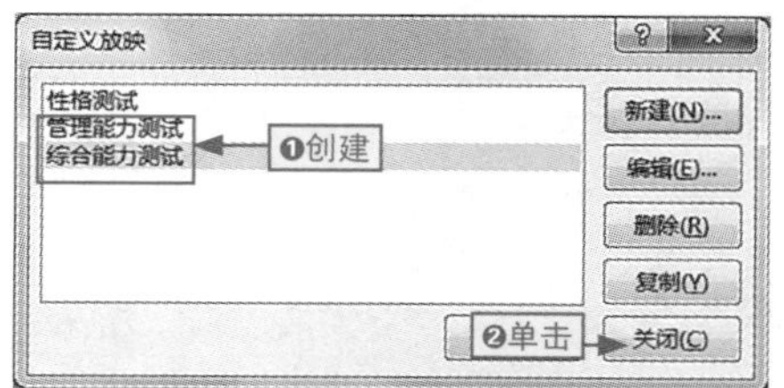

图11-15　创建其他放映组

步骤06 ❶单击“自定义幻灯片放映”按钮，❷选择“性格测试”选项，如图11-16所示，程序自动开始放映“性格测试”放映组中的第一张幻灯片。若用户继续执行放映操作，程序也只会放映到第14张幻灯片就结束放映。

图11-16　选择放映组

编辑与删除放映组

在“自定义放映”对话框中，选择某个放映组，单击“编辑”按钮可对该放映组进行编辑操作。单击“删除”按钮可删除该放映组。

11.3 控制放映过程

小白： 在放映幻灯片时，有时候我想快速跳转到某一指定的幻灯片，有什么方法可以准确实现这个目的呢?

阿智： PowerPoint提供了快速定位幻灯片的功能，直接利用该功能即可实现这个目的，下面我给你具体讲讲操作吧。

在某些演讲场合，并不是完全按照从头到尾的顺序依次放映幻灯片，也有可能在放映过程中需要在幻灯片的某个位置勾画重点，因此，用户还有必要学会一些简单的放映控制操作。

11.3.1 快速定位幻灯片

默认情况下，按方向键或单击鼠标只能在相邻幻灯片之间切换。若要快速跳转到指定的页面，可用如下方法完成。

学习目标　掌握利用快捷键和对话框定位幻灯片的方法

难度指数　★★

通过快捷菜单快速定位幻灯片

❶在放映幻灯片的空白位置右击，选择“查看所有幻灯片”命令，❷在切换的所有幻灯片缩略图页面选择要放映的幻灯片，如图11-17所示。

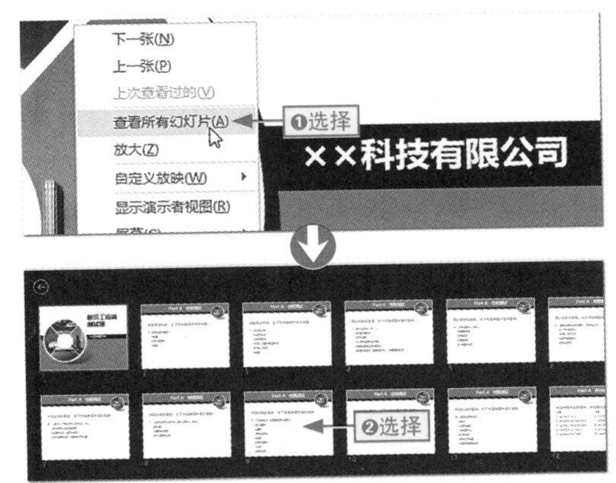

图11-17　通过快捷菜单定位幻灯片

小绝招

输入数字快速定位幻灯片

在放映幻灯片时输入具体数字并按 Enter 键跳转到某一特定的幻灯片。例如，要跳转到第 4 张幻灯片，按 4 键后再按 Enter 键。

通过对话框定位幻灯片

在放映幻灯片时按Ctrl+S组合键，打开“所有幻灯片”对话框，其中列出了演示文稿中所有的幻灯片标题，❶可以选择某张幻灯片，❷单击“定位至”按钮即可，如图11-18所示。

图11-18　通过对话框定位幻灯片

快速定位到第一张幻灯片

在非第一张幻灯片的任意位置，同时按住鼠标左右键不放，持续几秒钟可以快速返回到演示文稿的第一张幻灯片。

11.3.2 在幻灯片上添加墨迹

在播放教学类或者分析类的演示文稿过程中，可使用笔或荧光笔在幻灯片中勾划重点或添加手写笔记，从而辅助演示。

本节素材	\素材\Chapter11\散文鉴赏.pptx
本节效果	\效果\Chapter11\散文鉴赏.pptx
学习目标	掌握使用笔和荧光笔添加墨迹的方法
难度指数	★★★★

步骤01 打开素材文件，在快速访问工具栏中单击“从头开始”按钮开始放映幻灯片，如图11-19所示。

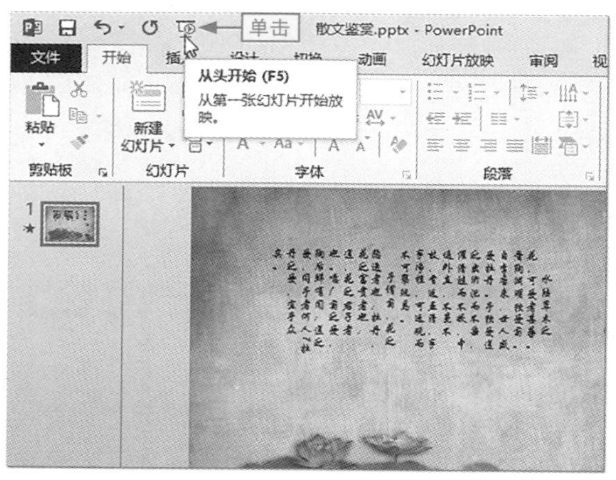

图11-19 放映幻灯片

步骤02 ❶在幻灯片的任意空白位置右击，❷选择“指针选项”命令，❸在其子菜单中选择“笔”选项，如图11-20所示。

使用快捷键添加和编辑墨迹

在放映过程中，按Ctrl+P组合键可快速将鼠标指针更改为笔；按Ctrl+A组合键或按Esc键可以快速恢复鼠标指针的默认状态；按Ctrl+M组合键可以快速显示/隐藏在幻灯片中添加的墨迹；按Ctrl+E组合键可以快速将鼠标指针更改为橡皮擦，从而对添加的墨迹进行擦除。

图11-20 选择笔工具

步骤03 ❶鼠标指针自动变为笔工具，拖动鼠标圈住“清涟”文本，❷拖动鼠标绘制箭头形状，❸同时绘制“清水”文本，如图11-21所示。

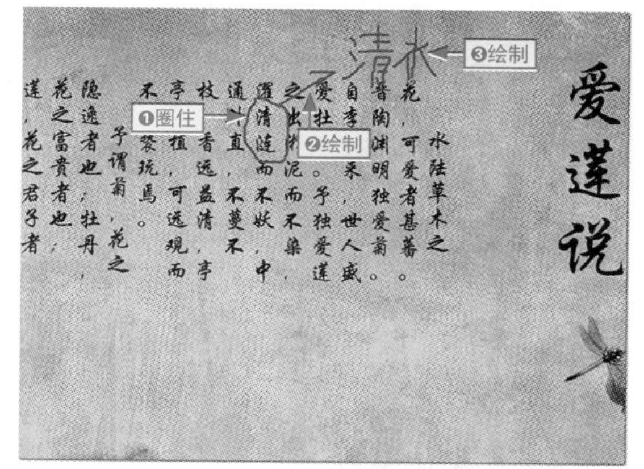

图11-21 用笔工具添加说明

步骤04 ❶在幻灯片的任意位置右击，❷选择“指针选项”命令，❸在其子菜单中选择“荧光笔”选项，如图11-22所示。

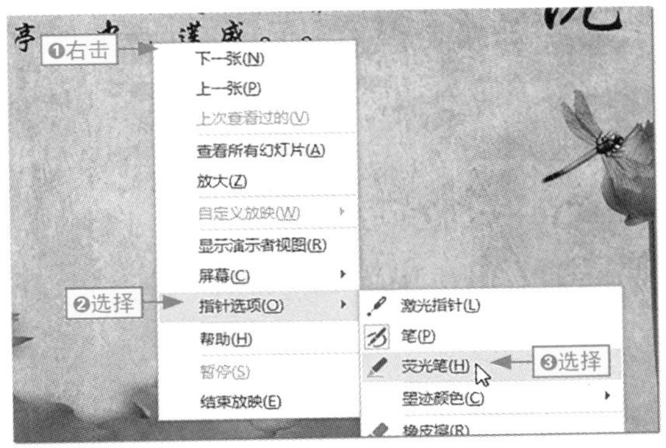

图11-22 选择荧光笔工具

步骤05 ❶在幻灯片的任意位置右击，❷选择“指针选项/墨迹颜色”命令，❸在弹出的列表中选择“深红”选项，如图11-23所示。

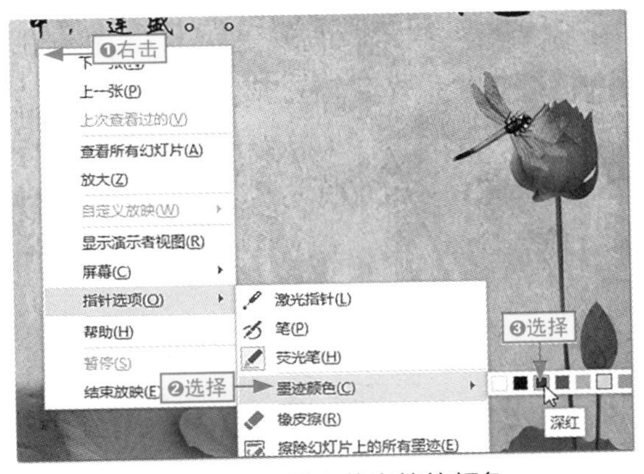

图11-23 更改荧光笔的颜色

步骤06 在需要重点强调的位置多次拖动鼠标指针添加墨迹效果，如图11-24所示。

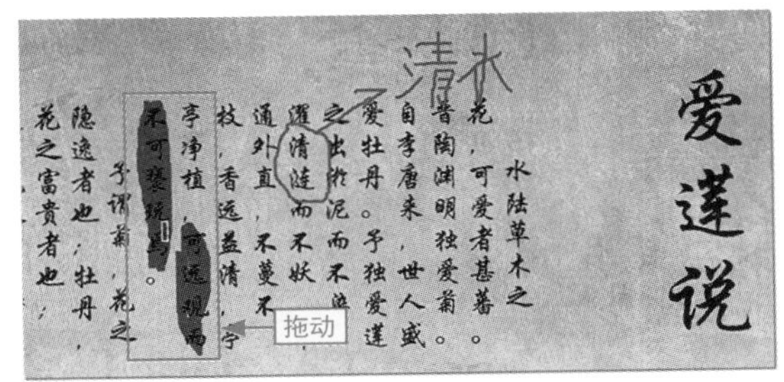

图11-24 勾画强调内容

步骤07 按Esc键结束幻灯片的放映，此时程序自动打开提示对话框，提示是否保留墨迹注释，单击“保留”按钮保留添加的墨迹并结束幻灯片的放映，如图11-25所示。

图11-25 保留墨迹

11.4 演示文稿的共享

小白：我想把制作好的年终报告交给领导，怎么确保他能正常查看和编辑演示文稿呢？

阿智：直接把演示文稿打包就行了啊。

制作好演示文稿后，如果需要将该文件分享给他人，可以通过将演示文稿打包后分享，也可以直接通过电子邮件发送给他人。

11.4.1 打包演示文稿

对演示文稿进行打包操作时，可以在打包过程中为该演示文稿设置加密操作，压缩包还包含播放演示文稿的PowerPoint播放器。

这种分享演示文稿的方法，不仅确保用户能打开演示文稿正常观看，还能对演示文稿的内容起到一定的保护作用并为对方提供了编辑演示文稿的权限。

本节素材	\素材\Chapter11\总结报告.pptx
本节效果	\效果\Chapter11\总结报告1
学习目标	掌握演示文稿打包到文件夹的方法
难度指数	★★★★

步骤01 ❶打开素材文件，在“文件”选项卡中单击“导出”选项，❷在中间选择“将演示文稿打包成CD”选项，❸在右侧单击“打包成CD”按钮，如图11-26所示。

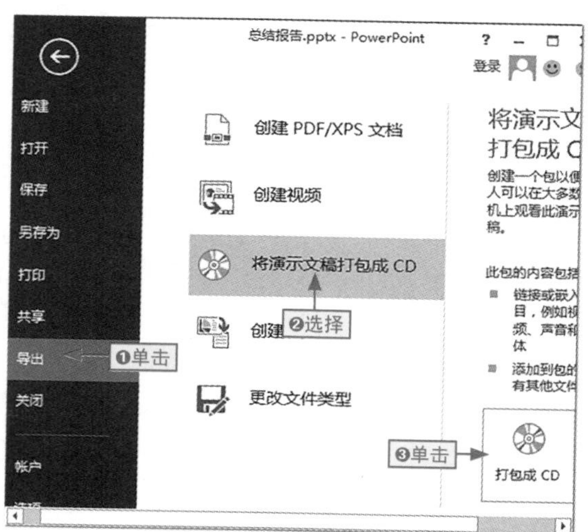

图11-26　单击“打包成CD”按钮

步骤02 ❶在打开的“打包成CD”对话框中的“将CD命名为”文本框中输入“年终总结报告”，❷单击“选项”按钮打开“选项”对话框，如图11-27所示。

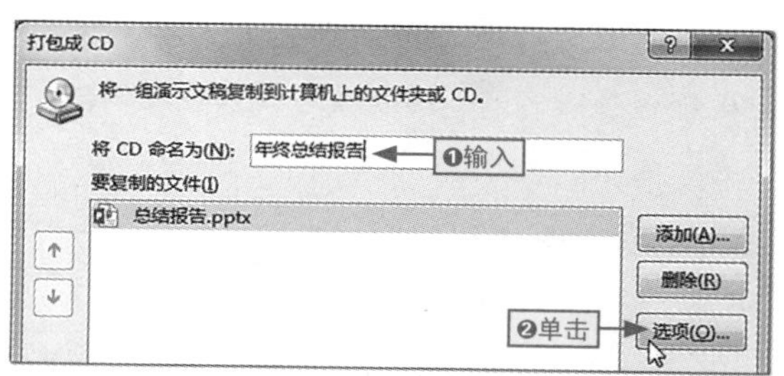

图11-27　更改打包CD文件夹的名称

步骤03 ❶分别设置打开权限密码和修改权限密码为“123456”和“456789”，❷单击“确定”按钮，如图11-28所示。

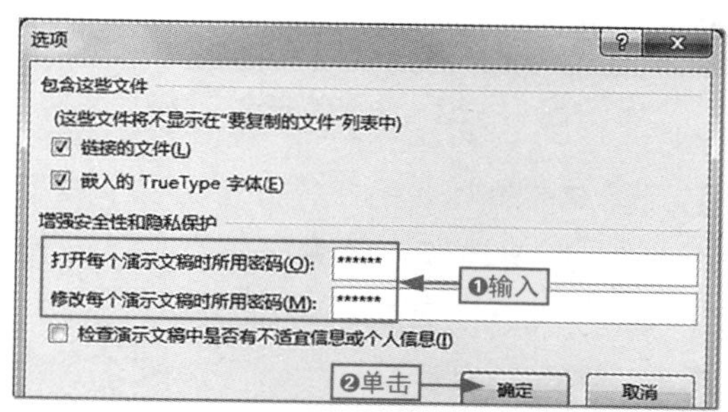

图11-28　设置打开权限密码和修改权限密码

步骤04 ❶在打开的“确认密码”对话框中重新输入打开权限密码，❷单击“确定”按钮，如图11-29所示。

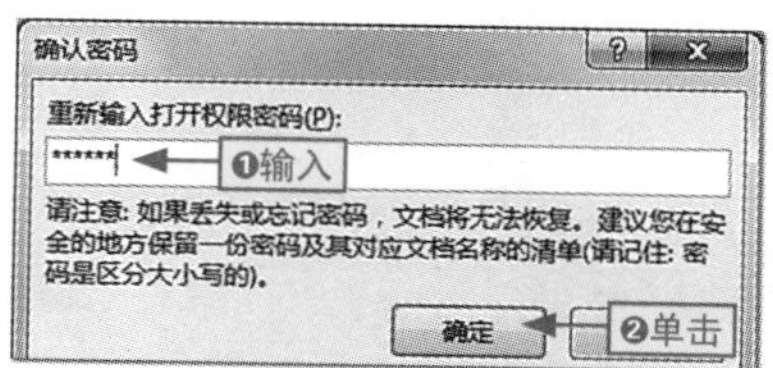

图11-29　确认设置的打开权限密码

步骤05 ❶在打开的“确认密码”对话框中重新输入修改权限密码，❷单击“确定”按钮，如图11-30所示。

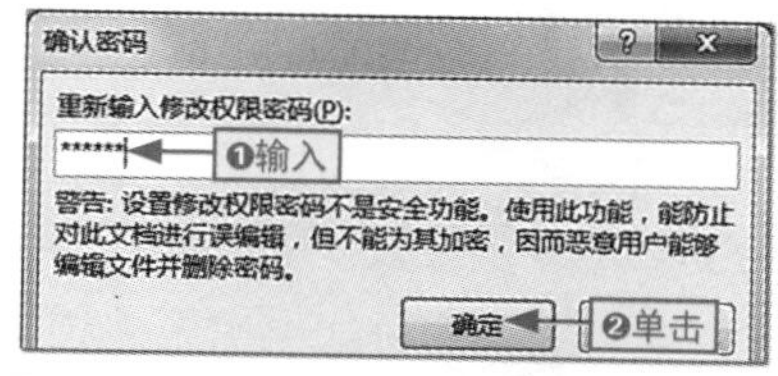

图11-30　确认设置的修改权限密码

步骤06 在返回的“打包成CD”对话框中单击“复制到文件夹”按钮，如图11-31所示。

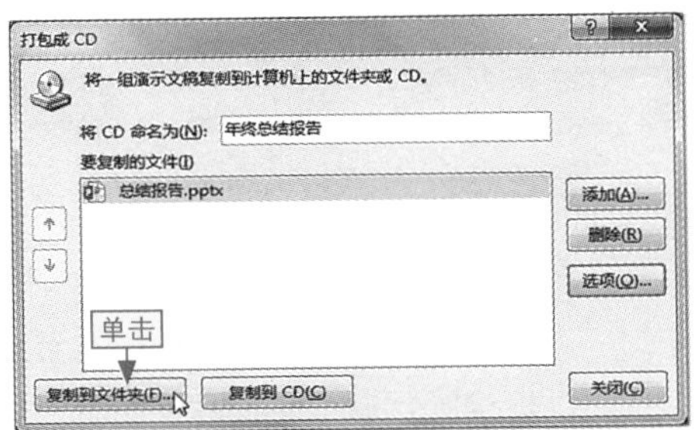

图11-31 单击“复制到文件夹”按钮

打包时不设置密码

如果在打包演示文稿时，不需要为其添加打开权限密码和修改权限密码，则在本例中执行第 1 步操作后，直接执行第 6 步操作。

步骤07 ❶在打开的“复制到文件夹”对话框中设置打包文件的保存位置，❷取消选中“完成后打开文件夹”复选框，❸单击“确定”按钮，如图11-32所示。

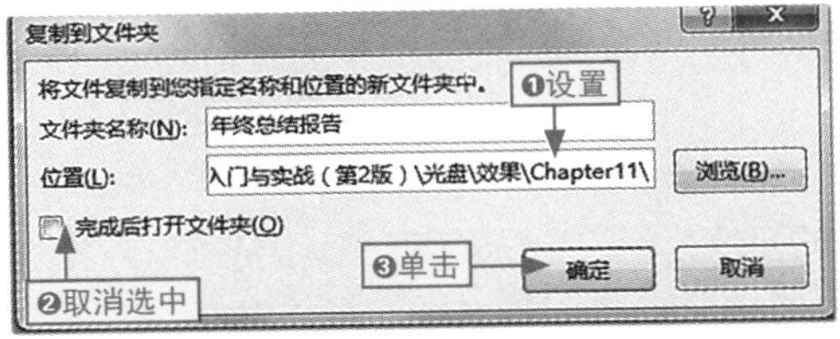

图11-32 设置并确认打包文件夹的保存位置

打包完成后打开打包文件夹

如果要在完成打包操作后打开打包的 CD 文件夹，在“复制到文件夹”对话框中选中“完成后打开文件夹”复选框。

步骤08 ❶在打开的提示对话框中单击“是”按钮开始打包，❷完成后单击“打包成CD”对话框中的“关闭”按钮完成整个操作，如图11-33所示。

图11-33 完成打包操作

下载PowerPoint Viewer查看器

打包完成后，直接将“年终报告”文件夹发送给对方即可，在该文件夹中，除了包含有“年终报告 .pptx”文件外，还有一个 PresentationPackage 文件夹，在该文件夹中打开 PresentationPackage.html 网页文件，在其中单击下载查看器按钮，即可下载 PowerPoint Viewer 查看器，如图 11-34 所示。下载并安装该查看器后，即可在查看器中播放“年终总结”演示文稿。

图11-34 下载PowerPoint Viewer查看器

11.4.2 通过电子邮件共享演示文稿

在PowerPoint 2013中，程序支持通过电子邮件的方式将演示文稿以附件、PDF格式、XPS格式等类型发送到指定的邮箱地址。

本节素材	\素材\Chapter11\总结报告.pptx
本节效果	\效果\Chapter11\无
学习目标	将演示文稿以PDF格式通过电子邮件共享
难度指数	★★★★

步骤01 ❶打开素材文件，在“文件”选项卡的“共享”选项卡中选择“电子邮件”选项，❷单击“以PDF形式发送”按钮，如图11-35所示。

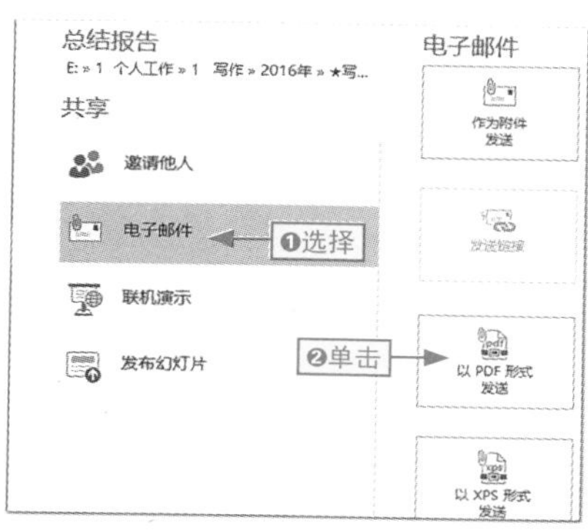

图11-35 选择发送方式

了解PDF格式和XPS格式

PDF 和 XPS 都是电子文件格式，以这两种格式保存文档，能够真实地再现原稿的每个字符、颜色及图像。此外，这种文件格式中的文件内容是不能进行编辑的，这就有效地确保了文件内容的完整传送。

步骤02 程序自动将演示文稿以PDF格式发送一份副本文件并在打开的对话框中提示发布进度，如图11-36所示。

图11-36 正在发布PDF文件

步骤03 程序自动启动Outlook 2013组件，在“收件人”文本框中输入收件人的电子邮箱地址，如图11-37所示。

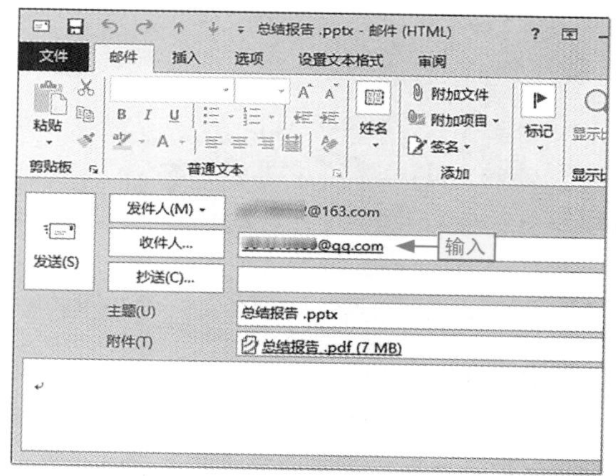

图11-37 填写收件人地址

步骤04 ❶在下方的列表框中输入相应的文本信息，❷单击“发送”按钮即可将该PDF文件发送给指定的收件人，如图11-38所示。

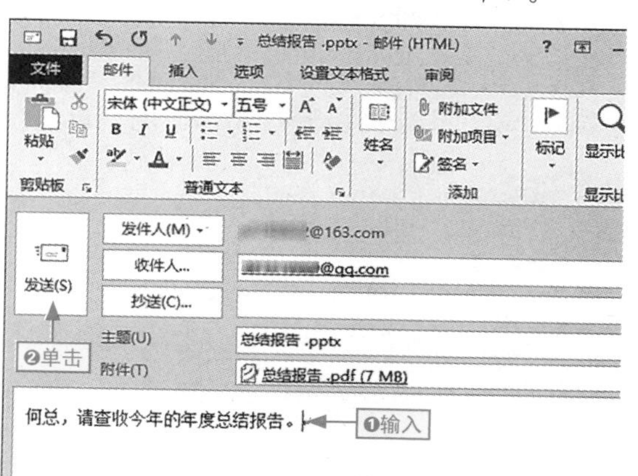

图11-38 填写邮件内容并发送邮件

给你支招 | 利用排练计时确定幻灯片的切换时间

小白：我利用设置切换时间功能来设置幻灯片自动切换的时间，但是这个时间把握不准，有时候幻灯片内容都还没有播放完，程序就切换幻灯片。

阿智：如果幻灯片中播放的内容多少不统一，需要使用排练计时来确定幻灯片的切换时间，这样就能确保每张幻灯片的内容都能播放完，具体操作如下。

步骤01 ❶在演示文稿中单击"幻灯片放映"选项卡，❷单击"设置"组中的"排练计时"按钮，如图11-39所示。

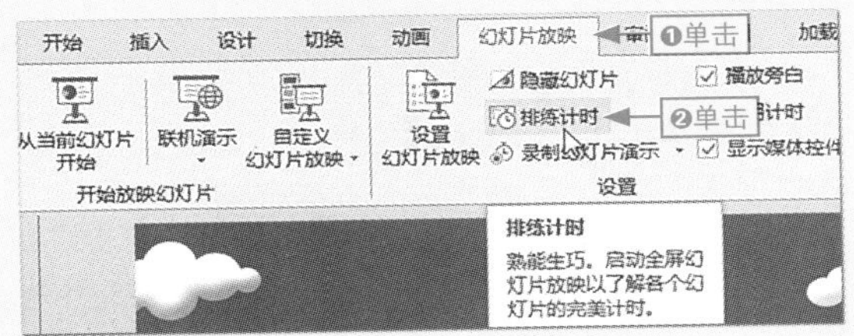

图11-39　开始排练计时

步骤02 此时幻灯片将切换到全屏模式放映，幻灯片的左上角出现"录制"工具栏，并且程序自动开始计时，如图11-40所示。

图11-40　开始排练第一张幻灯片的播放时间

步骤03 当第一张幻灯片讲解完后，在"录制"工具栏单击"下一项"按钮，将切换到第二张幻灯片继续计时，如图11-41所示。

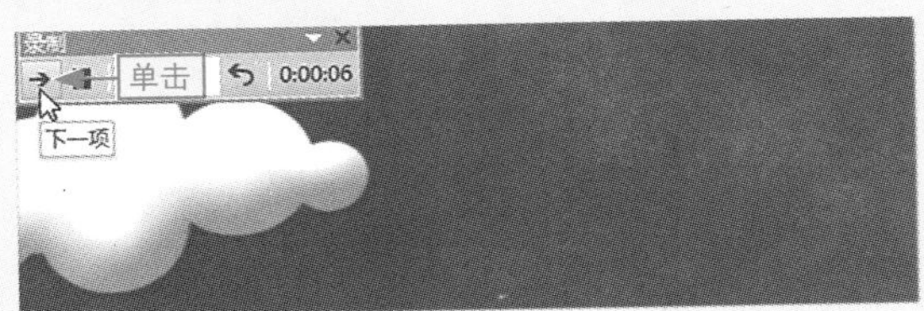

图11-41　切换到下一张幻灯片

步骤04 程序自动重新开始对第二张幻灯片进行排练计时，如图11-42所示。

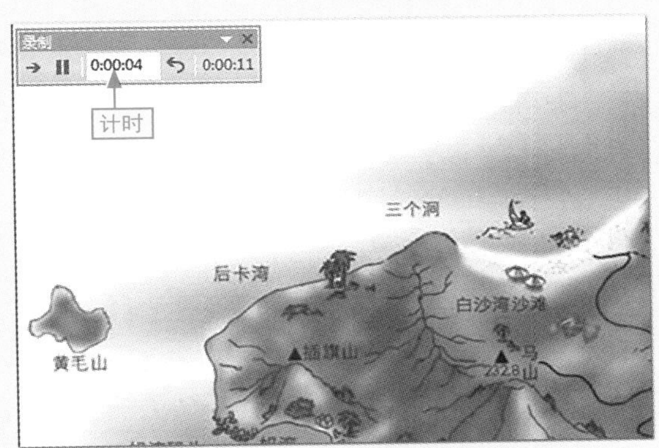

图11-42　开始排练第二张幻灯片的播放时间

步骤05 用相同的方法继续排练其他幻灯片的播放时间，直到最后一张幻灯片排练完后，将打开提示对话框，询问是否保存排练计时，单击"是"按钮，如图11-43所示。

图11-43　完成排练计时操作

给你支招 | 将演示文稿转换为视频文件

小白：将演示文稿以PDF格式共享，他人只能查看静态的效果，怎么让他人查看演示文稿的动画效果，而演示文稿又不会被修改呢?

阿智：可以将演示文稿转换为视频文件，这样接收者就可以像看电影一样动态查看演示文稿的内容和效果了，具体操作如下。

步骤01 在演示文稿中切换到"文件"选项卡，在其中单击"导出"选项，如图11-44所示。

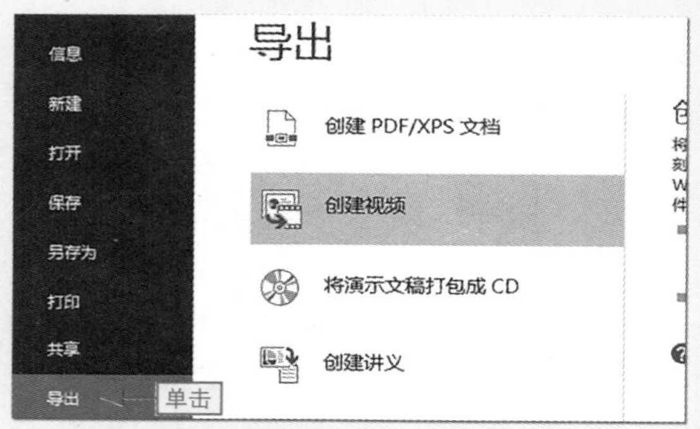

图11-44　切换到"文件"选项卡

步骤02 在右侧窗格保持默认设置的"使用录制的计时和旁白"参数，单击"创建视频"按钮，如图11-45所示。

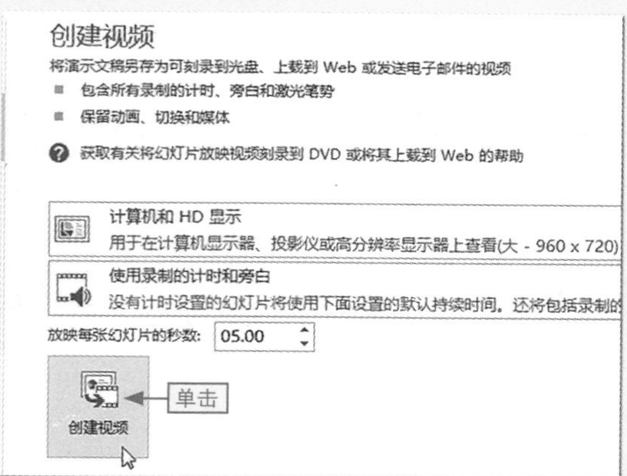

图11-45　创建视频

步骤03 ❶在打开的"另存为"对话框中选择文件的保存路径，保持默认的文件名称和mp4文件保存类型，❷单击"保存"按钮，如图11-46所示。

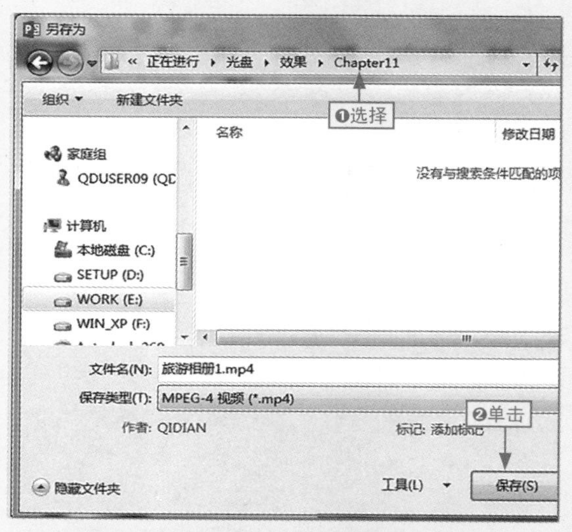

图11-46　设置视频保存方式和位置

步骤04 程序自动开始转换演示文稿，并且在状态栏中还可以查看视频文件的转换进度，如图11-47所示。

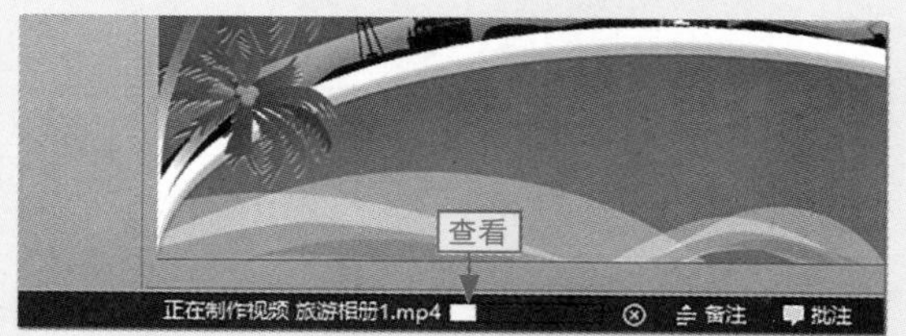

图11-47　转换演示文稿为视频文件

Chapter 12 各组件之间的协同办公

学习目标

前面的知识基本上都是在讲解各个Office组件的独立操作，而没有涉及它们之间的互动性或协同性，本章我们将会具体介绍Word、Excel和PPT组件之间的系统办公和数据共享以及在局域网和OneDrive上的共享操作。

本章要点

- 利用邮件合并功能实现数据交换
- 在Word文档中插入现有的Excel表格
- 在Excel中导入Word数据
- 利用Excel快速整理Word表格样式
- 将演示文稿插入Word文档中
- 在Excel表格中插入PPT链接
- 在PPT演示文稿中插入Excel表格
- 将文件设置为共享
- 将文件夹设置为共享
- 设置要同步的库

知识要点	学习时间	学习难度
Office组件之间的数据交换	45分钟	★★★
在局域网中协同办公	45分钟	★★★
利用OneDrive实现协同办公	45分钟	★★★

Office 组件之间的数据交换

小白：我们在使用Office进行办公时，怎样才能将它们之间的数据进行互用和共享，从而实现协同办公?

阿智：我们可以通过多种相互调用数据的方式来实现。

Office组件之间的数据交换，其实就是协同办公，即将Office组件中的数据进行引用、导入或链接等，下面分别进行介绍。

12.1.1 利用邮件合并功能实现数据交换

要在Word中调用Excel中的表格数据，而且让其一一对应，如果手动逐一粘贴，不仅操作繁杂，同时，也不符合协同办公的基本要求——高效和准确。这时，可以通过邮件合并功能来轻松实现。

下面通过协同办公功能将“员工档案管理”工作簿中的数据动态调用到“员工档案卡”工作簿的表格中，具体操作如下。

本节素材	\素材\Chapter12\邮件合并/
本节效果	\效果\Chapter12\员工档案卡.docx
学习目标	将Excel数据连接到Word中
难度指数	★★★★

步骤01 打开“员工档案卡”Word素材文件，❶单击“邮件”选项卡中的“开始邮件合并”下拉按钮，❷选择“信函”命令，如图12-1所示。

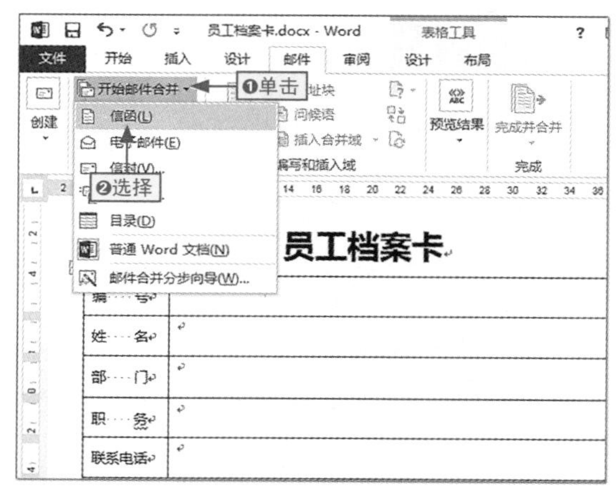

图12-1 选择“信函”命令

步骤02 ❶单击“选择收件人”按钮，❷选择“使用现有列表”命令，如图12-2所示。

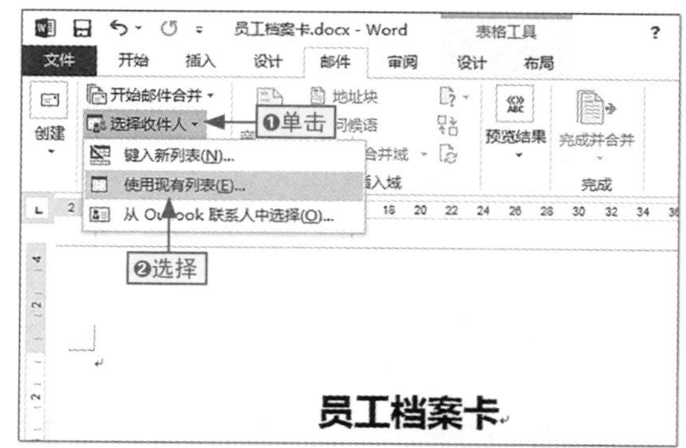

图12-2 使用现有列表

步骤03 打开“选取数据源”对话框，❶选择“员工档案管理.xlsx”选项，❷单击“打开”按钮，如图12-3所示。

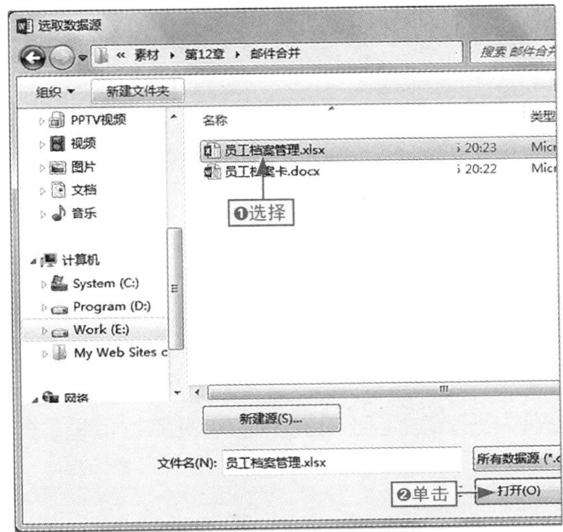

图12-3 选取数据源

步骤04 打开“选择表格”对话框，❶选中“数据首行包含列标题”复选框，❷选择“员工档案管理”工作表，❸单击“确定”按钮，如图12-4所示。

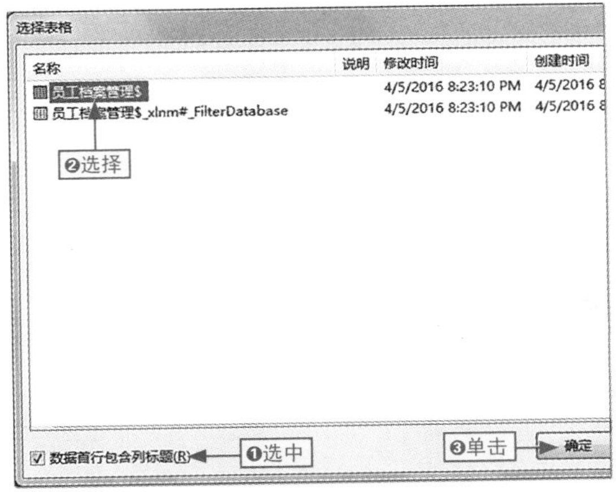

图12-4 选择数据所在的工作表对象

步骤05 ❶将文本插入点定位在“编号”对应的单元格中，❷单击“插入合并域”按钮，如图12-5所示。

图12-5 定位第一个合并域位置

步骤06 打开“插入合并域”对话框，❶选择“编号”选项，❷单击“插入”按钮，❸单击“关闭”按钮，如图12-6所示。

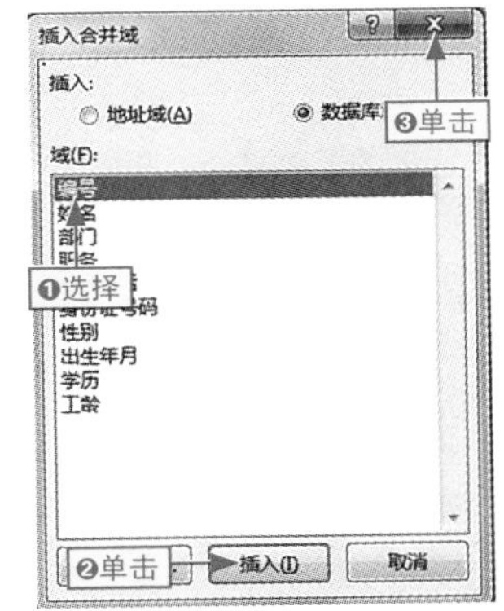

图12-6 插入“编号”合并域

步骤07 ❶将文本插入点定位在“姓名”对应的单元格中，❷单击“插入合并域”下拉按钮，❸选择“姓名”选项，如图12-7所示。

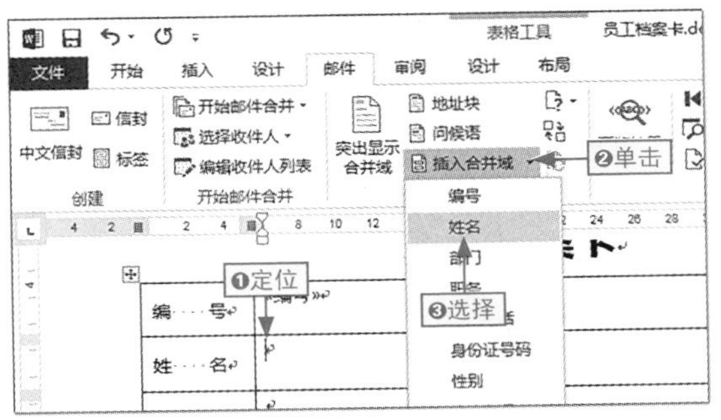

图12-7 插入姓名合并域

步骤07 以同样的方法插入其他合并域，如图12-8所示。

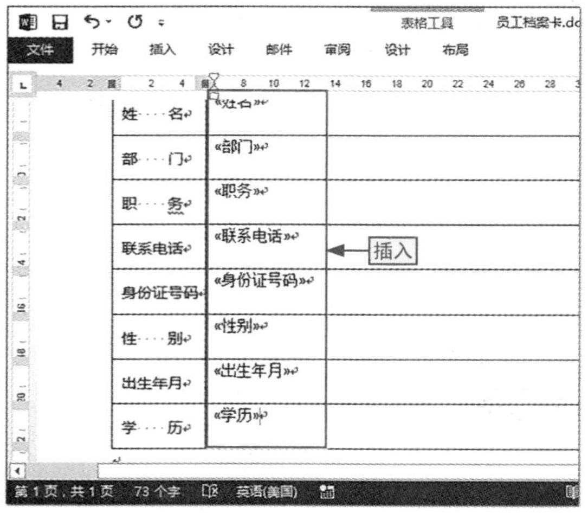

图12-8　插入其他合并域

步骤08 ❶单击“完成并合并”按钮，❷选择“编辑单个文档”命令，如图12-9所示。

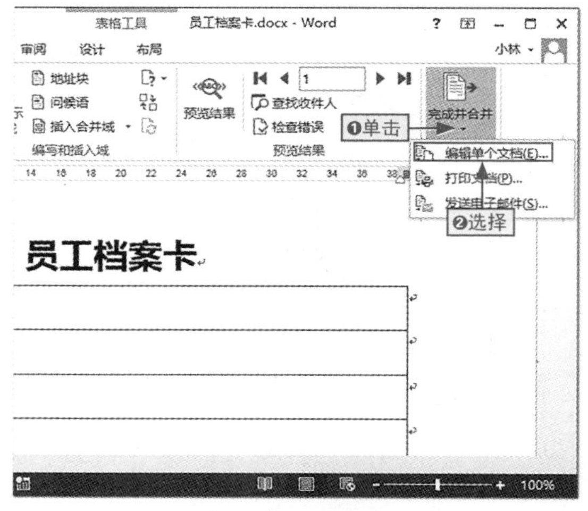

图12-9　选择“编辑单个文档”命令

长知识

使用合并域垂直居中显示

在 Word 表格中默认的对齐方式是左上角对齐，所以，在其中插入的合并域数据也是这样显示的，为了让其更加美观和专业，可让插入的合并域垂直居中对齐。

具体方法为：选择相应的表格单元格并在其上右击，❶选择“表格属性”命令，在打开的“表格属性”对话框中❷单击“单元格”选项卡，❸单击“居中”按钮，然后单击“确定”按钮，如图 12-10 所示。

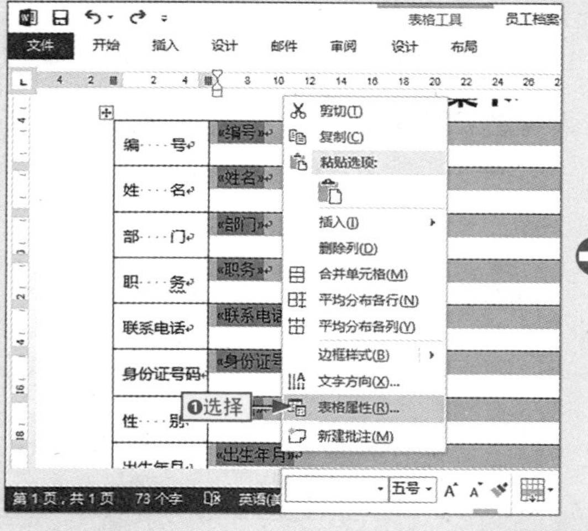

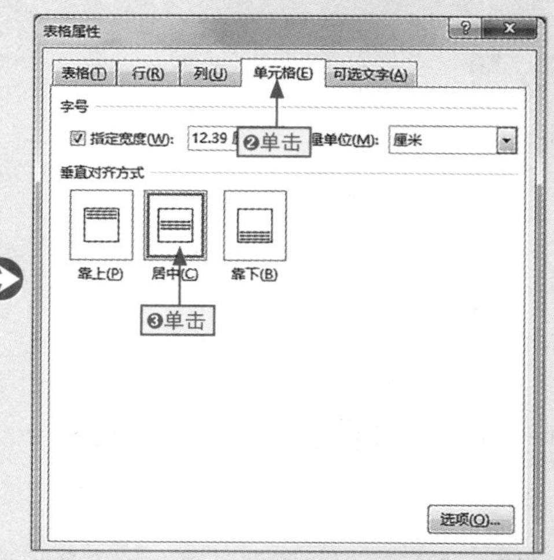

图12-10　指定单元格垂直居中对齐

步骤09 打开“合并到新文档”对话框，❶选中“全部”单选按钮，❷单击“确定”按钮，如图12-11所示。

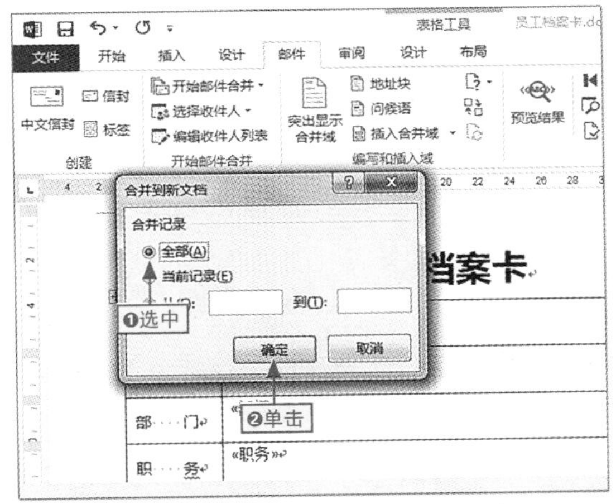

图12-11 合并全部记录

步骤10 系统自动将Excel中的全部数据合并到Word文档的指定位置，图12-12所示是前4项档案数据卡效果。

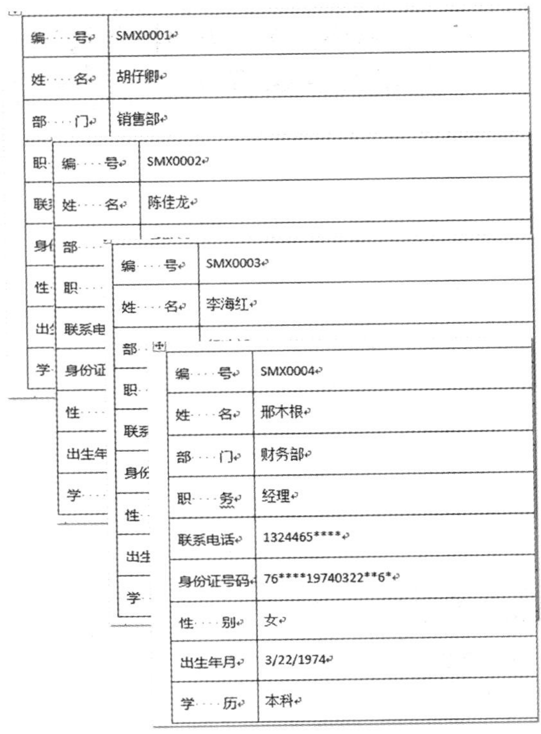

图12-12 合并邮件数据效果

编辑邮件合并项

在邮件合并调用 Excel 数据时，若想限定一些数据合并（也就是不让一些数据参与邮件合并），则可以通过编辑合并项来实现。

具体方法为：❶单击“编辑收件人列表”按钮，打开“邮件合并收件人”对话框，❷取消选中不需要合并的数据复选框，然后单击“确定”按钮，如图 12-13 所示。

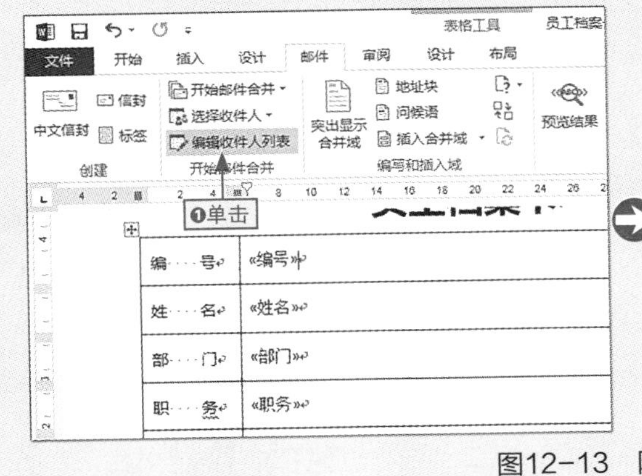

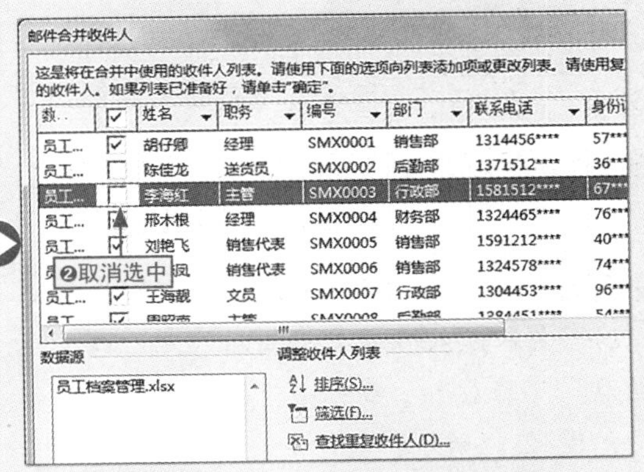

图12-13 限制合并项

12.1.2 在Word文档中插入现有的Excel表格

在Word中插入Excel表格最常用的方法有两种：一是粘贴指定表格区域，二是插入整个表格。下面分别进行讲解。

1. 粘贴指定表格区域

通过粘贴指定表格区域实现在Word中插入Excel表格，是最简单和最直接的方式。

下面将“员工档案”工作簿中的A1:J37单元格区域粘贴到“员工档案文档”文档中，具体操作如下。

本节素材	⊙\素材\Chapter12\粘贴插入/
本节效果	⊙\效果\Chapter12\员工档案文档.docx
学习目标	在Word中粘贴Excel表格数据
难度指数	★★★★

步骤01 打开“员工档案”Excel素材文件，在Excel表格中复制A1:J37单元格区域，如图12-14所示。

图12-14　复制指定表格区域

步骤01 打开“员工档案文档”Word素材文件，❶将文本插入点定位到目标位置，❷单击“粘贴”下拉按钮，❸选择“选择性粘贴”命令，如图12-15所示。

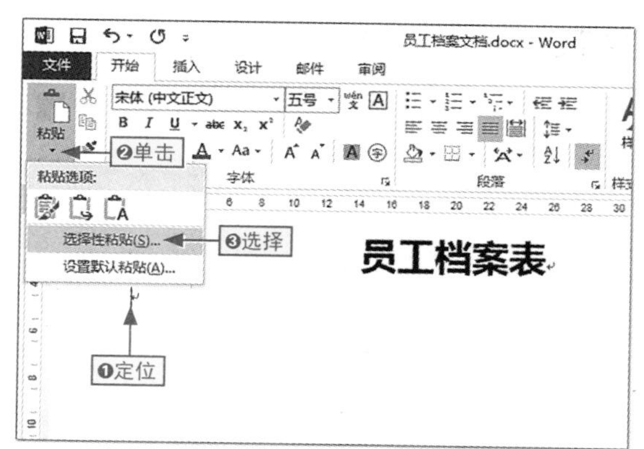

图12-15　定位表格放置位置

步骤03 打开“选择性粘贴”对话框，❶选择“Microsoft Excel 工作表对象”选项，❷单击“确定”按钮，如图12-16所示。

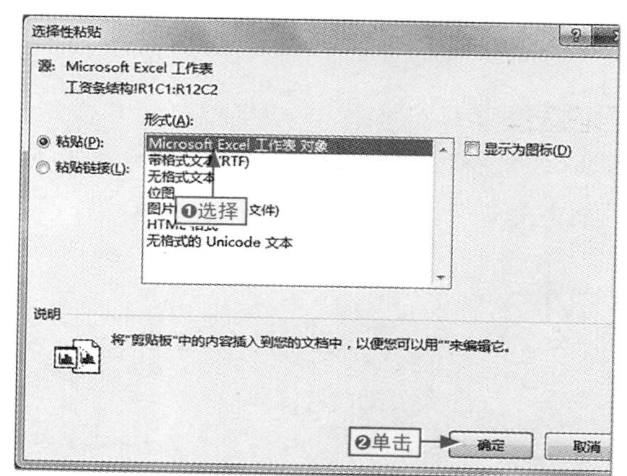

图12-16　粘贴为Excel表格对象

步骤04 返回到文档中即可看到插入表格的效果，如图12-17所示。

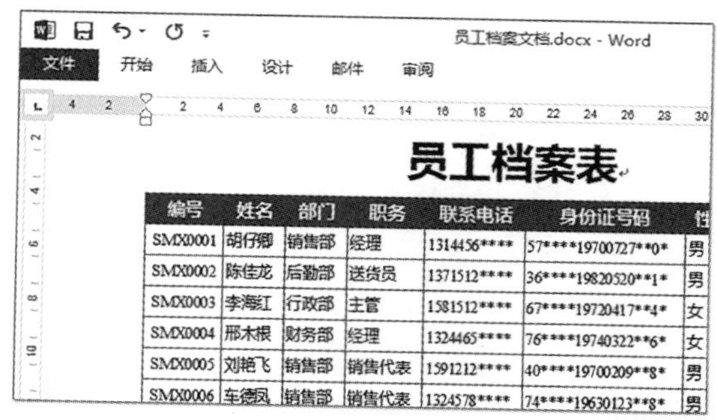

图12-17　查看粘贴表格的效果

直接粘贴为普通表格

要将Excel中的表格以普通表格（不以电子表格方式粘贴）的方式粘贴到Word中，可直接复制单元格后，切换到Word文档中，按Ctrl+V组合键进行粘贴。

2. 通过插入对象方法

Excel表格相对Word而言，是一个外部对象，可以通过将其插入的方法，实现调用Excel数据的目的。

下面将“员工档案”工作簿中的结构数据区域插入“员工档案”文档中，具体操作如下。

本节素材	\素材\Chapter12\插入表格/
本节效果	\效果\Chapter12\员工档案.docx
学习目标	在Word中插入Excel表格对象
难度指数	★★★★

步骤01 打开“插入表格”文件夹中的“员工档案”Word素材文件，单击“插入”选项卡中的“对象”按钮，如图12-18所示。

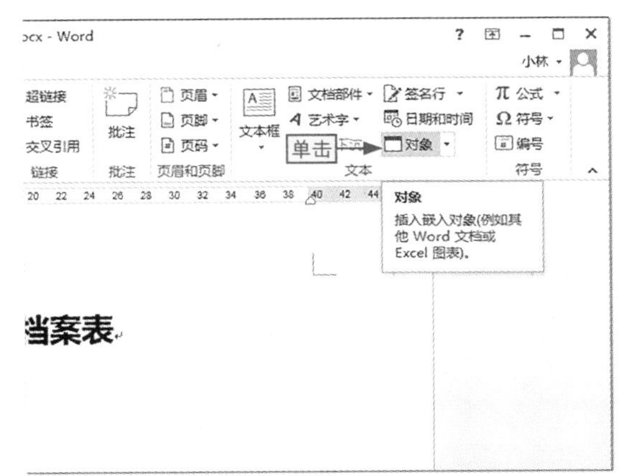

图12-18　单击“对象”按钮

步骤02 打开“对象”对话框，❶单击“由文件创建”选项卡，❷单击“浏览”按钮，如图12-19所示。

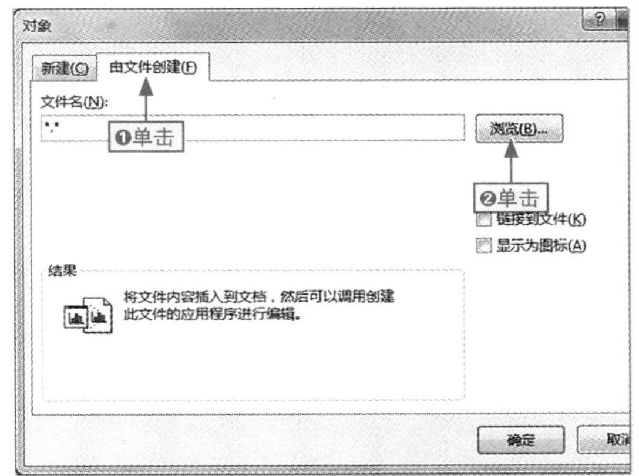

图12-19　浏览文件

步骤03 打开“浏览”对话框，❶选择“员工档案.xlsx”选项，❷单击“插入”按钮，如图12-20所示。

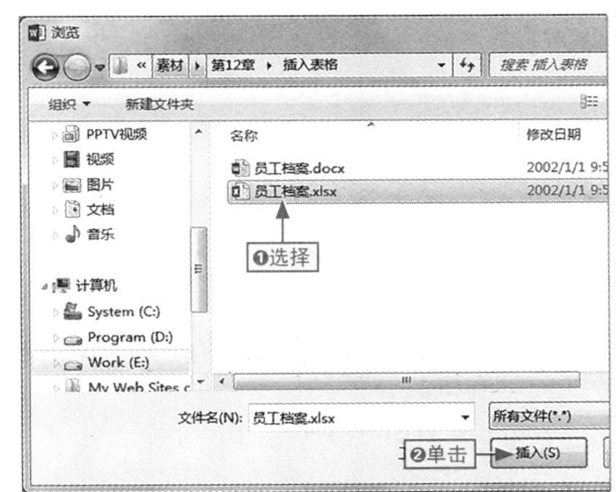

图12-20　插入“员工档案”表格

步骤04 返回到“对象”对话框，单击“确定”按钮，如图12-21所示。

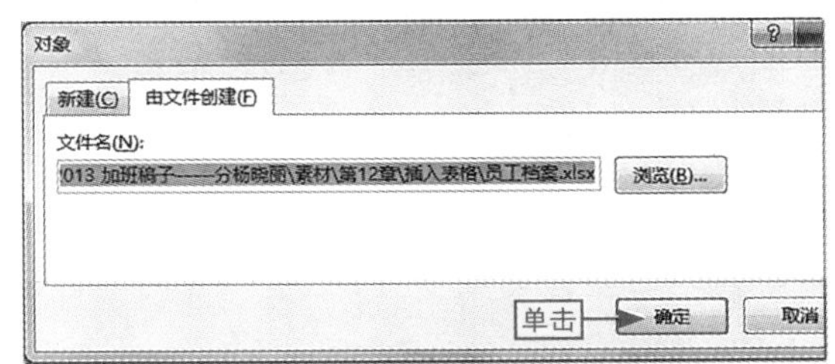

图12-21　确认插入表格对象

步骤04 返回到Word文档中即可看到插入的表格对象效果，如图12-22所示。

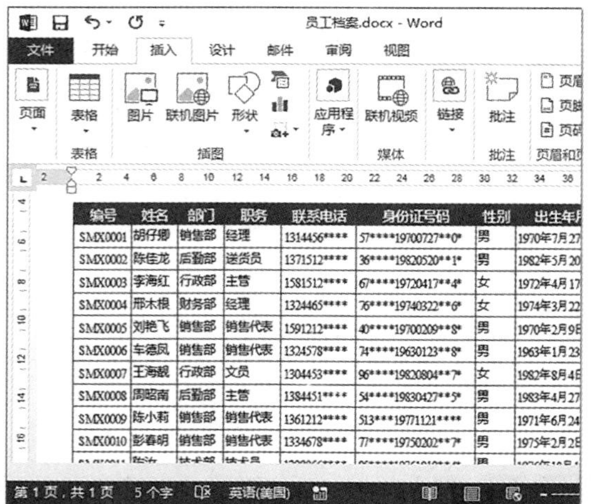

图12-22 插入表格对象效果

快速进入文档编辑表格

无论是通过粘贴对象的方式还是通过插入对象的方式，将表格插入Word文档中后，都可以在表格上双击进入其编辑状态。

12.1.3 在Excel中导入Word数据

要在Excel中导入Word数据，不能直接实现，需要有中间桥梁，同时，需要导入的Word数据以表格样式存在。

1. 以网页为桥梁导入Word数据

以网页为桥梁，其实是将目标Word数据保存为单个网页，然后，在Excel中通过导入的方式将其导入。

下面将“档案数据”Word文档中的数据调用到“员工档案管理”Excel工作簿中，操作如下。

本节素材	\素材\Chapter12\Excel导入Word数据/
本节效果	\效果\Chapter12\员工档案管理.xlsx
学习目标	将Word数据导入Excel中
难度指数	★★★★

步骤01 打开“档案数据”Word素材文件，❶在“文件”选项卡中单击“导出”选项，❷双击“更改文件类型”按钮，如图12-23所示。

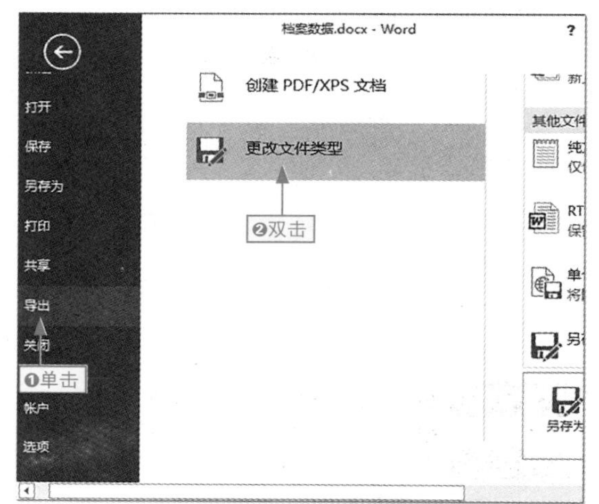

图12-23 导出Word数据

步骤02 打开“另存为”对话框，单击“保存类型”下拉列表按钮，选择“单个文件网页”选项，如图12-24所示。

图12-24 设置导出类型为网页

步骤03 ❶设置保存网页的路径，❷单击“保存”按钮，如图12-25所示。

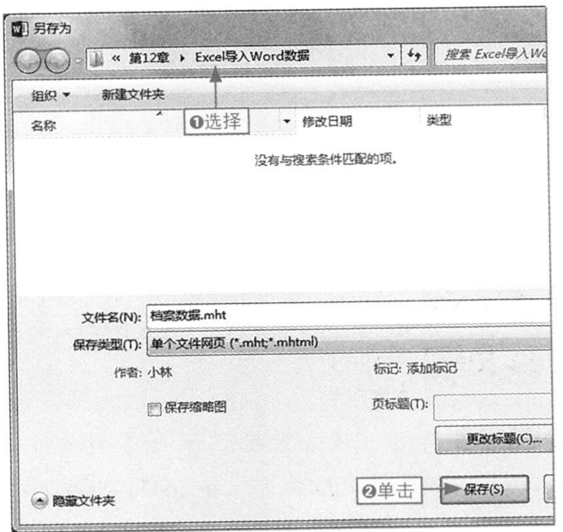

图12-25　设置网页保存路径

步骤04 找到发布的网页文件，❶双击将其打开，在打开的网页中，选择网页地址文本框中的网页路径并在其上单击鼠标右键，❷选择“复制”命令，如图12-26所示。

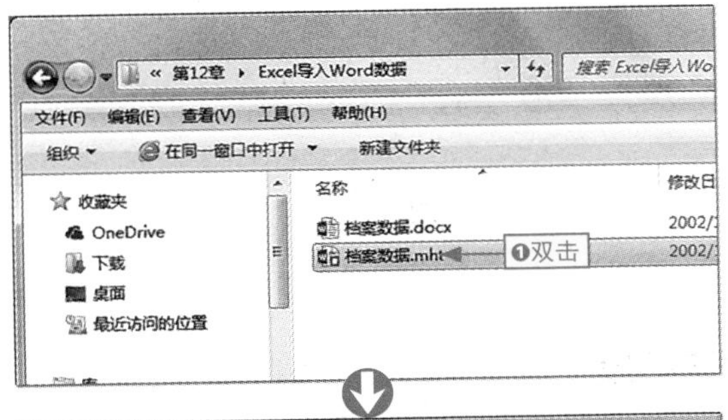

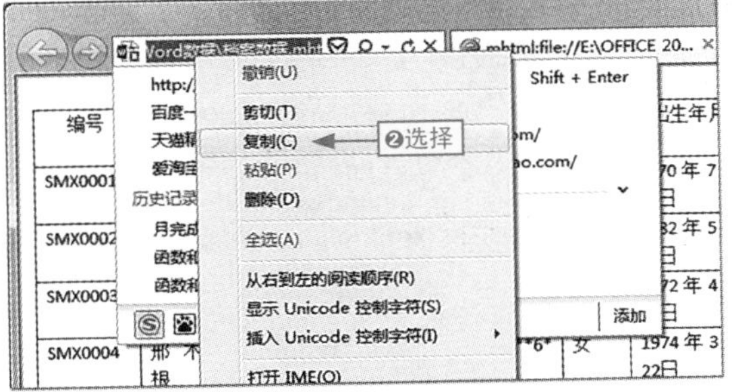

图12-26　复制网页保存路径

步骤05 打开“员工档案管理”Excel素材文件，❶单击“数据”选项卡，❷单击“自网站”按钮，如图12-27所示。

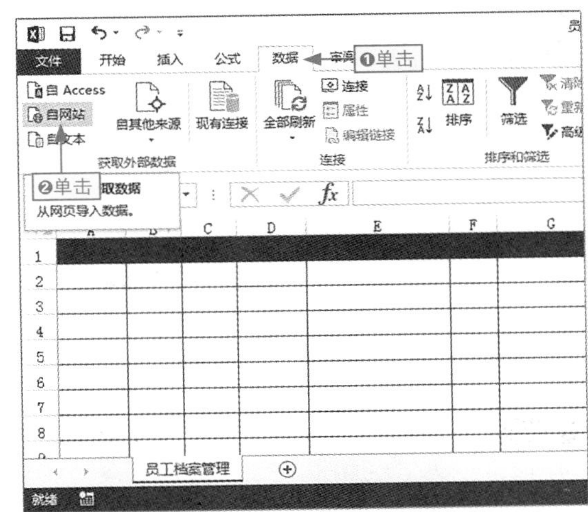

图12-27　获取外部网站数据

步骤06 打开“新建Web查询”窗口，❶在“地址”文本框中粘贴复制的网页路径，❷单击“转到”按钮，如图12-28所示。

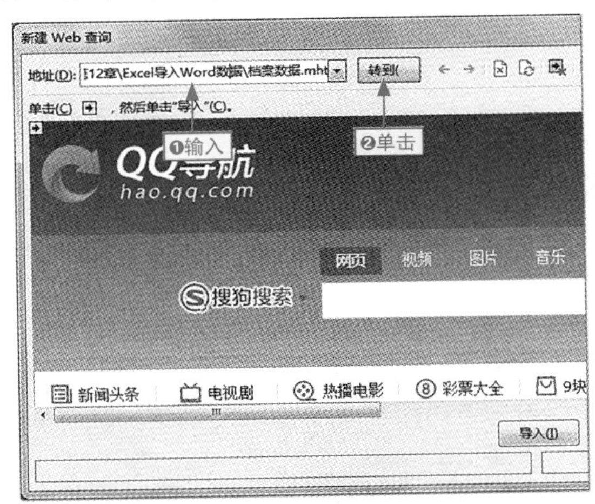

图12-28　跳转到网页文件

步骤07 ❶单击➡按钮选择要导入的数据区域，❷单击“导入”按钮导入数据，如图12-29所示。

图12-29　导入指定区域数据

步骤08 打开“导入数据”对话框，❶设置导入数据放置在表格中的位置，❷单击“确定”按钮，如图12-30所示。

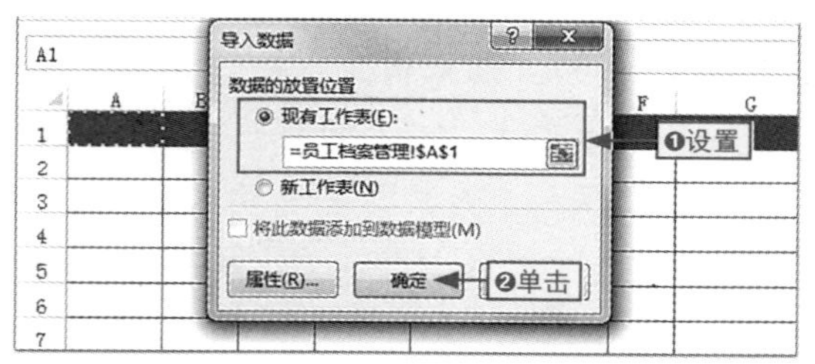

图12-30　设置导入数据的放置位置

步骤09 返回到工作表中即可看到以网页为桥梁导入Word表格数据的效果，如图12-31所示。

	A	B	C	D	E	F
1	编号	姓名	部门	职务	身份证号码	性别
2	SMX0001	胡仔卿	销售部	经理	57****19700727**0*	男
3	SMX0002	陈佳龙	后勤部	送货员	36****19820520**1*	男
4	SMX0003	李海红	行政部	主管	67****19720417**4*	女
5	SMX0004	邢木根	财务部	经理	76****19740322**6*	女
6	SMX0005	刘艳飞	销售部	销售代表	40****19700209**8*	男
7	SMX0006	车德凤	销售部	销售代表	74****19630123**8*	男
8	SMX0007	王海靓	行政部	文员	96****19820804**7*	女
9	SMX0008	周昭南	后勤部	主管	54****19830427**5*	男
10	SMX0009	陈小莉	销售部	销售代表	513***19771121****	男
11	SMX0010	彭春明	销售部	销售代表	77****19750202**7*	男
12	SMX0011	陈汝	技术部	技术员	85****19761019**4*	男

图12-31　导入Word数据效果

2. 以文本为桥梁导入Word数据

以文本为桥梁，其实是将目标Word数据经过处理保存为TXT文档，然后，在Excel中通过导入的方式将其导入。

下面将“档案数据1”Word文档中的数据调用到“员工档案管理1”Excel工作簿中，具体操作如下。

步骤01 打开“档案数据”Word素材文件，❶选择整个表格，❷单击“表格工具-布局”选项卡中的“转换为文本”按钮，如图12-32所示。

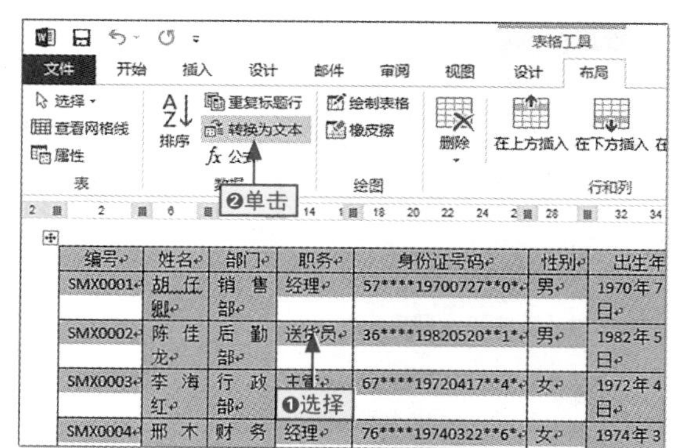

图12-32　将表格转换为文本

步骤02 打开“表格转换成文本”对话框，❶选中“制表符”单选按钮，❷单击“确定”按钮，如图12-33所示。

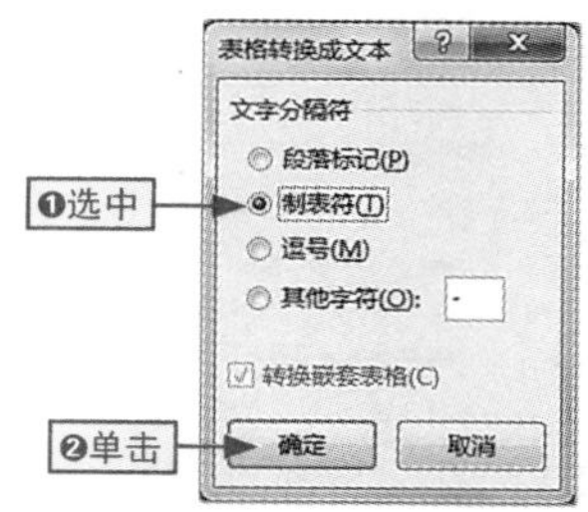

图12-33　选定文字分隔符

步骤03 按F12键，打开“另存为”对话框，❶选择保存路径，❷选择保存类型为“纯文本”，❸单击“保存”按钮，如图12-34所示。

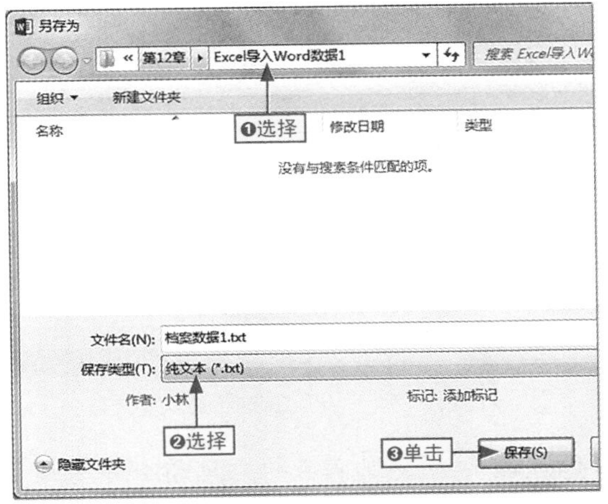

图12-34 保存为文本类型

步骤04 打开文件转换对话框，保持默认设置，单击“确定”按钮，如图12-35所示。

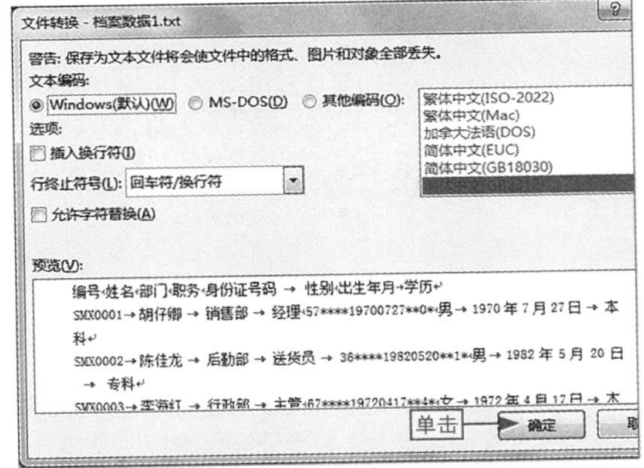

图12-35 保持默认文本编码

步骤05 打开“员工档案管理1”Excel素材文件，❶单击“数据”选项卡，❷单击“自文本”按钮，打开“导入文本文件”对话框，如图12-36所示。

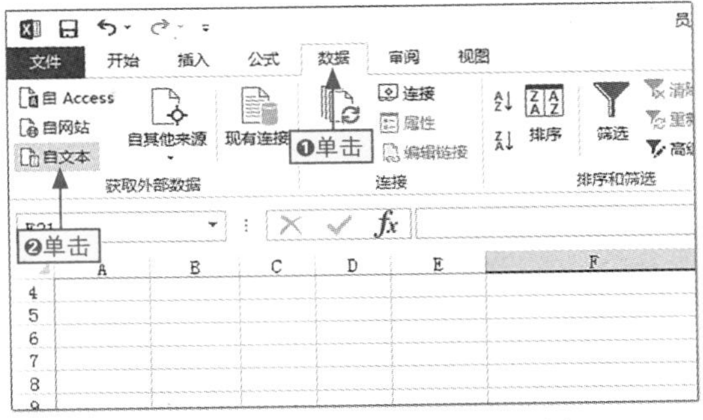

图12-36 获取外部文本文件数据

步骤06 ❶选择“档案数据1”文本文件选项，❷单击“导入”按钮，如图12-37所示。

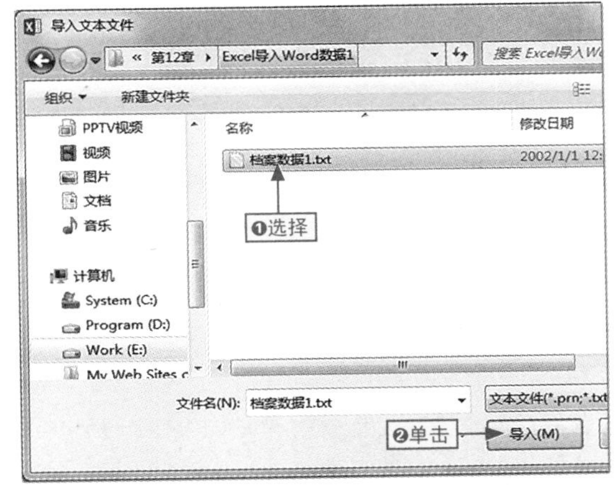

图12-37 导入文本文件

步骤07 打开“文本导入向导”对话框，选中“分隔符号”单选按钮，然后单击“下一步”按钮，如图12-38所示。

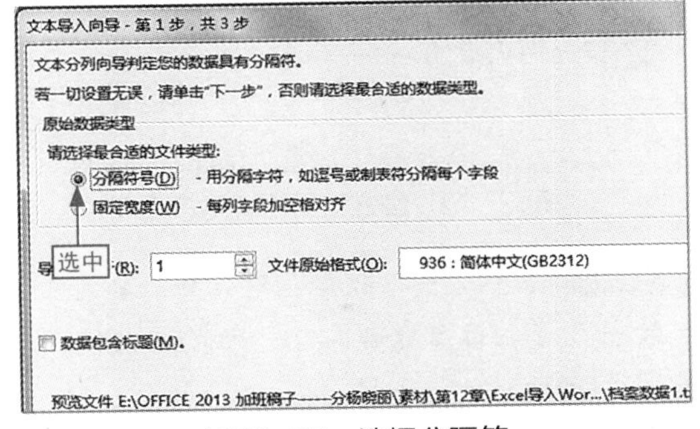

图12-38 选择分隔符

步骤08 进入文本导入第2步向导对话框，选中“Tab键”复选框，然后单击“下一步”按钮，如图12-39所示。

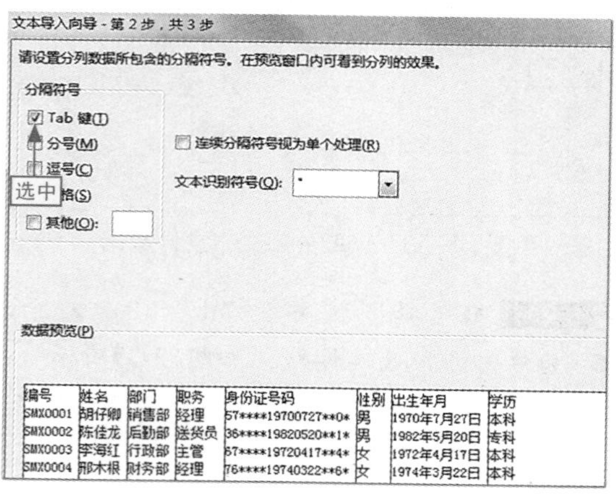

图12-39 选定Tab为分隔符

步骤09 进入文本导入第3步向导对话框，选中“常规”单选按钮，然后单击“下一步”按钮，如图12-40所示。

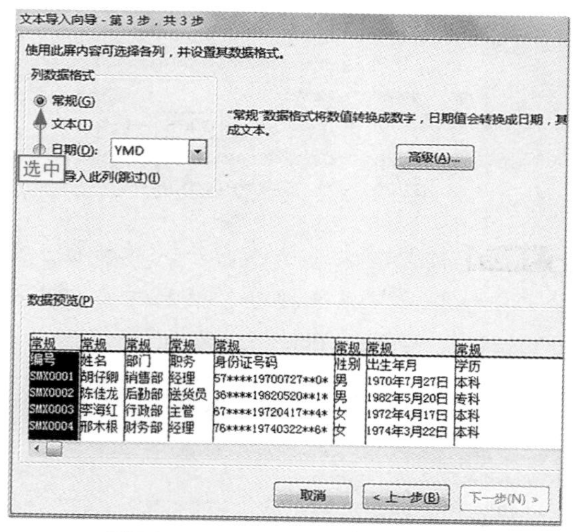

图12-40 设置数据格式为常规

步骤10 打开“导入数据”对话框，❶设置导入数据放置的位置，❷单击“确定”按钮，如图12-41所示。

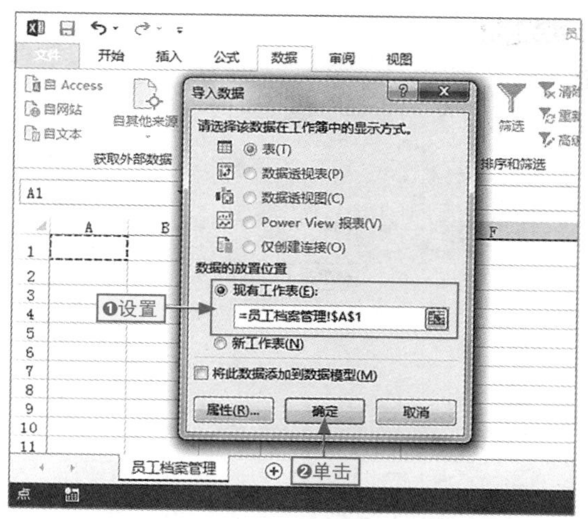

图12-41 设置数据放置位置

步骤11 返回到工作表中即可看到导入文本数据的效果，如图12-42所示。

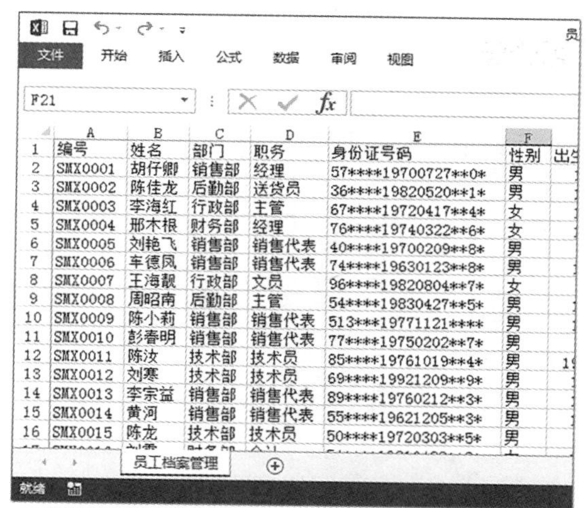

图12-42 导入文本数据效果

小绝招

最快速和最传统地导入Word数据

要将Word中的数据导入Excel表格中，最直接和最传统的方法就是通过选择性粘贴功能，其大体操作是：在Word中复制数据，然后在Excel中选择目标位置后，按Alt+E+S组合键，打开“选择性粘贴”对话框，在其中选择“Unicode 文本”选项，然后确定即可。

12.1.4 利用Excel快速整理Word表格样式

插入Word中的表格，可以用Excel程序来快速处理其格式，而不需要在Word中进行麻烦的操作。

下面在“员工档案1”Word文档中为插入的表格应用“表样式浅色10”样式，具体操作如下。

本节素材	\素材\Chapter12\员工档案1.docx
本节效果	\效果\Chapter12\员工档案1.docx
学习目标	在Word中使用Excel程序处理格式
难度指数	★★★★

步骤01 打开“员工档案1”素材文件，❶在Excel表格上右击，❷选择“工作表对象/编辑”命令，如图12-43所示。

图12-43 编辑表格

步骤02 系统自动启用Excel程序，在Excel程序中❶选择任一数据单元格，❷单击“套用表格样式”下拉按钮，❸选择“表样式浅色10”选项，如图12-44所示。

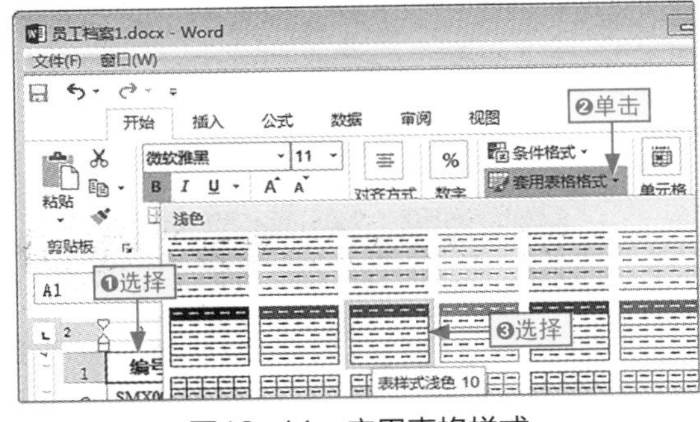

图12-44 应用表格样式

步骤03 打开“套用表格式”对话框，❶选中“表包含标题”复选框，❷单击“确定”按钮，如图12-45所示。

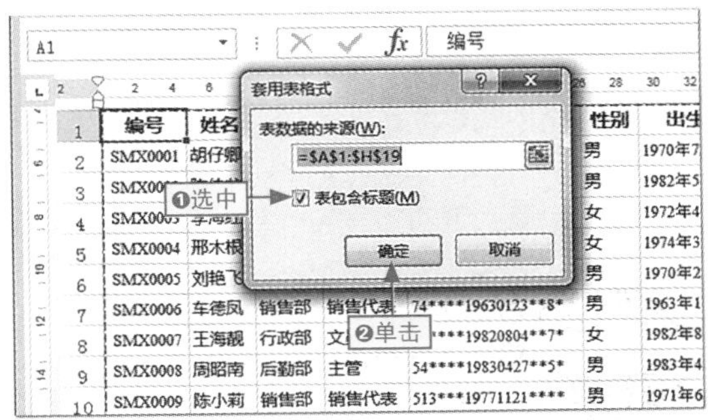

图12-45 包含标题

步骤04 ❶单击“数据”选项卡，❷单击“筛选”按钮，如图12-46所示。

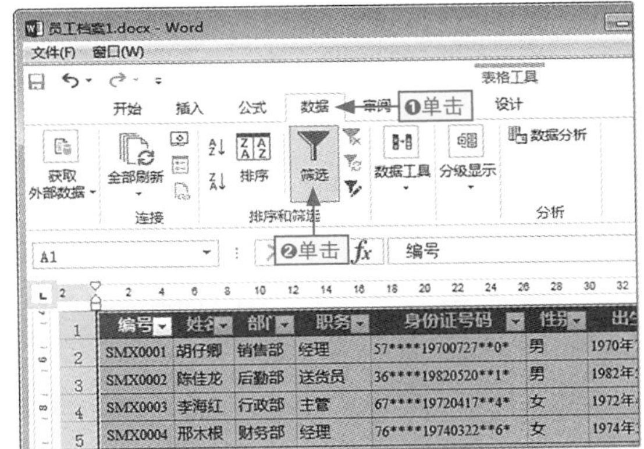

图12-46 单击“筛选”按钮

步骤05 单击Word中任意空白位置退出编辑状态，完成操作，效果如图12-47所示。

编号	姓名	部门	职务	身份证号码	性别	出生年月
SMX0001	胡仔卿	销售部	经理	57****19700727**0*	男	1970年7月27日
SMX0002	陈佳龙	后勤部	送货员	36****19820520**1*	男	1982年5月20日
SMX0003	李海红	行政部	主管	67****19720417**4*	女	1972年4月17日
SMX0004	邢木根	财务部	经理	76****19740322**6*	女	1974年3月22日
SMX0005	刘艳飞	销售部	销售代表	40****19700209**8*	男	1970年2月9日
SMX0006	车德凤	销售部	销售代表	74****19630123**8*	男	1963年1月23日
SMX0007	王海靓	行政部	文员	96****19820804**7*	女	1982年8月4日
SMX0008	周昭南	后勤部	主管	54****19830427**5*	男	1983年4月27日
SMX0009	陈小莉	销售部	销售代表	513***19771121****	男	1971年6月24日
SMX0010	彭春明	销售部	销售代表	77****19750202**7*	男	1975年2月2日
SMX0011	陈汝	技术部	技术员	85****19761019**4*	男	1976年10月19日

图12-47 查看效果

12.1.5 将演示文稿插入Word文档

Word文档中不仅能插入Excel表格，还能插入PPT。

下面我们在“礼仪培训”Word文档中插入“礼仪培训”PPT文档，具体操作如下。

本节素材	\素材\Chapter12\PPT插入Word/
本节效果	\效果\Chapter12\礼仪培训.docx
学习目标	在Word中插入PPT
难度指数	★★★★

步骤01 打开“PPT插入Word”文件夹中的“礼仪培训”Word素材文件，❶将文本插入点定位在目标位置，❷单击“插入”选项卡中的“对象”按钮，如图12-48所示。

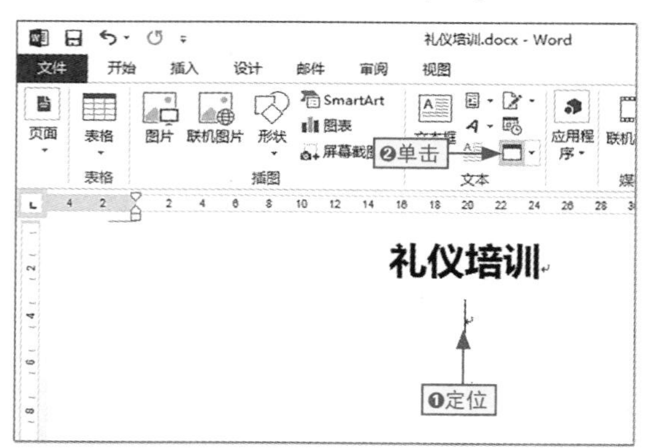

图12-48 定位插入演示文稿的位置

步骤02 打开“对象”文本框，❶单击“由文件创建”选项卡，❷单击“浏览”按钮，如图12-49所示。

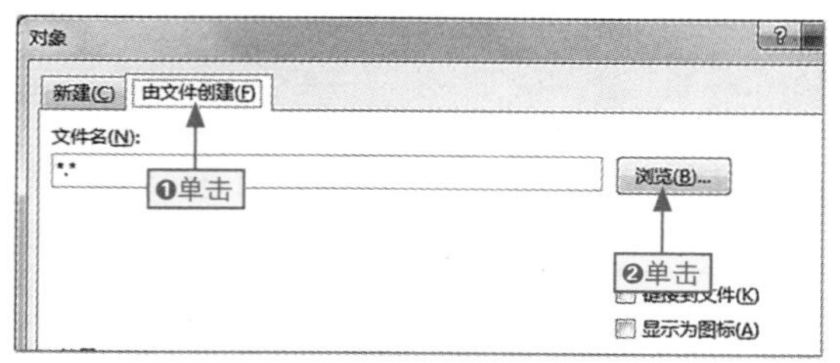

图12-49 浏览外部文件

步骤03 打开“浏览”对话框，找到文件存放路径，❶选择“礼仪培训.pptx”选项，❷单击“插入”按钮，如图12-49所示。

图12-50 插入“礼仪培训”演示文稿

步骤04 返回到Word中，即可看到演示文稿的首页显示在文档中，在其上双击即可进入放映状态，如图12-51所示。

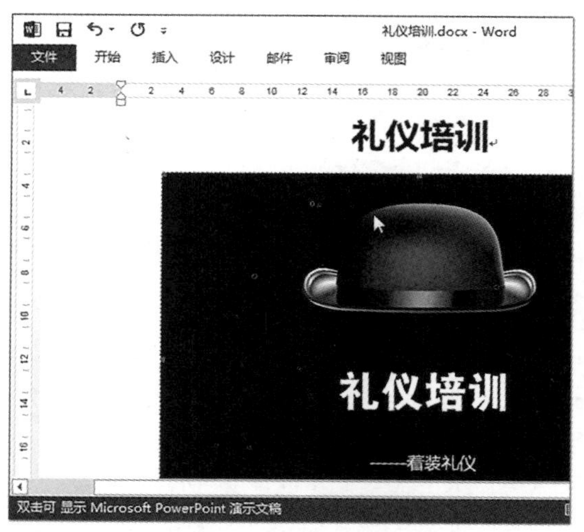

图12-51 插入演示文稿效果

12.1.6 将Word文档转换为幻灯片

将Word文档转换为PPT，主要借助于PPT的大纲视图，可在其中进行简单处理。

下面将“年终总结报告”Word文档转换为“年终总结报告”演示文稿，具体操作如下。

本节素材	\素材\Chapter12\Word转换为PPT/
本节效果	\效果\Chapter12\年终总结报告.pptx
学习目标	快速将Word文档转换为演示文稿
难度指数	★★★★

步骤01 打开“年终总结报告”Word素材文件，复制整个文档内容，如图12-52所示。

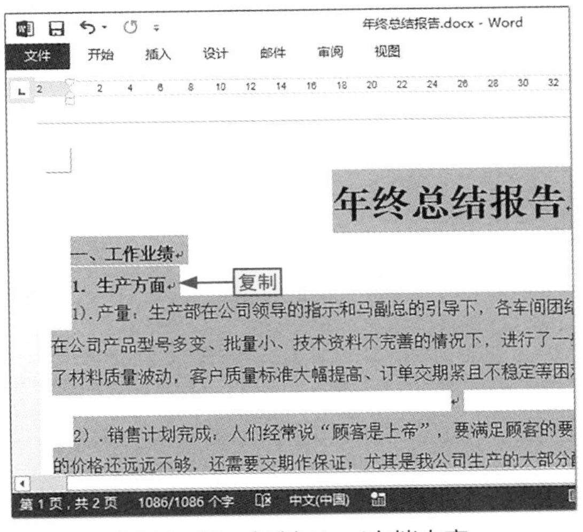

图12-52 复制Word文档内容

步骤02 打开“年终总结报告”演示文档，❶单击“视图”选项卡，❷单击“大纲视图”按钮，如图12-53所示。

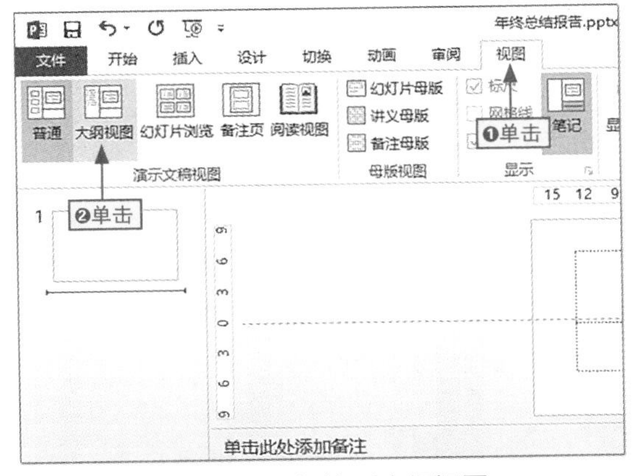

图12-53 切换到大纲视图

步骤03 ❶单击幻灯片的缩略图，粘贴Word文档内容，❷将鼠标指针定位在划分为第一张幻灯片内容的最后，按Enter键，如图12-54所示。

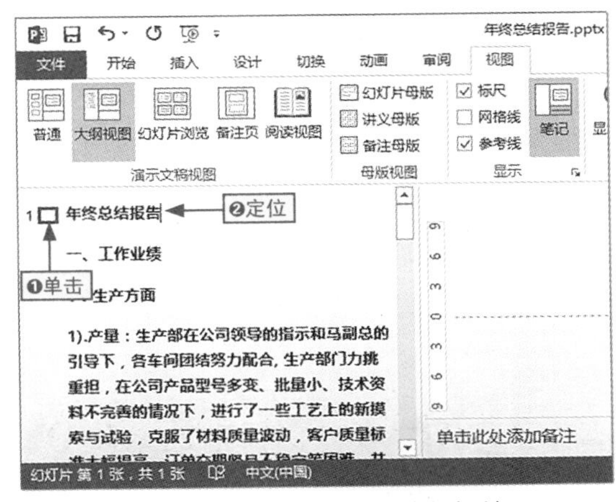

图12-54 根据内容划分幻灯片

步骤04 以同样的方法，将其文档内容划分到不同的幻灯片中，如图12-55所示。

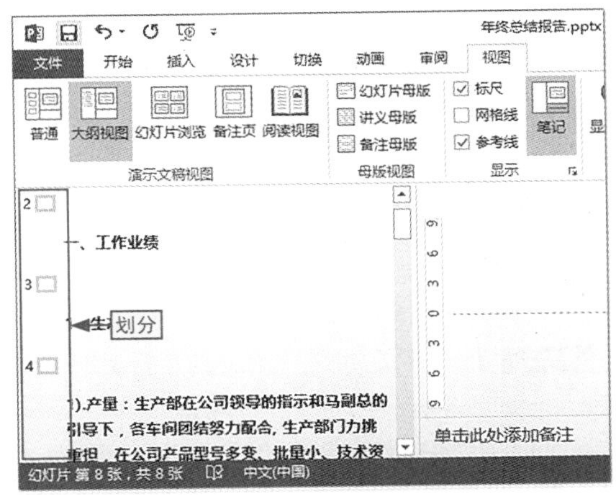

图12-55 根据内容划分各个幻灯片

步骤05 在“视图”选项卡中单击“普通”按钮，切换到普通视图，即可看到演示文稿大致的效果（用户需要对相应的内容格式进行设置），如图12-56所示。

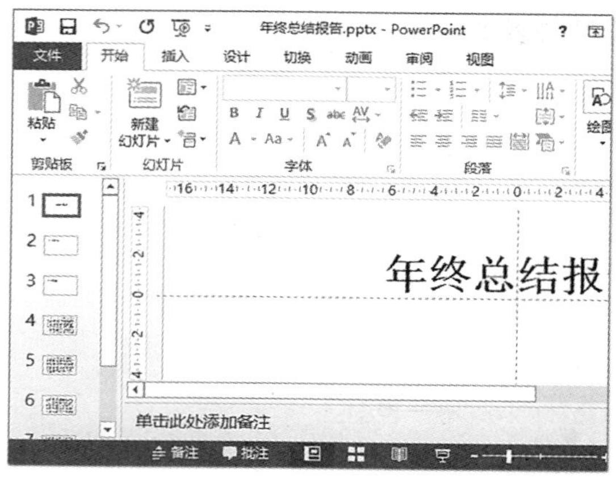

图12-56　Word文档转换为PPT效果

12.1.7 在Excel表格中插入PPT链接

在Excel中插入PPT链接，其实就是在Excel中插入一个可以直接放映演示文稿的图标。

下面在“成绩表”工作簿中插入“礼仪培训”演示文稿，具体操作如下。

本节素材	⊙\素材\Chapter12\Excel中插入PPT/
本节效果	⊙\效果\Chapter12\成绩表.xlsx
学习目标	掌握在Excel中插入PPT链接的方法
难度指数	★★★★

步骤01 打开“成绩表”Excel素材文件，单击“对象”按钮，如图12-57所示。

	C	D	E	F	G	H	I
2	企业文化	企业制度	电脑操作	办公应用	管理能力	礼仪素质	总分
3	72	79	95	90	72	84	
4	83	80	75	82	73	80	
5	70	84	91	71	82	83	
6	86	71	87	94	85	84	

图12-57　单击“对象”按钮

步骤02 打开“对象”文本框，❶单击“由文件创建”选项卡，❷单击“浏览”按钮，如图12-58所示。

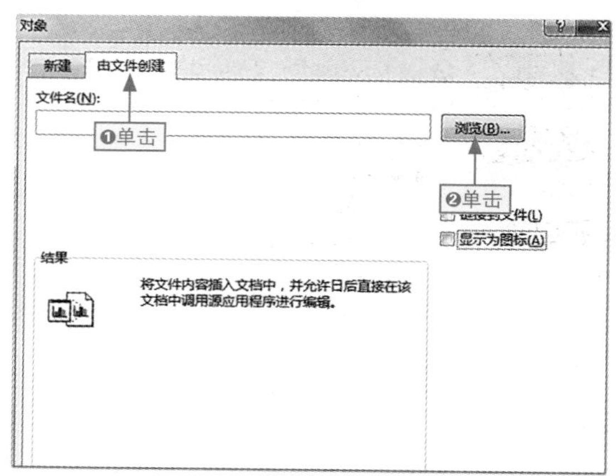

图12-58　浏览外部文件

步骤03 打开“浏览”对话框，找到文件存放路径，❶选择“礼仪培训.pptx”选项，❷单击“插入”按钮，如图12-59所示。

图12-59　插入“礼仪培训”演示文稿

步骤04 返回到“对象”对话框中，❶选中“链接到文件”和“显示为图标”复选框，❷单击“更改图标”按钮，打开“更改图标”对话框，如图12-60所示。

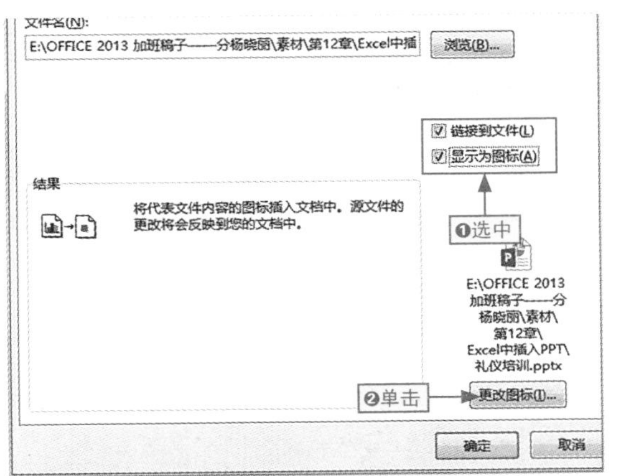

图12-60　链接文件并显示为图标

步骤05 ❶选择图标选项，❷依次单击“确定”按钮，如图12-61所示。

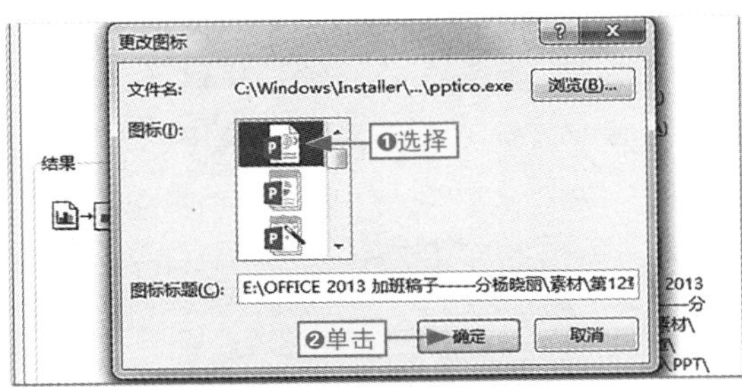

图12-61　更改图标

步骤06 返回到工作表中即可看到链接的PPT演示文稿图标样式（单击该图标立刻放映文稿），如图12-62所示。

图12-62　链接PPT演示文稿效果

12.1.8 在PPT演示文稿中插入Excel表格

在PPT中插入Excel表格，与在Excel或Word中插入PPT链接或演示文稿的方法基本相同，都可以通过插入对象的方式和途径实现，这里不再赘述。同时，还可以通过超链接方法来连接外部的Excel表格（在Office组件中此方法通用）。

具体操作是：❶选择要链接Excel工作簿的对象，❷单击“插入”选项卡中的“超链接”按钮，打开“插入超链接”对话框，❸选择要链接的Excel工作簿，然后单击“确定”按钮，如图12-63所示。

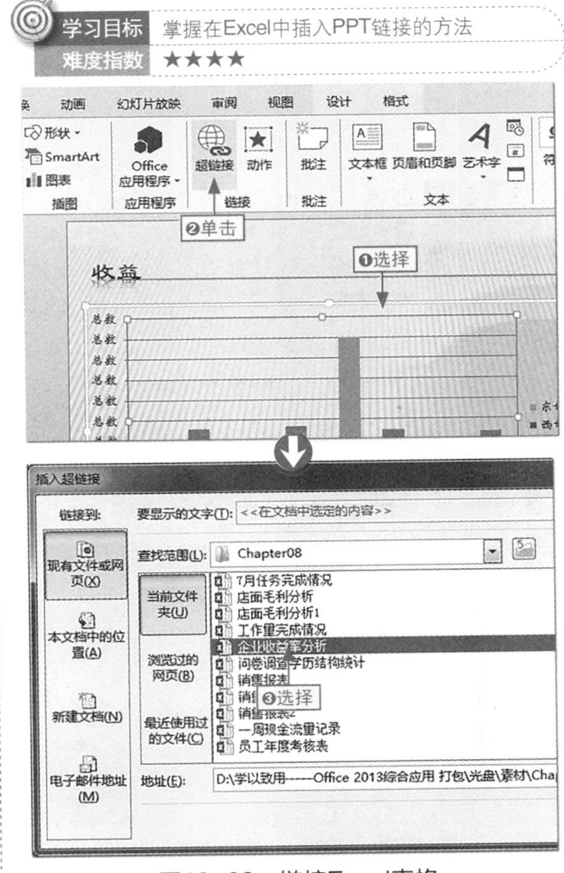

图12-63　链接Excel表格

12.2 在局域网中协同办公

小白：除了可以在组件之间进行数据共享调用外，还能在工作组中进行数据共享，实现协同办公吗？

阿智：我们可以让组件在局域网中进行共享，同时，也可以让工作组中的成员都能对其进行操作或调用数据，从而实现协同办公。

在局域网中实现协同办公，其实就是将工作簿或对象进行共享，让局域网中的成员对其进行访问或操作等。

12.2.1 将文件设置为共享

在Office组件中可以实现文件本身的共享，允许多人同时对其操作，进行协同办公。

下面将“学历调查问卷3.xlsx”文件共享，具体操作如下。

本节素材	⊙\素材\Chapter12\学历调查问卷3.xlsx
本节效果	⊙\效果\Chapter12\学历调查问卷3.xlsx
学习目标	掌握文件共享的方法
难度指数	★★★★

步骤01 打开“学历调查问卷3”Excel素材文件，❶单击“审阅”选项卡，❷单击“共享工作簿”按钮，如图12-64所示。

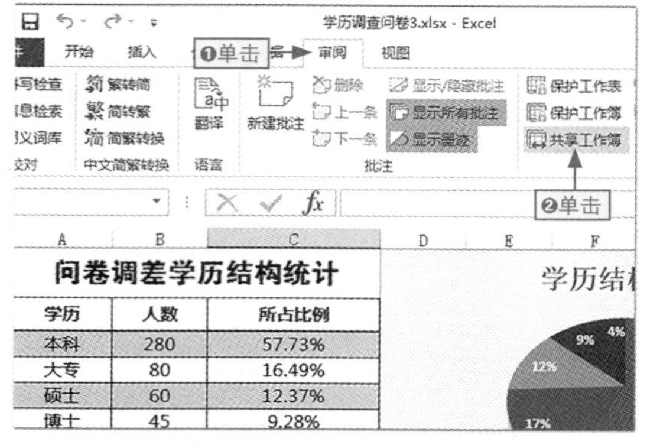

图12-64　共享工作簿

步骤02 打开“共享工作簿”对话框，❶选中“允许多用户同时编辑，同时允许工作簿合并”复选框，❷单击“确定”按钮，在打开的提示对话框中❸单击“确定”按钮，确认共享并保存工作簿，如图12-65所示。

图12-65　允许多人编辑

步骤03 在工作簿的标题位置即可看到“[共享]”字样，表明共享成功，如图12-66所示。

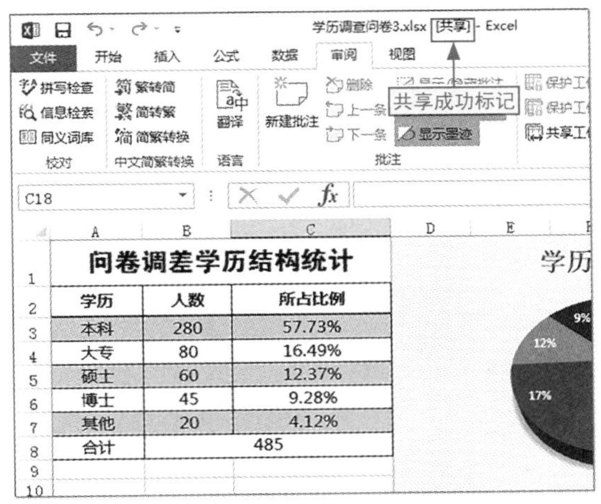

图12-66 共享成功

12.2.2 将文件夹设置为共享

将文件设置为共享后，此时的共享权限表明允许多用户对文件进行编辑和查阅，但是要让局域网中的用户使用该共享文件，还需要将该文件放到共享文件夹中，下面具体介绍如何将文件夹设置为共享，具体操作如下。

步骤01 ❶在要共享的文件夹上右击，❷选择“共享”命令，❸在打开的子菜单中选择“特定用户”命令，如图12-67所示。

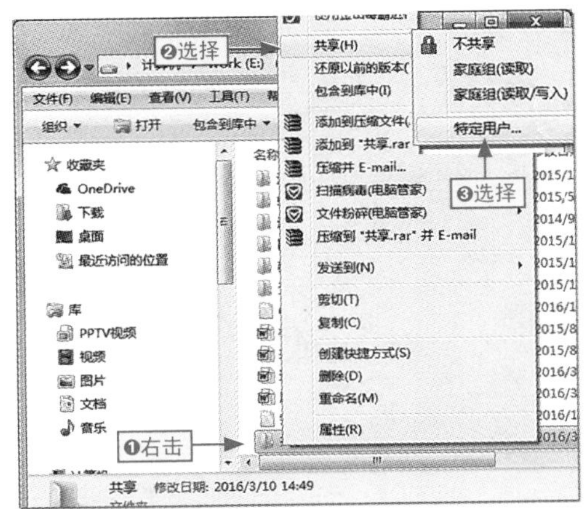

图12-67 指定特定用户共享

步骤02 打开“文件共享”窗口，❶单击文本框右侧的下拉按钮，❷选择Everyone选项，如图12-68所示。

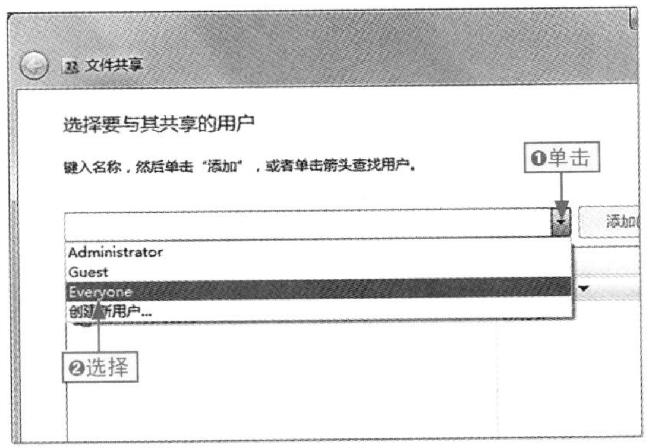

图12-68 指定共享用户为每个人

步骤03 ❶单击“添加”按钮，❷单击“共享”按钮，如图12-69所示。

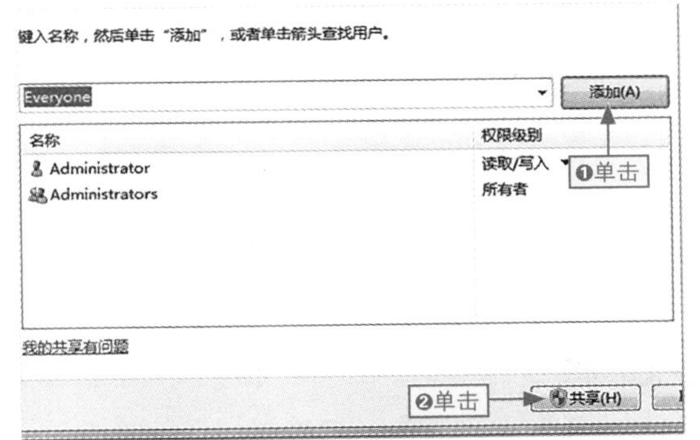

图12-69 准备共享

步骤04 进入完成共享窗口，单击“完成”按钮，如图12-70所示。

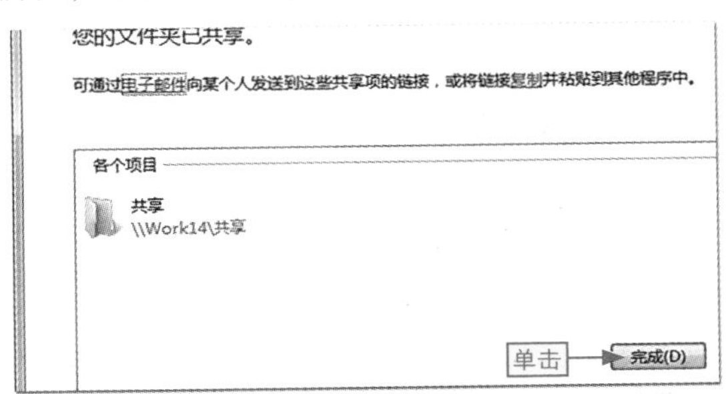

图12-70 完成共享

步骤05 在需要共享的文件夹上右击，选择“属性”命令，如图12-71所示。

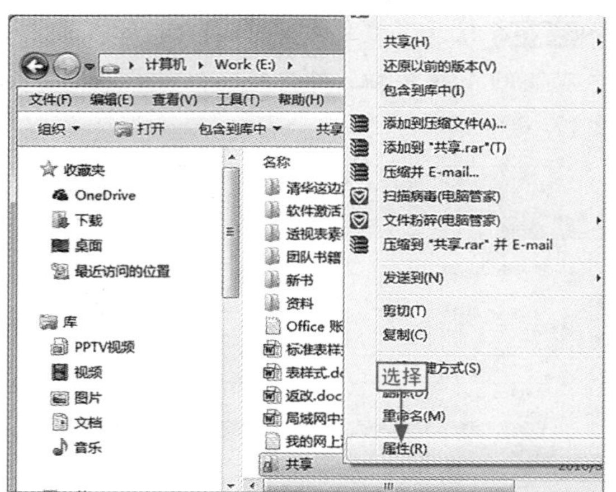

图12-71　选择“属性”命令

步骤06 打开“共享 属性”对话框，单击“网络和共享中心”超链接，如图12-72所示。

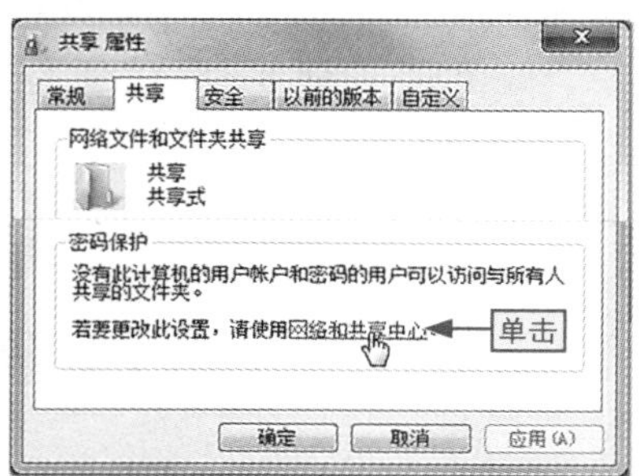

图12-72　进入网络共享中心

步骤07 在打开的窗口中，❶选中“关闭密码保护共享”单选按钮，❷单击“保存修改”按钮，如图12-73所示。

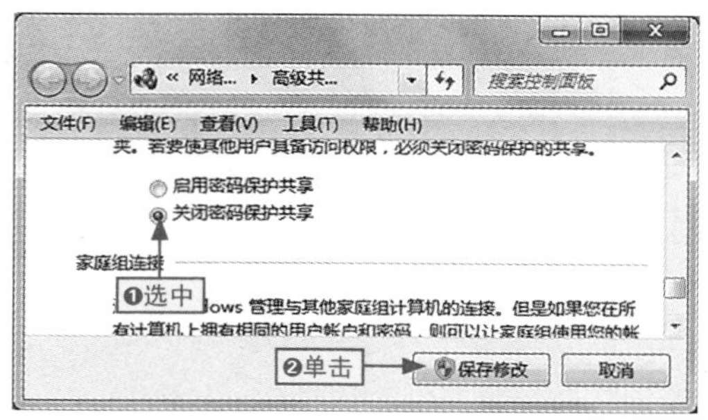

图12-73　启用无密码共享

步骤08 返回到文件夹属性对话框中（或再次打开），❶单击“共享”选项卡，❷单击“高级共享”按钮，如图12-74所示。

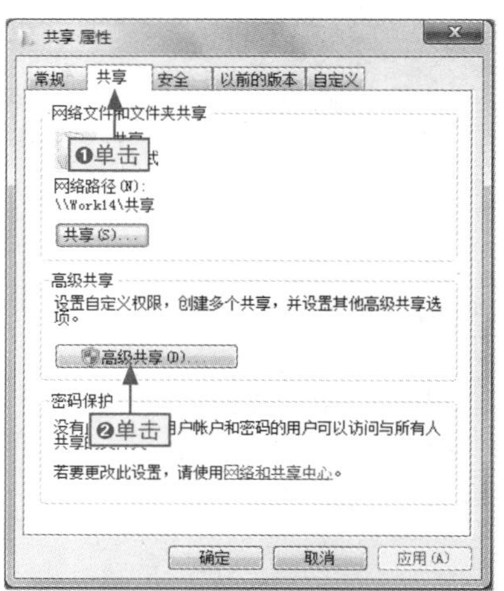

图12-74　启用高级共享

步骤09 打开“高级共享”对话框，❶选中“共享此文件夹”复选框，❷单击“确定”按钮，如图12-75所示。

图12-75　高级共享

步骤10 在局域网中即可看到共享的文件夹效果，如图12-76所示。

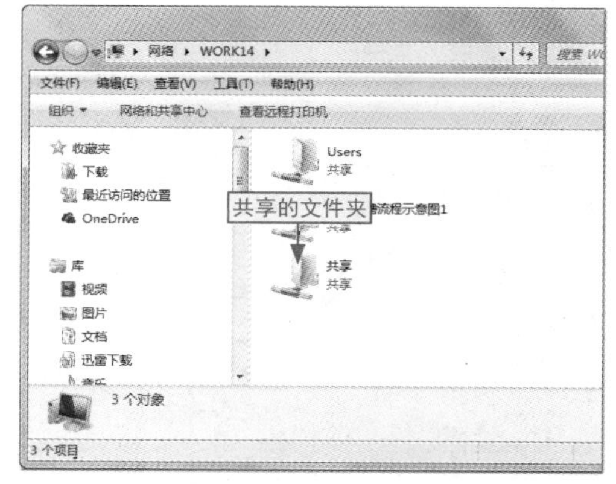

图12-76　共享文件夹的效果

12.3 利用 OneDrive 实现协同办公

小白：在局域网中只有工作组中的人员才能查看共享的文件，可以突破空间的限制实现Office协同办公吗？

阿智：我们可以借助OneDrive来轻松实现。

OneDrive是Excel中新增的云端存储文件功能，相当于一个网盘，其他用户可在其中对文件进行查看或操作等，从而实现远程协同办公的目的。

12.3.1 设置要同步的库

在Excel 2013中，可以在本地计算机上指定一个位置，让其与OneDrive同步，这样我们保存在这个位置的文件，也能被其他用户在OneDrive上进行同步查看或操作，从而实现数据共享、协同办公，具体操作如下。

学习目标　了解与OneDrive同步的操作方法

难度指数　★★★

步骤01 在“开始”菜单中，❶展开Microsoft Office 2013文件夹，❷选择SkyDrive Pro 2013命令，如图12-77所示。

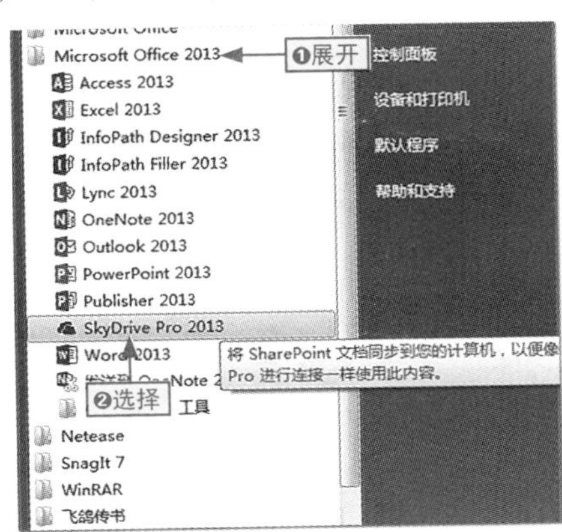

图12-77　展开Office 2013文件夹

步骤02 在打开的窗口中单击“更改”超链接，如图12-78所示。

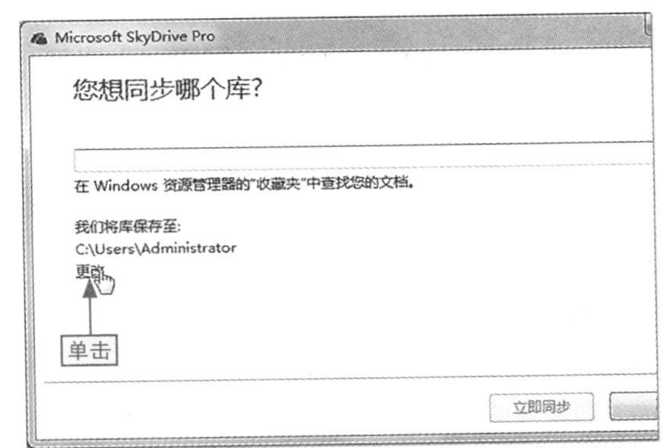

图12-78　单击“更改”超链接

步骤03 ❶选择需要同步的文件夹，❷单击“确定”按钮，如图12-79所示。

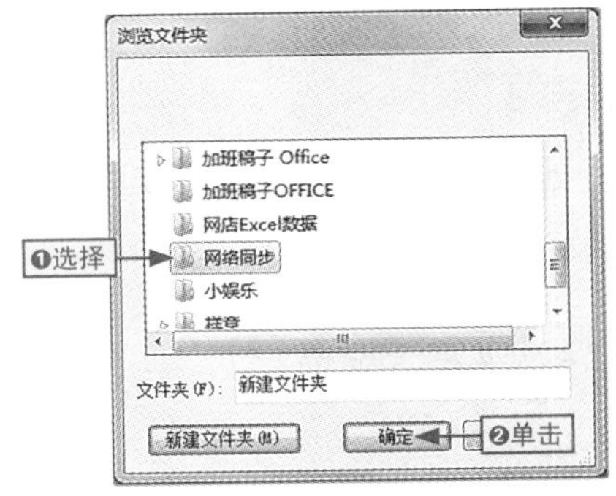

图12-79　设置同步路径

步骤04 返回到主窗口，❶在文本框中输入同步文档或文件名称，❷单击“立即同步”按

钮，如图12-80所示。

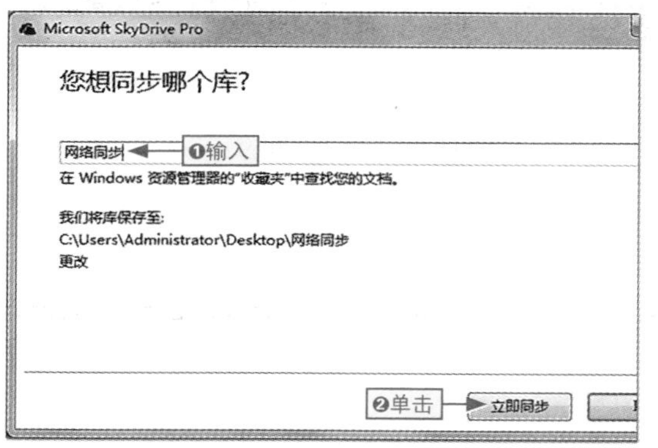

图12-80　设置同步文档或文件

12.3.2 将文件上传到OneDrive

在Office组件中登录Office专有的账号后，就可以通过另存的方法将文件保存到OneDrive中，具体操作如下。

步骤01　单击“文件”选项卡，进入BackStage界面，❶在“另存为”界面中单击“添加位置”图标按钮，❷单击OneDrive按钮，如图12-81所示。

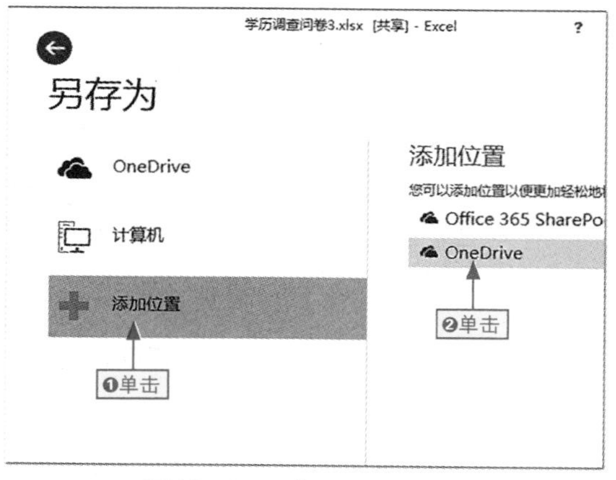

图12-81　登录OneDrive

步骤02　打开登录界面，❶在文本框中输入Office账号，❷单击“下一步”按钮，如图12-82所示。

图12-82　输入Office账号

步骤03　❶在自动显示出的文本框中输入账号和密码，❷单击“登录”按钮，如图12-83所示。

图12-83 输入Office账号和密码

步骤04　登录成功后返回到“另存为”界面，双击登录的个人OneDrive图标按钮，打开“另存为”对话框（它将保存路径直接连接到OneDrive），如图12-84所示。

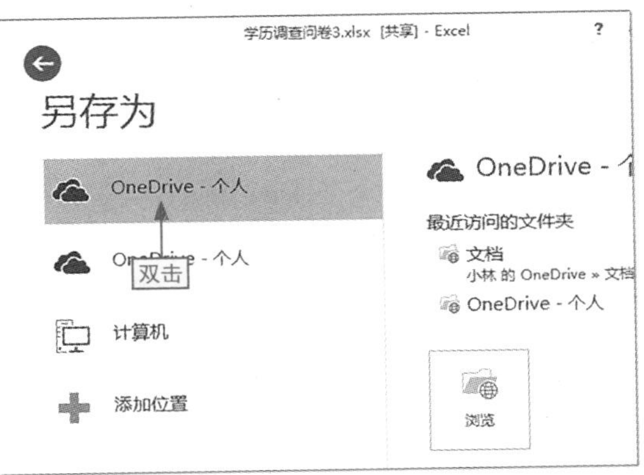

图12-84 保存到OneDrive中

步骤05 打开“另存为”对话框，❶选择需要上传的文档或文件，选择“文档”文件夹，❷单击“打开”按钮，如图12-85所示。

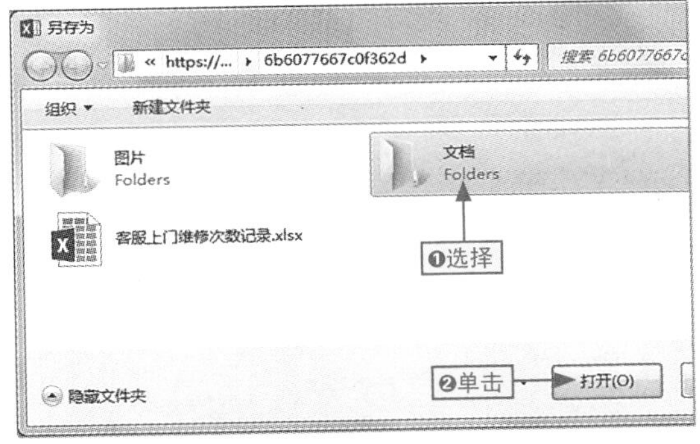

图12-85 选择需要上传的文档

步骤06 ❶输入文件名称，❷单击“保存”按钮，上传文件，如图12-86所示。

图12-86 上传工作簿

12.3.3 管理OneDrive中的文件

不仅可以将工作簿、文档和演示文稿上传到OneDrive中，同时，还可以对其进行相应的管理，如位置移动等。

下面在网页中直接上传Excel工作簿并将其移到“文档”文件夹中，具体操作如下。

学习目标 了解在OneDrive网页中管理文件的方法

难度指数 ★★★

步骤01 在浏览器地址栏中输入“https://onedrive.live.com/”，打开OneDrive首页，单击页面右上角的“登录”按钮，打开登录页面，❶在其中输入账户和密码，❷单击“登录”按钮，如图12-87所示。

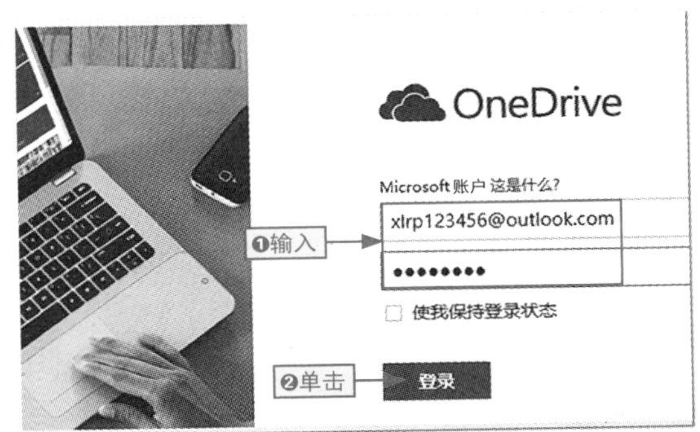

图12-87 登录OneDrive账号

步骤02 进入OneDrive页面，单击“上载”按钮，如图12-88所示。

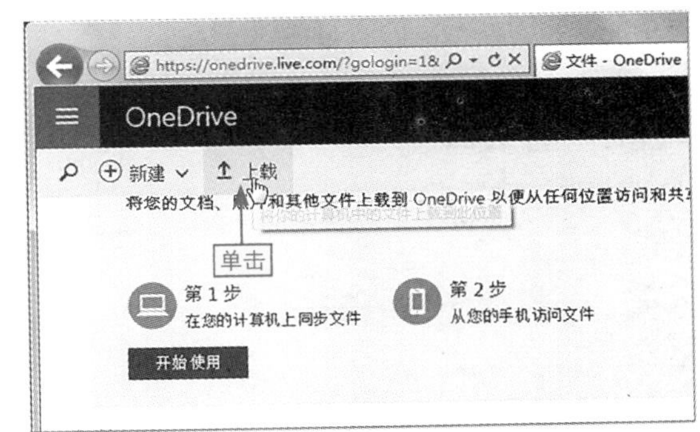

图12-88 上载文件

步骤03 打开“选择要加载的文件”对话框，❶在其中选择要上传的工作簿文档选项，❷单击“打开”按钮，如图12-89所示。

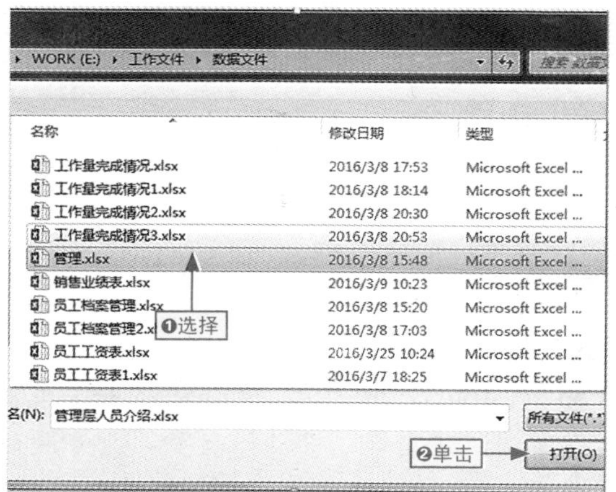

图12-89　选择需要上传的文件

步骤04 选择上传的工作簿，按住鼠标左键将其拖动到“文档”文件夹图标上后释放鼠标，如图12-90所示。

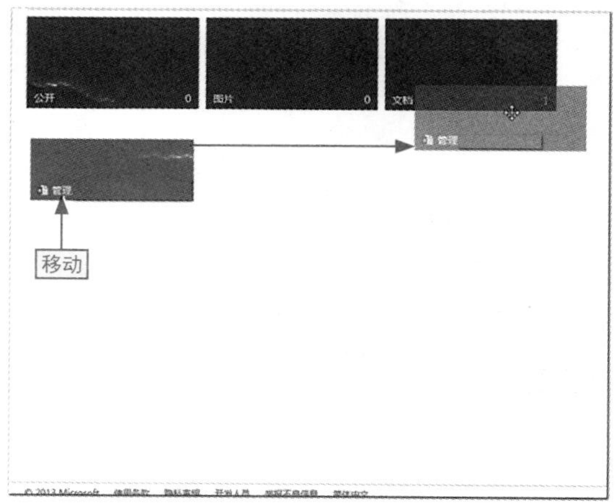

图12-90　移动上传的工作簿位置

给你支招 | 注册 OneDrive 账号

小白： 要登录OneDrive或在网页中进入自己的Office页面，需要有专有的OneDrive账号，怎样获取这个OneDrive账号呢？

阿智： 我们可以通过注册的方法来获取，具体操作如下。

步骤01 进入“另存为”界面，❶单击“添加位置”图标按钮，❷单击OneDrive按钮，如图12-91所示。

图12-91　添加OneDrive

步骤02 打开“添加服务”页面，❶在文本框中输入任意数据，❷单击“下一步”按钮，如图12-92所示。

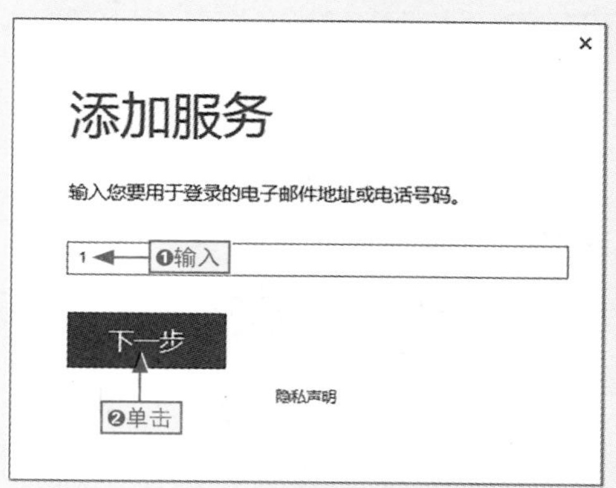

图12-92　单击“下一步”按钮

步骤03 进入登录界面，单击“创建一个”超链接，如图12-93所示。

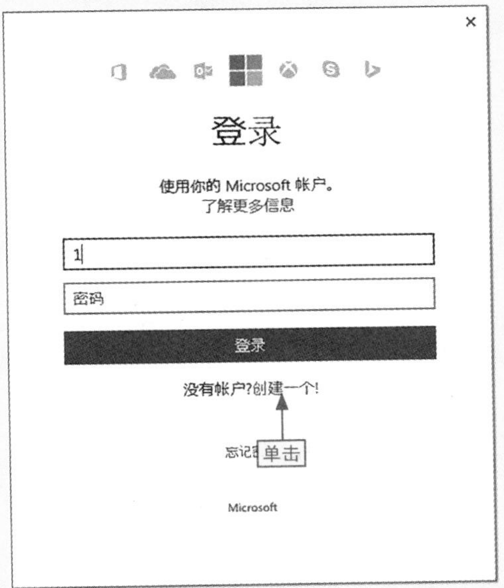

图12-93 创建账户

步骤04 进入账号注册页面，在其中输入相应的信息后单击“创建账户”按钮，如图12-94所示。

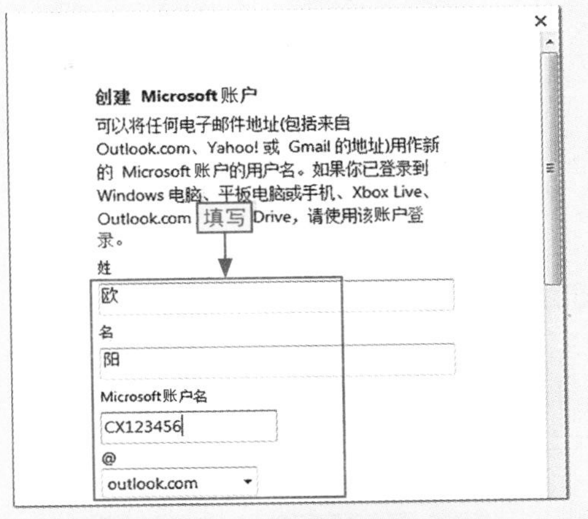

图12-94 注册账户

步骤05 注册成功后，系统自动登录并返回到“另存为”界面，如图12-95所示。

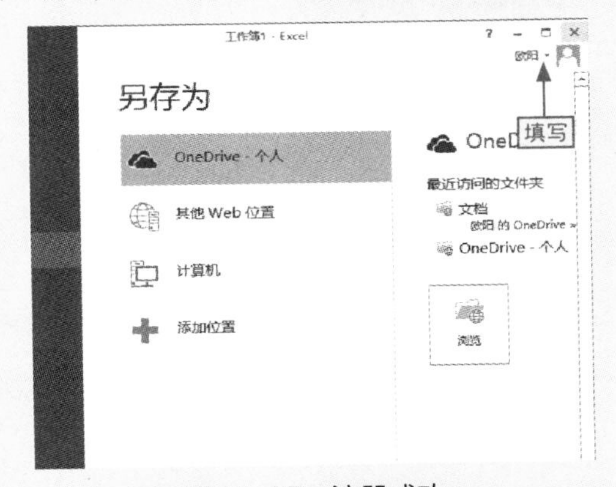

图12-95 注册成功

给你支招 | 让系统自动刷新链接的数据

小白：我们在Excel中连接了外部数据，同时，外部数据还在不断地修改或完善等，这时，我们怎样来保证Excel中的数据是最新的（除了手动刷新外）？

阿智：我们可以让系统自动对外部数据进行刷新，而且还可以指定刷新方式或间隔时间等，具体操作如下。

步骤01 单击“数据”选项卡中的“连接”按钮，打开“工作簿连接”对话框，如图12-96所示。

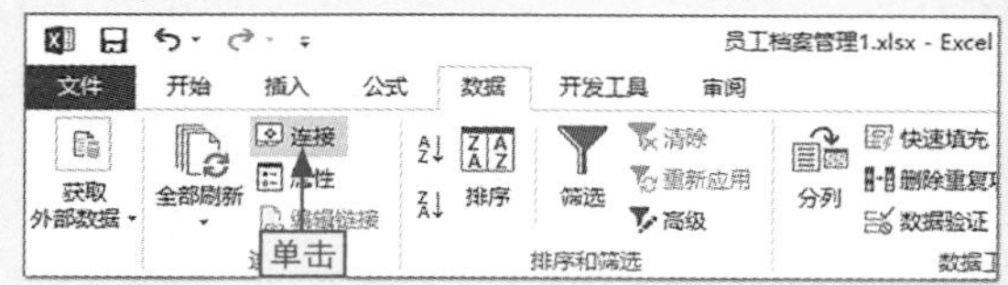

图12-96　打开“工作簿连接”对话框

步骤02 ❶选择“连接”选项，❷单击“属性”按钮，打开“连接属性”对话框，如图12-97所示。

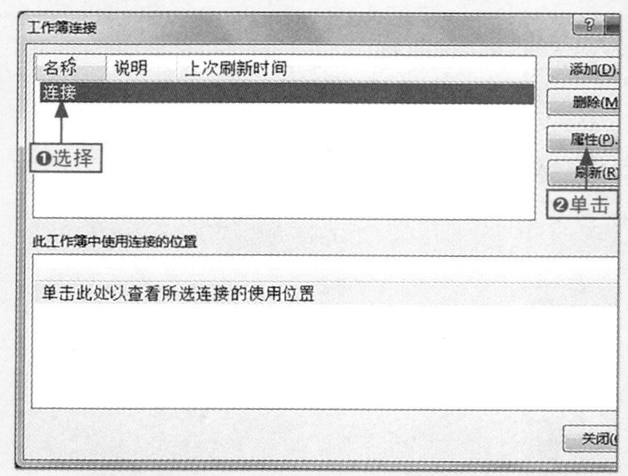

图12-97　“工作簿连接”对话框

步骤03 在“使用状况”选项卡中进行相应的设置，然后单击“确定”按钮，如图12-98所示。

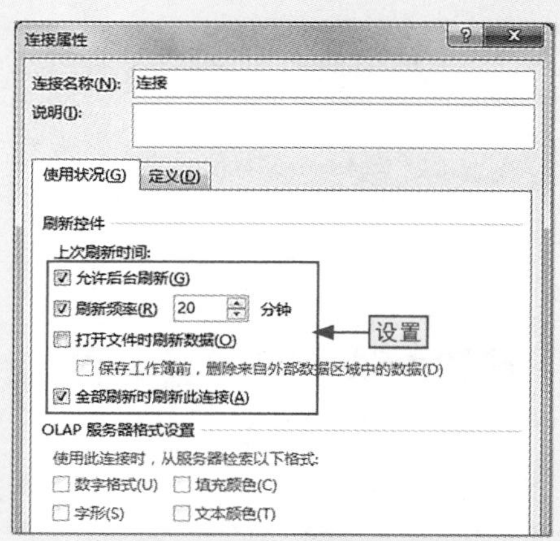

图12-98　设置刷新方式

Chapter 13 旅游宣传单

学习目标

本章我们将通过文本和段落格式的设置、图片的应用、艺术字的插入、形状的绘制、文本框的应用、项目符号的添加等来制作一份常见的旅游宣传单，从而帮助用户更好地巩固所学的有关Word的知识和操作。

本章要点

- 制作正面头部区域
- 制作正面底部区域
- 页眉制作
- 反面内容制作

知识要点	学习时间	学习难度
制作宣传单正面	80分钟	★★★★★
制作宣传单反面	65分钟	★★★★★

13.1 案例制作效果和思路

小白：我要制作一份有关南非旅游景点的宣传单，该怎样来操作呢？

阿智：可以使用Word的排版功能和文档制作功能来制作，而且不用花费太多精力。

制作的旅游宣传单，需要文字与图片配合使用，同时图片所占的分量相对较多，这样可以使整个宣传单的界面更丰富、简洁和吸引眼球。图13-1所示是南非旅游宣传单的部分制作效果。图13-2所示是制作该案例的大体操作思路。

本节素材	\素材\Chapter13\南非旅游宣传单
本节效果	\效果\Chapter13\南非旅游宣传单.docx
学习目标	掌握使用图片、形状、艺术字、文本框等制作宣传单的方法
难度指数	★★★★★

图13-1　案例部分制作效果

新建文档并设置页面宽度 → 插入本地图片 → 插入联机图片 → 插入艺术字并输入内容和设置字体格式 ↓

↓ 垂直居中标题艺术字对象 ← 插入形状并设置相应的样式装饰 ← 添加行程亮点的文本并设置格式 ← 使用形状自定义页眉

↓ 插入艺术字，设置字体格式和间距 → 插入直线形状，更改虚线线型和颜色 → 设置首页不同（让正面不显示目录）→ → ↓

↓ 将页面分为左右两栏 ← 使用文本框制作行程安排区域 ← 制作相应景点介绍展示模块

图13-2　案例制作大体流程

13.2 制作宣传单正面

宣传单一般由两面组成：正面和反面。正面主要是大概和总体上的介绍，类似于封面；反面是更具体的业务介绍。本节将使用图片、形状、艺术字等对象来制作正面（或封面）。

13.2.1 制作正面头部区域

在本例中，正面由上下两部分组成，上半部分主要由4张图片和艺术字组成，具体操作如下。

步骤01 新建空白Word文档，按F12键，打开“另存为”对话框，❶选择文件保存的位置，❷并且将文件的名称设置为“南非旅游宣传单”，❸单击“保存”按钮，如图13-3所示。

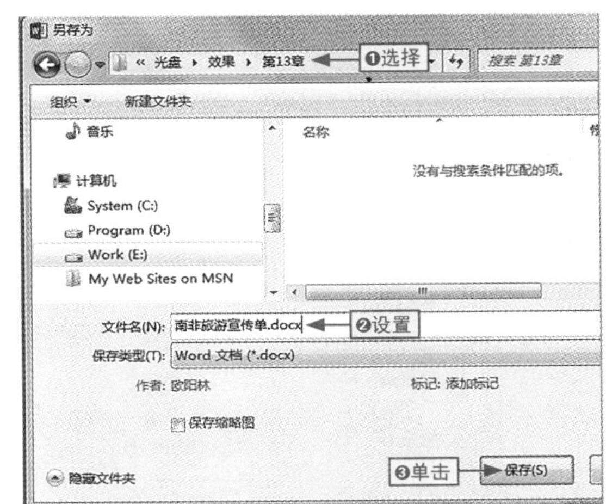

图13-3　新建Word文档

步骤02 ❶单击“页面布局”选项卡，❷单击“页面设置”组中的“对话框启动器”

按钮，打开“页面设置”对话框，如图13-4所示。

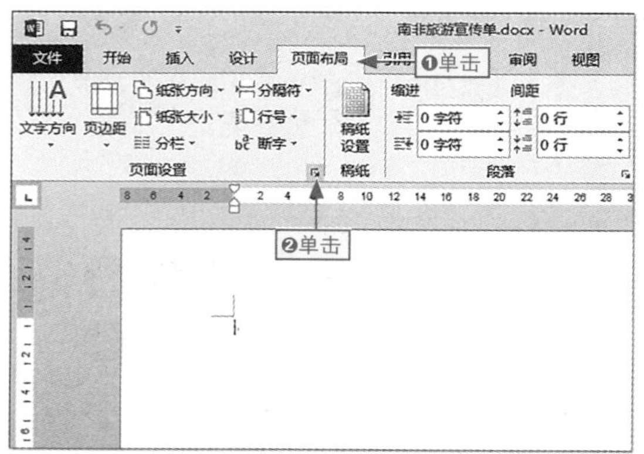

图13-4　打开“页面设置”对话框

步骤03 ❶单击“纸张”选项卡，❷设置“宽度”为“25厘米”，❸单击“版式”选项卡，如图13-5所示。

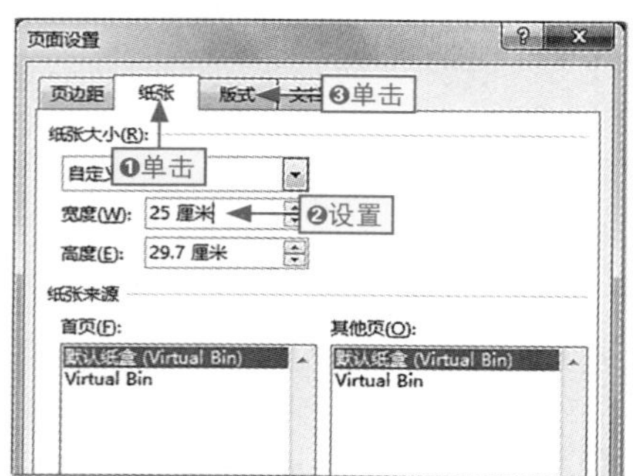

图13-5　设置纸张宽度

步骤04 单击“边框”按钮，打开“边框和底纹”对话框，如图13-6所示。

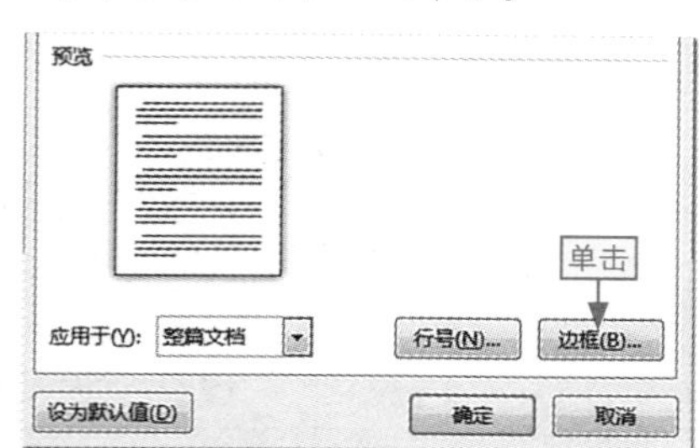

图13-6　单击“边框”按钮

步骤05 ❶单击“颜色”下拉按钮，❷选择“其他颜色”命令，如图13-7所示。

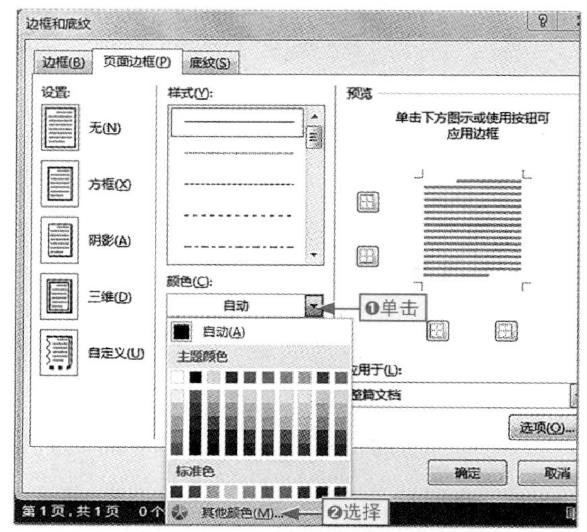

图13-7　选择“其他颜色”命令

步骤06 打开“颜色”对话框，❶在“自定义”选项卡中选择“深褐颜色”选项，❷单击“确定”按钮，如图13-8所示。

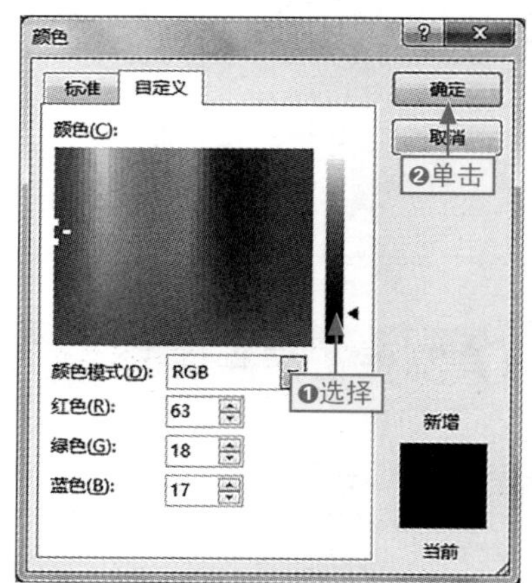

图13-8　选择“深褐颜色”选项

步骤07 返回到“边框和底纹”对话框，❶设置“宽度”为“3.0磅”，❷单击“方框”按钮，❸单击“确定”按钮完成设置，如图13-9所示。

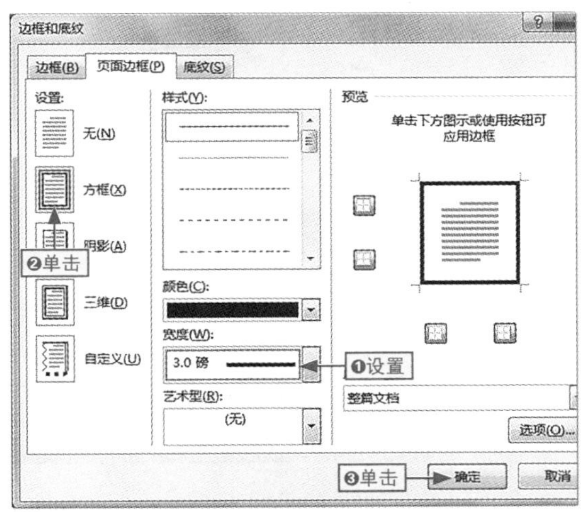

图13-9 设置边框宽度并添加边框

步骤08 ❶将文本插入点定位在首行起始位置，❷单击“插入”选项卡，❸单击“图片”按钮，如图13-10所示。

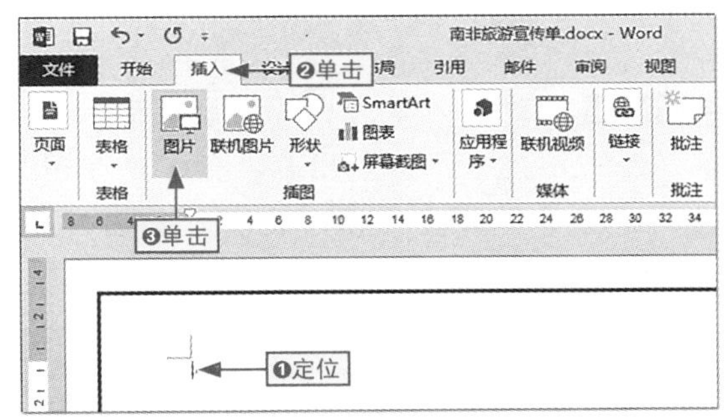

图13-10 单击“图片”按钮

步骤09 打开“插入图片”对话框，选择“南非”图片选项，然后单击“插入”按钮，如图13-11所示。

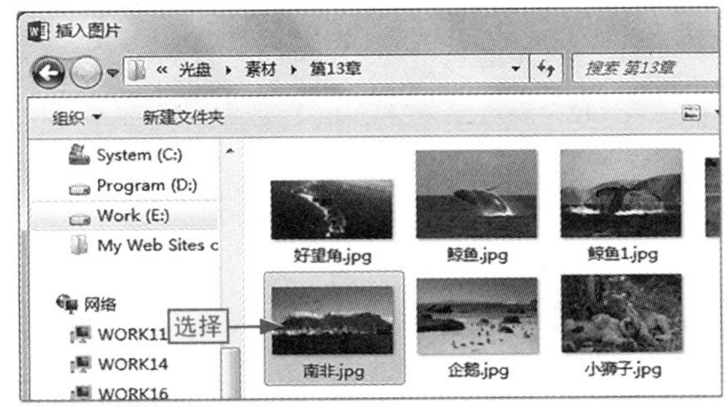

图13-11 插入“南非”图片

步骤10 ❶选择插入的图片，❷在激活的“图片工具-格式”选项卡的“大小”组中设置“高度”和“宽度”分别为“8.5厘米”和“18.55厘米”，如图13-12所示。

图13-12 设置图片大小

步骤11 保持图片的选择状态，单击“居中”按钮，如图13-13所示。

图13-13 让图片水平居中对齐

步骤12 ❶将文本插入点定位在第二行的起始位置，❷单击“插入”选项卡中的“联机图片”按钮，如图13-14所示。

图13-14　插入联机图片

步骤13 打开“插入图片”页面，在“必应图像搜索”文本框中输入“南非景点”，单击其右侧的搜索按钮，如图13-15所示。

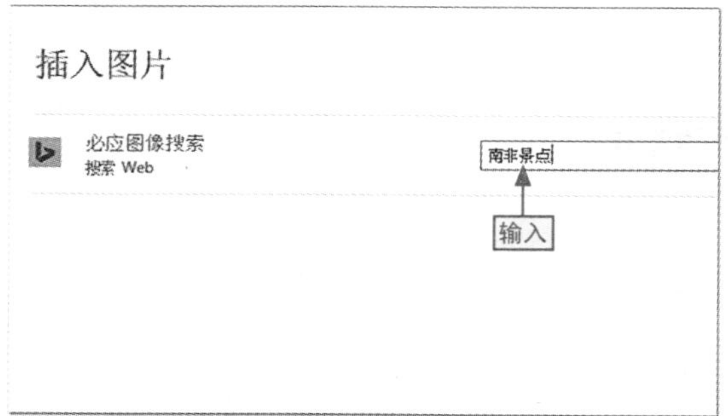

图13-15　搜索南非景点

步骤14 选中要插入的图片选项，然后单击“插入”按钮，如图13-16所示。

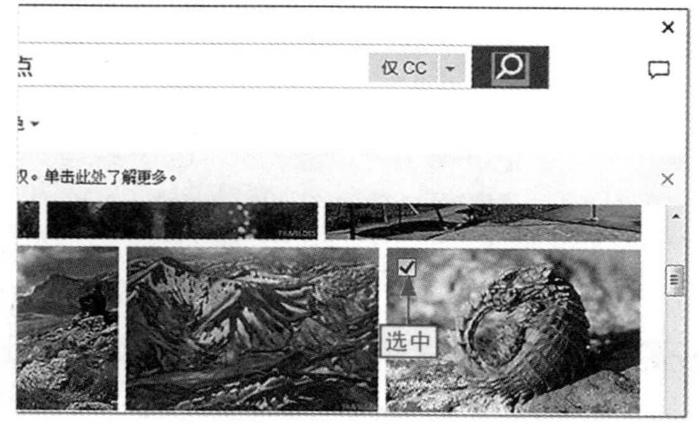

图13-16　插入指定联机图片

步骤15 ❶选择插入的图片，❷在激活的“图片工具-格式”选项卡的“大小”组中设置“高度”和“宽度”分别为“3.7厘米”和“5.59厘米”，如图13-17所示。

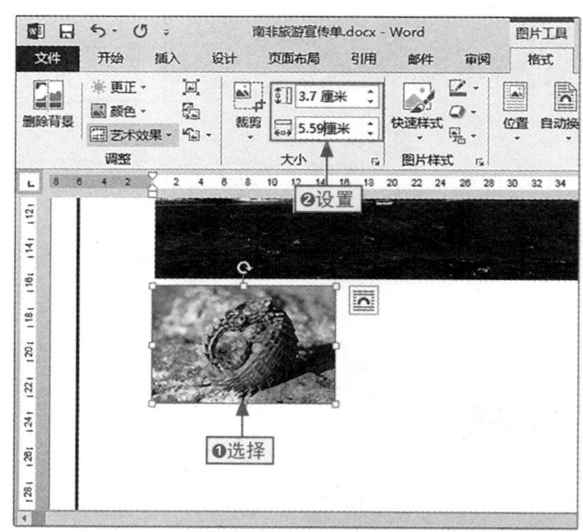

图13-17　设置图片大小

步骤16 通过插入本地图片的方法插入“羚羊”和“小狮子”两张图片，设置两张图片的大小并将其放置在合适位置，如图13-18所示。

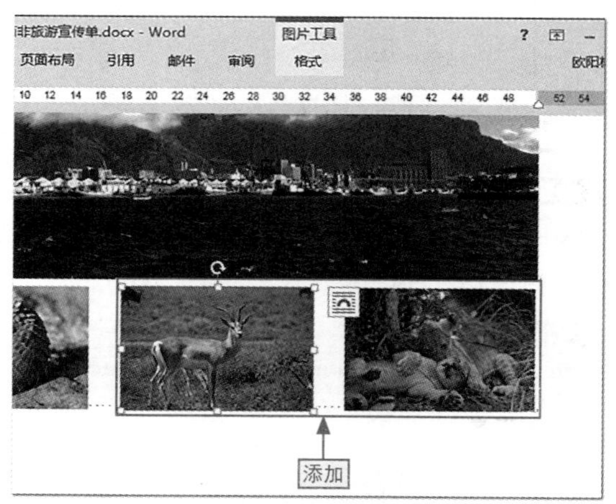

图13-18　插入其他本地图片

步骤17 ❶单击“艺术字”下拉按钮，❷选择“填充-黑色,文本1,阴影”选项，如图13-19所示。

图13-19 插入艺术字样式

步骤18 ❶在艺术字样式文本框中输入“带着爱，开始的旅行……”，❷设置字体和字号分别为“方正卡通简体”和“二号”，如图13-20所示。

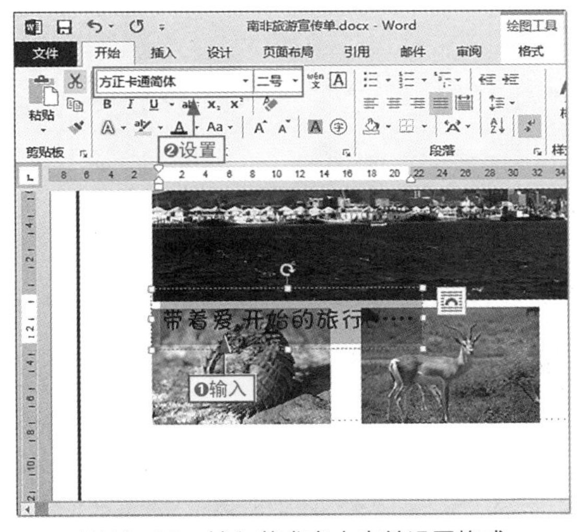

图13-20 输入艺术字内容并设置格式

步骤19 保持输入的艺术字内容文本的选择状态，❶单击“字体颜色”下拉按钮，❷选择“白色,背景1”选项，如图13-21所示。

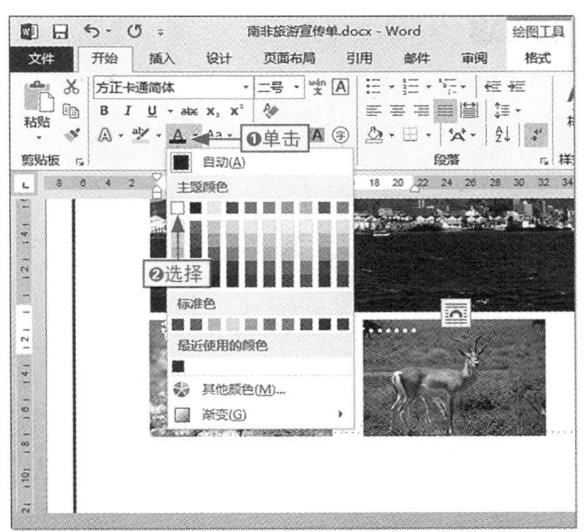

图13-21 设置字体颜色为白色

步骤20 拖动整个艺术字到合适位置，让其与图片完全匹配，如图13-22所示。

图13-22 拖动调整艺术字的位置

13.2.2 制作正面底部区域

在本例中，底部是一些宣传和简单的说明文本，由艺术字、形状和普通文本构成。主要操作是设置艺术字样式、绘制和设置形状以及普通文本的格式和段落等，具体操作如下。

步骤01 单击“艺术字”下拉按钮，选择“填充-橙色，着色2，轮廓-着色2”选项，如图13-23所示。

图13-23　插入艺术字样式

步骤02 ❶在艺术字样式文本框中输入“南非·我来了”，❷设置字体和字号分别为“微软雅黑”和“72”并将其加粗，如图13-24所示。

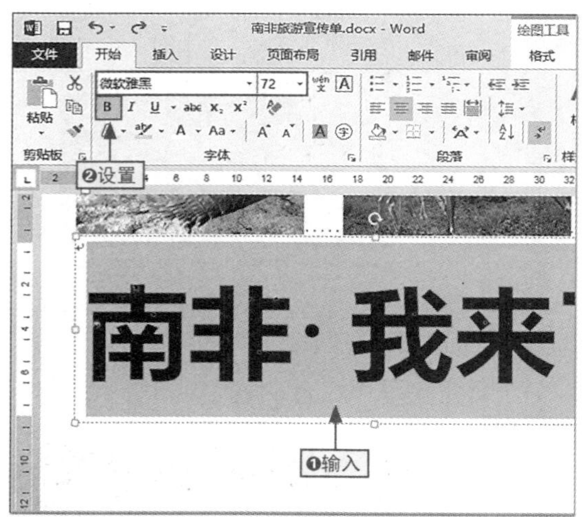

图13-24　输入并设置艺术字的格式

步骤03 ❶单击“绘图工具-格式”选项卡中“文本填充”下拉按钮，❷选择“橙色,着色2,深色50%”选项，如图13-25所示。

图13-25　设置艺术字填充的颜色

步骤04 ❶单击“文本轮廓”下拉按钮，❷选择“橙色，着色2,淡色80%”选项，如图13-26所示。

图13-26　设置艺术字轮廓的颜色

步骤05 拖动艺术字到合适位置，如图13-27所示。

图13-27　移动艺术字的位置

步骤06 用同样的方法添加其他两个艺术字对象，如图13-28所示。

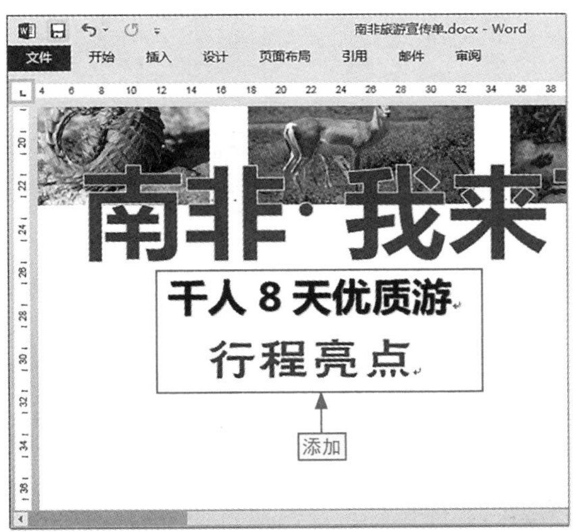

图13-28 添加其他两个艺术字

步骤07 ❶选择添加的3个艺术字对象，❷单击“对齐”下拉按钮，❸选择“左右居中”命令，如图13-29所示。

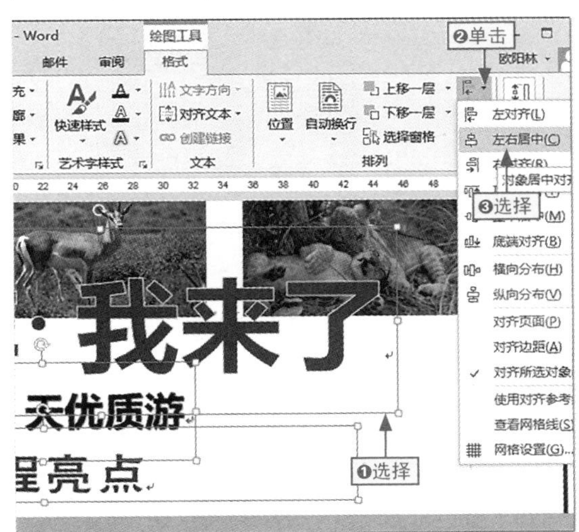

图13-29 居中对齐

步骤08 保持3个标题艺术字对象的选择状态，❶单击“对齐”下拉按钮，❷选择“纵向分布”命令，如图13-30所示。

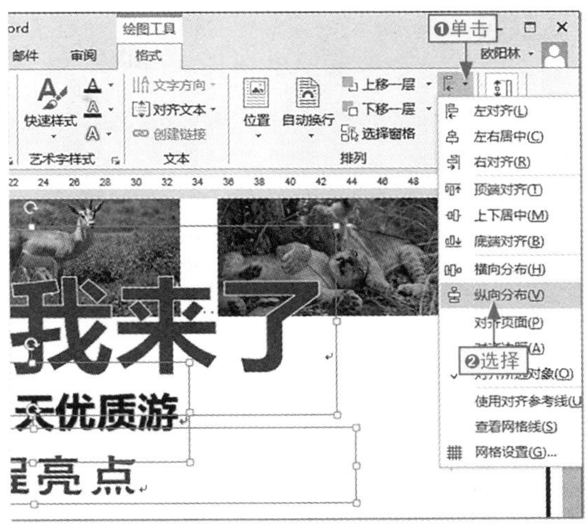

图13-30 纵向分布艺术字

步骤09 ❶单击“形状”下拉按钮，❷选择“直线”线条，在艺术字对象的右下方绘制直线，如图13-31所示。

图13-31 插入直线形状

步骤10 ❶单击“形状轮廓”下拉按钮，❷选择橙色选项，如图13-32所示。

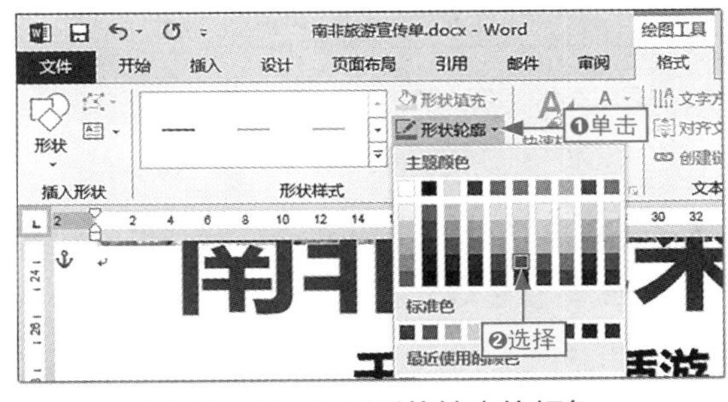

图13-32 设置形状轮廓的颜色

步骤11 ❶单击“形状”下拉按钮，❷选择“曲线连接符”线条，如图13-33所示。

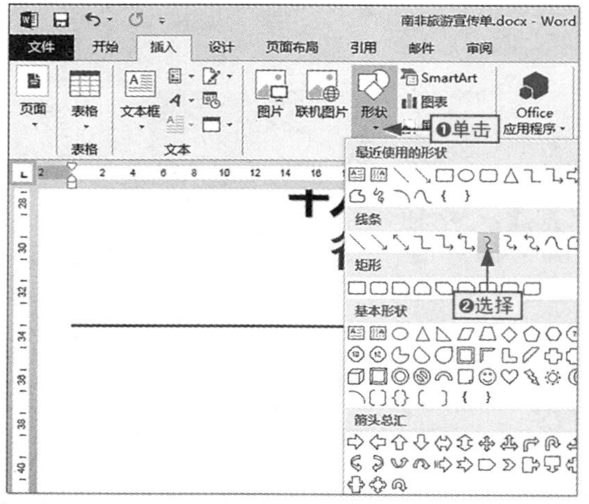

图13-33　插入曲线形状

步骤12 ❶绘制曲线，❷单击“形状轮廓”下拉按钮，❸选择橙色选项作为其线条颜色，如图13-34所示。

图13-34　绘制并设置线条颜色

步骤13 以同样的方法绘制其他3条曲线线条，并且调整它们之间的相对位置，如图13-35所示。

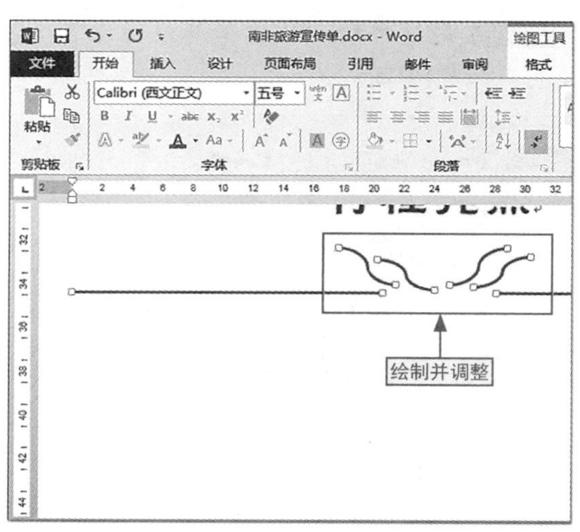

图13-35　绘制其他形状并调整位置

步骤14 ❶单击“形状”下拉按钮，❷选择“泪滴形”形状，如图13-36所示。

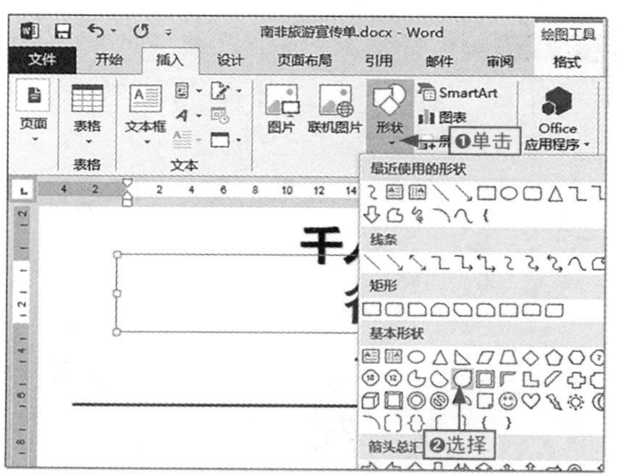

图13-36　插入“泪滴形”形状

步骤15 在合适位置绘制泪滴形状并为其设置填充色和轮廓色，如图13-37所示。

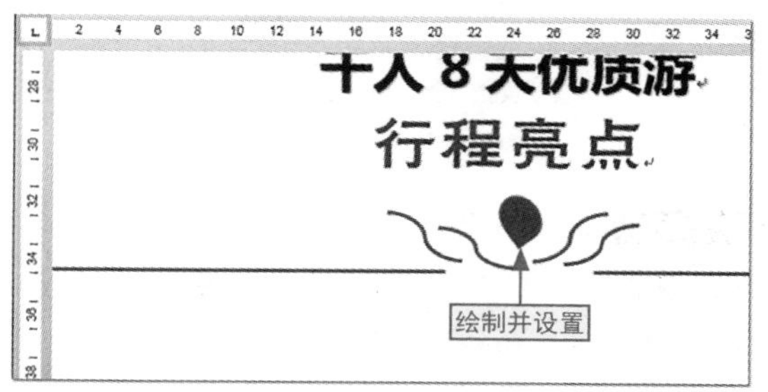

图13-37　绘制形状并设置颜色

步骤16 在直线下方的合适距离处双击定位文本插入点，如图13-38所示。

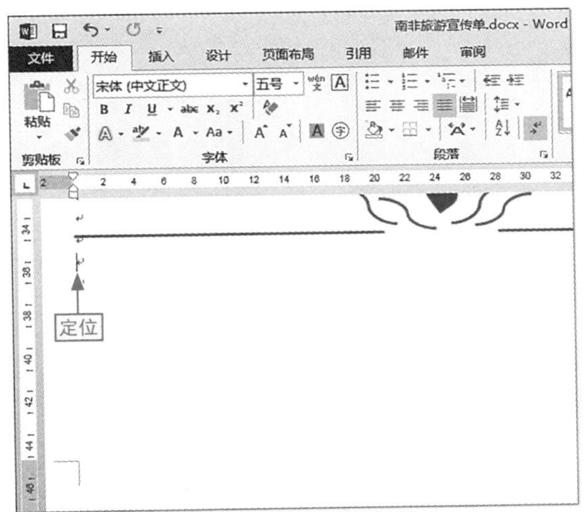

图13-38 定位文本插入点

步骤17 输入相应的段落文字，❶在第一个段落标记处右击，❷选择"段落"命令，如图13-39所示。

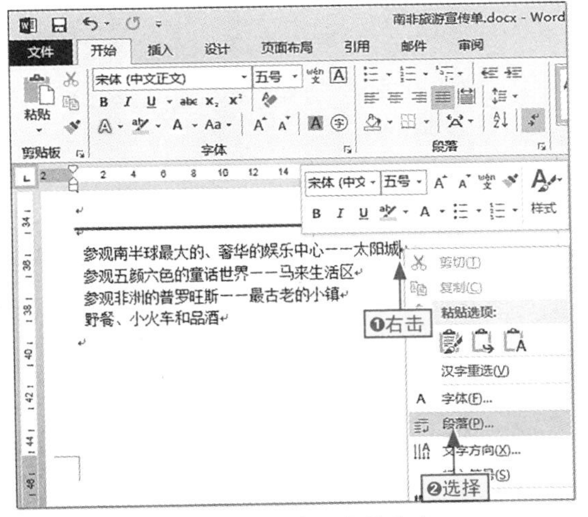

图13-39 输入段落文字

步骤18 打开"段落"对话框，❶在"缩进和间距"选项卡中设置"行距"为"最小值"、"设置值"为"12磅"，❷单击"确定"按钮，如图13-40所示。

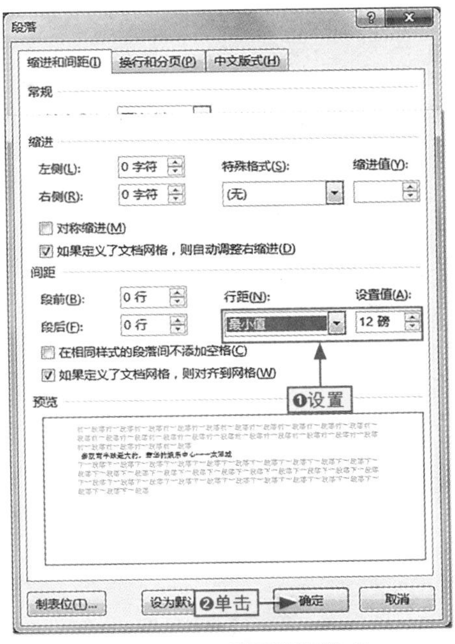

图13-40 设置段落格式

步骤19 ❶选择输入的段落文本，❷设置字体和字号分别为"微软雅黑"和"10"并加粗，如图13-41所示。

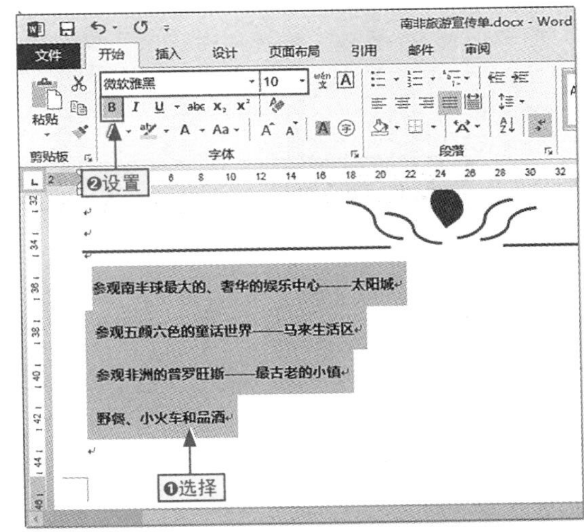

图13-41 设置文本格式

步骤20 保持段落文本的选择状态，❶单击"字体颜色"下拉按钮，❷选择"深橙色"选项，如图13-42所示。

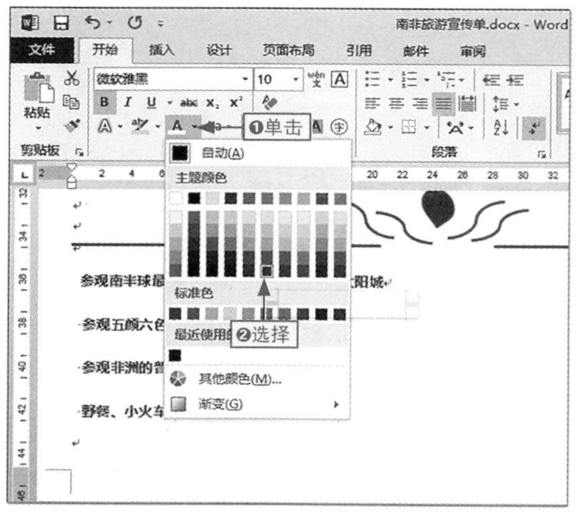

图13-42　设置字体颜色

步骤21 ❶单击“项目符号”下拉按钮，❷选择“➤”选项，如图13-43所示。

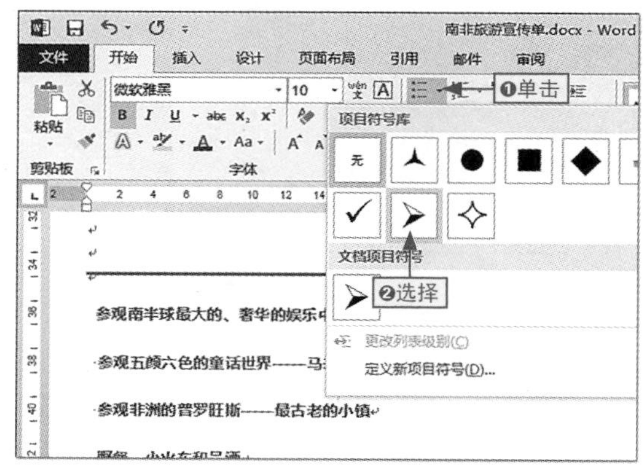

图13-43　添加项目符号

13.3 制作宣传单反面

旅游宣传单有特定或固定格式，就是正面（或封面）要起到吸引眼球的作用，反面则是旅游的行程安排和特色景点的简单介绍。本节将使用形状来制作页眉、用艺术字来制作标题、用文本框来装纳行程安排以及用图文结合来介绍特色景点等。

13.3.1 页眉制作

宣传单的页眉通常具有一定的特色，以让整个宣传单看起来更美观，从而产生吸引力。

下面主要通过形状的组合来制作有特色的页眉样式，具体操作如下。

步骤01 ❶将文本插入点定位在段落文本的最后标记处，连续按两次Enter键，生成新的页并取消项目符号，❷在页眉位置处双击进入编辑状态，如图13-44所示。

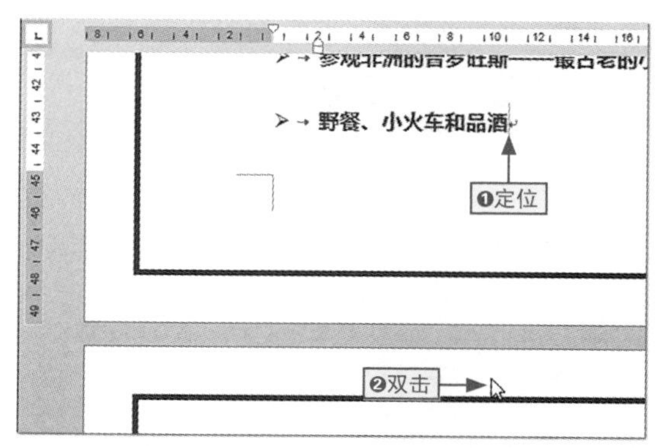

图13-44　进入页眉编辑状态

步骤02 ❶选择页眉中的段落标记，❷单击边框线下拉按钮，❸选择“无框线”命令，如图13-45所示。

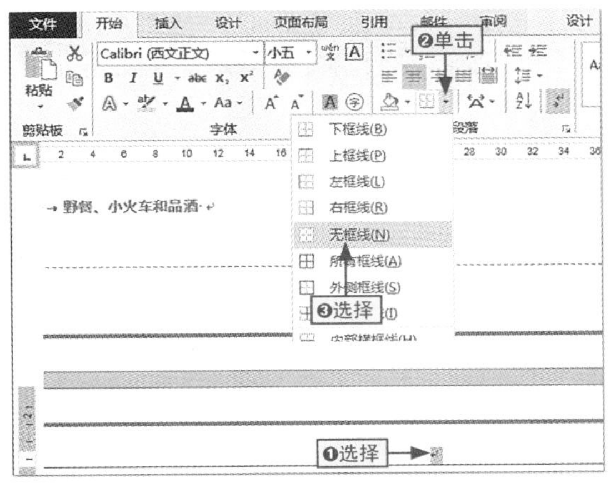

图13-45 取消下框线

步骤03 ❶在页眉中绘制矩形，在其中输入“SOUNTH AFRICA TOURISM”，❷设置相应的字体格式，如图13-46所示。

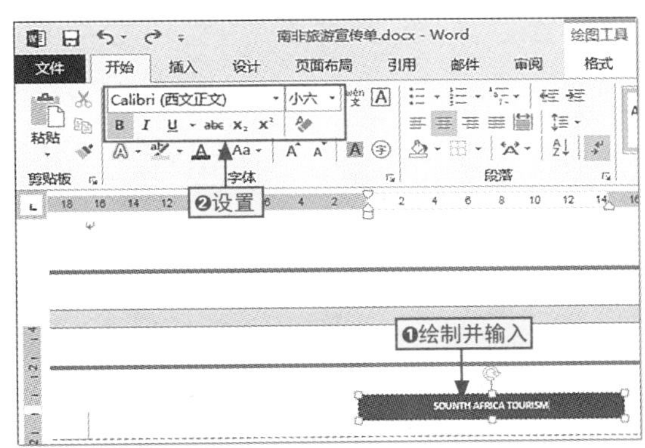

图13-46 在页眉中绘制矩形

步骤04 ❶绘制“五边形”形状，❷在“形状样式”组中选择“彩色轮廓-绿色，强调颜色6”选项，如图13-47所示。

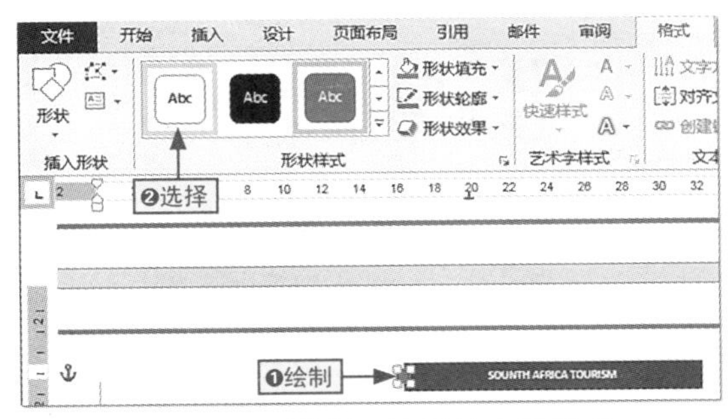

图13-47 绘制五边形并应用样式

步骤05 保持形状的选择状态，❶单击“形状轮廓”下拉按钮，❷选择“白色,背景1”选项，如图13-48所示。

图13-48 添加白色轮廓线

步骤06 以同样的方法在矩形的右侧添加五边形并将其移到合适位置，如图13-49所示。

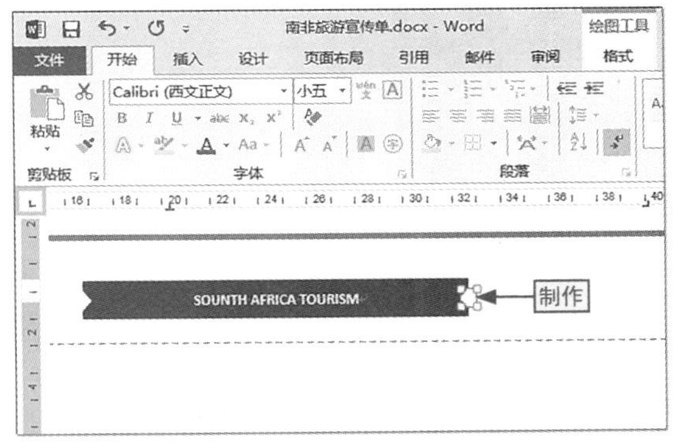

图13-49 制作右侧的五边形形状

步骤07 在页眉中绘制其他需要的形状并设置相应的形状样式，将它们放置在相应的位置，效果如图13-50所示。

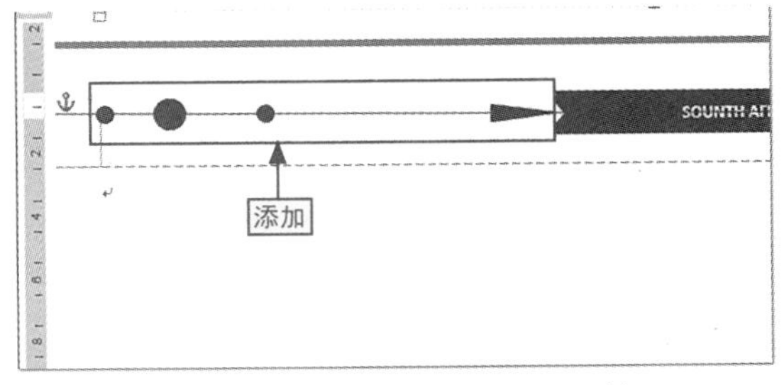

图13-50 添加其他需要的形状

步骤08 ❶在直线形状上右击，❷选择“置于底层”命令，如图13-51所示。

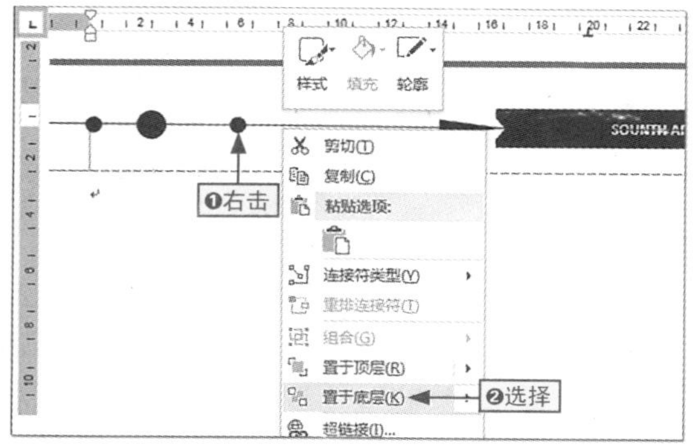

图13-51　将直线形状放置到底层

步骤09 在“页眉和页脚工具-设计”选项卡中，选中“首页不同”复选框，如图13-52所示。

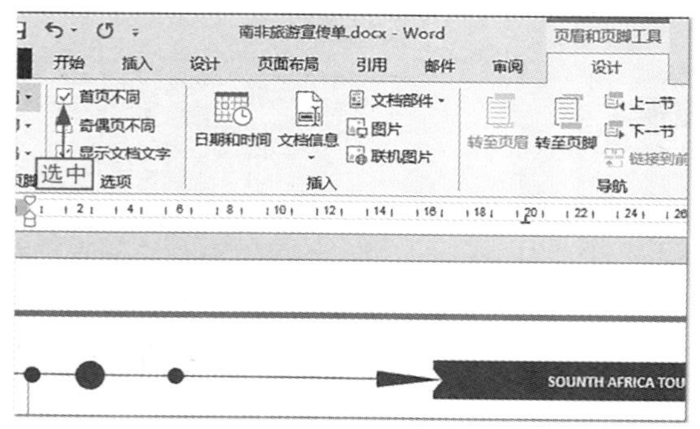

图13-52　设置首页不同

步骤10 在“关闭”组中单击“关闭页眉和页脚”按钮，如图13-53所示。

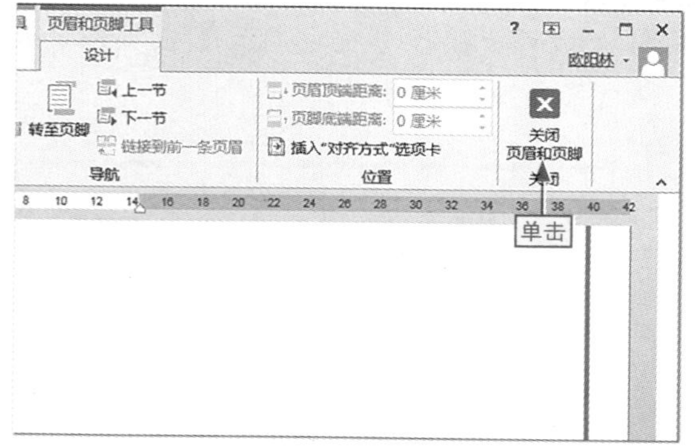

图13-53　退出页眉页脚编辑状态

13.3.2 反面内容制作

反面的内容主要是景点介绍，其中主要会用到艺术字、文本框、图片和装饰的形状等对象，操作如下。

步骤01 在页面顶部的合适位置添加标题和副标题的艺术字并设置相应的字体格式，如图13-54所示。

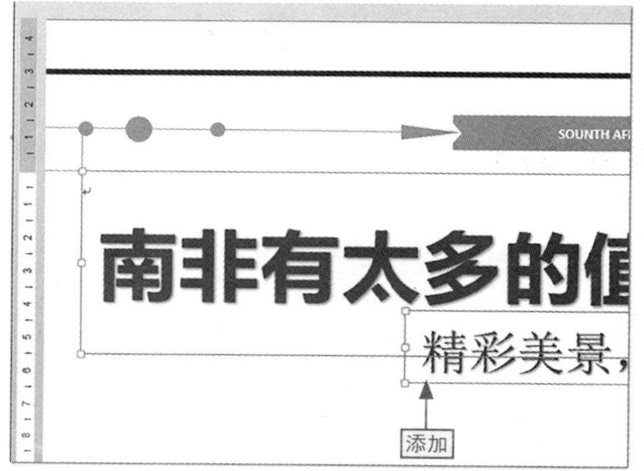

图13-54　添加艺术字作为正副标题

步骤02 ❶在副标题艺术字下方的合适位置绘制直线，❷在其上右击，❸选择“设置形状格式”命令，如图13-55所示。

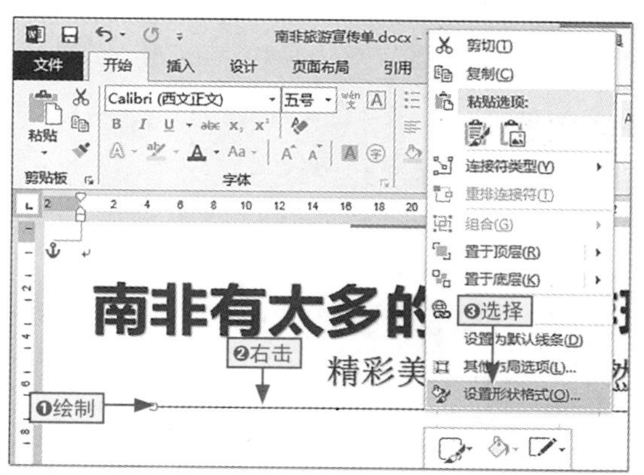

图13-55　绘制直线形状

步骤03 打开“设置形状格式”窗格，❶单击“短划线类型”下拉按钮，❷选择“短划线”选项，如图13-56所示。

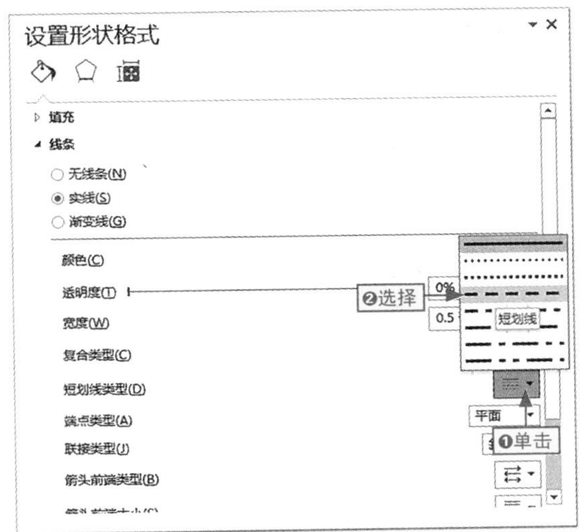

图13-56 更改直线类型

步骤04 在绘制的直线下方双击定位文本插入点，多次按Enter键，直到段落标记延续到当前页的最后，如图13-57所示。

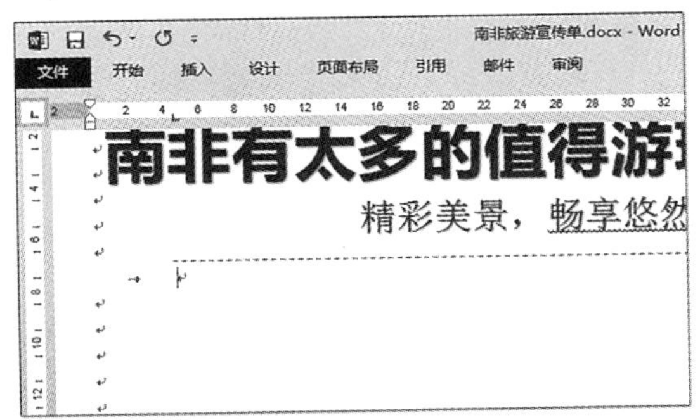

图13-57 添加段落

步骤05 选择添加的段落标记，❶单击“分栏”下拉按钮，❷选择“两栏”命令，如图13-58所示。

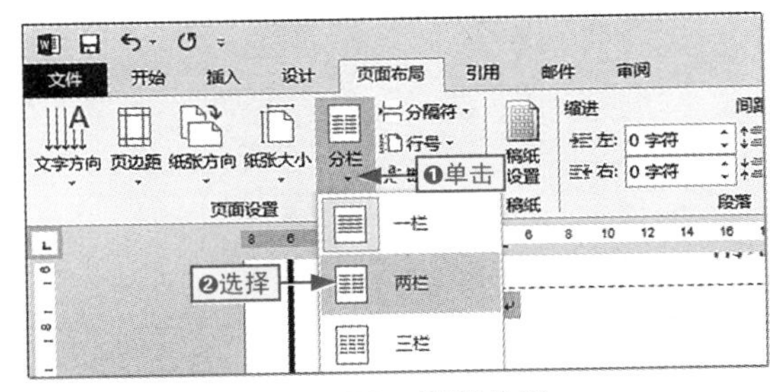

图13-58 设置分栏

步骤06 ❶单击“文本框”下拉按钮，❷选择“绘制文本框”命令，如图13-59所示。

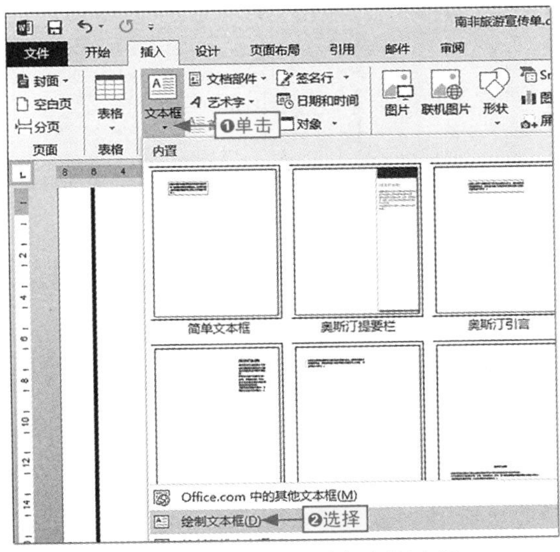

图13-59 选用绘制文本框功能

步骤07 ❶绘制文本框，❷单击“绘图工具-格式”选项卡中的“形状轮廓”下拉按钮，❸选择“深橙色”选项，如图13-60所示。

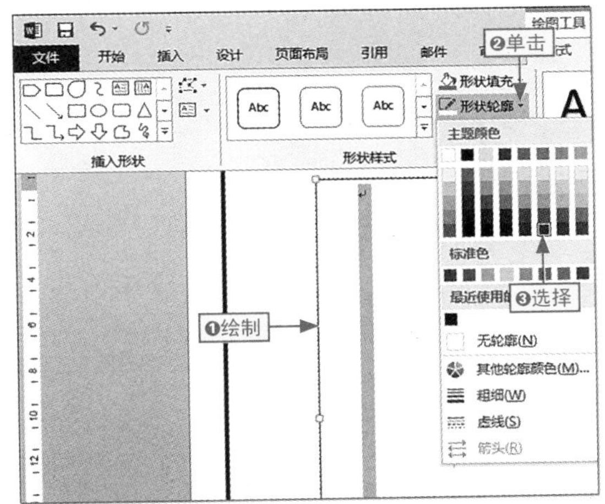

图13-60 设置文本框轮廓的颜色

步骤08 在文本框中输入相应的行程安排内容并为“第×天”添加项目符号（可先为其中一个添加项目符号，然后使用格式刷刷格式），效果如图13-61所示。

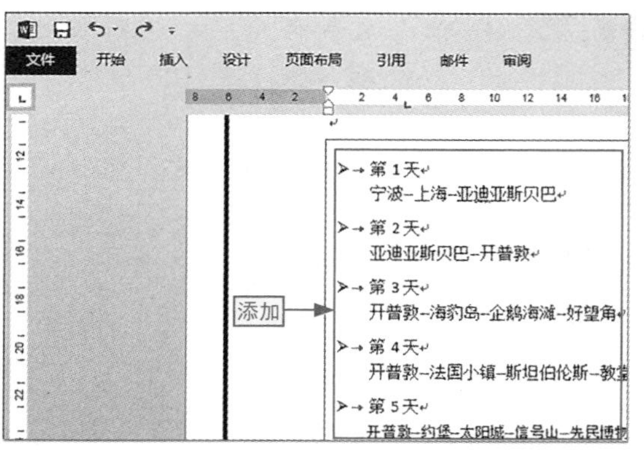

图13-61　输入行程文本并添加项目符号

步骤09 将文本框整体下移，然后在其顶端添加圆角矩形并在其中输入文本，设置格式，如图13-62所示。

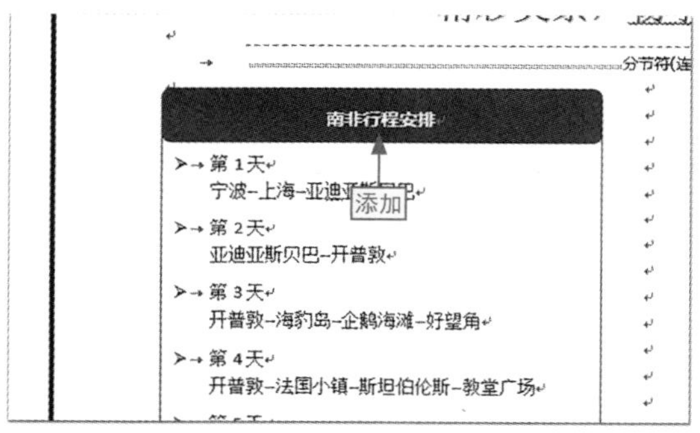

图13-62　添加圆角矩形并输入文本

步骤10 将文本插入点定位在“第1天”文本的起始位置，右击鼠标，选择“段落”命令，打开“段落”对话框，如图13-63所示。

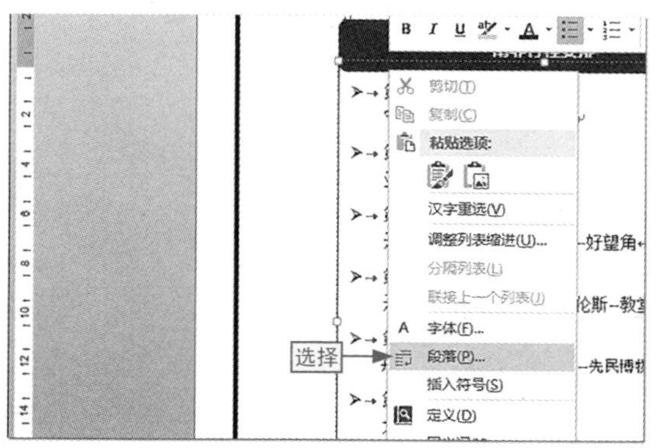

图13-63　选择“段落”命令

步骤11 ❶设置“段前”为“0.5行”、“行距”为“单倍行距”，❷单击“确定”按钮，如图13-64所示。

图13-64　设置段前与行距

步骤12 将文本插入点定位在“宁波—上海—亚迪亚斯贝巴”文本后的段落标记上，打开“段落”对话框，设置“段后”距离为“0.5行”，然后单击“确定”按钮，如图13-65所示。

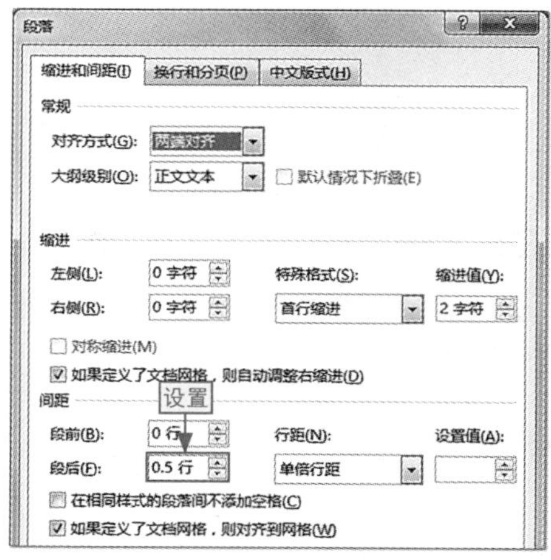

图13-65　设置段后

步骤13 使用格式刷功能依次为其他行程段落应用设置的格式，如图13-66所示。

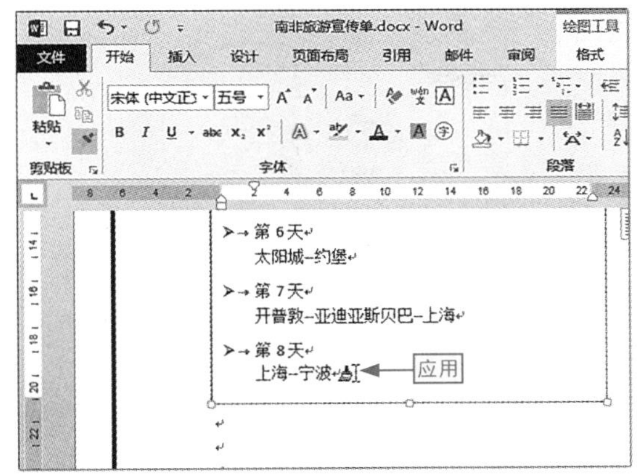

图13-66 应用段前段后格式

继续添加其他景点的文本和图片，完成整个宣传单的制作，部分效果如图13-67所示。

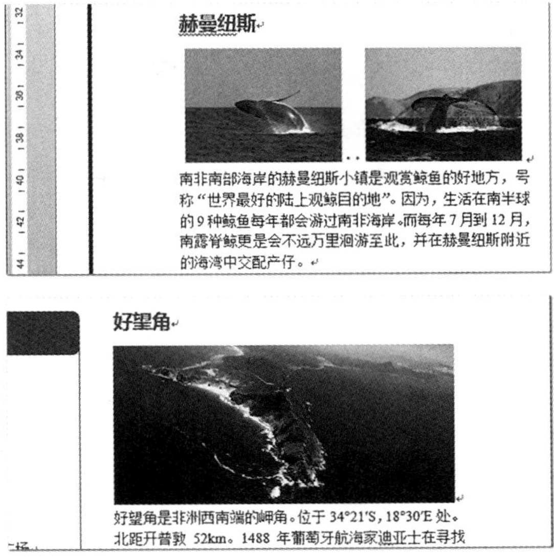

图13-67 添加景点文本和图片部分效果

13.4 案例制作总结和答疑

本章制作的南非旅游宣传单文档包括两个方面：正面（或封面）和反面，分别放置在独立的页面中，它们都用到了图片、形状、项目符号、艺术字等对象。但在操作上，在制作正面时操作讲解较为详细，在制作反面时，由于前面有相应的操作描述，所以较为简洁。

在制作过程中，大家可能会遇到一些操作上的问题，下面就可能遇到的几个问题做简要回答，帮助大家顺利地完成制作。

给你支招 | 安装没有或缺失的字体

小白： 若在直线的中间位置绘制曲线形状，手动绘制时不容易绘制出对称的形状，该怎么办呢？

阿智： 我们可以先绘制出左边或右边的曲线，然后复制，再通过水平旋转来实现对称效果，如图13-68所示。

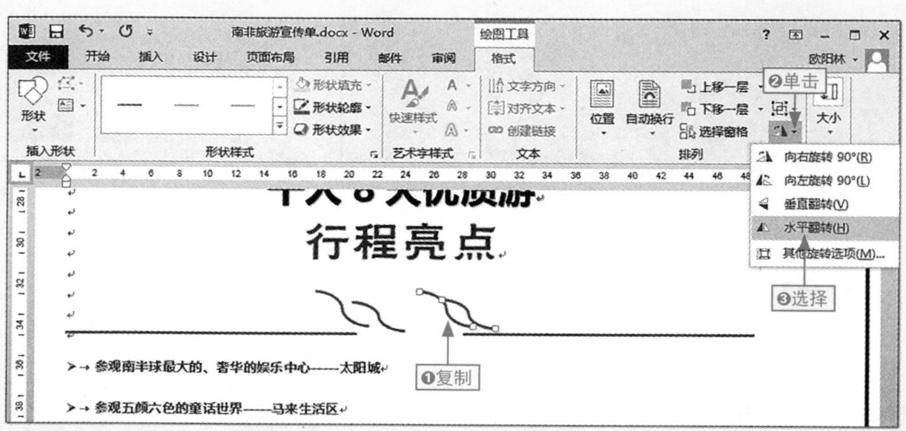

图13-68　将复制的形状进行水平翻转

给你支招 | 调整宣传单页面内容到边距的距离

小白：在制作宣传单时，若希望页面中的内容向左或向右移动，也就是靠左边距或右边距近一些（或远一些），该怎么操作呢？

阿智：我们可以通过调整边距的方法来实现，具体操作为：❶单击“页面设置”组中的“对话框启动器”按钮，在打开的“页面设置”对话框中，❷设置左右页边距，最后确定即可，如图13-69所示。

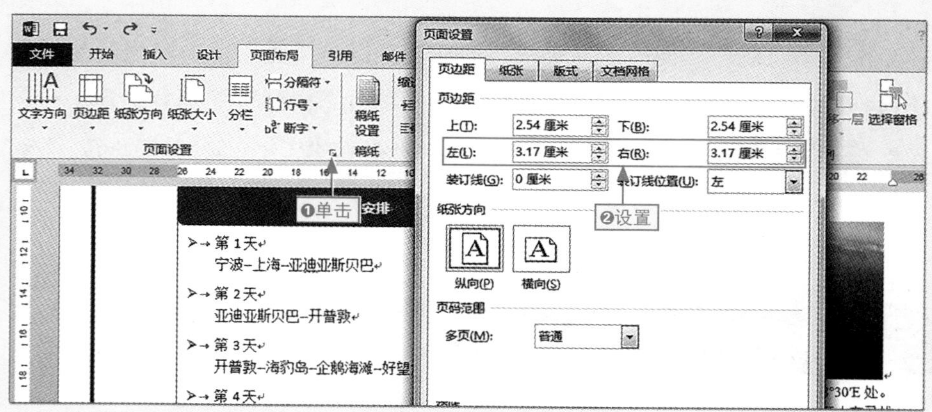

图13-69　调整页面内容到左右的边距

Chapter 14

当月个人费用开支

学习目标

本章将通过数据的基本操作、格式的设置、超链接的应用、形状的添加和图表的创建来制作当月个人费用开支的迷你管理分析工作簿，从而帮助用户更好、更灵活地使用Excel进行办公。

本章要点

- 制作费用日志工作表
- 设置表格样式
- 绘制和设置形状
- 添加跳转功能
- 制作分析表结构
- 插入图表对数据进行分析

知识要点	学习时间	学习难度
制作费用日志表格	60分钟	★★★★★
使用形状制作跳转	55分钟	★★★★★
使用图表分析	40分钟	★★★★★

14.1 案例制作效果和思路

小白：我们要制作一个当月个人开支的登记表格，同时根据这些数据进行分析，该怎样操作呢？

阿智：可以制作一张基础表格，用来登记这些数据，然后使用图表进行相应分析。

在本例中制作的“当月个人费用开支”表格，属于一个基础综合性表格，在其中将会涉及表格样式的设置、形状的使用、超链接的添加和图表的使用。图14-1所示是制作的当月个人费用开支的部分效果。图14-2所示是制作该案例的大体操作思路。

本节素材	\素材\Chapter14\无
本节效果	\效果\Chapter14\当月个人费用开支.xlsx
学习目标	学会使用基础表格、图表、形状和超链接
难度指数	★★★★★

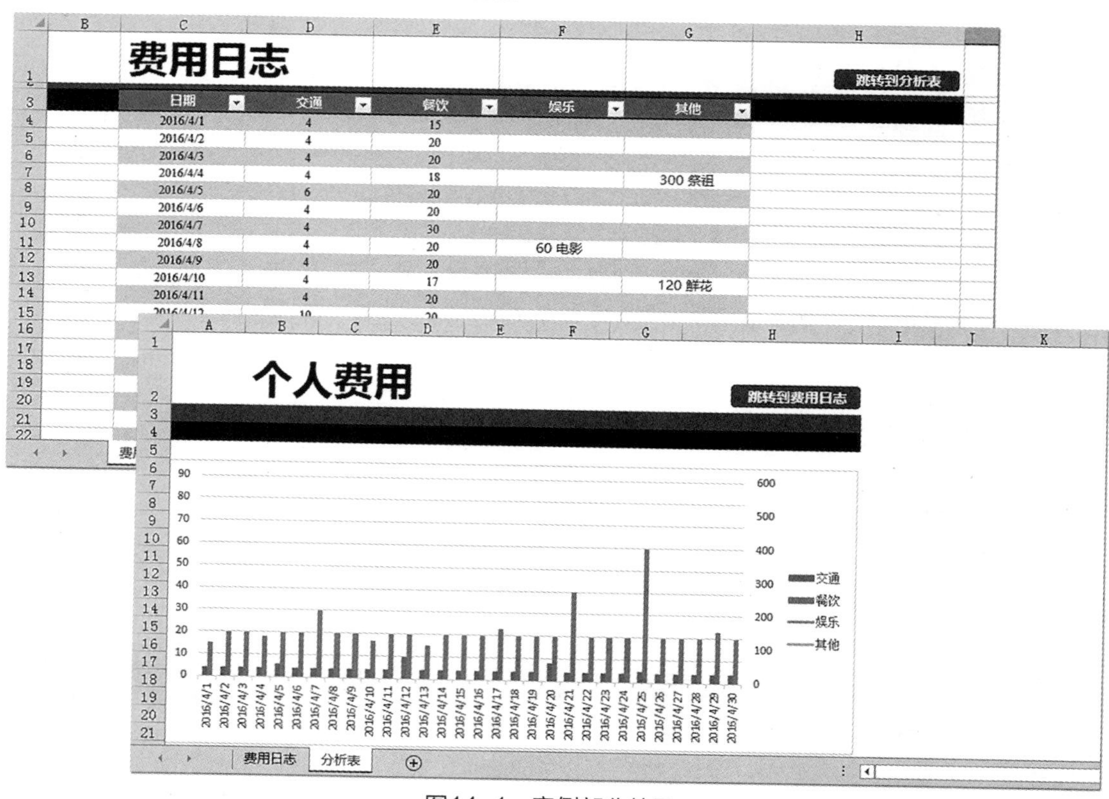

图14-1　案例部分效果

新建工作簿并输入数据 → 填充日期数据 → 设置数据类型 → 设置表头格式 → 设置主体字体格式 → 为其他数据添加说明单位数据 → 套用表格样式 → 插入列/行并调整行高 → 填充底纹 → 重命名工作表名称并插入工作表 → 插入矩形形状并添加相应文字 → 共享数据透视表 → 设置形状格式 → 添加超链接 → 在新工作表中插入空白图表 → 选择数据源并更改图表类型

图14-2　案例制作大体流程

14.2 制作费用日志表格

要对当月费用开支进行登记和分析，首先需要制作一个样式美观和标识明显的表格。下面我们将会使用一些常用的操作来快速完成，如填充数据、添加表格边框等。

14.2.1 制作费用日志工作表

当月费用开支的数据需要输入一个指定的表格中，这样的表格需要我们手动制作和设置，具体操作如下。

步骤01 ❶新建空白工作簿，按F12键，❷打开“另存为”对话框，❸选择保存位置、设置文件名，❹单击“保存”按钮，创建“当月个人费用开支”工作簿，如图14-3所示。

图14-3　创建“当月个人费用开支”工作簿

步骤02 ❶在表格中输入相应的数据，然后将鼠标指针移到A3单元格的右下角，当其变成加号形状时，❷双击进行填充，如图14-4所示。

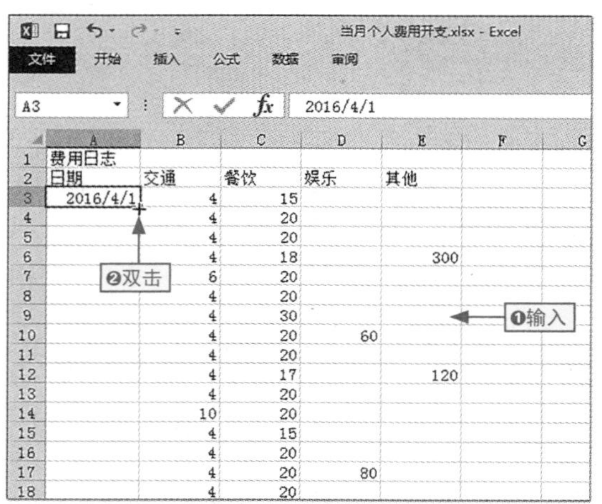

图14-4 输入开支费用数据明细

步骤03 在工作表标签上双击进入编辑状态，输入“费用日志”，如图14-5所示。

图14-5 重命名工作表名称

14.2.2 设置表格样式

为制作好的“费用日志”工作表设置格式，以便于阅读和查看，具体操作如下。

步骤01 ❶选择A1单元格，❷设置字体和字号分别为“微软雅黑”和“30”，❸单击“加粗”按钮，如图14-6所示。

图14-6 设置表头字体格式

步骤02 ❶选择A2:E2单元格区域，❷设置字体和字号的格式分别为“微软雅黑”和“10”，❸单击“加粗”按钮，如图14-7所示。

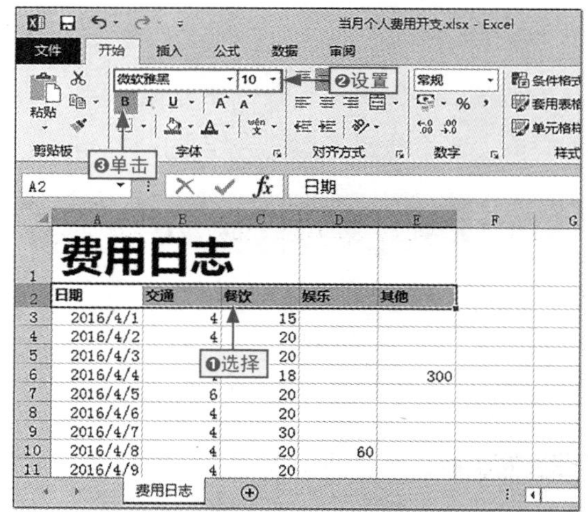

图14-7 设置字体格式

步骤03 ❶选择A3:E33单元格区域，❷设置字体和字号分别为Times New Roman和“11”，如图14-8所示。

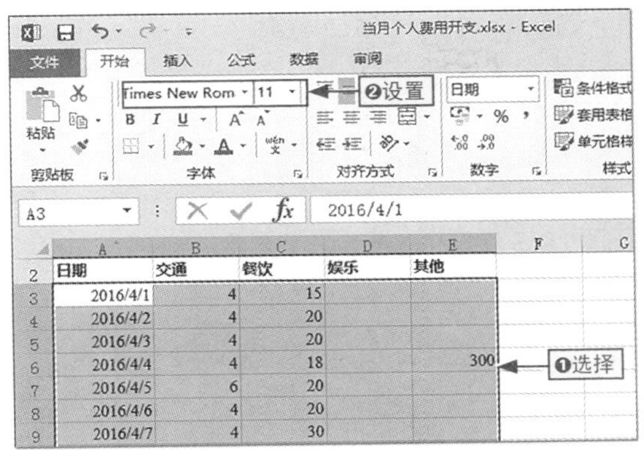

图14-8 设置主体部分字体格式

步骤04 保持A3:E33单元格区域的选择状态，单击居中按钮，如图14-9所示。

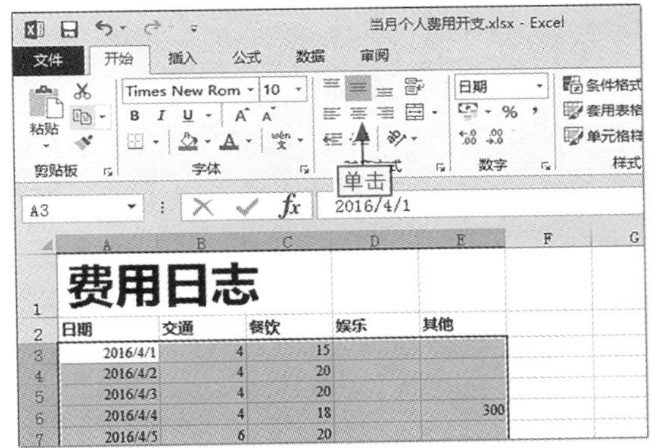

图14-9 设置对齐方式

步骤05 选择A2:E33单元格区域，❶单击“套用表格格式”下拉按钮，❷选择“表样式中等深浅18”选项，如图14-10所示。

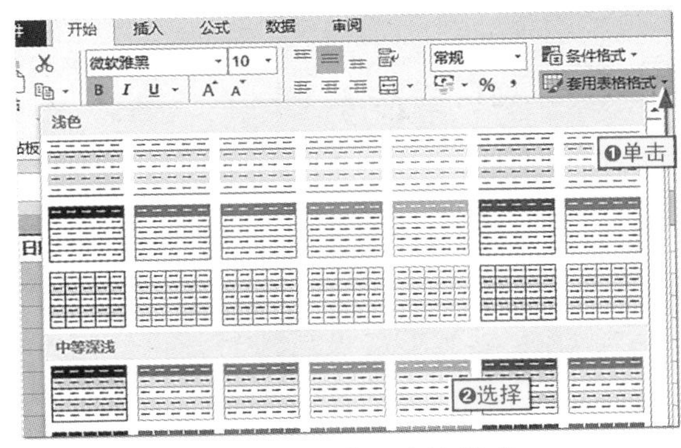

图14-10 套用表格格式

步骤06 打开“套用表格式”对话框，❶选中“表包含标题”复选框，❷单击“确定”按钮，如图14-11所示。

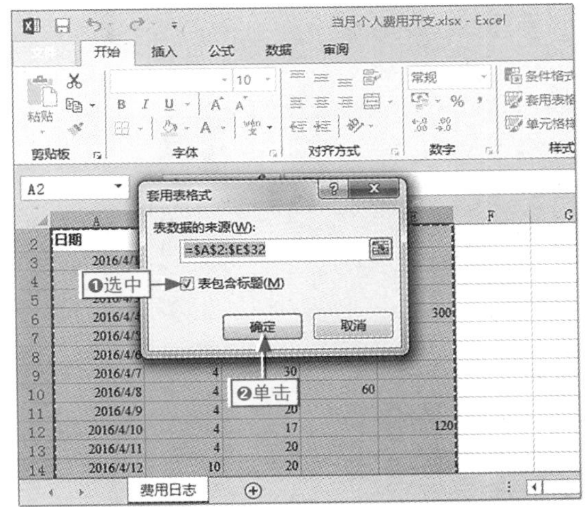

图14-11 指定样式应用区域

步骤07 ❶选择A～E列并在其上右击，❷选择“列宽”命令，如图14-12所示。

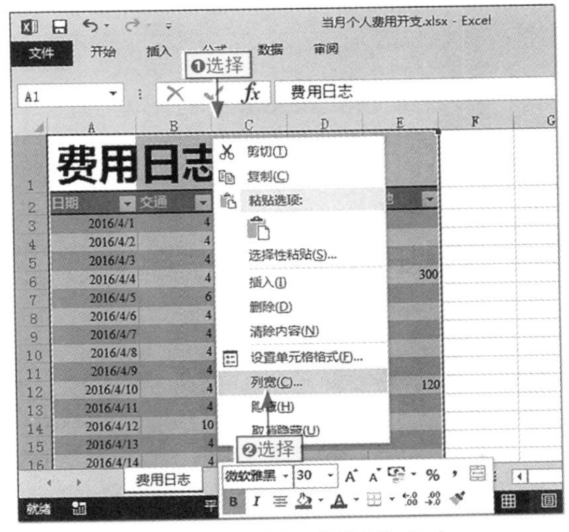

图14-12 选择“列宽”命令

步骤08 打开“列宽”对话框，❶设置“列宽”为“15”，❷单击“确定”按钮，如图14-13所示。

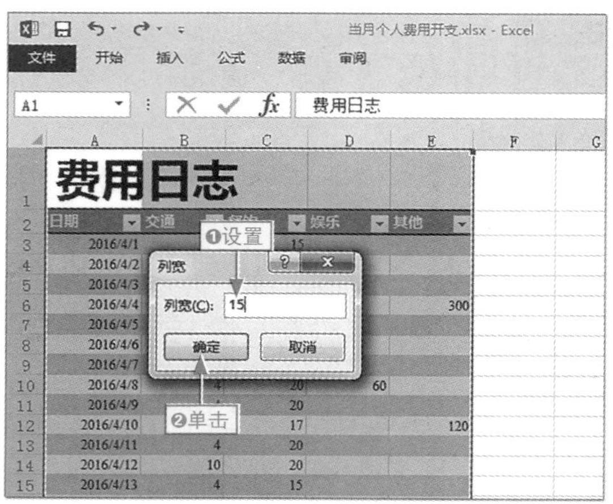

图14-13　设置列宽

步骤09 保持A2:E33单元格区域的选择状态，单击居中按钮，如图14-14所示。

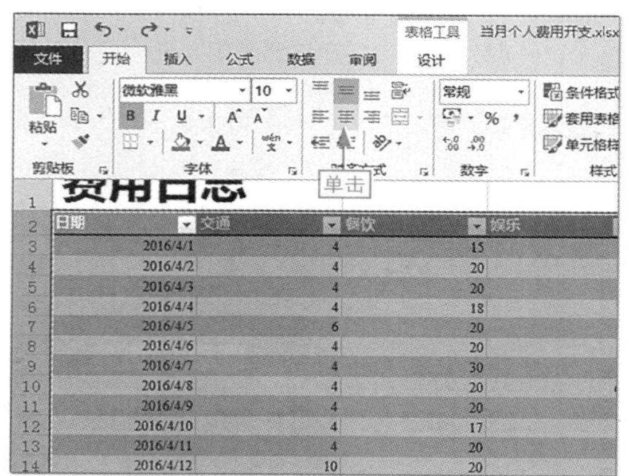

图14-14　设置对齐方式

步骤10 选择A列并在其上右击，选择“插入”命令，如图14-15所示。

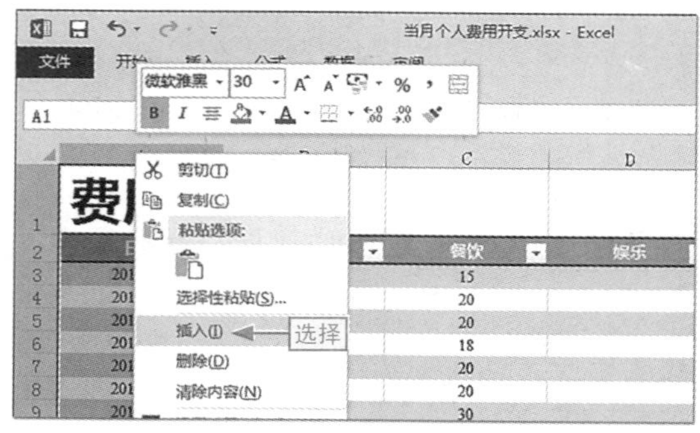

图14-15　选择“插入”命令

步骤11 以同样的方法再插入一空白列，如图14-16所示。

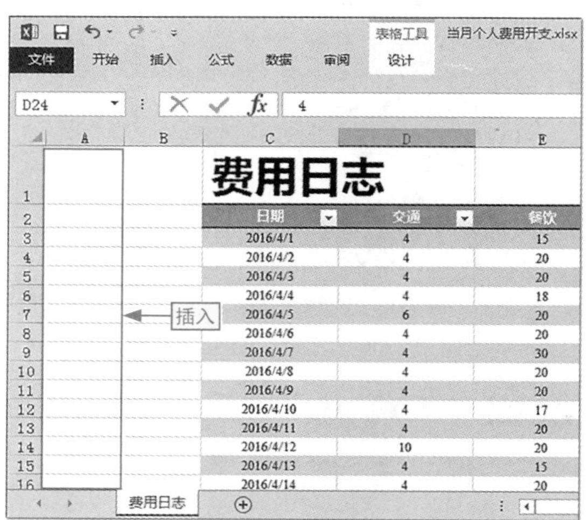

图14-16　再次插入列

步骤12 ❶选择第2行，在其上右击，❷选择“插入”命令，❸手动调整其行高，如图14-17所示。

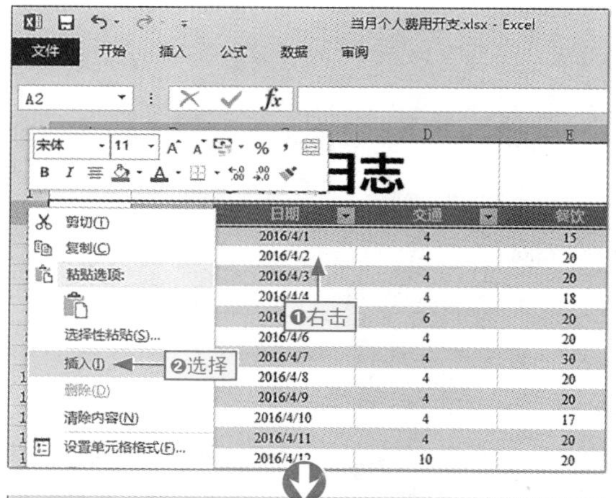

图14-17　插入空白行

步骤13 ❶选择B2:H2单元格区域，❷单击“填充颜色”下拉按钮，❸选择“其他颜色”命令，如图14-18所示。

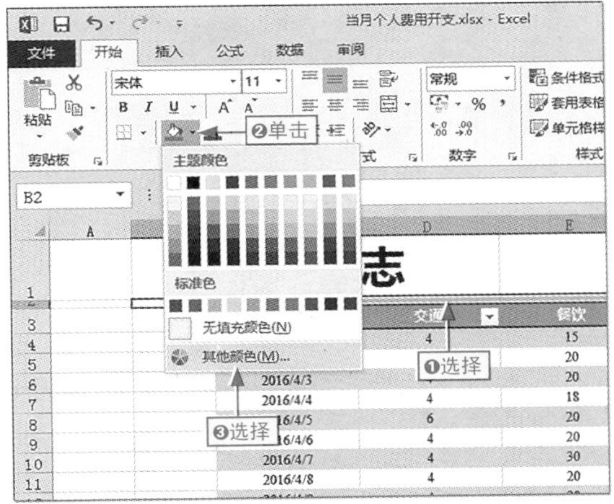

图14-18　为插入行的部分区域填充底纹

步骤14 打开“颜色”对话框，❶在“自定义”选项卡中拖动三角形滑块选择颜色，❷单击“确定”按钮，如图14-19所示。

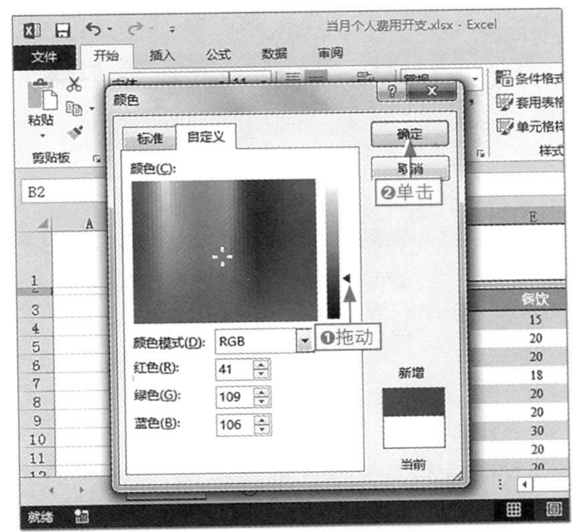

图14-19　选择自定义颜色

步骤15 按住Ctrl+Enter组合键，选择B3和H3单元格，❶单击“填充颜色”下拉按钮，❷选择“其他颜色”命令，打开“颜色”对话框，如图14-20所示。

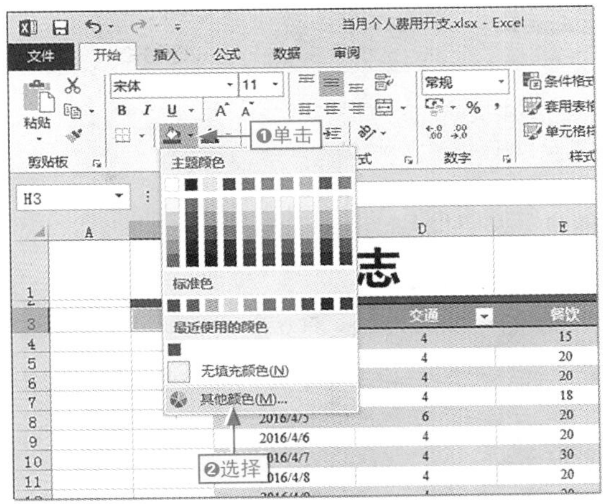

图14-20　选择“其他颜色”命令

步骤16 ❶在“自定义”选项卡中拖动三角形滑块选择颜色，❷单击“确定”按钮，如图14-21所示。

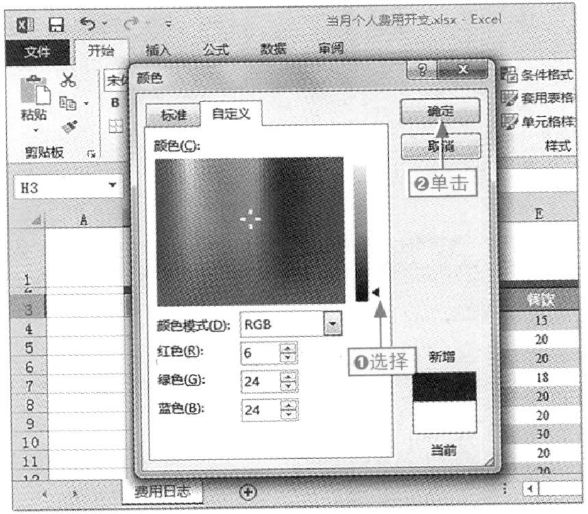

图14-21　选择自定义填充颜色

步骤17 手动拖动调整H列的列宽，如图14-22所示。

图14-22　手动调整列宽

步骤18 以同样的方法设置C3:G3单元格区域的填充底纹，如图14-23所示。

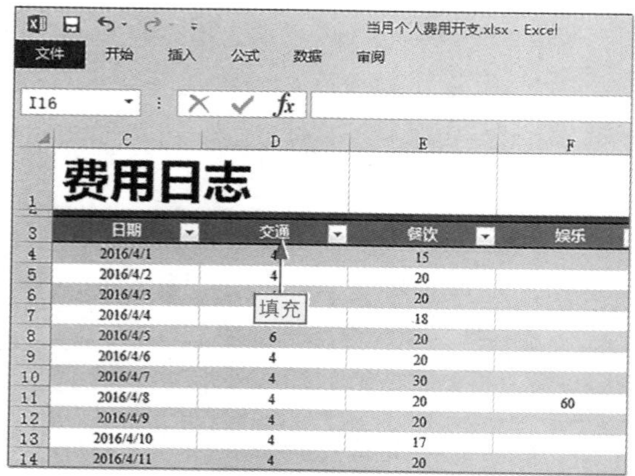

图14-23 设置填充底纹

步骤19 ❶选择F11单元格，❷单击“数字”组中的“对话框启动器”按钮，打开“设置单元格格式”对话框，如图14-24所示。

图14-24 打开“设置单元格格式”对话框

步骤20 ❶选择“自定义”选项，❷在“类型”文本框中输入“G/通用格式 电影”，❸单击“确定”按钮，如图14-25所示。

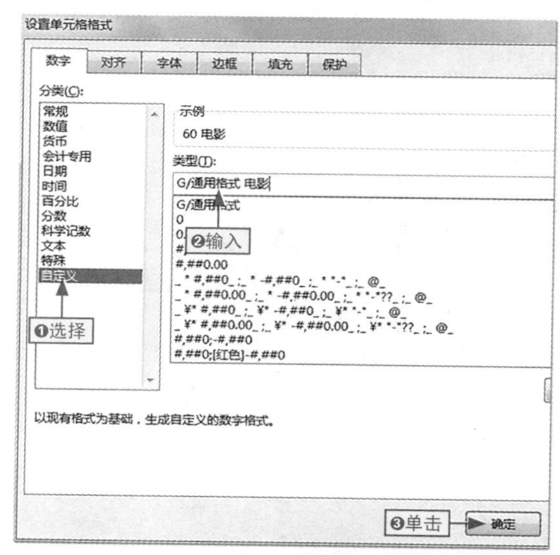

图14-25 自定义数据类型

步骤21 同样通过自定义数据类型为相应数据添加开支费用说明文字，如图14-26所示。

3	餐饮	娱乐	其他
4	15		
5	20		
6	20		
7	18		300 祭祖
8	20		
9	20		
10	30		
11	20	60 电影	
12	20		
13	17		120 鲜花
14	20		
15	20		

图14-26 添加说明文字

14.3 使用形状制作跳转

为了能更加方便地在表格之间进行跳转，可以在表格中添加两个快速跳转的超链接形状。

14.3.1 绘制和设置形状

要制作快速跳转的跳板，需要先将其绘制出来并在其中添加和设置相应的内容与格式。这里使用形状来制作，具体操作如下。

步骤01 ❶单击“形状”下拉按钮，❷选择“圆角矩形”形状，如图14-27所示。

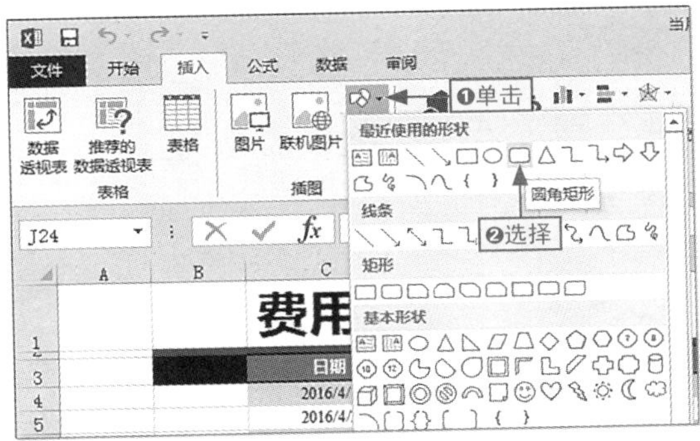

图14-27　插入圆角矩形

步骤02 ❶在表格的合适位置绘制圆角矩形，❷单击“形状填充”下拉按钮，❸在“最近使用的颜色”栏中选择“深青”选项，如图14-28所示。

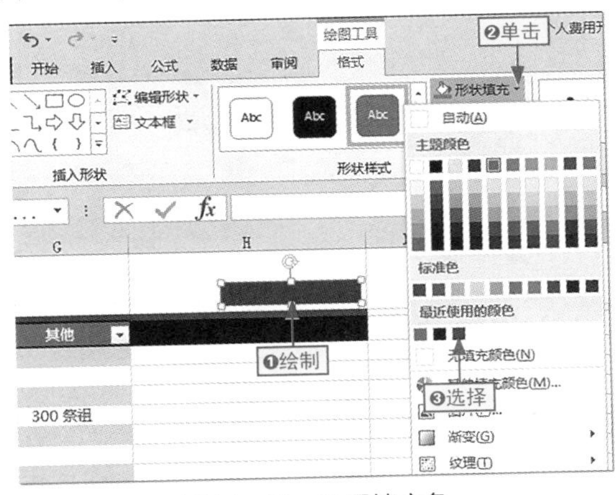

图14-28　设置填充色

步骤03 保持形状的选择状态，❶单击“形状轮廓”下拉按钮，❷在“最近使用的颜色”栏中选择“黑色”选项，如图14-29所示。

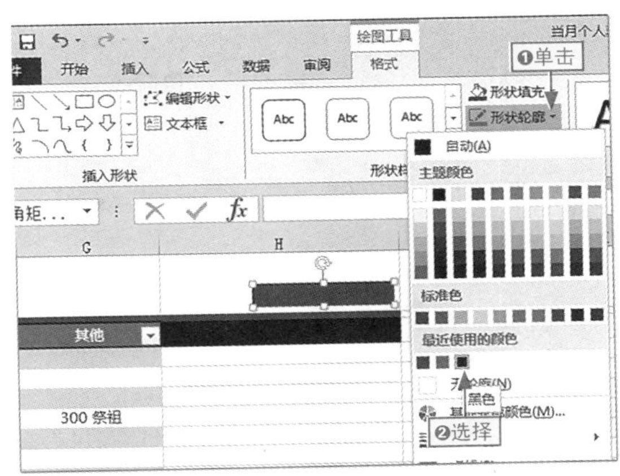

图14-29　选择轮廓颜色

步骤04 ❶单击“形状轮廓”下拉按钮，❷选择“粗细/其他线条”命令，打开“设置形状格式”窗格，如图14-30所示。

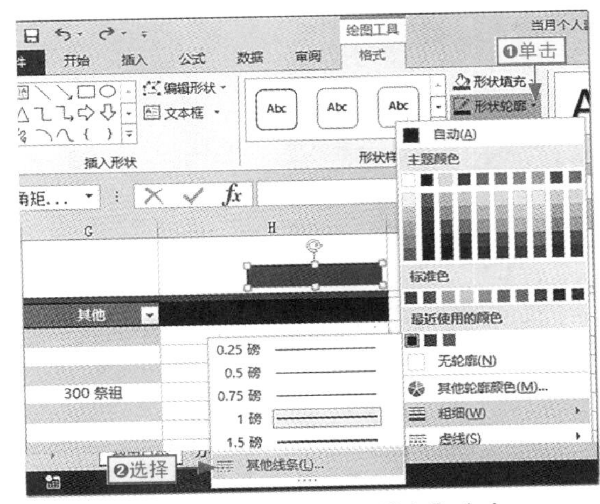

图14-30　选择“其他线条”命令

步骤05 ❶单击“填充线条”图标，❷设置“宽度”值为“1.1磅”，然后“关闭”窗格，如图14-31所示。

图14-31　设置边框线条宽度为“1.1磅”

步骤06 ❶在形状上右击，❷选择“编辑文字”命令，进入形状编辑的状态，如图14-32所示。

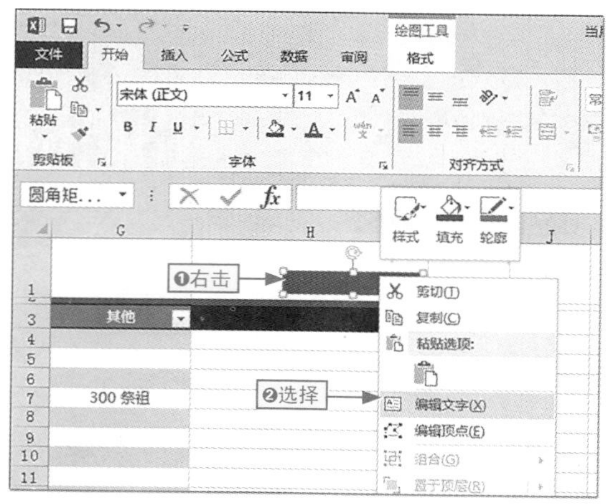

图14-32　进入形状编辑状态

步骤07 ❶输入“跳转到分析表”文本并将其选中，❷设置字体、字号并将其加粗，如图14-33所示。

图14-33　输入内容并设置其字体格式

14.3.2 添加跳转功能

绘制的形状本身不具有跳转功能，需要手动进行添加，这里通过添加超链接来实现，具体操作如下。

步骤01 ❶单击“新工作表”按钮，❷输入“分析表”，如图14-34所示。

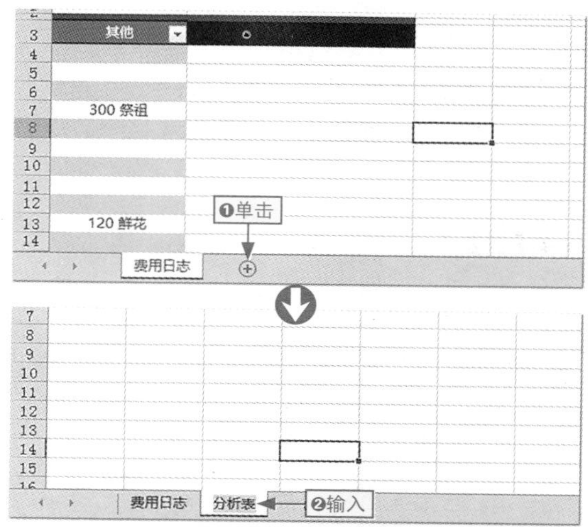

图14-34　新建并命名工作表名称

步骤02 ❶在“费用日志”工作表中选择整个形状，❷单击“插入”选项卡中的“超链接”按钮，如图14-35所示。

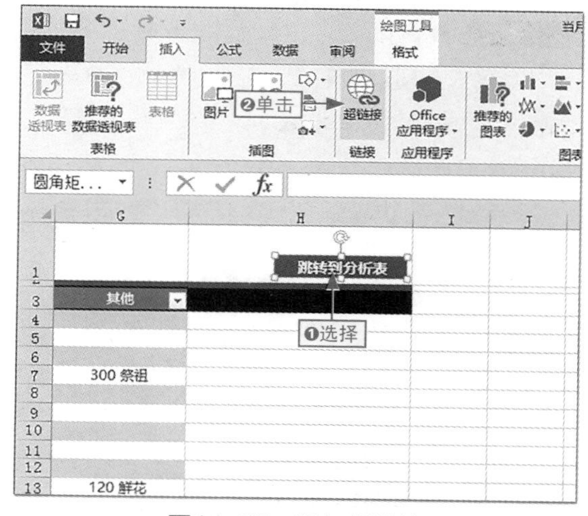

图14-35　添加超链接

步骤03 打开“插入超链接”对话框，❶单击“本文档中的位置”按钮，❷在“请键入单元格引用”文本框中输入“A1”，❸在“或在此文档中选择一个位置”文本框中选择“分析表”，然后单击“确定”按钮，如图14-36所示。

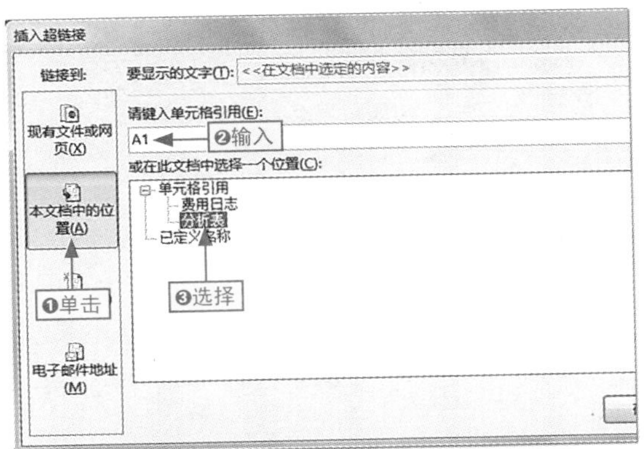

图14-36 设置链接位置为“分析表”

步骤04 ❶复制整个形状，❷单击“分析表”工作表标签，如图14-37所示。

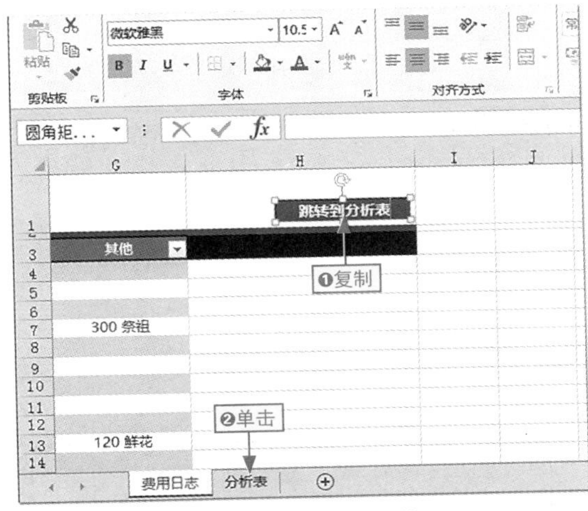

图14-37 复制形状

步骤05 ❶粘贴形状并在其上右击，❷选择“编辑文字”命令，如图14-38所示。

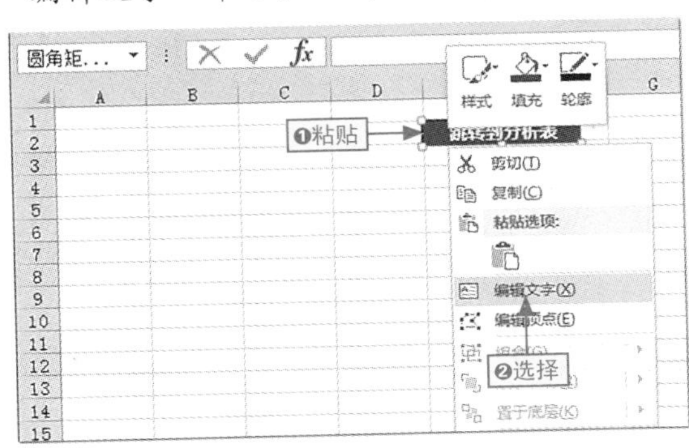

图14-38 粘贴形状并编辑文字

步骤06 进入文字编辑状态，将其中的“分析表”更改为“费用日志”，然后拖动调整形状宽度，使其能容纳更改后的文字，如图14-39所示。

图14-39 更改形状文字并调整宽度

步骤07 ❶选择整个形状并右击，❷选择“编辑超链接”命令，打开“编辑超链接”对话框，如图14-40所示。

图14-40 选择“编辑超链接”命令

步骤08 在“编辑超链接”对话框中，❶单击“本文档中的位置”按钮，❷在“请键入单元格引用”文本框中输入“C1”，❸在“或在此文档中选择一个位置”文本框中选择“费用日志”，然后单击“确定”按钮，如图14-41所示。

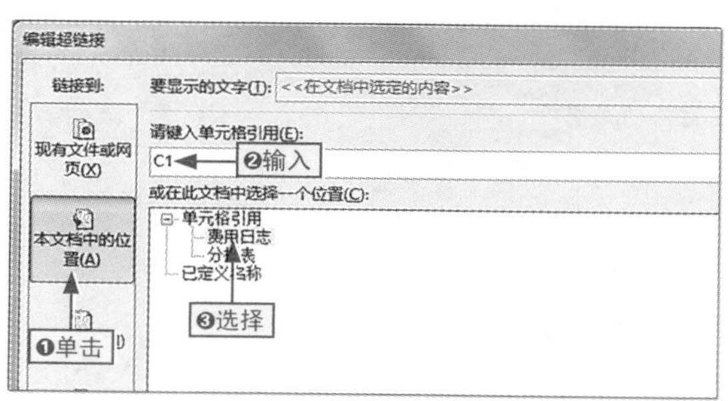

图14-41 更改链接对象为“费用日志”表

14.4 使用图表分析

要直观展示和分析各个开支消费的情况及当月整体情况，可以通过图表来完成。

14.4.1 制作分析表结构

分析表用来放置分析当月消费数据的图表，但作为一个单独的工作表，最好将其结构制作为与“费用日志”工作表的样式基本相同，从而实现协调一致，具体操作如下。

步骤01 ❶将形状移到第2行以外的任何位置，❷在B2单元格中输入“个人费用”，如图14-42所示。

图14-42 移动形状位置并输入数据

步骤02 选择B2单元格，按Ctrl+1组合键，打开“设置单元格格式”对话框，在“字体”选项卡中设置“字体”“字形”和“字号”分别为“微软雅黑”“加粗”和“30”，然后单击“确定”按钮，如图14-43所示。

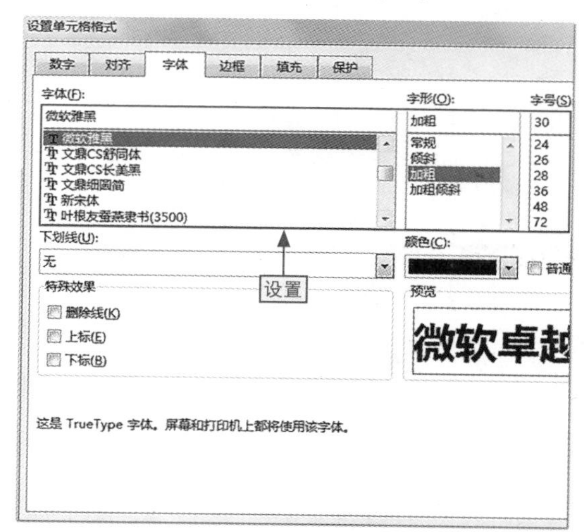

图14-43 设置字体格式

步骤03 ❶选择A3:H3单元格区域，❷单击“填充颜色”下拉按钮，❸选择“深青”选项，如图14-44所示。

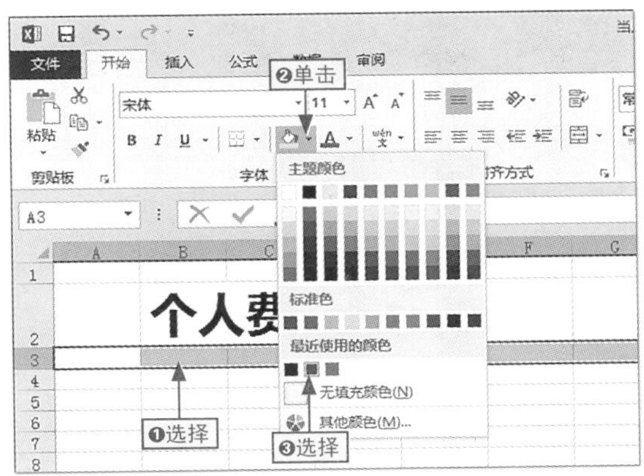

图14-44 为单元格区域填充“深青”底纹

步骤04 ❶选择A4:H4单元格区域，❷单击“填充颜色”下拉按钮，❸选择“黑色”选项，如图14-45所示。

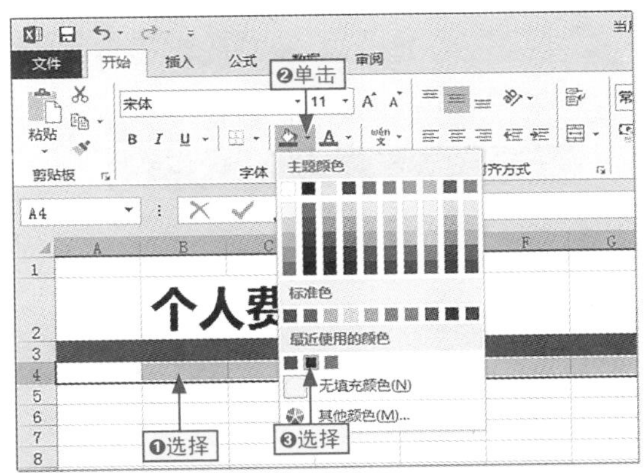

图14-45 为单元格区域填充“黑色”底纹

步骤05 手动调整H列的列宽到合适位置，为后面图表调整宽度做参考和对比，如图14-46所示。

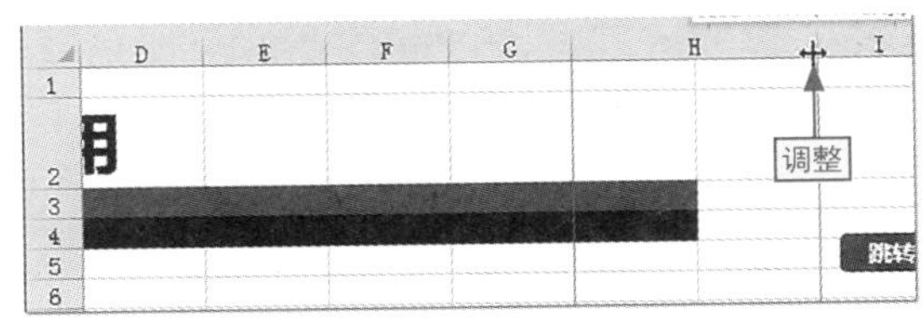

图14-46 调整列宽

步骤06 将形状移到H2单元格的右侧位置，如图14-47所示。

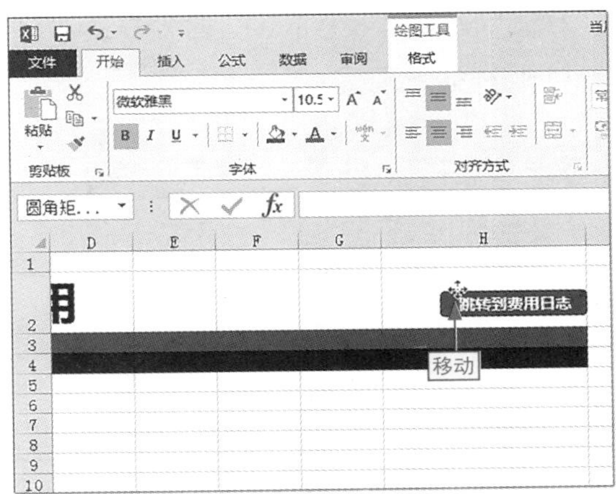

图14-47 移动形状到合适位置

14.4.2 插入图表对数据进行分析

表格结构制作完成后，就可以着手制作分析个人开支费用的图表了，这里创建双坐标轴的簇状柱形图，具体操作如下。

步骤01 ❶选择A6单元格，❷单击“柱形图”下拉按钮，❸选择“簇状柱形图”选项，如图14-48所示。

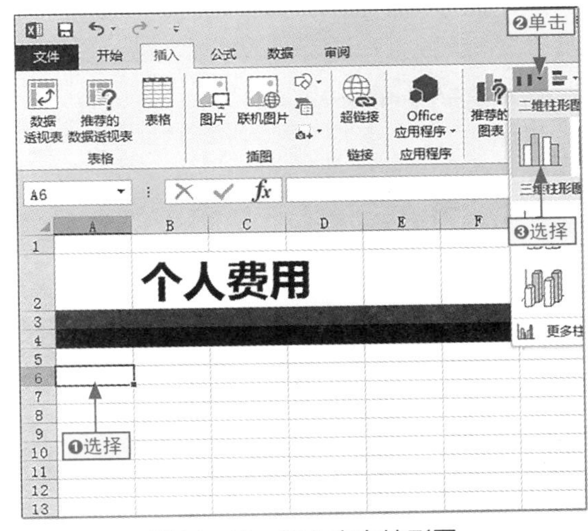

图14-48 插入空白柱形图

步骤02 ❶将图表移到合适位置并在其上右击，❷选择“选择数据”命令，打开“选择数据源”对话框，❸单击“折叠”按钮，如图14-49所示。

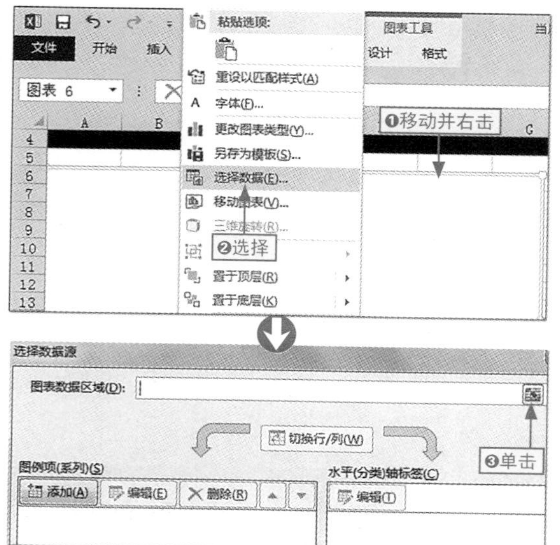

图14-49　为图表添加数据源

步骤03 单击“分析表”工作表标签，在表格中选择C3:G33单元格区域，然后单击“展开”按钮，返回到“选择数据源”对话框，单击“确定”按钮，如图14-50所示。

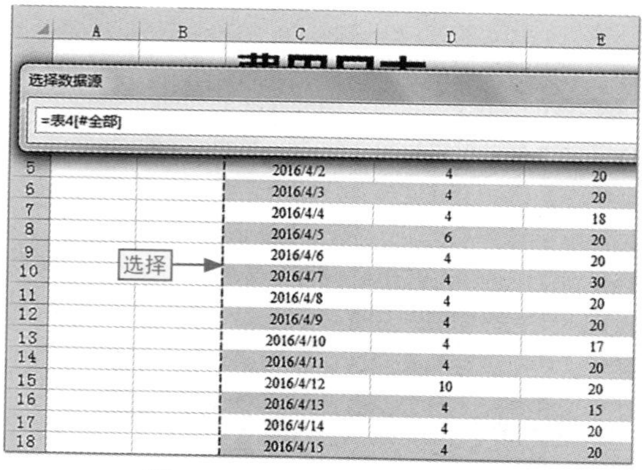

图14-50　选择图表数据源

步骤04 ❶选择整个图表，❷单击“图表工具-设计”选项卡中的“快速布局”下拉按钮，❸选择“布局11”选项，如图14-51所示。

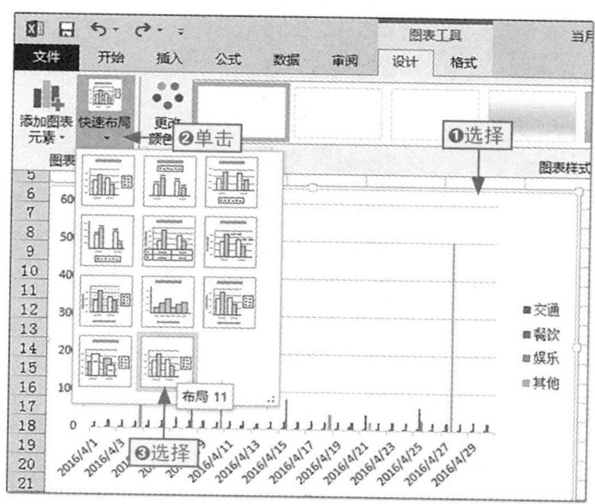

图14-51　选择布局样式

步骤05 手动拖动调整图表宽度到H列的单元格线上，如图14-52所示。

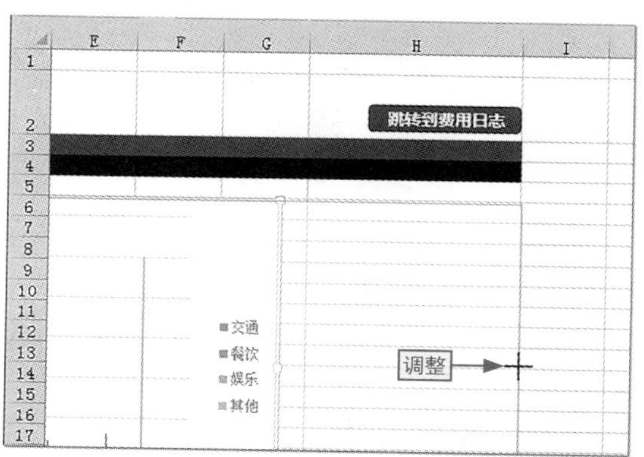

图14-52　调整图表宽度

步骤06 在图表上右击，选择“更改图表类型”命令，如图14-53所示。

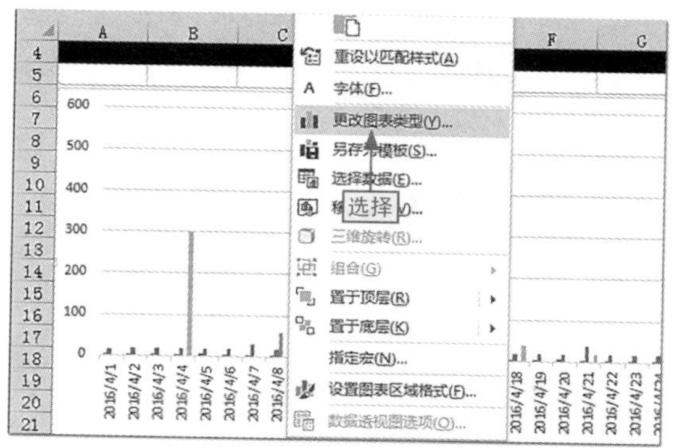

图14-53　选择“更改图表类型”命令

步骤07 打开“更改图表类型”对话框，❶在“所有图表”选项卡中单击“组合”选项，❷选中“其他”栏中的“次坐标轴”复选框，❸单击“确定”按钮，如图14-54所示。

图14-54 添加次坐标轴

步骤08 返回到工作表中即可看到图表的设置效果，如图14-55所示。

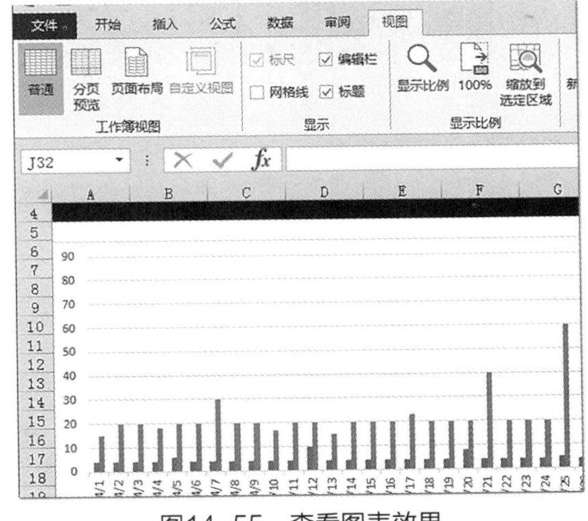

图14-55 查看图表效果

14.5 案例制作总结和答疑

本章我们制作的当月个人费用开支工作簿包括两个方面：数据记录登记表和分析数据的图表，分别放置在不同的工作表中，并且通过超链接功能实现快速调整。其中，较为复杂和烦琐的是对费用日志工作表标题行的格式设置，其他部分操作相对较为简洁，容易理解，不容易出错。

在制作过程中，大家可能会遇到一些操作上的问题，下面就可能遇到的几个问题做简要回答，帮助大家顺利地完成制作。

给你支招 | 安装没有或缺失的字体

小白：在Excel的字体选项中没有微软雅黑和Times New Romam，该怎么办？

阿智：我们可以在IE中下载，然后在字体上❶右击，❷选择“安装”命令进行安装，如图14-56所示。

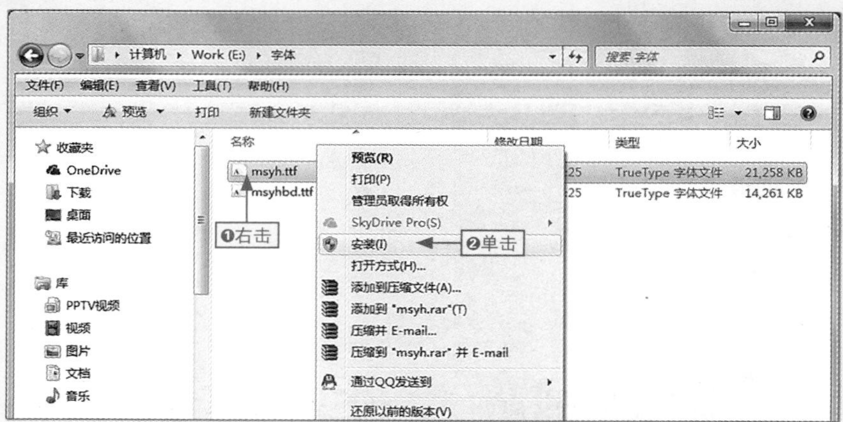

图14-56　安装微软雅黑字体

给你支招 | 避免再次对矩形大小进行设置

小白：我们在“分析表”工作表中对B2单元格中的“个人费用”设置字体前，为什么要将其位置移到第2行以外？

阿智：因为在设置B2单元格中的字体格式前，若不将其移开，形状会被撑高，而导致其中的内容无法正常显示，如图14-57所示，后面又需要手动进行调整，显得麻烦，所以事先将其移开。

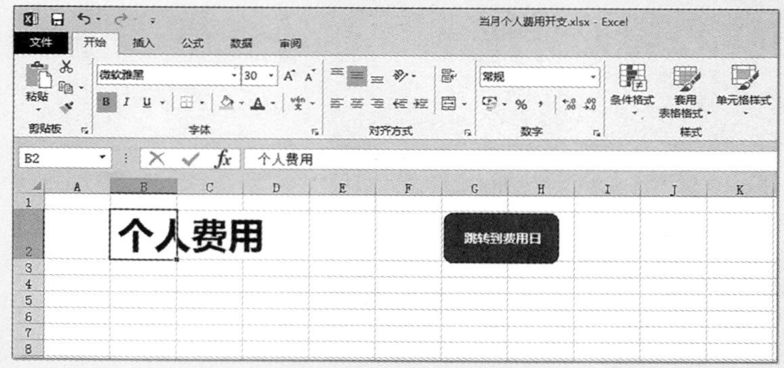

图14-57　形状大小发生变化且内容显示不全

Chapter 15 公司年终演示报告

学习目标

本章我们将通过母版定义和基本幻灯片的制作来综合使用图片、音频、图表、SmartArt图、形状、文本框等对象，其中会涉及相关的操作，如插入、设置、绘制、超链接和动画的添加等，帮助用户更好和更灵活地制作出不同样式和风格的演示文稿。

本章要点

- 制作年终报告整体风格
- 添加开场音乐
- 制作公司概况幻灯片
- 制作组织结构调整幻灯片
- 制作图表分析幻灯片
- 制作目录幻灯片
- 为元素添加动画

知识要点	学习时间	学习难度
制作年终报告母版	50分钟	★★★★★
制作年会幻灯片	105分钟	★★★★★

15.1 案例制作效果和思路

小白：我们要制作年会总结演示文稿，该怎样来制作呢?

阿智：我们可先设置整个演示文稿的风格样式，再制作具体的幻灯片，同时添加相应的播放动画。

本例制作的“年终报告”演示文稿，属于常用的综合性演示文稿，实用性和应用性较强，在其中我们将会用到母版、图片、音频、图表、SmartArt图、动画等。图15-1所示是制作的年终报告的部分效果。图15-2所示是制作该案例的大体操作思路。

本节素材	⊙ \素材\Chapter15\年终报告
本节效果	⊙ \效果\Chapter15\年终报告.pptx
学习目标	掌握使用图片、音频、图表、SmartArt图等的方法
难度指数	★★★★★

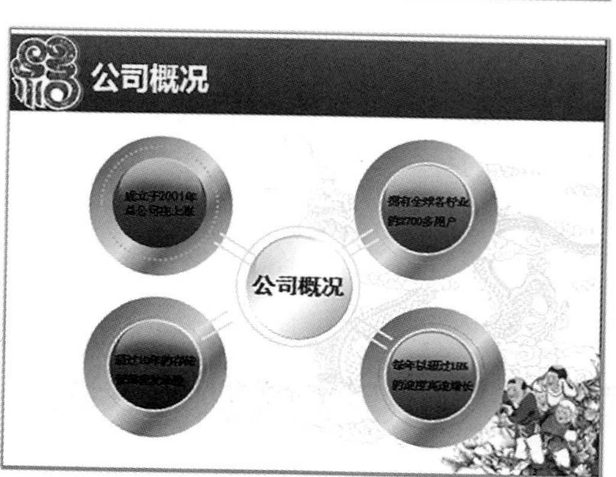

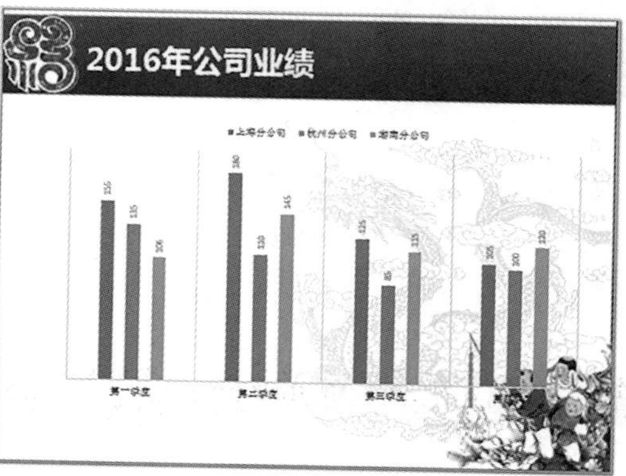

图15-1 案例部分效果

新建“年终报告”演示文稿 → 添加本地图片作为背景图片 → 制作标题PPT → 设置各级标题格式 → 添加主标题制作封面幻灯片 → 添加仅标题幻灯片 → 绘制和设置形状格式 → 添加标题和内容幻灯片 → 添加和设置层次结构SmartArt图 → 添加标题和内容幻灯片 → 插入柱形图表并输入数据分析业绩 → 插入仅标题幻灯片 → 绘制和设置形状制成业绩预测图表 → 制作目录幻灯片添加超链接 → 为相应对象添加对话

图15-2　案例制作大体流程

15.2 制作年终报告母版

制作年终报告演示文稿，会用到多种相同样式的幻灯片，为了制作更加方便和快捷，可以先定义一个整体风格的母版。

15.2.1 制作年终报告整体风格

在制作年终报告时会多次用到同一样式的幻灯片，如标题和内容等幻灯片样式，所以，应先定义这些将要被用到的幻灯片样式或风格。

下面制作带有背景图片和标题格式的母版样式，具体操作如下。

步骤01 ❶新建空白演示文稿，按F12键，❷打开“另存为”对话框，❸选择保存位置并设置文件名，❹单击“保存”按钮，创建“年终报告”演示文稿，如图15-3所示。

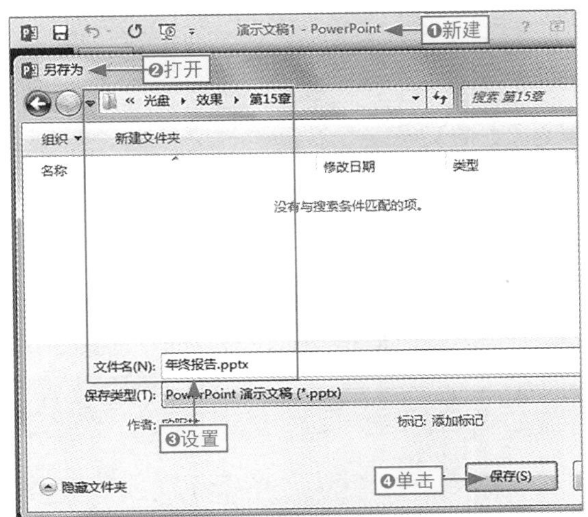

图15-3　创建“年终报告”演示文稿

步骤02 ❶单击“视图”选项卡，在“母版视图”组中❷单击“幻灯片母版”按钮，如图15-4所示。

图15-4　单击“幻灯片母版”按钮

步骤03 ❶单击“幻灯片大小”下拉按钮，❷选择“标准(4:3)”选项，如图15-5所示。

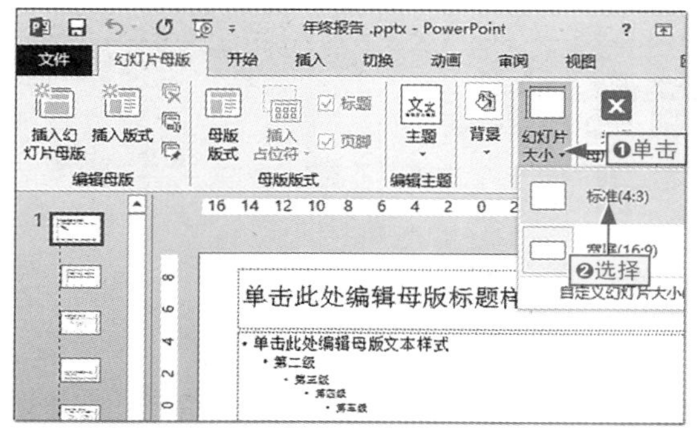

图15-5　调整幻灯片大小

步骤04 ❶选择第一张幻灯片缩略图，❷在幻灯片的空白位置右击，❸选择“设置背景格式”命令，如图15-6所示。

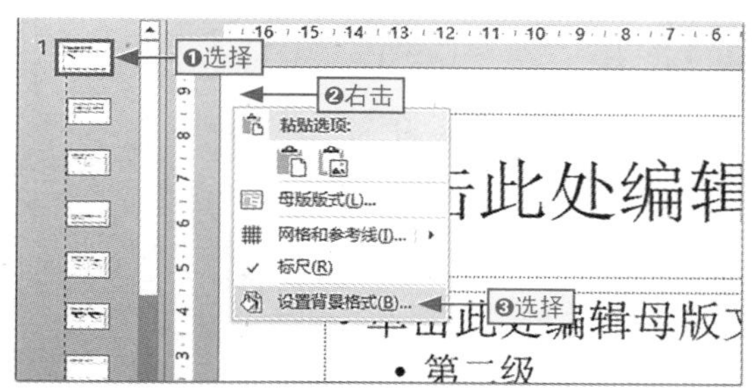

图15-6　选择“设置背景格式”命令

步骤05 打开“设置背景格式”窗格，❶在“填充”选项卡中选中“图片或纹理填充”单选按钮，❷单击“文件”按钮，如图15-7所示。

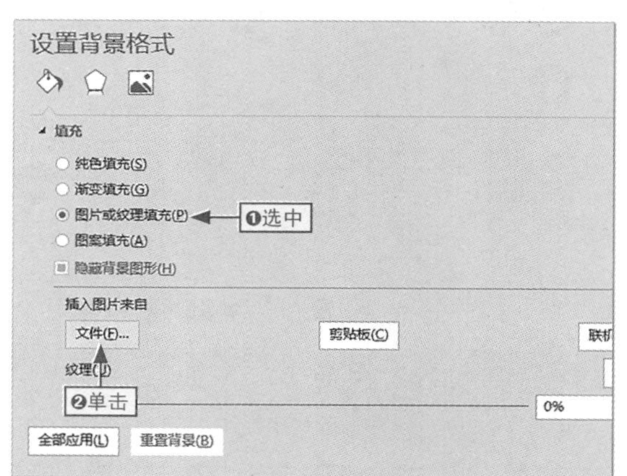

图15-7　指定图案填充方式

步骤06 打开“插入图片”对话框，❶找到素材图片存放路径，选择“主背景”素材图片，❷单击“插入”按钮，如图15-8所示。

图15-8　插入主背景

步骤07 返回到“设置背景格式”窗格中，设置“向上偏移”的参数为“-5%”，单击“关闭”按钮，关闭窗格，如图15-9所示。

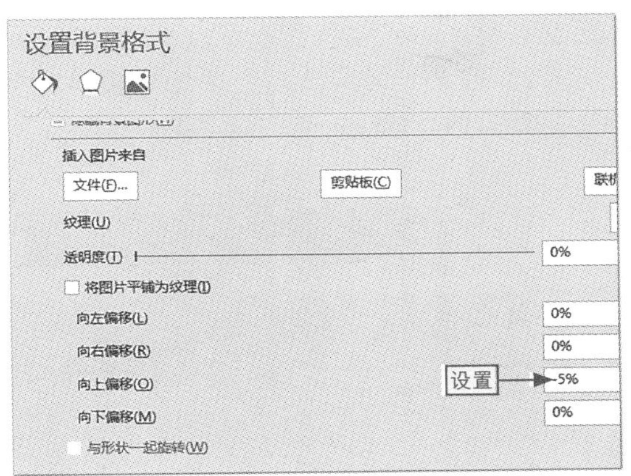

图15-9 设置向上偏移量

步骤08 将幻灯片中的标题和正文占位符移动到合适位置，如图15-10所示。

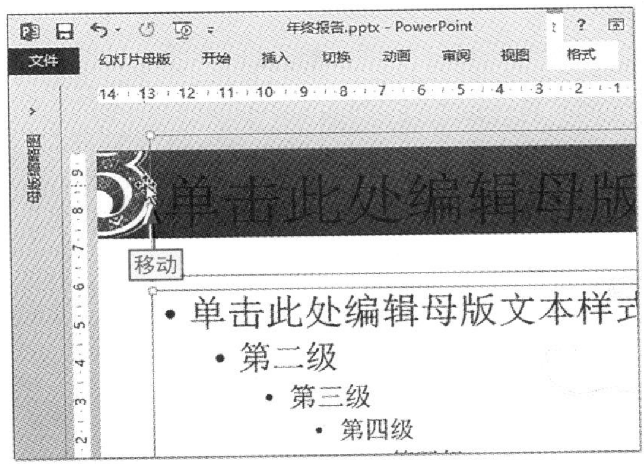

图15-10 移动文本框位置

步骤09 ❶选择标题文本，❷设置字体、字号分别为“微软雅黑”“36”并将其加粗，如图15-11所示。

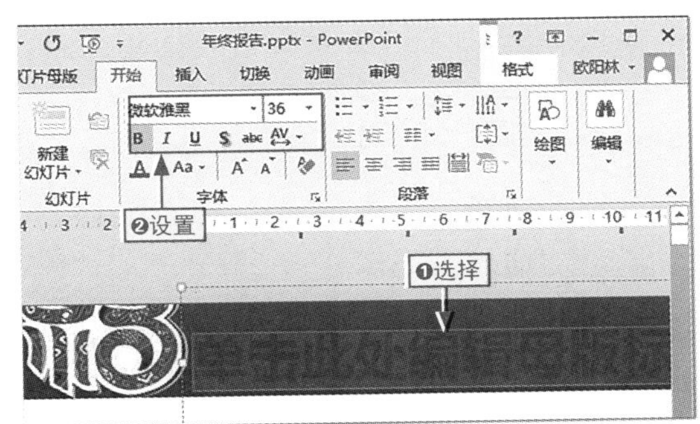

图15-11 设置标题文本的格式

步骤10 ❶单击字体颜色下拉按钮，❷选择“白色,背景1”选项，如图15-12所示。

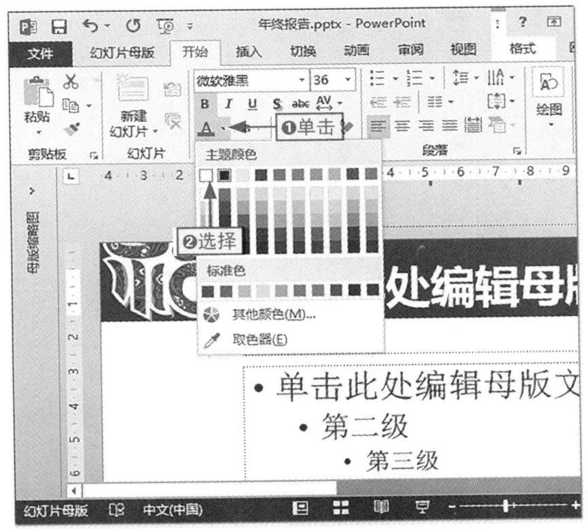

图15-12 设置字体颜色

步骤11 ❶选择第一级文本，❷设置字体、字号分别为“微软雅黑”“32”，如图15-13所示。

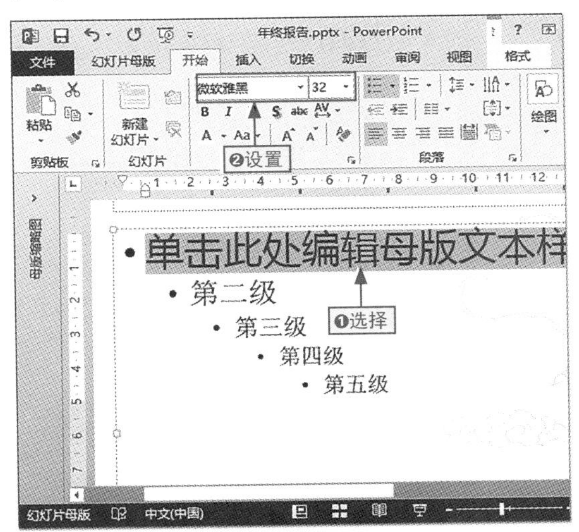

图15-13 设置第一级标题文本的格式

步骤12 ❶选择第二级文本，❷设置字体、字号分别为“微软雅黑”“28”，如图15-14所示。

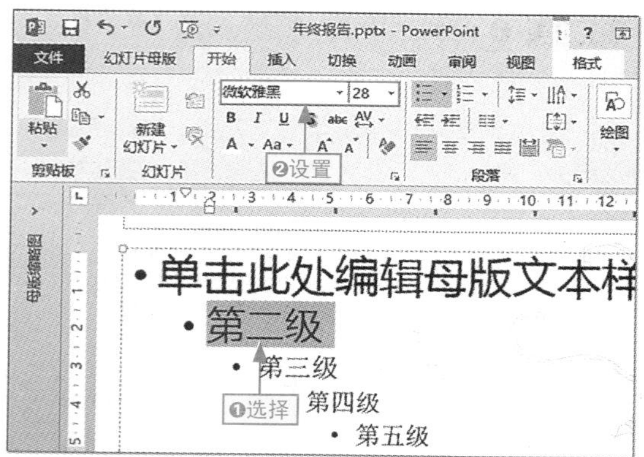

图15-14　设置第二级标题文本的格式

步骤13 ❶选择第三级文本，❷设置字体、字号分别为"微软雅黑""20"，如图15-15所示。

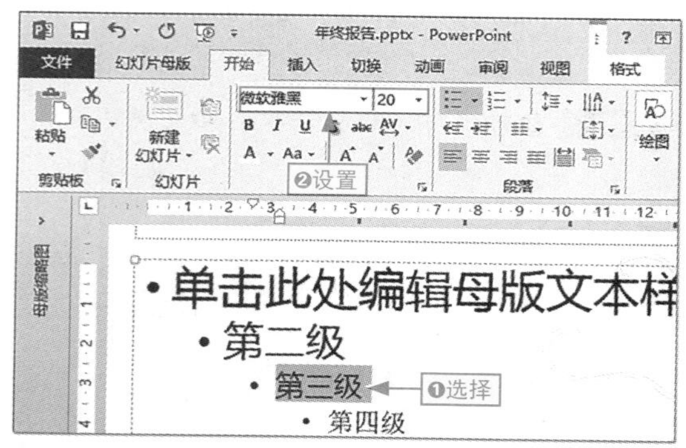

图15-15　设置第三级标题文本的格式

步骤14 ❶选择第四、五级文本，❷设置字体、字号分别为"微软雅黑""18"，如图15-16所示。

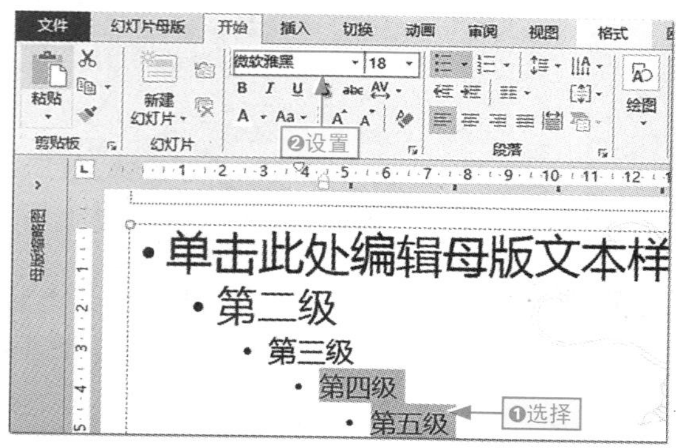

图15-16　设置第四、五级标题文本的格式

步骤15 ❶在标题幻灯片上右击，❷选择"设置背景格式"命令，打开"设置背景格式"窗格，如图15-17所示。

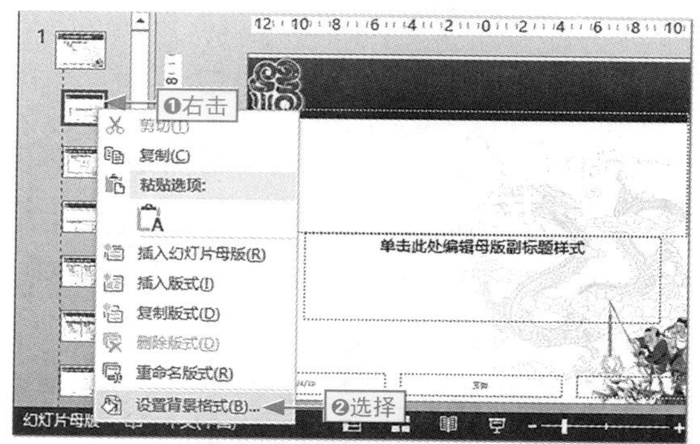

图15-17　选择"设置背景格式"命令

步骤16 单击"文件"按钮，打开"插入图片"对话框，如图15-18所示。

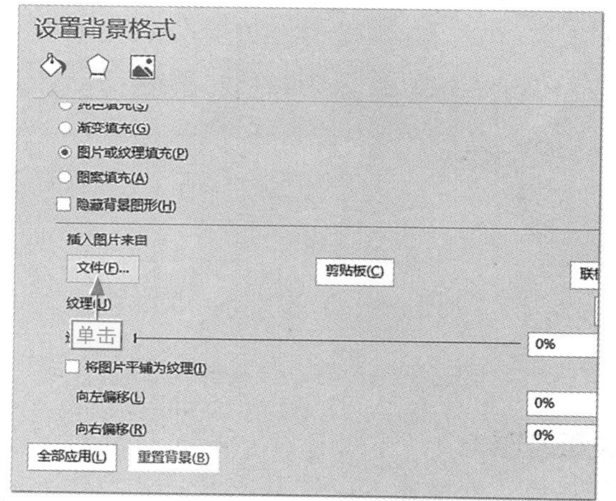

图15-18　单击"文件"按钮

步骤17 选择"标题背景"图片选项，然后单击"插入"按钮，如图15-19所示。

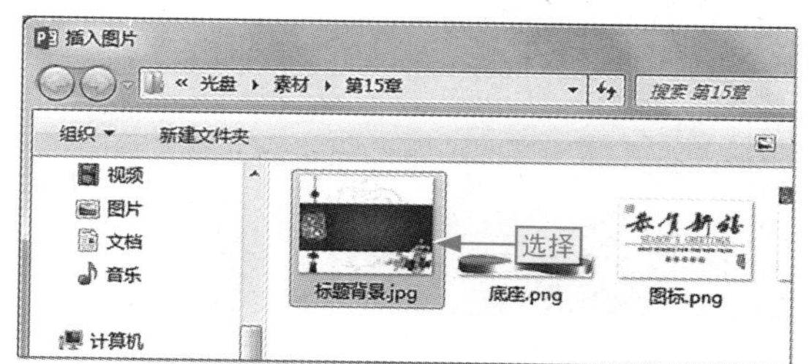

图15-19　插入标题背景图片

步骤18 ❶选择标题文本，❷设置字体、字号分别为“微软雅黑”“48”，如图15-20所示。

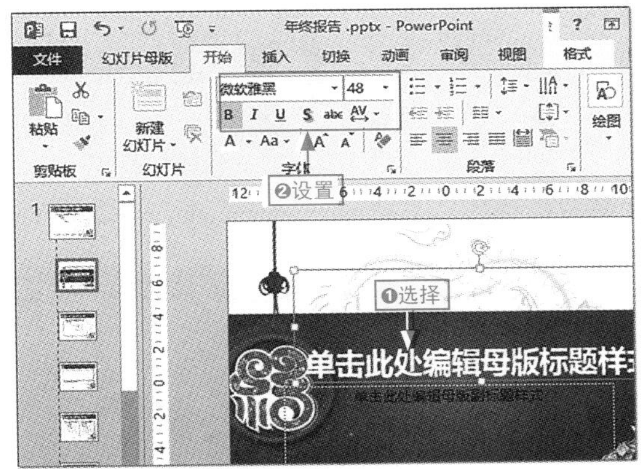

图15-20 设置标题文本的格式

15.2.2 添加开场音乐

对于首页，可以为其添加开场音乐，让演示文稿更加丰富和立体。

下面将本地的“开场音乐”文件插入母版的标题（也就是第二张）幻灯片中，并且让其在播放时隐藏喇叭图标，具体操作如下。

步骤01 ❶单击“音频”下拉按钮，❷选择“PC上的音频”命令，打开“插入音频”对话框，如图15-21所示。

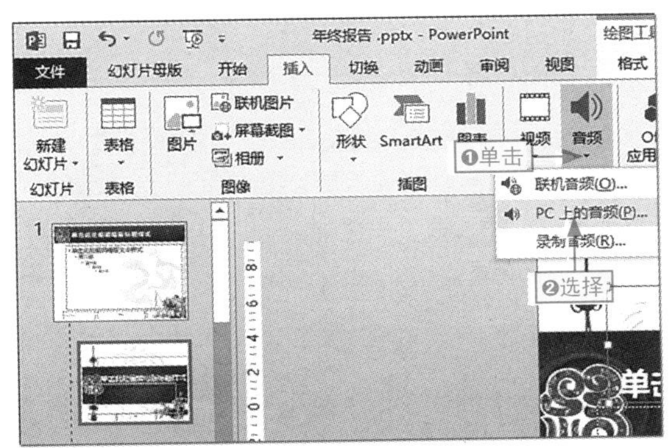

图15-21 添加PC上的音频

步骤02 找到音频素材存放路径，❶选择“开场”音频文件，❷单击“插入”按钮，如图15-22所示。

图15-22 插入开场音乐

步骤03 将声音的喇叭图标移到幻灯片的右上角并将其调整到合适大小，如图15-23所示。

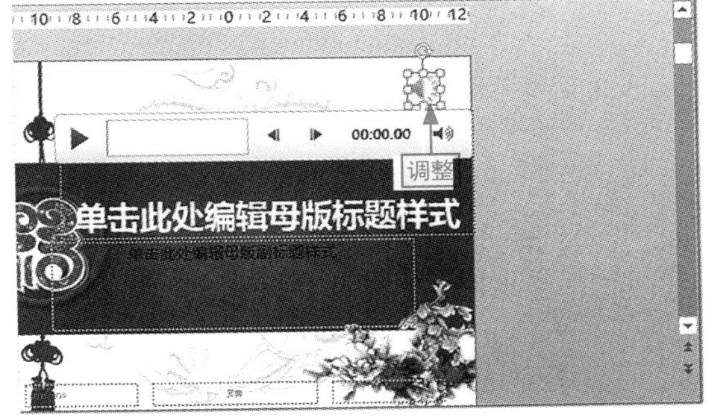

图15-23 调整声音图标的大小和位置

步骤04 保持音频声音图标的选择状态，在“音频工具-播放”选项卡中选中“放映时隐藏”复选框，如图15-24所示。

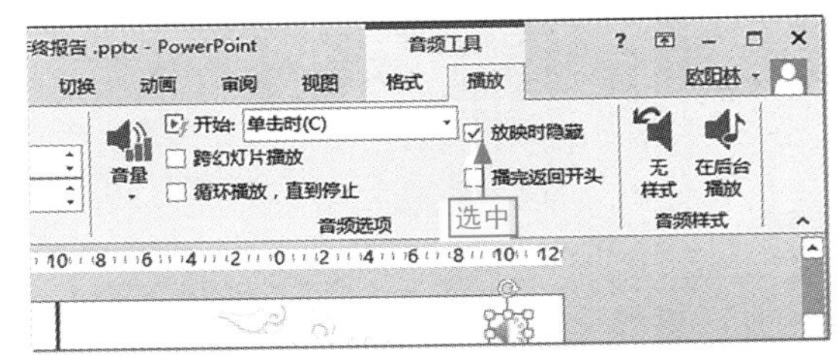

图15-24 放映时隐藏声音图标

步骤05 ❶单击“音量”下拉按钮，❷选择“低”选项，如图15-25所示。

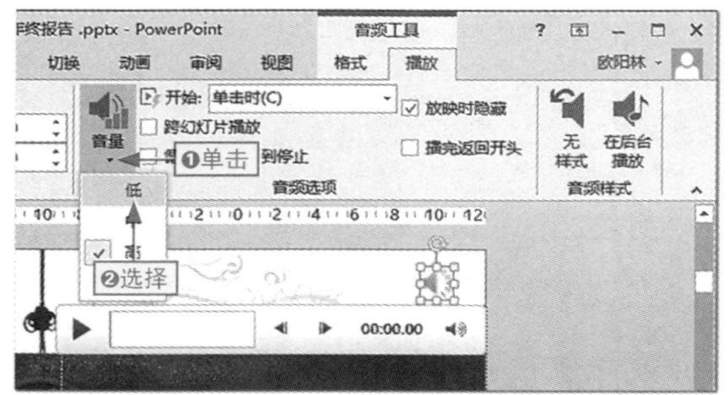

图15-25 设置声音音量大小

步骤06 切换到“幻灯片母版”选项卡，单击“关闭母版视图”按钮，如图15-26所示。

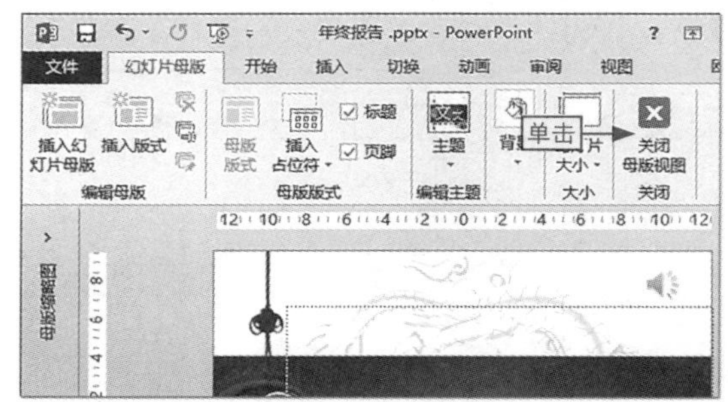

图15-26 退出母版视图

15.3 制作年会幻灯片

将风格样式定型后，就可以利用这些母版来制作年会演示文稿中需要的幻灯片了，如标题、目录、公司概况等。

15.3.1 制作公司概况幻灯片

公司概况幻灯片主要呈现公司的发展状况和历程。下面通过绘制形状来制作一个简要的公式概况结构图示，具体操作如下。

步骤01 ❶在幻灯片中删除副标题占位符，❷在主标题中输入标题文本并设置其格式，如图15-27所示。

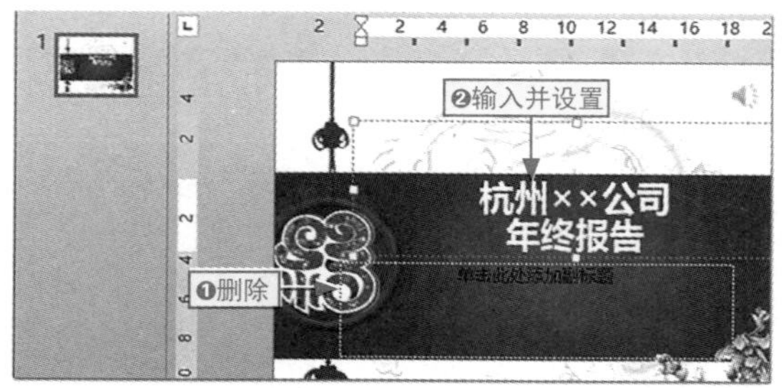

图15-27 设置首张幻灯片标题内容

步骤02 ❶在“插入”选项卡中单击“新建幻灯片”下拉按钮，❷选择“仅标题”选项，如图15-28所示。

图15-28 插入仅标题幻灯片

步骤03 在标题占位符中输入标题文本“公司概况”，如图15-29所示。

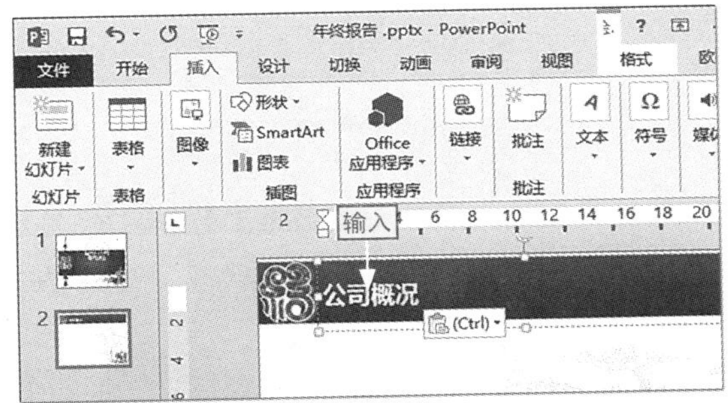

图15-29 输入标题

步骤04 ❶单击“形状”下拉按钮，❷选择“椭圆”形状，如图15-30所示。

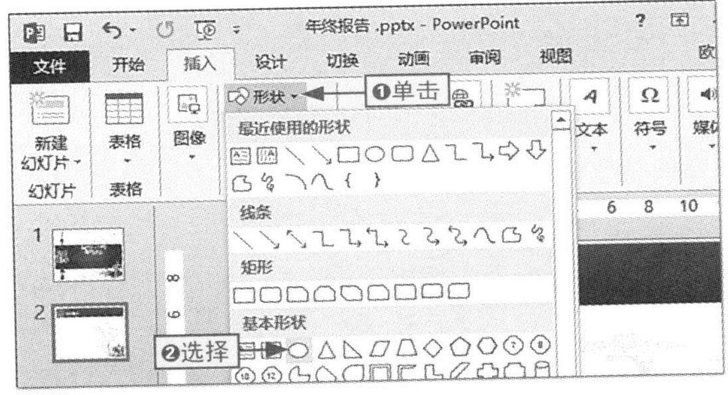

图15-30 插入椭圆形状

步骤05 ❶按住Shift键绘制一个正圆，打开“设置形状格式”窗格，❷选中“渐变填充”单选按钮，❸设置“类型”为“线性”、“角度”为“45”，设置渐变样式，如图15-31所示。

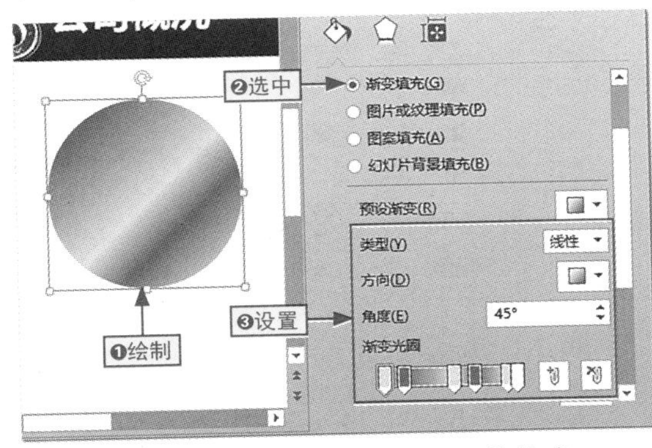

图15-31 绘制正圆并设置形状格式

步骤06 ❶再次绘制正圆，❷单击“填充颜色”下拉按钮，❸选择“无填充颜色”命令，如图15-32所示。

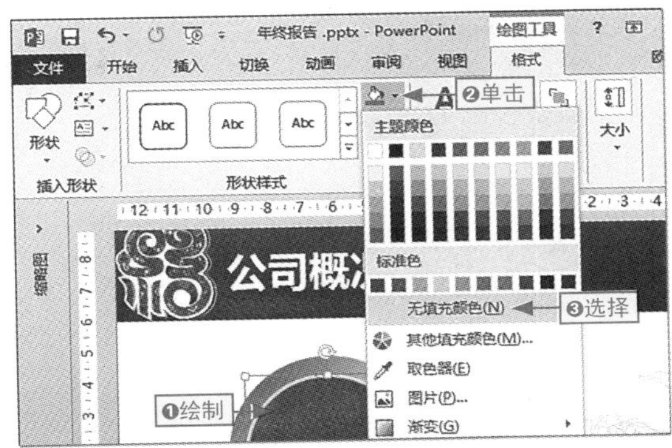

图15-32 绘制正圆并取消其填充色

步骤07 ❶单击“形状轮廓”下拉按钮，❷选择“虚线/圆点”命令，❸再在其中绘制一个正圆，如图15-33所示。

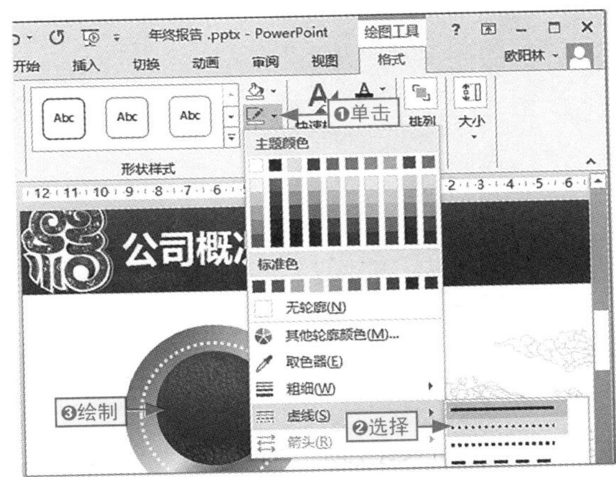

图15-33 将正圆的线条轮廓更改为虚线

步骤08 选择虚线轮廓正圆形状，❶单击“形状轮廓”下拉按钮，❷选择一种需要的颜色，如图15-34所示。

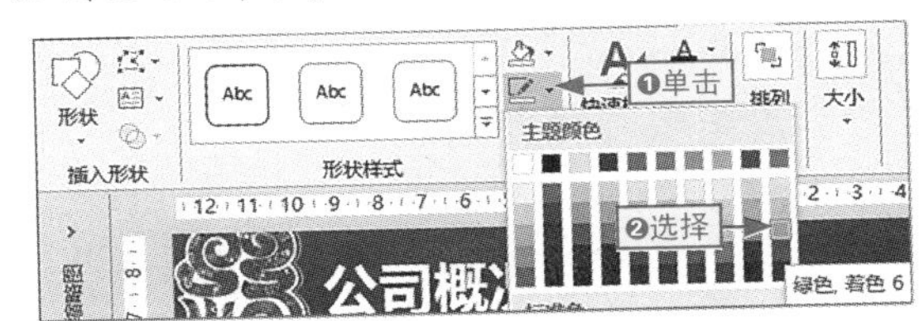

图15-34 设置轮廓颜色

步骤09 ❶选择绘制的形状，❷单击“对齐”下拉按钮，❸选择“左右居中”命令，如图15-35所示。

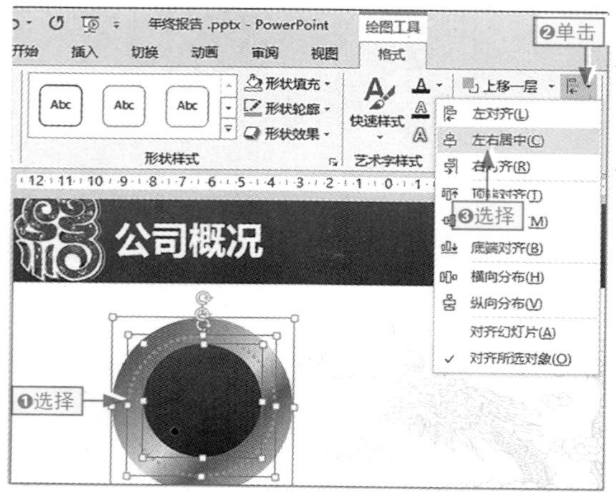

图15-35 左右居中对齐形状

步骤10 ❶单击“对齐”下拉按钮，❷选择“上下居中”命令，如图15-36所示。

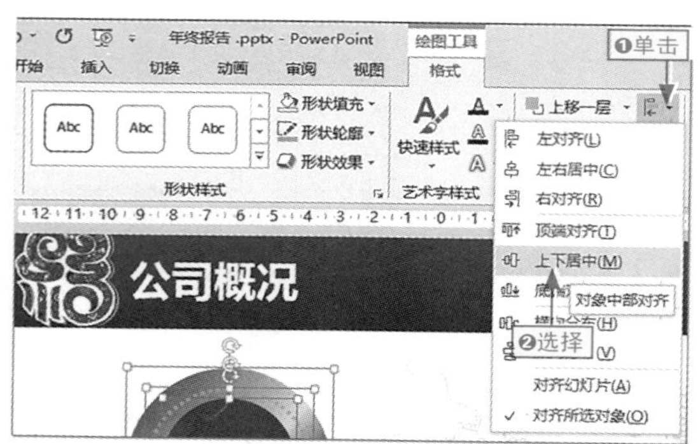

图15-36 上下居中对齐形状

步骤11 单击“插入”选项卡中的“文本框”按钮，如图15-37所示。

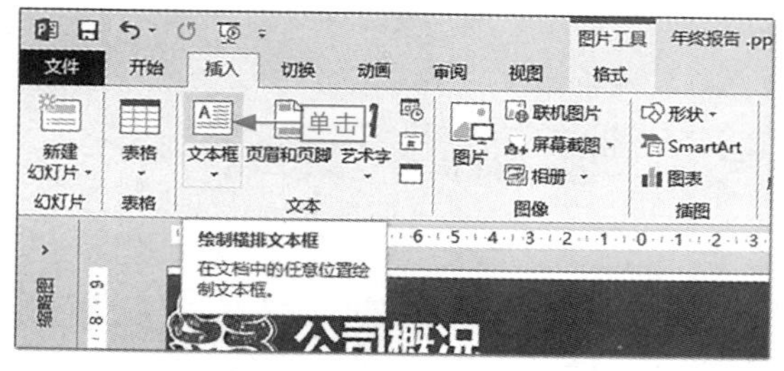

图15-37 插入文本框

步骤12 在正圆上绘制文本框，在其中输入文本内容并设置其字体大小，如图15-38所示。

图15-38 绘制文本框并输入内容

步骤13 单击“插入”选项卡中的“图片”按钮，如图15-39所示。

图15-39 插入本地图片

步骤14 打开“插入图片”对话框，❶选择“玻璃片”选项，❷单击“插入”按钮，如图15-40所示。

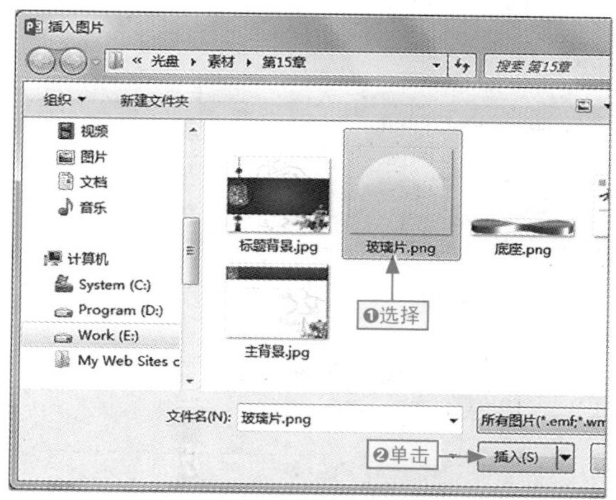

图15-40 插入“玻璃片”图片

步骤15 将插入的玻璃片移到合适位置，形成一个高光效果，如图15-41所示。

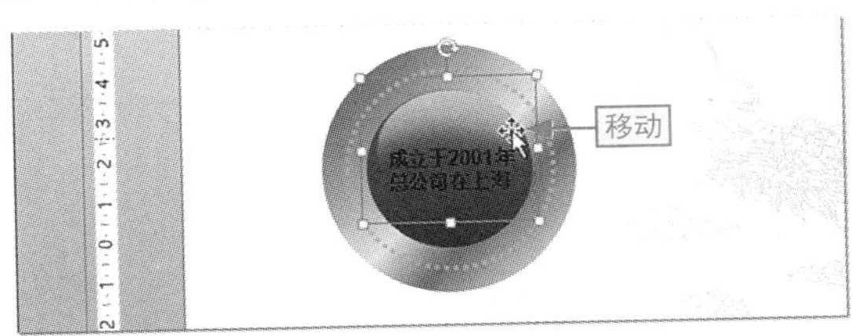

图15-41　移动玻璃片位置

步骤16 以同样的方法制作其他模块形状并将它们放置在合适的位置，如图15-42所示。

图15-42　制作其他模块形状

15.3.2 制作组织结构调整幻灯片

公司组织结构幻灯片是由一个单独的SmartArt图组成的，操作相对简单。

步骤01 ❶单击“插入”选项卡中的“新建幻灯片”下拉按钮，❷选择“标题和内容”幻灯片选项，如图15-43所示。

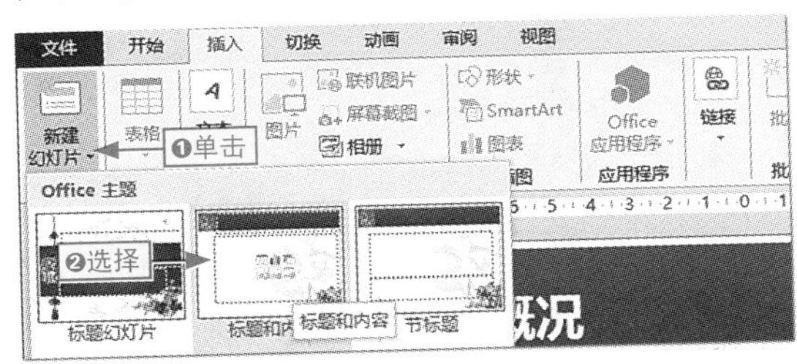

图15-43　新建“标题和内容”幻灯片

步骤02 在占位符中单击“插入SmartArt图形”按钮，如图15-44所示。

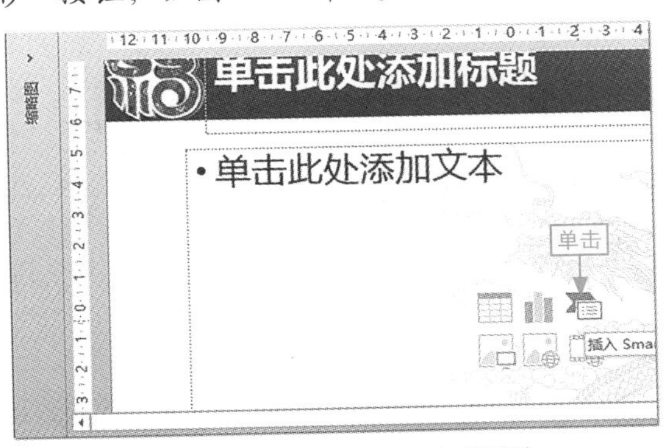

图15-44　插入SmartArt图形

步骤03 打开“选择SmartArt图形”对话框，❶选择“层次结构”选项，❷双击“水平多层层次结构”图标，如图15-45所示。

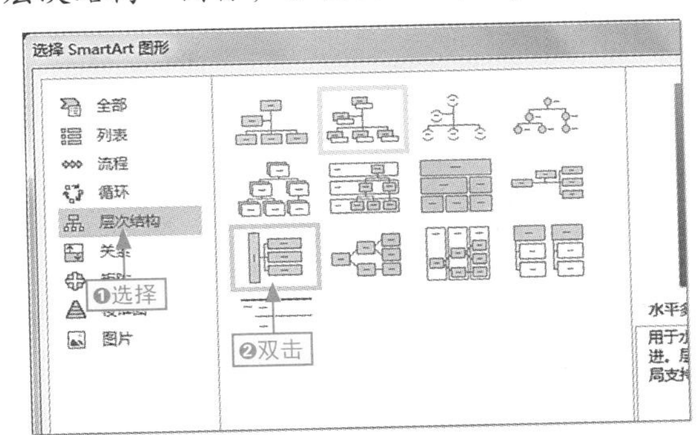

图15-45　选择层次结构图形

步骤04 删除第二列中间的形状，❶在第一个形状上右击，❷选择“添加形状/在下方添加形状”命令，如图15-46所示。

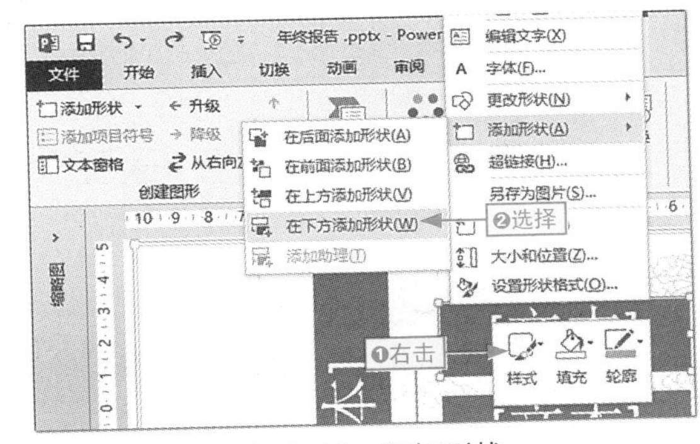

图15-46　添加形状

步骤05 以同样的方法添加其他形状并在相应的形状中添加文本内容，如图15-47所示。

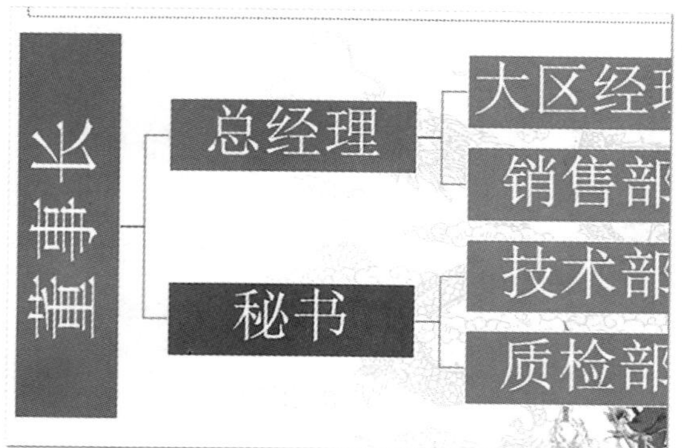

图15-47　添加形状和文本内容

步骤06 ❶选择整个SmartArt图，❷设置字体为“微软雅黑”，如图15-48所示。

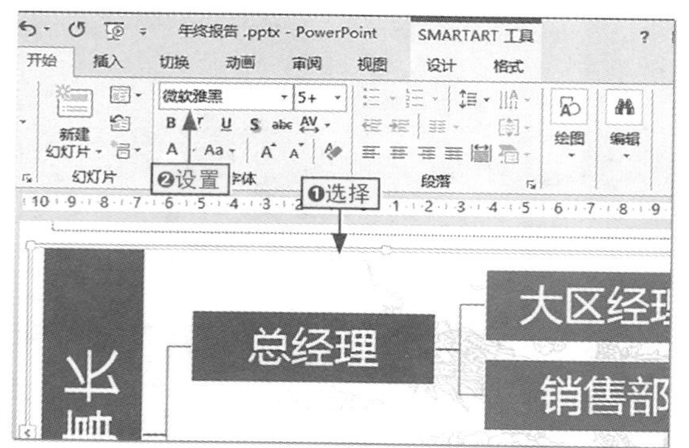

图15-48　设置SmartArt图内容字体格式

步骤07 ❶选择“董事长”文本，❷单击“文字方向”下拉按钮，❸选择“所有文字旋转90°”命令，如图15-49所示。

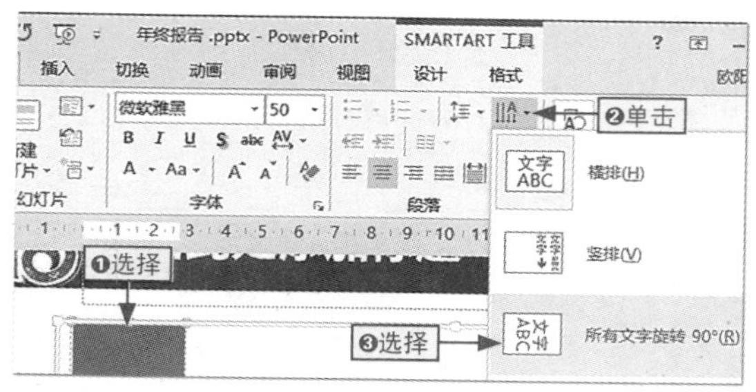

图15-49　更改“董事长”文本方向

步骤08 保持“董事长”文本选择状态，单击“加粗”和“文字阴影”按钮，然后在标题占位符中输入标题，如图15-50所示。

图15-50　加粗并为文字添加阴影

15.3.3 制作图表分析幻灯片

在本例中图表分析幻灯片包括两张：2016年业绩分析与2017年业绩预测和规划，具体操作如下。

步骤01 ❶单击“插入”选项卡中的“新建幻灯片”下拉按钮，❷选择“标题和内容”幻灯片选项，如图15-51所示。

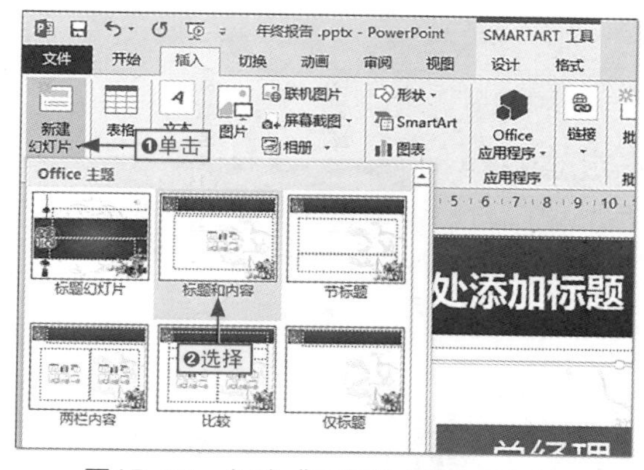

图15-51　新建“标题和内容”幻灯片

步骤02 在标题占位符中输入标题内容，然后在占位符中单击“插入图表”按钮，如

图15-52所示。

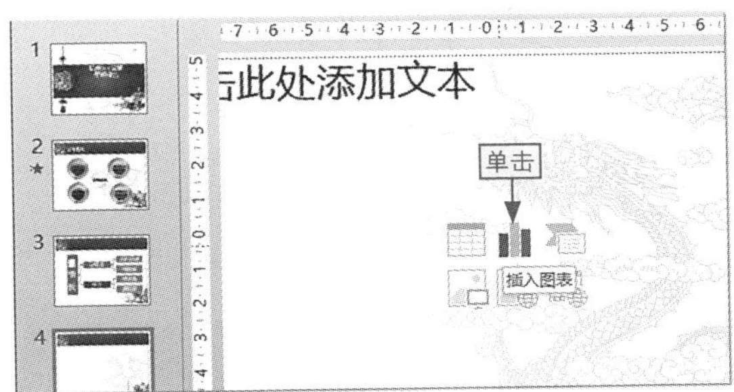

图15-52 插入图表

步骤03 打开“插入图表”对话框，❶选择“柱形图”选项，然后❷选择“簇状柱形图”选项，最后单击“确定”按钮，如图15-53所示。

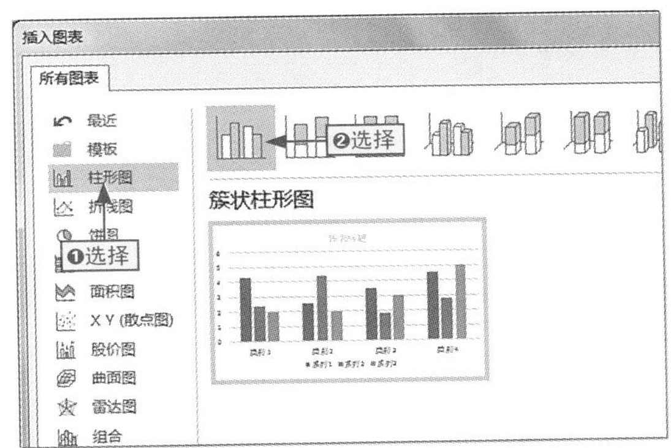

图15-53 插入簇状柱形图

步骤04 在打开的Excel表格中输入图表数据，如图15-54所示。

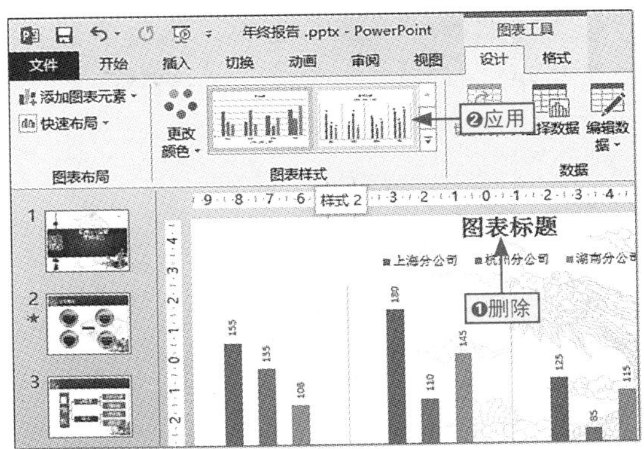

Microsoft PowerPoint 中的图表

	A	B	C	D
1		上海分公司	杭州分公司	湖南分公司
2	第一季度	155	135	106
3	第二季度	180	110	145
4	第三季度	125	85	115
5	第四季度	105	100	120

图15-54 输入图表数据

步骤05 ❶删除图表标题，❷应用“样式2”图表样式，然后更改幻灯片主题文本，如图15-55所示。

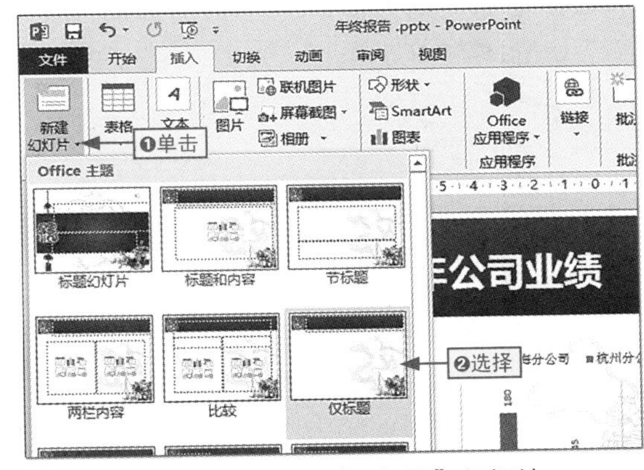

图15-55 应用图表标题

步骤06 ❶单击“插入”选项卡中的“新建幻灯片”下拉按钮，❷选择“仅标题”幻灯片选项，如图15-56所示。

图15-56 新建“仅标题”幻灯片

步骤07 ❶输入标题文本，❷单击“图片”按钮，打开“插入图片”对话框，如图15-57所示。

图15-57 输入标题并打开“插入图片”对话框

步骤08 选择“底座”选项，然后单击“插入”按钮，如图15-58所示。

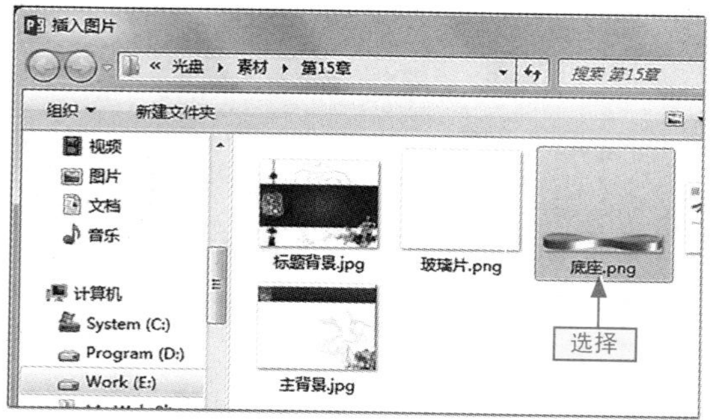

图15-58 插入底座图片

步骤09 将插入的底座图片放置在合适位置，绘制矩形，取消其轮廓线条，设置渐变填充类型为“线性”，颜色从淡蓝到深蓝过渡，如图15-59所示。

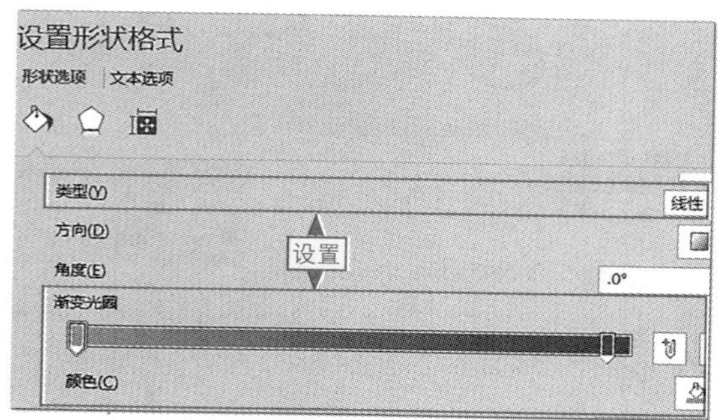

图15-59 绘制并设置渐变填充

步骤10 以同样的方法绘制和设置另一个椭圆形和矩形，如图15-60所示。

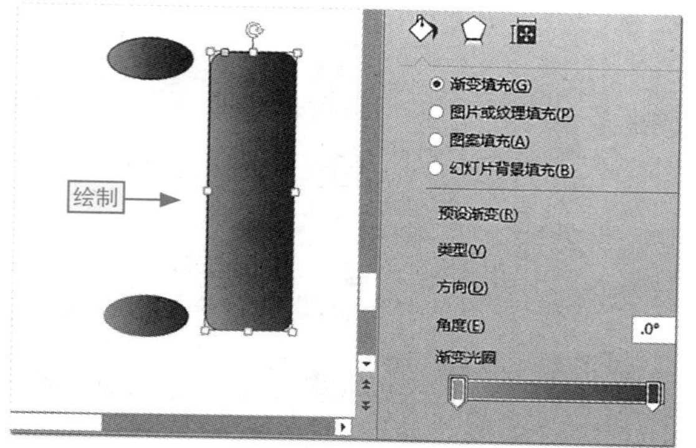

图15-60 制作椭圆和圆角矩形形状

步骤11 ❶将矩形和椭圆形状有机地组合放置在一起并在矩形形状上右击，❷选择“置于底层”命令，如图15-61所示。

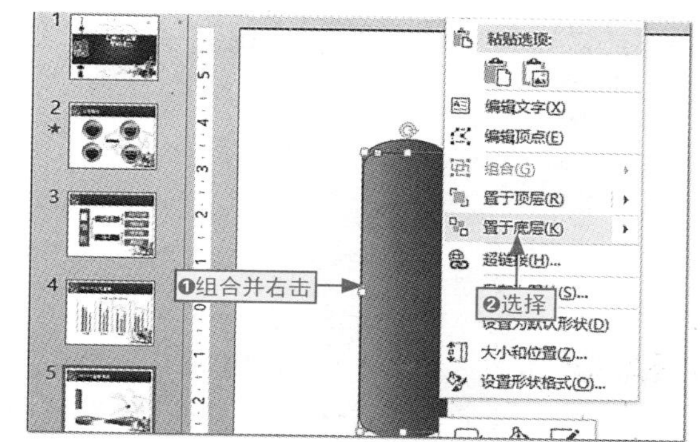

图15-61 拼合形状

步骤12 选择拼合的柱形体并在其上右击，选择“组合/组合”命令，如图15-62所示。

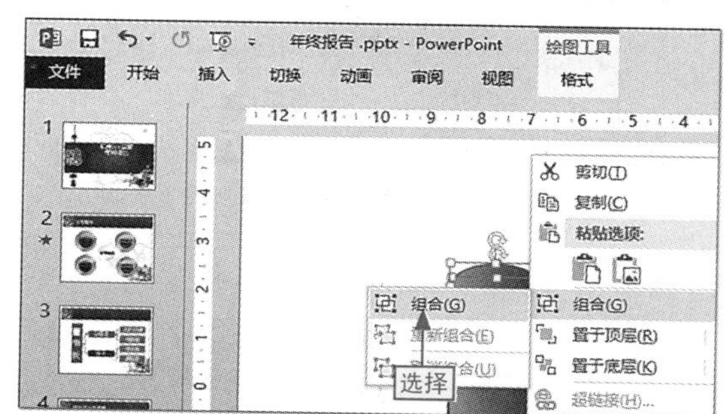

图15-62 组合形状

步骤13 以类似的方法制作其他形状并添加文本框输入相应数字标识（其中分公司图例的不规则矩形的效果，是通过添加填充色，为矩形应用十字形棱台效果、自定义十字形棱台效果的宽度和高度这几种效果综合的结果），如图15-63所示。

图15-63 制作其他形状

15.3.4 制作目录幻灯片

为了让幻灯片在放映时，能快速进行跳转和切换，可以制作目录幻灯片，具体操作如下。

步骤01 ❶单击“插入”选项卡中的“新建幻灯片”下拉按钮，❷选择“仅标题”幻灯片选项，如图15-64所示。

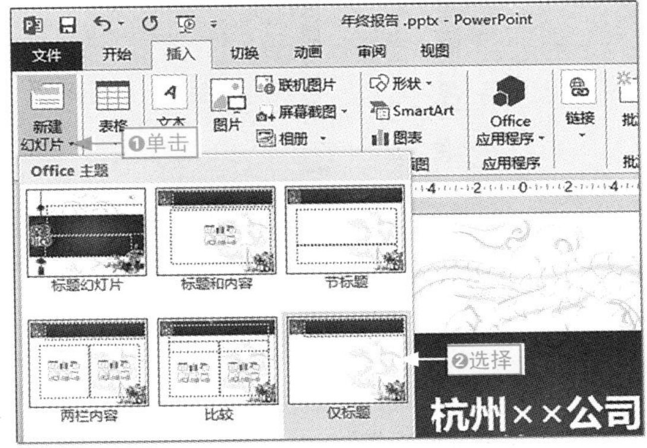

图15-64 新建“仅标题”幻灯片

步骤02 在标题占位符中输入标题，在幻灯片中绘制形状并添加相应的文本内容，应用相应的样式，❶在“公司概况”形状上右击，❷选择“超链接”命令，如图15-65所示。

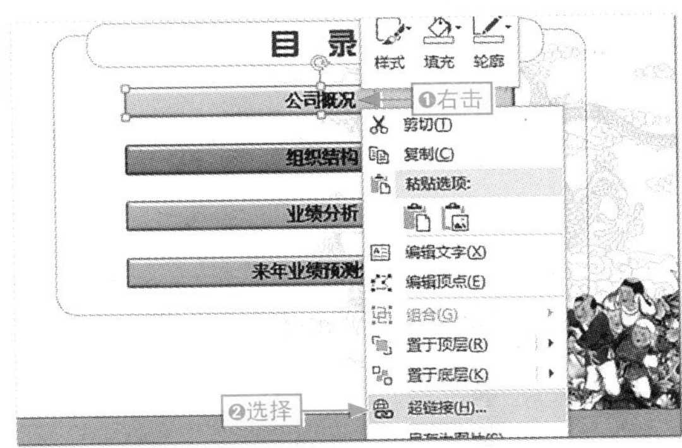

图15-65 添加超链接

步骤03 打开“插入超链接”对话框，❶单击“本文档中的位置”按钮，❷选择“公司概况”选项，然后单击“确定”按钮，以同样的方法为其他形状添加超链接，如图15-66所示。

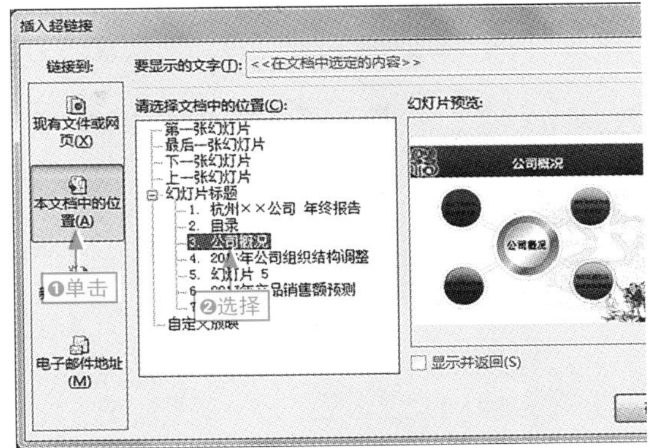

图15-66 选择超链接目标

15.3.5 为元素添加动画

所有的幻灯片制作完成后，就可以着手为相应的元素对象添加动画效果了，让整个演示文稿动起来，充满生气，具体操作如下。

步骤01 切换到第2张幻灯片，❶选择“目录”形状，❷在“动画”列表框中选择“淡出”选项，如图15-67所示。

图15-67 添加淡出动画

步骤02 设置动画开始方式为“上一动画之后”，如图15-68所示。

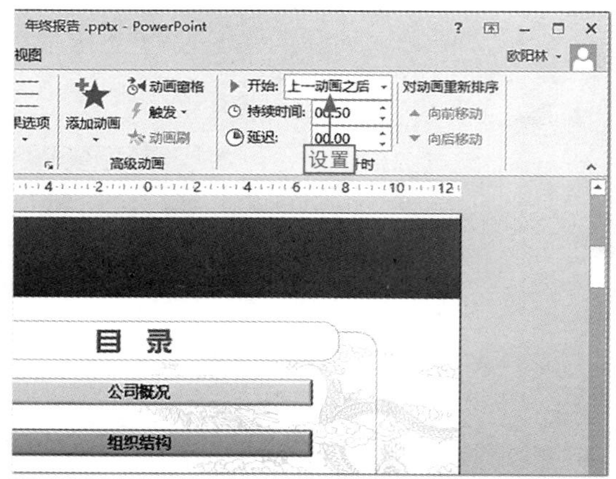

图15-68 设置动画开始播放方式

步骤03 以同样的方法为幻灯片中的其他元素对象添加动画，如图15-69所示。

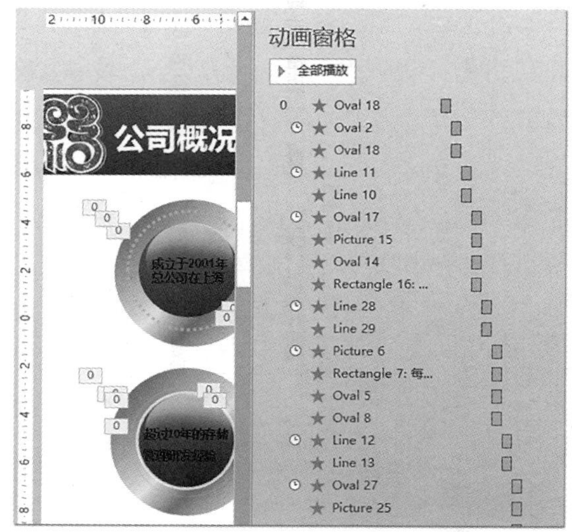

图15-69 添加动画

15.4 案例制作总结和答疑

本章制作的年终报告PPT，是一个较为通用和实用的演示文稿，在其中灵活使用了多种对象，如音频、图片、形状、图表、SmartArt图等。同时，为了让整个演示文稿制作更方便快捷，风格统一，还使用了定制母版，最后为整个演示文稿添加相应动画让演示文稿更丰富。

在制作过程中，大家可能会遇到一些操作上的问题，下面就可能遇到的几个问题做简要回答，帮助大家顺利地完成制作。

给你支招 | 解决音频不能正常插入的情况

小白：在定义母版样式时，在其中插入本地音频，会打开图15-70所示的提示对话框，提示不能正常插入，该怎么解决？

阿智：这是因为程序没有检测到相应的音频播放设备，如耳机或音响，这时我们只需插入耳机或音响等音频输入设备即可。

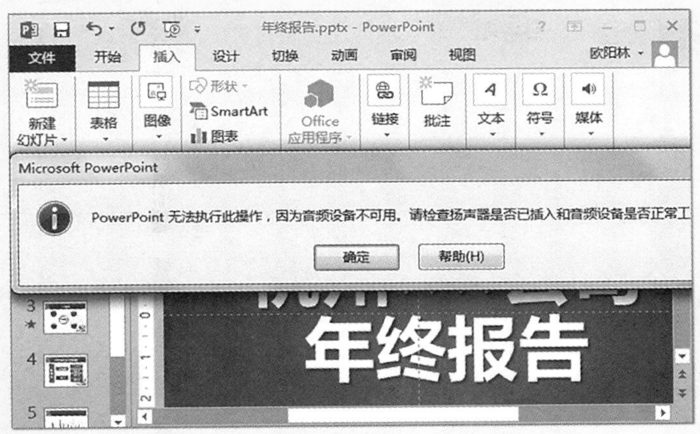

图15-70 不能正常插入音频提示

给你支招 | 开启智能参考线

小白：我们在移动对象时，没有参考线来智能提示对齐参考位置，该怎样将其开启?

阿智：在幻灯片的空白位置右击，❶选择“网格和参考线”命令，❷在其子菜单中选择“智能参考线”命令即可，如图15-71所示。

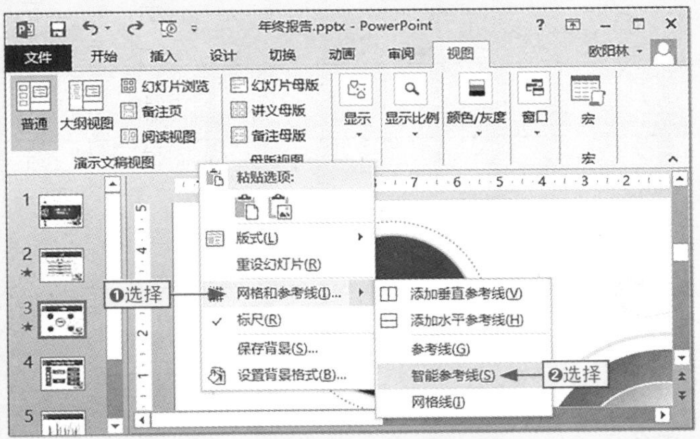

图15-71 开启智能参考线

阅读随笔